임베디드 리눅스 시스템 설계와 개발

EMBEDDED LINUX SYSTEM DESIGN AND DEVELOPMENT

P. 라가반, 아몰 라드, 스리람 닐라칸단 지음

김남형 옮김

ITC
INFO-TECH COREA

Embedded Linux System Design and Development

by P. Raghavan, Amol Lad, Sriram Neelakandan

저자에 대하여

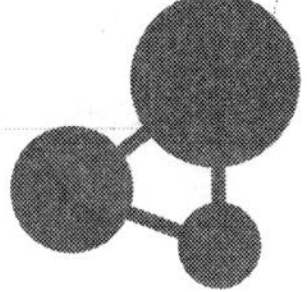

P. 라가반(P. Raghavan)은 9년차 임베디드 소프트웨어 개발자이다. 그는 텔레비전이나 그래픽스 디스플레이에서부터 네트워크 장비에 이르기까지 다양한 분야의 임베디드용 제품을 개발해 왔으며, 임베디드 리눅스 외에도 VxWorks나 Nucleus와 같은 다양한 상용 운영체제상에서의 개발 경험이 있다. 또한 임베디드 시스템을 위한 소프트웨어 개발 주기에 관련된 다양한 이슈들을 잘 이해하고 있다. 인도의 방갈로르대학교에서 전자공학과를 졸업하고 현재는 방갈로르의 필립스 소프트웨어에서 근무하고 있다.

아몰 라드(Amol Lad)는 인도의 명문대 중의 하나인 알라하바드에 있는 모틸랄 네루 국립 공대의 컴퓨터공학과를 졸업했다. 그는 대학 2학년이던 1996년에 리눅스 커널 소스를 처음으로 접했는데 '저 아래 쪽에서' 어떤 일들이 이루어지고 있는지를 이해하고 싶은 마음이 그를 리눅스로 빠져들게 했다. 1999년부터 위성 통신 시스템에 쓰일 디바이스 드라이버 개발자로 일하게 되었으며, 2001년에 MIPS 기반의 하드웨어 플랫폼을 위한 BSP를 작성하는 과정에서 처음으로 임베디드 리눅스를 접하게 되었다. 현재는 베리스모 네트웍스(Verismo Networks)에서 리눅스 커널 엔지니어로 일하고 있으며, 임베디드 리눅스 기반 시스템의 설계 책임자이기도 하다. 그는 (리눅스 커널을 분석하느라 바쁘지 않은) 여가 시간에는 크리켓을 즐기거나 스포츠를 관람한다. 또한 음악에도 매우 조예가 깊어서 만약 컴퓨터 엔지니어가 되지 않았다면 틀림없이 작곡가가 되었을 거라 얘기하고 있다.

스리람 닐라칸단(Sriram Neelakandan)은 전자공학과를 졸업한 뒤 처음에는 윈도즈 디바이스 드라이버 개발자로 일하기 시작했다. 그는 단지 키보드로 해결할 수 있는 (소프트웨어적) 문제보다는 인두기로 납땜을 하고 오실로스코프로 확인하며 해결하는 (하드웨어적) 방법을 더 좋아한다. 그는 윈도즈, 리눅스, VxWorks 등의 플랫폼상에서 ISA, PCI, USB, PCMCIA, CF+와 같은 다양한 기술들에 대한 디바이스 드라이버를 작성해 왔다. 그가 임베디드 리눅스를 접하게 된 것은 MIPS 기반의 SoC 네트워크 제품을 포팅하면서였는데, 이를 통해 라우팅 시스템(fib, netlink), MTD 드라이버, 플래시용 파일 시스템(CRAMFS, JFFS2) 등 리눅스에 포함된 다양한 모듈들을 이해할 수 있는 계기가 되었다. 그는 현재 베리스모 네트웍스에서 미디어 솔루션을 담당하는 임베디드 리눅스 팀에서 근무하고 있다.

감사의 글

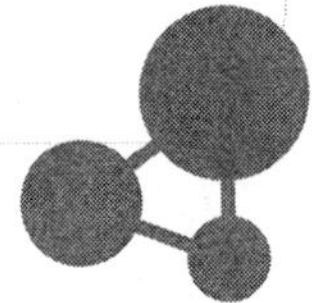

이 책을 진행해 갈 수 있도록 지원을 아끼지 않았던 나의 현재 회사인 필립스의 모든 분들께 감사드린다. 또한 내 모든 작업은 사랑하는 어머니의 격려가 없었다면 불가능했을 것이다. 마지막으로 내가 이 책을 집필하느라 바쁜 동안 혼자서 힘든 날들을 보내야 했던 아내 바가비에게도 감사의 말을 전하고 싶다.

— 라가반

이 작업을 가능하게끔 도와준 모든 분들에게 감사의 뜻을 전하고 싶다. 모든 어머니가 아이들에게 공부하라고 잔소리하듯이, 항상 내가 여기저기 방황하고 있는 것을 볼 때마다 작업을 하라고 말씀해 주셨던 어머니에게 감사의 말을 먼저 전한다. 또한 프로젝트 관리자처럼, 항상 원고의 진행 상황을 물어봐 주셨던 아버지에게도 감사한다. 마지막으로 원고를 준비하는 동안 인내로 견뎌준 아내 파룰에게 감사의 마음을 표하고 싶다. 라갑[1]이 내게 이 프로젝트를 소개하며 함께 하자고 제의했던 때는 우리가 결혼한 지 2개월밖에 지나지 않았을 때였다. 이 작업을 진행하는 동안 끊임없는 격려를 보내주었고 원고의 형식을 다듬는 과정에도 많은 도움을 준 아내에게 깊은 감사를 보낸다.

— 아몰

이 책을 쓸 아이디어를 냈던 라갑에게 먼저 고맙다는 말을 하고 싶다. 그가 나에게 이 일을 할 수 있도록 자신감을 불어넣어 주었던 우리의 첫 미팅을 나는 아직 기억한다. 이 책을 쓰

역자 주 | 1) 필자 중의 한 명인 라가반의 애칭인 듯하다.

는 동안 물심양면으로 도움을 주셨던 부모님과 여동생에게도 감사의 마음을 전한다. 그리고 고성능의 'Athlon/Audigy/ATI Radeon 9500' 게임 PC를 리눅스로 돌리고 샘플 코드를 작성하는 등의 작업에 사용할 수 있게 해준 방갈로르(Bangalore)[2]의 모든 개발자들에게 감사드린다. 그들은 이런 PC에서 워드프로세스를 돌리는 일을 '컴퓨팅 파워의 심한 낭비'라고 생각하는 사람들이다.

— 스리람

바쁜 스케줄 내에서도 시간을 내어 이 책의 추천의 글을 작성해 준 Cadenux의 대표이사이자 창립자인 토드 피스쳐 씨에게 먼저 감사의 마음을 전하고 싶다. 그리고 uClinux 장을 감수하고 값진 조언을 해 준 uClinux의 핵심 개발자 중의 한 명인 데이빗 맥컬로프 씨와 폴 데일 박사에게도 감사한다. 또한 임베디드 그래픽스 장을 감수하고 조언을 해 준 Nano-X 윈도우 시스템을 개발한 센추리 소프트웨어의 CEO이자 설립자인 그렉 해얼 씨와 GPL에 관련하여 값진 조언을 해 준 베리스모 네트웍스의 사티쉬 MM에게도 역시 감사드린다. 우리의 개발 경험을 책으로 낼 아이디어를 제공해 준 우리의 절친한 친구이자 가이드인 디팍 셰노이에게도 감사의 말을 잊을 수 없다. 마지막으로 리눅스를 현재의 위치까지 올려놓은 모든 리눅스 커널 개발자들과 응용 프로그래머들에게 머리 숙여 감사드린다.

역자 주 | 2) '인도의 실리콘 밸리'라고 불리는 곳으로 인도의 소프트웨어 수출의 35% 이상을 담당하는, 인도에서 다섯 번째로 큰 도시이다.

추천의 글

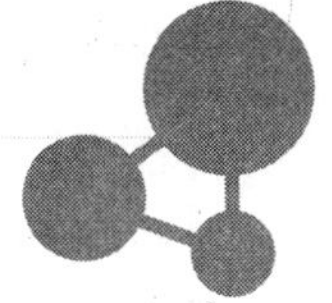

산업혁명은 전원적인 자급자족형 생활 방식에서 쉴 새 없이 분업화된 도시 생활 방식으로의 급격한 변화를 불러일으켰다. 내가 작업했던 첫 번째 임베디드 소프트웨어 프로젝트는 기존의 상용 운영체제를 사용하지 않았다(이때까지만 해도 사용할 만한 것이 아무것도 없었기 때문이다). 몇 년 후 윈드리버(WindRiver)에서 VxWorks라는 운영체제를 발표했는데, 1990년대 중반까지만 해도 이를 대체할 만한 것은 없었다. 하지만 최근 윈드리버에서는 리눅스를 기반으로 한 제품을 발표하였다. 이러한 변화는 왜 생겨나게 되었을까? 오늘날 새로운 제품에 사용되는 가장 일반적인 임베디드용 운영체제는 바로 리눅스이다.

14년간 나는 HP LaserJet™ 프린터 펌웨어의 개발을 담당하는 엔지니어로 근무했다. 이들 프린터는 내 기억에 LaserJet O.S.라고 불리는 자체 제작된 운영체제를 사용했었다. 보통 최고급의 엔지니어들이 이 운영체제의 기능을 확장하고 지원하는 일들을 맡았다. LaserJet O.S.에 대한 문서들은 모두 엔지니어들이 작성한 것들뿐이었으며, 이 운영체제를 위한 테스트 스위트를 작성하는 것도 역시 엔지니어들의 몫으로 남겨졌다. 재능 있는 엔지니어들의 이러한 노력과 수고는 타사 제품들에 비해 자사 제품의 경쟁력을 높이는 데는 도움을 주지 못했다. 여기서 내가 얻은 가장 값진 경험은 당신의 회사에서 근무하는 재능 있는 엔지니어들은 항상 제품의 경쟁력을 높일 수 있는 기능을 구현하는 데 투입하고 이를 위한 제반 사항들은 아웃소싱을 이용하라는 것이다. 임베디드 리눅스는 여러 기능을 필요로 하는 제품의 기반이 되는 운영체제로는 거의 최적의 선택이 될 것이다.

자체 제작한 BSP(Board Support Package)를 리눅스에 적용하든지 상용 BSP를 구입하든지 간에 독자들은 시스템의 전반적인 특성은 물론 사용하고자 하는 서브시스템에 대한 세부사항들을 이해할 필요가 있다. 이 책의 저자들은 임베디드 리눅스 개발에 필요한 모든 사항들을 적절히 제공해 주고 있다. 이 책에서는 BSP, 임베디드 시스템용 저장장치, 실시간 리눅스 프로그래밍 등의 주제에 대해 자세히 설명하고 있으며, 임베디드 리눅스용 그래픽스 시스템과 uClinux에 대한 내용도 명쾌하게 설명되어 있다. 이 책은 임베디드 리눅스 개발자가 되기를 희망하는 이들에게 좋은 지침서가 되어 줄 것이다.

새로운 제품을 위한 임베디드 운영체제의 선택에서 리눅스가 가장 우위를 점하게 된 것은, 기존의 자체 제작된 운영체제를 임베디드 리눅스로 대체하기가 용이했다는 점도 한 몫을 담당했다. 비록 이 책에서는 임베디드 시스템에서 리눅스를 동작시키는 것에 중점을 두고 있지만, 이 책은 기존의 RTOS나 자체 제작된 운영체제에서 동작하던 시스템을 임베디드 리눅스로 포팅하기 위한 가이드의 역할도 담당한다. TCP/IP 네트워킹, USB, SD 카드의 지원 혹은 다른 표준 등에 대한 요구는 사업자들이 기존의 운영체제를 포기하고 리눅스로 이전하도록 했을 것이다. 하지만 엔지니어들이 신상품을 위해 리눅스를 더 발전시켜 가는 것이 리눅스에서 개발하는 즐거움이 되었다.

웹상에는 놀라울 정도로 많은 양의 리눅스에 대한 정보가 존재한다. 개인적인 생각으로는 리눅스가 지금까지 나온 소프트웨어 중에 가장 방대한 양의 문서화가 진행된 프로젝트가 아닐까 싶다. 어떻게 하면 이 방대한 자료들 가운데 임베디드 리눅스에 대한 이 책이 가치를 발휘할 수 있을까? 첫째로, 임베디드 리눅스라는 주제는 광범위하며 관련된 응용 프로그램 또한 매우 많기 때문에 어떤 기능들이 이미 구현되어 있으며, 어떤 일을 해야 하는지 등에 대한 감각을 얻기가 힘들다. 모든 사항들을 분리해서 살펴본 후 이를 통합해서 작업하는 것은 임베디드 리눅스라는 세계를 이해하는 데 도움이 될 것이다.[3] 둘째로, 기술적인 이유로 인해 특정 문제에 대한 정확한 정보를 얻어야 할 필요가 있다. 임베디드 장치가 적절히 동작하기 위해서는 부트 로더, 커널, 응용 프로그램을 포함한 파일 시스템이 함께 개발되어야 한다. 이들 간의 상호 의존성을 이해하고 이들을 모두 적절히 빌드하기 위한 개발 환경을 구축하는 일은 결코 간단한 문제가 아니다. 또한 문제가 발생했을 때, 그 문제를 디버깅할 수 있는 툴을 이해하고 이를 이용해 장치를 디버깅하는 기법을 익히는 것은 엄청난 양의 시간과 노력을 감소시켜 준다.

역자 주 | 3) 이른바 분할 정복법(Divide & Conquer)이라는 방법론이다.

마지막으로 독자들이 이 책을 읽어야 하는 가장 중요한 이유는 임베디드 리눅스라는 기술은 너무나도 매혹적이라는 사실 때문이다. 하나의 실행 이미지를 생성해내는 예전의 방식으로 임베디드 장치를 개발해 왔던 사람이라면 임베디드 리눅스의 유연성과 강력한 성능에 놀라고 말 것이다. 임베디드 시스템의 개발을 처음 접하는 사람이라면 데스크톱 PC에서 사용 가능한 대부분의 강력한 기능들과 유연성이 임베디드 환경에서도 동일하게 동작하는 것을 발견하게 될 것이다.

토드 피스처
Cadenux의 CEO이자 설립자

옮긴이의 글

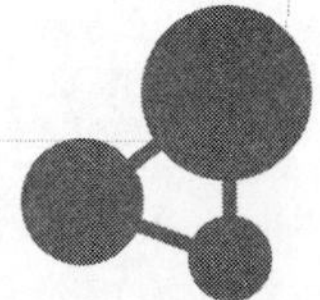

임베디드 시스템의 시장이 더욱 확대되고 발전됨에 따라 임베디드 제품들에도 점차 다양하고 복잡한 기능들이 요구되고 있다. 이러한 요구들을 만족시키기 위해 최근의 제품들은 기존의 RTOS를 사용하기보다는 임베디드 리눅스나 WindowsCE 등과 같은 강력한 기능을 가진 운영 체제를 사용하는 추세이다. 특히 임베디드 리눅스는 오픈 소스 개발 모델과 함께 풍부한 응용 프로그램들을 자유롭게 이용할 수 있다는 점에서 많은 주목을 받고 있다. 하지만 임베디드 리눅스는 태생적인 복잡함과 기본 설계 철학의 차이들로 인해 기존의 RTOS 개발자들이 접근하기에 어려움을 겪고 있는 현실이다.

이 책은 VxWorks와 같은 기존의 RTOS를 사용해 임베디드 시스템을 개발해 온 현업 개발자들 및 프로젝트 관리자들을 대상으로 하고 있으며, 독자들이 운영체제 및 리눅스에 대한 기본적인 지식과 개발 경험이 있다고 가정하고 있다. 이 책은 기존의 RTOS를 이용한 시스템을 임베디드 리눅스로 포팅하기 원하는 이들이 개발에 사용할 임베디드 리눅스 배포판을 선택하는 것에서부터, BSP를 작성하고 응용 프로그램을 포팅하고 이들을 디버깅하는 모든 과정을 다루고 있다. 또한 국내에서 관련 서적을 찾아보기 힘든 uClinux에 대한 내용도 포함되어 있으므로 도움이 되리라 생각한다. 이 책을 통해 리눅스를 어렵게 생각하고 피해왔던 임베디드 시스템 개발자들이 리눅스와 좀더 친숙해질 수 있는 기회가 될 수 있기를 바란다.

이 책을 번역하는 동안 원저자들과의 연락이 이루어지지 못해 의문스러운 부분들에 대한

■ 옮긴이 소개

김남형(namhyung@gmail.com)

서울시립대학교 전자전기공학부와 동 대학원을 졸업하고, (주)덱트론을 거쳐
현재 (주)탑케이블에서 DTV 관련 연구를 하고 있다. 학부 시절부터 리눅스
커널에 관심을 가지고 꾸준히 분석해 왔으며 최근에는 한글화에 대한 관심이
생겨 KLDP, 위키 백과, 커널 옵션 한글화 프로젝트, 한글 Mozilla 개발자
센터, 맨 페이지 한글화 프로젝트 및 고전 게임 한글화 등에도 참여하고 있다.
시간이 날 때는 기타 연주 및 고전 콘솔 게임을 즐기는 편이다.

저자의 의도를 확인하지 못한 것이 아쉬움으로 남는다. 이러한 부분들에 대해서는 역자가
파악하고 이해하는 방향으로 해석하여 작성할 수밖에 없었음을 양해해 주기 바란다. 또한
역자가 정식으로 서적을 번역하는 작업이 처음이었던 만큼 여러 가지 부족한 부분이 보이
리라 생각한다. 하지만 작업을 하는 동안 역자가 이해하는 내용을 독자들에게 최대한 쉽고
자세히 설명하기 위해 노력했음을 알아주었으면 한다. 본문 중에서 잘못된 내용이나 의심
스러운 부분이 있다면 역자의 이메일을 통해 질문하면 성심껏 답변하도록 하겠다.

가장 먼저 이 책을 쓰는 동안 물심양면으로 보살펴 주고, 격려해 주고, 작업을 도와주었던
사랑하는 아내 뽀리양에게 감사와 사랑의 마음을 전하고 싶다. 그리고 언제나 나를 걱정하
고 응원해 주시는 양가 부모님들과 동생들에게도 감사드린다. 알게 모르게(?) 작업을 도와
주신 회사의 모든 분들과, 인터넷상에 유용한 툴과 정보를 제공해 준 전 세계의 수많은 개
발자들에게도 고마움을 표하고 싶다. 마지막으로 부족한 역자에게 이런 기회를 주시고 격
려해 주신 ITC 출판사의 장성두 실장님에게 감사의 마음을 전한다.

베타 테스터 후기

박정태
중앙대학교 대학원 컴퓨터공학과
모바일 및 임베디드 컴퓨터시스템 박사과정

임베디드 리눅스 입문서로서 아주 적합한 책!

컴퓨터공학을 전공하고 있는 학생들에게 임베디드 리눅스를 이용한 시스템 설계 실습을 지도하고 있는 테스터는 학생들에게 다양한 경험을 할 수 있도록 하기 위한 방법을 생각해 왔다. 학생들이 실전에 나가서 실력을 발휘하기 위해서는 다양한 경험이 중요한 토대가 된다고 생각하기 때문이다.

아직까지 RTOS를 사용하는 기업이 많지만 학생들이 수많은 RTOS를 모두 접하기 어려운 상황이다. 이런 환경에 적응하기 위해 RTOS와 임베디드 리눅스의 다양한 면을 이해한다면 이는 학생 개개인에게 큰 힘이 될 것이며 이 책을 통해 많은 부분에 대한 이해의 폭을 넓힐 수 있을 것으로 생각된다. 특히, 그동안 다른 서적에서 접하기 어려웠던 배포판에 대한 정리나 실시간 리눅스, uClinux에 대한 설명은 소중한 자료임에 틀림없다. 또한 임베디드 리눅스를 접하는 학생들이 어려워하는 부분인 임베디드 저장장치 및 그래픽스 부분에 대한 자세한 내용도 많은 도움이 될 것이다. 응용 프로그램 포팅, 실시간 리눅스에 대한 설명은 실습과제로서도 훌륭히 사용할 수 있을 것으로 생각된다.

박상오
중앙대학교 대학원 컴퓨터공학과
모바일 및 임베디드 컴퓨터시스템 박사과정

임베디드 리눅스 프로젝트를 위한 훌륭한 로드맵 제시!

독자들과 마찬가지로 현업에서 다양한 프로젝트를 진행하고 있는 테스터도 새롭게 시작하는 프로젝트인 경우보다 이미 펌웨어 수준에서 작성되었거나 RTOS를 사용하고 있는 프로젝트에 새로운 요구사항을 추가해야 하는 경우 추가되는 요구사항을 기존 프로젝트의 수정으로 추가할지, 임베디드 리눅스를 사용해 새롭게 구현할지를 고민한 경우가 여러 번 있었다. 이의 결정에는 요구사항의 수준이나 프로젝트 기간, 비용 등 여타의 많은 요소들이 영향을 미치지만 임베디드 리눅스를 사용하여 좋은 결실을 맺은 경우가 대부분이었다.

이 책은 임베디드 리눅스를 사용한 프로젝트를 위한 전체적인 로드맵을 제시해 주고 있으므로 앞서 테스터가 했던 고민을 하고 있는 프로젝트 관리자나 개발자들에게 좋은 지침이 되어 줄 것으로 확신한다.

일러두기 : 본문에 혹시 있을 수 있는 오/탈자는 베타 테스터의 업무와 무관하며, 이는 전적으로 출판사의 책임임을 알려드립니다.

차례

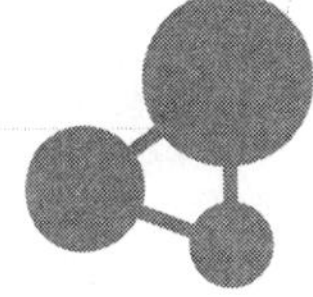

제3장　Board Support Package　　　　75

제4장　임베디드 저장장치　113

제7장 실시간 리눅스 257

부록

이 책에 대하여

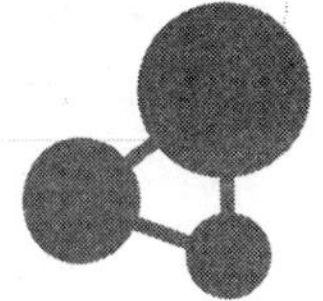

1990년대 중반 필자가 아직 학생이었을 때, 우리의 삶에 큰 혁신을 가져다 줄 인터넷이라고 하는 흥미로운 새 기술에 대해서 듣게 되었다. 그러던 중 인터넷을 통해 전 세계 수백 명의 프로그래머들이 함께 개발해 가고 있는 오픈 소스 운영체제인 리눅스에 대해서도 알게 되었다. 필자는 리눅스를 통해 운영체제의 내부를 이해할 수 있는 기회를 얻었고, 곧 리눅스의 열성 팬이 되었다. 그 과정에서 필자는 리눅스가 단지 하나의 운영체제가 아닌 그 이상의 의미를 갖는다는 것을 깨달을 수 있었다. 리눅스는 인류의 역사 속에서도 유래를 찾아보기 힘든 인간의 존엄성, 선택, 자유의 개념을 기본으로 하는 하나의 지적 운동이었다. 리눅스는 필자와 같은 젊은 개발자들에게 최신 기술을 맛볼 수 있게 해 주었다.

필자가 임베디드 전문가가 되었을 때, 리눅스는 아직 임베디드 시장에서 강한 존재감을 부각시키지는 못하고 있었다. 하지만 필자는 리눅스 커널과 함께 엄격한 실시간성(hard real-time)을 만족하는 커널을 동작시킨다든가 MMU가 없는 마이크로컨트롤러상에 리눅스를 동작시킨다든가 하는 몇 가지 흥미로운 소식들을 접하고 있었다. 필자가 고객으로부터 그 동안 사용해 오던 MIPS 기반 SoC(System-on-Chip)상의 소프트웨어를 상용 RTOS에서 임베디드 리눅스로 포팅했으면 좋겠다는 의견을 들었을 때는 뛸 듯이 기뻤다. 필자의 경험으로 미루어 볼 때 임베디드 리눅스로 개발하는 것은 결코 손쉬운 작업이 아니다. 그 주된 이유는 다음과 같다.

1. 인터넷상에는 놀라울 정도로 많은 양의 임베디드 리눅스에 관련된 정보들이 있지만, 이들은 너무나 흩어져 있어 통합적인 관점으로 살펴보기는 힘들다. 이러한 정보들을

하나의 통합적인 지식 베이스로 변환하는 것은 너무나 많은 시간을 필요로 하지만, 제품 생산을 목적으로 하는 대부분의 회사들은 보통 시간에 쫓겨 작업을 하기 때문에 의사 결정과 제품 개발이 빠른 시간 안에 이루어질 필요가 있다. 하지만 라이선스와 같은 중대한 문제인 경우에 잘못된 의사 결정은 회사에 엄청난 손실을 가져다주기도 한다.

2. 임베디드 시스템은 모두 하드웨어나 운영체제에 관한 것들뿐이라는 엄청난 오해가 있다. 무어(Moore)의 법칙에 따라 컴퓨터의 성능이 급속히 증가하면서 임베디드 시스템에 사용되는 응용 소프트웨어의 양도 같이 증가해 왔다. 따라서 응용 프로그램은 임베디드 시스템의 경쟁력이 되었다. 즉, 리눅스 기반의 임베디드 시스템을 구축한다는 것은 운영체제 단계에서 끝나는 것이 아니라, 많은 응용 프로그램들을 작성하고 빌드해야 함을 뜻한다. 또한 응용 프로그램들도 운영체제와는 별도의 라이선스, 툴체인 등의 자체적인 사안들을 갖고 있다.

3. 패치나 문서 등 제품에 대한 지원을 단일한 창구에서 얻을 수 있는 상용 RTOS와는 달리, 임베디드 리눅스는 보통 이러한 단일화된 창구가 존재하지 않는다. 종종 개발자들은 패치나 새로운 정보 등을 얻기 위해 여러 메일링 리스트들을 검색할 필요가 있으며 이러한 작업들은 때때로 많은 시간이 소요되기도 한다.

필자가 (다양한 응용 프로그램들을 포함하는) 임베디드 리눅스 시스템의 설계를 성공적으로 마쳤을 때, 우리의 생각과 경험을 전 세계의 개발자들과 공유하기로 마음먹었고 그 결과로 이 책이 탄생하게 되었다. 이 책은 임베디드 리눅스 시스템을 위한 전체 개발 로드맵을 포함한다. 우리가 이 책을 통해 말하고자 했던 주된 내용은 독자들이 임베디드 리눅스의 개발 과정에서 일어나는 다양한 이슈들을 인식할 수 있게 하는 것이다.

이 책의 주제는 크게 두 가지이다.

❖ 기존의 RTOS에서 임베디드 리눅스로 시스템을 이전하는 것을 도와준다.
❖ 임베디드 리눅스를 이용한 시스템 설계 모델을 설명한다.

이 책에서 얻을 수 있는 것들

이 책은 임베디드 리눅스 환경에서 프로그래밍을 할 때 개발자가 직면하는 여러 가지 문제점들에 대한 해결책을 제시한다. 몇 가지 일반적인 문제점들을 나열하면 다음과 같다.

- 임베디드 리눅스 개발 모델을 이해한다.
- 응용 프로그램 및 임베디드 리눅스용 드라이버를 작성, 디버깅, 프로파일링한다.
- 임베디드 리눅스 BSP 구조를 이해한다.

이 책에서는 위의 문제점들에 대한 실제적인 해결책을 제시한다.

이 책을 읽은 후에 독자는 다음과 같은 일들이 가능해질 것이다.

- 임베디드 리눅스 개발 환경을 이해한다.
- 하드웨어 플랫폼을 위한 리눅스 BSP를 작성한다.
- 임베디드 저장장치를 위한 리눅스의 모델을 이해하고 그에 대한 드라이버와 응용 프로그램을 작성한다.
- 직렬 포트, I2C 등 여러 가지 임베디드 리눅스용 드라이버를 이해한다.
- 기존의 RTOS에서 작성된 응용 프로그램을 임베디드 리눅스로 포팅한다.
- 임베디드 리눅스상에서 실시간 프로그램을 작성한다.
- 응용 프로그램이나 드라이버상의 메모리 누수나 충돌을 찾아내는 방법을 익힌다.
- 커널과 응용 프로그램을 프로파일링하는 방법을 익힌다.
- uClinux의 구조와 프로그래밍 모델을 이해한다.
- 임베디드 리눅스 그래픽스 서브시스템을 이해한다.

또한 이 책은 관리자들이 임베디드 리눅스 배포판을 선택하거나, 현재의 시스템을 임베디드 리눅스로 이전하기 위한 로드맵을 작성하고, 상용 제품에 리눅스 라이선스 모델을 적용하는 데 도움을 준다.

이 책의 대상

주요 독자층

- 아키텍트: 이들은 실시간성, 성능, 포팅 계획 등에 많은 관심을 갖고 있다.
- 소프트웨어 프로그래머: 이들은 기술적인 상세한 부분을 익힐 필요가 있다.

보조 독자층

- ❖ 관리자: 이들은 주로 판매사, 배포판, 버전, 개발 도구 등을 선택하는 데 관심을 갖는다.
- ❖ 테스팅 및 지원 팀: 임베디드 리눅스로 시스템을 이전하면 제품의 룩앤필(look and feel)이 달라지기 때문에, 이들도 교육이 필요하다.
- ❖ 법률 관계자: 대부분의 임베디드 제품들은 지적 재산권을 포함하고 있기 때문에 라이선스 문제에 대한 오해가 회사에 손실을 가져다줄 수 있다.

배경 지식

이 책의 독자는 임베디드 OS(어떠한 것이든지)상에서 프로그래밍을 하는 것에 대한 기본적인 이해를 요구한다. 이 책은 리눅스 커널을 설명하는 책이 아니기 때문에 기본적인 리눅스 커널의 개념과 사용자 공간의 프로그래밍 모델에 익숙한 사람을 대상으로 한다.

이 책은 특정 커널 버전에 종속되지 않도록 노력했지만 예제가 필요한 경우에는 2.4 혹은 2.6 커널을 사용했다.

소스 코드 다운로드 받기

아래의 URL을 통해 이 책에서 사용된 모든 소스 코드를 다운로드받을 수 있다.

- ❖ http://www.crcpress.com/e_products/downloads/download.asp?cat_no=AU0586

이 책의 구성

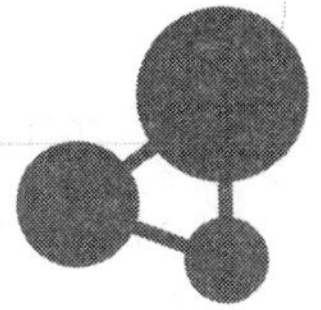

이 책은 10개의 장과 2개의 부록으로 구성되어 있다.

1장 '개요'에서는 임베디드 리눅스의 역사와 다른 RTOS에 비해 리눅스가 주는 장점에 대해서 간략하게 살펴보기로 한다. 여기서는 여러 오픈 소스 및 상용 임베디드 리눅스 배포판들의 기능에 대해서 자세히 살펴볼 것이다. 이 장의 마지막 부분에서는 기존 RTOS에서 임베디드 리눅스로 시스템을 포팅하기 위한 로드맵을 제시할 것이다.

2장 '시작하기'에서는 임베디드 리눅스의 구조에 대해 설명하고 이를 기존의 RTOS 및 마이크로커널의 구조와 비교 설명한다. 또한 하드웨어 추상화 계층(HAL), 메모리 관리, 프로세스 스케줄러, 파일 시스템 등 리눅스 커널 내의 여러 서브시스템들을 간단히 살펴본 후 사용자 공간의 리눅스 프로그래밍 모델에 대해서도 간략히 설명할 것이다. 이 장의 후반부에서는 부트로더의 실행에서부터 커널의 시작 루틴을 통해 사용자 공간의 시작 스크립트가 실행되는 리눅스 시스템의 초기화 과정을 살펴보겠다. 마지막으로는 GNU 크로스 툴체인을 구성하는 과정에 대해서 설명한다.

3장 'Board Support Package'에서는 부트로더의 구조와 시스템의 메모리 맵을 하드웨어와 소프트웨어 측면에서 모두 살펴본다. 이 장의 후반부에서는 인터럽트 관리, PCI 서브시스템, 타이머, UART, 전원 관리 기능에 대해 자세히 살펴볼 것이다.

4장 '임베디드 저장장치'에서는 플래시 장치에 접근하기 위한 MTD 서브시스템의 구조에 대해 설명한다. 이 장의 후반부에서는 RAMFS, CRAMFS, JFFS2, NFS 등과 같은 여러 임베디드용 파일 시스템에 대해서 설명한다. 또한 임베디드 시스템의 저장 공간을 최적화하기 위해 커널과 사용자 공간에서 적용할 수 있는 여러 기법들을 설명할 것이다. 그 외에 임베디드 리눅스를 위해 설계된 BusyBox와 같은 여러 응용 프로그램들에 대해 알아볼 것이며, 커널 메모리를 튜닝하기 위한 몇 가지 방법도 살펴보기로 한다.

5장 '임베디드 드라이버'에서는 직렬 포트 드라이버, 이더넷 드라이버, I2C 서브시스템, USB 가젯(gadget) 드라이버와 같은 임베디드 시스템의 디바이스 드라이버에 대해서 살펴본다.

6장 '응용 프로그램 포팅'에서는 기존의 RTOS에서 짜여진 응용 프로그램을 임베디드 리눅스로 포팅하기 위한 로드맵을 논의한다. 이 장의 나머지 부분에서는 이 로드맵을 자세히 살펴보는데, 먼저 리눅스상에서 pthread의 사용, OSPL(Operating System Porting Layer) 및 커널 API 드라이버의 구현 순으로 살펴볼 것이다.

7장 '실시간 리눅스'에서는 리눅스의 실시간성에 대해 살펴본다. 여기서는 인터럽트 및 스케줄링에 따른 커널 내부의 지연(latency) 현상과 이를 극복하기 위한 선점형 커널 기능 및 O(1) 스케줄러 등의 방안에 대해서 설명한다. 이 장의 핵심은 리눅스의 POSIX.1b 프로그래밍 인터페이스에 대한 논의 부분으로 실시간 스케줄러, 메모리 락킹(locking), 메시지 큐, 세마포어, 비동기 I/O 등과 같은 POSIX.1b의 실시간 확장 기능들을 자세히 살펴볼 것이다. 이 장의 마지막 절에서는 리눅스에 엄격한 실시간성(hard real-time)을 부여하기 위한 노력들과 RTAI의 실시간 프로그래밍 모델에 대해 간략히 살펴본다.

8장 '빌드와 디버깅'은 빌드, 디버깅, 프로파일링의 세 절로 나누어진다. 첫 번째 절에서는 커널과 사용자 공간의 응용 프로그램을 빌드하기 위한 여러 방법들을 살펴보며, 두 번째 절에서는 메모리에 관련된 디버깅 툴인 mtrace, dmalloc, valgrind 등에 대해 알아보고, 마지막 절에서는 사용자 공간과 커널 함수들을 프로파일링하기 위한 eProf, OProfile, KFI(Kernel Function Instrumentation) 등의 방법에 대해 살펴보겠다.

9장 '임베디드 그래픽스'에서는 일반적인 프레임 버퍼 드라이버에 대한 설명과 함께 프레임 버퍼 인터페이스를 통한 응용 프로그램 작성 방법을 살펴본다. 또한 X 그래픽스 서브시스템에 대한 간단한 설명과 함께 왜 이것이 임베디드 장치에 적합하지 않은지를 살펴볼 것이다. 이 장의 마지막 절에서는 임베디드 시스템용 윈도우 환경인 Nano-X에 대해 설명한다.

10장 'uClinux'에서는 uClinux의 구조와 프로그래밍 환경에 대해 설명한다. 이 장의 전반부에서는 uClinux의 실행 파일인 bFLT(binary FLAT) 형식과 uClinux 기반의 시스템에서 프로그램이 로드되고 실행되는 방법에 대해 설명한다. 다음으로는 uClinux의 메모리 관리, 프로세스 생성, 공유 라이브러리에 대해 살펴본 후 마지막으로 XIP(eXecute In Place) 기능과 일반 리눅스의 응용 프로그램을 uClinux로 포팅하는 방법을 설명한다. 또한 uClinux에서 실행할 응용 프로그램을 빌드하는 방법에 대해서도 알아볼 것이다.

부록 A '부팅 속도 높이기'에서는 리눅스의 부팅 시간을 줄이기 위한 여러 가지 기법에 대해서 알아본다.

부록 B 'GPL과 임베디드 리눅스'에서는 임베디드 리눅스에서의 GPL의 의미와 라이선스 문제 없이 독점 소프트웨어를 작성하는 방법을 설명한다.

개요

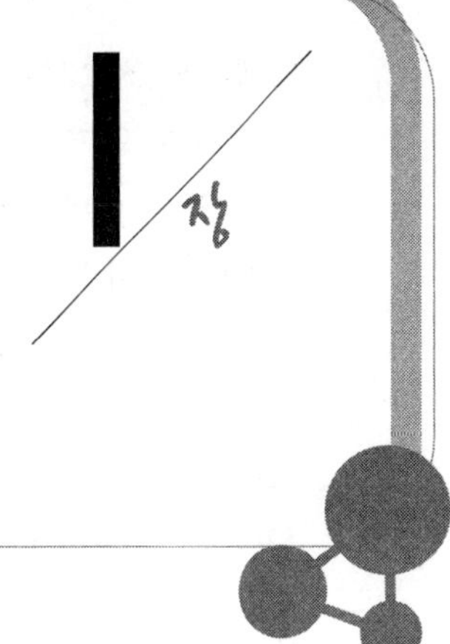

1장

임베디드 시스템은 미리 지정된 아주 제한적인 수의 동작을 수행하도록 설계된 특수한 컴퓨터 시스템을 말한다. 초기의 임베디드 시스템은 1960년대 후반 기계식 전화 스위치를 제어하기 위해 사용되었던 시스템까지 거슬러 올라갈 수 있다. 대중적으로 알려진 최초의 임베디드 시스템은 찰스 드래퍼(Charles Draper)가 이끄는 팀에서 개발한 AGC(Apollo Guidance Computer)[1]였으며 이후에는 군사, 의료 과학, 항공 우주, 자동차 산업 등에서 널리 사용되었다. 오늘날 임베디드 시스템은 다음과 같은 여러 분야로 더욱 확산되었다.

- 방화벽, 라우터, 스위치와 같은 네트워크 장비
- MP3 플레이어, 휴대폰, PDA, 디지털 카메라, 캠코더 등의 이동식 장치
- 전자레인지, 식기 세척기, 텔레비전, 홈시어터(home theater) 등과 같은 가전기기
- 인공위성이나 항공기 제어와 같은 미션-크리티컬(mission-critical) 시스템

임베디드 시스템과 일반 데스크톱 컴퓨터와의 주요 차이점을 나열하면 다음과 같다.

- 임베디드 시스템은 일반적으로 비용에 민감하다.
- 대부분의 임베디드 시스템은 실시간성을 만족해야 한다.
- 임베디드 시스템에서 사용되는 CPU 아키텍처는 ARM®, MIPS®, PowerPC™ 등 여러 가지가 있으며, 시스템에 필요한 기능을 갖춘 맞춤형 프로세서를 사용한다. 예를 들어 디지털 카메라는 이미지 캡처와 렌더링에 최적화된 프로세서를 사용하고 있다.

역자 주 | 1) 아폴로 우주 왕복선에 포함되었던 임베디드 시스템으로 비행 정보 수집 및 자동 항해 기능을 수행하였다.

❖ 임베디드 시스템은 데스크톱 컴퓨터에 비해 RAM, ROM 혹은 다른 I/O 장치 등의 자원을 매우 적게 사용한다(또한 적게 가지고 있다).

❖ 전원 관리는 대부분의 임베디드 시스템에서 매우 중요한 요소이다.

❖ 임베디드 시스템의 개발 환경은 데스크톱 컴퓨터와 매우 다르다. 일반적으로 임베디드 시스템은 내부에 디버깅 회로를 포함하고 있다.

❖ 임베디드 시스템은 원하는 기능을 구현하기 위해 하드웨어와 소프트웨어 양쪽을 모두 고려하여 설계한다. 예를 들어, MP3 플레이어에는 프로세서와는 별도로 내장된 하드웨어 MP3 디코더가 들어 있을 것이다.

초기에는 임베디드 시스템을 동작시키기 위해 아무런 운영체제도 사용하지 않았으며 필요한 모든 소프트웨어들은 자체 제작되었다. 이들 소프트웨어는 하드웨어를 직접 제어하였고, 멀티태스킹이나 UI와 같은 기능들은 제공되지 않거나 극히 제한적인 형태로만 가능했다. 하지만 시간이 지날수록 임베디드 시스템에 많은 기능이 필요하게 됨에 따라 최소한 멀티태스킹/멀티쓰레딩, 프로세스 및 메모리 관리, 프로세스 간 통신(IPC), 타이머 등의 기능을 제공하는 운영체제의 도입이 불가피하게 되었다. 이에 따라 각 회사들은 그들이 개발해 오던 자체 소프트웨어의 기능을 더욱 향상시켜 나가기 시작했지만, 이들도 최소한의 운영체제 기능만을 겨우 수행해냈을 뿐, 완전한 기능을 가진 운영체제의 역할을 대신하지는 못했다. 그 후 여러 회사들이 임베디드 시스템을 위한 운영체제를 개발하기 시작했다.

현재 몇몇 회사에서 내부적으로 사용하는 자체 운영체제를 제외하고도 다양한 임베디드용 운영체제가 존재한다. 많은 시스템에서 주로 사용되는 임베디드 리눅스 외에도 윈드리버의 VxWorks®, 마이크로소프트(Microsoft®)의 Windows® CE, QNX®의 Neutrino®, 액셀러레이티드 테크놀로지(Accelerated Technology®)의 Nucleus™, 레드햇(Red Hat®)의 eCos™, 썬마이크로시스템즈(Sun Microsystems)의 ChorusOS™, 리눅스웍스(LynuxWorks™)의 LynxOS® 등이 있다.

1.1 임베디드 리눅스의 역사

리누스 베네딕트 토발즈(Linus Benedict Torvalds)는 1991년 헬싱키대학교에 재학 중일 때 리눅스(Linux®)라는 운영체제를 개발했다. 미닉스(minix)[2] 개발 메일링 리스트에 보낸 그의 메일로부터 리눅스라는 혁명은 시작되었다. 이 메일의 원문을 리스트 1.1에 실어 두었다.

리스트 1.1 리눅스의 기원

```
보낸 사람: torvalds@klaava.Helsinki.FI(Linux Benedict Torvalds)
뉴스 그룹: comp.os.minix
제목: 여러분들이 미닉스에 바라는 점들은 무엇인가요?
요약: 새로운 자작 운영체제에 대한 의견 조사
메시지 ID: <1991Aug25.205708.9541@klaava.Helsinki.FI>
날짜: 1991년 8월 25일 오후 8시 57분 08초(GMT)
소속: 헬싱키대학교

미닉스 사용자 여러분 안녕하세요.

저는 지금 386(486) AT 컴퓨터에서 동작하는 (자유) 운영체제를 개발하고 있습니다(그저 취미로 하
는 일이고 GNU처럼 거대하거나 전문적인 것은 아닙니다). 이 작업은 지난 4월부터 시작했는데 이제
사용해도 될 만한 수준이 되었습니다. 제가 만든 운영체제는 ((현실적인 문제로 인해) 파일 시스템의
구조나 그 밖의 몇 가지 점들에서) 미닉스와 다소 흡사하기 때문에 미닉스의 장단점 등에 대한 피드
백을 받고 싶습니다.

현재 bash(1.08)와 gcc(1.40)가 포팅되어 원활하게 동작하고 있습니다. 저는 많은 분들이 원하는
기능이 무엇인지를 알고 싶고 이를 몇 달 안에 구현해낼 수 있다고 생각합니다. 어떠한 의견이나 제
안도 환영합니다. 하지만 모든 기능을 구현할 수 있다고 장담하지는 못합니다 :-).

Linus(torvalds@kruuna.helsinki.fi)

PS. 이 운영체제는 미닉스 코드를 전혀 이용하지 않았으며, 파일 시스템은 멀티쓰레드를 지원합니다.
또한 (386 프로세서에 종속적인 태스크 스위칭 기능 등을 사용했기 때문에) 이식성이 없고, 제가 가
진 AT 하드디스크가 아닌 다른 것들은 지원하지 않을 것입니다 :-(.
```

이때부터 리눅스는 비약적으로 발전해 갔다. 리눅스의 오픈 소스 개발 모델과 GNU GPL(General Public License, 일반 공중 사용 허가서)은 수천 명에 이르는 전 세계 개발자들의 참여를 유도해냈다. 이 라이선스(GPL)에 따라 리눅스 커널의 모든 소스 코드는 개인적인 목적이든 상업적인 목적이든 간에 자유롭게 이용 가능했다. 이러한 전 세계 개발자들의 활동은 리눅스를 높은 신뢰성과 강건함을 지닌 고성능 운영체제로 만들었다. 1996년 초반에 이루어진 미하엘 바라바노프(Michael Barabanov)와 빅터 요데이켄(Victor Yodaiken)의 RT-Linux 연구 프로젝트에서 리눅스가 엄격한 실시간성(hard real-time)을 만족할 수 있음을 보여주었다. 이 프로젝트는 엄격한 실시간성을 만족시키기 위해 작은 실시간 커널을 리눅스와 함께 동작시킨다는 아이디어를 기반으로 한다. 1997년에는 MMU(Memory Management Unit)가 없

역자 주   2) 앤드류 탄넨바움(Andrew S. Tanenbaum) 교수가 개발한 교육용 운영체제로, 리눅스가 탄생하는 데 영향을 주었다. 현재의 최신 버전은 3.1.20이며 http://www.minix3.org에서 다운로드 받을 수 있다.

는 프로세서상에서 리눅스를 동작시키는 것을 목표로 하는 uClinux® 프로젝트가 시작되어 1998년에는 사용 가능한 제품이 발표되었다. 1999년부터 2004년까지 리눅스는 임베디드 시스템에서 널리 사용되었으며, 다음의 절들에서 이 기간에 있었던 임베디드 리눅스의 주요 개발 내용들을 살펴보도록 하겠다.

1.1.1 1999년

리눅스는 1999년부터 임베디드 시스템에 기반을 두어 개발되기 시작하였다. 이때의 주요 개발사항은 다음과 같다.

- 리네오(Lineo), FSM Labs, 몬타비스타(MontaVista®), 젠트로픽스(Zentropix) 등의 회사들이 1999년 9월에 개최한 임베디드 시스템 컨퍼런스(ESC: Embedded Systems Conference)에서 임베디드 리눅스에 대한 지원을 발표하였다.
- 젠트로픽스는 실시간 리눅스 솔루션의 가능성을 논의하기 위해 RealTimeLinux.org를 창설하였다.
- 리네오는 EMLAB(Embedded Linux Advisory Board)를 개설하여 임베디드 영역에서 리눅스의 가능성을 논의하였다.
- 릭 레흐바움(Rick Lehrbaum)은 임베디드 리눅스에 대한 포털 사이트인 Linuxdevices.com 을 운영하기 시작했다.
- 파올로 만테가짜(Paolo Mantegazza)는 리눅스에 엄격한 실시간성을 지원하는 RTAI 를 발표하였다.
- 링스 리얼타임 시스템즈(Lynx real-time systems, 지금은 리눅스웍스(LynxWorks)로 사명이 변경되었다)는 최초의 상용 임베디드 리눅스 배포판인 BlueCat® Linux를 발표하였다.

1.1.2 2000년

2000년에는 다음과 같이 많은 회사들이 자사의 제품에 임베디드 리눅스를 채택하였다.

- 삼성(Samsung®)은 리눅스를 내장한 PDA인 요피(Yopy)를 출시하였다.
- 에릭손(Ericsson®)은 리눅스 기반의 무선 스크린 폰인 HS210을 출시하였다. 이 제품은 무선 인터넷, 전화, 이메일 등의 기능을 포함하고 있다.

❖ 아트멜(Atmel®)은 VoIP와 음성 처리 기능을 포함한 인터넷 기기 전용의 리눅스 기반 프로세서인 AT75C310을 발표하였다.

❖ 아젠다 컴퓨팅(Agenda Computing)은 Linuxworld에서 리눅스 기반의 PDA 제품을 시연했다.

이 해에는 리눅스의 실시간성에 대한 인식도 증가되었다.

❖ 타임시스 코퍼레이션(TimeSys® Corporation)은 자원 비축 기술을 통해 예측 가능한 응용 프로그램 응답 시간을 제공하는 임베디드 리눅스 배포판인 Linux/RT™를 발표하였다.

❖ 몬타비스타 소프트웨어는 개발자들이 리눅스 시스템의 실시간 응답성을 측정할 수 있는 오픈 소스 툴들을 제공하는 리눅스 실시간 특성화 프로젝트(Linux Real-Time Characterization Project)를 시작하였다.

❖ 레드햇은 리눅스에 실시간성을 추가하기 위한 명세(spec)인 EL/IX 버전 1.1을 발표하였다.

또한 임베디드 리눅스에서 사용될 많은 툴과 유틸리티 등이 제작되었다.

❖ BusyBox 최초의 안정 버전인 0.43이 릴리즈되었다.

❖ 고어헤드 소프트웨어(GoAhead® Software)는 임베디드 리눅스 응용 프로그램을 위한 GoAhead 웹 서버를 발표하였다.

❖ 트롤텍(Trolltech®)은 임베디드 리눅스를 위한 GUI 응용 프레임워크이자 윈도우 시스템인 Qt™/Embedded를 출시하였다.

❖ 그렉 해얼(Greg Haerr)은 Microwindows 윈도우 시스템에 기반한 ViewML®이라는 임베디드 시스템용 인터넷 브라우저를 발표하였다.

이 해에 릭 레흐바움은 인텔(Intel®), IBM® 등의 메이저급 회사들과 함께 임베디드 리눅스 컨소시엄(ELC: Embedded Linux Consortium)을 창설하였다. 이 컨소시엄의 목적은 임베디드 시장에 리눅스와 오픈 소스 소프트웨어를 보급시키는 것이었다. ELC는 리눅스를 임베디드 시스템을 위한 효율적이고, 안전하고, 신뢰성 있는 운영체제로서 홍보했다.

HP®, Intel, IBM, NEC® 등도 기업형(enterprise) 리눅스 솔루션을 지원하기 위한 목적으로 OSDL(Open Source Development Lab)을 창설하였다.

1.1.3 2001년

2001년 최대의 소식은 리눅스 커널 2.4의 발표였다. 2.4 커널은 이후에 많은 임베디드 리눅스 배포판에 채택되었다. 이 해에는 여러 이동식 장치들에 리눅스가 널리 사용되었다.

- 샤프 전자(Sharp® Electronics)는 리눅스 기반의 PDA 제품을 발표하였다.
- 트롤텍과 리사 시스템즈(Lisa systems)는 컴팩(Compaq)의 iPAQ PDA 제품을 위한 무선 iPAQ 솔루션을 발표하였다.
- 네오매직(NeoMagic®)은 스마트폰 등의 이동식 기기를 위한 리눅스 기반의 SoC 플랫폼을 출시하였다.
- 트랜스메타 코퍼레이션(Transmeta™ Corporation)은 소형기기를 위한 오픈 소스 배포판인 'Midori' 리눅스를 발표하였다.

2001년에는 임베디드 리눅스를 표준화하기 위한 노력들도 많이 일어났다.

- 일본의 임베디드 리눅스 컨소시엄(EMBLIX)은 도시바(Toshiba®), NEC를 포함한 메이저급 회사들이 일본 내에서 리눅스를 홍보하고, 교육하고, 표준화하기 위해 설립하였다.
- TV 리눅스 연합(TV Linux Alliance)은 셋톱박스에 리눅스를 사용하기 위한 여러 표준들을 정의하기 위한 단체로 브로드컴(Broadcom®), 모토로라(Motorola), 썬 마이크로시스템즈 등에 의해 창설되었다.
- 자유 표준 그룹(FSG: Free Standards Group)은 LSB(Linux Standard Base) 명세 버전 1.0을 발표하였다. LSB의 목적은 리눅스 배포판 간의 호환성을 높일 수 있는 표준들을 개발하여 이를 따르는 모든 리눅스 배포판에서 응용 프로그램을 자유롭게 사용하는 것이었다. LSB는 기업형 리눅스 시장에서 널리 인정받았으며 임베디드 리눅스에도 적합하다고 인식되었다.

다음과 같은 개발 툴과 유틸리티들도 개발되었다.

- uClibc의 최초 주요 릴리즈인 0.9.8이 공개되었다. 현재 uClibc는 거의 대부분의 임베디드 리눅스 배포판에 필수적으로 포함되어 있다.
- IBM, 수세(SuSE®), 레드햇, QNX 소프트웨어 시스템즈, 볼랜드(Borland®), 메란트(Merant®) 등의 주요 기업들은 임베디드 시스템을 위한 개발 환경을 제공하기 위해 이클립스(Eclipse™) 컨소시엄을 설립하였다. 현재 타임시스, 리눅스웍스, 몬타비스타 등의 회사들은 임베디드 리눅스 개발을 위한 IDE로서 이클립스 프레임워크를 사용하고 있다.

1.1.4 2002년

2002년에는 임베디드 시장에서 리눅스가 비약적인 성장을 이루어냈으며, 더 많은 회사들이 자사의 신제품을 설계할 때 리눅스를 채택하기 시작했다. 리눅스의 실시간성도 더욱 발전했다.

- ❖ 로버트 러브(Robert Love)의 선점형 커널 패치, 앤드류 모튼(Andrew Morton)의 스케줄링 저지연(low-latency) 패치, 잉고 몰나르(Ingo Molnar)의 O(1) 스케줄러가 리눅스 커널에 적용되었다.
- ❖ RTLinux®는 사용자 공간 프로그램에도 엄격한 실시간성을 지원하였다.
- ❖ ADEOS(Adaptive Domain Environment for Operating Systems) 프로젝트는 실시간 커널과 범용 운영체제가 동시에 동작할 수 있는 HAL(Hardware Abstraction Layer)을 포함하는 ADEOS의 첫 번째 결과물을 발표하였다.

표준화를 위한 노력들도 계속되어 다음과 같은 표준이 제정되었다.

- ❖ ELC는 프로그램 소스 코드의 재사용성과 이식성을 높이기 위한 API 표준인 ELC 플랫폼 명세(ELCPS)를 발표하였다. 이것은 개발자들이 임베디드 리눅스의 응용 프로그램을 개발하는 시간과 비용을 감소시켜 주었다.
- ❖ OSDL은 통신(telecommunication) 산업에서 사용되는 캐리어 그레이드(Carrier Grade) 시스템에 리눅스의 사용을 촉진하고 표준화하도록 캐리어 그레이드 리눅스(CGL) 워킹 그룹을 조직하였다. CGL 워킹 그룹은 같은 해에 v1.x CGL 요구사항 명세를 발표하였다.
- ❖ FSG는 LSB 1.1과 LSB 인증 프로그램을 발표했다. LSB 인증 프로그램은 별도의 기관에서 리눅스 배포판이나 응용 프로그램들이 LSB 명세를 따르는지를 인증할 수 있도록 하였다.

이 해에 리눅스는 디지털 엔터테인먼트 산업에도 진출하였다. 인텔은 홈 디지털 미디어 어댑터를 위한 참조 모델(reference design)을 발표했으며, 트레이스 스트래티지스(Trace Strategies Inc.)는 디지털 인터랙티브 TV(ITV), 셋톱박스 등과 같은 영상 기기에서 가장 선호되는 운영체제는 리눅스라는 연구 결과를 발표하였다.

또한 uClinux는 스냅기어(SnapGear®)와 릿지런(RidgeRun)의 지원을 받아 공유 라이브러리 지원 기능을 추가하였다. 이후 uClinux는 커널 버전 2.5.46부터 정식 리눅스 커널 트리 내로 포함되었다.

1.1.5 2003년

이 해 리눅스는 휴대폰과 SOHO 시장에서의 성장을 보였다.

- 모토로라는 임베디드용 운영체제로 리눅스를 사용한 A760 스마트폰을 발표하였다.
- SOHO와 소비자 시장을 위한 게이트웨이, 라우터, 무선 랜 등의 기기에도 리눅스가 많이 사용되었다.

이 해에는 더 많은 표준화가 진행되었다.

- ELC는 전원 관리, UI, 실시간성에 대한 표준을 지원하기 위해 ELCPS를 확장하였다.
- OSDL은 보안, 고가용성, 클러스터링에 대한 부분을 확장한 CGL v2.0을 발표하였다.
- 2003년 6월에는 마츠시타(Matsushita™), 소니(Sony), 히타치(Hitachi), NEC, 필립스전자(Royal Philips® Electronics), 삼성전자, LG 전자, 샤프, 도시바 등의 회사들이 가전기기를 위한 리눅스 포럼(CELF: Consumer Electronics Linux Forum)을 발족하였다. CELF는 가전기기에 리눅스를 적용하기 위한 명세를 제공하고, 가전기기에 최적화된 리눅스 커널 소스 트리를 별도로 관리하고 있다. CELF에는 많은 회사들이 참가하여 커널 소스에 기여하였고 이에 리눅스는 가전기기에 쓰이는 사실상의 표준(de facto) 운영체제가 되었다.

2003년 말에는 리눅스 커널 2.6.0이 발표되었다.

1.1.6 2004년

2004년에 일어났던 주요한 사건들을 간추려 보면 다음과 같다.

- 리눅스웍스는 2.6 커널 기반의 BlueCat Linux 배포판을 출시하였으며, 이것은 2.6 커널을 기반으로 한 최초의 상용 임베디드 리눅스 배포판이었다.
- 소니는 리눅스 기반의 차량용 내비게이션을 발표하였다. 이 제품은 3D 지도를 사용한 내비게이션 기능과 GPS, 미디어 플레이어, 하드 드라이브, PC 연결 기능을 포함하고 있다.
- 트롤텍은 스마트폰에서 PDA와 비슷한 기능을 제공하는 모바일 폰용 응용 프로그램 스택을 발표했다.
- OSDL의 CGL 명세는 통신 산업 시장에서 널리 인정을 받았다.
- CELF는 가전기기에서 리눅스를 사용하기 위한 첫 번째 명세를 공개하였다. 이 명세를

지원하는 아홉 가지 타깃 보드에서 동작하는 리눅스 커널 패치 형식의 참조 구현 (reference implementation)이 제공된다.

❖ FSG와 OSDL은 LSB 2.0을 발표하였다.

오늘날 많은 회사들이 자사의 신제품을 설계할 때 임베디드 리눅스를 채택하고 있다. 갈수록 많은 수의 벤더(vendor)들이 다양한 하드웨어 플랫폼상에서 동작하는 임베디드 리눅스 배포판을 제공하고 있다. 이제 임베디드 리눅스는 임베디드 시스템을 위한 최적의 운영체제가 되었다. AMD®, ARM, TI, 모토로라, IBM, 인텔과 같은 칩 제조업체들도 모두 자신들의 하드웨어를 동작시키기 위한 플랫폼으로 리눅스를 사용하고 있다. 소니와 NEC 등의 가전 기기 업체들도 DVD, DVR 등의 디지털 기기에 리눅스를 사용한 제품을 공급하고 있다.

1.2 왜 임베디드 리눅스인가?

임베디드 리눅스를 처음 접하게 되는 사람들은 다음과 같은 의문이 생길 수도 있을 것이다. "왜 타깃에 쓰일 운영체제로 임베디드 리눅스를 선택하는 걸까?" 이번 절에서는 상용의 (독점) 임베디드용 운영체제에 비해 임베디드 리눅스가 갖는 장점들을 살펴보기로 한다.

1.2.1 벤더 독립성

독점 OS를 사용하게 되면 제품의 개발 기간 동안 해당 벤더에게 종속된다. 벤더로부터 기술 지원이 제대로 이루어지지 않는다면 제품의 출시일이 연기될 수도 있으며 사소한 문제점들을 해결하기 위해 며칠 혹은 몇 주 동안 대기하는 경우도 생길 수 있다. 이 경우 벤더를 바꾼다는 것은 제품을 처음부터 완전히 다시 개발한다는 것을 의미한다.

임베디드 리눅스는 벤더에 독립적이다. 모든 임베디드 리눅스 배포판의 벤더들은 비슷비슷한 비즈니스 모델을 가지며, 배포판이라는 것은 동일한 주제를 서로 다른 형식으로 묶어 놓은 것일 뿐이다. 이들은 모두 리눅스 커널, 라이브러리, 기본 유틸리티 등과 같은 동일한 기본 요소들을 갖고 있다. 만약 당신이 사용하고 있는 임베디드 리눅스 배포판의 벤더가 활발한 지원을 해 주지 못한다는 것이 느껴진다면, 상대적으로 낮은 비용으로 다른 배포판으로 교체할 수 있다. 혹은 어떠한 임베디드 OS 벤더도 선택하지 않고 자유롭게 이용 가능한 리눅스 커널과 이에 관련된 유틸리티들을 사용하여 직접 작업하는 것도 가능하다.

1.2.2 개발 시간 단축

임베디드 리눅스를 위한 풍부한 툴과 유틸리티들이 존재한다. 대부분의 벤더들은 여러 하드웨어 플랫폼에서 이용 가능하고 무료로 다운로드 받을 수 있는 체험용 킷(preview kit)을 제공한다. 제품에 사용하고자 하는 하드웨어에는 대부분 리눅스가 이미 포팅되어 있을 것이다. 따라서 독자들은 하드웨어 플랫폼에 리눅스를 포팅하거나 시스템에 포함된 고성능 I/O 장치를 위한 드라이버를 작성하는 따위의 일에는 신경 쓸 필요 없이 오직 응용 프로그램을 작성하는 일에만 시간을 투자하면 된다. 임베디드 리눅스를 사용하면 제품 개발 기간이 많이 단축될 수 있다.

임베디드 플랫폼상에서 리눅스를 사용하는 장점 중의 하나는 개발 시간을 단축시켜 주는 것이다. 리눅스 기반의 호스트 개발 환경을 구축하면, 타깃에서 동작할 대부분의 응용 프로그램들을 리눅스 호스트상에서 테스트할 수 있으므로 응용 프로그램을 포팅하는 시간을 줄여준다. 예를 들어, DHCP 클라이언트가 필요한 경우에는 (타깃에서 동작할 수 있는 크기의) 적당한 오픈 소스 DHCP 클라이언트를 찾아서 컴파일한 후, 리눅스 호스트상에서 테스트해 본다. 만약 호스트상에서 제대로 동작한다면 남은 일은 타깃을 위해 크로스 컴파일하는 것뿐이며, 이렇게 생성된 실행 파일은 타깃에서도 아무런 문제없이 동작할 것이다.

1.2.3 다양한 하드웨어 지원

점점 높은 사양을 지원하며, 저가이고, 갈수록 복잡해지는 마이크로프로세서와 I/O 장치 등이 대량으로 등장함에 따라 독점 임베디드 OS의 벤더들이 이러한 장치들을 빠른 시간 내에 모두 지원하는 것은 계속 어려워지고 있다. 만약 제품에 높은 사양의 하드웨어가 필요한 경우라도 독점 임베디드 OS 벤더가 이를 지원해 주지 않아 사용할 수 없는 경우도 있을 수 있다.

리눅스는 많은 아키텍처와 고성능 I/O 장치를 지원하기 때문에 시스템을 위한 하드웨어의 선택에 있어 위와 같은 문제를 겪지 않게 된다. 리눅스는 하드웨어나 소프트웨어의 신기술을 적용할 때도 선호되는 OS이며 이미 많은 대학에서 연구와 학문적인 목적으로 사용되고 있다. 또한 하드웨어 제조업체들도 자신들의 플랫폼을 동작시키기 위해 리눅스를 주로 사용한다.

1.2.4 저비용

임베디드 리눅스는 제품 개발 비용 및 개발자를 교육하거나 고용하는 데 드는 비용을 최소화시켜 준다.

개발 비용

독점 소프트웨어의 벤더는 엄청난 액수의 개발 툴 라이선스 비용을 요구할 수도 있다. 이러한 것들은 대부분 각 사용자별(per-seat) 라이선스이기 때문에 개발 환경을 사용할 수 있는 사람의 수가 제한될 수밖에 없다. 임베디드 리눅스에서는 컴파일러, 링커, 라이브러리, 셸(shell)과 같은 모든 툴과 유틸리티들을 무료로 사용 가능하며 이를 이용해 구성한 개발 환경도 무료로 다운로드 받을 수 있다. 좋은 IDE들도 무료이거나 소액의 비용을 지불하면 이용할 수 있다. GUI 기반의 설정 툴이나 프로파일링 툴들도 물론 존재한다.

교육 및 고용 비용

새로운 개발 환경은 비싸다. 개발자를 재교육시키거나 독점 OS상의 여러 문제들을 잘 이해하고 있는 전문가를 고용해야 한다면 제품의 생산 비용은 엄청나게 증가할 것이다. 리눅스는 유닉스(UNIX®)와 비슷한 프로그래밍 모델을 따르고 있기 때문에, 대부분의 개발자들이 익숙하게 작업을 할 수 있으며, 임베디드 리눅스상의 프로그래밍 기법도 쉽게 익힐 수 있다.

러닝 로열티

마지막으로, 독점 임베디드 OS(혹은 다른 써드파티 컴포넌트)에 대한 러닝 로열티도 제품의 단가를 상승시키는 요인이 된다. 임베디드 시장은 비용에 매우 민감하기 때문에 각 회사들은 최종 소비자 가격을 낮추기 위해 많은 노력을 하고 있는 실정이다. 임베디드 리눅스는 로열티가 없다. 대부분의 임베디드 리눅스 벤더들은 제품에 대해 러닝 로열티를 요구하지 않고 있으며 이는 제품의 BOM(Bill Of Materials)[3]을 감소시켜 준다.

1.2.5 오픈 소스

리눅스가 지금처럼 대중적으로 퍼지게 된 주요한 이유 중의 하나는 오픈 소스 개발 모델에 있다. 리눅스는 오픈 소스이기 때문에 다음과 같은 장점이 있다.

역자 주 | 3) BOM은 제품을 구성하는 부품들과 그 비용을 나열해 놓은 목록이다.

✤ 전 세계에는 리눅스 커널과 응용 프로그램들의 기능을 추가하고 개선하기 위해 노력하는 수천 명의 개발자들이 있다.

✤ 개발 기간 동안 전반적인 지원을 받을 수 있다. ARM이나 MIPS 혹은 MMU가 없는 프로세서에 포팅된 대부분의 리눅스에는 별도의 메일링 리스트가 존재하며, 메일링 리스트 아카이브에는 개발 과정에서 겪게 되는 대부분의 문제점들에 대한 해결책이 이미 기록되어 있을 것이다.

✤ 리눅스는 풍부한 기능을 가진 훌륭한 소프트웨어들을 많이 가지고 있으며, 전 세계의 재능 있는 개발자들이 커널에 추가되는 모든 기능에 대한 리뷰를 해 주고 있다. 이로 인해 리눅스의 안정성은 점점 높아지고 있다.

✤ 소스 코드를 자유롭게 볼 수 있기 때문에, 운영체제 내에서 일어나는 일들을 이해하거나, 제품을 최적화하기 위해 커널을 변경하거나, 버그가 생겼을 때 이를 수정하는 일들이 용이하다.

✤ 리눅스와 함께 사용되는 툴, 유틸리티, 응용 프로그램들도 모두 오픈 소스이기 때문에 이들도 역시 위와 동일한 장점이 있다.

1.2.6 POSIX® 표준 준수

POSIX는 유닉스상에서 동작하는 응용 프로그램들의 이식성을 높이기 위해 만들어진 표준으로, 유닉스 계열의 운영체제에서 제공해야 할 공통적인 인터페이스와 기능을 정의하였다. 이로써 유닉스 개발자들은 각 운영체제마다 별도의 작업을 수행할 필요가 없어졌으므로 개발이 한층 수월해졌다. 리눅스 커널도 메모리 관리, 프로세스 및 쓰레드 생성, 프로세스 간 통신, 파일 시스템, TCP/IP에 관한 POSIX 표준을 준수하는 API를 제공한다.

이러한 장점으로 인해 현재 임베디드 시스템용 소프트웨어의 추세는 임베디드 리눅스로 가고 있는 상황이다. 저렴한 비용에서부터 풍부한 툴셋의 지원에 이르는 리눅스의 이점은 임베디드 시장에서 리눅스가 세력을 키울 수 있는 원동력이 되고 있다.

1.3 임베디드 리눅스와 데스크톱 리눅스

리눅스는 거대한 SMP(Symmetric Multi-Processor) 서버에서부터 초소형 기기에 이르기까지 다양한 하드웨어에서 동작한다. 하지만 더욱 놀라운 사실은 이렇게 다양한 기기에 단일한 커널 코드가 사용된다는 것이다. 이것은 커널 코드가 높은 수준으로 모듈화되어 있어서, 사용되는 하드웨어 성격에 따라 커널을 손쉽게 설정할 수 있기 때문이다. 하지만 특정 배포판에서는 임베디드 시스템에 '적합한' 개선사항을 기본 리눅스 커널에 대한 패치 형식으로 제공한다. 하지만 솔직히 말하면 단지 안정 버전의 리눅스 커널 소스를 다운로드 받아서, 시스템에 알맞게 설정하고, 타깃 보드를 위해 크로스 컴파일하고 나면 사용할 준비가 다 된 것이다. 임베디드 시스템을 위한 실시간 스케줄링, 선점형 커널 등의 기능은 이제 메인 커널 소스 트리에 포함되었다.

다음은 임베디드 리눅스와 일반 데스크톱 리눅스의 주요한 차이점들이다.

- 임베디드 리눅스는 데스크톱 리눅스에 비해 커널을 설정하는 방식이 다르다. 사용되는 파일 시스템이나 디바이스 드라이버에서도 차이가 난다. 예를 들어, 임베디드 시스템은 플래시 드라이버나 (CRAMFS나 JFFS2와 같은) 플래시용 파일 시스템을 필요로 하겠지만 일반적으로 데스크톱에서는 이들이 필요하지 않다.
- 임베디드 리눅스는 컴파일, 디버깅, 프로파일링 등의 개발 툴에 더 중점을 두고 있다. 임베디드 리눅스는 개발자들이 x86 기반의 호스트 시스템에서 타깃 시스템에 쓰일 응용 프로그램을 크로스 컴파일하기 위한 툴에 초점을 맞추고 있는 반면에 데스크톱 리눅스에서는 사용자가 작업할 수 있는 워드프로세서, 이메일 관리 프로그램, 뉴스 리더 등의 응용 프로그램에 더 초점을 맞추고 있다.
- 임베디드 리눅스 배포판에 포함된 유틸리티들은 데스크톱 리눅스에 포함된 것들과는 조금 다르다. 임베디드 리눅스에서는 Ash, Tinylogin, BusyBox 등이 필수적으로 고려되고 있으며 심지어는 데스크톱에서 쓰이는 C 라이브러리인 Glibc보다 uClibc와 같은 라이브러리가 임베디드용 응용 프로그램에서 더 많이 쓰이고 있다.[4]
- 임베디드 리눅스에서 쓰이는 윈도우 시스템과 GUI 환경은 데스크톱 리눅스와 많은 차이를 보인다. 데스크톱 리눅스에서 많이 사용되는 X 윈도우 시스템은 임베디드 환경에는 적합하지 않다. 임베디드 리눅스에서는 Microwindows(Nano-X)가 유사한 기능을 제공한다.
- 임베디드 리눅스가 설치된 타깃 시스템은 주로 관리자 모드로 동작하며 시스템 관리

저자 주   4) 이러한 유틸리티들은 매우 적은 디스크 용량을 차지하며 메모리의 사용량도 적다. 이것이 바로 이러한 유틸리티들이 유사한 데스크톱용 유틸리티에 비해 더 적은 기능을 제공함에도 불구하고 임베디드 시스템에서 더 많이 쓰이는 이유이다.

기능을 사용하지 않는다. 하지만 데스크톱 리눅스에서 시스템 관리는 매우 중요한 역할이다.

1.4 자주 묻는 질문들(FAQs)

이 절에서는 임베디드 리눅스에 대한 몇 가지 일반적인 질문들에 대해 답해 보겠다.

1.4.1 리눅스는 너무 크다?

일반적으로 사람들은 리눅스가 데스크톱 시스템을 위해 설계되었다고 생각해서, 임베디드 시스템에 적합하지 않거나 임베디드 시스템에 쓰이기에는 너무 거대할 것이라고 생각한다. 하지만 이러한 추측과는 달리, 리눅스는 모듈화가 잘 이루어져 있으며 각 구성요소들을 선택하기 위한 메커니즘도 잘 마련되어 있다. 시스템 설정에 따라 커널에는 오직 필요한 요소만을 포함시킬 수 있다. 예를 들어, 네트워킹을 지원하지 않는 기기라면 커널 설정 시에 이를 포함시키지 않으면 된다. 파일 시스템에 대한 지원도 마찬가지 방식이다.

혹자는 임베디드 리눅스가 동작하기 위한 SDRAM과 플래시의 용량에 대해 궁금해 한다. 임베디드 리눅스가 동작하기 위한 최소 사양은 4MB의 SDRAM과 2MB의 플래시이다. 16MB 혹은 32MB의 SDRAM과 4MB의 플래시를 갖춘다면 향상된 성능의 시스템에서 풍부한 응용 프로그램들을 동작시킬 수 있을 것이다.

적은 자원을 필요로 하는(small-footprint) 소형 임베디드 리눅스를 구현하기 위한 노력으로 다음과 같은 것들이 탄생하게 되었다.

- uClinux, 이것은 모토로라의 68k, ARM7™ 등의 MMU가 없는 플랫폼에 리눅스를 이식한 것으로 모든 기능을 제공하며 최소한의 SDRAM과 플래시를 요구한다.
- ELKS(Embedded Linux Kernel Subset)는 임베디드 리눅스를 팜 파일럿(Palm Pilot)에 올릴 계획을 갖고 있다.
- ThinLinux는 디지털 카메라, MP3 플레이어 등과 같은 임베디드 기기를 타깃으로 하는 또 하나의 소형 배포판이다.

1.4.2 리눅스는 실시간성을 지원하지 않는다?

리눅스의 근원은 데스크톱 컴퓨터에 있기 때문에, 많은 사람들은 실시간 시스템에서 리눅스를 사용할 수 있는지에 대한 의문을 갖는다. 임베디드 리눅스 영역에서 실시간 시스템을 지원하기 위한 많은 노력이 이어져 왔다. 이러한 노력의 결과로 나온 것이 선점형 커널과 실시간 스케줄러이다. 엄격한 실시간 응용 프로그램을 위해 듀얼 커널(dual kernel) 방식이 도입되었는데, 타임-크리티컬한 작업을 위해서는 리눅스가 아닌 실시간 커널이 사용되었다. 오늘날 리눅스는 시스템의 실시간성을 만족시킬 수 있다. 리눅스의 실시간성에 대해서는 7장에서 더욱 자세히 살펴보자.

1.4.3 독점 소프트웨어를 어떻게 보호할 수 있는가?

GPL 라이선스와 독점 소프트웨어에 관한 많은 고려사항이 있다. GPL 라이선스는 임베디드용 응용 프로그램에서는 대부분 문제가 되지 않는다. 독점 소프트웨어도 임베디드 리눅스와 함께 문제없이 사용될 수 있다. GPL과 임베디드 시스템에 대한 자세한 논의는 부록 B를 참조하기 바란다.

1.4.4 상용 임베디드 리눅스 배포판을 구매해야 하는가?

이것은 독자가 제품에 임베디드 리눅스를 사용하기로 결정했을 때 생길 수 있는 질문 중의 하나이다. 임베디드 리눅스를 사용하기 위해서 상용 배포판을 반드시 구매해야 하는 것은 아니다. 당신은 인터넷을 통해 필요한 모든 소스 코드를 자유롭게 다운로드 받을 수 있으며 그것을 타깃에 맞게 최적화할 수 있다. 하지만 이러한 '독자적인' 방식에는 몇 가지 결점이 존재한다. 타깃에 리눅스를 포팅하는 작업은 많은 시간과 노력이 소모되는 일이며, 만약 리눅스가 해당 타깃에 이미 포팅되어 있다 하더라도 좋은 지원과 향상된 개발 툴 없이는 개발 시간이 지연될 것이다.

필자는 당신의 회사가 임베디드 리눅스에 대한 충분한 전문 지식이 없다면 상용 임베디드 리눅스 배포판을 사용할 것을 추천한다. 물론 많은 수의 아주 훌륭한 오픈 소스 배포판도 존재하며 이들도 제품의 특성에 맞는다면 사용할 수 있다.

상용 배포판은 다음과 같은 장점이 있다.

- ❖ 지원: 이것은 상용 배포판을 이용하는 커다란 이유 중의 하나이다. 임베디드 리눅스 배포업체는 일반적으로 시스템 소프트웨어 영역에 숙련된 기술자와 전문지식을 갖고 있다. 그들은 독자들이 진행 중인 프로젝트의 어떠한 부분이라도 아주 적은 비용으로 도움을 줄 수 있다.
- ❖ 개발 툴과 유틸리티: 상용 배포판은 풍부한 개발 환경을 포함하고 있다. 대부분의 배포판은 GUI 기반의 설치, 설정, 개발, 디버깅 툴을 포함한다. 몇몇은 전문 프로파일링 툴을 제공하며 이미지를 타깃에 다운로드하기 위한 사용자 친화적인 툴을 제공하기도 한다. 또한 제품의 개발 시간을 급격하게 감소시켜 줄 수 있는 미리 컴파일된 풍부한 유틸리티들도 함께 제공한다.
- ❖ 커널 개선: 상용 배포판은 일반적으로 커널을 개선하여 이를 커널 내에 포함시켜 두거나 커널 모듈의 형식으로 제공한다. 이 개선사항은 커널의 실시간 응답성, 커널의 메모리 및 플래시 사용량 감소, 임베디드 응용 프로그램에 필요한 그래픽이나 네트워크 기능을 지원하기 위한 드라이버와 유틸리티 등을 포함한다.

다시 말해, 상용 임베디드 리눅스 배포판은 개발 시간과 노력을 감소시켜 제품이 시장에 빨리 출시될 수 있도록 도와준다. 리눅스에 대한 경험이 없는 회사가 임베디드 리눅스를 이용하여 제품을 개발하기로 결정하였다면 이와 같은 장점들이 시스템의 이전을 용이하게 해 줄 것이다.

1.4.5 어떤 임베디드 리눅스 배포판을 선택해야 하는가?

사용할 수 있는 많은 수의 임베디드 리눅스 배포판이 있다. 독자들의 프로젝트를 성공적으로 완수하기 위해서는 제품에 알맞은 배포판을 선택하는 것이 매우 중요하다. 배포판을 결정하는 데 있어서 고려해야 할 사항들을 아래에 정리해 두었다.

- ❖ 패키지: 배포판이 독자들의 프로젝트에 필요한 모든 소프트웨어를 제공하고 있는가? 예를 들어, 배포판 내에는 수많은 유틸리티와 드라이버가 포함되어 있지만 그것들이 모두 당신이 사용할 타깃에 필요한 것인지, 개발, 디버깅, 프로파일링에 필요한 툴들이 모두 포함되어 있는지 점검해 보아야 한다.
- ❖ 문서화: 배포판은 모든 툴과 유틸리티들에 대한 문서와 샘플 코드를 패키지에 포함시켜 제공한다. 그리고 바이너리 파일을 빌드하는 방법, 타깃에 다운로드하는 방법, 시스

템을 프로파일링하는 방법 등에 대한 자세한 절차를 설명한 참조 매뉴얼을 동봉하고 있을 것이다. 만약 배포판이 독점 소프트웨어를 포함하고 있다면, 그에 대한 적절한 문서도 포함하고 있어야 할 것이다.

❖ **독점 소프트웨어:** 몇몇 배포판은 특정 독점 소프트웨어 툴이나, 오직 '바이너리' 형식의 커널 모듈로만 독점 디바이스 드라이버를 포함하고 있기도 하다. 이러한 배포판을 선택할 때는 주의해야 한다. 만약 이러한 소프트웨어가 프로젝트에 정말로 필요하고 다른 대안을 찾을 수 없는 경우라고 판단되는 경우에는 이 배포판을 선택해야 할 것이다. 하지만 독점 소프트웨어에 너무 종속된다면 임베디드 리눅스의 벤더 독립적인 특성이 무의미해져 버린다. 또한 이러한 독점 소프트웨어의 경우에는 별도의 러닝 로열티가 존재하는지 점검해 볼 필요가 있다.

❖ **소프트웨어 업그레이드:** 임베디드 리눅스 배포판 벤더는 새로운 툴이나 유틸리티 등을 추가하거나 상위 버전의 리눅스 커널로 교체하는 등의 배포판 개선 작업을 해 나갈 것이다. 이러한 경우 개선된 배포판을 무료로 사용할 수 있는지 아니면 별도의 비용이 필요한지를 점검해 보아야 한다.

❖ **유연성:** 배포판이 회사의 단기적 혹은 장기적인 목표에 잘 부합되는가? 이후의 제품에도 현재 사용하고 있는 것과 동일한 소프트웨어를 그대로 사용할 수 있는지 혹은 커널을 사용할 수 없다면 최소한 툴이나 유틸리티 등은 그대로 사용할 수 있는지를 점검해 보아야 한다.

❖ **지원:** 마지막으로 가장 중요한 기술 지원에 대한 문제를 고려해야 한다. 우선, 기술 지원에 대한 별도의 계약이 필요한지, 필요한 비용이 얼마인지를 점검해 보아야 한다. 또한 버그를 수정하거나 새로운 장치에 대한 드라이버를 작성하는 경우 지원이 얼마나 잘 되는지, 가능하다면 해당 벤더와 거래하고 있는 다른 업체에게서 정보를 얻어 보는 것이 좋다.

프로젝트를 성공적으로 완수하기 위해서는 적절한 배포판을 선택하는 것이 매우 중요하다. 임베디드 리눅스 배포판 벤더는 독자들의 시스템에 필요한 모든 소프트웨어를 안내해 줄 것이다. 하지만 주의할 점은 벤더에게 너무 의존해서는 안 된다는 것이다. 개발업체는 자체적으로 차근차근 리눅스에 대한 전문지식을 늘려가야 하며 이것이 회사에게도 장기적인 이익이 될 것이다.

1.5 임베디드 리눅스 배포판

이 절에서는 현재 이용할 수 있는 다양한 상용 혹은 오픈 소스 임베디드 리눅스 배포판에 대해서 살펴보기로 한다. 이 절의 목적은 독자들이 자신의 플랫폼에 맞는 배포판을 결정할 수 있도록 다양한 임베디드 리눅스 배포판들의 특성을 간략하게 설명하는 것이다.

우리가 알아볼 것은 Cadenux®, Embedded Debian®, ELDK, ELinOS®, RTLinux, BlueCat, Metrowerks™, MontaVista Linux, TimeSys Linux 등의 주요 배포판들이다. 여기서는 다음 과 같은 사항들에 대해 중점적으로 비교할 것이다.

- 기능: 커널과 툴체인의 기능은 무엇이 있는가?
- 개발 환경: 개발 환경은 사용하기 편리한가?
- 문서화: 배포판에는 어떠한 문서들이 포함되어 있는가?
- 지원: 지원 정책은 무엇인가?

지금부터 알파벳 순서대로 각 배포판들에 대해 알아보기로 한다.

1.5.1 BlueCat Linux

BlueCat Embedded Linux 5.0은 리눅스웍스(www.lynuxworks.com)에서 판매하는 리눅스 커널 2.6 기반의 상용 배포판이다. 이 배포판은 작은 이동식 기기에서부터 대형의 멀티 CPU 시스템에 이르기까지 광범위한 임베디드 시스템을 타깃으로 한다.

기능

BlueCat은 리눅스 커널 2.6을 사용하기 때문에 다음과 같은 기능이 제공된다.

- 선점형 커널
- 저지연(low-latency) 패치가 적용된 스케줄러
- NPTL(New POSIX Thread Library) 기반의 새로운 POSIX 쓰레드 구현을 통한 향상된 POSIX 쓰레드의 지원
- POSIX 타이머와 실시간 시그널

또한 다음과 같은 기능도 포함되어 있다.

❖ GCC 3.2.2, 멀티쓰레드 디버깅을 지원하는 GDB, 커널 디버거를 포함한 향상된 GNU 크로스-개발 툴

❖ XScale™ 마이크로 아키텍쳐, PowerPC, IA-32, ARM, MIPS, x86 PC 호환 기종의 타깃 지원

❖ BusyBox, Tinylogin, uClibc 등의 유틸리티

❖ Zebra 라우팅 프로토콜, 개선된 네트워크 관리, 보안 기능

❖ 최소한의 자원을 사용하는 임베디드 타깃 툴과 커널 설정

개발 환경

리눅스웍스는 신속한 개발을 지원하기 위해 다음과 같은 개발 툴을 제공한다.

❖ VisualLynux™: 윈도즈(Windows) 기반의 IDE. VisualLynux는 Microsoft Visual Studio® .NET™ IDE의 플러그인으로 윈도즈 호스트 환경에서 BlueCat Linux의 응용 프로그램들을 빌드할 수 있게 해 준다. 이 플러그인은 윈도즈 환경에서 BlueCat Linux 타깃의 응용 프로그램을 개발하는 데 필요한 모든 명령어와 표준 GNU 툴들을 제공한다.

❖ CodeWarrior™: 리눅스와 솔라리스(Solaris®) 기반의 IDE. 에디터, 코드 브라우저, 컴파일러, 링커, 디버거를 포함한 직관적인 GUI의 CodeWarrior IDE는 리눅스와 솔라리스 환경에시 BlueCat Linux 타깃의 개발 시간을 단축시켜 준다.[5]

이러한 IDE와는 별도로 다음과 같은 디버깅 툴들도 제공한다.

❖ TotalView: 멀티프로세서, 멀티쓰레드, 멀티프로세스 환경에서 강력한 디버깅 기능을 제공한다.

❖ LynxInsure++: 런타임 에러 탐지와 분석 기능을 제공한다.

❖ SpyKer™: 특정 응용 프로그램이 실행 중일 때, 시스템 내의 모든 이벤트를 모니터링한다.

문서화

BlueCat Linux 5.0은 풍부한 사용자 가이드 문서와 함께 제공되며, 이들은 리눅스웍스의 홈페이지에서도 다운로드 받을 수 있다.

역자 주 | 5) 이 글을 번역하고 있는 현재 리눅스웍스는 CodeWarrior 대신 이클립스 기반의 Luminosity라는 IDE를 제공하고 있으며, 이는 리눅스와 솔라리스는 물론 윈도즈 호스트도 지원한다.

지원

리눅스웍스는 다음과 같은 세 가지 지원 패키지를 제공한다.

- ❖ BlueCat maintenance support: 이것은 주로 최소한의 지원이 필요한 고객들을 위한 것으로, OS와 툴들의 업그레이드만이 가능한 저렴한 가격의 지원 상품이다.
- ❖ BlueCat priority support: 빠른 응답 시간, 제한 없는 접근, 이미 알려진 문제점이나 새로 발견된 문제점에 대한 수정, 구현 단계에서의 도움이 필요한 경우에 알맞다.
- ❖ Block-of-time support: priority support의 사항들을 포함하며, 지원 시간을 구매하여 일 년 중 어느 때라도 필요한 경우 지원을 요청할 수 있다.

1.5.2 Cadenux

Cadenux는 MMU가 없는 ARM7, ARM9™ 계열의 프로세서에 특화된 임베디드 리눅스 배포판으로 uClinux를 이용하여 구성되었다.[6]

기능

- ❖ 리눅스 BSP: Cadenux는 (TI DSC21, DSC25, DM270 등의) ARM7 프로세서와 (TI DM310, OMAP1510 등의) ARM9 프로세서를 위한 리눅스 커널 버전 2.0, 2.4, 2.6 기반의 바이너리(prebuilt) BSP(Board Support Package)를 제공한다. 또한 이 BSP와 함께 유용하게 사용되는 드라이버들도 포함된다.
- ❖ 공유 라이브러리 지원: Cadenux는 MMU가 없는 플랫폼을 위한 공유 라이브러리를 지원한다. Cadenux의 XFLAT 공유 라이브러리 기술은 응용 프로그램이 공유 라이브러리와 링크되도록 해 준다.
- ❖ 커널 압축 지원: 커널은 플래시 메모리에서 차지하는 용량을 줄이기 위해 압축된 형태로 저장될 수 있다.
- ❖ 실시간 확장: 선점형 커널, 실시간 스케줄러와 인터럽트의 지연 시간을 측정하는 툴이 포함된다.
- ❖ 파일 매핑 지원: Cadenux는 프로그램의 코드(text) 영역을 공유할 수 있도록 uClinux 2.4 커널에 파일 매핑 지원 기능을 추가하였다. 이에 따라 BusyBox와 같이 거대하고 다수의

역자 주 | 6) 이 글을 번역하는 현재 Cadenux는 Technology Innovation Holdings, Inc.와 함께 RidgeRun Embedded Solutions로 합병되었다.

프로그램들이 동시에 여러 카피씩 수행되는 경우에 메모리를 절약할 수 있게 되었다. 이러한 기능들은 메모리 블록 드라이버상에서 동작하는 ROMFS와 같이 XIP(eXecute In Place) 기능을 지원하는 파일 시스템에서만 가능했던 일이었다. 파일 매핑이 지원됨에 따라 이 기능들은 모든 파일 시스템과 블록 드라이버상에서도 가능해졌다.

✤ **Microwindows 지원**: 이로 인해 타깃상에서 많은 GUI 응용 프로그램들을 사용할 수 있다.

개발 환경

Cadenux 개발 환경은 GUI 기반의 BSP 설정 툴인 memconfig를 포함한다. 이것은 리눅스 커널, 부트로더, 파일 시스템 등과 같은 모든 BSP의 요소들을 빌드할 수 있는 통합적인 툴이다. 타깃 플랫폼, SDRAM과 플래시의 종류, 커널, 루트 파일 시스템, 각 장치별 특징 등 모든 세부적인 사항들도 이 툴 하나로 설정이 가능하다. 또한 Cadenux BSP는 rrload라는 부트로더를 제공한다. Cadenux는 XFLAT 공유 라이브러리를 지원하도록 수정된 uClinux용 툴체인을 제공하며 uClibc나 pthread와 같은 응용 프로그램 라이브러리도 함께 제공한다.

문서화

Cadenux는 다음과 같은 풍부한 문서들을 제공한다.

✤ Cadenux ARM BSP 사용자 가이드
✤ RRload 부트로더 매뉴얼
✤ Cadenux BSP 설정 툴 매뉴얼
✤ XFLAT 공유 라이브러리 사용자 가이드

이 문서들과 Cadenux BSP에 동봉되는 디바이스 드라이버의 구조와 사용법에 관련된 문서들은 Cadenux 웹 사이트(http://www.cadenux.com/old.html)에서 다운로드 받을 수 있다.

지원

Cadenux는 이메일과 전화를 이용한 기술 지원 서비스를 제공하며 원하는 임베디드 하드웨어에 리눅스를 포팅하는 서비스와 드라이버 포팅, 성능 개선(tuning), 응용 프로그램 개발, 신입 개발자 교육 등의 서비스도 제공한다.

1.5.3 Denx

Denx 소프트웨어 엔지니어링(www.denx.de)은 ELDK(Embedded Linux Development Kit)의 형태로 오픈 소스 리눅스 배포판을 제공한다. Denx의 ELDK는 임베디드 시스템이나 실시간 시스템을 위한 고성능의 완전한 소프트웨어 개발 환경을 제공한다. 이 글을 쓰는 시점에서 ELDK의 최신 버전은 3.1.1이다.[7]

기능

- PowerPC, ARM, MIPS, Xscale 프로세서 지원. PowerPC 버전의 ELDK는 x86/Linux, x86/FreeBSD®, SPARC®/Solaris 호스트에서 동작하며, (8xx, 82xx, 7xx, 74xx, 4xx 계열과 같이) 다양한 종류의 PowerPC 타깃 프로세서들을 지원한다.
- 다음과 같이 구성된 크로스-개발 툴을 제공한다(GCC 3.3.3, GDB 5.2.1, binutils 2.14-6, glibc 2.3.1).
- 리눅스 커널 2.4.25와 임베디드 PowerPC, MIPS, ARM, x86 시스템을 위한 오픈 소스 부트로더인 U-Boot를 제공한다.
- 시스템의 엄격한 실시간 응답 시간을 보장하기 위해 RTAI(Real-Time Application Interface) 확장을 제공한다.
- 임베디드 리눅스 시스템을 위한 손쉬운 기본 환경 설정을 도와주는 툴인 SELF(Simple Embedded Linux Framework)를 제공한다.
- 익명 CVS 접근을 통해 빌드 툴, 소스, ELDK 설치 유틸리티, ARM, MIPS, PowerPC에 맞는 리눅스 2.4.x 커널 소스 등을 무료로 이용할 수 있다.
- 임베디드 PowerPC를 위한 Linux STREAMS(LiS) 드라이버를 제공한다.
- mini_fo 오버레이 파일 시스템 지원. 이 파일 시스템은 FreeBSD의 union 파일 시스템과 유사하며, 읽기 전용의 장치에 가상적으로 쓰기 기능을 제공한다.
- GUI 기반의 응용 프로그램을 실행할 수 있도록 Microwindows 시스템을 지원한다.

개발 환경

개발 환경은 ELDK 프레임워크에 속한 표준 리눅스 개발 환경이다.

역자 주 | 7) 이 글을 번역하는 현재의 최신 버전은 4.0이다.

문서화

Denx 소프트웨어 엔지니어링은 다음과 같은 여러 주제를 포함하는 DULG(The DENX U-Boot and Linux Guide) 문서를 제공한다.

- ELDK 컴포넌트의 설치와 빌드
- 타깃 이미지 설정, 루트 파일 시스템(RFS) 빌드 및 타깃 다운로드
- U-boot와 리눅스 커널 디버깅

지원

Denx 소프트웨어 엔지니어링은 주로 리눅스와 FreeBSD, NetBSD 등의 오픈 소스 소프트웨어를 통한 임베디드 시스템 및 실시간 시스템 영역의 소프트웨어 엔지니어링 서비스를 제공한다.

또한 타깃 하드웨어에 펌웨어나 운영체제를 포팅해 주는 서비스는 물론, 성능 최적화 및 보안 기능 강화 등의 서비스도 제공하며 임베디드 리눅스 시스템상의 소프트웨어 개발에 관한 교육도 실시하고 있다.

1.5.4 Emdebian(Embedded Debian)

embedded Debian 프로젝트(www.emdebian.org)의 목적은 임베디드 리눅스 영역에서도 데비안(Debian) GNU/Linux를 사용하기 위한 것이다. 데비안의 개방된 개발 과정, 입증된 신뢰성과 안전성, 막강한 패키지 관리자, 지원되는 아키텍처의 확대는 이 프로젝트의 목적을 실현할 수 있는 견고한 기술적 기반을 제공한다.

기능

Emdebian은 다른 임베디드 리눅스 배포판과는 달리 기존의 데비안 시스템을 임베디드 시스템상에서 사용하기 위한 것이다. 일반 데비안 배포판은 임베디드 시스템에서 사용하기에는 너무나 거대하기 때문에, 크기를 줄이기 위해 최적화한 것이 emdebian 배포판이다. emdebian은 데비안의 패키징 시스템, 라이선싱, 소스의 이용 가능성, 빌드 시스템 등의 기능들을 유지한 채로 크기를 줄인 버전이다. 데비안의 코어는 동일하며 단지 패키지를 빌드하는 방식에서 차이가 나고 패키징 시스템이 임베디드 환경에 맞게 개선되었다.

현재는 인텔 IA-32, 모토로라 m68k, Sparc, Alpha, ARM, PowerPC, MIPS, HP PA-RISC, IA64, s390 등의 아키텍처에 포팅되어 있으며 주 타깃은 PowerPC 아키텍처이다.

개발 환경

Emdebian의 두 가지 주요한 개발 환경은 Stag과 Emdebsys이다. Stag은 Emdebian 프로젝트에서 최근에 개발된 툴이며 Emdebsys는 현재 활발히 관리되고 있지는 않다.

- ✤ Stag은 임베디드 개발을 위해 데비안 GNU/Linux 패키지 관리 시스템에 사용되는 프레임워크이다. debhelper와 dpkg-cross 툴의 변경은 완료되어 데비안 패키지를 완벽히 지원하는 크로스 컴파일러를 제공한다. 이 프레임워크의 장점 중 하나는 패키지 의존성 검사이다. 당신이 루트 파일 시스템에 포함시켜야 하는 모든 패키지를 선택했다면 stag 프레임워크는 그에 대한 모든 패키지 의존성을 검사해 주며 이를 통해 루트 파일 시스템의 크기를 짐작할 수 있다.
- ✤ Emdebsys는 최소한의 파일 시스템과 커널을 소스 혹은 미리 컴파일된 바이너리의 형태로 구성하고 설정할 수 있게 해 주는 툴이다. Emdebsys는 의존성들을 정의하기 위해 Kconfig(혹은 Configuration Menu Language 2)를 사용하며, 사용자가 내부적인 사항들을 몰라도 원하는 모듈, 파일, 바이너리 등의 조합을 간단히 얻을 수 있게 해 준다.

문서화

이 글을 쓰고 있는 시점에서 Emdebian을 위한 사용자 가이드 문서가 작성되고 있다. 이 문서는 다음과 같은 주제에 대해서 설명할 것이다.

- ✤ 커널과 루트 파일 시스템의 설정과 빌드 방법
- ✤ 부팅 시와 실행 시의 커널 설정 옵션
- ✤ 커널과 응용 프로그램의 디버깅
- ✤ 타깃을 위한 빌드 시스템 설정
- ✤ 크로스 컴파일 테크닉

지원

오픈 소스 프로젝트로서 Emdebian의 주된 지원(및 커뮤니케이션) 방식은 Debian-embedded 메일링 리스트이다. Aleph One Ltd.(영국)와 Simtec Ltd.(영국)는 Emdebian을 위한 유료 기술 지원 서비스를 제공한다.

1.5.5 ELinOS(SYSGO)

ELinOS는 SYSGO(www.sysgo.com)에서 판매하는 상용 임베디드 리눅스 배포판이다. ELinOS는 지능형 기기에 임베디드 리눅스를 구성하기 위한 리눅스 기반의 개발 환경이다. ELinOS 배포판을 사용하면 리눅스에 사용되는 메모리의 양을 ROM의 경우 1MB, RAM의 경우에는 2MB 이하로까지 감소시킬 수 있다. 이러한 방식으로 리눅스는 임베디드 시스템의 제한된 하드웨어 컨디션을 만족할 수 있다. ELinOS의 핵심은 타깃을 위해 조정된 맞춤형 리눅스 커널이다.

기능

이 글을 쓰고 있는 현재 ELinOS의 최신 버전은 v3.1로 다음과 같은 기능을 포함한다.[8]

- GNU 크로스-개발 툴체인(GCC 3.2.3, GDB 6.0, Glibc 2.3.2)
- 리눅스 커널 버전 2.4.25와 2.6.9
- (엄격한 실시간 응용 프로그램을 위한) RTAI, LTT(Linux Trace Toolkit), 완화된 실시간성 지원, 실시간 시그널 등의 실시간 확장
- VxWorks나 pSoS® 운영체제에서 리눅스로의 이전을 지원(vxworks2linux, psos2linux 에뮬레이션 라이브러리 이용)
- PowerPC, x86, ARM/Xscale, MIPS, SH 등의 아키텍처 지원
- ELK(Embedded Linux Konfigurator) 3.2: 커널과 루트 파일 시스템을 통합한 바로 부팅 가능한 ROM 이미지의 생성을 위한 GUI 툴
- BusyBox, thttpd, Tinylogin 등의 임베디드용 유틸리티

개발 환경

ELinOS v3.1은 CODEO와 COGNITO라는 새로운 툴을 포함하는 IDE를 제공한다.

- CODEO: CODEO는 ELinOS를 위한 이클립스 기반의 IDE이며 ELinOS 크로스 툴체인, 프로젝트 빌더, 타깃 원격 디버깅 지원, 타깃 뷰는 물론 타깃과 통신하고 제어하기 위한 플러그인들을 제공한다.
- COGNITO: COGNITO는 시스템의 동작을 실행 시에 분석하기 위한 GUI 기반의 시스템 브라우저로서, 시스템 로드, 메모리 사용량, 모듈이나 프로세스 등의 시스템 객체의

역자 주 | 8) 이 글을 번역하고 있는 현재의 최신 버전은 v4.1이다.

사용 빈도, 응답 시간이나 스케줄링 지연 시간의 측정 등 모든 시스템 파라미터를 수집, 저장, 표시하는 기능을 제공한다.

문서화

ELinOS v3.1은 풍부한 문서와 데모 프로젝트 및 네트워크, 실시간 응용 프로그램, 웹 서버, 원격 디버깅 등 일반적인 응용 프로그램에 대한 예제와 함께 제공된다.

지원

SYSGO는 ELinOS를 위한 다음과 같이 폭넓은 지원 서비스와 교육을 제공한다.

* ProjectStart 패키지: ELinOS 엔지니어가 고객에게 맞는 프로젝트를 설정해 주고 프로젝트에 관련된 질문에 대해 답변을 해 준다.
* DevelopmentSupport 패키지: 이메일을 이용하여 ELinOS 개발 툴체인에 대한 지원을 제공한다.
* SolutionsSupport 패키지: 이메일이나 전화를 통해 임베디드 리눅스 응용 프로그램의 개발을 지원한다.
* ProjectSupport 패키지: 한 명의 전담 기술 지원 엔지니어가 전체 프로젝트에 참가하여 모든 시스템 소프트웨어의 문제점이나 디바이스 드라이버 작성 등을 도와준다.

ELinOS v3.1은 기본적으로 일 년의 DevelopmentSupport 패키지와 함께 제공된다.

1.5.6 Metrowerks

Metrowerks(www.metrowerks.com)는 툴, 운영체제, 미들웨어, 소프트웨어 스택을 포함하는 완전한 상용 임베디드 리눅스 배포판 솔루션을 제공한다.[9]

기능

* Metrowerks 리눅스 BSP(BSPWerks): Metrowerks 배포판은 다양한 타깃 플랫폼에 대한 자체 개발되거나 써드파티의 BSP를 포함하며, 여러 하드웨어 플랫폼에 대한 맞춤형 BSP도 제공한다. 또한 리눅스 커널 2.4.21에 대한 실시간성 개선, 커널 및 응용

역자 주 9) 이 글을 번역하는 현재 Metrowerks는 Freescale Semiconductor사로 흡수되었다.

프로그램 디버깅 지원, rrload, grub, lilo, U-Boot 등의 부트로더 지원과 같은 기능을 포함한다.

✤ Metrowerks 리눅스 응용 프로그램 및 서비스: Metrowerks 배포판은 웹 서버, BusyBox, Tinylogin 등의 응용 프로그램을 포함하며, 디버깅 툴과 네트워크 모니터링 툴을 제공한다.

✤ x86, ARM, PowerPC, ColdFire® 아키텍처를 지원한다.

개발 환경

Metrowerks의 개발 환경은 다음과 같은 툴들로 구성된다.

✤ CodeWarrior™ Development Studio: 이는 ARM, ColdFire, PowerPC 아키텍처상에서 보드의 개발에서부터 응용 프로그램에 이르기까지의 완전한 리눅스 개발 환경을 제공한다. 주요한 특징은 다음과 같다.
  - IDE 기능: 프로젝트 관리자, 다기능 텍스트 에디터, GUI 기반의 파일 비교 및 통합 등
  - 디버거: 멀티쓰레드/멀티프로세스 디버깅, 소스 및 어셈블리 수준의 디버깅, JTAG 인터페이스를 통한 하드웨어 디버깅 지원
  - 툴체인: GNU 빌드 툴, GCC, 링커, 어셈블러 통합
  - 호스트: 리눅스와 윈도즈 호스트를 모두 지원

✤ PCS(Platform Creation Suite): Metrowerks의 Linux BSP에 통합된 PCS는 타깃 리눅스 OS의 설정, 확장, 빌드, 배포를 위한 완전한 환경을 제공하는 툴 프레임워크이다. 여기에는 다음과 같은 유틸리티들이 포함되어 있다.
  - TargetWizard: 타깃에 맞게 조정된 리눅스를 관리하고 빌드한다.
  - LKIT(Linux Kernel Import Tool): LKIT는 BSP에 포함된 원본 커널을 다른 곳에서 다운로드 받았거나 자체 개발했거나 혹은 다른 벤더에게서 받은 커널로 교체 혹은 패치할 수 있도록 해 준다.
  - Package Editor: 개발자가 신속하게 바이너리 혹은 소스에서 빌드하는 형태로 Target Wizard에 응용 프로그램, 서비스, 디바이스 드라이버 등을 추가할 수 있게 해 준다.
  - GNU Tool Importer: 기존의 툴체인을 인터넷에서 다운로드 받거나 자체 제작했거나 다른 벤더로부터 받은 새로운 버전으로 교체 혹은 보충하도록 해 준다.

✤ 디버깅 및 성능 측정 툴: 디버깅과 모니터링을 위한 툴들로는 다음과 같은 것들이 있다.
  - GRPA(Graphical Remote Process Analyzer): GRPA는 타깃상에서 동작하는 프로세

스에 관련된 프로파일링 정보를 보여주어 타깃 디버깅을 도와준다. 또한 원격 strace[10] 기능도 수행할 수 있다.

- CodeTEST®: 소프트웨어 확인(verification) 툴로 성능에 최소한의 영향을 미치는 (least intrusive) 실시간 임베디드 소프트웨어 분석 솔루션을 제공한다.

문서화

Metrowerks는 PCS, GRPA 등의 문서를 포함하는 광범위한 CodeWarrior IDE SDK 매뉴얼을 제공한다.

지원

Metrowerks는 CodeWarrior 개발 툴을 구매한 고객에게 30일 동안 설치에 관한 무료 이메일 지원 서비스를 제공한다. 또한 일 년간의 이메일과 전화를 이용한 유료 기술 지원 서비스도 제공한다.

1.5.7 MontaVista Linux

몬타비스타 소프트웨어(MontaVista Software, www.mvista.com)는 지능형 네트워크 기기와 그 제반 환경을 위한 리눅스 기반 시스템의 상용 소프트웨어와 개발 툴을 공급하는 세계적인 선두업체이다.

기능

차별화된 시장을 위한 세 가지의 임베디드 리눅스 배포판이 존재한다.

✤ MontaVista Linux Professional Edition(3.1): 다음과 같은 기능을 제공한다.
- 실시간성 지원: 선점형 커널, O(1) 실시간 스케줄러, 고정밀(high-resolution) POSIX 타이머, NPTL POSIX 쓰레드 라이브러리
- 다양한 네트워킹: IPV4, IPV6 프로토콜 표준, CPCI(CompactPCI) 백플레인 네트워킹, 무선 네트워킹 등
- 아키텍처 지원: PowerPC, ARM, MIPS, IA32, SuperH™, Xscale, Xtensa™ 등의 다양한 아키텍처 지원

역자 주 │ 10) 특정 프로그램에서 호출되는 시스템 콜 정보를 추적하는 툴이다.

- 호스트: 윈도즈, 솔라리스, 리눅스 기반의 크로스-개발 호스트 지원
- ❖ MontaVista Linux Carrier Grade Edition(3.1):
  - 운영체제 기능: PICMG(PCI Industrial Computer Manufacturers Group) 3.0 (ATCA(Advanced Telecom Computing Architecture) 플랫폼) 지원, SMP와 하이퍼쓰레딩 지원, IPMI(Intelligent Platform Management Interface), OSDL CGL(Carrier Grade Linux) 명세 2.0.2 지원, AIS(Application Interface Specification) CLM(Cluster Membership) 지원, AIS AMF(Availability Management Framework) 지원, API, 원격 부팅 지원, LVM(Logical Volume Management) 지원
  - 고가용성: PICMG 2.12 핫 스왑, 지속적 장치명(persistant device naming) 지원, 감시(watchdog) 타이머, CPCI RSS(Redundant System Slot), RAID 디스크 미러링, 이더넷 페일오버(failover), RAID 멀티호스트
  - 드라이버 강화(hardening): 전반적으로 디바이스 드라이버의 신뢰성을 높임
  - 아키텍처: PowerPC, IA32, PICMG 2.16 시스템
- ❖ MontaVista Linux Consumer Electronics Edition: 이 제품은 위의 professional edition의 모든 기능을 포함한다.
  - 추가적으로 동적 전원 관리, 부팅 시간 단축, 이미지 용량 감소, 커널과 응용 프로그램의 XIP 기능을 지원한다.

개발 환경

MontaVista DevRocket™은 MontaVista Linux상에서 시스템 소프트웨어 및 응용 프로그램을 개발, 배포하기 위한 여러 기능과 툴들을 제공하는 GUI 기반의 완전한 IDE로 다음과 같은 기능을 포함한다.

- ❖ 윈도즈, 솔라리스, 리눅스 호스트상에서 동작하며 써드파티인 이클립스 기반 개발 컴포넌트와 통합도 가능하다.
- ❖ 최신 GNU 툴체인을 비롯한 통합 IDE 기능을 제공하여 시스템 소프트웨어와 응용 프로그램 개발을 지원한다.
- ❖ 커널을 구성하고, 불필요한 라이브러리를 제거하는 타깃 구성과 라이브러리 최적화 기능을 포함한다.
- ❖ LTT(Linux Trace Toolkit)에 기반한 정교한 추적 기능을 통해 시스템 동작을 확인하고 캡처해 분석할 수 있다.
- ❖ 100개 이상의 플랫폼과 7개 CPU 아키텍처에 걸쳐 약 30개의 프로세서 유형을 지원

한다.

✤ 리눅스 커널과 디바이스 드라이버와 같은 하드웨어 기반, 소스 레벨 디버그와 BDM 및 JTAG 기반의 ICE(In-Circuit Emulation) 및 실행 제어 장치와 호환된다.

문서화

MontaVista의 리눅스 배포판들은 MontaVista Linux의 여러 요소들과 IDE에 관한 풍부한 문서와 함께 제공된다.

지원

MontaVista는 모든 MontaVista Linux 제품에 대한 지원 서비스를 제공한다. 고객들은 구입한 제품 등록 패키지에 지정된 이메일, 전화, 음성메일, 팩스 등의 방법을 통해 MontaVista의 지원을 받을 수 있다.

1.5.8 RTLinuxPro™

FSMLabs™(www.fsmlabs.com)의 RTLinuxPro 2.2는 듀얼 커널 구조에 기반한 엄격한 실시간성과 POSIX 표준을 만족하는 상용 운영체제이다. RTCore™ 실시간 커널은 RTLinuxPro의 핵심으로, 리눅스를 하나의 응용 프로그램으로 처리하여 엄격한 실시간성을 만족하도록 한다. 듀얼 커널 구조에 대한 자세한 내용은 7장에서 다룰 것이다.

기능

✤ 엄격한 실시간성: 듀얼 커널 구조의 RTLinuxPro는 응용 프로그램의 엄격한 실시간 응답 시간을 보장한다.

✤ POSIX: 실시간 응용 프로그램을 위한 IEEE® 1003.13 프로파일 51(PSE51)을 지원하며 실시간 응답이 필요치 않은 프로그램에서는 리눅스의 모든 기능을 제공한다. RTCore에 로드된 실시간 응용 프로그램들은 더 강력해진 POSIX 지원, 높은 이식성 및 빠른 개발 속도 등의 장점이 있다.

✤ 빠른 부팅 시간: 1초 이내로 부팅 시간을 단축하였으며, 특정 플랫폼에서는 200msec 이하의 부팅 시간을 기록한다.

✤ IPC: 실시간 응용 프로그램과 비실시간 응용 프로그램 간의 빠른 IPC 메커니즘을 제공한다. 락이 없는(lock-free) POSIX I/O의 지원은 빠른 IPC 성능을 보장한다.

❖ 회귀 테스트 스위트(regression suite): RTLinuxPro 시스템 컴포넌트의 적합성을 테스트한다.

❖ 드라이버: 직렬 인터페이스, 병렬 포트, 자동 제어(servo) 장치, A/D 장치 등에 대한 실시간 드라이버를 사용할 수 있도록 예제와 함께 제공한다. RTLinuxPro 2.2 배포판은 리눅스 커널 버전 2.4.25와 2.6대를 지원한다.

❖ 프로세서 예약(reservation): 프로세서 예약 기술은 실시간 쓰레드가 CPU에 바로 접근할 수 있도록 보장한다.

❖ 아키텍처: x86, ARM, StrongARM®, MIPS, PowerPC, Alpha, Fujitsu® FRV 프로세서를 지원한다.

RTLinuxPro에는 다음과 같은 중요한 컴포넌트들도 존재한다.

❖ PSDD: 사용자 공간에서의 엄격한 실시간성과 주소 공간 보호 기능을 제공한다.

❖ LNet: 이더넷이나 Firewire®상에서 엄격한 실시간 네트워킹 기능을 제공한다.

❖ ControlKits: 자동 프로세스 제어 및 XML 통합 툴로 사용자가 웹 응용 프로그램, 스프레드시트 등을 쉽게 통합할 수 있도록 해 준다.

개발 환경

RTLinuxPro는 임베디드 리눅스를 위한 개발 환경과 RTCore상에서 동작할 실시간 응용 프로그램을 위한 완전한 개발 환경을 제공한다. 리눅스용 툴은 루트 파일 시스템을 손쉽게 구성할 수 있도록 해 주며, 툴체인은 C++의 완벽한 지원이 포함된 GCC 3.3을 기반으로 한다.

RTCore를 위해서는 SMP상에서의 동작이 입증된 NetBSD 2.0 커널을 포함한 NetBSD 개발 시스템과, 필요한 모든 툴 및 유틸리티들이 제공된다. 모든 툴들은 현재 BSD 호스트에서만 동작한다.

문서화

FSMLabs는 RTLinuxPro에 대한 풍부한 문서를 제공한다. 패키지는 RTCore 프로그래밍 환경에 대한 소개 및 설명, 예제를 포함하는 200페이지 이상의 문서와 함께 배포된다.

지원

FSMLabs의 기본적인 지원 서비스는 작업 시간 단위로 제공되며 FSMLabs의 엔지니어가 문제를 해결하기 위해 작업을 한 시간을 기준으로 한다. 고객 지원은 전화 혹은 현장에서 이루어질 수도 있다. 지원 서비스는 이메일을 기본으로 하며 계약의 수준에 따라 전화를 사용할 수도 있다.

1.5.9 TimeSys Linux

TimeSys Linux 5.0은 2.6 커널 기반의 상용 임베디드 리눅스 배포판이다. TimeSys Linux 4.0은 2.4 커널을 기반으로 한다.

기능

✤ 리눅스 커널 2.6 기반의 배포판: 선점형 커널, O(1) 스케줄러, POSIX 타이머, POSIX 메시지 큐를 포함한다.

✤ 실시간 확장: 고정밀 타이머, 우선순위 상속, 인터럽트 처리 개선, 소프트 IRQ 처리, 주기적(periodic) 태스크 및 다른 POSIX 1003.13 실시간 확장을 지원한다.

✤ CPU 예약: 시스템 프로세서 자원 중 일부를 중요한 응용 프로그램을 위해 할당해 두어 프로세서에 과부하가 걸린 상황에서도 실시간에 실행될 수 있도록 한다. 이것이 가능하도록 CPU 예약을 위한 간단한 API를 제공한다.

✤ 네트워크 예약: 중요한 응용 프로그램을 위한 네트워크 대역폭을 보장한다. 이 기능은 중요한 응용 프로그램을 위해 별도의 네트워크 버퍼 풀을 유지하여 시스템 내의 다른 프로그램에서 접근할 수 없도록 하는 것이다. 위와 마찬가지로 네트워크 예약을 위한 간단한 API를 제공한다.

✤ 캐리어 그레이드/고가용성: 핫 스왑, 플러그 앤 플레이, ELA(Ethernet Link Aggregation)(failover), 드라이버 강화, IPMI

✤ 실시간 자바: TimeSys는 자바(Java®)의 실시간 명세에 기반을 둔 JVM(Java Virtual Machine) 개발 작업을 진행 중이다. 이것은 실시간 시스템 설계자가 자바의 플랫폼 독립성 및 객체 지향의 장점을 이용할 수 있게 해 준다.

✤ IPSec, SSL, NAT 등의 네트워크 프로토콜을 지원한다.

✤ ARM, Xscale, PowerPC, MIPS, SuperH, IA32 등의 다양한 아키텍처를 지원한다.

✤ 윈도즈와 리눅스 호스트에서의 크로스-개발을 지원한다.

✤ gcc/g++ 3.2.2, gdb 5.3, binutils 2.13을 기반으로 한 툴체인을 제공한다.

개발 환경

TimeSys Linux는 다음과 같은 개발, 디버깅, 프로파일링 툴을 제공한다.

- ❖ TimeStorm IDE™: C/C++/Java 프로그램 및 실시간 응용 프로그램의 개발, 편집, 컴파일, 디버깅 작업이 가능한 완전한 개발 환경을 제공한다.
- ❖ TimeStorm LDS(Linux Development Suite): TimeStorm LDS™는 타깃 플랫폼을 위한 리눅스 SDK를 정의, 설치, 확장, 개발하기 위한 모든 툴을 제공한다. TimeStorm LDS의 컴포넌트인 Target Configurator는 루트 파일 시스템의 내용과 설정을 정의하고, 타깃 빌드를 제어한다.
- ❖ TimeStorm LVS(Linux Verification Suite): TimeStorm LVS™는 개발, 실행, 관리에 필요한 핵심 요소와 타깃 플랫폼상의 리눅스 SDK를 테스트 및 인증하기 위한 자동화 프레임워크이다.
- ❖ TimeStorm LHD(Linux Hardware-Assisted Debugging): TimeStorm LHD™는 빠른 시간 내에 타깃 하드웨어상에 리눅스를 올려서 동작시킬 수 있도록 하드웨어/소프트웨어의 통합, 초기화, 디버깅 시간을 감소시키기 위해 사용되는 TimeSys의 JTAG 디버깅 툴 제품이다.
- ❖ TimeWiz®: 윈도즈 기반의 통합 디자인 툴로, 동적인 실시간 시스템의 시뮬레이션을 통해 성능을 분석하고 타이밍과 관련된 동작을 모델링한다.
- ❖ TimeTrace®: TimeTrace는 동작 중인 시스템의 실행 데이터를 제공하고, 컨텍스트 전환(context switch), 타이머 이벤트, 스케줄링 이벤트 등 응용 프로그램의 동작 중에 일어나는 중요 이벤트 등의 정보를 보여주어 문제점을 찾아낼 수 있도록 도와준다.

문서화

TimeSys Linux의 개발 킷은 포함된 툴들에 대한 자세한 매뉴얼을 포함하고 있다.

지원

TimeSys는 시간별에서부터 월간, 연간에 이르는 다양한 제품 유지보수 및 지원 서비스를 제공한다.

이 절에서는 주요한 오픈 소스 및 상용 임베디드 리눅스 배포판들에 대해서 살펴보았다. 이 외에도 ART Linux, miniRTL, KURT, Linux/Resource Kernel, LOAF(Linux On A Floppy), RedHawk, REDICE Linux, eCoS, Neo Linux 등 많은 임베디드 리눅스 배포판이 존재한다.

이러한 배포판에 대해서도 공부해 보는 것이 좋을 것이다.

1.6 포팅 로드맵

임베디드 제품을 개발하는 회사 중에서는 자사의 모든 제품을 독점 임베디드 OS상에서 개발해 왔던 곳들도 있다. 이들이 시스템을 리눅스로 이전하기로 결정한 경우, 포팅 과정과 그에 따른 여러 세부사항들에 혼란을 일으켜서 잘못된 데드라인을 수립하기도 한다. 따라서 포팅을 위한 로드맵이 필요하게 되며, 이 로드맵을 통해 포팅 과정에 있어서 중요한 시점을 나타내는 이정표(milestone)를 정할 수 있다. 각각의 이정표를 적절히 선정하는 것은 중요한 일이며, 포팅 과정에 필요한 시간은 제품의 성격에 따라 달라질 수 있다. 포팅 작업은 다음과 같은 단계로 이루어질 것이다.

❖ **포팅 과정에 관련된 법적인 문제의 인식:** 임베디드 시스템을 개발하는 회사들은 데스크톱이나 서버 제품을 개발하는 회사들에 비해 GPL에 관련된 문제들에 더 관심을 가져야 한다. 새로운 아키텍처로(혹은 그 변종으로) 포팅하는 것에서부터, 최적화 기술, 특정 독점 하드웨어에 대한 디바이스 드라이버에 이르기까지 많은 지적 재산권이 커널과 직접적으로 연관되어 있다. 많은 임베디드 시스템 개발사들은 이러한 기술들을 개발하기 위해 막대한 돈을 투자하고 있다. 따라서 가장 중요한 일은 유능한 법률 팀에게 소프트웨어 프로젝트에 대한 평가를 받고, 소프트웨어의 어떤 부분이 커널 내로 포함되어야 하는지를 결정하는 것이다. 소프트웨어를 리눅스로 포팅하는 모든 개발자들은 라이선스 문제에 대한 교육을 받아야 한다. 부록 B에서 이 문제에 대해 자세히 설명한다.

❖ **커널과 임베디드 리눅스 배포판 선택:** 시스템의 요구사항에 따라 엄격한 실시간 리눅스 배포판을 사용할지, 일반 리눅스 배포판을 사용할지를 선택해야 한다. 또한 시스템에 사용된 CPU가 MMU를 포함하고 있는지 여부에 따라 uClinux 기반의 배포판이나 일반 리눅스 배포판을 선택해야 한다. 또한 시스템이 제공해야 할 기능에 따라 (커널 버전 2.2, 2.4, 2.6 중의) 어느 커널을 사용할지 결정해야 한다. 배포판을 선택함에 있어 커널의 성능, 메모리 사용량, 배포판의 크기 및 다른 중요한 요소들에 대해서도 고려해야 한다. 이 책의 7장에서는 리눅스의 실시간성에 대해 논의하며 10장에서는 uClinux에 대해서 설명한다. 그러면 이제 다음과 같은 문제에 직면하게 된다. 무료 배포판을 다운로드 받아서 사용할 것인가 아니면 TimeSys나 MontaVista와 같은 임베디

드 리눅스 배포판 벤더들과 계약을 해야 할 것인가? 이것은 회사에서 이 제품을 개발하는 데 책정한 비용이나 회사 내의 기술력에 따라 달라진다. 다양한 배포판들의 특성에 대해서는 이 장에서 이미 살펴보았다. 이 시점에서 상용 배포판을 사용할 것인지를 결정해야 한다.

❖ **개발환경 구축:** 이 단계는 크로스-개발과 디버깅을 수행할 리눅스 기반 호스트 등의 하드웨어 환경을 포함한다. 종종 독점 임베디드 운영체제는 윈도즈 기반의 툴킷을 제공하며 리눅스 기반의 툴을 사용하려면 크로스-개발을 위한 리눅스 기반의 데스크톱이 필요하다. 크로스-개발 환경은 컴파일러, 링커, 디버거, IDE 등의 툴들로 이루어진다. 만약 배포판을 구입하였다면 벤더는 당신이 필요한 모든 툴들을 공급해 주겠지만, 구입하지 않았다면 필요한 모든 툴들을 다운로드 받아서 스스로 개발 환경을 구축해야만 한다. 2장에서는 크로스-개발 환경을 구축하는 방법에 대해서 알아볼 것이다.

❖ **부트로더와 BSP 포팅:** 만약 배포판을 사용하기로 결정했다면 배포판 내에 타깃에 대한 BSP가 존재할 가능성이 있다. 그렇지 않다면 직접 BSP를 포팅해야 한다. 포팅은 하드웨어, 리눅스 커널 디자인, 어셈블리 언어 프로그래밍 등에 대한 폭넓은 이해가 필요한 복잡한 작업이다. 3장에서는 MIPS 기반의 보드에 BSP를 포팅하는 연습을 해 볼 것이다.

❖ **디바이스 드라이버 포팅:** 타깃이 독점 하드웨어를 포함하고 있다면 해당 드라이버를 리눅스로 포팅해야 할 것이다. 만약 하드웨어가 이미 시판되고 있는 것이라면 이미 커널 내부나 웹 혹은 배포판 내에 드라이버가 포함되어 있을 수도 있다. 이 책에서는 저장장치, 프레임 버퍼, 직렬 장치, 이더넷, $I2C^{TM}$, USB 등의 다양한 드라이버에 대해서 소개한다.

❖ **응용 프로그램 포팅:** 이 작업은 x86 기반의 리눅스 호스트에서 테스트가 가능하므로 BSP나 부트로더의 개발 작업과 동시에 진행될 수 있다. 6장에서는 리눅스에 응용 프로그램을 포팅하기 위한 다양한 방법들에 대해서 논의할 것이다.

❖ **패키징:** 소프트웨어가 OEM으로 작업되는 경우에는 이 작업이 중요하다. 이것은 적절한 설정 스크립트와 커널 및 응용 프로그램을 위한 Makefile을 제공하는 작업을 포함한다. OEM으로 제공되는 제품은 추가적인 응용 프로그램이 포함될 수 있다는 것을 명심해야 한다. 8장에서는 커널과 응용 프로그램을 빌드하기 위한 자세한 사항들을 살펴보기로 한다.

❖ **성능 및 메모리, 크기 최적화:** 기본적인 소프트웨어가 완성되면 제품에 맞도록 성능을 개선하기 위해 많은 최적화 작업이 진행되어야 한다. 이것은 코드 최적화, 컴파일러 옵션 조정, 프로파일링을 통한 분석 등의 작업을 포함할 것이다. 또한 메모리 사용량

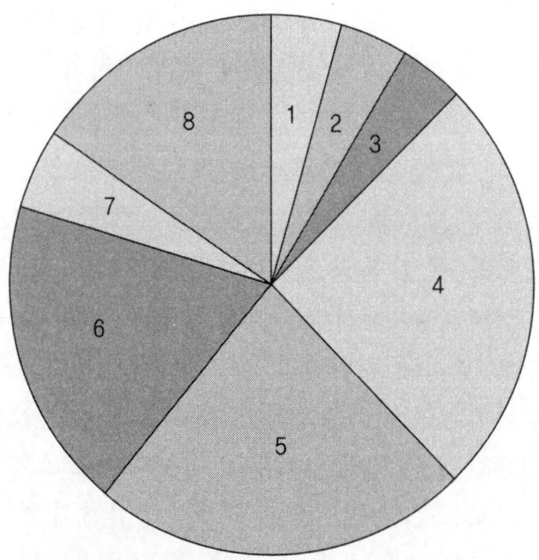

1. 법적 문제 인식(5%)
2. 커널과 임베디드 리눅스 배포판 선택(5%)
3. 개발환경 구축(5%)
4. 부트로더와 BSP 포팅(25%)
5. 디바이스 드라이버 포팅(20%)
6. 응용 프로그램 포팅(20%)
7. 패키징(5%)
8. 최적화(15%)

그림 1.1 포팅 과정 예측 샘플

이나 저장장치에서 차지하는 용량도 중요한 요소이지만, 일반적으로 시스템이 모든 기능을 포함하여 완전하게 동작하기 전에는 예측하기가 힘들다. 부록 A에서는 부팅 시간을 감소시킬 수 있는 방법에 대해서 알아본다.

❖ 커뮤니티 활동 및 커널 업그레이드: 이 작업은 개발 및 지원 단계에서 중요한 활동으로 커널 내의 버그에 대한 최신 패치를 얻는 등의 일이 가능하다. 또는 배포판 벤더들도 이에 대한 패치를 제공할 수 있다.

그림 1.1은 다른 RTOS에서 리눅스로 시스템을 이전하는 경우에 대략의 포팅 과정을 예측한 것을 보여준다. 이것은 대략적인 예측일 뿐이며, 프로젝트의 성격에 따라 순서는 변경될 수 있다.

시작하기

2장

이번 장은 크게 세 부분으로 나뉜다. 첫 번째 부분에서는 다양한 임베디드 OS들의 구조를 살펴보고 이를 리눅스와 비교해 볼 것이다. 다음으로 리눅스 커널과 사용자 공간의 특성에 대해서 간략하게 살펴본다. 두 번째 부분에서는 리눅스의 부팅 과정에 대해서 알아보고, 마지막 부분에서는 크로스-개발 툴에 대해서 설명한다.

2.1 임베디드 리눅스의 구조

리눅스 커널은 모놀리틱(monolithic) 커널이다. 일반적으로 운영체제는 실시간 커널(real-time executive), 모놀리틱 커널, 마이크로커널의 세 가지 형태로 구분한다. 이러한 분류의 기본적인 원칙은 OS가 하드웨어 보호 기능을 사용하는 방법에 따른 것이다.[1]

2.1.1 실시간 커널

일반적으로 실시간 커널은 MMU가 없는 프로세서들에 사용된다. 이러한 운영체제들은 플랫(flat) 주소 공간[2]을 가지며 커널과 응용 프로그램 간의 메모리 보호 기능이 제공되지 않

역자 주

1) 좀더 자세히 말하면 커널 서브시스템들과 응용프로그램들의 배치에 따른 메모리 보호기능의 사용법에 따라 구분된다.

2) 플랫 주소 공간은 프로세스마다 독자적인 주소 공간을 갖는 가상 주소 공간과 달리 시스템 내의 모든 프로세스가 동일한 주소 공간을 사용하는 형식을 말한다. MMU가 없는 CPU에서는 가상 주소와 물리 주소의 변환을 신속히 수행할 수 없으므로 물리 주소에 곧바로 매치되는 플랫 주소 공간을 사용한다.

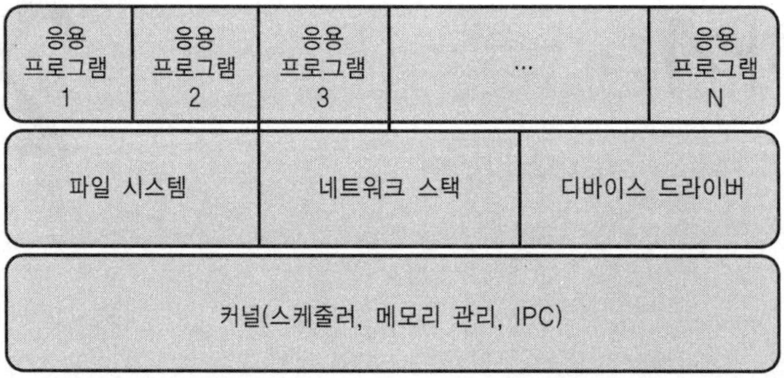

<table>
<tr><td>응용
프로그램
1</td><td>응용
프로그램
2</td><td>응용
프로그램
3</td><td>...</td><td>응용
프로그램
N</td></tr>
<tr><td colspan="2">파일 시스템</td><td colspan="2">네트워크 스택</td><td>디바이스 드라이버</td></tr>
<tr><td colspan="5">커널(스케줄러, 메모리 관리, IPC)</td></tr>
</table>

그림 2.1 전형적인 RTOS의 구조

는다. 전형적인 실시간 커널의 구조를 그림 2.1에 나타내었다.

그림 2.1은 코어 커널, 커널 서브시스템, 응용 프로그램들이 동일한 주소 공간을 공유하는 실시간 운영체제의 구조를 보여준다. 이러한 운영체제들은 OS와 응용 프로그램이 하나의 이미지로 묶여 메모리와 용량을 적게 차지한다. 이름에서 알 수 있듯이 이러한 운영체제들은 시스템 콜, 메시지 전달, 데이터 복사 등에 따른 오버헤드가 없이 실시간성을 제공한다. 하지만 이러한 운영체제들은 메모리 보호 기능을 제공하지 않기 때문에 시스템상에서 동작하는 모든 소프트웨어는 오류가 없어야 한다. 새로운 응용 프로그램을 추가하는 작업은 그 프로그램으로 인해 전체 시스템이 다운되지 않도록 철저한 검사가 필요하므로 상당히 까다롭다. 마찬가지로 시스템에 동적으로 응용 프로그램이나 커널 모듈을 추가하는 일도 매우 어렵다. 대부분의 독점 그리고 상용 RTOS들이 이 범주에 속한다.

지난 십 년간, 임베디드 시스템의 구조에 대한 패러다임은 변경되어 왔다. 전형적인 임베디드 시스템 모델은 보드상에서 동작하는 전문 제어 소프트웨어를 기반으로 하며 메모리와 저장장치에 대한 비용으로 인해 시스템상에서 동작하는 소프트웨어의 양이 제한된다. 플랫 주소 공간을 사용하는 실시간 운영체제의 신뢰성은 엄밀한 테스트를 통해 얻어진다. 하지만 메모리 및 플래시의 가격 인하와 하드웨어의 가격대 성능비가 좋아짐에 따라 임베디드 시스템에서도 점차 많은 소프트웨어를 동작시킬 수 있게 되었다. 이런 소프트웨어들은 대부분 (디바이스 드라이버나 네트워크 스택 등의) 시스템 소프트웨어가 아니라 응용 프로그램들이었다. 따라서 임베디드 시스템에서도 예전처럼 주로 하드웨어의 성능에 의해 제품의 경쟁력이 결정되는 것이 아니라, 소프트웨어가 그 역할을 담당하기 시작했다. 실시간 운영체제는 많은 응용 프로그램들을 통합하기에 적합한 구조가 아니다. 따라서 시스템상에 많은 소프트웨어를 동작시킬 수 있는 다른 모델들을 찾기 위한 많은 노력이 있었으며, 그 결과 모놀리틱 커널과 마이크로커널의 두 가지 모델이 대두되었다. 이들은 MMU를 갖고 있는 프로세서에 맞춰진 커널이다. 만약 프로세서가 MMU를 갖고 있지 않다면 플랫 주소 공간을 사용하는 것밖에는 다른 대안이 없다(이러한 MMU가 없는 프로세서에서 리눅스를 사용하기 위해 플랫 주소 공간을 사용하는 uClinux가 탄생되었다).

2.1.2 모놀리틱 커널

모놀리틱 커널은 사용자 공간과 커널 공간을 구분한다. 사용자 공간에서 실행되는 소프트웨어는 일반적으로 시스템의 하드웨어에 접근하거나 권한이 필요한 작업(privileged instruction)을 수행할 수가 없다. (하드웨어적으로 제공하는) 특수한 진입점을 통해 사용자 공간의 응용 프로그램은 커널 공간으로 들어갈 수 있다. 사용자 공간의 응용 프로그램은 가상 주소를 사용하므로 다른 응용 프로그램이나 커널의 메모리 영역을 침범할 수 없다. 하지만 커널 컴포넌트는 동일한 주소 공간을 공유하므로, 잘못 작성된 드라이버 혹은 모듈은 시스템 장애를 일으킬 수 있다.

그림 2.2에서는 커널과 커널 서브모듈이 동일 주소 공간을 공유하고 응용 프로그램들이 각사의 주소 공간을 갖는 모놀리틱 커널의 구조를 보여준다.

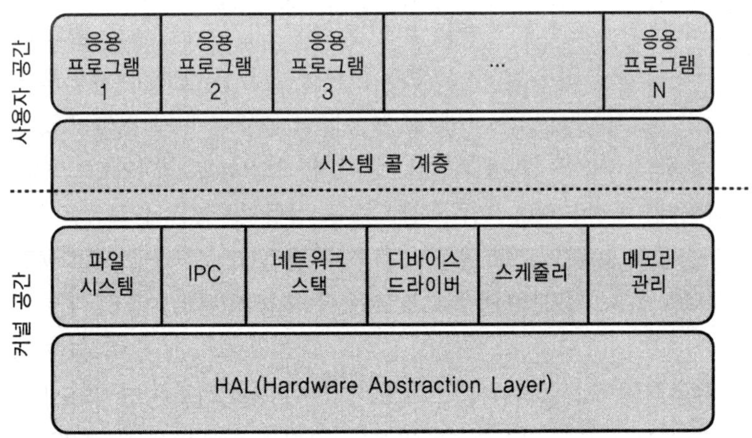

그림 2.2 모놀리틱 커널의 구조

모놀리틱 커널은 수많은 응용 프로그램을 동작시킬 수 있는 기반을 제공한다. 응용 프로그램 내의 오류는 오직 해당 응용 프로그램의 오작동을 일으킬 뿐 시스템에 영향을 미치지 못한다. 또한 동작 중인 시스템을 멈추지 않고도 새로운 응용 프로그램을 추가할 수 있다. 대부분의 UNIX OS는 모놀리틱 커널 구조이다.

2.1.3 마이크로커널

주로 1980년대 후반에 이루어진 많은 연구들의 결과로 마이크로커널 구조가 제안되었으며, 이는 가장 우수한 OS 설계 원칙으로 인식되었다. 하지만 이론을 실제로 반영하는 과정에서 너무도 많은 병목현상이 나타났으며, 극소수의 마이크로커널만이 시장에서 성공을 거두었다. 마이크로커널은 (스케줄링, 인터럽트 처리, 메시지 전달 등의) 아주 기본적인 서비스만을 제공하는 작은 OS를 두고, (파일 시스템, 디바이스 드라이버, 네트워크 스택 등) 커널의 다른 기능들은 응용 프로그램으로 동작시키는 형태이다. MMU의 사용에 대한 측면에서 보면, 실시간 커널은 MMU를 전혀 사용하지 않는 한쪽의 극단을 이루는 반면, 마이크로커널은 각각의 주소 공간을 갖는 커널 서브시스템을 제공하는 반대편의 극단이 된다. 마이크로커널의 핵심은 OS와 통신할 수 있는 잘 정의된 API와 강건한(robust) 메시지 전달 방식이다.

그림 2.3은 마이크로커널의 구조를 보여준다. 네트워크 스택, 파일 시스템 등의 커널 서브시스템들은 응용 프로그램과 동일하게 각자의 주소 공간을 갖는다. 마이크로커널에는 강건한 메시지 전달 방식이 요구된다. 메시지 전달은 실시간성과 모듈화가 보장되는 경우에 적절한 방식이다. 마이크로커널은 특히 모놀리틱 커널과 비교되어 활발한 토론이 진행되어 왔다. 이에 관련된 가장 잘 알려진 논쟁 중의 하나는 리눅스의 창시자인 리누스 토발즈와 미닉스의 창시자인 앤드류 탄넨바움 교수와의 논쟁이다. 하지만 이 논쟁은 그저 임베디드 리눅스에 대한 정보를 얻기 원하는 독자들에게는 별로 흥미를 주지 못할 것이다.

그림 2.3 마이크로커널의 구조

앞서 살펴본 대로, 이 세 가지 형태의 OS는 완전히 다른 철학으로 운영된다. 이 스펙트럼의 한쪽 끝단에는 메모리 보호 기능을 전혀 사용하지 않는 실시간 커널이 있다. 실시간 커널은 시스템에 실시간성을 좀더 부여하지만 시스템의 신뢰성을 유지하는 데는 많은 비용이 요구된다. 반대쪽 끝에 있는 마이크로커널은 각각의 커널 서브시스템에까지 메모리 보호 기능을 제공하지만 시스템의 복잡성을 증가시킨다. 리눅스는 이들 간의 중간이라 할 수 있는 모놀리틱 커널 구조를 선택했다. 모놀리틱 커널에서 전체 커널 영역은 하나의 메모리 공간 안에서 실행된다. 이것이 문제가 될까? 새로운 커널 소프트웨어를 추가할 때 시스템의 신뢰성에 영향을 주지 않으려면 그 소프트웨어가 정식 커널에 포함되기 이전에 기능, 설계, 성능 등에 대한 정밀한 검사가 이루어져야 할 것이다. 이러한 (때때로 매우 실험적인) 검사 과정이 리눅스 커널을 가장 안정적인 소프트웨어 중의 하나로 만들었다. 리눅스 커널은 데스크톱, 휴대용 기기, 고성능 서버 등과 같은 다양한 시스템에서 동작하는 것이 입증되었다.

모놀리틱 커널 구조인 리눅스에 동적으로 로드할 수 있는 커널 모듈 기능이 추가되면서 커널 구조에 대한 혼동이 생기게 되었다. 동적으로 로드 가능한 커널 모듈은 커널에 직접 링크되지는 않지만 커널 코드의 일부분이다. 이들은 별도로 컴파일이 가능하며, 커널이 동작하는 거의 대부분의 시간 동안 임의로 추가 및 제거가 가능하다. 이러한 커널 모듈은 별도의 공산에 저징되어 있다가 해당 기능이 필요한 시기에만 메모리상에 로드되므로, 메모리의 사용량을 감소시킬 수 있다. 여기서 중요한 점은 커널 기능의 모듈화는 모놀리틱 커널의 구조에 영향을 주지 않는다는 것이다. 커널은 (드라이버 등의) 모듈과 메시지 전달 방식이 아닌 직접적인 함수 호출을 통해 통신하기 때문이다.

다음의 두 절에서는 리눅스 커널과 사용자 공간의 구조를 고수준에서 살펴보기로 한다.

2.2 리눅스 커널의 구조

비록 리눅스 커널의 주요 버전이 몇 차례 업그레이드되었지만, 리눅스 커널의 기본 구조는 변경되지 않은 채로 남아 있다. 리눅스 커널은 크게 다음과 같은 서브시스템들로 나뉜다.

- HAL(Hardware Abstraction Layer)
- 메모리 관리자

- 스케줄러
- 파일 시스템
- IO 서브시스템
- 네트워킹 서브시스템
- IPC

이제 각각의 서브시스템들이 임베디드 시스템에서 어떻게 사용되는지 간략히 살펴볼 것이다.

2.2.1 HAL

HAL(Hardware Abstraction Layer)은 플랫폼 하드웨어를 가상화하므로 드라이버를 다른 하드웨어에 쉽게 포팅할 수 있도록 해 준다. HAL은 대부분의 RTOS들에 포함된 BSP와 동일하지만, 상용 RTOS에 포함된 BSP들은 일반적으로 포팅에 용이한 표준화된 API를 갖는다는 점이 다르다. 왜 리눅스의 HAL은 커널의 다른 부분에서 쓰일 수 있는 표준 API를 갖고 있지 않을까? 그 이유는 리눅스가 처음에는 x86 데스크톱용으로만 개발되었고, 다른 아키텍처에 대한 지원은 나중에 추가되었기 때문이다. 초기의 개발자들은 HAL을 표준화할 생각을 하지 않았었다. 하지만 최신 커널 버전에서는 특정 보드에 한정적인 소프트웨어를 후킹(hooking)할 수 있도록 표준화된 API를 제공하자는 아이디어가 채택되었다. 두 개의 주요 아키텍처인 ARM과 PowerPC는 잘 설명된 표기법을 통해 정의된 데이터 구조와 API를 제공하여 새로운 보드에 포팅하는 작업이 간편해졌다.

다음은 리눅스 커널 2.6에서 지원하는 (x86을 제외한) 임베디드 프로세서 아키텍처들이다.

- MIPS
- PowerPC
- ARM
- M68K
- CRIS
- V850
- SuperH

HAL은 다음과 같은 하드웨어 요소들을 지원한다.

- 프로세서, 캐시, MMU
- 메모리 맵 설정
- 예외(Exception)와 인터럽트 처리
- DMA
- 타이머
- 시스템 콘솔
- 버스 관리
- 전원 관리

플랫폼을 초기화하는 함수들은 2.4절에서 자세하게 설명하기로 한다. 3장에서는 MIPS 기반의 플랫폼에 리눅스를 포팅하는 작업을 상세히 살펴볼 것이다.

2.2.2 메모리 관리자

리눅스의 메모리 관리자는 하드웨어 메모리 자원에 대한 접근을 제어하는 책임을 맡고 있다. 또한 드라이버, 파일 시스템, 네트워킹 스택 등의 커널 서브시스템에서 동적인 메모리 할당 요구가 들어왔을 때 이를 처리할 수 있어야 하고, 사용자 공간의 응용 프로그램에게 가상 메모리를 제공하기 위한 기능을 구현해야 한다. 리눅스의 서브시스템상의 각 프로세스는 가상 메모리라고 하는 각각 별도의 주소 공간상에서 동작한다. 이렇게 가상 메모리를 사용함에 따라 한 응용 프로그램의 오류는 다른 응용 프로그램이나 커널의 메모리에 영향을 주지 못한다. 프로세스 내에서 잘못된 포인터의 사용은 해당 프로세스에만 국한된 문제이며 시스템 전체에는 아무런 피해를 주지 못한다. 이는 시스템의 신뢰성에 관련된 아주 중대한 특성이다.

리눅스 커널은 전체 메모리를 일반적으로 4KB 크기인 페이지 단위로 나누어 관리한다. 커널은 모든 페이지에 접근할 수 있지만, 실제로는 그 일부만 사용하고 나머지는 응용 프로그램에서 사용하게 된다. 커널에서 사용되는 페이지들은 요구 페이징(demand paging)[3]에 의해 처리되는 부분이 아니며, 오직 응용 프로그램에서 사용되는 페이지들만이 요청에 의해

역자 주 | 3) '요구 페이징'은 응용 프로그램에서 사용할 메모리 영역을 실행이 시작될 때 즉시 할당하지 않고, 실제로 해당 영역이 사용되는 시점에서 할당하는 기법으로, 페이지가 아직 할당되지 않은 경우나, 할당된 페이지가 일시적으로 디스크에 저장(스왑)된 경우에 발생될 수 있다. 반면에 커널의 메모리 영역은 즉시 할당되며, 디스크로 스왑되지 않으므로 요구 페이징이 일어나지 않는다.

할당된다는 것을 명심하자. 이것은 커널 디자인을 단순하게 만들어 준다. 응용 프로그램이 실행될 때 응용 프로그램의 전체 이미지가 모두 로드될 필요 없이, 사용되는 부분만 메모리로 로드된다.

사용자 공간과 커널 공간의 분리는 독점 RTOS로부터 리눅스로 시스템을 이전하는 경우 개발자가 예상할 수 있는 가장 근본적인 차이점이다. 독점 RTOS에서는 모든 응용 프로그램은 OS와 동일한 이미지로 포함되어 있다. 따라서 이 이미지가 로드되면 응용 프로그램도 메모리로 로드된다. 하지만 리눅스에서는 OS와 응용 프로그램은 별도로 컴파일 및 빌드되며 각각의 응용 프로그램은 개별적으로 저장되고 종종 단순히 프로그램이라고 부르기도 한다.

2.2.3 스케줄러

리눅스 스케줄러는 멀티태스킹을 지원하며 실시간(deterministic) 스케줄링 정책을 지원하기 위해 계속 발전되고 있다. 스케줄러가 발전해 온 과정을 살펴보기 전에, 스케줄러가 인식하는 실행 단위에 대해 알아보도록 하자.

- ✤ **커널 쓰레드**: 이는 사용자 공간의 정보를 포함하지 않는 프로세스이다. 이들은 항상 커널 공간 내에서 실행된다.
- ✤ **사용자 프로세스**: 각각의 사용자 프로세스는 가상 메모리 기능으로 인해 자신만의 주소 공간을 갖는다. 이들은 인터럽트, 예외, 시스템 콜을 통해 커널 모드로 진입할 수 있다. 프로세스가 커널 모드로 진입하면, 원래와는 다른 스택을 이용한다는 것에 주의하자. 이것은 커널 스택이라 불리며, 각 프로세스는 자신만의 독자적인 커널 스택을 갖고 있다.
- ✤ **사용자 쓰레드**: 쓰레드는 하나의 사용자 프로세스로 매핑된 또 다른 실행 개체이다. 사용자 공간의 쓰레드는 동일한 텍스트, 데이터, 힙 영역을 공유한다. 또한 열려 있는 파일 목록, 시그널 처리 함수 등의 자원은 공유되지만 스택 영역은 별도로 존재한다.

리눅스가 널리 사용됨에 따라, 실시간 응용 프로그램에 대한 지원 요구도 증가하게 되었다. 그 결과로 리눅스 스케줄러는 꾸준히 발전해 왔으며 결국 실시간 스케줄링 정책을 지원하게 되었다. 다음은 실시간 기능에 관련된 리눅스 커널 발전 과정의 중요한 이정표들을 보여준다.

❖ 1.3.55 커널에서부터, 기존의 시분할(time-sharing) 방식의 스케줄러에 라운드 로빈 (round-robin) 방식과 선입선출(FIFO) 기반의 스케줄링 방식에 대한 지원이 포함되었 다. 또한 메모리 락킹이라고 하는 응용 프로그램 메모리의 특정 영역에 페이징을 비활 성화하는 기능도 포함되었다(요구 페이징으로 인해 시스템의 응답 시간이 느려질 수 있기 때문이다).

❖ 2.0 커널은 프로세스가 아주 짧은 시간 동안 잠들거나 대기할 수 있는 새로운 함수인 nanosleep( )을 추가하였다. 이 함수가 생기기 전에는 프로세스가 대기할 수 있는 시 간은 최소 10msec 정도였지만, nanosleep( )을 사용하면 프로세스는 수 usec 단위로 도 잠들 수 있게 되었다.

❖ 2.2 커널은 POSIX 실시간 시그널을 지원하게 되었다.

❖ 2.4 커널은 실시간 스케줄링 부분에서 많은 개선이 있었다. 가장 중요한 것으로는 몬 타비스타에서 개발한 선점형 커널 패치와 앤드류 모튼(Andrew Morton)의 저지연 패 치이다. 이들은 최종적으로 2.6 커널에도 포함되었다.

❖ 2.6 커널은 O(1) 스케줄러라는 새로운 스케줄러를 도입하여 실시간 스케줄링 정책을 지원 하게 되었다. 게다가 POSIX 타이머와 같은 다른 실시간 기능들도 커널 내로 포함되었다.

7장에서는 리눅스의 실시간 정책에 대해서 자세히 살펴본다.

2.2.4 파일 시스템

리눅스에서는 다양한 종류의 파일 시스템들이 VFS(Virtual File System)라는 계층을 통해 관 리된다. VFS는 시스템상의 다양한 장치들에 저장된 데이터를 일관적인 형식으로 바라볼 수 있도록 해 준다. 사용자들이 파일 시스템에 접근할 수 있는 통로는 표준 시스템 콜로 분리 해 놓았지만, 커널 개발자들은 어떠한 물리적인 장치상에서도 논리적인 파일 시스템을 구 현할 수 있도록 해 두었다. 따라서 사용자는 물리적인 장치나 논리적인 파일 시스템의 상세 한 내용을 알지 못해도 일관적인 방법을 통해 파일에 접근할 수 있게 되었다.

리눅스가 동작하는 모든 장치는, 그것이 임베디드 시스템이든 서버 머신이든 간에 최소한 하나 이상의 파일 시스템이 필요하다. 이것은 특별히 파일 시스템을 필요로 하지 않는 실시 간 운영체제와 구분되는 특징이다. 이러한 특징은 다음과 같은 두 가지 사실로 인해 유래되 었다.

❖ 응용 프로그램들은 별도의 프로그램 이미지를 가지기 때문에 이들은 파일 시스템 내에 저장되어 있어야 한다.

❖ 모든 저수준 장치들도 파일의 형식으로 접근된다.

모든 리눅스 시스템은 **루트 파일 시스템**(root file system)이라는 주 파일 시스템이 필요하다. 루트 파일 시스템은 시스템 부팅 시에 마운트되며, 다른 파일 시스템들은 이 파일 시스템을 사용해서 마운트할 수 있다. 만약 시스템이 지정된 장치상에 루트 파일 시스템을 마운트하지 못한다면 커널은 패닉을 발생시키며, 시스템은 부팅되지 않을 것이다.

리눅스는 디스크 기반의 파일 시스템과 함께, 임베디드 시스템을 위해 플래시나 ROM 기반의 특수 파일 시스템을 지원한다. 또한 호스트상의 파일 시스템을 임베디드 시스템 타깃에 마운트할 수 있는 NFS(Network File System)와 임베디드 시스템에서 유용하게 사용되는 메모리 기반의 파일 시스템에 대한 지원도 포함되어 있다. 시스템 정보를 얻어오거나 디버깅을 위해서 사용되는 논리적 파일 시스템 혹은 의사(pseudo) 파일 시스템에 대한 지원도 포함되어 있다. 다음은 임베디드 시스템에서 일반적으로 사용되는 파일 시스템의 목록을 보여준다.

❖ EXT2: 리눅스에서 널리 사용되는 기본 파일 시스템
❖ CRAMFS: 압축된 읽기 전용 파일 시스템[4]
❖ ROMFS: 읽기 전용 파일 시스템
❖ RAMFS: 읽기와 쓰기가 가능한 메모리 기반의 파일 시스템
❖ JFFS2: 플래시 장치상에서 사용되는 저널링 파일 시스템
❖ PROCFS: 시스템 정보를 얻기 위한 의사 파일 시스템
❖ DEVFS: 장치 파일을 관리하기 위한 의사 파일 시스템

4장에서 이러한 파일 시스템들에 대해 좀더 자세히 살펴볼 것이다.

2.2.5 IO 서브시스템

리눅스의 IO 서브시스템은 시스템상에 존재하는 장치들에 대해 단순하고 통합적인 인터페

역자 주 | 4) CRAMFS는 이름에서 오는 느낌과 달리 읽기 전용의 파일 시스템이다(물론 Random Access는 가능하다). CRAMFS에 파일을 추가하기 위해서는 mkcramfs라는 유틸리티를 통해 파일 시스템 이미지를 다시 생성해야 한다.

이스를 제공한다. IO 서브시스템은 다음과 같은 장치들을 지원한다.

- 순차적인 접근이 필요한 장치들을 지원하는 문자 장치(character device)
- 임의적인 접근이 가능한 장치들을 지원하는 블록 장치(block device). 블록 장치는 파일 시스템을 구현하는 기본이 된다.
- 여러 링크 계층 장치들을 지원하는 네트워크 장치(network device)

5장에서는 리눅스의 디바이스 드라이버 구조를 예제와 함께 자세히 살펴볼 것이다.

2.2.6 네트워킹 서브시스템

리눅스의 가장 큰 장점 중의 하나는 다양한 프로토콜을 지원하는 강력한 네트워킹 기능이다. 표 2.1은 커널 버전에 따라 지원하는 주요 기능들을 정리한 것이다.

2.2.7 IPC

리눅스의 IPC(Inter-Process Communication, 프로세스 간 통신)는 (비동기 통신 방식인) 시그널과 파이프, 소켓은 물론 공유 메모리, 메시지 큐, 세마포어와 같은 System V의 IPC 메커니즘을 포함한다. 2.6 커널은 추가적으로 POSIX 형식의 메시지 큐를 지원한다.

2.3 사용자 공간

리눅스의 사용자 공간은 다음과 같은 개념들을 기본으로 한다.

- 프로그램: 이것은 파일 시스템상에 존재하는 응용 프로그램의 이미지이다. 응용 프로그램이 실행되어야 할 때, 이미지는 메모리상에 로드되어 실행된다. 가상 메모리 기능으로 인해 전체 프로그램의 이미지가 한 번에 로드되는 것이 아니라 오직 필요한 페이지들만이 로드된다.
- 가상 메모리: 이것은 각 프로세스들이 각자의 주소 공간을 갖도록 해 준다. 가상 메모리는 공유 메모리와 같은 고급 기능들을 이용할 수 있도록 한다. 각 프로세스는 가상 메모리상에 자신만의 고유한 메모리 맵을 가지며, 이는 커널의 메모리 맵과는 완전히

표 2.1 2.2, 2.4, 2.6 커널의 네크워크 스택 기능

기능	커널 버전		
	2.2	2.4	2.6
2계층			
브리징 지원	O	O	O
X.25	O	O	O
LAPB	실험적	O	O
PPP	O	O	O
SLIP	O	O	O
이더넷(Ethernet)	O	O	O
ATM	X	O	O
블루투스	X	O	O
3계층			
IPV4	O	O	O
IPV6	X	O	O
IP 포워딩	O	O	O
IP 멀티캐스팅	O	O	O
IP 방화벽	O	O	O
IP 터널링	O	O	O
ICMP	O	O	O
ARP	O	O	O
NAT	O	O	O
IPSEC	X	X	O
4계층(이상)			
TCP/UDP	O	O	O
BOOTP/RARP/DHCP	O	O	O

별개의 것이다.

✢ **시스템 콜**: 이것은 커널로 진입할 수 있는 지점으로 이를 통해 커널은 응용 프로그램을 대신해 운영체제의 서비스를 제공한다.

리눅스상에서 응용 프로그램이 어떻게 실행되는지 알아보기 위해 한 가지 예제를 살펴보도록 하자. 다음의 코드는 MIPS 기반의 타깃에서 실행된다고 가정하자.

```
#include <stdio.h>
char str[] = "hello world";
```

```
void myfunc()
{
    printf(str);
}
main()
{
    myfunc();
    sleep(10);
}
```

다음과 같은 과정으로 진행될 것이다.

1. **컴파일과 실행 파일 생성**: 임베디드 시스템을 개발할 때, 프로그램은 타깃상에서 빌드되는 것이 아니라, 호스트의 크로스-개발 툴을 이용하여 빌드된다. 2.5절에서는 크로스-개발 툴에 대해서 자세히 살펴본다. 지금은 호스트상에 응용 프로그램(이름은 hello_world라고 하겠다)을 빌드하기 위한 툴들을 갖춰 놓았다고 가정하자.

2. **실행 파일을 타깃 보드상의 파일 시스템에 다운로드**: 8장에서는 루트 파일 시스템을 빌드하고 타깃에 응용 프로그램들을 다운로드하는 과정을 자세히 설명할 것이다. 지금은 이러한 것들이 모두 갖춰져 있다고 생각하고, 이를 통해 hello_world 프로그램을 루트 파일 시스템의 /bin 디렉토리로 다운로드할 수 있다고 가정하자.

3. **셸에서 프로그램 실행**: 셸(shell)은 명령어(일종의 프로그래밍 언어이다)를 받아 처리하는 인터프리터이다. 셸이 동작하는 자세한 원리는 일단 제쳐 두고, 명령행에서 /bin/hello_world라고 입력했을 때 위의 프로그램이 실행되어 (일반적으로 직렬 포트상의) 콘솔에서 문자열을 출력할 것이다.

MIPS 기반의 시스템에서 실행 파일을 생성하기 위해서는 다음과 같은 명령이 사용될 것이다.

```
# mips_fp_le-gcc hello_world.c -o hello_world
# ls -l hello_world
-rwxrwxr-x 1 raghav raghav 11782 Jul 20 13:02 hello_world
```

이 과정은 전처리(preprocessing)된 출력 파일 생성, 어셈블리 언어의 출력 파일 생성, 오브젝트 출력 파일 생성 과정을 거쳐 마지막 링킹(linking) 과정까지의 4단계로 수행된다. 출력 파일인 hello_world는 ELF(Executable and Linkable Format)라는 형식의 MIPS CPU에서 실행 가능한 파일이다. 모든 실행 파일은 바이너리 혹은 스크립트의 두 가지 중 하나이다. 임베디드 시스템에서 가장 일반적으로 쓰이는 바이너리 실행 파일의 형식은 COFF, ELF, 플랫(flat) 형식이다. 플랫 형식은 MMU가 없는 uClinux에서 사용되며 이에 대해서는 10장에서

리스트 2.1 nm을 사용하여 출력한 심벌의 목록

```
#mips_fp_le-nm hello_world
0040157c A __bss_start
004002d0 t call_gmon_start
0040157c b completed.1
00401550 d __CTOR_END__
0040154c d __CTOR_LIST__
0040146c D __data_start
0040146c W data_start
00400414 t __do_global_ctors_aux
004002f4 t __do_global_dtors_aux
00401470 D __dso_handle
00401558 d __DTOR_END__
00401554 d __DTOR_LIST__
00401484 D _DYNAMIC
0040157c A _edata
00400468 r __EH_FRAME_BEGIN__
00401580 A _end
00400438 T _fini
0040146c A __fini_array_end
0040146c A __fini_array_start
00400454 R _fp_hw
00400330 t frame_dummy
00400468 r __FRAME_END__
00401560 D _GLOBAL_OFFSET_Table_
         w __gmon_start__
00400254 T _init
0040146c A __init_array_end
0040146c A __init_array_start
00400458 R _IO_stdin_used
0040155c d __JCR_END__
0040155c d __JCR_LIST__
         w _Jv_RegisterClasses
004003e0 T __libc_csu_fini
004003b0 T __libc_csu_init
         U __libc_start_main@@GLIBC_2.0
00400374 T main
0040035c T myfunc
00401474 d p.0
         U printf@@GLIBC_2.0
         U sleep@@GLIBC_2.0
004002ac T _start
00401478 D str
```

자세히 살펴보겠다. COFF는 예전에 주로 사용되었던 형식으로, 지금은 더 강력하고 유연한 ELF 형식으로 대체되었다. ELF 형식은 헤더 부분과 텍스트, 데이터 등의 여러 섹션으로 구성된다. nm 명령어를 이용하면 리스트 2.1에서 보는 것과 같이 실행 파일 내에 포함된 여러 심벌(symbol)들의 목록을 볼 수 있다.

리스트 2.1에서 보다시피 main 함수와 myfunc 함수, 그리고 전역 변수인 str은 주소가 지정되어 있지만 printf 함수는 지정되어 있지 않으며(undefined의 머리글자인 'U'로 표시되어 있다) 심벌도 printf@@GLIBC의 형태로 정의되어 있다. 이것은 printf가 hello_world 이미지에 포함되어 있지 않다는 것을 의미한다. 그렇다면 이 함수는 어디에 저장되어 있으며, 어떻게 그 주소를 알아낼 수 있을까? 이 함수는 libc(C 라이브러리)라고 하는 라이브러리에 포함되어 있다. libc는 많은 프로그램에서 공통적으로 사용되는 함수들을 포함하고 있다. 예를 들어 printf 함수는 거의 모든 응용 프로그램에서 사용된다. 따라서 이 함수에 해당하는 코드를 각각의 응용 프로그램 이미지에 모두 포함시키지 않고, 라이브러리에 따로 보관한다. 만약 라이브러리가 공유 라이브러리의 형태로 사용되면, 이것은 저장장치의 공간을 감소시켜 줄 뿐만 아니라 오직 메모리의 한 영역에만 로드되므로 메모리의 사용량도 감소시켜 준다. 응용 프로그램은 많은 수의 라이브러리를 공유 라이브러리의 형태이든 정적 라이브러리의 형태이든 간에 링크시킬 수 있다. 응용 프로그램의 의존성 목록은 다음의 명령어를 이용하여 알아볼 수 있다(아래의 경우에는 실행 시간에 동적 링크 과정을 담당하는 ld.so 라이브러리와 C 라이브러리의 두 가지에 의존성을 갖는다).

```
# mips_fp_le-ldd hello_world
libc.so.6
ld-linux.so.2
```

즉, 실행 파일을 생성할 때 모든 재배치(relocation)와 심벌 주소 해석(resolution)이 일어나는 것이 아니다. 공유 라이브러리에 속하지 않은 모든 함수와 전역 변수들은 주소가 해석되어서 실행 시의 주소를 바로 알 수 있지만 공유 라이브러리에 속한 함수들은 아직 알 수가 없으므로 주소 해석은 완료되지 않은 채로 남아 있다(위의 경우 myfunc 함수에서 printf 함수를 호출하였으므로 printf 함수에 대한 해석은 뒤로 미뤄지게 된다). 이러한 공유 라이브러리 내의 함수들의 주소 해석은 프로그램이 셸상에서 실제로 실행될 때 이루어진다.

공유 라이브러리를 사용하지 않고 모든 참조를 정적으로 링크하는 방법이 있다. 예를 들어 위의 예제는 다음과 같이 정적 C 라이브러리인 libc.a(여러 오브젝트 파일들이 묶여 있는 형태이다)와 링크될 수 있다.

```
# mips_fp_le-gcc -static hello_world.c -o hello_world
```

만약 위와 같이 빌드된 실행 파일의 심벌 목록을 보게 된다면 printf 함수에 주소가 지정되어 있음을 볼 수 있을 것이다. 정적 라이브러리를 사용하면 저장 공간과 메모리의 사용량에서 약간 손해를 볼 수 있지만 응용 프로그램이 더 빨리 시작된다. 이제 (공유 라이브러리를 이용해서 빌드한) 프로그램을 보드상에서 실행시키고 그에 대한 메모리 맵을 살펴보기로 하자.

```
# /bin/hello_world &
[1] 4479
#cat /proc/4479/maps
00400000-00401000 r-xp 00000000 00:07 4088393          /bin/hello_world
00401000-00402000 rw-p 00001000 00:07 4088393          /bin/hello_world
2aaa8000-2aac2000 r-xp 00000000 00:07 1505291          /lib/ld-2.2.5.so
2aac2000-2aac4000 rw-p 00000000 00:00 0
2ab01000-2ab02000 rw-p 00019000 00:07 1505291          /lib/ld-2.2.5.so
2ab02000-2ac5f000 r-xp 00000000 00:07 1505859          /lib/libc-2.2.5.so
2ac5f000-2ac9e000 ---p 0015d000 00:07 1505859          /lib/libc-2.2.5.so
2ac9e000-2aca6000 rw-p 0015c000 00:07 1505859          /lib/libc-2.2.5.so
2aca6000-2acaa000 rw-p 00000000 00:00 0
7ffef000-7fff8000 rwxp ffff8000 00:00 0
```

위에 보이듯이, 메인 프로그램인 hello_world와 함께 많은 주소 영역들이 libc와 동적 링커인 ld.so에 할당되어 있다. 응용 프로그램의 메모리 맵은 실행 시에 생성되며 (이 경우 printf에 대한) 심벌 주소 해석도 이루어진다. 이 과정은 다음과 같은 여러 단계를 거쳐 실행된다. 먼저 커널의 일부로 포함되어 있는 ELF 로더는 실행 파일을 읽어 공유 라이브러리에 대한 의존성을 갖는지를 검사하고, 의존성을 갖는다면 동적 링커인 ld.so를 호출한다. 자기 자신도 공유 라이브러리의 형태로 구현된 ld.so는 공유 라이브러리에 대한 처리를 담당하는 라이브러리로, 먼저 자기 자신을 로드한 뒤 나머지 공유 라이브러리를 로드해서 응용 프로그램의 메모리 맵을 결정(freeze)하고 완료되지 않았던 심벌 주소 해석을 완료한다.

이제 마지막 한 가지 질문이 남아 있다. printf는 실제로 어떻게 동작하는가? 위에서 살펴보았듯이 응용 프로그램에서 커널이 제공하는 서비스를 이용하기 위해서는 시스템 콜을 호출해야 한다. printf 함수도 내부적인 처리를 마치고 나면 마찬가지로 시스템 콜을 호출한다. 시스템 콜의 실제 구현은 하드웨어에 매우 종속적이기 때문에, C 라이브러리는 실제 시스템 콜을 호출하는 것을 래핑(wrapping)하는 함수를 제공한다. 응용 프로그램에서 호출하는 모든 시스템 콜의 목록은 strace라는 유틸리티를 이용하여 알아볼 수 있다.

```
# strace hello_world
...
write(1, "hello world", 11) = 11
...
```

지금까지 커널과 사용자 공간에 대한 기본적인 사항들에 대해 알아보았다. 이제부터는 리눅스 시스템이 부팅되는 과정에 대해서 알아보기로 하자.

2.4 리눅스 부팅 과정

지금까지는 리눅스 시스템의 구조를 상당히 고수준에서 이해했다. 이제 부팅 과정을 이해함으로써 다양한 커널 서브시스템들이 시작되는 방식과 리눅스가 사용자 공간으로 어떻게 제어를 넘기는지에 대해 이해할 수 있을 것이다. 리눅스 부팅 과정은 시스템에 전원이 들어온 순간부터 사용자의 콘솔에 로그인 프롬프트가 나타나기까지의 과정을 말한다. 어떤 독자는 '왜 지금 부팅 과정을 이해해야 할까?'라는 의문을 가질 수도 있을 것이다. 부팅 과정을 이해하는 것은 개발 사이클 내의 이정표를 정하기 위해서는 필수적인 부분인데, 리눅스 시스템을 구성하는 데 필요한 기본 요소인 부트로더, 루트 파일 시스템 등에 대해서 이해할 수 있기 때문이다. 임베디드 시스템에서 부팅 시간은 가능한 한 빨라야 하며, 이에 대한 자세한 사항들을 이해하고 있어야 관련된 사항들을 개선할 수 있게 된다. 부팅 시간을 감소시키기 위한 자세한 방법들은 부록 A를 참조하기 바란다.

리눅스 부팅 과정은 다음과 같은 세 가지 단계로 나뉜다.

- **부트로더 단계**: 일반적으로 이 단계에서는 하드웨어 초기화와 테스트를 수행한 후 커널 이미지를 메모리에 로드하고 제어를 커널로 넘기는 일을 한다.
- **커널 초기화 단계**: 이 단계에서는 플랫폼에 종속적인 초기화 과정이 이루어지고, 커널 서브시스템 시작, 멀티태스킹 시작, 루트 파일 시스템 마운트 과정을 거쳐 사용자 공간으로 점프한다.
- **사용자 공간 초기화 단계**: 일반적으로 이 단계에서는 여러 서비스들을 실행시키고, 네트워크 초기화 과정을 거쳐 로그인 프롬프트를 보여준다.

2.4.1 부트로더 단계

부트로더에 대해서는 3장에서 자세히 설명할 것이다. 이 절에서는 부트로더가 실행되는 과정을 간단히 훑어보도록 한다.

하드웨어 초기화

이 단계에서는 일반적으로 다음과 같은 일들을 수행한다.

1. CPU 속도 설정
2. 메모리 초기화(여기에는 레지스터 설정, 메모리 초기화, 보드상의 메모리 크기 확인 등의 작업이 포함된다).
3. 캐시(cache) 활성화
4. 부트 콘솔을 위해 직렬 포트 설정
5. 하드웨어 진단 혹은 POST(Power On Self-Test) 실행

위와 같은 과정들이 성공적으로 완료되었다면 다음으로 리눅스 커널을 로드한다.

커널 이미지와 initrd 다운로드

부트로더는 시스템의 플래시 저장장치 혹은 네트워크상에 있는 커널 이미지를 로드하는 작업을 수행해야 한다. 두 경우 모두 이미지는 메모리로 로드되어야 한다. 이미지가 압축되어 있는 경우에는(이러한 경우가 대부분일 것이다) 압축을 풀어 이미지를 복원해야 한다. 만약 initrd(initial ram disk)가 있는 경우라면 부트로더는 initrd 이미지도 함께 로드해야 한다. 부트로더는 커널 이미지의 ELF 헤더 부분을 읽은 후 커널 이미지가 로드될 메모리 주소를 결정한다. 커널 이미지가 ELF 헤더를 포함하지 않고 바이너리 정보만을 갖는다면(raw binary dump), 커널의 각 섹션들을 로드할 주소 및 커널의 시작 주소 등의 정보가 추가적으로 부트로더에게 넘겨져야 한다.

부트 옵션의 설정

리눅스 커널은 부팅 시에 시스템에 관련된 옵션사항들을 커널로 넘길 수 있는 강력한 기능을 지원한다. 리눅스는 모든 플랫폼상에서 커널로 옵션을 넘길 수 있는 일반적인 방법을 제공한다. 이에 대한 내용은 3장에서 자세히 설명할 것이다. 일반적으로 부트로더는 부트 옵션들을 위한 메모리 영역을 설정해야 하고, 이를 (커널이 이해할 수 있는 형태의) 적절한 자료구조로 초기화한 후, 옵션으로 주어진 값들로 이 영역을 채워야 한다.

커널 진입점으로 점프

커널 진입점은 커널을 빌드할 때 링커 스크립트에 의해 결정된다(이 스크립트 파일은 일반적으로 아키텍처 종속적인 사항들을 담고 있는 디렉토리 내에 존재한다). 부트로더가 커널의 진입점으로 점프하게 되면 부트로더의 역할은 끝나고 더 이상 사용되지 않는다(플랫폼에 종속적인 연산을 위해 OS가 boot PROM 서비스를 이용하는 경우는 예외이다). 그러면 부트로더가 사용한 메모리 영역은 커널에 회수되고, 이는 시스템의 메모리 맵을 결정할 때 사용된다.

2.4.2 커널 초기화 단계

커널 초기화 단계는 다음과 같은 과정으로 나누어진다.

CPU/플랫폼 종속적 초기화

만약 독자가 시스템을 리눅스로 포팅하고 있다면 이 절은 BSP 포팅 과정에 중대한 이정표가 될 정도로 매우 중요하다. 플랫폼 종속적인 초기화 과정은 다음과 같은 단계로 나누어진다.

1. 초기 C 루틴을 위한 환경 설정: 커널의 진입점은 어셈블리 언어로 작성된 루틴으로 각 아키텍처별로 다른 이름을 가질 수도 있다(ARM에서는 stext이고, MIPS에서는 kernel_entry이나). 여러분이 사용하는 플랫폼의 커널 진입점을 알아보기 위해서는 링커 스크립트를 확인해 보아야 한다. 이 함수는 일반적으로 arch/<아키텍처 이름>/kernel/head.S 파일 내에 존재하며 다음과 같은 일들을 수행한다.

   a. MMU가 존재하고 아직 이를 활성화하지 않은 머신에서는 MMU를 활성화시킨다. 대부분의 부트로더는 MMU가 비활성화된 상태에서 동작하기 때문에 가상 주소와 물리 주소가 일치한다. 하지만 커널은 가상 주소를 사용하도록 컴파일되었다. 그러므로 커널이 정상적으로 가상 주소를 이용하여 동작하도록 하기 위해서는 MMU를 활성화해야 한다. 이것은 전원이 들어오면 자동으로 MMU가 활성화되는 MIPS와 같은 플랫폼에서는 필요 없는 과정이다.

   b. 캐시 초기화를 수행한다. 이 과정도 역시 플랫폼에 종속적이다.

   c. BSS 영역을 0으로 초기화한다(일반적으로 부트로더가 이 과정을 수행해 줄 것이라고 믿어서는 안 된다).

   d. 최초로 C 루틴이 호출될 때 사용할 스택 영역을 설정한다. 최초로 실행되는 C 루틴은 init/main.c 내에 있는 start_kernel( ) 함수이다. 이 함수는 idle 프로세스 내에서

종료될 때까지 수많은 일들을 수행하는 거대한 함수이다(idle 프로세스는 시스템 내에서 수행되는 첫 번째 프로세스이며 프로세스 ID는 0이다). 이 함수는 아래에서 설명할 나머지 플랫폼 초기화 함수들을 호출한다.

2. **setup_arch() 함수**: 이 함수는 이후의 초기화 함수들이 안전하게 수행될 수 있도록 플랫폼과 CPU에 종속적인 초기화 과정을 수행한다. 이 함수는 플랫폼에 매우 종속적이라는 사실을 명심하자. 이 과정에서 수행되는 작업들 중에 공통적인 것만 나열해 보면 다음과 같다.

   a. 프로세서 인식. CPU 아키텍처는 여러 종류의 모델(flavor)을 포함하고 있기 때문에 이 함수에서는 하드웨어나 빌드 시에 넘겨진 정보에 따라 현재 프로세서가 정확히 어느 모델에 해당하는지를 판별한다(예를 들어, 당신이 ARM 프로세서를 선택했다면 ARM 프로세서 중 어느 모델에 속하는지를 찾아낸다). 해당 프로세서에 따른 수선 코드(fixup)도 이 함수 안에서 수행된다.

   b. 보드 인식. 마찬가지로 커널은 여러 가지 보드를 지원하기 때문에 시스템에 사용되는 보드가 어느 것인지를 인식하고 보드에 종속적인 작업들을 처리한다.

   c. 커널로 넘겨진 명령행 인수(부트 옵션)들을 분석한다.

   d. 부트로더가 램 디스크 영역을 설정해 두었다면 이후에 해당 영역을 루트 파일 시스템으로 마운트할 수 있도록 인식해 둔다. 일반적으로 부트로더는 메모리상의 램 디스크 시작 주소와 크기를 넘겨준다.

   e. bootmem 함수들을 호출한다. 사실 bootmem이란 이름은 잘못된 것이며, 이것은 커널이 모든 메모리 영역을 페이징 코드로 관리하기 전에 다양한 목적으로 사용하기 위해 일정 부분을 예약해 두는 것을 말한다. 예를 들어, bootmem 할당 함수를 이용하면 장치가 DMA에 사용할 연속된 커다란 메모리 영역을 예약해 둘 수 있다.

   f. 페이징 초기화 함수를 호출하여 이후에 시스템에서 사용할 메모리 영역을 페이지로 관리하도록 설정한다.

3. **예외 처리 초기화—trap_init() 함수**: 이 함수는 커널에 지정된 예외 처리 함수를 설정한다. 만약 이 과정이 실행되기 이전에 예외가 발생했다면 결과는 플랫폼마다 다를 것이다(예를 들어, 어떤 플랫폼에서는 부트로더에 지정된 예외 처리 함수가 호출될 것이다).

4. **인터럽트 처리 함수 초기화—init_IRQ() 함수**: 이 함수는 인터럽트 컨트롤러와 인터럽트 디스크립터(descriptor)를 초기화한다. 인터럽트 디스크립터는 BSP에서 인터럽트를 분배(route)하기 위해 사용되며, 자세한 내용은 다음 장에서 살펴볼 것이다. 이 단계에서는 아직 인터럽트가 활성화되지 않았다는 것에 유의하자. 각각의 드라이버들은

이후에 자신의 초기화 루틴이 실행될 때 자신에게 할당된 인터럽트 라인을 독자적으로 활성화시켜야 할 책임이 있다(예를 들어, 타이머 초기화 코드에서는 타이머 인터럽트 라인이 활성화되도록 해야 한다).

5. **타이머 초기화—time_init() 함수:** 이 함수는 타이머 틱 하드웨어를 초기화하여 시스템이 동작하는 동안 주기적으로 틱(tick)을 발생시키게 한다.

6. **콘솔 초기화—console_init() 함수:** 이 함수는 직렬 장치를 콘솔로 초기화한다. 일단 콘솔이 초기화되면 모든 부팅 메시지가 스크린상에 나타나게 된다. 커널 내에서 일어나는 사항들을 출력하고 싶을 때는 printk( ) 함수를 이용한다(printk( ) 함수는 인터럽트 처리 함수 내에서도 사용할 수 있는 강력한 함수이다).

7. **플랫폼의 지연 루프 계산—calibrate_delay() 함수:** 이 함수는 커널에서 udelay( ) 함수를 이용하여 마이크로초 단위의 지연을 구현하기 위해 사용된다. udelay( ) 함수는 인수로 주어진 마이크로초 동안 대기(spin)한다.[5] udelay가 동작하기 위해서는 커널에서 시스템의 마이크로초당 클록 사이클의 수를 알고 있어야 한다. 이 부분이 바로 calibrate_delay( ) 함수 내에서 실행되며, 이 함수는 지연 루프의 수를 측정한다. 이로 인해 모든 플랫폼에서 udelay( ) 함수가 동일하게 동작하는 것을 보장한다. calibrate_delay( ) 함수는 타이머 인터럽트를 이용하여 동작함을 주의하자.

서브시스템 초기화

이것은 다음과 같은 과정을 포함한다.

- 스케줄러 초기화
- 메모리 관리자 초기화
- VFS 초기화

대부분의 서브시스템 초기화 과정은 start_kernel( ) 함수 내에서 이루어진다. 이 함수의 끝부분에서 커널은 또 하나의 프로세스인 init 프로세스를 생성하고(이 프로세스는 드라이버 초기화, 초기화 함수들(initcall) 호출, 루트 파일 시스템 마운트 등의 작업을 수행한 후 사용자 공간으로 점프한다), 현재 프로세스는 프로세스 ID 0번인 idle 프로세스가 된다.

역자 주 5) 주어진 시간에 해당하는 만큼의 클록 사이클을 소비하기 위해 반복적인 루프를 돌면서(spin) 대기하는 방식을 말하는 것으로, busy wait라고도 한다.

드라이버 초기화

드라이버 초기화는 프로세스 관리와 메모리 관리 부분의 초기화가 이루어진 이후에 수행된다. 이 작업은 init 프로세스의 컨텍스트 내에서 이루어진다.

루트 파일 시스템 마운트

루트 파일 시스템은 다른 파일 시스템이 마운트될 수 있는 마스터 파일 시스템이다. 루트 파일 시스템을 마운트하는 것은, 커널이 사용자 공간으로 점프할 수 있도록 하는 부팅 절차 상의 중요한 과정이다. 루트 파일 시스템이 저장된 블록 장치는 (빌드되는 시점에서) 커널 내에 하드코딩되어 있을 수도 있고, 부트로더에게 'root='과 같은 형식의 명령행 옵션으로 넘겨질 수 있다.

임베디드 시스템에서는 다음과 같이 주로 세 종류의 루트 파일 시스템이 사용된다.

- ❖ 램(RAM) 디스크
- ❖ NFS를 이용한 네트워크 기반의 파일 시스템
- ❖ 플래시 기반의 파일 시스템

NFS 기반의 루트 파일 시스템은 주로 디버깅 시에 사용되며 다른 두 가지는 주로 제품에 적용된다. 램 디스크는 시스템의 메모리를 이용하여 블록 장치를 에뮬레이션한다. 따라서 램 디스크로 복사된 파일 시스템 이미지를 마운트할 수 있게 된다. 램 디스크는 루트 파일 시스템으로 사용될 수 있으며 이렇게 사용되는 램 디스크를 initrd(initial ram disk의 약자이다)라고 한다. initrd는 매우 강력한 기능을 제공하며 특히 임베디드 시스템의 개발 초기 단계에서 많이 사용된다. 만약 아직 플래시 드라이버가 완성되지 않은 상태에서 응용 프로그램을 테스트해야 하는 경우를 생각해 보자(이러한 상황은 드라이버 개발팀과 응용 프로그램 개발팀이 개별적으로 작업을 진행하는 경우에 생길 수 있다). 플래시 기반의 루트 파일 시스템 없이 어떻게 작업을 진행할 수 있을까? 만약 네트워크 드라이버가 완성되었다면 네트워크 기반의 파일 시스템을 이용하면 된다. 하지만 그렇지 않다면 initrd를 사용하는 것이 가장 좋은 대안이 될 것이다. initrd를 생성하는 방법은 8장에서 자세히 설명한다. 이 절에서는 커널이 initrd를 루트 파일 시스템으로 마운트하는 방법에 대해서 살펴보기로 한다. 커널이 initrd를 로드하게 하려면 커널을 빌드할 때 CONFIG_BLK_DEV_INITRD 옵션을 설정해 주어야 한다. 앞에서 설명했듯이 initrd 이미지는 커널 이미지와 함께 로드되기 때문에 initrd의 시작 주소와 끝 주소는 커널의 명령행 부트 옵션으로 넘겨져야 한다. 이렇게 되면 커널은 이 주소들을 이용하여 initrd상에 로드된 루트 파일 시스템을 마운트한다. 여기에는 보통 romfs와 ext2 파일 시스템이 사용된다.

initrd에 대한 또 한 가지 재미있는 특징이 있다. initrd는 일회용(use-and-throw) 루트 파일 시스템이다. 이것은 initrd가 다른 루트 파일 시스템을 마운트하기 위해 사용된다는 뜻이다. 그렇다면 왜 initrd가 필요할까? 당신이 사용할 실제 루트 파일 시스템이 저장장치상에 기록되어 있고, 그에 해당하는 드라이버가 커널 모듈로 빌드되어 있다고 가정해 보자. 물론 이 모듈도 파일 시스템을 통해 저장되어 있을 것이다. 그렇다면 이것은 '닭이 먼저냐? 계란이 먼저냐?' 하는 문제를 일으키게 된다. 모듈을 로드하기 위해서는 파일 시스템이 동작해야 하지만, 파일 시스템이 동작하기 위해서는 먼저 모듈이 로드되어 있어야 한다. 이러한 상황을 해결하기 위하여 initrd가 사용된다. 드라이버를 모듈로 빌드한 후 이를 initrd에 넣어 두면 initrd가 마운트될 때 드라이버 모듈을 로드할 수 있으므로 저장장치에 접근이 가능하게 된다. 그렇다면 저장장치상의 파일 시스템을 루트 파일 시스템으로 마운트할 수 있으며 initrd는 더 이상 사용되지 않게 된다. 리눅스 커널은 이러한 일회성 initrd 기능을 구현하기 위해 다음과 같은 방법을 제공한다. 커널은 initrd의 루트 디렉토리에 있는 linuxrc 파일을 읽고 이를 실행시킨다. 이 실행 파일이 종료되면 커널은 더 이상 initrd가 필요하지 않다고 판단하고 실제 루트 파일 시스템으로 전환한다(linuxrc 파일은 드라이버 모듈을 로드하기 위해 사용된다). NFS와 플래시 기반의 파일 시스템들은 4장에서 자세히 설명할 것이다.

만약 루트 파일 시스템이 마운트되지 않으면 커널은 실행을 중지하고 다음 메시지를 콘솔에 출력한 뒤 패닉 모드로 들어갈 것이다.

```
Unable to mount root fs on device
```

초기화 함수(initcall) 실행 및 초기 메모리 해제

모든 아키텍처의 링커 스크립트 파일을 열어 보면 init 섹션이 보일 것이다. 이 섹션의 시작 부분은 __init_begin으로 표시되어 있고 끝부분은 __init_end로 표시되어 있다. 이 섹션을 사용하는 아이디어는 시스템의 부팅 과정에서 한 번만 사용되는 일회성 코드와 데이터 부분을 모아두기 위한 것이다. 이러한 일회성 함수의 예로 드라이버 초기화 함수가 있다. 일단 드라이버가 커널에 정적으로 링크되면 초기화 함수와 등록 함수가 호출되고, 이러한 함수들은 이제 더 이상 호출되는 일이 없기 때문에 해당 메모리 영역을 해제할 수 있다. 이러한 함수들을 한 곳으로 모아두는 아이디어는 모아둔 전체 메모리 영역을 해제하면 연속된 커다란 메모리 영역을 얻을 수 있으므로, 이 영역을 메모리 관리자가 이용하도록 하기 위한 것이다. 임베디드 시스템에서 메모리가 얼마나 귀중한 자원인지를 생각해 본다면, 위의 아이디어가 얼마나 유용한 것인지 알게 될 것이다. 이러한 일회성 함수와 변수들은 __init 지시자를 이용하여 선언된다. 부팅 과정 중 드라이버와 서브시스템의 초기화 과정이 완료되면, 메모리 관리자는 해당 메모리 영역을 해제한다. 이것은 사용자 공간으로 이동하기 바로 이전에 실행된다.

리눅스는 시스템의 부팅 시에 일련의 함수들을 그룹지어 실행시킬 수 있는 방법을 제공한다. 이를 위해서는 함수의 선언 시에 __initcall 지시자를 추가하면 된다. 이렇게 선언된 함수들은 커널 부팅 시에 자동으로 호출되기 때문에, 부팅 코드 내에 명시적으로 이를 호출하는 코드를 추가할 필요가 없다.

사용자 공간으로 이동하기

커널 내에서 실행되던 init 프로세스는 (execve 함수를 이용하여) 자기 자신을 (역시 init라는 이름을 가진) 특별한 프로그램으로 전환(overlay)하여 사용자 공간으로 이동한다. 이 실행 파일은 일반적으로 루트 파일 시스템의 /sbin 디렉토리상에 존재한다. 사용자는 커널에 명령행 부트 옵션을 사용하여 다른 init 프로그램을 지정할 수 있다. 하지만 만약 커널이 사용자가 지정한 프로그램이나 기본 프로그램을 로드하지 못한다면, 다음과 같은 메시지를 남기며 패닉 상태에 들어갈 것이다.

```
No init found. Try passing init= option to the kernel.
```

2.4.3 사용자 공간 초기화

사용자 공간의 초기화 과정은 각 배포판에 따라 다르다. 커널의 책임은 init 프로세스로 이동하는 곳에서 끝난다. init 프로세스가 하는 일과 서비스를 시작시키는 방식은 각 배포판마다 차이가 있다. 여기서는 (init 프로세스를 /sbin/init로 가정하는) 일반적인 모델에 대해서 살펴볼 것이며, 이것은 유닉스의 변종인 System V UNIX의 초기화 과정과 꽤 흡사하다.

/sbin/init 프로세스와 /etc/inittab

init 프로세스는 커널에게 아주 특별한 프로세스로, 다음과 같은 특성이 있다.

✤ 절대로 종료(kill)되지 않는다. 리눅스는 보통의 프로세스를 종료시킬 수 있는 SIGKILL 이라는 시그널을 제공하지만 이는 init 프로세스에게는 적용되지 않는다.

✤ 프로세스가 또 다른 프로세스를 시작하면 나중에 만들어진 프로세스는 원래 프로세스의 자식 프로세스가 된다. 이러한 부모-자식 관계는 중요한데, 자식 프로세스보다 부모 프로세스가 먼저 종료되는 경우에 자식(고아) 프로세스는 init 프로세스의 자식으로 설정된다.

✤ 커널은 시그널을 이용하여 init 프로세스에게 특수한 이벤트 정보를 보낼 수 있다. 예를 들어 키보드상에서 Ctrl-Alt-Del 키를 누른다면, 커널은 init 프로세스에게 해당 시그널을 보내고 init 프로세스는 일반적으로 시스템을 종료시키게 된다.

모든 시스템상의 init 프로세스는 보통 /etc 디렉토리 내에 있는 inittab 파일을 이용하여 설정할 수 있다. init 프로세스는 inittab 파일을 읽어서 현재 상황에 맞는 행동을 순차적으로 수행한다. 또한 init 프로세스는 **런레벨**(run level)이라고 하는 시스템의 상태를 결정한다. 런레벨은 init 프로세스에 인수로 넘겨지는 숫자이다. 아무런 값도 주어지지 않은 경우 init 프로세스는 inittab 파일에서 기본 런레벨 값을 읽어 온다. 다음은 시스템에서 사용되는 런레벨 값들을 보여준다.

✤ 0 – 시스템 종료
✤ 1 – 싱글-유저 모드(관리자 권한 사용)
✤ 2 – 네트워킹이 제한된 멀티-유저 모드
✤ 3 – 모든 기능을 이용할 수 있는 멀티-유저 모드
✤ 4 – 사용되지 않음
✤ 5 – 그래픽스 모드(X11™)
✤ 6 – 리부트(reboot) 상태

inittab 파일은 특별한 포맷으로 이루어져 있으며, 일반적으로 다음과 같은 사항들을 포함한다.

✤ 기본 런레벨
✤ init 프로세스가 주어진 런레벨로 이동할 때 실행해야 할 작업들. 일반적으로 런레벨 값을 인수로 하여 /etc/rc.d/rc 스크립트를 실행시킨다.
✤ 시스템 부팅 과정에서 실행되어야 할 프로세스들. 일반적으로 /etc/rc.d/rc.sysinit 파일에 해당한다.
✤ init 프로세스는 inittab 파일에 설정된 경우 특정 프로세스를 재시작(respawn)시킬 수

있다. 이 기능은 사용자가 한 번 로그인한 후 로그아웃했을 때, 로그인 프로세스를 다시 시작시키기 위해 사용한다.

- ❖ Ctrl-Alt-Del이나 정전 상태 등의 특별한 이벤트가 발생했을 때 취해야 할 행동들

rc.sysinit 파일

이 파일은 각 서비스들이 시작되기 전에 시스템을 초기화하는 일을 한다. 일반적으로 임베디드 시스템에서는 다음과 같은 작업들이 이루어질 것이다.

- ❖ proc, ramfs 등의 특수한 파일 시스템을 마운트한다.
- ❖ 필요한 경우 디렉토리나 링크들을 생성한다.
- ❖ 시스템의 호스트 네임을 설정한다.
- ❖ 시스템의 네트워크를 설정한다.

서비스의 시작

앞서 말했듯이 /etc/rc.d/rc 스크립트는 여러 서비스들을 시작시킬 책임을 지고 있다. 서비스란 시스템 프로세스를 제어하는 기능을 말한다. 서비스를 이용하여 프로세스는 동작을 멈추거나, 다시 시작하거나, 현재 상태를 알아볼 수 있다. 이러한 서비스들은 일반적으로 런레벨을 이용한 디렉토리 내에 구성되어 있다. 선택한 런레벨에 따라서 특정 서비스가 시작되거나 동작하지 않을 수도 있다. 위의 과정을 수행한 후에 init 프로세스는 (선택한 런레벨에 따라) TTY상에 로그인 프로그램을 시작시키거나 그래픽 디스플레이상의 윈도우 매니저를 실행시킬 것이다.

2.5 GNU 크로스-플랫폼 툴체인

임베디드 리눅스로 시스템을 이전하기 위한 초기 작업 중의 하나는 커널과 응용 프로그램을 빌드하기 위한 툴체인을 설정하는 일이다. 임베디드 시스템에 사용되는 툴체인은 크로스-플랫폼 툴체인이라고 한다. 여기서 '크로스-플랫폼'이라는 말은 정확히 어떤 의미일까? 일반적으로 x86 컴파일러는 x86 플랫폼을 위한 코드를 생성하는 데 사용된다. 하지만 임베디드 시스템의 경우에는 사정이 달라진다. 커널과 응용 프로그램이 동작할 타깃은 이러한 빌드 툴들을 관리할 만큼 충분한 메모리와 디스크 공간을 갖고 있지 않을 것이다. 이러한 경우에 크로스-컴파일이 해결책이 된다. 크로스-컴파일은 (일반적으로 리눅스가 동작하는 x86

기반의) 데스크톱(호스트)에서 동작하는 컴파일러로 임베디드 플랫폼(타깃)상에서 실행할 수 있는 코드를 생성해내는 작업이다. 이렇게 타깃 시스템을 위한 코드를 호스트상에서 컴파일하는 작업을 **크로스 컴파일**(cross-compilation)이라고 하며, 여기에 사용되는 컴파일러를 **크로스 컴파일러**(cross-compiler)라고 한다.

모든 컴파일러는 많은 수의 (libc와 같은) 지원 라이브러리와 (어셈블러나 링커와 같은) 바이너리 파일들을 필요로 하며 크로스 컴파일 과정에서도 역시 이러한 툴들이 필요하다. 이러한 툴, 바이너리, 라이브러리 등을 한데 묶어 **크로스−플랫폼 툴체인**(cross-platform toolchain)이라고 한다. 여러 플랫폼에 걸쳐 가장 안정적인 오픈 소스 컴파일러 툴킷(toolkit)인 GNU 컴파일러와 그에 관련된 여러 툴들을 합쳐서 GNU 툴체인이라고 한다. 이러한 컴파일러들은 인터넷상에서 개발자들에 의해 백업되고, 전 세계적으로 수많은 사람들에 의해 다양한 플랫폼상에서 검증되었다.

크로스-플랫폼 툴체인은 다음과 같은 요소들로 구성되어 있다.

- ❖ binutils: binutils는 컴파일/링킹/어셈블리 과정과 다른 디버깅 연산 등에 필요한 프로그램들의 모음이다.
- ❖ GNU C 컴파일러: (커널과 응용 프로그램을 모두 포함하는) 오브젝트 코드를 생성하기 위해 사용되는 기본 C 컴파일러이다.
- ❖ GNU C 라이브러리: 이 라이브러리는 open, read 등과 같은 시스템 콜 API 및 다른 지원 함수들을 구현한다. 모든 응용 프로그램은 기본적으로 이 라이브러리와 링크되어야 한다.

GCC나 Glibc와 함께, binutils도 역시 툴체인의 중요한 부분이다. binutils에 포함된 몇 가지 유틸리티들을 나열해 보면 다음과 같다.

- ❖ addr2line: 이 유틸리티는 프로그램의 주소를 파일 이름과 라인 수로 변환한다. 실행 파일과 주소 값이 주어지면, 실행 파일 내에 포함된 디버깅 정보를 이용하여 현재 주소에 해당하는 파일 이름과 라인 수를 찾아낸다.
- ❖ ar: GNU ar 프로그램은 아카이브(archive)를 생성하고, 수정하거나 아카이브 내의 파일을 추출하는 기능을 제공한다. 아카이브는 다른 여러 파일들의 모음을 일정한 구조로 포함하고 있는 하나의 파일이며, 이를 통해 각각의 원본 파일 정보(아카이브의 멤버라고 한다)를 얻을 수 있다.
- ❖ as: GNU as는 어셈블러의 집합이다. 독자들이 어떤 아키텍처상에서 GNU 어셈블러를

사용한다면(혹은 사용해 본 적이 있다면), 다른 아키텍처상에서 사용할 때도 상당히 비슷한 환경을 찾을 수 있을 것이다. 각각의 버전은 오브젝트 파일 형식, 대부분의 어셈블러 지시자(종종 의사연산(pseudo-ops)이라고도 한다), 어셈블러 문법 등에서 공통적인 형식을 띤다.

❖ c++filt: 이 프로그램은 네임 맹글링(name mangling)[6]에 대한 역매핑을 수행한다. 이 프로그램은 저수준의 이름을 인수로 받아서 사용자가 알아볼 수 있는 수준의 이름으로 변경하여 링커가 오버로딩된 함수들을 다룰 수 있게 해 준다.

❖ gasp: GNU 어셈블러에서 사용되는 매크로 전처리기(preprocessor)이다.

❖ ld: GNU 링커인 ld는 여러 오브젝트 파일과 아카이브 파일들을 묶어, 데이터를 재배치(relocate)하고, 심벌 참조를 연결한다. 새로 컴파일된 프로그램을 빌드하기 위한 마지막 단계는 ld를 실행하는 일이 될 것이다.

❖ nm: GNU nm은 오브젝트 파일 내의 심벌들의 목록을 보여준다.

❖ objcopy: GNU objcopy는 오브젝트 파일의 내용을 다른 곳으로 복사하는 유틸리티이다. objcopy는 오브젝트 파일을 읽고 쓰기 위해 GNU BFD 라이브러리를 이용하며, 원본 오브젝트 파일과 다른 형식을 갖는 오브젝트 파일에도 쓰기가 가능하다. objcopy의 정확한 동작은 명령행 옵션으로 제어할 수 있다.

❖ objdump: GNU objdump는 하나 이상의 오브젝트 파일들에 관련된 정보를 표시해 준다. 심벌 테이블이나 GOT 등의 여러 정보 중에서 정확히 어느 정보를 표시할지는 명령행 옵션으로 제어할 수 있다.

❖ ranlib: 이 유틸리티는 아카이브 내의 내용들에 대한 인덱스를 생성하고, 이를 다시 아카이브 내에 저장한다. 인덱스는 아카이브 내의 멤버(재배치 가능한 오브젝트 파일)들에 정의된 심벌들의 목록을 보여준다.

❖ readelf: ELF 파일의 헤더를 해석하는 유틸리티이다.

❖ size: GNU size 유틸리티는 인수로 받은 오브젝트 파일들의 각 섹션별 크기와 전체 크기를 보여준다. 기본적으로 한 오브젝트 파일 혹은 아카이브 내의 하나의 멤버에 대해 한 라인의 출력이 생성된다.

❖ strings: GNU strings는 최소 한 글자 이상의 출력 가능한 문자열이 있으면 출력 불가능한 문자열에 다다를 때까지 출력한다. 기본적으로는 오브젝트 파일 내의 초기화되고 로드된 섹션의 문자열만을 출력하며, 다른 형식의 파일은 전체 파일 내의 문자열을

역자주 | 6) C++나 Java 등의 객체 지향 프로그래밍 언어에서 오버로딩된 (동일한 이름의) 함수들의 이름을 구분하기 위해, 부가적인 정보들을 이용하여 함수의 이름을 저수준의 어셈블리 레이블(label)로 인코딩하는 기법을 말한다.

출력한다.

✤ strip: GNU strip은 타깃 오브젝트 파일 내의 모든 심벌 정보를 삭제한다. 이 프로그램의 실행 시에 인수로 파일의 목록을 넘겨 줄 수 있으며, 여기에는 아카이브 파일도 포함된다. 최소 하나 이상의 오브젝트 파일이 인수로 넘겨져야 한다. strip은 수정된 파일을 다른 이름으로 저장하지 않고, 인수로 넘겨진 파일 자체를 수정한다.

2.5.1 툴체인 빌드하기

크로스-플랫폼 툴체인을 빌드하기 위해서는 약간의 트릭이 필요하며, 빌드 프로세스가 실패하는 경우에는 때때로 매우 성가신 작업이 될 수도 있다. 따라서 타깃 플랫폼에 맞게 미리 빌드된 크로스-플랫폼 툴체인을 직접 다운로드 받는 것이 더 좋을 것이다. 한 가지 주의할 점은, 비록 binutils와 C 컴파일러는 커널과 응용 프로그램 모두에서 사용되지만, C 라이브러리는 오직 응용 프로그램에서만 사용된다는 점이다.

최신의 크로스-플랫폼 툴체인을 다운로드 받을 수 있는 링크들을 아래에 나열해 놓았다.

✤ ARM: http://www.emdebian.org
✤ PPC: http://www.emdebian.org
✤ MIPS: http://www.linux-mips.org
✤ M68K: http://www.uclinux.org

만약 불행하게도 독자들이 사용할 플랫폼에 대한 크로스-플랫폼 툴체인이 제공되지 않는다면, 다음에 설명할 과정들이 크로스-플랫폼 툴체인을 빌드하는 데 도움이 될 것이다.

1. 타깃을 결정하기
2. 커널/GCC/Glibc/binutils 버전의 조합을 결정하기
3. 위의 목록에 대한 패치가 존재한다면 적용하기
4. 이미지가 위치할 PREFIX 변수 결정하기
5. binutils 컴파일하기
6. 타깃 플랫폼에 맞는 적절한 커널 헤더 파일들 얻기
7. 최소 기능의 GCC 컴파일하기
8. Glibc 컴파일하기
9. 완전한 기능의 GCC를 다시 컴파일하기

타깃 이름 선택하기

타깃 이름은 당신이 빌드할 컴파일러와 그 결과물을 결정한다. 다음은 기본적인 타입에 대한 이름들을 보여준다.

- ❖ arm-linux: armV4, armv5t 등의 ARM 프로세서를 지원한다.
- ❖ mips-linux: r3000, r4000 등과 같은 다양한 MIPS 프로세서들을 지원한다.
- ❖ ppc-linux: 다양한 PPC 칩들을 지원하는 Linux/PowerPC 조합이다.
- ❖ m68k-linux: 모토로라의 68k 프로세서에서 동작하는 리눅스를 타깃으로 한다.

완전한 목록은 http://www.gnu.org에서 찾아볼 수 있다.

올바른 버전 조합 선택하기

이것은 전체 과정 중에서 트릭(trick)이 가장 많이 필요한 부분이며, 대부분의 문제점이 이 과정에서 발생된다. 당신이 원하는 타깃에서 올바로 동작하는 버전의 조합을 찾기 위해서는 약간의 연구가 필요하다. 가장 활발히 활동하는 메일링 리스트의 아카이브를 조사해 보는 것이 도움이 될 것이다. 예를 들어 ARM/2.6 커널/GCC 2.95.1이나 GCC 3.3/binutils 2.10.x의 조합 혹은 ARM/2.4 커널/GCC 2.95.1/binutils 2.9.5 조합이 arm-linux 타깃을 위해 적당한 조합이라고 알려져 있다.[7]

패치가 존재하는가?

버전 넘버를 결정했다면, 그에 대한 패치가 존재하는지를 확인해 보아야 한다. 이러한 패치를 적용할지 안 할지는 제품이 요구하는 특성에 따라 결정된다.

디렉토리 구조 선택과 변수 설정

툴체인을 빌드하기 전에, 툴들과 커널 헤더를 저장할 디렉토리 트리를 먼저 결정해야 한다. 이 디렉토리 트리는 빌드 작업을 원활히 수행하기 위해서 특정 변수가 이를 참조하도록 설정(export)해 두어야 한다. 다음과 같은 변수들이 사용된다.

- ❖ TARGET: 이 변수는 타깃 머신의 이름을 표시한다. 예를 들어 TARGET=mips-linux와 같은 식이다.
- ❖ PREFIX: 이 변수는 다른 하위 디렉토리들을 포함한 툴체인의 기본 디렉토리 경로를

66

가리킨다. 시스템 고유(native) 툴체인의 기본 PREFIX는 항상 /usr이다. 이것은 (바이너리) gcc 파일은 BINDIR = $PREFIX/bin 디렉토리에서, 헤더 파일들은 INCLUDEDIR = $PREFIX/include 디렉토리에서 찾을 수 있음을 뜻한다. 크로스-툴체인을 빌드하는 과정에서 시스템 고유 툴체인을 보호하려면 크로스-툴체인을 기본 디렉토리인 /usr이 아닌 다른 경로에 두어야 한다. 예를 들어 다음과 같이 설정할 수 있다. PREFIX=/usr/local/mips.

❖ KERNEL_SOURCE_DIR: 이 변수는 커널 소스(최소한 커널 헤더라도)가 저장된 위치를 가리킨다. 특히 크로스 컴파일을 하는 경우에는 이것은 시스템 고유의 것과 달라진다. 리눅스 커널 파일들을 PREFIX/TARGET 디렉토리에 두는 것은 좋은 습관이다. 예를 들면 다음과 같다. KERNEL_SOURCE = PREFIX/TARGET/linux(즉, /usr/local/mips/linux 와 같다).

❖ NATIVE: 이 변수는 호스트 플랫폼(보통은 x86)을 가리킨다.

binutils 빌드하기

처음으로 할 일은 GNU binutils를 빌드하는 것이다. 버전 2.9.5는 안정적이지만 최신 버전을 사용할 것을 추천한다. 이 과정은 다음과 같다.

1. **다운로드와 압축 해제**: ftp://ftp.gnu.org/gnu/binutils/에서 최신 버전을 다운로드 받는다. 다운로드 받은 아카이브 파일을 다음과 같은 명령을 이용하여 해제한다.

```
cd $PREFIX/src
tar -xzf binutils-2.10.1.tar.gz
```

타깃에 따른 다양한 버그들을 해결하기 위한 binutils 패치가 있을 수도 있다. 이러한 것이 있다면 일반적으로 소스에 패치를 적용하는 것이 좋다. 최신의 정보를 얻기 좋은 곳은 툴체인 메일링 리스트이다.

2. **설정**: configure 스크립트는 많은 컴파일 파라미터, 설치된 바이너리의 위치, 머신 설정 등의 정보를 설정한다. 특정 타깃을 위한 호스트상의 크로스 컴파일러 생성을 위한 명령은 다음과 같다.

```
./configure --target=$TARGET --prefix=$PREFIX
```

예를 들면,

```
./configure --target=mips-linux --prefix=/usr/local/mips
```

3. **빌드**: binutils를 컴파일하기 위해서는 binutils 디렉토리에서 make 명령을 실행한다.

4. **설치**: binutils를 설치하기 위해서는 binutils 디렉토리에서 make install 명령을 실행한다. 설치하기 전에, 기존의 binutils이 있는 경우 (정말로 그래야 하는 경우가 아니라면) 설치될 경로가 이를 덮어쓰지 않는지 확인하라. 새로 빌드된 툴들이 PREFIX/TARGET 디렉토리에 설치되었다는 메시지가 보일 것이다.

적절한 커널 헤더 얻기

GCC를 빌드하기 위한 첫 번째 단계는 커널 헤더를 설정하는 일이다. 툴체인을 크로스 컴파일하기 위해서는 커널 헤더가 필요하다. 다음은 커널 헤더를 설정하는 과정을 보여준다.

1. ftp.kernel.org에서 리눅스 커널을 다운로드 받은 후 $PREFIX/linux(즉, /usr/local/mips/linux) 디렉토리에 압축을 푼다.

2. 필요하다면 커널 패치를 적용한다.

3. 헤더 파일을 추출할 아키텍처를 설정한다. 이것은 커널의 최상위 디렉토리에 있는 Makefile에서 ARCH 변수를 설정하는 작업을 뜻한다(즉, ARCH=mips와 같이 설정한다).

4. 커널을 설정한다(컴파일하지는 않을 것이다). 커널 소스의 최상위 디렉토리에서 다음과 같은 명령을 수행한다.

```
make menuconfig
```

그러면 커널 빌드 설정 프로그램이 실행될 것이다. 만약 시스템에 X가 실행되고 있다면 make xconfig라고 입력할 수도 있다.[8] 프로그램이 실행되면 System and processor type 옵션을 선택한 후 빌드하고자 하는 정확한 시스템을 선택한다.

5. 의존성을 빌드한다(이 단계는 2.4 커널에서만 필요하다). 설정 프로그램의 변경사항을 저장하고 종료한 뒤 다음과 같은 명령을 수행한다.

```
make dep
```

이 명령은 실제로 (/usr/local/mips/linux/include/asm을 /usr/local/mips/linux/include/asm-mips로 향하게 하는 등의) 링크를 생성하고 커널 헤더를 사용할 수 있도록 설정한다.

역자 주 | 8) 2.6 커널에서 make xconfig는 QT 기반의 그래픽 설정 프로그램이며, GTK2 기반의 설정 프로그램을 사용할 수 있도록 make gconfig도 함께 제공하고 있다.

최소 기능의 GCC 빌드하기

최소 기능의(minimal) GCC라는 것은 오직 기본적인 C 언어에 대한 지원만을 포함하는 컴파일러를 말한다. 일단 이러한 GCC가 빌드되면 이를 이용하여 타깃에 대한 glibc를 빌드할 수 있고, 또한 이 glibc를 이용해 C++ 언어를 지원하는 완전한 기능의 GCC를 다시 빌드할 수 있다. 이 과정은 다음과 같다.

1. **다운로드와 압축 해제**: 최신 버전의 GCC는 http://gcc.gnu.org에서 다운로드 받을 수 있다. 다운로드 받은 파일의 압축을 푼 후, 이에 대한 패치가 존재한다면 적용할 수 있다.

2. **설정**: 이것은 binutils의 설정 과정과 비슷하다.

```
./configure --target=$TARGET --prefix=$PREFIX \
--with-headers=$KERNEL_SOURCE_DIR/include --enable-languages=c
```

즉, 아래와 같은 형태가 될 것이다.

```
./configure --target=mips-linux --prefix=/usr/local/mips/ \
--with-headers=/usr/local/mips/linux/include --enable-languages=c
```

마지막으로 주어진 --enable-languages=c 옵션은 최소 기능의 GCC가 다른 언어에 대한 지원은 포함하지 않고 오직 C 언어만을 지원하도록 설정하기 위해 필요하다.

3. **빌드**: 최소 기능의 GCC를 컴파일하기 위해서는 단지 make 명령을 수행하면 된다. 만약 처음 컴파일을 하는 경우라면 아래와 같은 에러가 발생될 것이다.

```
./libgcc2.c:41: stdlib.h: No such file or directory
./libgcc2.c:42: unistd.h: No such file or directory
make[3]: *** [libgcc2.a] Error 1
```

이 에러는 다음과 같이 inhibit−libc라는 기법을 사용하여 해결할 수 있다.

a. 설정 파일을 열어서 TARGET_LIBGCC2_CFLAGS 변수에 -Dinhibit_libc와 -D__gthr_posix_h를 추가한다. 즉, TARGET_LIBGCC2_CFLAGS = -fomit-frame-pointer -fPIC 라인을 TARGET_LIBGCC2_CFLAGS = -fomit-frame-pointer -fPIC -Dinhibit_libc -D__gthr_posix_h로 수정한다.

b. 2번으로 돌아가 설정 과정을 다시 수행한다.

4. **설치**: 이렇게 빌드된 크로스 컴파일러가 제대로 동작한다면, 다음의 명령을 이용하여 이를 설치할 수 있다.

```
make install
```

glibc 빌드하기

앞서 언급했듯이 glibc는 모든 응용 프로그램과 링크되지만 커널에는 사용되지 않는다(커널은 내부적으로 최소한의 C 라이브러리 루틴들을 갖고 있다). 4장에서는 glibc를 대신하여 사용할 수 있는 C 라이브러리들에 대해서 살펴볼 것이다(glibc는 임베디드 시스템에서 사용되기에는 너무 무겁다). 여러분이 타깃상에서 glibc를 사용하든 안하든 관계없이 glibc는 C 컴파일러를 빌드하기 위해서 반드시 필요하다.

1. **다운로드와 압축 해제:** 소프트웨어 수출(export)과 외부 소스 코드와의 의존성에 대한 제한으로 인해 glibc는 코어 glibc와 여러 패키지들로 나누어진다. 이 패키지들은 애드온(add-on)이라고 불린다. 애드온의 기능들을 사용하기 위해서는 설정 시에 glibc의 소스 코드와 함께 애드온 패키지들의 소스 코드도 있어야 한다. 대부분의 임베디드 시스템에서는 Linux threads 애드온이 필요하므로 glibc 코어와 함께 Linux threads 애드온의 소스 코드를 다운로드 받은 후 압축을 풀어 놓는다. 최신 버전의 glibc 아카이브와 Linux threads 아카이브는 ftp.gnu.org/gnu/glibc에서 다운로드 받을 수 있다. glibc 코어 아카이브를 $PREFIX/src/glibc와 같이 편리한 디렉토리에 풀어 놓고, 애드온 아카이브도 이 디렉토리의 하위에 풀어 놓는다.

2. **설정:** 가장 중요한 일은 컴파일러가 사용될 빌드 시스템을 나타내는 CC 시스템 변수를 설정하는 것이다. 이것은 glibc를 크로스 컴파일하는 과정에서 새로 빌드한 크로스 컴파일러(최소 기능의 GCC)를 사용하기 위해 필요하다. 셸상에서 다음과 같은 명령을 이용하여 CC 변수를 설정할 수 있다.[9]

```
export CC=$TARGET-linux-gcc
```

예를 들어 mips 타깃이라면 다음과 같을 것이다.

```
export CC= mips-linux-gcc
```

이제 적절한 옵션과 함께 configure 명령을 수행한다.

```
./configure $TARGET --build=$NATIVE \
 --prefix=$PREFIX  --enable-add-ons=linuxthreads,crypt
```

mips 타깃에서는 다음과 같을 것이다.

```
./configure mips-linux --build=i686-linux \
 --prefix=/usr/local/mips/ --enable-add-ons=linuxthreads,crypt
```

3. 빌드: glibc 디렉토리에서 make 명령을 수행한다.
4. 설치: glibc 디렉토리에서 make install 명령을 수행한다.

완전한 기능의 GCC를 다시 컴파일하기

추가적인 언어 지원을 포함하여 GCC를 다시 빌드한다. 이 단계에서는 앞서 적용한 Dinhibit_libc 부분을 제거한 후 빌드를 수행해야 한다. 또한 크로스 컴파일러 자체를 컴파일하기 위해서는 고유 컴파일러를 사용해야 하기 때문에 이전에 glibc 빌드 과정에서 설정한 CC 변수를 해제해야 한다.

이 단계를 거치면 시스템 내에 완전한 크로스-툴체인을 얻게 된다. 8장에서는 이 툴체인을 이용하여 커널과 응용 프로그램들을 빌드하는 방법에 대하여 설명할 것이다.

2.5.2 MIPS 타깃을 위한 툴체인 빌드하기

이 절에서는 MIPS 타깃을 위한 툴체인을 빌드하기 위한 전체 과정을 보여준다. 이를 참조하여 다른 타깃을 위한 툴체인을 빌드할 수도 있을 것이다.

소스 디렉토리 목록

여기서는 다음과 같은 경로를 사용할 것이다.

```
TARGET=mips-linux
PREFIX=/usr/local/mips

binutils - /usr/local/mips/src/binutils
gcc - /usr/local/mips/src/gcc
glibc - /usr/local/mips/src/glibc
커널 소스 - /usr/local/mips/linux
```

항상 별도의 빌드 디렉토리를 생성하여 작업하는 것이 안전하다.

```
# cd /usr/local/mips
# mkdir build
# cd build
# mkdir binutils
# mkdir gcc
# mkdir glibc
```

binutils 빌드하기

```
# cd /usr/local/mips/build/binutils/

# /usr/src/local/mips/src/binutils/configure \
--target=mips-linux --prefix=/usr/local/mips

# make
# make install
```

커널 헤더 설정하기

```
# cd /usr/local/mips/linux
```

Makefile을 열어서 ARCH 변수를 ARCH:=mips로 수정한다.

```
# make menuconfig
```

적절한 MIPS 타깃을 선택한 후 저장하고 종료한다.

```
#make dep
```

최소 기능의 GCC 빌드하기

```
# cd /usr/local/mips/src/gcc/gcc/config/mips
```

t-linux 파일을 열어서 TARGET_LIBGCC2_CFLAGS = -fomit-frame-pointer -fPIC 부분을
TARGET_LIBGCC2_CFLAGS = -fomit-frame-pointer -fPIC -Dinhibit_libc -D__gthr_posix_h
로 수정한다.

```
# cd /usr/local/mips/build/gcc
```

```
#/usr/local/mips/src/gcc/configure --target=mips-linux \
--host=i386-pc-linux-gnu --prefix=/usr/local/mips/ \
--disable-threads --enable-languages=c

# make
# make install
```

glibc 빌드하기

```
# cd /usr/local/mips/build/glibc

# /usr/local/mips/src/glibc/configure mips-linux \
--build=i386-pc-linux-gnu \
--prefix=/usr/local/mips/ --enable-add-ons=linuxthreads,crypt \
--with-headers=/usr/local/mips/linux/include

# make
# make install
```

쓰레드와 추가 언어를 지원하는 GCC 빌드하기

```
# cd /usr/local/mips/src/gcc/gcc/config/mips
```

t-linux 파일을 열어서 inhibit_libc와 관련한 수정사항들을 복원한다. 즉, TARGET_LIBGCC2_ CFLAGS 변수가 있는 줄을 다음과 같이 고친다. TARGET_LIBGCC2_ CFLAGS = -fomit-frame-pointer -fPIC

```
# cd /usr/local/mips/buid/gcc
# rm -rf *

# /usr/local/mips/src/gcc/gcc/configure --target=mips-linux \
--host=i386-pc-linux-gnu --prefix=/usr/local/mips

# make
# make install
```

Board Support Package

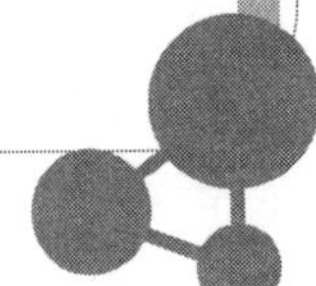

3장

BSP(Board Support Package)는 보드상의 하드웨어 장치를 초기화하고 커널과 드라이버에서 사용되는 보드 종속적인 루틴들을 구현한 소프트웨어들을 말한다. 따라서 BSP는 프로세서와 보드에 대한 구체적인 내용들을 숨겨서 OS에서 하드웨어를 사용할 수 있도록 연결(glue)하는 하드웨어 추상화 계층이다. BSP는 OS로부터 CPU 종속적인 사항들을 숨겨주기 때문에 여러 보드와 CPU에 걸쳐 사용되는 이식성 높은 드라이버를 개발하기가 용이해진다. BSP와 비슷한 의미로 종종 사용되는 HAL(Hardware Abstraction Layer)이라는 용어가 있다. HAL이라는 용어는 주로 유닉스 사용자들이 사용하고, RTOS(특히 VxWorks) 개발자 커뮤니티에서는 BSP라는 용어를 더 많이 사용한다. BSP는 다음과 같은 두 가지 요소를 포함한다.

1. 마이크로프로세서 지원: 리눅스는 임베디드 영역에서 주로 사용되는 MIPS, ARM, PowerPC와 같은 프로세서들을 모두 지원한다.
2. 보드 종속적인 루틴: 보드상의 하드웨어를 위한 일반적인 HAL은 다음의 요소들을 포함한다.
   a. 부트로더 지원
   b. 메모리 맵 지원
   c. 시스템 타이머 지원
   d. 인터럽트 컨트롤러 지원
   e. RTC(Real-Time Clock) 지원
   f. (디버깅과 콘솔을 위한) 직렬 포트 지원

g. (PCI/ISA 등의) 버스 지원

h. DMA 지원

i. 전원 관리

이 장에서는 새로운 마이크로프로세서나 마이크로컨트롤러에 리눅스를 포팅하는 것은 다루지 않는다. 그것은 별도의 책 한 권을 할애해야 할 만큼 거대한 주제이다. 따라서 이 책에서는 독자가 이미 리눅스가 지원하는 프로세서 기반의 보드를 갖고 있다고 가정하며, 보드 종속적인 문제만을 설명할 것이다. 용어를 분명히 하기 위해서 앞으로 HAL은 보드 종속적인 소프트웨어들과 프로세서 종속적인 소프트웨어를 합하여 호칭하는 경우에 사용할 것이고, BSP는 오직 보드에 종속적인 코드만을 포함하는 경우에 사용할 것이다. 그러므로 MIPS HAL이라고 호칭하면 MIPS 프로세서에 대한 지원과 MIPS 프로세서 기반의 보드에 대한 지원을 함께 포함하는 소프트웨어를 의미한다. 그리고 BSP를 이야기하는 경우에는 프로세서에 대한 지원은 포함하지 않고, 보드를 지원하기 위한 추가적인 소프트웨어들만을 의미한다. HAL은 지원하는 모든 BSP와 추가적인 프로세서 종속적인 소프트웨어들을 포함하는 상위 집합(superset)의 개념으로 이해할 수 있다.

2장에서 언급했듯이, 리눅스에는 HAL이나 BSP에 관한 표준이 존재하지 않는다. 따라서 여러 아키텍처에 대한 HAL을 설명하는 것은 매우 어려운 일이다. 이 장에서는 MIPS 기반의 아키텍처에 대한 리눅스 BSP와 포팅에 관련된 사항들에 대해 알아볼 것이며 필요한 경우 다른 프로세서에 대한 논의도 포함될 수 있다. 설명의 편의를 위해, 이 책에서는 다음과 같은 하드웨어를 갖추고 있으며, MIPS 프로세서를 기반으로 하는 가상의 EUREKA 보드를 사용할 것이다.

❖ 32비트 MIPS 프로세서

❖ 8MB의 SDRAM

❖ 4MB의 플래시

❖ 8259A 칩 기반의 프로그램 가능한 인터럽트 컨트롤러

❖ 이더넷(Ethernet)이나 사운드 카드 등을 연결할 수 있는 PCI 버스

❖ 시스템의 하트비트(heartbeat)[1]를 생성해내는 타이머 칩

❖ 콘솔과 원격 디버깅에 사용되는 직렬 포트

역자 주 | 1) '심장 박동'을 뜻하는 단어로, 시스템이 동작하는 동안 계속해서 주기적으로 발생되는 타이머 인터럽트를 의미한다.

3.1 커널 빌드 과정에 BSP 추가하기

리눅스 HAL 소스 코드는 arch/ 디렉토리와 include/<asm-XXX> 디렉토리(여기서 XXX는 PowerPC나 MIPS와 같은 프로세서 이름이다) 아래에 위치한다. 따라서 arch/ppc 디렉토리는 PowerPC 기반의 보드에 대한 소스 파일을 포함하며 include/asm-ppc 디렉토리에는 헤더 파일들이 포함되어 있을 것이다.

각 프로세서 디렉토리 아래에는 다시 해당 CPU를 기반으로 하는 모든 보드들에 대한 하위 디렉토리가 존재한다. 이러한 하위 디렉토리 중에서 중요한 것들은 다음과 같다.

- ✤ kernel: 이 디렉토리에는 초기화, IRQ 설정, 인터럽트 및 트랩(trap) 처리 등 CPU에 종속적인 루틴들이 포함된다.
- ✤ mm: 이 디렉토리에는 TLB 설정, 예외 처리 등 하드웨어에 종속적인 루틴들이 포함된다.

예를 들어, MIPS HAL은 위의 두 가지에 해당하는 arch/mips/kernel 디렉토리와 arch/mips/mm 디렉토리를 포함하고 있다. 이 두 디렉토리와 함께 보드에 종속적인 코드만을 포함하는 BSP 디렉토리들이 존재한다. 새로운 BSP를 추가하기 위해서는 적절한 프로세서 디렉토리 아래에 필요한 파일들을 포함하는 새로운 하위 디렉토리를 생성해야 한다. 다음으로는 BSP를 빌드 과정에 포함시켜 커널 이미지가 빌느될 때 보드 종속적인 파일들을 선택할 수 있도록 해야 한다. 이것은 (커널 빌드 시 make menuconfig 명령에 의해 실행되는) 커널 컴포넌트 선택 과정에서 보드를 인식할 수 있도록 하는 것을 말한다. 왜 이러한 것이 필요할까? 이것은 빌드 과정을 단순하게 만들어 주는 것 외에도 다음과 같은 장점을 가져다준다.

- ✤ 프로세서 속도, UART 전송 속도 등과 같은 보드 종속적인 설정 시에 점퍼 세팅이 종종 사용된다. 헤더 파일을 바꾸는 방식처럼 코드를 변경하는 대신에, 이러한 모든 보드 종속적인 사항들을 설정 옵션으로 만들어 (커널 빌드 시에 사용되는 .config와 같은) 중앙의 설정 저장소에 저장해 둘 수 있다. 이로 인해 커널의 빌드 과정이 단순해지며, 소스 코드가 복잡해지는 것을 피할 수 있다.
- ✤ 종종 임베디드 솔루션의 바이어가 OEM 제조업자인 경우가 있다. 이들은 자신들의 컴포넌트를 커널에 포함시키기를 원할 것이므로, 커널 빌드 과정에서 보드와 함께 제공되는 커널 컴포넌트들을 선택할 수 있기를 바랄 것이다. 이를 위해서는 보드에 대한

사항을 커널 빌드 시에 설정 가능한 아이템으로 추가해야 하며, 보드가 선택되면 거기에 필요한 모든 소프트웨어 컴포넌트들이 자동으로 포함되어야 한다. 이렇게 되면 OEM 제조업자는 보드상의 복잡한 문제들과 이를 빌드하기 위해 필요한 소프트웨어들에 대해 생각하지 않아도 커널을 적절히 빌드할 수 있게 된다.

위의 두 단계는 설정 과정에서 BSP를 후킹(hooking)하는 방식으로 구현할 수 있다. 리눅스 커널 컴포넌트는 make config(혹은 make menuconfig/make xconfig) 명령을 사용해서 선택된다. 설정 과정의 핵심은 특정 프로세서 디렉토리 내에 있는 설정 파일이다. 이 설정 파일에 대해서는 8장에서 자세히 다룰 것이다. 예를 들어 커널 빌드 과정에서 (2.4 커널인 경우) arch/mips/config.in 파일이나 (2.6 커널인 경우) arch/mips/Kconfig 파일을 아래의 그림 3.1에 보이는 대로 EUREKA 보드 컴포넌트에 대한 설정을 포함하도록 수정해야 한다.

CONFIG_EUREKA는 설정사항과 빌드 과정을 연결하는 링크이다. 위의 예제에서 arch/mips/Makefile 내에 다음과 같은 라인이 포함되어야 한다.

```
ifdef CONFIG_EUREKA
LIBS            += arch/mips/eureka/eureka.o
SUBDIRS         += arch/mips/eureka
LOADADDR        := 0x80000000
endif
```

```
dep_bool 'Support for EUREKA board' CONFIG_EUREKA

if [ "$CONFIG_EUREKA"="y" ]; then
  choice 'Eureka Clock Speed' \
   "75 CONFIG_SYSCLK_75 \
      100 CONFIG_SYSCLK_100" 100
fi

...

if [ "$CONFIG_EUREKA"="y" ]; then
  define_bool CONFIG_PCI y
  define_bool CONFIG_ISA y
  define_bool CONFIG_NONCOHERENT_IO y
  define_bool CONFIG_NEW_TIME_C y
fi
```


그림 3.1 EUREKA 빌드 옵션

마지막 줄에 있는 LOADADDR은 커널의 시작 주소를 지정한다. 링커는 링커 스크립트를 사용해서 이 내용을 포함시키므로, 이 주소에 대한 참조는 링커 스크립트 내에서 다시 볼 수 있다. 따라서 사용자가 설정 시에 EUREKA 보드를 선택하면, 클록 스피드와 같은 보드에 종속적인 설정 내용들이 선택된다. 게다가 커널이 빌드되는 과정에서 EUREKA 보드에 종속적인 빌드 옵션들을 인식하여 해당 하위 디렉토리로 이동하고 소프트웨어를 빌드한다.

3.2 부트로더 인터페이스

부트로더는 시스템에 전원이 들어온 직후에 수행되기 시작하는 소프트웨어이다. 부트로더는 개발 과정에서 중요한 부분이며, 또한 가장 복잡한 부분 중의 하나이기도 하다. 대부분의 부팅 과정은 CPU와 보드에 종속적인 사항들이다. ARM, x86, MIPS 등의 많은 CPU들은 리셋이 되면 특정 벡터에서 수행을 시작한다. M68K와 같은 다른 프로세서들은 시작 위치를 부트롬(boot ROM)에서 가져온다. 그러면 '부트로더를 이용하지 않고 커널 이미지 자체를 로드하여 사용하면 되지 않을까' 하는 의문이 생길 수도 있겠다. 부트로더를 없애고 커널이 자체적으로 부팅 과정을 모두 수행하는 방식은 VxWorks 등의 많은 RTOS에서 제공하는 방식이다. 이 경우 커널은 POST의 수행, chip select[2]의 설정, RAM과 메모리 캐시의 초기화, ROM에서 RAM으로 이미지 전송 등의 부트 초기화 루틴들을 제공한다.

대부분의 리셋 초기화 과정은 보드에 종속적이기 때문에 보통 보드 제조업체에서 위와 같은 일을 수행하는 PROM을 보드와 함께 제공한다. 이러한 PROM을 이용해서 커널 이미지나 부트로더를 로드하도록 하여 개발자의 보드에 대한 프로그래밍 작업을 덜어줄 수 있다. 만약 PROM이 제공되지 않는 경우에도, 커널이 자체적으로 부팅 작업을 수행하도록 하는 것보다는 별도의 부트로더를 제공하여 부트 과정을 진행하도록 하는 편이 좋다. 이러한 방식은 다음과 같은 장점이 있다.

- ❖ ROM에 다운로드하는 방식 외에도 직렬 포트(Kermit)나 네트워크(TFTP) 등의 여러 가지 방식을 이용하여 커널을 다운로드하도록 구현할 수 있다.
- ❖ 커널 이미지가 플래시에 저장되어 있는 경우에 불안정하게 업그레이드되는 경우를 방지할 수 있다. 커널 이미지를 업그레이드하는 도중에 전원이 나간 경우를 생각해 보자. 이 경우 보드는 부팅이 되지 않는 상태에 빠질 것이다. 더 안전한 방법은 부트로더

역자 주 | 2) CPU 외부에 연결된 칩을 사용하기 위해 칩을 활성화시키는 신호를 말한다.

를 (보통 부트 섹터라고 하는) 보호 영역에 저장해 두고 이 영역은 접근하지 않는 것이다. 이 경우 커널 이미지가 잘못돼도 항상 복구할 수 있는 방법이 있다.

경험적으로 리눅스는 항상 메모리상에서 동작한다고 가정한다(XIP(eXecute In Place)를 위한 패치를 적용하면 ROM상에서 직접 리눅스를 구동할 수 있다. 이에 대해서는 나중에 살펴볼 것이다). 부트로더는 독립적인 소프트웨어로서 리눅스 커널과 별도로 빌드된다. 보드가 PROM을 지원하지 않으면 부트로더가 프로세서와 보드를 초기화하는 작업을 수행한다. 따라서 부트로더는 프로세서와 보드에 매우 종속적이다. 부트로더의 기능은 필수적인 것과 선택적인 것으로 분류할 수 있다. 선택적인 부트로더의 기능은 제품의 용도에 따라 변경될 수 있다. 필수적인 기능으로는 다음과 같은 것들이 있다.

1. 하드웨어 초기화: 프로세서를 포함하여 메모리 컨트롤러와 같은 필수 컨트롤러들과 커널을 로드하기 위해 필요한 (플래시와 같은) 하드웨어들을 초기화한다.
2. 커널 로드: 커널을 다운로드하고 메모리상의 적절한 위치에 복사한다.

다음은 모든 부트로더가 일반적으로 수행되는 과정을 보여준다. 이것은 일반적인 과정들이며 경우에 따라 차이가 있을 수도 있다. x86 프로세서는 보통 기본적인 부트 과정과 OS를 로드하기 위해 2단계 부트로더를 로드하는 작업을 수행하는 BIOS를 보드에 포함하고 있다. 따라서 다음에 설명하는 과정은 MIPS나 ARM과 같은 x86 프로세서 외의 프로세서들에 대한 설명이다.

1. 부팅: 대부분의 부트로더는 플래시에서 시작되며, 제일 먼저 캐시 및 기본 레지스터의 설정, RAM 확인 등 기본적인 프로세서 초기화 과정을 수행한다. 그리고 메모리, 플래시, 버스 등 부팅 과정에 필요한 하드웨어들을 검증하는 POST 루틴을 실행한다.
2. 재배치: 부트로더는 빠른 수행을 위해 자기 자신을 플래시에서 RAM으로 복사(relocate)한다. 이러한 복사 과정은 부트로더가 저장 공간의 절약을 위해 압축되어 있는 경우에 압축을 해제하는 루틴도 포함한다.
3. 장치 초기화: 다음으로 부트로더는 사용자와의 상호작용에 필요한 기존 장치들을 초기화한다. 이것은 보통 UI를 띄우기 위해 콘솔을 초기화하는 과정을 의미한다. 또한 커널(과 루트 파일 시스템)을 로드하기 위해 필요한 플래시, 네트워크 카드, USB 등의 장치들도 초기화한다.
4. UI: 다음으로 사용자가 원하는 커널 이미지를 선택할 수 있도록 UI를 띄운다. 이 단계에서 시간제한을 두어서 사용자가 시간 내에 아무것도 선택하지 않으면 기본으로 지정된 이미지를 다운로드하도록 할 수 있다.

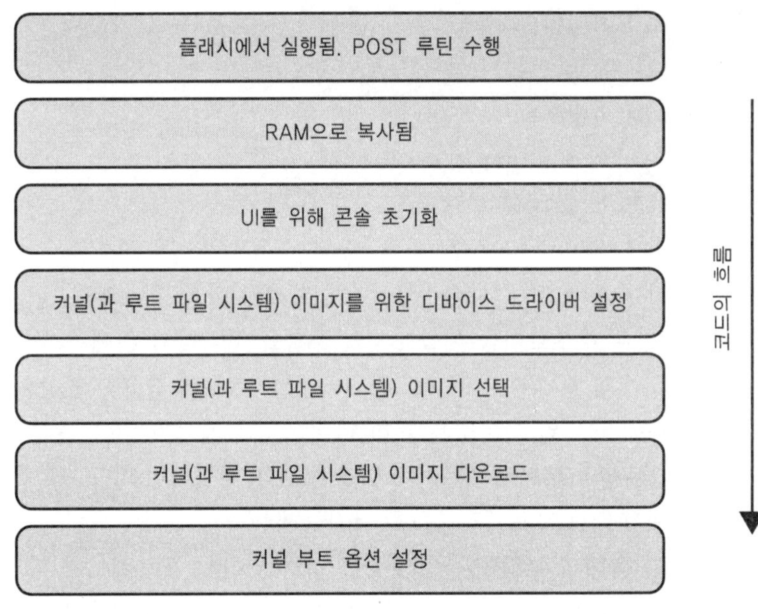

그림 3.2 부트로더의 수행 과정

5. **이미지 다운로드**: 커널 이미지를 메모리로 다운로드한다. 사용자가 initrd의 형태로 루트 파일 시스템을 다운로드하도록 선택한 경우, initrd 이미지도 함께 다운로드한다.

6. **커널 부드를 위한 준비**: 다음으로 커널로 넘겨질 부트 옵션이 존재하는 경우, 명령행 부트 옵션 인수들을 리눅스 커널에 정해진 특정 위치로 복사한다.

7. **커널 부팅시키기**: 마지막으로 제어를 커널(의 시작 위치)로 넘긴다. 리눅스 커널이 일단 시작되면 부트로더는 더 이상 필요 없어진다. 부트로더가 사용하던 메모리 영역은 보통 커널이 회수하게 되며, 메모리 맵은 이 영역을 고려하여 설정된다.

그림 3.2는 일반적인 부트로더의 수행 과정을 보여준다.

리눅스를 위한 자유롭게 이용할 수 있는 많은 부트로더가 존재한다. 시스템 설계자는 새로운 부트로더를 처음부터 만들려고 하기 전에 기존의 것들을 고려해 볼 수 있다. 임베디드 플랫폼에 사용될 부트로더를 선택하기 위한 기준으로는 다음과 같은 것들이 있다.

❖ **임베디드 하드웨어 지원**: 당연히 이것은 가장 중요한 기준이 된다. LILO와 같은 많은 데스크톱용 부트로더들은 PC BIOS에 의존하고 있기 때문에 임베디드 시스템에서는 사용될 수 없다. 하지만 임베디드 시스템에 사용될 수 있는 일반적인 부트로더들도 많

이 존재하며, 주로 U-Boot와 Redboot가 사용된다. 다음은 주로 사용되는 임베디드 프로세서들에 특화된 부트로더들의 목록을 보여준다.

- MIPS: PMON2000, YAMON
- ARM: Blob, Angel boot, Compaq bootldr
- x86: LILO, GRUB, Etherboot
- PowerPC: PMON2000

❖ 라이선스 문제: 이 문제에 대해서는 부록 B에서 자세히 다룰 것이다.

❖ 저장 공간 절약: 많은 부트로더들은 플래시의 공간을 절약하기 위해 압축을 지원한다. 이것은 특히 여러 개의 커널 이미지가 저장되어 있는 경우에 중요한 기준이 된다.

❖ 네트워크 부팅 지원: 네트워크 부팅은 특히 디버그 과정에서 아주 유용하게 사용된다. 주로 사용되는 대부분의 부트로더는 네트워크 부팅을 지원하며, BOOTP, DHCP, TFTP 등 부팅과 관련된 네트워크 프로토콜들을 지원한다.

❖ 플래시 부팅 지원: 플래시 부팅에는 플래시를 읽기 위한 소프트웨어와 파일 시스템을 읽기 위한 소프트웨어의 두 가지 요소가 관련되어 있다. 후자의 경우에는 커널 이미지가 파일 시스템을 이용하여 플래시에 저장되어 있는 경우에 필요하다.

❖ 콘솔 UI 지원: 콘솔 UI는 요즘 사용되는 부트로더에서는 거의 필수적이다. 콘솔 UI를 통해서 사용자는 다음과 같은 요소들을 선택할 수 있다.

- 커널 이미지와 위치 선택
- 커널 다운로드 방법 선택(네트워크, 직렬 포트, 플래시)
- 커널 부트 옵션 설정

❖ 업그레이드 지원: 업그레이드 솔루션은 부트로더 내에 플래시상의 데이터를 지우고 쓸 수 있는 소프트웨어를 포함할 것을 요구한다.

부트로더와 관련된 또 다른 중요한 이슈는 다음과 같은 요소들을 포함하는 커널과 부트로더 간의 인터페이스이다.

❖ 부트로더에서 커널로 옵션 넘기기: 리눅스 커널은 다른 응용 프로그램들과 마찬가지로 적절한 형태의 인수(커널 옵션)를 받을 수 있으며, 커널은 이를 분석하여 직접 처리하거나 관련된 드라이버나 응용 프로그램에게 넘겨준다. 이것은 특정 하드웨어 문제에 대처할 수 있는 아주 강력한 기능이다. 리눅스 커널 부트 옵션의 목록은 시스템이 완전히 부팅된 후 /proc/cmdline 파일을 읽어서 확인할 수 있다.

- 부트 옵션 전달: 명령행 부트 옵션은 콤마로 구분된 여러 개의 값을 가질 수 있으며 여러 개의 옵션을 전달하는 경우에는 공백 문자로 구분할 수 있다. 전체 부트 옵션

이 구성되면 부트로더는 이를 리눅스 커널에 정해진 메모리 주소로 옮긴다.

- 부트 옵션 분석: foo라는 타입의 부트 옵션은 커널에 등록하기 위해 foo_setup()이라는 함수를 필요로 한다. 커널이 초기화되는 과정에서 각각의 옵션을 읽어 그에 해당하는 등록 함수들을 호출한다. 만약 함수가 등록되지 않은 경우에는 환경 변수로 등록하거나 init 프로세스에 전달한다.

- 몇 가지 중요한 부트 옵션은 다음과 같다.
  - root: 루트 파일 시스템으로 이용될 장치의 이름을 지정한다.
  - nfsroot: 루트 파일 시스템으로 사용할 NFS 서버, 디렉토리, 옵션을 지정한다(NFS는 초기 단계에서 리눅스 시스템을 구성하는 아주 강력한 방법이다).
  - mem: 리눅스 커널이 이용할 수 있는 메모리의 양을 지정한다.
  - debug: 콘솔에 출력할 메시지의 디버그 레벨을 지정한다.

- 메모리 맵: 많은 플랫폼에서(특히 인텔 프로세서들이나 PowerPC에서) 부트로더는 OS가 이용할 수 있는 메모리 맵을 설정한다. 이것은 OS를 여러 플랫폼으로 포팅하기 쉽게 해 준다. 다음 절에서 메모리 맵에 대한 상세한 사항을 설명한다.

- 커널에서 PROM 루틴 호출: 많은 플랫폼에서 (PROM상의 루틴들을 이용하는) 부트로더는 하나의 라이브러리로 취급되어 이를 호출할 수 있도록 한다. 예를 들어 MIPS 기반의 DEC 스테이션에서는 콘솔을 구현할 때 PROM 기반의 IO 루틴들이 사용된다.

3.3 메모리 맵

메모리 맵은 CPU가 접근할 수 있는 주소 영역의 레이아웃을 정의한다. 메모리 맵을 정의하는 것은 포팅 과정의 초기에 완료해야 하는 가장 중요한 일 중의 하나이다. 메모리 맵이 필요한 이유는 다음과 같다.

- 메모리 맵은 RAM, 플래시 및 메모리 매핑된 IO를 사용하는 주변 기기들과 같은 다양한 하드웨어 요소들을 위한 주소 공간을 결정한다.

- 메모리 맵은 부트로더나 커널과 같은 다양한 소프트웨어 요소들을 위한 메모리 영역 할당을 결정한다. 이것은 소프트웨어 요소들을 빌드하기 위한 결정적인 요인이며, 이 정보는 보통 빌드 시에 링커 스크립트를 통해 넘겨진다.

- 메모리 맵은 보드상의 가상 주소와 물리 주소 간 매핑을 정의한다. 이 매핑은 프로세서와 보드에 매우 종속적이며, 보드상의 다양한 메모리 및 버스 컨트롤러들의 설계에 따라 결정된다.

임베디드 리눅스 시스템에서 볼 수 있는 세 가지 형태의 주소가 있다.

✤ **물리 주소**(혹은 CPU가 변환하지 않는 주소): 이 주소는 실제 메모리 버스상에서 사용되는 주소이다.
✤ **가상 주소**(혹은 CPU가 변환하는 주소): 이 주소는 CPU가 올바른 주소 영역으로 인식하는 영역이다. 예를 들면 커널에서 주로 사용되는 메모리 할당자인 kmalloc( ) 함수는 가상 주소를 반환한다. 이 가상 주소는 MMU에 의해 물리 주소로 변환된다.
✤ **버스 주소**: 이 주소는 CPU 외의 장치들에서 사용되는 메모리 주소이며, 버스의 종류에 따라 주소 영역이 달라질 수 있다.

메모리 맵은 CPU, (RAM이나 플래시 등의) 메모리 장치, 외부 장치들이 사용하는 시스템 메모리의 레이아웃을 결정한다. 이를 통해 각자 다른 접근 가능한 주소 공간을 갖는 장치들과 통신할 수 있다. 대부분의 플랫폼에서 버스 주소는 물리 주소와 동일하게 구성되어 있지만, 이것은 의무적인 사항은 아니라는 것을 명심하자. 리눅스 커널은 디바이스 드라이버가 여러 플랫폼에서 이식성을 갖도록 해 주는 다양한 매크로들을 제공한다.

메모리 맵을 정의하기 위해서는 다음 사항들을 이해해야 한다.

✤ 메모리와 하드웨어 장치들의 IO 주소 지정 방식에 대한 이해. 이를 위해서는 때때로 메모리와 IO 버스 컨트롤러가 어떻게 설정되어 있는지 이해할 필요가 있다.
✤ CPU가 메모리를 관리하는 방식에 대한 이해

시스템의 메모리 맵을 구성하기 위한 원칙은 다음과 같은 사항들로 나누어질 수 있다.

✤ **프로세서 메모리 맵**: 이것은 제일 먼저 생성해야 하는 메모리 맵이다. 이것은 CPU가 (사용자 공간과 커널 공간 등의) 여러 주소 공간을 처리하는 방식과 다양한 메모리 영역들에 대한 캐시 사용 정책 등의 메모리 관리 정책을 결정한다.
✤ **보드 메모리 맵**: 일단 프로세서 메모리 맵이 구성되면 다음으로 프로세서 메모리 영역 내에 보드상의 각 장치들에 대한 메모리 맵을 구성해야 한다. 이것은 하드웨어와 버스 컨트롤러에 대한 이해가 요구된다.
✤ **소프트웨어 메모리 맵**: 다음으로는 부트로더나 리눅스 커널과 같은 소프트웨어들에 대한 메모리 맵을 구성해야 한다. 리눅스 커널은 스스로 자신의 메모리 맵을 구성하고 코드나 힙과 같은 다양한 커널 섹션들이 위치할 장소를 결정한다.

다음 절에서는 EUREKA 보드에 대한 각 메모리 맵을 자세히 설명한다.

3.3.1 프로세서 메모리 맵 – MIPS 메모리 모델

32비트 MIPS 프로세서의 주소 공간은 총 4GB이며, 그림 3.3과 같이 4개의 영역으로 구분된다.

- ✦ KSEG0: 이 세그먼트의 주소 영역은 0x80000000에서부터 0x9fffffff까지이다. 이 주소들은 물리 메모리의 512MB로 매핑된다. 가상 주소에서 물리 주소로의 변환은 단순히 가상 주소의 제일 상위 비트를 제거하는 것으로 이루어진다. 이 주소 공간은 항상 캐시되므로 캐시가 적절히 초기화된 이후에 생성되어야 한다. 또한 이 주소 공간은 TLB를 통해 접근되지 않으므로, 리눅스 커널은 이 주소 공간을 사용할 수 있다.
- ✦ KSEG1: 이 세그먼트의 주소 영역은 0xA0000000에서부터 0xBFFFFFFF까지이다. 이 주소들도 마찬가지로 물리 메모리의 512MB로 매핑된다. 가상 주소에서 물리 주소로의 변환은 가상 주소의 제일 상위 세 비트를 제거하는 것으로 이루어진다. KSEG0와 KSEG1의 차이점은 KSEG1은 캐시를 사용하지 않는다는 것이다. 따라서 시스템에 전원이 들어온 직후에는 캐시가 활성화되지 않았으므로 이 주소 공간이 사용된다(MIPS의 리셋 벡터는 이 주소 공간 내에 속한 0xBFC00000으로 정의되어 있다). 또한 이 공간은 캐시가 사용되지 않으므로 IO 주변 장치들을 매핑하기 위해 사용된다.
- ✦ KUSEG: 이 세그먼트의 주소 영역은 0x00000000에서부터 0x7FFFFFFF까지이다. 이 주소 공간은 사용자 공간이 응용 프로그램을 위해 할당된다. 이 공간 내의 주소는 TLB를 통해 물리 주소로 변환된다.
- ✦ KSEG2: 이 세그먼트의 주소 영역은 0xC0000000에서부터 0xFFFFFFFF까지이다. 이 주소 공간은 커널에서 접근 가능하지만 TLB를 통해 물리 주소로 변환된다.

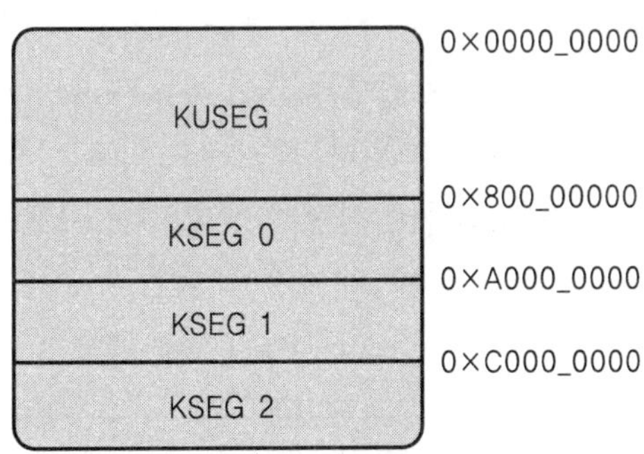

그림 3.3 MIPS 메모리 맵

3.3.2 보드 메모리 맵

다음은 8MB의 SDRAM, 4MB의 플래시, 2MB의 메모리 영역을 필요로 하는 IO 장치를 갖고 있는 EUREKA 보드의 메모리 맵 설계를 보여준다.

- 0x80000000부터 0x80800000: 8MB의 SDRAM을 매핑하기 위해 사용
- 0xBFC00000부터 0xC0000000: 4MB의 플래시를 매핑하기 위해 사용
- 0xBF400000부터 0xBF600000: 2MB의 IO 주변 장치를 매핑하기 위해 사용

3.3.3 소프트웨어 메모리 맵

8MB의 SDRAM은 부트로더와 리눅스 커널 모두에서 이용할 수 있다. 일반적으로 부트로더는 보통 이용 가능한 메모리 영역의 가장 아래쪽에서 실행되기 때문에 일단 리눅스 커널로 제어가 이전되면 리눅스 커널은 이 영역을 간단히 회수할 수 있다. 만약 부트로더의 메모리 영역이 커널 주소 공간상에서 연속적이지 않거나 부트로더의 주소 공간이 커널 주소 공간의 앞쪽에 위치한 경우라면 부트로더의 메모리 영역을 회수하기 위한 어떤 트릭을 사용해야만 할 것이다. 리눅스 메모리 맵 설정은 다음과 같은 네 가지 단계로 나뉜다.

- 리눅스 커널 레이아웃―링커 스크립트
- 부트 메모리 할당자
- 가상 주소 공간상에 메모리와 IO 매핑 생성하기
- 커널에 의한 메모리 할당 구역(zone) 생성하기

리눅스 커널 레이아웃

리눅스 커널 레이아웃은 커널을 빌드할 때 ld.script라는 링커 파일을 이용해서 지정된다. MIPS 아키텍처에서 기본 링커 스크립트는 arch/mips/ld.script.in이며,[3] 플랫폼에서 제공하는 링커 스크립트는 이를 대체할 수 있다. 링커 스크립트는 링커 커맨드 언어[4]를 사용하여 작성되었으며, 커널의 여러 섹션들이 어떻게 묶여지며, 어떤 주소가 할당되어야 하는지를 서술한다. 리스트 3.1은 링커 스크립트의 예제로, 다음과 같은 메모리 맵을 정의한다.

역자 주　　3) 이는 2.4 커널에 해당하는 설명이다. 2.6 커널에서는 arch/mips/kernel.vmlinux.lds.S가 사용된다.

4) 자세한 내용은 『GNU 링커 매뉴얼』의 3장 부분을 참조하기 바란다. 한국어판은 GNU Korea 홈페이지에서 볼 수 있다: http://korea.gnu.org/manual/release/ld/ld-sjp/ld-ko_3.html#SEC5

리스트 3.1 샘플 링커 스크립트

```
OUTPUT_ARCH(mips)
ENTRY(kernel_entry)
SECTIONS
{
  /* 읽기 전용 섹션들, 텍스트 세그먼트로 합쳐짐: */
  . = 0x80100000;
  .init        : { *(.init) } = 0

  .text        :
  {
    _ftext = .;                       /* 텍스트 세그먼트의 시작 */
    *(.text)
    *(.rodata)
    *(.rodata.*)
    *(.rodata1)
    /* .gnu.warning 섹션들은 elf32.em에 의해 특별 처리된다. */
    *(.gnu.warning)
  } = 0

  .kstrtab : { *(.kstrtab) }

  . = ALIGN(16);                      /* 예외 테이블 */
  __start___ex_table = .;
  __ex_table : { *(__ex_table) }
  __stop___ex_table = .;

  __start___dbe_table = .;
  __dbe_table : { *(__dbe_table) }
  __stop___dbe_table = .;

  __start___ksymtab = .;              /* 커널 심벌 테이블 */
  __ksymtab : { *(__ksymtab) }
  __stop___ksymtab = .;

  __etext = .;                        /* 텍스트 세그먼트의 끝 */

  . = ALIGN(8192);
  .data.init_task : { *(.data.init_task) }

  . = ALIGN(4096);
  __init_begin = .;                   /* 부팅 코드의 시작 */
  .text.init : { *(.text.init) }
  .data.init : { *(.data.init) }
```

(계속)

```
  . = ALIGN(16);
  __setup_start = .;
  .setup.init = { *(.setup.init) }
  _setup_end = .;

  __initcall_start = .;
  .initcall.init : { *(.initcall.init) }
  __initcall.end = .;

  . = ALIGN(4096);              /* init_task_union을 위해 더블 페이지 정렬 */
  __init_end = .;               /* 부팅 코드의 끝 */


  . = .;
  .data      :
  {
    _fdata = . ;                /* 데이터 세그먼트의 시작 */
    *(.data)
    /* INITRD(initial ramdisk image)를 위한 정렬 */
    . = ALIGN(4096);

    __rd_start = .;
    *(.initrd)
    . = ALIGN(4096);
    __rd_end = .;

    CONSTRUCTORS
  }

  .data1     : { *(.data1) }
  _gp = . + 0x8000;
  .lit8 : { *(.lit8) }
  .lit4 : { *(.lit4) }
  .ctors     : { *(.ctors)  }
  .dtors     : { *(.dtors)  }
  .got       : { *(.got.plt) *(.got) }
  .dynamic   : { *(.dynamic) }
  .sdata     : { *(.sdata) }

  . = ALIGN(4);
  _edata = .;                   /* 데이터 세그먼트의 끝 */
  PROVIDE (edata = .);

  __bss_start = .;              /* bss 세그먼트의 시작 */
  _fbss = .;
```

(계속)

```
    .sbss       : { *(.sbss) *(.scommon) }
    .bss        :
    {
      *(.dynbss)
      *(.bss)
      *(COMMON)
      . = ALIGN(4);
    _end = .;                      /* bss 세그먼트의 끝 */
    PROVIDE (end = .);
    }
}
```

❖ 텍스트 섹션은 주소 0x80100000에서 시작된다. 다른 모든 섹션들은 텍스트 섹션의 뒤로 연결된다. _ftext 주소는 텍스트 섹션의 시작이고 _etext 주소는 텍스트 섹션의 끝을 가리킨다.

❖ _etext 이후에 8K 단위로 정렬된 공간은 0번 프로세스인 init 태스크(혹은 swapper 프로세스라고도 한다)의 프로세스 디스크립터와 스택을 위해 할당된 공간이다.

❖ 다음으로는 init 섹션을 위한 공간이 존재한다. _init_begin과 _init_end 주소는 각각 init 섹션의 시작과 끝을 가리킨다.

❖ 다음으로는 초기화된 커널 데이터 섹션이 온다. _fdata와 _edata 심벌은 각각 데이터 섹션의 시작과 끝 주소 값을 저장하고 있다.

❖ 마지막 섹션은 초기화되지 않은 커널 데이터 혹은 BSS[5]라고 하는 섹션이다. 다른 섹션과는 달리 이 섹션은 커널 이미지 내에 포함되어 있지 않고 _bss_start와 _end 주소를 통해 섹션이 차지하는 공간에 대한 정보만이 포함되어 있다. 커널 부팅 루틴은 이 심벌들을 이용해 BSS 주소 영역을 얻고 이 BSS 공간을 0으로 초기화한다.

그림 3.4는 링커 스크립트에 의해 정의된 커널 섹션의 레이아웃을 보여준다.

부트 메모리 할당자

부트 메모리 할당자(이하 bootmem 할당자로 표기)는 커널의 (페이징 기능이 활성화되기 이전의) 초기 단계에서 사용되는 동적 커널 메모리 할당자이다. 일단 페이징 기능이 활성화되면

역자 주   5) BSS는 'Block Started by Symbol' 의 머리글자이다. 이것은 IBM 704/709/7090/7094 머신에 사용되었던 포트란 어셈블러(FAP)의 명령어 이름에서 비롯된 것이다.

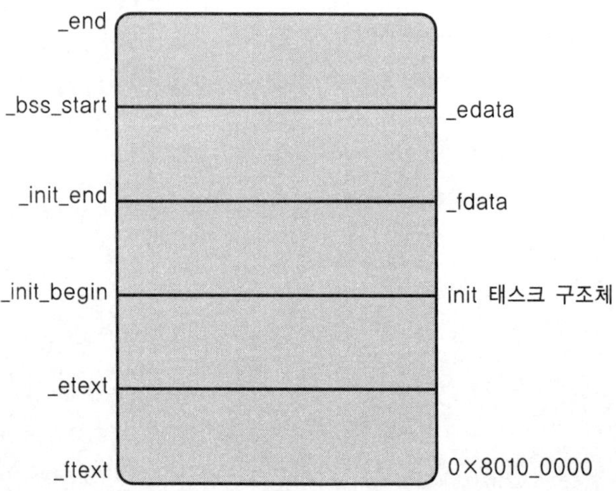

그림 3.4 커널 이미지의 섹션들

구역 할당자(zone allocator)들이 동적 메모리 할당을 책임진다. bootmem 할당자는 setup_arch( ) 함수 내에서 호출된다. bootmem 할당자는 보통 부트로더에서 넘겨진 보드 메모리 맵상에서 동작한다. 이것은 x86 계열 프로세서의 일반적인 부팅 과정이므로, Pentium® PC의 부트로더에 의해 넘겨지는 메모리 맵을 살펴볼 필요가 있다.

```
0000000000000000 - 000000000009f800 (사용 가능)
000000000009f800 - 00000000000a0000 (예약됨)
00000000000e0000 - 0000000000100000 (예약됨)
0000000000100000 - 000000001f6f0000 (사용 가능)
000000001f6f0000 - 000000001f6fb000 (ACPI 데이터)
000000001f6fb000 - 000000001f700000 (ACPI NVS)
000000001f700000 - 000000001f780000 (사용 가능)
000000001f780000 - 0000000020000000 (예약됨)
00000000fec00000 - 00000000fec10000 (예약됨)
00000000fee00000 - 00000000fee01000 (예약됨)
00000000ff800000 - 00000000ffc00000 (예약됨)
00000000fffffc00 - 0000000100000000 (예약됨)
```

커널은 물리 주소 1MB부터 메모리를 사용하기 시작한다. 따라서 bootmem 할당자는 다음과 같은 영역들을 예약해 둔다.

✤ 640K에서 1MB: 이 영역은 비디오 카드와 확장 ROM을 위해 예약되었다.

✤ 1MB 이상: 이 영역은 커널 코드와 데이터를 위해 예약되었다.

메모리와 IO 매핑 설정

이것은 리셋 시에 가상 메모리가 설정되지 않는 프로세서상에서 행해져야 한다. 이러한 프로세서로는 인텔의 프로세서들과 PowerPC가 있다. 하지만 MIPS 프로세서는 리셋될 때부터 가상 메모리 환경이 갖추어져 있다. 인텔이나 PowerPC 등의 프로세서들에서는 가상 메모리 매핑이 정의되어야 메모리와 메모리 매핑된 IO 장치들에 접근할 수 있다. 예를 들어, PowerPC의 커널 초기화 과정에서 가상 주소는 물리 주소와 일대일로 매핑된다. 일단 메모리 맵을 파악하면 가상 매핑 테이블이 설정된다.

구역 할당자 설정

구역 할당자는 메모리를 세 가지 구역(zone)으로 구분한다.

✤ **DMA 구역**: 이 구역은 DMA 전송에 사용되는 메모리를 할당한다. MIPS와 PowerPC 플랫폼에서 모든 동적 하위 메모리는 DMA 구역으로 추가된다. 하지만 i386™ 기반의 PC에서는 ISA 버스의 메모리 주소 지정 방식의 한계로 인해 최대 16MB의 크기만이 DMA 구역으로 지정될 수 있다.

✤ **NORMAL 구역**: 커널 메모리 할당자는 기본적으로 이 구역의 메모리를 할당하려고 시도할 것이다. 만약 실패하는 경우에는 DMA 구역의 메모리를 할당하려고 시도하게 된다.

✤ **HIGHMEM 구역**: 많은 프로세서들은 선형 주소 공간의 제한으로 인해 모든 물리 메모리에 직접 접근하지 못한다. 이 구역은 이러한 메모리를 매핑하기 위해 사용된다. 이 구역은 일반적으로 임베디드 시스템에서는 사용되지 않으며, 주로 데스크톱이나 서버 쪽에서 많이 사용된다.

3.4 인터럽트 관리

모든 보드는 고유한 하드웨어 인터럽트 관리 방식을 갖는데, 이는 대부분 보드에 사용된 PIC(Programmable Interrupt Controller) 인터페이스 때문이다. 이 절에서는 리눅스에서 인터럽트 컨트롤러를 프로그래밍하는 과정을 자세히 살펴보기로 한다. 그 전에 PIC의 기본 기능에 대해서 먼저 알아보자.

- 마이크로프로세서는 보통 적은 수의 인터럽트만을 처리할 수 있으므로, 보드에 인터럽트를 필요로 하는 많은 장치가 연결된 경우에는 이를 다 처리할 수 없게 된다. 이를 위해 인터럽트 컨트롤러가 사용되는데, 인터럽트 컨트롤러는 여러 개의 인터럽트를 하나의 인터럽트 라인으로 다중화(multiplexing)하여 프로세서의 인터럽트 처리 능력을 높여준다.

- PIC는 인터럽트의 하드웨어적 우선순위를 제공한다. 이것은 프로세서가 자체적으로 하드웨어 인터럽트 우선순위를 지원하지 않는 경우에는 유용하게 사용된다. 프로세서가 높은 우선순위의 인터럽트를 처리하고 있는 동안 PIC는 프로세서에게 낮은 우선순위의 인터럽트를 보내지 않는다. 또한 두 개의 장치가 동시에 인터럽트를 발생시킨 경우 PIC는 우선순위 레지스터를 살펴보고 어느 인터럽트가 더 높은 우선순위를 갖는지 판단하여 높은 우선순위의 인터럽트를 먼저 CPU에 전달한다.

- 트리거(trigger) 방식을 변환한다. 하드웨어가 인터럽트를 전달하는 데는 레벨-트리거와 에지-트리거라는 두 가지 방식이 있다. 에지-트리거 인터럽트는 신호가 어떤 상태에서 다른 상태로(보통은 하이(high)에서 로우(low)로) 넘어가는 순간 발생된다. 기본적으로 이것은 인터럽트가 발생되었음을 알리는 짧은 펄스의 형태이다. 이와 달리 레벨-트리거 인터럽트는 프로세서가 처리할 때까지 인터럽트 라인을 하이(high)로 유지한다. 에지-트리거 인터럽트는 ISA 버스 구조에서 사용되는 오래된 방식이다. 하지만 에지-트리거 인터럽트 방식은 인터럽트를 공유하지 못한다는 기본적인 단점이 존재한다. 레벨-트리거 방식은 인터럽트의 공유를 가능하게 해 주지만, 부적절하게 설계된 인터럽트 컨트롤러가 시스템을 영원히 인터럽트 루프에서 빠져나올 수 없도록 할 수 있으므로 주의해야 한다. 어떤 프로세서는 에지-트리거 방식과 레벨-트리거 방식을 선택적으로 처리하도록 설정할 수 있는 반면, 어떤 프로세서는 오직 레벨-트리거 방식만을 지원하는 것도 있다. 후자의 경우에 만약 에지-트리거 방식의 인터럽트를 발생시키는 장치가 연결되었다면, 인터럽트는 처리가 시작되기 전에 사라지게 되므로 이 인터럽트를 잘못된 것으로 인식할 것이다. 이러한 경우 PIC가 입력 레지스터를 래치(latch)시켜 에지-트리거 방식의 인터럽트를 레벨-트리거 방식의 인터럽트로 전환시켜 주므로 편리하다.

이 책에서는 PIC의 프로그래밍에 대한 이해를 위한 예제로 8259A PIC를 사용할 것이다. 8259A는 널리 사용되는 강력한 하드웨어이며 다양한 임베디드 보드에서 사용되는 여러 변종들이 존재한다. BSP 내에 8259A에 관련된 코드를 작업하는 것을 이해하기 전에, 8259A에 대한 기본적인 이해가 필요하다. 8259A 컨트롤러의 기본 기능은 다음과 같다.

❖ 8259A는 8개의 인터럽트 입력 핀을 갖고 있다. 또한 캐스캐이드(cascade) 모드를 사용하면, 최대 64개의 인터럽트까지 처리할 수 있다.[6]

❖ 다양한 모드를 지원한다.

  - full-nested 모드: 8259A가 초기화되면 바로 이 모드로 동작한다. full-nested 모드에서 각각의 우선순위는 고유한 값으로 고정되어 있다. 이 모드일 때는, 낮은 우선순위의 인터럽트가 처리되는 도중에 높은 우선순위의 인터럽트가 발생되면 낮은 우선순위의 인터럽트의 실행을 멈추고 높은 우선순위의 인터럽트를 먼저 처리한다.

  - automatic rotation 모드: 모든 인터럽트 라인이 동일한 우선순위를 갖는다.

  - specific rotation 모드: 인터럽트의 우선순위를 변경(program)할 수 있다. 가장 낮은 순위의 인터럽트 라인을 지정하면 그에 따라 다른 인터럽트 라인들의 우선순위가 결정된다.

❖ 8259A는 에지-트리거 방식 또는 레벨-트리거 방식으로 동작하도록 설정할 수 있다.

❖ 각각의 인터럽트 라인들을 무시하도록 마스크(mask)할 수 있다.

8259A는 인터럽트 처리를 위한 3개의 레지스터를 포함한다. 이들은 각각 IRR(Interrupt Request Register), IMR(Interrupt Mask Register), ISR(Interrupt Service Register)이다. 외부 장치가 인터립드를 요청하면 IRR 레지스터의 해당 비트가 설정된다. 해당 인터럽트가 IMR 레지스터에 의해 마스크되지 않았다면 인터럽트는 우선순위 조정(arbitration) 보식으로 진달된다. 이 로직은 ISR 레지스터를 살펴보고 현재 높은 우선순위의 인터럽트가 수행 중인지 검사하여, 수행 중이 아닌 경우에는 인터럽트 라인(latch)을 활성화시켜 CPU가 인터럽트를 인식하도록 해 준다. x86 프로세서는 INTA(Interrupt Acknowledge) 사이클을 발생시켜 PIC가 버스상에 인터럽트 벡터 정보를 보내도록 한다. 하지만 프로세서는 이러한 기능을 제공하는 하드웨어를 갖고 있지 않으며, 이는 소프트웨어에서 명시적으로 처리해야 한다. ISR 레지스터의 해당 비트는 EOI(End Of Interrupt) 시그널이 발생될 때까지 계속 설정된 채로 남아 있다. 만약 PIC가 AEOI(Automatic EOI) 모드로 설정되어 있는 경우에는 INTA 신호를 다 받은 후 해당 비트를 클리어한다.

장치는 프로세서의 인터럽트 라인이 이용 가능한 경우 프로세서에 직접적으로 연결될 수

역자 주 ┆ 6) 8259A는 마스터 혹은 슬레이브 모드로 동작한다. 캐스캐이드 모드로 사용하는 경우 추가적으로 슬레이브로 동작하는 칩을 사용해야 하며, 각 슬레이브의 출력은 마스터의 입력으로 들어가게 되어 최대 8 × 8 = 64개의 인터럽트를 처리할 수 있다.

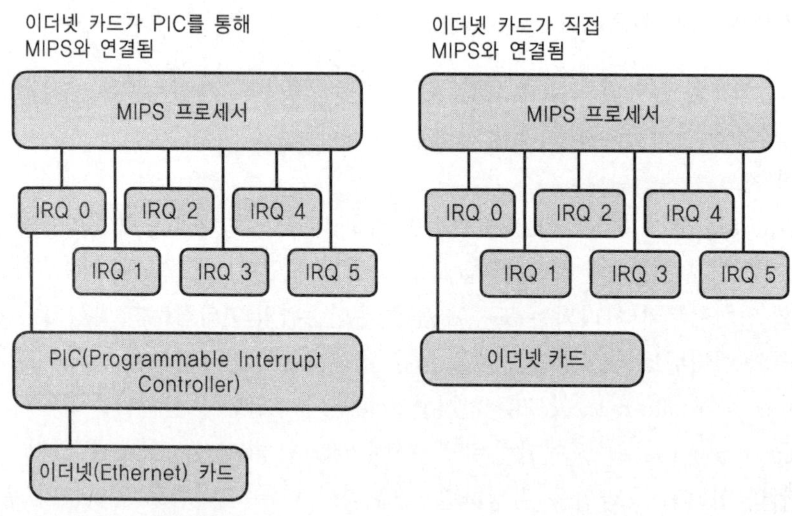

그림 3.5 이더넷 카드의 IRQ 연결

있지만, 그렇지 않은 경우에는 PIC를 통해 연결되어야 한다. 하지만 디바이스 드라이버는 인터럽트가 발생되는 경로에 대해서 고려할 필요가 없어야 하며 BSP는 드라이버가 실제 인터럽트 경로와 무관하게 처리되도록 지원해야 한다. 예를 들어 그림 3.5는 (6개의 인터럽트 라인을 지원하는) MIPS 프로세서에 이더넷 카드가 직접 연결된 경우와, PIC를 통해 연결된 경우를 보여준다.

리눅스 커널은 모든 인터럽트를 논리적인(logical) 인터럽트로 다룬다. 논리적인 인터럽트는 프로세서에 직접 연결될 수도 있고, PIC를 통해서 연결될 수도 있다. 두 경우 모두 인터럽트는 (request_irq( ) 함수를 통해) 등록되고, 디바이스 드라이버는 인수로 인터럽트 번호를 넘겨받아 어느 인터럽트가 발생되었는지 인식할 수 있다. 인수로 넘겨진 인터럽트 번호는 논리적인 인터럽트 번호이다. 논리적인 인터럽트의 수는 프로세서별로 다르며 MIPS 프로세서의 경우에는 128로 고정되어 있다. 논리적인 인터럽트의 실제 물리적인 인터럽트 간의 매핑은 BSP에서 처리해야 한다. 위의 예제에서 두 경우 모두 드라이버는 같은 IRQ 번호를 다루게 되지만, 이 IRQ 번호를 통해 실제 하드웨어를 인식하는 것은 BSP에 의해 결정된다. 이로 인해 이식성 있는 디바이스 드라이버를 작성하는 것이 용이해진다.

BSP 인터럽트 인터페이스의 핵심은 다음의 두 구조체이다.

  ❖ 인터럽트 컨트롤러 디스크립터 hw_interrupt_type: 이 구조체는 include/linux/irq.h에

선언되어 있다. 모든 하드웨어 인터럽트 처리 메커니즘은 이 구조체를 구현해야 한다. 이 구조체의 중요한 필드로는 다음과 같은 것들이 있다.

- start_up: 인터럽트를 검출(probe)하거나 (request_irq( ) 함수를 통해) 인터럽트가 요청되는 경우에 호출되는 함수에 대한 포인터
- shutdown: (free_irq( ) 함수를 통해) 인터럽트가 해제될 때 호출되는 함수에 대한 포인터
- enable: 인터럽트 라인을 활성화하는 함수에 대한 포인터
- disable: 인터럽트 라인을 비활성화하는 함수에 대한 포인터
- ack: 인터럽트에 대한 응답을 보내기 위해 사용되는 컨트롤러 종속적인 함수에 대한 포인터
- end: 인터럽트가 처리된 후에 호출되는 함수에 대한 포인터

✤ IRQ 디스크립터 irq_desc_t: 이 구조체도 include/linux/irq.h에 선언되어 있다. 모든 논리적인 인터럽트는 이 구조체를 이용하여 구현된다. 이 구조체의 중요한 필드들은 다음과 같다.

- status: 인터럽트 소스의 상태
- handler: (위에서 설명한) 인터럽트 컨트롤러 디스크립터의 포인터
- action: IRQ 액션 리스트

이 구조체의 사용법은 예제를 통해서 익히는 것이 가상 좋다. 그림 3.6은 EUREKA 보드의 인터럽트 구조를 보여준다.

MIPS 프로세서는 6개의 하드웨어 인터럽트를 지원한다. 그림 3.6의 보드에서 이 중 5개는 하드웨어 장치에 직접 연결되어 있고, 마지막 인터럽트 라인은 5개의 하드웨어 장치와 연결된 PIC에 연결되어 있다. 따라서 보드상에는 전체 10개의 인터럽트 소스가 있으므로, 각각의 디바이스 드라이버가 사용할 10개의 논리적인 인터럽트가 매핑되어야 한다. 다음은 BSP에서 논리적인 인터럽트를 구현하기 위한 과정들을 보여준다.

✤ 프로세서에 직접 연결된 장치들을 위해 hw_interrupt_type 구조체를 생성한다. 생성한 구조체의 이름은 generic_irq_hw라고 하자.
✤ PIC를 위한 hw_interrupt_type 구조체를 생성한다. 생성한 구조체의 이름은 pic_irq_hw라고 하자.
✤ 10개의 논리적인 인터럽트에 해당하는 irq_desc_t 구조체를 정의한다. 앞의 5개는 handler 필드에 generic_irq_hw 구조체를 지정하고, 뒤의 5개에는 pic_irq_hw 구조체

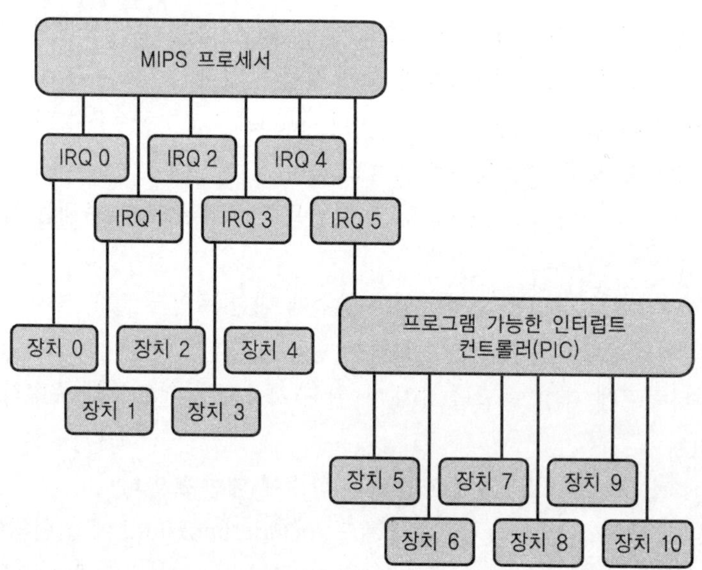

그림 3.6 EUREKA 보드의 IRQ 연결

를 지정한다.

❖ CPU가 인터럽트 발생 시에 호출할 인터럽트 시작(start-up) 코드를 작성한다. 이 루틴
은 MIPS 프로세서의 인터럽트 상태 레지스터와 PIC의 상태 레지스터를 검사하여 인터
럽트가 직접 연결된 장치에서 발생한 것인지 PIC를 통해 발생된 것인지를 알아낸다.
만약 인터럽트가 PIC를 통해 발생되었다면 PIC의 상태 레지스터를 읽어 논리적인 인
터럽트 번호를 알아내야 한다. 그 다음 일반적인 IRQ 처리 함수인 do_IRQ( )를 논리
적인 인터럽트 번호와 함께 호출한다. do_IRQ( ) 함수는 실제 인터럽트 처리 함수가
호출되는 과정의 전후에서 PIC를 적절하게 설정한다.

각각의 인터럽트 컨트롤러를 지원하기 위해서는 BSP에서 후킹 함수를 제공해야 한다. 다음
의 함수들은 위에서 설명한 hw_interrupt_type 구조체의 각 필드에 설정되어 인터럽트 처
리 과정의 각 단계에서 호출된다.

❖ 초기화(initialization) 루틴: 이 루틴은 (init_IRQ( ) 함수에서) 한 번만 호출된다. 이 루틴
은 8259A가 인터럽트 요청을 받아 처리하기 전에 설정되어야 하는 ICW 커맨드를 발
생시킨다.

❖ 시작(start-up) 루틴: 이 루틴은 인터럽트가 요청되거나 인터럽트를 검출(probe)할 때
호출된다. 8259A에서 이 루틴은 단지 PIC 내의 마스크 레지스터의 설정을 변경하여

인터럽트를 활성화하는 일을 한다.

✤ **종료(shutdown) 루틴**: 이 루틴은 시작 루틴과 반대되는 일을 하는 것으로 인터럽트를 비활성화하는 일을 한다.

✤ **활성화(enable) 루틴**: 이 루틴은 8259A상의 특정 인터럽트에 대한 마스크를 해제한다. 이 루틴은 커널 함수인 enable_irq( ) 내에서 호출된다.

✤ **비활성화(disable) 루틴**: 이 루틴은 IMR상의 비트를 설정하는 일을 하며 커널 함수인 disable_irq( ) 내에서 호출된다.

✤ **응답(acknowledgment) 루틴**: 이 루틴은 인터럽트 처리의 초기 단계에서 호출된다. 인터럽트가 활성화되면 ISR(Interrupt Service Routine, 인터럽트 처리 함수) 재진입 문제[7]를 방지하기 위해 인터럽트 처리 함수가 동작하기 전에는 해당 인터럽트 라인에서 더 이상 인터럽트가 발생되지 않도록 설정되어야 한다. 따라서 이 루틴은 현재 처리 중인 IRQ를 마스크한다. 추가적으로 8259A가 AEOI 모드로 설정되지 않은 경우에는 이 루틴이 PIC에서 EOI 커맨드를 보낸다.

✤ **인터럽트 종료(end-of-interrupt) 루틴**: 이 루틴은 인터럽트 처리 과정의 마지막 단계에서 호출된다. 이 루틴은 응답 루틴에서 비활성화된 인터럽트를 다시 활성화시켜야 한다.

3.5 PCI 서브시스템

리눅스의 PCI 구조는 x86 모델을 기반으로 하고 있다. 리눅스는 모든 PCI 장치에 해당 자원들(IO, 메모리, 인터럽트)을 할당하고 이를 적절히 설정하는 BIOS나 펌웨어가 존재한다고 가정한다. 디바이스 드라이버가 장치에 접근하기 전에, 장치의 메모리와 IO 영역은 프로세서의 주소 공간으로 매핑되어 있어야 한다. 많은 보드들은 PCI 초기화를 수행하는 BIOS나 펌웨어를 제공하지 않으며, 설사 이를 제공한다 하더라도 장치에 제공된 주소 영역은 리눅스에서 요구하는 주소 공간과 정확히 일치하지는 않을 것이다. 따라서 PCI 장치를 인식하고 설정하는 일은 BSP의 책임이 된다. 여기서는 MIPS 기반의 보드에 연결된 PCI 장치에 대한 BSP를 설명할 것이다.

역자 주 | 7) 인터럽트가 발생되었을 때 해당 인터럽트 라인을 비활성화시키지 않는다면, 인터럽트 처리 함수가 실행되는 도중에도 이미 발생된 (활성화되어 있는) 인터럽트를 새로 발생된 인터럽트라고 인식하여 다시 인터럽트 처리 함수가 호출되고 말 것이다. 이러한 현상이 반복되어 시스템은 인터럽트 처리 루틴만을 반복적으로 수행할 뿐 다른 작업을 전혀 할 수 없게 되는 상태에 빠지게 된다.

3.5.1 PCI 구조의 고유성

리눅스는 버스, 장치, 기능(function)의 세 가지 PCI 객체를 인식한다. 시스템 내에는 최대 256개의 버스가 있을 수 있고, 각 버스는 장치를 연결할 수 있는 32개의 슬롯을 갖는다. 각 장치는 한 가지 기능만을 갖거나, 여러 기능을 갖고 있을 수 있다. 다수의 PCI 버스는 PCI 브리지를 통해 서로 연결된다. 보드상에서 PCI 서브시스템의 연결성은 고유하며 이로 인해 PCI 구조도 보드에 종속적이 된다. 이러한 고유성은 다음과 같은 성질들에 의해 유래한다.

메모리 맵 이슈

프로세서 버스와 PCI 버스를 연결시켜 주는 하드웨어를 **노스 브리지**(north bridge)라고 한다.[8] 노스 브리지는 내장된 메모리 컨트롤러를 갖고 있어서 프로세서의 메모리에 접근할 수 있다. 게다가 어떤 노스 브리지는 PCI 장치의 주소 공간을 프로세서 주소 공간의 일부로 매핑하는 것이 가능한데, 이것은 프로세서 버스상의 특정 주소에 대한 접근을 가로채 (trapping) PCI 읽기/쓰기 사이클을 발생시키는 방식으로 처리한다. PC 플랫폼에서 노스 브리지는 이러한 기능을 갖고 있으며, PCI 주소 공간을 프로세서의 가상 주소 공간으로 매핑한다.

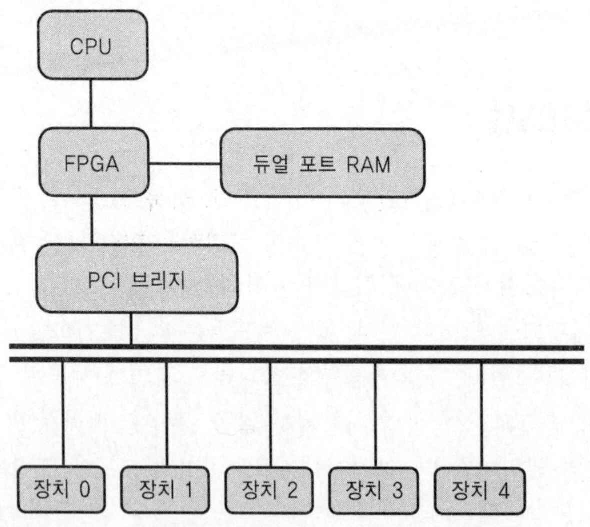

그림 3.7 FPGA를 통한 PCI 연결

역자 주 | 8) PC 플랫폼에서 메인 보드에 있는 두 개의 컨트롤러 가운데 CPU에 가까운 쪽을 노스 브리지라고 하고 다른 것을 사우스 브리지(south bridge)라고 한다. 노스 브리지는 CPU와 메모리, AGP, PCI Express 간의 전송을 책임지며 이 외의 주변 장치는 사우스 브리지를 통해 관리한다.

하지만 이렇게 PCI 주소 공간을 프로세서 가상 주소 공간으로 매핑하는 것은 모든 보드에서 가능하지는 않다. 리눅스 디바이스 드라이버는 이것을 고려해서 드라이버가 PCI의 IO 영역이나 메모리에 접근할 때는 포인터를 직접 사용하지 않고, inb( )/outb( ) 등의 루틴을 사용한다. 이 루틴들은 PCI 주소 공간이 프로세서의 가상 주소 공간에 직접 매핑되어 있는 경우에는 포인터에 대한 직접적인 참조로 변환된다. MIPS와 PowerPC는 보드가 지원하는 경우 PCI 주소 공간을 프로세서 주소 공간으로 매핑하는 것이 가능하다. 이 경우 BSP는 IO 기본(base) 주소를 제공해야 한다. IO 기본 주소는 PCI 장치에 접근하기 위한 프로세서 가상 메모리의 시작 주소이다. 예를 들어 그림 3.7과 같은 보드의 레이아웃을 보면, PCI 브리지는 FPGA를 통해 프로세서 및 듀얼 포트 RAM과 통신한다. FPGA는 설정, 메모리, IO 연산을 위해 지정된 레지스터들을 제공한다. 이러한 보드들은 일반 보드와 비교해서 다음과 같은 두 가지 예외사항을 가지며, 따라서 BSP에서도 이를 처리해야 한다.

- PCI 메모리와 IO 주소 공간은 프로세서의 주소 공간에 직접 매핑될 수 없다. 왜냐하면 IO와 메모리 연산은 FPGA의 프로그래밍이 필요하기 때문이다. 따라서 BSP에서는 PCI 버스상의 메모리, IO 연산을 위한 루틴들을 제공해야 한다.
- 듀얼 포트 RAM이 제공되므로 PCI 장치는 RAM으로 DMA를 수행할 수 있다. 하지만 PCI 컨트롤러에서 메인 메모리를 직접 접근할 수 없으므로 PCI 디바이스 드라이버는 듀얼 포트 RAM 영역 내의 DMA가 가능한 메모리 영역을 요구한다.

설정 공간 접근

모든 PCI 장치는 설정 공간을 갖고 있으며 디바이스가 실제로 동작하기 전에 설정 공간이 적절히 설정되어야 한다. 프로세서는 이 설정 공간에 직접 접근할 수 없으며 이를 위해 PCI 컨트롤러가 사용된다. PCI 컨트롤러는 보통 장치 설정을 위해 사용하는 레지스터들을 제공한다. 이것은 보드에 따라 다른 부분이므로 BSP에서 이러한 루틴들을 제공할 필요가 있다.

보드상의 인터럽트 경로 설정

모든 PCI 하드웨어 장치는 A, B, C, D라는 4개의 논리적인 인터럽트를 제공한다. 이 정보는 설정 헤더의 interrupt pin 필드에 저장되어 있다. PCI 인터럽트가 실제로 어떻게 프로세서 인터럽트에 연결되는지는 보드에 따라 다르다. 설정 공간에는 PCI 장치가 실제로 사용하는 인터럽트 라인 정보를 저장하는 interrupt line이라는 필드도 존재한다. BSP는 설정 헤더에서 interrupt pin 필드의 정보를 읽고, 인터럽트 경로 맵(routing map)을 통해 interrupt line 필드를 채운다. 예를 들어 그림 3.8에서 A와 C로 표기된 핀들은 IRQ 0에 연결되어 있고, B

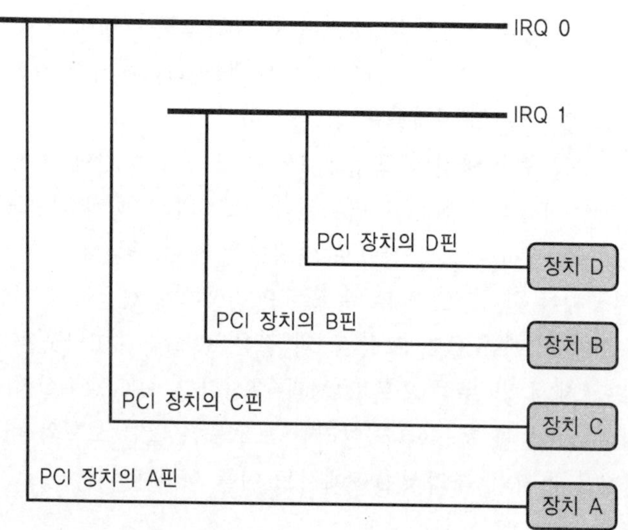

그림 3.8 PCI 인터럽트 경로

와 D로 표기된 핀들은 IRQ 1에 연결되어 있다. 따라서 BSP는 인터럽트 라인에서 전자의 장치들(장치 A와 장치 C)은 IRQ 0으로, 후자의 장치들(장치 B와 장치 D)은 IRQ 1로 설정해야 한다.

3.5.2 PCI 소프트웨어 구조

MIPS 시스템의 PCI 소프트웨어 구조는 다음과 같이 4개의 계층으로 나뉜다.

- ✤ BSP: BSP는 소프트웨어에게 다음과 같은 정보를 준다.
  - PCI 메모리와 IO 영역에 접근하기 위한 IO 기본 주소
  - PCI 설정 공간에 접근할 수 있는 루틴
  - 보드의 인터럽트 경로 맵
- ✤ HAL: 이것은 여러 장치들에 PCI 자원(메모리와 IO)을 할당하는 BIOS 기능을 구현한 계층이다. HAL은 자원을 할당하기 위해 BSP가 넘겨준 정보를 이용한다. HAL은 버스 스캐닝, PCI 장치 트리 구성, 자원 관리와 같은 기능들을 제공한다. 여기서 HAL은 MIPS HAL의 일부분이므로 BSP 개발자들은 HAL의 상세한 기능에 대해서 고려할 필요가 없고, BSP와 HAL 간의 인터페이스에 대해서 고민해야 한다. 이에 대해서는 다음의 PCI BSP 절에서 자세히 논의해 보도록 하자.
- ✤ PCI 라이브러리: HAL과 디바이스 드라이버를 위한 API를 제공한다. 이 라이브러리는

커널 소스의 drivers/pci 디렉토리에 존재한다.

❖ PCI 디바이스 드라이버: PCI 라이브러리에서 제공하는 함수들을 이용한다.

다음으로 PCI BSP에 대해서 살펴보도록 하자.

PCI BSP

BSP와 HAL 간의 정보 교환을 실제로 구현하는 것은 아키텍처마다 다르다. MIPS는 이를 위해 PCI 채널 구조체를 정의한다. 이 구조체는 메모리 영역과 IO 영역에 대한 시작 주소와 끝 주소를 포함하며, 설정 공간에 접근하기 위한 루틴들을 저장하고 있는 pci_ops 구조체에 대한 포인터를 포함하고 있다. 이 구조체에서 반드시 설정되어야 하는 중요한 필드들은 다음과 같다.

❖ pci_ops: PCI 설정 공간에 접근하기 위한 루틴들을 포함하는 구조체로 include/linux/pci.h 파일에 정의되어 있다. 설정 공간에 접근하는 것은 보드에 따라 다르기 때문에 BPS에서 이 루틴들을 작성해서 제공해야만 PCI 서브시스템에서 설정 공간에 접근할 수 있게 된다.

❖ io_resource와 mem_resource: 이 구조체들은 PCI 장치에 할당된 IO 영역과 메모리 영역의 시작 주소와 끝 주소를 저장하고 있다. 비록 버스 스캐닝과 자원 할당 과정은 HAL에서 처리되지만, 모든 장치들은 BSP가 지정한 주소 영역 내에서 메모리와 IO 영역을 할당받는다.

PCI 채널 구조체의 정의는 2.4 커널과 2.6 커널에서 다르다. 2.4 커널의 구현에서 채널 구조체는 mips_pci_channels를 이용하여 정적(static)으로 정의되며 HAL에서 이를 사용한다. 2.6 커널의 구현에서는 pci_controller 구조체를 통해 PCI 채널을 구현한다. BSP는 이 구조체를 적절히 설정한 후 register_pci_controller( ) 함수를 이용하여 HAL에 등록한다.

위의 구조체를 설정하는 것과 함께 PCI BSP는 다음과 같은 여러 수선 코드(fix-up)들을 수행할 책임이 있다.

❖ 가장 중요한 것은 IRQ 경로를 설정하는 일이다. 이것은 보드에 매우 종속적인 작업으로, BSP는 인식된 모든 장치의 인터럽트 핀 번호를 읽어서 인터럽트 라인을 할당해야 한다. 이 작업은 HAL에서 호출하는 표준 API인 pcibios_fixup_irqs( ) 함수 내에서 수행된다.

❖ 다른 부가적인 작업들은 시스템에 종속적인 부분들과 장치에 종속적인 부분들을 포함

한다. 전자는 pcibios_fixup( ) 함수를 사용해 BSP에서 구현되고, 후자의 경우에는 pcibios_fixups[ ] 테이블에 등록된다. PCI 버스상에서 장치가 감지되면 ID 값을 이용하여 장치를 찾고, 해당하는 수선 코드가 적용된다. 이것은 특정 장치에 대한 PCI 구현에 따른 예외사항들을 없애는 데 특히 유용하게 사용된다.

3.6 타이머

BSP에서 설정해야 하는 두 가지 타이머가 있다.

- ✤ PIT(Programmable Interval Timer): 이 타이머는 타이머 인터럽트 내에서 시스템 펄스 혹은 틱(tick)을 발생시키는 일을 한다. MIPS 리눅스 시스템의 기본 틱 값은 10msec이다.
- ✤ RTC(Real-Time Clock): 이것은 보드상에서 프로세서와 상관없이 동작하는 외부 칩이다. RTC는 보드에 전원이 인가되지 않아도 특수한 전지에 의해 계속 전원이 유지된다. 따라서 RTC가 한 번 설정되면 현재 시간을 알려 주는 서비스를 제공할 수 있다.

첫 번째 타이머는 모든 리눅스 시스템에서 필수적으로 구현되어 있어야 하지만, RTC는 필수적인 것은 아니다. PIT의 하드웨어적인 구현 또한 하드웨어 아키텍처마다 다르다. PowerPC에서는 감소기(decrementer) 레지스터의 카운트다운 기능을 이용하여 주기적인 인터럽트를 발생시킬 수 있으므로 이를 PIT로 사용한다. 하지만 MIPS 프로세서에는 이러한 레지스터가 존재하지 않으므로 외부 장치에 의존해야만 한다. MIPS상에서는 board_timer_setup( ) 함수가 타이머 인터럽트 처리 함수를 설정하고 활성화시키는 데 사용된다.

3.7 UART

보드상에 있는 직렬 포트는 세 가지 목적으로 사용될 수 있다.

- ✤ 모든 부트 메시지를 표시하기 위한 시스템 콘솔
- ✤ 표준 TTY 장치
- ✤ 커널 디버거 KGDB 인터페이스

3.7.1 콘솔 구현하기

콘솔은 init/main.c 파일에 있는 console_init( ) 함수에서 설정된다. 이것은 시스템이 부팅되는 초기 단계에서 이루어지므로, 부팅 과정의 디버깅을 위해 사용될 수 있다. 커널 내의 모든 메시지 출력은 printk( ) 함수를 통해 이루어지며, 이 함수는 (printf( ) 함수와 마찬가지로) 가변적인 수의 인수를 받을 수 있다. printk( ) 함수의 첫 번째 인수에는 출력될 메시지의 우선순위 번호를 표시할 수 있고 낮은 숫자일수록 높은 우선순위를 갖는다. (가장 높은 우선순위인) 우선순위 번호 0은 커널의 긴급한 메시지를 출력할 때 사용되며, (가장 낮은 우선순위인) 우선순위 번호 7은 디버깅을 위한 메시지를 출력할 때 사용된다. printk( ) 함수는 syslog( ) 함수를 통해 정해진 콘솔의 우선순위와 인수로 넘겨진 메시지의 우선순위를 비교하여 메시지의 우선순위가 콘솔의 우선순위 이상이면(즉, 우선순위 번호가 낮거나 같은 경우) 이를 출력한다.

printk( ) 함수는 출력될 메시지의 목록을 원형 로그 버퍼에 저장하고, 등록된 콘솔 장치의 처리 함수들을 호출하여 저장된 메시지를 출력하도록 한다. 콘솔의 등록은 register_console( ) 함수를 통해 이루어지며, 이 함수는 콘솔 서브시스템의 핵심인 console 구조체를 이용한다. UART, 프린터, 네트워크와 같은 장치들은 이 구조체를 이용하여 콘솔 인터페이스를 제공하고, printk( ) 함수에서 메시지를 받아올 수 있다.

콘솔 자료구조는 include/linux/console.h 헤더 파일에 구조체로 정의되어 있다. 이 구조체의 중요한 멤버로는 다음과 같은 것들이 있다.

- ❖ name: 콘솔 장치의 이름
- ❖ write(): 콘솔의 핵심이 되는 함수로, printk( ) 함수가 메시지를 출력하기 위해 호출한다. printk 함수는 인터럽트 처리 함수를 포함하여 커널 내의 어떤 곳에서도 호출될 수 있기 때문에 이 함수를 작성할 때 이를 잘 고려하여 함수가 잠들지(sleep) 않도록 해야 한다. 보통 이 함수는 (UART, 프린터 등의) 장치에 문자를 전달하도록 폴링(polling)하는 단순한 루틴이 될 것이다.
- ❖ device(): 이 함수는 현재 콘솔로 동작하고 있는 TTY 장치에 대한 장치 번호를 반환한다.
- ❖ unblank(): 이 함수가 정의되어 있다면, 스크린을 갱신(unblank)하는 데 사용된다.
- ❖ setup(): 이 함수는 console= 커널 부트 옵션에서 주어진 이름과 장치의 이름이 같은 경우에 호출된다.

3.7.2 KGDB 인터페이스

KGDB는 커널을 위한 소스-레벨 디버거로 GDB를 이용하여 구현된다. GDB는 널리 이용되는 디버거이므로, KGDB도 커널 디버깅을 위해 널리 사용될 수 있다. KGDB에 대한 자세한 정보는 8장을 살펴보기 바란다. KGDB는 주로 직렬 인터페이스상에서 동작한다(이더넷 인터페이스상에서 KGDB를 사용할 수 있는 패치들도 존재한다). KGDB 구조는 GDB 스텁(stub)과 직렬 드라이버의 두 부분으로 나뉜다. GDB 스텁은 커널 HAL 내에 존재하며, GDB 프로토콜과 예외 처리 함수들에 대한 수선 코드를 구현한다. 직렬 포트 인터페이스를 GDB 스텁과 연결하는 것은 BSP의 몫으로, BSP는 직렬 인터페이스상에 문자를 전송하고 수신하는 간단한 두 함수를 구현해야 한다.

3.8 전원 관리

많은 종류의 임베디드 장치는 사용 방식에 따라 여러 가지 전력 소비 요구사항을 갖는다. 예를 들어, 네트워크 라우터는 과부하 시에 시스템이 과도하게 가열되는 것을 방지하기 위해 최소한의 에너지 소비를 필요로 한다. PDA나 휴대폰과 같은 휴대용 장치들은 오랜 시간 사용할 수 있도록 전력 소비를 최소화해야 한다. 이 절에서는 임베디드 시스템을 위한 리눅스의 전원 관리 기법들과, BSP, 드라이버, 응용 프로그램 계층에 걸친 리눅스의 전원 관리 프레임워크에 대해서 설명하도록 한다. 하지만 그 전에 하드웨어 설계와 전원 관리 간의 관계에 대해서 알아볼 것이다.

3.8.1 하드웨어와 전원 관리

임베디드 시스템이 어떻게 전원을 사용하는가를 알아보기 위해서는 시스템을 구성하는 각 하드웨어들의 전력 소비량을 따져보는 것이 매우 유용하다. 다음과 같은 장치들로 구성된 휴대용 장치에 대해서 생각해 보자.

- MIPS 혹은 StrongArm과 같은 프로세서
- (DRAM과 플래시를 포함한) 메모리
- 무선랜 카드 등의 네트워크 카드
- 사운드 카드

❖ LCD 기반의 디스플레이 유닛

일반적으로 LCD 디스플레이 유닛이 시스템 내에서 가장 많은 전력을 소비하고, 그 다음으로는 프로세서, 그 다음으로는 사운드 카드, 메모리, 네트워크 카드 순으로 전력을 많이 소비한다. 일단 장치의 최대 전력 소비량을 파악하고 나면, 각 장치들이 갖고 있는 저전력 소비 모드 기술에 대한 연구가 필요하다. 현재 시장에 판매되고 있는 많은 하드웨어 장치들은 다양한 전력 소비 기준에 맞춘 여러 동작 모드를 지원한다. 이러한 장치들은 일반적으로 사용될 때는 통상적인 전력을 소비하지만, 장치가 사용되지 않을 때는 아주 적은 전력만으로도 동작할 수 있는 기능을 갖고 있다. 이러한 장치들의 디바이스 드라이버는 전원 관리 기능을 고려하여 작성되어야 한다. 이러한 하드웨어 장치 중에서 가장 중요한 것은 바로 CPU이다. 임베디드 환경에서 사용되는 많은 CPU들은 이제 살펴볼 강력한 절전 모드 기능을 제공한다.

CPU 전원 관리는 다음과 같은 사실들을 기초로 한다.

- ❖ 프로세서의 전력 소비는 클록 주파수에 직접적으로 비례한다.
- ❖ 프로세서의 전력 소비는 전압의 제곱에 직접적으로 비례한다.[9]

최신의 임베디드용 프로세서들은 이 점을 고려하여 **동적 주파수 조정**(dynamic frequency scaling)과 **동적 전압 조정**(dynamic voltage scaling)이라는 두 가지 기능을 제공한다. 동적 주파수 조정 기능을 지원하는 프로세서 중의 하나는 SA1110이며 동적 전압 조정 기능을 지원하는 프로세서로는 트랜스메타(Transmeta)의 Crusoe 프로세서가 있다. CPU에서 제공하는 이러한 기능들은 일반적으로 OS가 시스템의 부하에 따라 모드를 변경하도록 사용된다. 임베디드 시스템은 보통 이벤트 기반의 시스템으로 구현되므로 프로세서는 대부분의 시간을 사용자나 외부 세계로부터 이벤트가 발생하기를 기다리는 데 소모한다. 이러한 시스템에서 동작하는 OS는 시스템의 부하에 따라 프로세서의 전력 소비 모드를 조정할 수 있다. 프로세서가 사용자로부터 이벤트가 발생하기를 기다리며 아이들(idle) 모드에 있는 동안은 타이머 인터럽트 처리와 같은 시스템에 필요한 최소한의 태스크만이 동작하게 될 것이다. 만약 프로세서가 아이들 모드를 지원하면 이러한 상황일 때 CPU를 아이들 모드로 설정하면 될 것이다. 아이들 모드는 여러 프로세서 클록들이 중지된 상태를 말한다(주변 장치에 대한 클록은 살아 있다). 어떤 프로세서들은 여기서 더 나아가 **슬립 모드**(sleep mode)를 지원

역자 주 | 9) P(전력) = V(전압) × I(전류)이고 옴의 법칙에 의해 I = V ÷ R이므로 P = V^2 ÷ R이 된다.

하기도 한다. 슬립 모드는 CPU와 대부분의 주변 장치에 대한 전원이 꺼진 상태이다. 이것은 최저의 전력을 소비하는 모드이지만, 이 모드를 사용하는 데는 약간의 트릭이 필요하므로, OS가 슬립 모드를 사용하기 위해서는 다음과 같은 사항들이 만족되어야 한다.

- ❖ CPU와 주변 장치 등의 시스템 상태 정보가 메모리상에 기록되어야 하며, 이 정보는 슬립 모드를 빠져나올 때 다시 복원될 수 있어야 한다.
- ❖ (하드웨어와 소프트웨어 모두) 시스템의 실시간 특성을 지원하기 위해 슬립 모드에서 빠져나오는 시간이 매우 빨라야 한다.
- ❖ 시스템이 슬립 모드에서 빠져나올 수 있는 이벤트가 있어야 하며, 소프트웨어에서 이를 적절히 처리해야 한다.
- ❖ 시스템이 슬립 모드에 들어간 이후에도 정확한 시간을 유지하고 있어야 할 때는 약간의 트릭이 필요하다. 또한 이 문제와 함께, 시스템이 슬립 모드에 들어가기 전에 잠든 태스크가 슬립 모드로 들어간 이후에 깨어나야 하는 상황도 고려해야 한다. 이러한 경우 일반적으로 시스템이 슬립 모드에 들어가도 중지되지 않는 (RTC와 같은) 외부 하드웨어 클록이 사용된다. RTC는 이러한 태스크를 위해 시스템을 슬립 모드에서 빠져나오게 하도록 프로그램될 수 있다. 또한 RTC는 외부 시간을 유지하는 데도 사용되므로, 시스템은 슬립 모드에서 빠져나온 후에 RTC와 현재 시간을 동기화한다.

운영체제는 전원 관리 프레임워크에서 매우 중요한 역할을 담당하며, 다음과 같은 기능을 수행한다.

- ❖ 위에서 언급했듯이, 프로세서가 아이들 모드나 슬립 모드와 같은 여러 모드로 동작하도록 결정한다. 또한 슬립 모드에서 빠져나올 수 있는 방법도 제공해야 한다.
- ❖ 시스템 부하에 따라 동적으로 주파수와 전압을 변경할 수 있는 기능을 제공해야 한다.
- ❖ 여러 디바이스 드라이버에서 주변 장치의 절전 모드를 사용할 수 있도록 하는 드라이버 프레임워크를 제공해야 한다.
- ❖ 특정 응용 프로그램에게 전원 관리 프레임워크를 제공해야 한다. 이 과정은 매우 중요한데, 각 임베디드 장치의 전원 요구사항은 각기 다르기 때문에 다양한 임베디드 장치에 적합한 전원 관리 정책을 OS 내에 구현하는 것은 매우 힘들다. 대신 OS는 단지 이러한 프레임워크를 구성해 주고, 응용 프로그램에서 전원 관리 정책을 구현하여, 각 장치에 맞도록 이 프레임워크를 설정할 수 있도록 하였다.

다음으로는 리눅스가 임베디드 개발자들에게 어떻게 이러한 기능을 제공하는가를 살펴볼 것이다. 하지만 그 전에 전원 관리에 관련된 표준들에 대해서 살펴볼 필요가 있다.

3.8.2 전원 관리 표준

리눅스가 지원하는 전원 관리 표준은 APM과 ACPI의 두 가지이다. 이 두 표준은 모두 x86 아키텍처를 기반으로 하고 있다. 이 두 표준의 기본적인 차이점은 APM은 전원 관리에 관한 작업을 주로 BIOS에 의존하여 처리하는 반면 ACPI는 보다 많은 작업을 OS에서 처리하도록 한 것이다. 전원 관리 기능은 커널 설정 과정에서 CONFIG_PM 옵션을 선택하면 포함되며, 이때 APM 혹은 ACPI 표준 중의 하나를 선택하는 창이 뜰 것이다. 여기서 어떤 표준을 선택했느냐에 따라 해당하는 사용자 공간의 응용 프로그램도 선택되어야 한다. 예를 들어 커널의 전원 관리 표준으로 APM을 선택했다면, apmd 응용 프로그램도 선택되어야 한다.

마이크로소프트와 인텔에서 제안한 APM 표준은 전원 관리 기능의 대부분을 BIOS의 내부에 포함시켰다. BIOS는 등록된 장치의 목록을 감시하여 시스템이 동작 중인지를 판단하고, 동작하지 않는 경우 저전력 모드로 들어가도록 한다. 이렇게 BIOS에서 전원 관리 기능을 제어하는 방법에는 다음과 같은 많은 단점들이 존재한다.

- BIOS는 시스템이 계산 위주의 작업을 하고 있는 동안에도 저전력 모드로 들어가게 할 수 있다. BIOS는 시스템의 부하를 키보드와 같은 IO 장치의 부하를 통해 판단하기 때문에, 시스템이 거대한 프로그램을 컴파일하는 경우와 같이 계산 위주의 작업들을 수행하는 중에도 기보드나 마우스 같은 장치를 사용하지 않고 있으면 시스템을 저전력 모드로 들어가게 하는 경우가 발생한다.
- BIOS는 시스템의 부하를 오직 마더보드상에 존재하는 장치들을 통해서만 판단한다. 따라서 USB 버스에 연결된 장치의 경우 마더보드에 직접 연결되지 않았으므로 전원 관리 시스템과 연계되지 못한다.
- APM은 BIOS에 의존적이며 각각의 BIOS는 고유한 제한사항 및 인터페이스(그리고 버그!)들을 갖고 있으므로, 모든 시스템에서 전원 관리 기능이 동작하도록 구현하는 것은 매우 힘들다.

APM이 이상적인 전원 관리 표준이 되지 못한다는 것을 인식했을 때, ACPI라고 하는 새로운 표준이 개발되었다. ACPI에 담겨진 철학은 OS가 대부분의 전원 관리 기능들이 처리하도록 하는 것이다. 시스템의 부하를 가장 잘 판단할 수 있는 것은 바로 OS이므로 OS가 CPU와 주변 장치들을 적절히 관리할 수 있기 때문이다. ACPI 표준 역시 BIOS에 의존하는 부분이 있지만, APM에 비해 그 정도가 매우 적다. AML(ACPI Machine Language)이라는 인터프리터 언어를 통해 OS는 장치에 대한 세부적인 지식이 없어도 장치의 전원 관리를 적절히 수행할 수 있다.

3.8.3 프로세서의 절전 모드 지원

전원 관리와 관련하여 리눅스 커널 내에서 가장 먼저 수행되는 일 중의 하나는 아이들 루프 내에서 프로세서를 아이들 모드로 전환하도록 하는 일이다. 리눅스 커널의 아이들 루프는 프로세스 ID 0의 태스크이다. 이 태스크는 CPU가 아이들 상태이고 인터럽트가 발생하기를 기다리고 있을 때 실행된다. 이 루프에서 프로세서를 아이들 상태로 만들고 외부 인터럽트가 발생했을 때 깨어나도록 하면 그만큼 클록을 중지시킬 수 있으므로 전력 소비를 줄일 수 있다.

전원 관리와 관련하여 다음으로 중요한 일은 리눅스에서 APM 모델이나 최신의 ACPI 모델을 지원하는 것이다. 혹자는 '전원 관리 모델이 주로 x86 아키텍처와 BIOS에 의존적으로 구현되었다면, 이들을 다른 프로세서에도 사용할 수 있을까?' 하는 의문을 가질 수도 있겠다. 이러한 표준의 사용은 x86 외의 플랫폼에서도 이용할 수 있는 인터페이스의 집합을 제공하며, 따라서 전원 관리용 응용 프로그램을 직접 이용할 수 있다. x86 외의 플랫폼에서 선택된 방법은 리눅스 커널을 수정하여 x86 BIOS에서 수행하는 작업들을 커널과 부트로더에서 제공하고, 이를 통해 APM/ACPI 형식의 인터페이스를 사용자 공간에 제공하도록 하는 것이다. 이제 StrongArm 프로세서 기반의 플랫폼에서 이것을 어떻게 처리하는지 살펴보도록 하자.

- ❖ 리눅스의 StrongArm BSP는 전체 시스템을 대기(suspend) 상태로 들어가게 하고 이를 빠져나오게(resume) 하는 루틴을 제공한다(이는 arch/arm/mach-sa1100/sleep.S 파일에 구현된 sa1100_cpu_suspend( ) 함수와 sa1100_cpu_resume( ) 함수에 해당한다). 이 루틴들은 전원 관리 코드에 등록된 함수에서 시스템이 슬립 모드에 들어갈 때 호출된다. 하지만 슬립 모드로 들어가기 전에 (GPIO 핀의 상태나 RTC의 알람과 같은) 슬립 모드에서 빠져나오기 위한 방법을 선택해야 한다.
- ❖ 시스템이 슬립 모드로 들어가기 전에, 메모리는 슬립 모드로 전환되고 빠져나오는 동안 메모리 내의 내용들을 보존하기 위해 self-refresh 모드[10]로 들어가야 한다. 또한 시스템이 슬립 모드에서 빠져나오면 메모리도 self-refresh 모드에서 빠져나와야 한다. 이러한 작업은 부트로더에서 이루어지며, 부트로더는 슬립 모드에서 빠져나올 때 호출되는 경우 메모리를 self-refresh 모드에서 빠져나오게 하며, 특정 레지스터(PSPR 레지

역자 주 │ 10) CPU나 외부 리프레시 회로의 도움을 받지 않고 독립적으로 메모리 셀을 충전할 수 있는 모드이다.

스터는 슬립 모드로 전환되고 빠져나오는 동안 내용을 보존한다) 내에 저장된 주소로 점프한다. 이 주소는 커널이 제공하는 것으로, 이전의 컨텍스트를 복원하여 슬립 모드로 들어온 시점으로 돌아가서 그 이후의 명령들을 수행하기 위한 루틴을 포함한다.

2.6 커널은 주파수 조정을 위한 통합 프레임워크를 제공한다. 이 프레임워크는 주파수 조정 기능을 지원하는 아키텍처상에서 동적으로 주파수를 변경하는 방법을 제공한다. 하지만 커널에서는 전원 관리에 대한 정책을 제공하지 않고, 이를 응용 프로그램에 넘겨 응용 프로그램이 프레임워크를 이용하여 주파수를 관리하도록 한다. 이것은 주파수 조정 정책이 시스템의 용도에 따라 달라지기 때문이다. 이를 위한 일반적인 솔루션은 구현하기가 불가능하며, 따라서 전원 관리 정책의 구현은 사용자 공간의 응용 프로그램이나 데몬(daemon)이 담당한다. 다음은 주파수 조정 메커니즘의 중요한 기능들이다.

❖ 커널 내의 주파수 조정 소프트웨어는 스케일러(scaler) 코어와 주파수 드라이버의 두 가지 요소로 나뉜다. 스케일러 코어는 drivers/cpufreq/cpufreq.c 파일에 정의되어 있으며 하드웨어에 독립적인 프레임워크를 구현하기 위한 일반적인 코드이다. 하지만 실제로 주파수를 조정하기 위해 하드웨어를 제어하는 작업은 플랫폼에 종속적인 주파수 드라이버에서 구현한다.

❖ 스케일러 코어는 CPU 주파수에 종속적인, 중요한 시스템 변수인 loops_per_jiffy 값을 생신하는 작업을 수행한다. 이 변수는 여러 하드웨어 장치에서 아주 적은 일정 시간만큼 대기하는 작업을 수행하는 커널 함수인 udelay( )에서 사용된다. 시스템이 부팅될 때 calibrate_delay( ) 함수를 통해 이 값이 정해지지만, 시스템의 주파수가 변경될 때마다 이 변수도 역시 변경되어야 하며, 스케일러 코어에서 이 작업을 수행한다.

❖ 클록 주파수의 변경은 CPU 주파수에 종속적인 하드웨어 요소들에게도 영향을 미친다. 이와 같은 모든 하드웨어들은 주파수가 변경될 때 이에 대한 정보를 통지(notify)받아 하드웨어를 적절히 설정해야 한다. 이를 위해 스케일러 코어에서는 드라이버에게 이 정보를 통지하는 메커니즘을 구현하였고, 주파수 변경 이벤트를 수신하고자 하는 드라이버는 스케일러 코어에게 통지를 받도록 등록할 수 있다.

❖ 주파수 설정은 proc 인터페이스를 통해 사용자 공간에서 제어가 가능하다. 이를 통해 응용 프로그램에서 클록 주파수를 자유롭게 변경할 수 있다.

❖ 시스템의 부하에 따라 주파수를 조정할 수 있는 사용자 공간의 다양한 응용 프로그램과 툴들이 존재한다. 예를 들어 cpufreqd 응용 프로그램은 배터리의 양, 외부 전원 공급 상태, 현재 동작 중인 프로그램 등을 감시하여 설정 파일에 명시된 규칙들에 따라 커널의 주파수 관리자(governor)를 조정한다.

3.8.4 전원 관리를 위한 통합 드라이버 프레임워크

디바이스 드라이버는 전원 관리 소프트웨어의 중심을 이룬다. 특히 디바이스 드라이버가 제어하는 장치에 대한 전원 관리가 시스템 전체 전원에 큰 영향을 미치는 경우에 드라이버와 전원 관리 프레임워크가 서로 잘 협력하여 동작하도록 하는 것이 중요하다. 주파수 조정 메커니즘에 사용된 기법과 비슷하게 커널은 디바이스 드라이버와 커널 내의 실제 전원 관리 소프트웨어를 분리해 놓았으며, 디바이스 드라이버는 전원 관리 기능을 사용하기 위해 자신을 커널에 등록해야 한다. 이것은 pm_register( ) 함수를 통해 이루어지며, 이 함수에는 드라이버가 전원 관리 기능을 수행할 콜백(callback) 함수를 인수로 넘겨야 한다. 커널은 전원 관리를 위해 등록된 모든 드라이버의 목록을 유지하며, 전원 관리에 관련된 이벤트가 발생된 경우 등록된 드라이버의 콜백 함수를 호출한다.

만약 디바이스 드라이버가 전원 관리 기능을 이용한다면, 장치가 동작하지 않을 때는 아무런 작업도 이루어지지 않도록 보장해야 한다. 리눅스는 이를 위해 pm_access( ) 함수를 제공하며, 디바이스 드라이버는 하드웨어를 동작시키기 전에 이 함수를 호출해야 한다. 또한 pm_dev_idle( ) 함수는 아이들 모드인 장치를 판별하여 이들을 슬립 모드로 들어갈 수 있게 해 준다.

전원 관리를 디바이스 드라이버 단에서 처리하도록 구현하는 데 있어 중요한 사항은 순서에 대한 문제이다. 어떤 장치가 다른 장치에 종속적으로 동작하는 경우에는 두 장치는 반드시 적절한 순서대로 전원 관리가 이루어져야 한다. 이 경우의 대표적인 예는 PCI 서브시스템이다. PCI 버스 내의 모든 장치들이 꺼진 후에 PCI 버스 자체의 전원이 꺼져야 한다. 하지만 장치가 동작 중일 때 버스가 먼저 꺼지거나 어떤 장치가 버스보다 먼저 깨어난 경우에는 시스템이 손상될 수 있다. 이것은 PCI 버스들이 체인으로 연결되어 있는 경우에도 동일하다. PCI 서브시스템은 이를 고려하여 모든 버스에 대해 버스상의 장치들이 모두 꺼졌는지 상향식(bottom-up)으로 재귀 검색하여 확인한 후 버스의 전원을 끈다. 마찬가지로 슬립 상태에서 빠져나올 때도 하향식(top-down)으로 재귀 검색하여 해당 장치가 속한 버스를 먼저 깨운 뒤에 장치를 깨어나게 한다.

3.8.5 전원 관리 응용 프로그램

앞에서 언급했듯이 리눅스 커널은 전원 관리를 위한 메커니즘을 제공하지만 이를 사용하기 위한 정책은 사용자 공간에게 맡긴다. APM과 ACPI는 모두 시스템을 아이들 모드 혹은 슬립 모드로 만들고 다시 복구시키는 데 사용하는 응용 프로그램을 제공한다. APM에서 사용하는 apmd 데몬은 /proc/apm 파일을 통해 리눅스 커널이 APM을 지원하는지 검사한다. 또한 시스템을 동작 상태로 초기화하는 것과 함께, 여러 전원 관리 이벤트에 대한 로그를 기록한다. ACPI에서 사용하는 acpid 데몬은 /proc/acpi/event 파일을 감시하여 전원 관리에 관련된 이벤트가 발생할 경우 이를 처리하기 위한 프로그램을 실행시킨다. 이들 데몬에 관한 자세한 정보들은 아래의 링크에서 얻을 수 있다.

- apmd: http://www.worldvisions.ca/~apenwarr/apmd/
- acpid: http://acpid.sf.net/

임베디드 저장장치

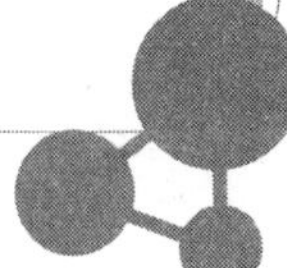

4장

기존의 임베디드 시스템에서는 읽기 전용의 코드를 저장하기 위한 ROM이나 읽고 쓰기가 가능한 NVRAM[1])과 같은 저장장치들이 사용되었다. 하지만 이들은 고밀도의 비휘발성 저장장치인 플래시로 대체되었으며, 이러한 장점들을 갖는 플래시가 저렴한 가격으로 공급됨에 따라 임베디드 시스템의 저장장치로 플래시가 주로 사용되었다. 이 장에서는 플래시를 위주로 한 저장장치들과 임베디드 시스템에서 사용되는 리눅스의 여러 파일 시스템들에 대해서 살펴볼 것이다. 이 장은 다음과 같은 네 부분으로 나뉜다.

- ❖ 임베디드 리눅스의 플래시 맵
- ❖ 플래시 장치를 사용하기 위한 MTD(Memory Technology Device) 서브시스템의 이해
- ❖ 임베디드 시스템에서 사용되는 파일 시스템에 대한 이해(임베디드 시스템을 위해 플래시와 메모리에서 동작하는 특수한 파일 시스템들이 존재한다.)
- ❖ 저장 공간을 절약하기 위한 기법들: 플래시상에 더 많은 프로그램을 저장하기

역자 주 | 1) Non-Volatile Random Access Memory의 약자로, 전원이 끊긴 후에도 데이터가 손실되지 않는 비휘발성 RAM이다.

4.1 플래시 맵

임베디드 리눅스 시스템에서 플래시는 일반적으로 다음과 같은 용도로 사용된다.

- 부트로더의 저장
- OS(커널) 이미지의 저장
- 응용 프로그램과 이들에서 이용하는 라이브러리
- (설정 데이터를 포함한) 읽고 쓰기가 가능한 파일들

위의 네 가지 중에서 앞의 세 가지는 (데이터를 업그레이드하는 동안을 제외하면) 시스템이 실행되는 대부분의 시간 동안 읽기 전용으로만 사용된다. 만약 시스템에 부트로더가 사용된다면 최소한 두 개의 파티션이 필요하다. 하나는 부트로더 정보를 저장하는 파티션으로 사용되고 나머지 하나는 루트 파일 시스템을 저장할 것이다. 이러한 (플래시의) 구분은 플래시 맵으로 표현할 수 있다. 프로젝트의 시작 단계에서 플래시 맵을 결정해 두는 것은 매우 바람직하다. 메모리 맵과 마찬가지로 플래시 맵은 위와 같은 데이터들을 저장하기 위해 플래시 저장 공간을 어떻게 나눌 것인가와 함께 데이터를 어떤 식으로 접근할 것인가에 대한 계획을 수립하게 해 준다.

다음은 플래시 맵을 결정할 때 고려해야 할 사항들을 나열한 것이다.

- 플래시의 파티션을 어떻게 나눌 것인가? OS와 응용 프로그램 및 읽고 쓰기가 가능한 데이터 파일들을 하나의 파티션 내에 저장할 수도 있지만 이 경우에는 파티션 전체가 읽고 쓰기가 가능하기 때문에 시스템에서 사용하는 데이터가 손상될 위험이 있다. 반면에 읽기 전용의 (시스템) 데이터들을 별도의 파티션에 저장해 두고 읽기 쓰기가 가능한 파티션을 사용한다면 이 파티션이 손상되는 경우에도 읽기 전용의 데이터들은 영향을 받지 않게 된다. 하지만 각 파티션을 나눌 때는 이후에도 파티션의 크기가 부족해지지 않도록 충분한 크기를 지정해 둘 필요가 있다.
- 파티션에 접근하기 위해 파일 시스템을 사용할 것인가? 부트로더에서 사용하기에는 파일 시스템을 사용하지 않는 로우(raw) 파티션이 접근하기에 편리하다. 로우 파티션을 이용한다면 부트로더에서 별도로 파일 시스템을 구현할 필요가 없어지기 때문이다. 이 경우 특정 영역을 부트 설정 데이터를 저장하도록 할당하고 나머지 영역을 부트 코드를 저장하기 위해 사용할 수 있다. 하지만 리눅스 데이터를 저장할 파티션은 파일 시스템을 이용하는 것이 더 안전하다. 데이터에 접근하기 위해 어떤 파일 시스템

부트로더를 위한 로우(raw) 파티션	256K
커널을 위한 로우 파티션	640K
읽기 전용 데이터를 위한 CRAMFS 파티션	2M
읽고 쓰기 가능한 데이터를 위한 JFFS2 파티션	1.2M

그림 4.1 4MB 크기의 플래시 장치에 대한 플래시 맵

을 선택할 것인가 하는 것도 플래시 맵을 결정하는 데 중요한 요소 중의 하나이다.

❖ 어떤 식으로 업그레이드할 것인가? 임베디드 시스템의 업그레이드는 시스템이 동작 중이거나 혹은 부팅 시에 가능하다. 시스템의 업그레이드가 오직 읽기 전용의 데이터만을 교체하는 경우(보통의 경우에 해당한다) 읽기 전용의 파티션을 분리해 두는 것이 좋으며, 이 경우 읽고 쓰기가 가능한 데이터들을 백업해 두었다가 다시 복원하는 부가적인 작업이 필요 없어진다.

그림 4.1은 부트로더, OS 이미지, 응용 프로그램들을 저장하고 있는 4MB의 플래시에 대한 플래시 맵을 보여준다. 그림에서 보이듯이 읽기 전용의 데이터들은 읽기 전용의 파일 시스템인 CRAMFS 내에 저장되고, 읽고 쓰기가 가능한 데이터들은 읽고 쓰기가 가능한 JFFS2 내에 저장된다.

4.2 MTD(Memory Technology Device)

MTD는 Memory Technology Device의 약자로 보드상의 저장장치를 다루기 위한 서브시스템이다. MTD도 문자 장치나 블록 장치처럼 별도의 드라이버로 다루어질까? 한마디로 대답하자면 '아니오'이다. 그렇다면 MTD의 정확한 역할은 무엇이고, 플래시 장치들을 언제, 어떻게 MTD 서브시스템 내로 포함시킬 수 있을까? 다음의 절들에서 이 질문에 대한 답을 찾아보기로 하자.

4.2.1 MTD 모델

플래시 장치는 하드 디스크와 같은 저장장치이지만, 이들과는 기본적인 차이점이 존재한다.

- ❖ 일반적으로 하드 디스크는 페이지 크기(보통은 4096바이트이다)의 약수 크기인 섹터로 구성되며, 표준 섹터 크기는 512바이트이다. 리눅스의 파일 시스템 모델, 특히 버퍼 캐시(파일 시스템과 블록 장치 간에 사용되는 메모리 캐시)는 이러한 섹터를 기반으로 구현되어 있다. 반면에 플래시 장치는 이보다 큰 섹터 크기를 갖고 있으며, 표준적인 플래시 섹터의 크기는 64KB이다.

- ❖ 플래시 섹터는 보통 기록되기 전에 지워져야 한다. 기록 및 삭제 연산은 플래시를 사용하는 소프트웨어에 따라 독립적으로 수행될 수 있다.

- ❖ 플래시 장치는 제한된 수명을 가지며, 이는 섹터를 지울 수 있는 횟수로 판단한다. 따라서 특정 섹터에 자주 쓰기 연산이 수행된다면(쓰기 연산을 수행하기 전에 삭제 연산이 수행되므로) 플래시의 수명은 매우 짧아질 것이다. 이것을 방지하기 위해 플래시 장치에 대한 쓰기 연산은 모든 섹터로 분산되어 수행된다. 이것은 웨어 레벨링(wear leveling)이라 불리는 기법으로 블록 장치에서는 지원되지 않는다.

- ❖ 일반적인 파일 시스템은 버퍼 캐시를 이용하기 때문에 플래시상에 사용될 수 없다. 일반적인 디스크 IO 연산은 매우 느리기 때문에 IO 속도를 높이기 위해 메모리상에 캐시를 사용하는데 이를 버퍼 캐시라고 하며, 디스크의 IO 데이터를 저장한다. 버퍼 캐시 내의 데이터가 디스크에 저장되기 전까지 파일 시스템은 불안정한 상태가 된다(이것이 PC의 전원을 내리기 전에 OS를 종료해야 하는 이유이다). 하지만 임베디드 시스템은 OS를 종료하는 절차 없이도 전원이 꺼질 수 있으며 이러한 경우에도 데이터의 일관성을 보장해야 한다. 따라서 일반 파일 시스템과 블록 장치 모델은 임베디드 시스템에 적합하지 않다.

플래시에 접근하기 위해 사용된 고전적인 방법은 FTL(Flash Transition Layer)을 이용하는 것이었다. FTL은 플래시상에서 블록 장치를 에뮬레이트하여 일반 파일 시스템이 플래시 장치상에서 동작할 수 있게 해 준다. 하지만 새로운 파일 시스템이나 플래시 드라이버를 FTL과 함께 동작하도록 수정하는 작업은 매우 성가신 일이었으며 이로 인해 MTD가 개발되게 되었다(데이빗 우드하우스(David Woodhouse)는 MTD 서브시스템의 소유자이며 MTD에 관련된 개발사항들은 http://www.linux-mtd.infradead.org/에서 찾아볼 수 있다. MTD 서브시스템은 2.4 공식 커널의 일부로 포함되었다). 위의 문제에 대한 MTD의 해결책은 단순하다. 메모리 장치를 디스크처럼 다루는 것이 아니라 메모리 장치 그 자체로 다루는 것이다. 따라서 저수준의 드라이버를 변경하는 대신 변환 계층을 두어 응용 프로그램이 메모리 장치를 메모리 장치 자체로 다룰 수 있도록 해 준다. MTD는 응용 프로그램에 밀접하게 연관되어 있다. MTD 서브시스템은 드라이버와 응용프로그램의 두 부분으로 나뉜다.

MTD 서브시스템은 새로운 종류의 드라이버를 구현하는 대신 장치를 문자 디바이스 드라이버와 블록 디바이스 드라이버에 모두 매핑한다. 장치가 MTD 서브시스템에 등록되면, MTD는 장치에 대한 두 가지 형태의 디바이스 드라이버를 제공(export)한다. 왜 이러한 방식을 사용할까? 문자 장치는 메모리 장치를 표준 open/read/write/ioctl 함수들을 통해 직접 접근할 수 있도록 해 준다. 하지만 메모리 장치에 일반 파일 시스템을 마운트하여 통상적인 방법대로 사용하고 싶은 경우에는 블록 디바이스 드라이버를 이용하여 마운트할 수도 있다.

이제 그림 4.1에서 살펴본 각 계층들에 대해서 살펴보기로 하겠다. 하지만 그 전에 현재 MTD에서 지원하는 두 장치인 플래시 칩과 플래시 디스크에 대해서 알아보자.

4.2.2 플래시 칩

이제 MTD 서브시스템에서 지원하는 여러 가지 플래시 칩들에 대해서 살펴볼 것이다. 플래시 장치는 NAND 플래시와 NOR 플래시의 두 가지 종류가 있다. 비록 두 장치는 비슷한 시기에 출시되었지만(1980년대 후반에 인텔은 NOR 플래시를 발표하였고 도시바는 NAND 플래시를 발표하였다), 사용하기 쉬운 NOR 플래시가 임베디드 시장을 먼저 파고들었다. 하지만 임베디드 시스템이 (미디어 플레이어나 디지털 카메라와 같이) 커다란 저장 공간을 필요로 하게 됨에 따라 NAND 플래시가 데이터 저장용 응용 프로그램에서 더욱 많이 사용되게 되었다. MTD 서브시스템도 발전하여, 초기에는 NOR 플래시만을 지원했었지만 이후에 NAND 플래시에 대한 지원이 추가되었다. 표 4.1에서는 이 두 가지 플래시의 차이점을 비교해 보았다.

NOR 칩은 예전의 CFI 표준을 지원하지 않는 칩과 최신의 CFI 호환칩의 두 가지 형태가 있다. CFI는 Common Flash Interface의 약자로 동일한 벤더에서 생산된 플래시 칩들 간의 호환성을 보장하기 위한 표준이다. 플래시 칩은 다른 메모리 장치들처럼 계속 발전하는 단계에 있으므로 최신의 칩이 기존의 칩들을 신속히 대체해 가고 있다. 이로 인해 종종 삭제

표 4.1 NOR 플래시와 NAND 플래시의 비교

	NOR	NAND
데이터의 접근	데이터는 SRAM과 동일하게 랜덤하게 접근이 가능하다. NOR 플래시에는 다음과 같은 연산들이 가능하다. *읽기 루틴*: 플래시의 내용을 읽어 온다. *삭제 루틴*: 삭제 연산은 플래시상의 모든 비트의 값을 1로 만드는 작업이다. NOR 칩의 삭제 연산은 (삭제 영역이라고 하는) 블록 단위로 이루어진다. *쓰기 루틴*: 쓰기 연산은 플래시상의 해당 비트의 값을 1에서 0으로 바꾸는 작업이다. 일단 특정 비트의 값이 0으로 설정되면 블록 내의 모든 비트를 1로 만드는 삭제 연산이 수행되기 전까지 개별적으로 1로 변경될 수 없다.	NAND 칩은 저장 공간을 블록 단위로 나누어 관리하여 블록은 다시 페이지 단위로 나뉜다. 각 페이지는 일반 데이터와 out-of-band 데이터로 나뉜다. out-of-band 데이터는 ECC(Error-Correction Code) 혹은 배드 블록 정보와 같은 메타데이터를 저장하는 데 사용할 수 있다. NAND 플래시도 NOR 플래시와 마찬가지로 표준적인 읽기, 삭제, 쓰기 연산을 제공한다. 하지만 NOR 플래시와는 달리 NAND 플래시의 읽기와 쓰기 연산은 페이지 단위로 이루어지며 삭제 연산은 블록 단위로 이루어진다.
보드와의 인터페이스	NOR 플래시는 일반 SRAM과 동일하게 프로세서 주소 공간과 데이터 버스에 직접 연결된다.	NAND 플래시와 CPU를 연결하는 방법은 벤더에 따라 여러 가지 방법이 있다. 로우 (raw) 방식의 NAND 플래시에 대한 접근은 데이터와 커맨드 라인을 플래시 칩의 (보통 8개인) IO 라인에 연결함으로써 이루어진다.
코드의 실행	NOR 플래시는 주소/데이터 버스에 직접 연결되어 있으므로 플래시상에서 코드를 직접 실행시킬 수 있다.	NAND 플래시상의 코드는 실행되기 위해서 메모리로 복사되어야 한다.
성능	NOR 플래시의 특성은 느린 삭제 및 쓰기 연산과 빠른 읽기 연산이다.	NAND 플래시의 특성은 빠른 읽기/삭제/쓰기 연산이다.
배드 블록	NOR 플래시 칩은 시스템 데이터를 저장하기 위해 설계되었기 때문에 배드 블록을 포함하지 않는다.	NAND 플래시는 기본적으로 낮은 가격의 미디어용 저장장치로 설계되었기 때문에 배드 블록을 포함할 수 있다. 보통 이러한 NAND 플래시는 배드 섹터에 대한 정보를 내부적으로 저장한다. 또한 NAND 플래시 섹터는 데이터를 쓸 때 비트 값이 바뀌는 문제를 갖고 있기도 하다. 이는 ECC/EDC[2]라고 불리는 하드웨어 혹은 소프트웨어로 구현된 에러 정정 알고리즘에 의해 감지될 수 있다.
사용법	NOR 플래시는 기본적으로 코드를 실행시키기 위해 사용된다. NOR 플래시상의 코드는 직접 실행이 가능하므로 부트로더를 저장하기에 알맞다. NOR 플래시는 가격이 약간 높으며 NAND에 비해 낮은 메모리 집적도와 짧은 수명(대략 10만 번의 삭제가 가능)을 갖는다.	NAND 플래시는 주로 셋톱박스나 MP3 플레이어와 같은 대용량 저장장치에서 사용된다. 만약 보드상에 오직 NAND 플래시만을 사용할 계획이라면 별도의 부트 롬을 이용해야 할 것이다. NAND 플래시는 높은 집적도와 낮은 가격, 그리고 상대적으로 긴 수명 (대략 100만 번의 삭제가 가능)을 갖는다.

시간, 블록 크기 등과 같은 설정상의 변경이 필요해지고 따라서 플래시 드라이버도 다시 작성되어야 한다. 이러한 현상을 해결하고자 CFI 표준이 제정되었으며 플래시 벤더들은 설정 데이터를 플래시 장치 내에서 읽어 올 수 있는 기능을 제공해 주었다. 따라서 시스템 소프트웨어는 플래시 장치에게 이 정보를 요청하여 자신을 다시 설정한다. MTD는 인텔과 AMD의 CFI 명령어 집합을 지원한다.

NAND 플래시에 대한 지원은 2.4 커널의 후반부터 포함되었다. NFTL(NAND Flash Transition Layer)을 이용하여 NAND 플래시는 일반 파일 시스템을 마운트할 수 있게 되었다. 하지만 JFFS2에 대한 지원은 2.6 커널에서만 제공된다. 2.6 커널은 NAND 플래시에 대한 지원이 양호하다고 평가받는다.

4.2.3 플래시 디스크

플래시 디스크는 대용량 저장장치를 필요로 하는 응용 프로그램들을 위해 개발되었다. 이름에서 알 수 있듯이 플래시 디스크는 플래시 기술을 이용해 시스템의 로컬 디스크의 역할을 수행한다. 플래시 디스크는 ATA 기반의 플래시 디스크와 선형(linear) 플래시 디스크로 구분된다.

ATA 기반의 플래시 디스크는 마더 보드와 통신할 때 표준 디스크 인터페이스를 이용하므로 시스템은 이를 IDE 디스크로 인식하게 된다. 플래시에 포함된 컨트롤러는 플래시를 섹터로 매핑하기 위해 FTL을 구현해야 한다. 게다가 이 디스크는 디스크 프로토콜을 구현하고 있으므로 시스템은 플래시 디스크를 일반 디스크와 동일하게 인식한다. 이것은 컴팩트 플래시의 설계 과정에서 사용된 접근 방식이었다. 이 방식의 최대 장점은 소프트웨어의 호환성이다. 하지만 모든 솔루션이 하드웨어상에서 이루어져야 한다는 큰 단점이 있다. 리눅스는 이들을 일반 IDE 장치로 다루므로 플래시 디스크의 드라이버는 drivers/ide 디렉토리 아래에 존재한다.

선형 플래시 디스크는 M2000 시스템에서 사용된 메커니즘이다. 이것은 NAND 기반의 장치로 부팅 능력(이 디스크는 BIOS 확장으로 인식되는 부트 ROM을 포함한다), 에러 정정 알고리즘을 이용하는 씬(thin) 컨트롤러, FTL 에뮬레이션을 수행하는 trueFFS(true Flash File

---

 2) EDC는 Error Detection Code의 약자로, (에러 정정 기능은 포함하지 않고) 데이터의 에러를 검출해내기 위해 사용되는 코드이다.

System) 소프트웨어를 포함한다. 따라서 이 장치는 시스템을 직접 부팅시키거나 블록 장치처럼 일반 파일 시스템을 동작시키는 데 사용할 수 있다. 선형 플래시 디스크는 컴팩트 플래시에 비해 가격도 저렴하며 블록 장치에 필요한 모든 기능들을 제공한다. 이 디스크에 접근하는 것도 메모리 장치에 접근하는 방법과 유사하므로, 리눅스는 이러한 장치들에 대한 드라이버를 MTD 모델 아래에 둔다.

4.3 MTD 구조

리눅스에 플래시 기반의 장치를 사용하는 과정에서 일반적으로 다음과 같은 두 가지 의문점이 생길 수 있을 것이다.

- ✤ 리눅스가 내가 사용하는 플래시에 대한 드라이버를 제공할까? 그렇지 않다면 내가 직접 드라이버를 포팅해야 할까?
- ✤ 리눅스가 이 플래시를 지원한다면, 어떻게 보드상의 플래시 장치를 인식하고 드라이버를 자동으로 설치하는 것일까?

MTD의 구조를 이해하면 이 질문들에 대해 답할 수 있을 것이다. MTD 구조는 다음과 같은 요소들로 구분된다.

- ✤ MTD 코어: MTD 코어는 저수준 플래시 드라이버와 응용 프로그램 간의 인터페이스를 제공하며 문자 장치와 블록 장치 모델을 모두 구현한다.
- ✤ 저수준 플래시 드라이버: 이 드라이버는 오직 NOR 혹은 NAND 기반의 플래시 칩들과의 통신을 담당한다.
- ✤ 플래시를 위한 BSP: 플래시는 보드상에 고유한 방식으로 연결된다. 예를 들어 NOR 플래시는 프로세서 버스에 직접 연결될 수 있으며 외부 PCI 버스를 통해서도 연결될 수 있다. 플래시에 접근하는 방식도 프로세서 타입에 따라 각기 다르다. BSP 계층은 플래시 드라이버가 각각 다른 방식을 사용하는 모든 프로세서와 보드상에서 동작할 수 있도록 해 준다. 사용자는 플래시가 보드상에 매핑되어 있는 방식을 제공해 주어야 한다. 앞으로 이러한 코드를 플래시 매핑 드라이버(flash mapping-driver)라고 부를 것이다.
- ✤ MTD 응용 프로그램: 이것은 JFFS2나 NFTL과 같은 커널 모듈일 수도 있고, 업그레이드 관리자와 같은 응용 프로그램이 될 수도 있다.

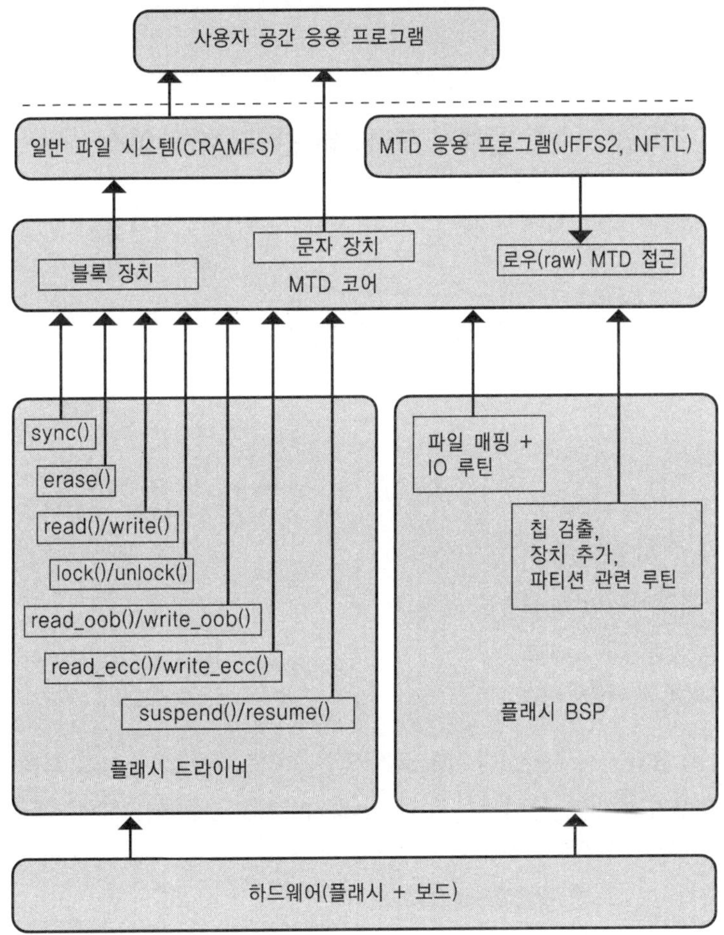

그림 4.2 MTD의 구조

그림 4.2는 이들 각 요소들이 어떻게 커널이나 다른 요소들과 연관되어 작업을 수행하는지를 보여준다.

4.3.1 mtd_info 구조체

include/linux/mtd/mtd.h 파일에 정의된 mtd_info 구조체는 MTD 소프트웨어의 핵심에 해당한다. 소프트웨어 드라이버가 특정 플래시를 인식하면 그에 해당하는 MTD 코어 및 응용 프로그램에 필요한 (read/erase/write와 같은) 모든 루틴들의 포인터를 이용해 이 구조체를 채운다. 인식된 모든 장치들에 대한 mtd_info 구조체의 목록은 mtd_table[ ] 배열에 저장된다.

4.3.2 MTD 코어와 저수준 플래시 드라이버 간의 인터페이스

앞에서 언급했듯이 저수준 플래시 드라이버는 MTD 코어에서 다음과 같은 함수들을 제공
한다.

- ❖ NAND와 NOR 플래시에 공통적으로 사용하는 함수들
  - read( )/write( )
  - erase( )
  - lock( )/unlock( )
  - sync( )
  - suspend( )/resume( )
- ❖ NAND 플래시에서만 사용하는 함수들
  - read_ecc( )/write_ecc( )
  - read_oob( )/write_oob( )

CFI 호환의 NOR 플래시나 표준 IO 장치로 매핑된 8비트 NAND 플래시 칩을 갖고 있다면,
이를 위한 드라이버는 이미 준비되어 있다. 그렇지 않은 경우에는 MTD 드라이버를 직접
구현해야 한다. 몇몇 루틴들은 하드웨어의 지원이 요구되므로 이를 구현하기 위해서는 플
래시 장치의 데이터 시트를 참조할 필요가 있다. 아래에서 read( ), write( ), erase( ) 외의
루틴들에 대해서 살펴본다.

- ❖ lock() 함수와 unlock() 함수: 이들은 플래시 락킹(locking)을 구현하는 데 사용된다.
  플래시의 특정 부분은 이미지를 덮어쓰지 못하도록 쓰기나 삭제 연산을 금지해 놓을
  수 있다. 예를 들어, 읽기 전용 파일 시스템이 사용된 모든 파티션들은 시스템이 실행
  되는 (업그레이드를 제외한) 대부분의 시간 동안 락을 걸어둘 수 있다. 사용자 응용 프
  로그램에서는 MEMLOCK과 MEMUNLOCK ioctl을 통해 이 기능을 사용할 수 있다.
- ❖ sync() 함수: 이 함수는 장치가 닫히거나 해제되는 경우 플래시를 일관성 있는 상태
  로 만들기 위해 사용된다.
- ❖ suspend() 함수와 resume() 함수: 이 함수들은 커널 빌드 시에 CONFIG_PM 옵션
  이 설정된 경우에만 유용하다.
- ❖ read_ecc() 함수와 write_ecc() 함수: 이 함수들은 NAND 플래시에만 적용된다.

ECC는 페이지 내에 배드 비트가 있는지 검사하기 위해 사용하는 에러 정정 코드이다. 이 함수들은 일반 read( )/write( ) 함수와 동일한 기능을 수행하며 추가적으로 ECC를 포함하는 별도의 버퍼에 대해서도 읽기/쓰기를 수행한다.

✤ read_oob() 함수와 write_oob() 함수: 이 함수들도 NAND 플래시에만 적용된다. 모든 NAND 플래시는 256 혹은 512바이트 크기의 페이지로 이루어진다.[3] 이 페이지들은 ECC, 배드 블록 정보 혹은 파일 시스템에 종속적인 임의의 데이터를 저장할 수 있는 8 혹은 16바이트 크기의 out-of-band 데이터를 포함하고 있다. 이 함수들은 이러한 out-of-band 영역의 데이터에 접근하기 위해 사용된다.

4.4 NOR 플래시를 위한 샘플 MTD 드라이버

이제 리눅스에 사용되는 NOR 플래시 드라이버에 대해 자세히 살펴보자. mtd.c 파일은 다음과 같은 가정을 만족하는 단순한 NOR 플래시를 위한 코드를 포함한다.

✤ 플래시 장치는 하나의 삭제 영역을 가지며 모든 섹터의 크기는 동일하다(삭제 영역은 동일한 크기의 섹터들을 포함하는 칩 영역으로 정의된다).
✤ 플래시 칩은 4바이트 크기의 버스를 통해 접근할 수 있다.
✤ 락킹이나 전원 관리에 대한 기능들은 지원하지 않는다.

코드를 단순화하기 위해 다음의 정보들은 매크로나 함수를 통해 제공된다고 가정한다.

✤ DUMMY_FLASH_ERASE_SIZE: 플래시 삭제 영역(섹터) 크기
✤ DUMMY_FLASH_SIZE: 플래시의 크기
✤ PROBE_FLASH(): 이 함수는 지정된 주소에 NOR 플래시가 존재하는지 검사한다.
✤ WRITE_FLASH_ONE_WORD: 지정된 주소의 한 워드 크기의 데이터를 기록하는 함수/매크로
✤ ERASE_FLASH_SECTOR: 주어진 섹터를 삭제하는 함수
✤ DUMMY_FLASH_ERASE_TIME: jiffies 단위의 섹터당 삭제에 걸리는 시간

먼저 우리가 작성할 플래시 드라이버에 필요한 모든 헤더 파일들을 포함시킨다.

```
/* mtd.c */
```

역자 주 | 3) 최근의 NAND 플래시는 2048바이트 크기의 페이지로 이루어진 것도 있으며, 이 경우 64바이트의 out-of-band 데이터를 포함한다.

```
#include <linux/kernel.h>
#include <linux/module.h>
#include <linux/types.h>
#include <linux/sched.h>
#include <linux/errno.h>
#include <linux/interrupt.h>
#include <linux/mtd/map.h>
#include <linux/mtd/mtd.h>
#include <linux/mtd/cfi.h>
#include <linux/delay.h>
```

이제 사용자가 정의해야 할 모든 API/매크로들을 포함시키자.

```
#define DUMMY_FLASH_ERASE_SIZE
#define PROBE_FLASH(map)
#define WRITE_FLASH_ONE_WORD(map, start, addr, data)
#define ERASE_FLASH_SECTOR(map, start, addr)
#define DUMMY_FLASH_ERASE_TIME
#define DUMMY_FLASH_SIZE
```

다음은 위의 API들에서 사용되는 인수들에 대한 간략한 설명이다.

- ✤ map: 이것은 include/linux/mtd/map.h 파일에 정의된 map_info 구조체에 대한 포인터이다. 이 구조체에 대해서는 4.5절에서 자세히 설명할 것이다.
- ✤ start: 이것은 NOR 플래시 칩의 시작 주소이다. 이 주소는 보통 데이터를 삭제하고 기록하기 위한 커맨드와 함께 사용된다.
- ✤ addr: 이것은 칩의 시작 주소로부터 삭제되거나 기록해야 할 데이터의 위치에 대한 오프셋이다.
- ✤ data: 이것은 write( ) 함수에 사용되는 인수로서 지정된 주소에 기록되어야 할 32비트 크기의 데이터이다.

다음으로 이 플래시에 대한 고유한(private) 정보를 포함하는 구조체를 정의한다.

```
struct dummy_private_info_struct
{
  int number_of_chips;        /* 플래시 칩의 수 */
  int chipshift;              /* 각 플래시의 크기 */
  struct flchip *chips;
} ;
```

다음은 이 구조체의 각 필드들에 대한 간략한 설명이다.

- ❖ number_of_chips: 이름에서 알 수 있듯이, 이것은 검출 루틴을 통해 지정된 주소에서 몇 개의 연속된 칩이 인식되었는지를 나타낸다. PROBE_FLASH( ) API는 드라이버 코드에 이 값을 반환해 주어야 한다.
- ❖ chipshift: 이것은 장치에서 사용하는 주소 비트의 전체 개수이며, 주소 오프셋을 계산하거나 장치가 접근할 수 있는 최대 바이트 수를 계산하는 데 사용된다.
- ❖ chips: 이것은 include/linux/mtd/flashchip.h 파일에 정의된 flchip 구조체에 대한 포인터이다. 이는 dummy_probe( ) 함수를 설명할 때 다시 살펴보기로 한다.

다음은 필요한 static 함수들을 선언한다.

```c
static struct mtd_info * dummy_probe(struct map_info *);
static void dummy_destroy(struct mtd_info *);
static int dummy_flash_read(struct mtd_info *, loff_t, size_t,
                            size_t *, u_char *);
static int dummy_flash_erase(struct mtd_info *, struct erase_info *);
static int dummy_flash_write(struct mtd_info *, loff_t, size_t,
                             size_t *, const u_char *);
static void dummy_flash_sync(struct mtd_info *);
```

mtd_chip_driver 구조체는 초기화 루틴인 dummy_flash_init( ) 함수와 종료 루틴인 dummy_flash_exit( ) 함수에서 사용된다. 여기서 가장 중요한 필드는 .probe로 보느상의 지정된 위치에 특정 타입의 플래시가 존재하는지 검사하기 위해 호출되는 함수의 포인터를 저장한다. MTD는 이 구조체들의 목록을 관리하며, 검출 루틴은 플래시 매핑 드라이버가 do_map_probe( ) 루틴을 수행하는 과정에서 호출된다.

```c
static struct mtd_chip_driver dummy_chipdrv =
{
  .probe      = dummy_probe,
  .destroy    = dummy_destroy,
  .name       = "dummy_probe",
  .module     = THIS_MODULE
};
```

이제 검출 루틴을 구현할 것이다. 이 함수는 플래시 매핑 드라이버에서 제공한 map->virt 주소에서 플래시가 존재하는지를 검사하여 플래시가 존재한다면 mtd 구조체와 dummy_private_info 구조체를 할당한다. 그리고 mtd 구조체의 read, write, erase와 같은

(계속)

리스트 4.1 검출 루틴의 구현 예제

```c
static struct mtd_info *dummy_probe(struct map_info *map)
{
  struct mtd_info * mtd = kmalloc(sizeof(*mtd), GFP_KERNEL);
  unsigned int i;
  unsigned long size;
  struct dummy_private_info_struct * dummy_private_info =
        kmalloc(sizeof(struct dummy_private_info_struct), GFP_KERNEL);

  if(!dummy_private_info)
  {
    return NULL;
  }
  memset(dummy_private_info, 0, sizeof(*dummy_private_info));

  /* PROBE_FLASH 함수는 검출한 칩의 개수를 반환한다. */
  dummy_private_info->number_of_chips = PROBE_FLASH(map);
  if(!dummy_private_info->number_of_chips)
  {
    kfree(mtd);
    return NULL;
  }

  /* mtd 구조체 초기화 */
  memset(mtd, 0, sizeof(*mtd));
  mtd->erasesize = DUMMY_FLASH_ERASE_SIZE;
  mtd->size = dummy_private_info->number_of_chips * DUMMY_FLASH_SIZE;
  for(size = mtd->size; size > 1; size >>= 1)
    dummy_private_info->chipshift++;
  mtd->priv = map;
  mtd->type = MTD_NORFLASH;
  mtd->flags = MTD_CAP_NORFLASH;
  mtd->name = "DUMMY";
  mtd->erase = dummy_flash_erase;
  mtd->read = dummy_flash_read;
  mtd->write = dummy_flash_write;
  mtd->sync = dummy_flash_sync;

  dummy_private_info->chips = kmalloc(sizeof(struct flchip) *
              dummy_private_info->number_of_chips, GFP_KERNEL);
  memset(dummy_private_info->chips, 0,
         sizeof(*(dummy_private_info->chips)));
  for(i=0; i < dummy_private_info->number_of_chips; i++)
  {
```

(계속)

```
    dummy_private_info->chips[i].start = (DUMMY_FLASH_SIZE * i);
    dummy_private_info->chips[i].state = FL_READY;
    dummy_private_info->chips[i].mutex =
                        &dummy_private_info->chips[i]._spinlock;
    init_waitqueue_head(&dummy_private_info->chips[i].wq);
    spin_lock_init(&dummy_private_info->chips[i]._spinlock);
    dummy_private_info->chips[i].erase_time = DUMMY_FLASH_ERASE_TIME;
    }

    map->fldrv = &dummy_chipdrv;
    map->fldrv_priv = dummy_private_info;

    printk("Probed and found the dummy flash chip\n");
    return mtd;
    }
```

필드들을 적절한 함수로 지정하고 dummy_private_info 구조체는 해당 플래시에 따른 고유한 데이터를 저장해 둔다. 리스트 4.1은 검출 루틴의 구현을 보여준다.

검출 루틴에서 초기화되는 가장 흥미로운 자료 구조는 대기 큐(wait queue)와 뮤텍스(mutex)이다. 이들은 대부분의 플래시 장치에서 필요로 하는 동시 접근에 대한 처리를 위해 사용된다. 따라서 읽기나 쓰기와 같은 연산이 수행될 때마다 드라이버는 플래시가 이미 사용 중인지를 검사할 필요가 있다. 이것은 상태 필드의 값을 살펴보면 되며, 이는 초기화 시에 FL_READY라는 값으로 설정된다. 만약 플래시가 사용되는 중이라면, 프로세서는 사용이 끝날 때까지 대기 큐 내로 들어가 대기하게 된다. 뮤텍스(스핀락)는 SMP 머신의 경우혹은 커널 선점 기능이 활성화된 경우에 경쟁 상태를 방지하기 위해 사용된다.

이제 읽기 루틴에 대해서 알아보자. MTD 코어에 등록된 읽기 루틴은 dummy_flash_read( ) 함수로, 플래시상의 from에 해당하는 오프셋으로부터 len바이트만큼의 데이터를 읽어 온다. 읽기 연산은 여러 칩에 걸쳐 이루어질 수 있으므로 한 칩 내의 데이터를 읽어 오기 위한 dummy_flash_read_one_chip( ) 함수가 내부적으로 호출된다. 리스트 4.2는 읽기 루틴을 구현한 것이다.

다음으로 쓰기 루틴을 살펴보기로 하자. MTD 코어에 등록된 쓰기 루틴은 dummy_flash_write( ) 함수이다. 쓰기 연산은 (32비트 단위로) 정렬되지 않은 주소에서도 시작될 수 있으

(계속)

리스트 4.2 읽기 루틴의 구현 예제

```c
static inline int dummy_flash_read_one_chip(struct map_info *map,
        struct flchip *chip, loff_t addr, size_t len, u_char *buf)
{
  DECLARE_WAITQUEUE(wait, current);

again:
  spin_lock(chip->mutex);

  if(chip->state != FL_READY)
  {
    set_current_state(TASK_UNINTERRUPTIBLE);
    add_wait_queue(&chip->wq, &wait);
    spin_unlock(chip->mutex);
    schedule( );
    remove_wait_queue(&chip->wq, &wait);
    if(signal_pending(current))
      return -EINTR;
    goto again;
  }
  addr += chip->start;
  chip->state = FL_READY;
  map_copy_from(map, buf, addr, len);
  wake_up(&chip->wq);
  spin_unlock(chip->mutex);
  return 0;
}

static int  dummy_flash_read(struct mtd_info *mtd, loff_t from,
                             size_t len,size_t *retlen, u_char *buf)
{
  struct map_info *map = mtd->priv;
  struct dummy_private_info_struct *priv = map->fldrv_priv;
  int chipnum = 0;
  int ret = 0;
  unsigned int ofs;
  *retlen = 0;

  /* 첫 번째 칩의 번호 및 오프셋을 구한다. */
  chipnum = (from >> priv->chipshift);
  ofs = from & ((1 << priv->chipshift) - 1);
  while(len)
  {
    unsigned long to_read;
```

(계속)

```c
        if(chipnum >= priv->number_of_chips)
          break;

        /* 읽기 연산이 다음 칩까지 연결되는지 검사한다. */
        if( (len + ofs - 1) >> priv->chipshift)
          to_read = (1 << priv->chipshift) - ofs;
        else
          to_read = len;
        if( (ret = dummy_flash_read_one_chip(map, &priv->chips[chipnum],
                                             ofs, to_read, buf)))
          break;

        *retlen += to_read;
        len -= to_read;
        buf += to_read;
        ofs=0;
        chipnum++;
    }
    return ret;
}
```

므로 이를 버퍼에 저장한 후에 32비트로 정렬된 주소에 대해 dummy_flash_write_oneword( ) 함수를 호출한다. 리스트 4.3은 쓰기 루틴을 구현한 것이다.

다음으로 삭제 루틴을 살펴보도록 하자. MTD 코어에 등록된 삭제 루틴은 dummy_flash_erase( ) 함수로, 이 함수로 넘겨진 주소 값은 반드시 섹터 단위로 정렬되어 있어야 하며, 삭제할 바이트의 수도 섹터 크기의 배수가 되어야 한다. 이 함수는 내부적으로 주어진 한 섹터만을 삭제하는 dummy_flash_erase_one_block( ) 함수를 호출한다. 섹터를 삭제하는 작업은 꽤 많은 시간을 소모하므로 이 함수는 호출한 태스크를 DUMMY_FLASH_ERASE_TIME의 시간 동안 슬립 상태로 만든다. 모든 삭제 작업이 끝나면 상태 값을 ETD_ERASE_DONE으로 설정하여 MTD 코어에게 삭제 연산이 끝났음을 알리고 등록된 콜백 함수가 있는 경우에는 이를 호출한다. 리스트 4.4는 삭제 루틴을 구현한 것이다.

sync 루틴은 플래시 장치가 닫힐 때 호출된다. MTD 코어에 등록된 sync 루틴은 dummy_flash_sync( ) 함수로, 장치가 닫히는 시점에서 모든 플래시 칩이 사용 중이 아닌지를 점검하고 만약 사용 중인 칩이 있다면 칩의 사용이 끝날 때까지 호출한 프로세스를 기다리게 한다. 리스트 4.5는 sync 루틴을 구현한 것이다.

리스트 4.3 쓰기 루틴의 구현 예제

```c
static inline int dummy_flash_write_oneword(struct map_info *map,
                    struct flchip *chip, loff_t addr, __u32 datum)
{
  DECLARE_WAITQUEUE(wait, current);

again:
  spin_lock(chip->mutex);

  if(chip->state != FL_READY)
  {
    set_current_state(TASK_UNINTERRUPTIBLE);
    add_wait_queue(&chip->wq, &wait);
    spin_unlock(chip->mutex);
    schedule( );
    remove_wait_queue(&chip->wq, &wait);
    if(signal_pending(current))
      return -EINTR;
    goto again;
  }

  addr += chip->start;
  chip->state = FL_WRITING;
  WRITE_FLASH_ONE_WORD(map, chip->start, addr, datum);
  chip->state = FL_READY;
  wake_up(&chip->wq);
  spin_unlock(chip->mutex);
  return 0;
}

static int  dummy_flash_write(struct mtd_info *mtd, loff_t from,
                    size_t len,size_t *retlen, const u_char *buf)
{
  struct map_info *map = mtd->priv;
  struct dummy_private_info_struct *priv = map->fldrv_priv;
  int chipnum = 0;
  union {
    unsigned int idata;
    char cdata[4]; }
  wbuf;
  unsigned int ofs;
  int ret;

  *retlen = 0;
```

(계속)

```c
chipnum = (from >> priv->chipshift);
ofs = from & ((1 << priv->chipshift) - 1);

/* 먼저 첫 번째 워드(데이터)가 정렬되어 있는지 검사한다. */
if(ofs & 3)
{
  unsigned int from_offset = ofs & (~3);
  unsigned int orig_copy_num = ofs - from_offset;
  unsigned int to_copy_num = (4 - orig_copy_num);
  unsigned int i, len;

  map_copy_from(map, wbuf.cdata, from_offset +
                priv->chips[chipnum].start, 4);

  /* buf[]에 있는 새로운 데이터를 덮어쓴다. */
  for(i=0; i < to_copy_num; i++)
    wbuf.cdata[orig_copy_num + i] = buf[i];

  if((ret = dummy_flash_write_oneword(map, &priv->chips[chipnum],
                                      from_offset, wbuf.idata)) < 0)
    return ret;

  ofs += i;
  buf += i;
  *retlen += i;
  len -= i;
  if(ofs >> priv->chipshift)
  {
    chipnum++;
    ofs = 0;
  }
}

/* 이제 정렬된 데이터에 대한 쓰기 연산을 수행한다. */
while(len / 4)
{
  memcpy(wbuf.cdata, buf, 4);
  if((ret = dummy_flash_write_oneword(map, &priv->chips[chipnum],
                                      ofs, wbuf.idata)) < 0)
    return ret;

  ofs += 4;
  buf += 4;
  *retlen += 4;
```

(계속)

(계속)

```c
        len -= 4;
        if(ofs >> priv->chipshift)
        {
          chipnum++;
          ofs = 0;
        }
    }

    /* 정렬되지 않은 마지막 워드를 쓴다. */
    if(len)
    {
      unsigned int i=0;

      map_copy_from(map, wbuf.cdata, ofs + priv->chips[chipnum].start, 4);
      for(; i<len; i++)
        wbuf.cdata[i] = buf[i];

      if((ret = dummy_flash_write_oneword(map, &priv->chips[chipnum],
                                   ofs, wbuf.idata)) < 0)
        return ret;
      *retlen += i;
    }

    return 0;
}
```

리스트 4.4 삭제 루틴의 구현 예제

```c
static int dummy_flash_erase_one_block(struct map_info *map,
                 struct flchip *chip,  unsigned long addr)
{
  DECLARE_WAITQUEUE(wait, current);
again:
  spin_lock(chip->mutex);

  if(chip->state != FL_READY)
  {
    set_current_state(TASK_UNINTERRUPTIBLE);
    add_wait_queue(&chip->wq, &wait);
    spin_unlock(chip->mutex);
    schedule( );
    remove_wait_queue(&chip->wq, &wait);
```

(계속)

```c
      if(signal_pending(current))
        return -EINTR;
      goto again;
    }

    chip->state = FL_ERASING;
    addr += chip->start;
    ERASE_FLASH_SECTOR(map, chip->start, addr);

    spin_unlock(chip->mutex);
    schedule_timeout(chip->erase_time);
    if(signal_pending(current))
      return -EINTR;

    /* 타임아웃되어 깨어났음. 작업을 계속 수행하기 위해 다시 뮤텍스를 얻는다. */
    spin_lock(chip->mutex);

    /* 여기에 삭제가 올바로 이루어졌는지 검사하는 루틴을 추가할 수 있다. */

    /* 여기까지 왔다면 올바로 삭제가 이루어졌다고 가정한다. */
    chip->state = FL_READY;
    wake_up(&chip->wq);
    spin_unlock(chip->mutex);
    return 0;
}

static int dummy_flash_erase(struct mtd_info *mtd,
                             struct erase_info *instr)
{
  struct map_info *map = mtd->priv;
  struct dummy_private_info_struct *priv = map->fldrv_priv;
  int chipnum = 0;
  unsigned long addr;
  int len;
  int ret;

  /* 초기에 수행할 에러 검사 */
  if( (instr->addr > mtd->size) ||
      ((instr->addr + instr->len) > mtd->size) ||
      instr->addr & (mtd->erasesize -1))
    return -EINVAL;

  /* 첫 번째 칩의 번호를 구한다. */
  chipnum = (instr->addr >> priv->chipshift);
```

(계속)

```
    addr = instr->addr & ((1 << priv->chipshift) - 1);
    len = instr->len;
    while(len)
    {
      if( (ret = dummy_flash_erase_one_block(map, &priv->chips[chipnum],
                                             addr)) < 0)
        return ret;
      addr += mtd->erasesize;
      len -= mtd->erasesize;
      if(addr >> priv->chipshift)
      {
        addr = 0;
        chipnum++;
      }
    }

    instr->state = MTD_ERASE_DONE;
    if(instr->callback)
      instr->callback(instr);
    return 0;
}
```

리스트 4.5 sync 루틴의 구현 예제

```
static void dummy_flash_sync(struct mtd_info *mtd)
{
  struct map_info *map = mtd->priv;
  struct dummy_private_info_struct *priv = map->fldrv_priv;
  struct flchip *chip;
  int i;

  DECLARE_WAITQUEUE(wait, current);

  for(i=0; i< priv->number_of_chips;i++)
  {
    chip = &priv->chips[i];
again:
    spin_lock(chip->mutex);

    switch(chip->state)
    {
      case FL_READY:
```

(계속)

```
        case FL_STATUS:
          chip->oldstate = chip->state;
          chip->state = FL_SYNCING;
          break;
        case FL_SYNCING:
          spin_unlock(chip->mutex);
          break;
        default:
          add_wait_queue(&chip->wq, &wait);
          spin_unlock(chip->mutex);
          schedule( );
          remove_wait_queue(&chip->wq, &wait);
          goto again;
      }
  }

  for(i--; i >=0; i--)
  {
    chip = &priv->chips[i];
    spin_lock(chip->mutex);
    if(chip->state == FL_SYNCING)
    {
      chip->state = chip->oldstate;
      wake_up(&chip->wq);
    }
    spin_unlock(chip->mutex);
  }
}
```

dummy_destroy( ) 함수는 플래시 드라이버가 모듈로 로드되어 있는 경우에 호출되는 함수이다.[4] 모듈이 언로드(unload)될 때, dummy_destroy( ) 함수는 플래시 드라이버에 관련된 모든 종료 작업을 수행한다.

```
static void dummy_destroy(struct mtd_info *mtd)
{
  struct dummy_private_info_struct *priv =
                  ((struct map_info *)mtd->priv)->fldrv_priv;
  kfree(priv->chips);
}
```

역자 주 | 4) 플래시 드라이버가 커널 내부에 포함되어 있는 경우에는 dummy_destroy()함수가 호출되지 않는다. 왜냐하면 이 경우 함수는 시스템이 종료될 때만 호출될 수 있기 때문에 굳이 관련된 종료 작업들을 수행할 필요가 없다.

다음은 초기화와 종료에 관련된 함수들이다.

```c
int __init dummy_flash_init(void)
{
  register_mtd_chip_driver(&dummy_chipdrv);
  return 0;
}

static void __exit dummy_flash_exit(void)
{
  unregister_mtd_chip_driver(&dummy_chipdrv);
}

module_init(dummy_flash_init);
module_exit(dummy_flash_exit);

MODULE_LICENSE("GPL");
MODULE_AUTHOR("Embedded Linux book");
MODULE_DESCRIPTION("Sample MTD driver");
```

4.5 플래시 매핑 드라이버

플래시 장치의 타입(NAND 혹은 NOR)에 관계없이 매핑 드라이버의 기본 작업은 (적절한 검출 루틴을 호출하여) mtd_info 구조체에 정보를 채우고 이를 MTD 코어에 등록하는 것이다. mtd_info 구조체는 장치의 타입에 따라 다른 함수의 포인터 정보를 포함하게 된다. mtd_info 구조체는 mtd_table[ ] 배열에 저장되며 최대 16개의 장치가 이 배열에 등록될 수 있다. 이 배열 내의 각 mtd_info 구조체들이 문자 장치와 블록 장치로 처리되는 과정은 이후에 설명할 것이다. 플래시 매핑 드라이버의 동작은 다음과 같이 두 부분으로 나뉜다.

❖ mtd_info 구조체를 생성하고 적절한 정보를 채움
❖ mtd_info 구조체를 MTD 코어에 등록

4.5.1 NOR 플래시 칩을 위한 mtd_info 정보 채우기

플래시가 프로세서 하드웨어 버스에 직접 연결된 경우(보통의 경우에 해당한다) 저수준의 NOR 하드웨어는 다음과 같은 보드에 종속적인 사항들을 갖는다.

❖ 플래시가 메모리에 매핑된 주소

❖ 플래시의 크기

❖ 버스 폭(8, 16, 32비트 버스)

❖ 8, 16, 32비트 단위의 읽기/쓰기 루틴

❖ 대용량의 데이터를 복사(bulk copy)하기 위한 루틴

NOR 플래시 맵은 map_info 구조체에 정의되며, 여러 보드들에 대한 설정 데이터는 drivers/mtd/maps 디렉토리에서 찾을 수 있다. 일단 map_info 구조체가 채워지면 이 구조체를 인수로 하여 do_map_probe( ) 함수가 호출된다. 이 함수는 해당 플래시 칩에 사용되는 함수 포인터들이 저장된 mtd_info 구조체에 대한 포인터를 반환한다.

4.5.2 NAND 플래시 칩을 위한 mtd_info 정보 채우기

앞에서 언급했듯이 NAND 플래시에 접근하기 위해서는 데이터와 커맨드 라인을 프로세서의 IO 라인에 연결해야 한다. 다음은 NAND 플래시 칩에 있는 핀 중에서 중요한 것들의 목록이다.

❖ CE(Chip Enable) 핀: 이 핀이 로우(low)로 떨어지면 NAND 플래시 칩이 활성화된다.

❖ WE(Write Enable) 핀: 이 핀이 로우로 떨어지면 NAND 플래시는 프로세서로부터 데이터를 받아들인다.

❖ RE(Read Enable) 핀: 이 핀이 로우로 떨어지면 NAND 플래시 칩은 프로세서에게 데이터를 보낸다.

❖ CLE(Command Latch Enable) 핀과 ALE(Address Latch Enable) 핀: 이 핀들은 NAND의 연산들이 이루어지는 목적지를 결정한다. 표 4.2에서 이 핀들이 어떻게 이용되는지 설명한다.

❖ WP(Write Protect) 핀: 이 핀은 쓰기 연산을 금지시키는 데 사용된다.

표 4.2 ALE 핀과 CLE 핀의 사용법

ALE	CLE	레지스터
0	0	데이터 레지스터
0	1	커맨드 레지스터
1	0	주소 레지스터

❖ RB(Ready Busy) 핀: 이 핀은 데이터 전송 단계에서 칩이 사용 중인지를 나타내기 위해 사용된다.

❖ IO 핀들: 이 핀들은 데이터를 전송하는 데 사용된다.

mtd_info 구조체를 할당하기 위해 do_map_probe( ) 함수를 호출하는 NOR 플래시 칩과는 달리, NAND 플래시용의 매핑 드라이버는 직접 mtd_info 구조체를 할당해야 한다. 여기서 가장 중요한 것은 nand_chip 구조체이며, NAND 플래시 매핑 드라이버는 이 구조체를 적절한 정보들로 채운다. 다음은 NAND 플래시 매핑 드라이버가 동작하는 과정을 설명한다.

❖ mtd_info 구조체를 할당한다.

❖ nand_chip 구조체를 할당하고 필요한 필드들을 채운다.

❖ mtd_info의 priv 필드에 nand_chip 구조체에 대한 포인터를 저장한다.

❖ nand_scan( ) 함수를 호출하여 NAND 칩을 검출하고, 해당 NAND 플래시를 위한 함수들로 mtd_info 구조체의 각 필드를 채운다.

❖ mtd_info 구조체를 MTD 코어에 등록한다.

nand_chip 구조체 안에 저장된 NAND 플래시를 위한 파라미터들은 다음과 같이 분류할 수 있다.

❖ 필수적인 파라미터
  - IO_ADDR_R, IO_ADDR_W: NAND 칩의 IO 라인에 접근하기 위한 주소이다.
  - hwcontrol( ): 이 함수는 CLE, ALE, CE 핀들을 설정하고 클리어하기 위한 보드 종속적인 메커니즘을 구현한다.
  - eccmode: 이것은 NAND 플래시에 사용된 ECC 타입을 지정한다. ECC 타입에는 ECC 사용 안 함, 소프트웨어 ECC, 하드웨어 ECC가 있다.

❖ 하드웨어 ECC를 사용하는 경우에 필수적인 파라미터: 어떤 하드웨어들은 ECC 생성 기능을 지원하는데, 이 기능을 사용하는 경우 다음과 같은 함수들이 구현되어야 한다. 소프트웨어 ECC를 사용하는 경우에는 NAND 드라이버에서 다음과 같은 함수들을 기본적으로 제공한다.
  - calculate_ecc( ): ECC를 생성해내는 함수
  - correct_data( ): ECC 정정(correction)을 수행하는 함수
  - enable_hwecc( ): 하드웨어 ECC 생성 기능을 활성화하는 함수

❖ 필수적으로 구현하지 않아도 되는 파라미터: NAND 드라이버는 다음의 함수/변수들에 대해서 기본적인 구현/값을 제공한다. 하지만 필요한 경우 플래시 매핑 드라이버에서 이들을 새로 구현할 수 있다.

- dev_ready( ): 플래시의 상태를 검색하는 데 사용한다.
- cmdfunc( ): 플래시 칩으로 커맨드를 보낼 때 사용한다.
- waitfunc( ): 쓰기나 삭제 커맨드를 보낸 이후에 호출된다. NAND 드라이버에서 제공하는 기본 함수는 폴링(polling)으로 구현된다. 보드에서 RB 핀을 인터럽트 라인으로 사용할 수 있다면, 이 함수는 인터럽트 처리 방식으로 변경될 수 있다.
- chip_delay( ): NAND 플래시의 셀 어레이로부터 내부 레지스터까지 데이터가 전송되는 데 걸리는 시간. 기본 값은 20usec이다.

4.5.3 mtd_info 등록하기

다음의 과정은 일반적인 것으로 NAND와 NOR 플래시에 모두 적용된다. 등록하는 기본 과정은 add_mtd_device( ) 함수를 통해 이루어지며, 이 함수는 장치를 mtd_table[ ] 배열에 추가한다. 하지만 대부분의 경우 칩을 파티션으로 나눠야 할 필요가 있으므로 이 함수를 직접 호출하지 않을 것이다.

파티션 나누기

파티션 기능은 플래시 칩을 여러 파티션으로 나누어 이들을 각각 mtd_table[ ] 배열에 별도로 추가할 수 있도록 해 준다. 따라서 응용 프로그램은 마치 여러 개의 장치가 있는 것처럼 보게 될 것이다. 여러 파티션은 플래시 칩에 접근하기 위한 함수들을 공유한다. 예를 들어 그림 4.3과 같이 4MB의 플래시를 1MB와 3MB의 파티션으로 나누었다고 가정해 보자.

파티션을 나누기 위해 사용되는 핵심적인 자료 구조는 mtd_partition 구조체이다. 파티션을 나누기 위해서는 이 구조체의 배열을 정의해야 한다.

```
struct mtd_partition partition_info[] =
{
  { .name="part1", .offset=0, .size= 1*1024*1024},
  { .name="part2", .offset=1*1024*1024, .size= 3*1024*1024}
}
```

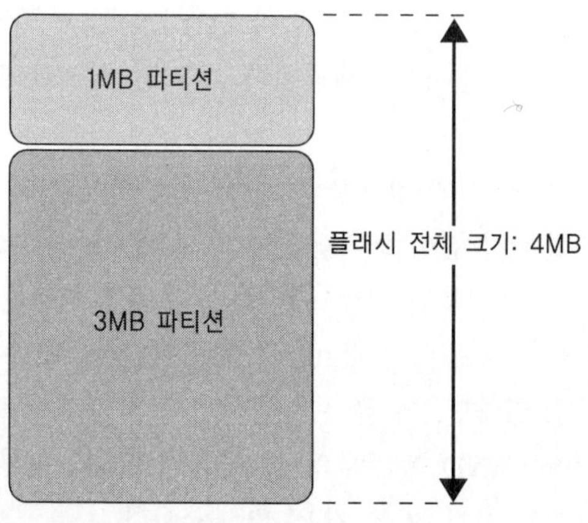

그림 4.3 두 개의 파티션으로 나누어진 플래시

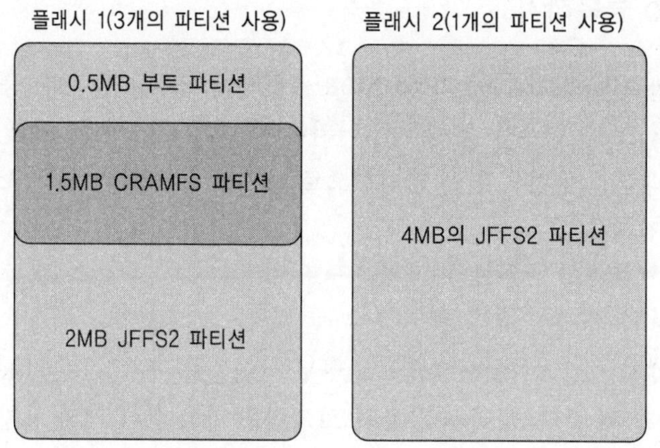

그림 4.4 여러 개의 파티션으로 나누어진 플래시

이 파티션들은 add_mtd_partition( ) 함수를 이용해 추가된다. 이에 대한 자세한 내용은 4.5.4절의 매핑 드라이버 예제 부분을 살펴보도록 하자.

칩 연결하기(concatenation)

이것은 여러 개의 장치를 가상의 하나의 장치로 병합할 수 있는 강력한 기술이다. 시스템 상에 두 개의 플래시 장치가 있다고 가정해 보자. 그림 4.4는 세 개의 파티션으로 나누어진 하나의 플래시와 하나의 파티션을 가진 다른 플래시의 구조를 보여준다.

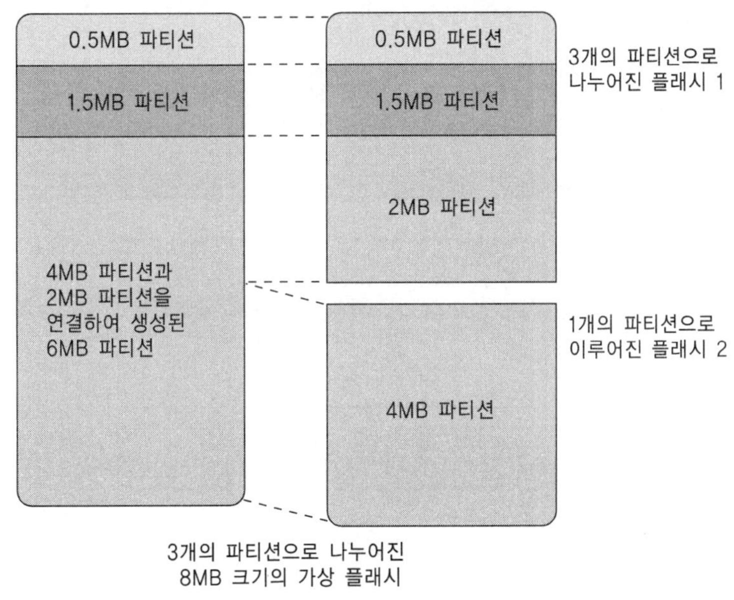

그림 4.5 하나의 가상 장치로 연결된 두 개의 플래시 장치

파일 시스템이 두 개의 플래시 칩에 걸쳐 사용되어야 한다면, 보통은 각 칩에 별도로 파일 시스템을 마운트해야 할 것이다. 이것은 두 개의 파일 시스템을 관리해야 하기 때문에 매우 성가신 일이 된다. 그림 4.5에 나타나 있듯이 두 플래시 칩을 하나의 가상 장치로 연결하면 이를 하나의 장치로 인식하게 되고 따라서 시스템에는 오직 하나의 파일 시스템만을 마운트하면 될 것이다.

4.5.4 NOR 플래시를 위한 샘플 매핑 드라이버

그림 4.6에 표시된 주소에 위치하는 두 개의 플래시 칩을 가진 MIPS 기반의 보드에 대한 예제를 살펴보기로 하자. 이 플래시 칩들의 자세한 사용법은 다음과 같다.

❖ 첫 번째 플래시 칩은 주소 0xBFC00000에 위치하고 크기는 4MB이다. 이 칩은 시스템 부팅용 플래시 칩이며 두 개의 삭제 영역을 갖고 있다. 첫 번째 삭제 영역은 8개의 섹터로 구성되며 각 섹터의 크기는 8KB이다. 이 64KB 크기의 영역은 부트로더와 부트 설정 파라미터들을 저장하기 위해 사용된다. 두 번째 삭제 영역은 64KB 크기의 섹터들로 구성되며 JFFS2 파일 시스템을 통해 관리된다.

❖ 두 번째 플래시 칩은 주소 0xBF000000에 위치하고 크기는 4MB이다. 이 칩은 64KB 크기의 섹터들로 이루어진 하나의 삭제 영역만을 포함한다. 이 플래시 칩은 전체적으

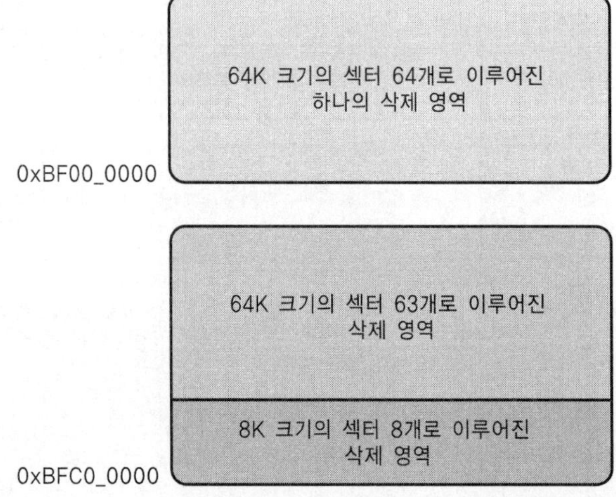

그림 4.6 플래시 메모리 맵

로 JFFS2 파일 시스템을 통해 관리된다.

플래시 매핑 드라이버에 필요한 사항은 0xBFC00000에 위치한 첫 번째 플래시를 두 개의
파티션으로 나누는 것이다. 첫 번째 파티션의 크기는 64KB이며 부트 파티션으로 사용할
것이다. 두 번째 파티션은 0xBF000000에서 시작하는 두 번째 플래시와 연결될 것이며
JFFS2 파일 시스템을 통해 관리할 것이다.

먼저 필요한 헤더 파일들을 포함하고 필요한 상수들을 정의한다.

```c
/* mtd-bsp.c */
#include <linux/config.h>
#include <linux/module.h>
#include <linux/types.h>
#include <linux/kernel.h>
#include <asm/io.h>
#include <linux/mtd/mtd.h>
#include <linux/mtd/map.h>
#include <linux/mtd/cfi.h>
#include <linux/mtd/partitions.h>
#include <linux/mtd/concat.h>

#define WINDOW_ADDR_0    0xBFC00000
#define WINDOW_SIZE_0    0x00400000
```

```
#define WINDOW_ADDR_1    0xBF000000
#define WINDOW_SIZE_1    0x00400000
```

map_info 구조체는 (물리적인) 각 칩에 대한 시작 주소, 크기, 버스 폭 등의 상세한 정보를 포함한다. 이 정보는 칩 검출 루틴에서 사용된다.

```
static struct map_info dummy_mips_map[2] = {
  {
    .name        = "Dummy boot flash",
    .phys        = WINDOW_ADDR_0,
    .size        = WINDOW_SIZE_0,
    .bankwidth = 4,
  },
  {
    .name        = "Dummy non boot flash",
    .phys        = WINDOW_ADDR_1,
    .size        = WINDOW_SIZE_1,
    .bankwidth = 4,
  }
};
```

다음의 구조체는 부트 플래시(첫 번째 플래시)의 파티션을 설정하기 위해 사용된다.

```
static struct mtd_partition boot_flash_partitions [] = {
  {
    .name    = "BOOT",
    .offset  = 0,
    .size    = 0x00010000,
  },
  {
    .name    = "JFFS2",
    .offset  = 0x00010000,
    .size    = 0x003f0000,
  },
};

/*
 * 다음의 구조체는 연결할 각 파티션들에 대한
 * mtd_info 구조체의 포인터를 저장한다.
 */
static struct mtd_info *concat_partitions[2];
```

```
/*
 * 다음의 구조체는 각 플래시 장치들에 대한
 * mtd_info 구조체의 포인터를 저장한다.
 */
static struct mtd_info * mymtd[2], *concat_mtd;
```

init_dummy_mips_mtd_bsp( ) 함수가 주된 작업을 수행한다. 리스트 4.6은 이 함수의 구현을 보여준다. 다음은 이 함수가 수행하는 일들을 나열한 것이다.

- ❖ 0xBFC00000 주소에서 플래시를 검출하고, mymtd[0]에 이 플래시에 대한 MTD 구조체 정보를 채운다.
- ❖ 0xBF000000 주소에서 플래시를 검출하고, mymtd[1]에 이 플래시에 대한 MTD 구조체 정보를 채운다.
- ❖ 0xBFC00000에서 시작하는 플래시 칩에 두 개의 파티션을 생성한다.
- ❖ 두 번째 파티션과 0xBF000000에서 시작하는 플래시를 연결하고, add_mtd_device( ) 함수를 호출하여 새로운 장치를 생성한다.

마지막으로 다음과 같이 종료 함수를 구현한다.

```
static void __exit cleanup_dummy_mips_mtd_bsp(void)
{
  mtd_concat_destroy(concat_mtd);
  del_mtd_partitions(mymtd[0]);
  map_destroy(mymtd[0]);
  map_destroy(mymtd[1]);
}

module_init (init_dummy_mips_mtd_bsp);
module_exit (cleanup_dummy_mips_mtd_bsp);
MODULE_LICENSE ("GPL");
MODULE_AUTHOR ("Embedded Linux book");
MODULE_DESCRIPTION ("Sample Mapping driver");
```

리스트 4.6 init_dummy_mips_mtd_bsp 함수

```
int __init init_dummy_mips_mtd_bsp (void)
{

  /* 먼저 부트 플래시를 검출한다. */
  dummy_mips_map[0].virt =
    (unsigned long)ioremap(
                    dummy_mips_map[0].phys,dummy_mips_map[0].size);
  simple_map_init(&dummy_mips_map[0]);
  mymtd[0] = do_map_probe("cfi_probe", &dummy_mips_map[0]);
  if(mymtd[0])
    mymtd[0]->owner = THIS_MODULE;

    /* 두 번째 플래시를 검출한다. */
  dummy_mips_map[1].virt =
    (unsigned long)ioremap(dummy_mips_map[1].phys,
                           dummy_mips_map[1].size);
  simple_map_init(&dummy_mips_map[1]);
  mymtd[1] = do_map_probe("cfi_probe", &dummy_mips_map[1]);
  if(mymtd[1])
    mymtd[1]->owner = THIS_MODULE;
  if (!mymtd[0] || !mymtd[1])
    return -ENXIO;

 /*
  * 이제 부트 플래시를 두 개의 파티션으로 나눈다.
  * 두 번째 파티션을 위한 mtd 객체는 다른 플래시와 연결하기 위해
  * 사용하므로 저장해 둔다.
  */
  boot_flash_partitions[1].mtdp = &concat_partitions[0];
  add_mtd_partitions(mymtd[0], boot_flash_partitions, 2);

  /*
   * concat_partitions[1]은 두 번째 플래시에 대한 mtd_info 구조체의 포인터를
   * 저장하고 있어야 한다. 이제 두 플래시를 연결한다.
   */
  concat_partitions[1] = mymtd[1];
  concat_mtd = mtd_concat_create(concat_partitions, 2,
                                 "JFFS2 flash concatenate");
  if(concat_mtd)
    add_mtd_device(concat_mtd);
  return 0;
}
```

4.6 MTD 문자 장치와 블록 장치

앞에서 언급했듯이, MTD 장치는 문자 장치와 블록 장치의 두 가지 모드를 사용자 공간에 게 제공한다. 문자 장치들은 다음과 같은 이름을 이용해 표현된다.

```
/dev/mtd0
/dev/mtdr0
/dev/mtd1
/dev/mtdr1
...
/dev/mtd15
/dev/mtdr15
```

모든 문자 장치의 주 번호는 90으로 설정된다. 문자 장치들은 읽기 쓰기가 가능한 문자 장 치와 읽기 전용의 문자 장치의 두 가지 형태로 접근이 가능하다. 모든 홀수 부 번호(1, 3, 5, ...)를 갖는 MTD 장치는 읽기 전용 장치이다. 따라서 /dev/mtd1과 /dev/mtdr1은 동일한 장치(mtd_table[ ]의 두 번째 슬롯에 저장된 장치)를 가리키며, 전자는 읽기와 쓰기가 모두 가 능하고 후자는 읽기 전용으로만 사용이 가능하다.[5] 다음은 MTD 문자 장치에서 지원하는 ioctl의 목록이다.

- ❖ MEMGETREGIONCOUNT: 사용자에게 삭제 영역의 개수를 알려 준다.
- ❖ MEMGETREGIONINFO: 삭제 영역의 정보를 얻는다.
- ❖ MEMERASE: 플래시의 지정된 섹터를 삭제한다.
- ❖ MEMWRITEOOB/MEMREADOOB: out-of-band 데이터에 접근한다.
- ❖ MEMLOCK/MEMUNLOCK: 하드웨어가 지원하는 경우 지정된 섹터에 락을 건다.

블록 장치의 주 번호는 31이며 최대 16개의 부 번호(장치)를 지원한다. 블록 장치는 플래시 상에 파일 시스템을 마운트하기 위해 사용된다(그림 4.7 참조).

4.7 mtdutils 패키지

mtdutils 패키지는 파일 시스템을 생성하거나, 플래시 장치의 무결성을 검사하는 것과 같은 유용한 프로그램들의 집합이다. 이 중의 몇 가지는 (JFFS2 파일 시스템 이미지를 생성하는 것

역자 주 | 5) 읽기 전용(read-only)의 장치라는 것을 강조하기 위해 'r' 문자를 추가한 것으로 보인다.

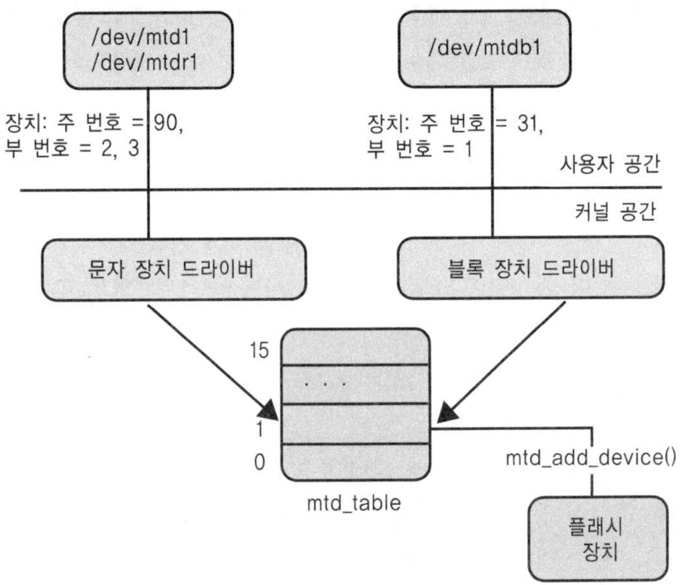

그림 4.7 문자 장치와 블록 장치 인터페이스를 모두 제공하는 MTD 장치

과 같이) 호스트에서 동작하는 유틸리티이고 다른 것들은 (플래시 장치를 삭제하는 것과 같은) 타깃에서 동작하는 툴들이다. 타깃에서 동작하는 프로그램들은 타깃에 대해 크로스 컴파일되어야 한다. 다음은 이 패키지에 속한 각 유딜리티들에 대한 설명이다.

- ✤ erase: 이것은 주어진 오프셋에서부터 지정된 수의 블록을 삭제하는 유틸리티이다.
- ✤ eraseall: 이것은 장치의 전체 영역을 삭제하는 유틸리티이다(각 파티션은 장치로 표현되므로 전체 파티션을 삭제하기 위해서는 이 프로그램을 이용한다).
- ✤ nftl_format: 이것은 MTD 장치상에 NFTL(NAND Flash Transition Layer) 파티션을 생성하는 유틸리티이다. 이 유틸리티는 DOC(disk-on-chip)[6] 시스템에서 칩상의 디스크를 포맷하기 위해 사용한다.
- ✤ nftldump: 이것은 NFTL 파티션을 덤프하기 위해 사용하는 유틸리티이다.
- ✤ doc_loadbios: 이것은 DOC 시스템상에서 사용되는 유틸리티로, (GRUB과 같은) 새로운 펌웨어로 DOC를 업그레이드할 때 사용한다.
- ✤ doc_loadipl: 이것은 IPL(Initial Program Loader, 초기화 루틴)을 DOC 플래시로 로드하기 위한 유틸리티이다.

역자 주   6) 디스크 온 칩(disk-on-chip)은 엠시스템즈(M-Systems)가 개발한 단일 칩 플래시 디스크 제품으로, 휴대형 기기의 대용량 스토리지 등에 활용된다.

❖ **ftl_format:** 이것은 플래시 장치상에 FTL 파티션을 생성하기 위한 유틸리티이다.

❖ **nanddump:** 이것은 (단순히 칩 자체로 존재하거나 DOC 내에 포함되어 있는) NAND 칩의 내용을 덤프하는 유틸리티이다.

❖ **nandtest:** 이것은 NAND 장치를 테스트하는 유틸리티이다(NAND 플래시에 데이터를 기록하고 다시 그 데이터를 읽어서 기록이 제대로 되었는지 확인한다).

❖ **nandwrite:** 이것은 바이너리 이미지를 NAND 플래시에 기록하는 유틸리티이다.

❖ **mkfs.jffs:** 이것은 주어진 디렉토리 트리를 플래시에 구울 수 있는 JFFS 이미지로 생성하는 유틸리티이다.

❖ **mkfs.jffs2:** 이것은 주어진 디렉토리 트리를 플래시에 구울 수 있는 JFFS2 이미지로 생성하는 유틸리티이다.

❖ **lock:** 이것은 플래시상의 하나 이상의 섹터에 락을 걸기 위한 유틸리티이다.

❖ **unlock:** 이것은 플래시 장치의 모든 섹터에 걸린 락을 해제하는 유틸리티이다.

❖ **mtd_debug:** 이것은 플래시 장치에 대한 읽기, 쓰기, 삭제 연산의 정보를 얻기 위해 사용되는 유용한 유틸리티이다.

❖ **fcp:** 이것은 주어진 파일을 플래시 장치로 복사하는 유틸리티이다.

4.8 임베디드 파일 시스템

이 절에서는 임베디드 시스템에서 주로 사용되는 파일 시스템에 대해서 살펴보기로 하겠다. 이들 중 대부분은 플래시 기반의 파일 시스템이며 나머지는 메모리를 기반으로 하는 파일 시스템이다. 메모리 기반의 파일 시스템들은 부팅 시에 루트 파일 시스템으로 사용되며, 다음 번 부팅 시에 참조하지 않아도 되는 휘발성 데이터들을 저장하기 위해 사용된다. 우선 이들 메모리 기반 파일 시스템에 대해서 살펴보자.

4.8.1 램 디스크

이것은 램 디스크라는 이름에서 알 수 있듯이 리눅스가 메모리를 사용하여 하드 디스크를 에뮬레이트하는 방식이다. 시스템에 하드 디스크나 플래시와 같이 루트 파일 시스템을 저장하기 위한 저장장치가 없다면 램 디스크가 필요할 것이다. 램 디스크 자체는 파일 시스템이 아니라 메모리에 실제 파일 시스템을 로드하고 그것을 루트 파일 시스템으로 사용할 수 있게 해 주는 메커니즘을 말하는 것이다.

initrd(initial ram disk)는 부트로더가 커널 이미지와 함께 루트 파일 시스템을 메모리로 로드할 수 있게 하는 메커니즘을 제공한다. initrd를 사용하기 위해서는 다음과 같은 사항이 만족되어야 한다.

- initrd 이미지를 생성하여 커널 이미지와 함께 묶어야 한다. 우선 램 디스크 이미지를 개발용(호스트) 머신에 생성한 뒤에 이를 커널과 묶는 작업이 필요할 것이다. 어떤 플랫폼에서는 커널을 빌드할 때 이것을 옵션으로 설정할 수 있다. 일반적으로 .initrd라는 ELF 섹션에 램 디스크 이미지를 저장하면, 부트로더가 이를 직접 사용할 수 있다.
- 부트로더가 initrd를 로드하도록 수정한다.

initrd는 시스템이 실행된 이후에 새로운 루트 파일 시스템으로 전환하기 위한 메커니즘도 제공한다. 따라서 initrd는 출시된 제품에 대해 시스템 복원과 업그레이드 과정에서도 사용할 수 있다. 8장에서는 initrd 이미지를 빌드하기 위해 필요한 과정들을 살펴볼 것이다.

4.8.2 RAMFS

종종 임베디드 시스템은 다음 번 부팅 시에 사용되지 않는 임시 파일을 저장하고 있을 수도 있으며, 이들은 보통 /tmp 디렉토리에 보관된다. 플래시에 데이터를 기록하는 것은 많은 시간을 필요로 하므로, 이러한 파일들은 플래시에 서장하는 것보다 메모리에 저장하는 것이 좋다. 이를 위해 RAMFS(RAM File System)를 사용할 수 있으며, RAMFS는 고정된 크기를 갖지 않고 파일이 추가되고 삭제됨에 따라 가변적인 크기를 갖는다.

4.8.3 CRAMFS

이것은 2.4 커널에서 소개된 플래시 저장장치에 유용한 파일 시스템으로, 고성능 압축 기능을 이용한 '읽기 전용' 파일 시스템이다. CRAMFS(Compressed RAM File System)는 일반적인 파일 시스템이므로, 실제 데이터를 담고 있는 블록 장치와 통신하기 위해 버퍼 캐시를 이용한다. 따라서 CRAMFS를 사용하기 위해서는 MTD 블록 장치 드라이버 모드를 활성화시켜야 한다. CRAMFS는 압축을 위해 zlib 루틴을 사용하며, (페이지 크기인) 각 4KB 블록마다 압축을 수행한다. 플래시에 구워질 CRAMFS 이미지는 mkcramfs 유틸리티를 이용하여 생성할 수 있다.

4.8.4 JFFS와 JFFS2

기존의 파일 시스템들은 임베디드 시스템을 위해서 설계되지 않았으며, 또한 플래시 장치의 저장 메커니즘도 고려하지 않았다. 여기서 다시 플래시용 파일 시스템의 필요조건에 대해서 간략히 살펴보기로 하자.

- 웨어 레벨링을 고려해야 함
- 갑작스런 전원 중단 시에도 데이터를 보존할 수 있어야 함
- FTL을 통하지 않고 직접 MTD의 API들을 사용할 수 있어야 함

1999년에 액시스 커뮤니케이션즈(Axis Communications) 리눅스 2.0 커널을 위해 위의 기능들을 모두 갖춘 JFFS(Journaling Flash File Systems)를 발표하였으며, 이것은 바로 2.2와 2.3 커널로 포팅되었다. 하지만 JFFS는 압축 기능을 지원하지 않았으므로 이를 위해 JFFS2 프로젝트가 시작되었다. JFFS2는 2.4 커널을 위해 발표되었으며, 개선된 성능으로 인해 JFFS 대신 널리 쓰이게 되었다. JFFS와 JFFS2는 모두 로그 구조의(log-structured) 파일 시스템으로, 파일에 대한 모든 변경사항은 로그로 기록되어, 플래시상에 바로 기록된다(로그는 노드라고도 한다).[7]

이 로그는 다음과 같은 정보를 포함하고 있다.

- 이 로그가 가리키는 파일을 찾기 위한 식별 정보
- 특정 파일에 속한 로그마다 고유한 버전 정보
- 타임스탬프와 같은 메타데이터
- 데이터와 데이터의 크기
- 파일 내의 데이터 오프셋

파일에 쓰기 연산이 수행되면 데이터가 기록될 파일 내의 오프셋 정보와 실제 데이터 및 그 크기 정보를 저장하는 로그가 생성된다. 파일에 읽기 연산이 수행되면 로그를 이용해서 해당 데이터의 오프셋과 크기 정보를 얻어오고 이를 이용하여 데이터에 적용함으로써 (최신 버전의) 파일을 재구성한다. 시간이 흐르면 몇몇 로그는 (부분적으로 혹은 전체적으로) 쓸모 없어지게 될 수 있으며, 이러한 것들은 삭제될 필요가 있다. 이러한 로그를 삭제하는 작업을 가비지 컬렉션(garbage collection)이라고 한다. 가비지 컬렉션의 결과로 깨끗한 삭제

역자 주 | 7) 이것이 바로 저널링(journaling) 기능이다.

영역을 얻을 수 있다. 가비지 컬렉션은 또한 모든 삭제 영역이 공정하게 이용될 수 있도록 웨어 레벨링을 지원해야 한다.

JFFS2 파일 시스템의 주된 기능은 다음과 같다.

- **삭제 영역의 관리**: JFFS2에서 삭제 영역은 clean, dirty, free의 세 가지 리스트로 관리된다. clean 리스트는 오직 올바른 최신 버전의 로그들만을 포함한다. dirty 리스트는 가비지 컬렉션이 실행될 때 삭제되어야 할 오래된 로그들을 포함한다. free 리스트는 어떤 로그도 기록되지 않은 영역을 포함하며, 이 영역들은 이후에 새로운 로그를 저장하기 위해 사용된다.
- **가비지 컬렉션**: JFFS2의 가비지 컬렉션은 마운트 시에 생성되는 별도의 쓰레드에서 수행된다. 이 쓰레드는 웨어 레벨링을 위해 100번 중 99번은 dirty 리스트 내의 블록을 선택하고 나머지 한 번은 clean 리스트에서 선택한다. JFFS2는 가비지 컬렉션을 수행하기 위해 5개의 블록을 예약해 둔다(이것은 경험에 의해 얻어진 숫자인 듯하다).
- **압축**: JFFS와 JFFS2의 차이점은 JFFS2에서는 zlib, rubin 등의 압축 방식을 지원하다는 것이다.

JFFS/JFFS2 파일 시스템 이미지는 mkfs.jffs와 mkfs.jffs2 명령을 이용하여 호스트상에서 생성할 수 있다. 이 명령은 모두 인수로 디렉토리 트리를 받아서 호스트 개발 머신상에 이미지를 생성한다. 이 이미지들은 타깃으로 다운로드하여 해당 플래시 파티션에 기록해야 한다. 이 기능은 대부분의 리눅스 부트로더에서 지원한다.

4.8.5 NFS

NFS(Network File System)는 네트워크상의 파일 시스템을 마운트할 때 사용된다. 데스크톱에서 주로 사용되는 EXT2와 EXT3 파일 시스템은 NFS로 이용(export)할 수 있으므로, 개발자들은 표준 리눅스 데스크톱에 EXT2나 EXT3 파일 시스템을 설치하고 이를 임베디드 시스템에서 루트 파일 시스템으로 접근하도록 할 수 있다. 디버깅 단계에서, 개발자들은 루트 파일 시스템을 변경해야 할 때가 있다. 이러한 경우 이를 직접 플래시에 굽는 것은 많은 비용(플래시는 제한된 수의 쓰기 연산만이 가능하다)과 시간이 소모되므로, 네트워크 드라이버가 이용 가능하다면 NFS가 좋은 선택이 될 것이다. 또한 NFS를 이용하면 모든 것은 원격지의 서버에 저장되므로 임베디드 시스템에서 겪게 될 크기 제한의 문제에서 해방될 수 있다.

리눅스 커널은 다음 과정을 통해 부팅 시에 NFS를 사용하여 파일 시스템을 자동으로 마운트할 수 있는 메커니즘을 제공한다.

- ❖ 설정 시에 원격 서버의 파일 시스템을 마운트할 수 있도록 CONFIG_NFS_FS 옵션과, NFS를 루트 파일 시스템으로 사용할 수 있게 해 주는 CONFIG_ROOT_NFS 옵션을 선택한다.
- ❖ NFS 서버에 접속하기 위해서는 IP 주소가 필요하므로 부팅 시에 BOOTP, RARP, DHCP 등을 사용하는 자동 네트워크 설정 기능이 활성화되어 있어야 한다.
- ❖ 커널 부트 옵션에 NFS 서버의 위치를 지정해야 한다.

명령행 부트 옵션의 자세한 문법에 대해서는 커널 소스 트리에 포함되어 있는 Documentation/nfsroot.txt 파일을 참조하기 바란다.

4.8.6 PROC 파일 시스템

proc 파일 시스템은 커널이 커널 내의 정보를 사용자 공간에 제공하기 위해 사용하는 논리적인 파일 시스템이다. proc 파일 시스템은 시스템 모니터링, 디버깅, 튜닝 등에서 사용된다. proc 파일 시스템 내의 파일들은 해당 파일이 실제로 열릴 때 생성되며 제공하는 정보에 따라 읽기 전용이 될 수도 있고, 읽고 쓰기가 가능할 수도 있다. 이 정보가 변경되면 커널은 그것을 바로 적용한다. TCP의 keep-alive 시간을 변경하는 것이 좋은 예이다. proc 파일 시스템은 시스템의 시작 스크립트 내에서 표준 마운트 위치인 /proc에 마운트된다.

이 파일 시스템은 시스템의 RAM을 사용한다. 비록 시스템의 RAM은 귀중한 자원이지만, proc 파일 시스템을 사용하는 것이 더 많은 이익을 가져다준다. proc 파일 시스템은 ps나 mount와 같은 표준 리눅스 프로그램에서 사용하기 때문에 독자들은 proc 파일 시스템을 정말로 삭제해야 할 이유가 있는 것이 아니라면 그대로 두는 것이 좋다.

4.9 저장 공간 최적화

이 절에서는 임베디드 시스템에서 종종 겪게 되는 문제인, 저장 공간을 효율적으로 사용하기 위한 기법들을 다룬다. 이것은 플래시 칩의 가격에서 생기는 문제로, 비록 최근 몇 년간 플래시 장치의 가격이 급속히 하락하고는 있지만, 아직도 플래시는 하드웨어 BOM(Bill Of

Materials)[8]의 큰 부분을 차지하고 있다. 웹상에서 오픈 소스 프로그램을 다운로드 받아서 사용할 경우 저장 공간의 문제는 더 심각해질 수 있다. 이 프로그램이 임베디드 시스템을 고려하여 설계되지 않았다면, 용량을 줄이기 위한 최적화 과정이 수행되지 않았을 가능성이 높다. 이러한 프로그램들은 (임베디드 시스템에) 필요치 않은 코드를 많이 포함하고 있을 것이며, 이로 인해 많은 저장 공간이 낭비될 것이다. 이 절은 다음과 같은 세 부분으로 나눠진다.

- 효율적인 공간 사용을 위한 리눅스 커널의 최적화
- 응용 프로그램에 대한 공간 최적화
- 커널과 응용 프로그램을 저장하기 위한 압축 파일 시스템의 사용. 압축 기능을 지원하는 CRAMFS와 JFFS2와 같은 파일 시스템들은 앞에서 살펴보았기 때문에 여기서는 다시 다루지 않을 것이다.

4.9.1 커널 공간 최적화

커널의 크기를 줄이기 위한 주된 방법은 커널 내의 불필요한 코드를 없애는 것이다. 이 외에도 (-Os 옵션을 이용한) 컴파일러 최적화 기술을 사용해 커널의 크기를 줄일 수 있다(이것은 응용 프로그램에도 동일하게 적용된다). 2.6 커널은 임베디드 시스템을 위한 별도의 빌드 옵션(CONFIG_EMBEDDED)을 제공하며, 이를 이용해 더 작은 크기의 커널을 빌드할 수 있다. 또한 스왑(swap) 서브시스템과 같은 몇 가지 커널 모듈을 선택하지 않을 수도 있다. 커널 버전에 상관없이 커널 크기가 불필요하게 커지는 것을 막으려면 설정 과정에서 정말로 필요한 옵션만을 선택하는 것이 중요하다.

2.6 커널을 임베디드 시스템에서 동작시키기 위해 매트 맥컬(Matt Mackall)이 시작한 'Linux tiny kernel project'라는 오픈 소스 커뮤니티 프로젝트가 있다. 이 프로젝트의 목적은 커널의 크기를 줄이고 메모리 사용량을 최적화하기 위한 패치를 포함한 커널 소스 트리를 유지하는 것이다. 작은 크기의 커널을 만들기 위한 다음과 같은 흥미로운 패치들이 있다.

역자 주 | 8) BOM은 제품에 필요한 부품들의 목록과 그 가격을 명시해 둔 문서이다.

❖ printk( ) 함수에 넘겨진 모든 문자열들을 삭제하는 옵션
❖ 컴파일 시 커널의 크기를 증가시키는 인라인 함수[9]들이 너무 많이 사용되지 않았는지 체크하는 옵션

이 프로젝트에서 관리하는 커널 트리(Linux-tiny)는 www.selenic.com에서 얻을 수 있다.

커널의 메모리를 튜닝하는 것은 커널 공간 최적화에 관한 많은 트릭을 공유해야 하므로, 이 장의 마지막 절에서 커널 메모리를 튜닝하기 위한 기법들을 살펴볼 것이다.

4.9.2 응용 프로그램 공간 최적화

응용 프로그램 최적화는 다음과 같은 단계를 통해 효율적으로 이루어질 수 있다.

❖ 각 응용 프로그램에 대해 불필요한 코드가 포함되어 있지 않은지 검사한다.
❖ 라이브러리 최적화를 수행해 주는 툴을 사용한다.
❖ 임베디드 시스템을 위해 개발된 더 작은 크기의 프로그램/배포판을 사용한다.
❖ uClibc와 같은 작은 C 라이브러리를 사용한다.

라이브러리 최적화 툴

이것은 공유 라이브러리에서 사용되지 않는 코드를 삭제하기 위한 툴이다. 2장의 공유 라이브러리 부분을 기억해 보면, 절대로 참조되지 않는 코드를 포함하고 있는 공유 라이브러리는 귀중한 저장 공간을 낭비하고 있을 뿐이다. 라이브러리 최적화 툴은 빌드 과정의 마지막 단계에서 공유 라이브러리를 스캔하여 시스템에 필요한 오브젝트 파일만을 포함해서 다시 빌드한다. 라이브러리 최적화 툴 프로젝트의 웹 사이트는 http://libraryopt.source-forge.net이다.

하지만 라이브러리 최적화 툴은 동적으로 다운로드되어 실행되는 응용 프로그램이 필요한 시스템에서는 사용할 수 없다(임베디드 시스템에서 이러한 경우는 거의 없다). 왜냐하면 이러한 응용 프로그램에서 요구하는 함수들이 C 라이브러리에 포함되어 있지 않을 수도 있기

역자 주 | 9) 인라인으로 정의된 함수들은 컴파일 시에 별도의 코드로 존재하는 것이 아니라 해당 함수를 호출하는 곳에 함수의 내용이 삽입된다. 이로 인해 함수 호출에 걸리는 시간이 필요 없어지므로 수행 시간이 향상되지만, 함수가 호출되는 곳마다 코드가 삽입되므로 실행 파일의 크기가 커진다.

때문이다.

작은 C 라이브러리

C 라이브러리는 모든 응용 프로그램에서 일반적으로 사용되는 함수들을 링크시켜 주는 사용자 공간의 중요한 요소이다. 표준 C 라이브러리는 GNU 웹 사이트에서 구할 수 있는 (보통 glibc라고 알려진) libc.so와 libc.a이다. 하지만 glibc는 데스크톱과 서버 머신을 위해 개발된 것으로 임베디드 시스템에서 자주 사용되지 않는 중복된 코드들을 포함하고 있으며, 따라서 많은 저장 공간을 차지한다. glibc의 개발자인 울리히 드레퍼(Ulrigh Drepper)의 말을 인용하면,

> "일반적으로, glib나 gnu 유틸리티와 같은 것들은 임베디드 시스템에는 적합하지 않다. ... 이것은 임베디드 환경보다는 (일반) 리눅스가 동작하는 시스템(즉, [S]VGA, 하드 디스크, 마우스, 64MB RAM 등을 갖춘 시스템)에서 사용되기 위한 것이다."

glibc 대신 임베디드 시스템에서 사용되는 dietlibc와 uClibc가 있으며, 이들에 대해서는 아래에서 살펴보기로 한다.

- ❖ dietlibc: 이것은 http://www.dietlibc.org/에서 다운로드 받을 수 있는 작은 C 라이브러리이다.
- ❖ uClibc: 이것은 임베디드 시스템에서 널리 사용되는 C 라이브러리이나. 이 프로젝트는 에릭 안데르센(Erik Andersen)에 의해 관리되며, www.uclibc.org에서 얻을 수 있다. uClibc의 중요한 특성 중 하나는 (MMU가 있는 프로세서는 물론) MMU가 없는 프로세서에서도 사용될 수 있다는 것이다. uClibc에서 지원하는 프로세서의 목록은 다음과 같다.
    - x86
    - ARM
    - MIPS
    - PPC
    - M68K
    - SH
    - V850
    - CRIS
    - Microblaze™

4.9.3 임베디드 리눅스를 위한 응용 프로그램

이제 임베디드 리눅스 시스템에서 주로 사용되는 배포판과 응용 프로그램들에 대해서 살펴본다.

BusyBox

이것은 임베디드 시스템에서 공통적으로 사용되는 프로그램들을 구현한 하나의 작은 실행 파일이다(이러한 것을 멀티콜(multicall) 프로그램이라고 한다). BusyBox는 임베디드 시스템을 위해 개발되었으며, 빌드 시에 시스템에 필요한 프로그램만을 선택할 수 있는 설정 메커니즘을 제공한다. BusyBox는 http://busybox.net에서 다운로드 받을 수 있으며, 다음과 같은 프로그램(BusyBox 용어로는 애플릿이라고 한다)들을 포함하고 있다.

- ash, lash, hush 등과 같은 셸
- cat, chmod, cp, dd, mv, ls, pwd, rm 등과 같은 핵심(core) 유틸리티
- ps, kill 등과 같은 프로세서 제어 및 모니터링 유틸리티
- lsmod, rmmod, modprobe, insmod, depmod 등과 같은 모듈 관련 유틸리티
- reboot, init 등과 같은 시스템 툴
- ifconfig, route, ping, tftp, httpd, telnet, wget, udhcpc(DHCP 클라이언트) 등과 같은 네트워크 관련 유틸리티
- login, passwd, adduser, deluser 등과 같은 로그인 및 패스워드 관리 유틸리티
- ar, cpio, gzip, tar 등과 같은 아카이브 관련 유틸리티
- syslogd와 같은 시스템 로그 관련 유틸리티

BusyBox를 빌드하는 것은 다음과 같은 두 단계로 나뉜다.

- 설정: make menuconfig를 실행하여, 빌드하고 싶은 애플릿을 선택한다.
- 빌드: busybox 실행 파일을 생성하기 위해 make를 실행한다.

다음 과정은 타깃에 BusyBox를 설치하는 것이다. 이를 위해서는 (rc 스크립트와 같은) 시스템 시작 스크립트에서 busybox를 호출할 때 --install 옵션을 주면 된다.

```
busybox mount -n -t proc /proc /proc
busybox --install -s
```

BusyBox의 install 명령은 설정 과정에서 선택된 모든 애플릿에 대해 소프트 링크를 생성

한다. 예를 들어, 설치 과정 후에 /bin 디렉토리에서 ls -l 명령을 수행하면 다음과 같은 결과를 출력할 것이다.

```
-rwxr-xr-x    1 0     0     1065308 busybox
lrwxrwxrwx    1 0     0           7 init -> busybox
lrwxrwxrwx    1 0     0          12 ash -> /bin/busybox
lrwxrwxrwx    1 0     0          12 cat -> /bin/busybox
lrwxrwxrwx    1 0     0          12 chmod -> /bin/busybox
lrwxrwxrwx    1 0     0          12 cp -> /bin/busybox
lrwxrwxrwx    1 0     0          12 dd -> /bin/busybox
lrwxrwxrwx    1 0     0          12 echo -> /bin/busybox
```

위에서 보이듯이, 선택된 모든 애플릿에 대해서 BusyBox의 install 명령은 애플릿의 이름으로 자기 자신을 가리키는 소프트 링크를 생성한다. 이 중 한 프로그램이 실행되면(예를 들어 chmod의 경우), BusyBox는 프로그램 이름을 첫 번째 명령행 인수로 하여 적절한 함수를 호출한다.

Tinylogin

이것은 BusyBox와 비슷한 멀티콜 프로그램으로, 유닉스의 로그인 및 시스템 접근 기능을 구현하기 위한 응용 프로그램이다. 다음은 Tinylogin에서 구현한 기능들의 목록이다.

- 사용자의 추가 및 삭제
- login과 getty 응용 프로그램
- passwd 응용 프로그램을 이용한 패스워드 변경

Tinylogin은 http://tinylogin.busybox.net/에서 다운로드 받을 수 있다.

Ftp 서버

ftp 서버는 임베디드 시스템에 파일을 복사할 때 유용하게 사용된다. 주로 사용되는 ftp 서버로는 표준적인 wu-ftpd 서버와 대중적으로 널리 쓰이는 proftpd 서버가 있다. 이들은 각각 www.wu-ftpd.org와 www.proftpd.org에서 다운로드 받을 수 있다.

웹 서버

웹 서버는 임베디드 장치를 원격으로 관리하기 위해 필요하다. 임베디드 리눅스에서 사용되기 위한 많은 웹 서버들이 있으며, 그 중 많이 사용되는 것들은 다음과 같다.

❖ BOA: 임베디드 시스템에서 사용되는 단일 태스크 기반의 웹 서버로 http://www.boa.org에서 다운로드 받을 수 있다.

❖ mini_httpd: 높지 않은 웹 트래픽 환경하에서 사용되기 위한 작은 웹 서버로 http://www.acme.com에서 다운로드 받을 수 있다.

❖ GoAhead: 임베디드 시스템에서 사용되는 대중적인 오픈 소스 웹 서버로 http://www.goahead.com에서 다운로드 받을 수 있다.

4.10 커널 메모리 튜닝하기

이 절은 커널의 메모리 사용량을 줄이기 위한 기법들을 설명한다. 리눅스 커널 자체는 페이징 기법이 적용되지 않으므로, 전체 커널(코드, 데이터, 스택) 영역은 메인 메모리에 상주한다. 최적화 기법을 알아보기 전에, 커널이 사용하는 메모리의 양을 측정하기 위한 기법에 대해서 알아보자. 커널에서 사용되는 정적 메모리의 양은 size 명령을 통해 알 수 있다. 이 유틸리티는 오브젝트 파일의 각 섹션들의 크기와 전체 크기를 출력해 준다. 다음은 MIPS 프로세서를 위해 컴파일된 커널에 대한 size 명령의 결과이다.

```
bash> mips-linux-size vmlinux
  text      data      bss       dec       hex       filename
  621244    44128     128848    794220    c1e6c     vmlinux
```

위의 결과에서 621KB의 메모리가 텍스트 영역으로 사용되고, 44KB의 메모리가 데이터, 128KB가 BSS 영역으로 사용되고 있음을 보여준다. BSS 영역은 저장되는 커널 이미지에 포함되지 않으며, 시작 코드가 실행될 때 BSS 영역에 대한 메모리를 할당하여 0으로 초기화한다.

리눅스는 부팅 시에 다음과 같은 유용한 정보를 출력해 준다.

```
Memory: 61204k/65536k available (1347k kernel code, 4008k reserved,
999k data, 132k init, 0k highmem)
```

위의 메시지는 65,536KB의 메모리가 존재하며, 이 중 약 4MB는 커널 텍스트, 데이터, 초기화 영역과 메모리 관리를 위한 자료 구조들을 설정 및 저장하기 위해 사용된다는 것을 보여준다. 나머지 61MB는 커널의 동적 메모리 할당 기능을 통해 이용할 수 있다.

/proc/meminfo 파일은 시스템이 실행 시에 사용하는 메모리의 정보를 저장한다. 다음은 2.4 커널에 대한 출력의 예제이다.

```
# cat /proc/meminfo

          total:        used:        free:     shared: buffers:  cached:
Mem:   62894080 47947776 14946304           0  4964352 23674880
Swap:          0        0        0
MemTotal:         61420 Kb
MemFree:          14596 Kb
MemShared:            0 Kb
Buffers:           4848 Kb
Cached:           23120 Kb
SwapCached:           0 Kb
Active:           32340 Kb
ActiveAnon:       10760 Kb
ActiveCache:      21580 Kb
Inact_dirty:       6336 Kb
Inact_clean:        236 Kb
Inact_target:      7780 Kb
HighTotal:            0 Kb
HighFree:             0 Kb
LowTotal:         61420 Kb
LowFree:          14596 Kb
SwapTotal:            0 Kb
SwapFree:             0 Kb
```

중요한 필드는 used와 free 필드이다. 나머지 정보들은 시스템 내의 다양한 (버퍼, 페이지 등의) 캐시들이 어떻게 메모리를 사용하는지에 대한 정보이다. 만약 이러한 사항들에 대해서 자세히 알고 싶은 독자가 있다면, 리눅스 커널에 포함된 문서를 참고해 보기 바란다. Documentation/proc.txt 파일은 /proc/meminfo 파일이 표시하는 각 필드들에 대한 설명을 포함한다.

이제 커널 메모리를 최적화하기 위한 기법들을 살펴보자.

❖ **정적으로 할당된 자료 구조 줄이기:** 정적으로 할당된 자료 구조들은 .data 섹션이나 .bss 섹션 내에 존재할 것이다. 이러한 많은 자료 구조들은 크기를 결정할 수 있는 설정 옵션을 갖고 있지 않으므로(이는 빌드 과정을 매우 복잡하게 만들 것이다) 기본 크기로 남아 있게 되지만, 임베디드 시스템에서는 이들의 크기를 제한할 수 있다. 이러한 자료 구조들 중 몇 가지를 나열해 보면 다음과 같다.

- 기본 TTY 콘솔의 개수(MAX_NR_CONSOLES와 MAX_NR_USER_CONSOLES)는 include/linux/tty.h 파일에 63으로 정의되어 있다.
- 콘솔 로그 버퍼의 크기 LOG_BUG_LEN은 kernel/printk.c 파일에 16KB로 정의되어 있다.
- 문자 장치와 블록 장치의 개수(MAX_CHRDEV와 MAX_BLKDEV)는 include/linux/major.h 파일에 정의되어 있다.

✦ System.map 파일: System.map 파일은 커널 빌드 시에 생성되며 메모리 최적화에 관련된 유용한 정보를 제공한다. 이 파일은 각 심벌들에 대한 주소 값을 포함하고 있으며, 연속된 두 심벌 간의 주소 차이는 해당 심벌의 크기를 말해 준다(이는 텍스트와 데이터 영역에 모두 해당된다). 커다란 크기의 자료 구조는 모두 조사해 볼 필요가 있다. 또한 nm 명령에 --size 옵션을 주어 실행하는 방법으로도 커널 이미지 내의 각 심벌들의 크기를 알아볼 수 있다.

✦ 커널 내의 사용하지 않는 코드 없애기: 커널 내의 사용하지 않는 모듈이나 함수들을 삭제하기 위해 커널 코드를 살펴볼 수 있다. 앞의 커널 공간 최적화 절에서 살펴본 기법들이 이 과정에서도 역시 유효하다.

✦ 적절치 못한 kmalloc의 사용: kmalloc은 일반적으로 사용되는 커널 메모리 할당 함수로 디바이스 드라이버는 동적 메모리 할당을 위해 일반적으로 kmalloc( ) 함수를 사용한다. kmalloc( ) 함수는 32바이트의 배수 크기의 캐시 객체를 이용한다. 어떤 모듈에서 kmalloc( ) 함수를 이용해 80바이트의 메모리를 요청하다고 하면, 각 할당 시마다 총 128바이트의 객체가 할당되므로 48바이트가 낭비될 것이다. 이 모듈에서 이러한 요청을 계속 반복한다면 많은 양의 메모리가 낭비될 것이다. 이 문제를 해결하기 위해서는 정확히 필요한 크기에 해당하는 별도의 캐시를 생성하여 사용해야 한다. 이것은 다음과 같은 과정을 통해 이루어진다.
- kmem_cache_create( ) 함수를 통해 슬랩(slab) 객체[10]와 연관된 캐시를 생성한다. 캐시를 제거하기 위해서는 kmem_cache_destroy( ) 함수를 호출한다.
- 캐시를 통해 메모리를 할당받기 위해서는 kmem_cache_alloc( ) 함수를 사용한다. 이 메모리를 해제하기 위해서는 kmem_cache_free( ) 함수를 호출한다.

✦ __init 지시자의 사용: .init 섹션은 커널 초기화 후에 버려질 코드들을 저장하는 섹션이다. 보통 초기화 함수들이 이 섹션에 위치한다. 만약 드라이버나 모듈을 작성하여 커널에 포함시켰다면, 시스템 시작 시에 오직 한 번만 실행되는 부분을 분리하고

역자 주 | 10) 사용할 자료형에 따라 특정한 크기와 (필요한 경우) 그에 관련된 생성자, 소멸자를 포함하는 캐시 객체이다.

__init 지시자를 이용하여 .init 섹션으로 포함시키도록 하자. 그렇게 하면 .init 섹션 내의 모든 함수들이 실행된 후에 시스템은 약간의 메모리 영역을 추가적으로 확보할 수 있게 된다.

❖ **물리 메모리의 홀 없애기:** 임베디드 리눅스상에서는 일반적으로 물리적인 메모리에 홀(hole)이 존재한다. 때때로 보드 설계 혹은 프로세서의 설계에 따라 모든 물리 메모리가 연속적으로 구성되지 않을 수 있으며, 이러한 메모리 주소상의 빈 공간을 홀이라고 한다. 하지만 이렇게 물리 메모리상의 홀이 커지면 메모리 공간이 낭비될 수 있다. 왜냐하면 모든 물리 메모리 영역은 4KB (페이지) 단위로 관리되는데 이를 위해 각 페이지마다 60바이트의 page_struct 구조체가 사용되기 때문이다. 만약 시스템에 커다란 홀이 포함되어 있다면 이 자료 구조들은 불필요하게 할당되어 사용되지 않는 채로 있을 것이다. 이를 방지하기 위해 리눅스 커널에서 제공하는 CONFIG_DISCONTIGMEM 옵션을 사용할 수 있다.

❖ **XIP:** XIP(eXecute In Place)는 플래시상의 프로그램을 직접 실행시킬 수 있는 기술이다(즉, 프로그램을 실행시키기 위해 메모리로 복사할 필요가 없다). 이것은 메모리 사용량을 줄여줄 뿐만 아니라 커널의 압축 해제와 복사 과정이 필요 없으므로 부팅 시간을 줄여주기도 한다. 반면에 XIP를 사용하게 되면 커널 이미지가 저장된 파일 시스템을 압축할 수 없으므로 더 많은 플래시 공간을 차지하게 된다. 하지만 XIP는 파일 시스템상의 응용 프로그램에는 잘 사용되지 않는다. 응용 프로그램의 코드 영역은 (요구 페이징 기법을 통해) 필요한 부분만이 로드되기 때문에 메모리 사용량을 많이 차지하지 않기 때문이다. XIP는 가상 메모리를 사용하지 않는 uClinux에서 더 많이 사용된다. XIP에 관해서는 10장에서 더 자세히 다룰 것이다.

임베디드 드라이버

5장

다른 RTOS(Real-Time Operating System)로부터 임베디드 리눅스로 디바이스 드라이버를 포팅하는 것은 도전해 볼 만한 일이다. 디바이스 드라이버는 리눅스 IO 서브시스템의 일부이며, IO 서브시스템은 잘 정의된 시스템 콜 인터페이스를 통해 응용 프로그램이 저수준의 하드웨어에 접근할 수 있도록 해 준다. 그림 5.1은 응용 프로그램이 디바이스 드라이버에 접근하는 방식을 고수준에서 보여준다.

리눅스의 디바이스 드라이버는 다음과 같은 세 가지로 분류된다.

- ❖ **문자 디바이스 드라이버:** 이것은 순차적인 접근이 가능한 장치에 사용된다. 접근되는 데이터의 양은 고정된 크기를 갖지 않는다. 문자 디바이스 드라이버는 응용 프로그램에서 open, read, write 등의 표준 시스템 콜을 통해 접근할 수 있다. 예를 들어 직렬(serial) 드라이버는 문자 디바이스 드라이버이다.
- ❖ **블록 디바이스 드라이버:** 이것은 임의 접근(random access)이 가능한 장치를 위해 사용된다. 데이터의 교환은 블록 단위로 수행된다. 블록 디바이스 드라이버는 파일 시스템을 마운트하기 위해 사용된다. 문자 장치와는 달리, 응용 프로그램에서는 블록 디바이스 드라이버에 직접 접근할 수 없으며, 오직 파일 시스템을 통해서만 가능하다. 파일 시스템은 블록 장치상에 마운트되며, 블록 디바이스 드라이버는 파일 시스템과 저장장치 간의 중재자 역할을 맡게 된다. 예를 들어 디스크 드라이버는 블록 디바이스 드라이버이다.
- ❖ **네트워크 디바이스 드라이버:** 네트워크 드라이버는 네트워크 프로토콜 스택과 상호작

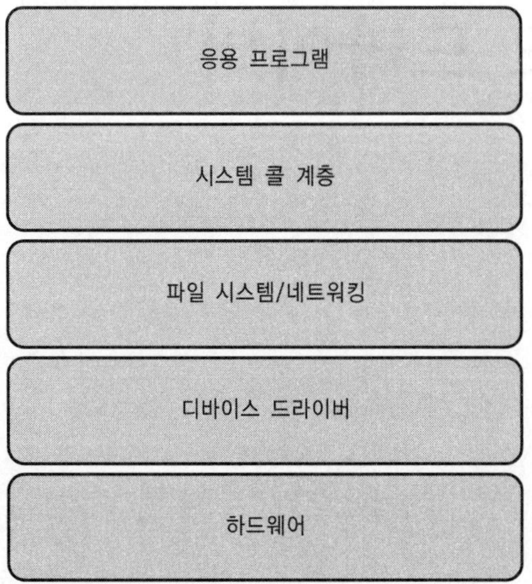

그림 5.1 리눅스 디바이스 드라이버 구조의 개요

용하기 때문에 별도의 드라이버 계층으로 다룬다. 응용 프로그램에서는 네트워크 디바이스 드라이버에 직접 접근할 수 없으며, 오직 네트워크 서브시스템만이 네트워크 디바이스 드라이버와 통신한다.

이 장에서는 임베디드 플랫폼에서 주로 사용되는 몇 가지 디바이스 드라이버에 대해서 설명할 것이다. 이 장에서 살펴볼 것들은 직렬 장치, 이더넷(Ethernet), I2C, USB 장치, 감시 타이머(watchdog) 드라이버이다.

5.1 리눅스 직렬 드라이버

리눅스 직렬 드라이버는 TTY 드라이버와 밀접하게 연관되어 있다. TTY 계층은 문자 장치에 속한 한 종류이다. 직렬 포트를 갖는 임베디드 시스템에서, TTY 계층은 저수준의 직렬 포트에 접근할 수 있도록 해 준다. 종종 하나 이상의 직렬 포트를 갖는 임베디드 보드가 있는데, 이 경우 다른 포트는 PPP나 SLIP 등의 프로토콜을 이용한 다이얼업(dial-up) 접속 기능을 위해 사용될 수 있다. 이러한 경우 '별도의 직렬 드라이버가 필요할까?'라는 의문을 가질 수 있을 것이다. 이에 대한 대답은 '아니오'이다. TTY 계층은 응용 프로그램으로부터 직렬 드라이버를 가려주므로, 이것이 사용되는 방식과는 상관없이 하나의 직렬 드라이버로

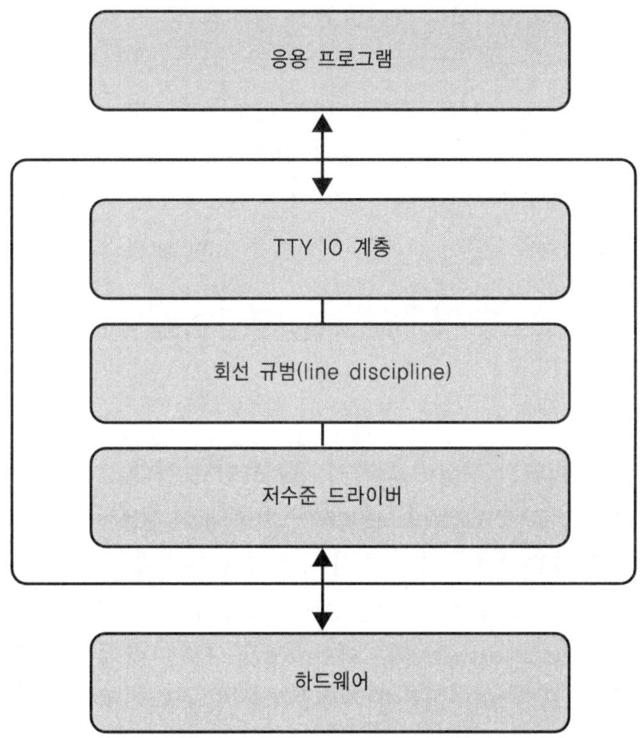

그림 5.2 TTY 서브시스템

처리할 수 있다.

사용자 프로세스는 직렬 드라이버와 직접 통신하지 않는다. TTY 계층은 드라이버 상단에
소프트웨어 스택을 제공하여 TTY 장치를 통해 모든 기능을 제공한다. TTY 서브시스템은
그림 5.2와 같이 세 가지 계층으로 구분된다. 그림 5.2에서 볼 수 있듯이 TTY 서브시스템
과 관련된 모든 장치는 저수준의 드라이버에서 데이터 송수신을 처리하는 방식을 결정하는
회선 규범(line discipline)과 연관된다. 리눅스는 기본 회선 규범인 N_TTY를 제공하여 직
렬 포트를 표준 터미널로 사용할 수 있게 해 준다. 하지만 회선 규범은 X.25나 PPP/SLIP과
같은 더욱 복잡한 프로토콜을 구현하기 위해서 사용할 수도 있다.

리눅스에서 사용자 프로세스는 일반적으로 제어 터미널을 갖는다. 제어 터미널은 프로세스
가 입력을 받아들이고, 표준 출력과 표준 에러를 내보내는 터미널을 말한다. TTY와 프로세

스 관리자는 자동으로 제어 터미널을 할당하고 관리해 준다.[1]

임베디드 시스템에서 사용되는 다른 종류의 TTY 장치들이 있다. 이들은 가상 TTY 혹은 의사(pseudo) TTY(PTY) 장치라고 하는 것으로, IPC(Inter-Process Communication)의 강력한 기능을 이용한다. PTY를 사용하는 프로세스는 IPC와 TTY 서브시스템의 장점을 모두 얻게 된다. 예를 들어 리눅스의 Telnet 서브시스템은 telnetd(마스터 Telnet 데몬)와 telnetd가 생성한 (자식) 프로세스와의 통신을 위해 의사 터미널을 사용한다. 기본적으로 의사 TTY 장치의 수는 256으로 정해져 있지만, 임베디드 시스템에서는 이를 좀더 작은 수로 낮출 수 있다.

이제 리눅스 직렬 드라이버의 구현에 대해서 살펴보기로 한다. 2.4 커널에서 직렬 드라이버를 TTY 서브시스템으로 후킹(hooking)할 때 사용되는 자료 구조는 tty_driver 구조체이다. 직렬 드라이버는 TTY IO 계층과 회선 규범에서 이 드라이버에 접근하기 위해 사용할 장치의 이름과 장치 주/부 번호 및 모든 API 정보들로 이 구조체를 채운다. 2.4 커널에서 drivers/char/generic_serial.c 파일에는 직렬 드라이버에서 TTY 계층으로 제공(export)하는 함수들을 포함하고, 이들은 저수준의 직렬 드라이버를 TTY 계층으로 후킹할 때 이용된다.

2.6 커널에서는 직렬 드라이버 계층은 깔끔하게 정리되었으며, 리눅스로 새로운 직렬 드라이버를 포팅하는 일이 더 간편해졌다. 직렬 드라이버는 TTY 후킹에 대해서 신경 쓰지 않아도 되며, 이 작업은 추상화 계층에서 담당하게 되었다. 이로 인해 직렬 드라이버를 작성하는 작업이 훨씬 수월해졌다. 이 절에서는 2.6 커널의 새로운 프레임워크상에서 직렬 드라이버를 작성하는 방법을 설명한다.

먼저 다음과 같은 기능을 가진 가상의 UART 하드웨어인 MY_UART가 있다고 가정하자.

- 간단한 송수신 로직. 송신용 데이터와 수신용 데이터를 위한 레지스터가 각각 하나씩 존재한다.
- 9600 혹은 19200으로 속도(baud rate)를 설정할 수 있다.

저자 주

[1] 프로세서는 제어 터미널 없이도 동작될 수 있으며, 이러한 프로세스를 데몬(daemon)이라고 한다. 데몬은 제어 터미널에서 분리된 후 백그라운드에서 태스크를 동작시키기 위해 사용되며, 따라서 터미널이 종료되는 것에 영향을 받지 않는다.

❖ 전송 완료 및 데이터 수신을 알리기 위해 인터럽트를 사용한다.

❖ 하드웨어는 오직 하나의 UART 포트를 갖고 있다(단일 포트 장치).

여기서는 리스트 5.1에 나열한 매크로들이 MY_UART 하드웨어에 대해 이미 구현되어 있다고 가정한다. 또한 이 매크로들은 레지스터와 버퍼들이 기본 주소인 MY_UART_BASE에서부터 매핑되어 있다고 가정한다. 또한 해당 보드의 BSP에서 이 매핑을 처리해서 MY_UART_BASE 주소를 이용해 실제로 작업을 수행하는 것이 가능하다고 가정한다. 하지만 이 드라이버에서는 모뎀을 지원하지 않을 것이다(이것은 이 절의 범위를 벗어나는 주제이다).

먼저 장치를 설정하는 방법부터 살펴보자. drivers/serial/Kconfig 파일에 다음과 같은 줄을 추가한다.

```
config MY_UART
  select SERIAL_CORE
  help
  Test UART driver
```

그리고 drivers/serial/Makefile 파일에 다음과 같은 줄을 추가한다.

```
obj-$(CONFIG_MY_UART)+= my_uart.o
```

설정 옵션은 my_uart.c 파일을 drivers/serial/serial_core.c 파일과 함께 컴파일뇌노록 선택한다. serial_core.c 파일은 TTY 계층 및 회선 규범 모듈과 통신하는 일반적인 UART 루틴들을 포함한다. 앞으로는 serial_core.c 파일에 구현된 일반 UART 계층을 UART 코어라고 부를 것이다.

리스트 5.1 MY_UART 하드웨어 접근 매크로

```
/* my_uart.h */

/*
 * 하드웨어에게 데이터 전송을 위해 필요한 레지스터를 설정하라고 알림
 */
#define START_TX( )

/*
 * 하드웨어에게 더 이상 전송할 데이터가 없다고 알림
```

(계속)

```c
    */
#define STOP_TX( )

/* 하나의 문자를 전송하기 위한 하드웨어 매크로 */
#define SEND_CHAR(c)

/*
 * UART 수신 레지스터 내에 데이터가 존재함을 알리는 매크로
 */
#define CHAR_READY( )

/* UART 하드웨어에서 하나의 문자를 읽어 오는 매크로 */
#define READ_CHAR( )

/* 수신 상태 레지스터를 읽기 위한 매크로 */
#define READ_RX_STATUS( )
/* 에러 비트를 보여주는 매크로 */
#define PARITY_ERROR
#define FRAME_ERROR
#define OVERRUN_ERROR
#define IGNORE_ERROR_NUM

/*
 * 하드웨어에게 수신을 중지하라고 알리는 매크로
 */
#define STOP_RX( )

/*
 * 인터럽트 처리를 위한 매크로.
 * 인터럽트 마스크 값을 읽고, 인터럽트 종류를 검사함
 */
#define READ_INTERRUPT_STATUS
#define TX_INT_MASK
#define RX_INT_MASK

/*
 * 전송 버퍼가 비어 있음을 알리는 매크로
 */
#define TX_EMPTY( )

/* 전송 속도, 스톱 비트, 패리티, 비트 크기 등을 설정하는 매크로 */
#define SET_SPEED
#define SET_STOP_BITS
#define SET_PARITY
#define SET_BITS
```

5.1.1 드라이버 초기화와 시작

이제 드라이버 초기화 함수를 살펴보기로 한다. 초기화 함수는 TTY 장치를 등록하고 UART 코어와 드라이버 간의 경로를 설정한다. 이 과정에서 주로 사용되는 자료 구조들은 include/linux/serial_core.h 파일에 정의되어 있다.

- ❖ struct uart_driver: 이것은 드라이버의 이름, 주/부 번호, 포트 수 등의 정보를 포함하는 구조체이다.
- ❖ struct uart_port: 이것은 저수준 장치에 대한 모든 설정 데이터를 포함하는 구조체이다.
- ❖ struct uart_ops: 이것은 하드웨어를 동작시키는 함수 포인터를 포함하는 구조체이다.

위의 세 자료 구조는 그림 5.3에서 보이는 것과 같이 서로 연결된다. 그림 5.3은 두 개의 포트를 가진 하드웨어에 대한 그림이지만, 우리가 작성할 드라이버의 하드웨어는 하나의 포트만을 갖는다.

커널에서 내부적으로 처리하는 uart_state 구조체가 있다. 이 구조체의 개수는 드라이버를 통해 접근하는 하드웨어의 포트 수와 같다. 이 구조체는 해당 포트의 설정 데이터를 담고

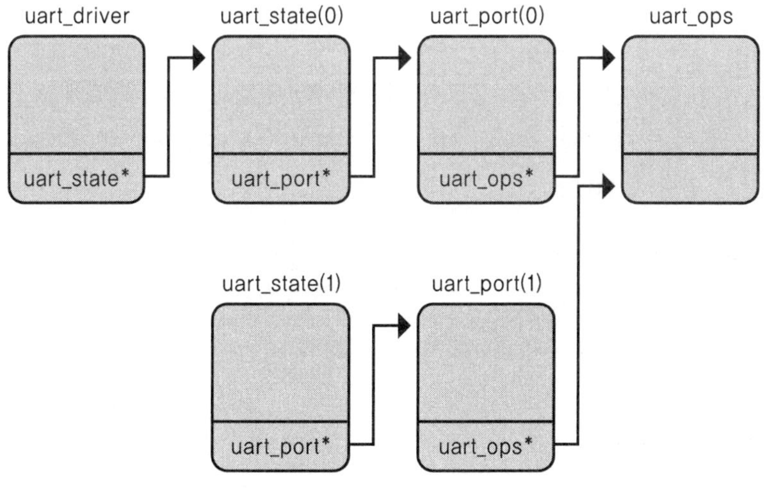

그림 5.3 UART 자료 구조 연결

있는 uart_port 구조체에 대한 포인터를 포함하며, uart_port 구조체는 하드웨어에 접근하기 위한 루틴들을 포함하는 uart_ops 구조체에 대한 포인터를 포함한다.

MY_UART 장치를 위한 자료 구조는 리스트 5.2와 같이 정의한다.

먼저 초기화 루틴을 살펴보도록 하자.

```
init __init my_uart_init(void)
{
 /*
  * uart_register_driver는 저수준 드라이버를 UART 코어에 연결시키고
  * tty_register_driver를 통해 TTY 계층에 등록한다.
  * 또한 (하드웨어 포트 수와 동일한 개수의) uart_state 구조체들이 생성되고
  * 이 (uart_state) 배열에 대한 포인터는 my_uart_driver 구조체에 저장된다.
  */
 uart_register_driver (&my_uart_driver);

 /*
  * 그림 5.3에서 보이듯이 이 함수는 uart_state와 uart_port를 연결한다.
  * 또한 tty_register_device를 통해 TTY 계층에 장치가 추가되었음을 알린다.
  */
 uart_add_one_port(&my_uart_driver, &my_uart_port);

 return 0;
}
```

이제 my_uart_ops 구조체 내의 함수들에 대해서 살펴보자. request_port( ) 함수와 release_port( ) 함수는 일반적으로 포트가 사용할 IO 영역과 메모리 영역을 요청하기 위해 사용된다. 시작 함수와 종료 함수인 my_uart_startup( ), my_uart_shutdown( ) 함수는 각각 인터럽트를 설정/해제한다.

```
static int my_uart_startup(struct uart_port *port)
{
   return(request_irq(MY_UART_IRQ, my_uart_irq_handler, 0,
                   "my uart", &my_uart_port));
}

static void my_uart_shutdown(struct uart_port *port)
{
   free_irq(MY_UART_IRQ, port);
}
```

리스트 5.2 MY_UART 자료 구조

```
static struct uart_ops my_uart_ops= {
    .tx_empty       = my_uart_tx_empty,
    .get_mctrl      = my_uart_get_mctrl,
    .set_mctrl      = my_uart_set_mctrl,
    .stop_tx        = my_uart_stop_tx,
    .start_tx       = my_uart_start_tx,
    .stop_rx        = my_uart_stop_rx,
    .enable_ms      = my_uart_enable_ms,
    .break_ctl      = my_uart_break_ctl,
    .startup        = my_uart_startup,
    .shutdown       = my_uart_shutdown,
    .set_termios    = my_uart_set_termios,
    .type           = my_uart_type,
    .release_port   = my_uart_release_port,
    .request_port   = my_uart_request_port,
    .config_port    = my_uart_config_port,
    .verify_port    = my_uart_verify_port,
};

static struct uart_driver my_uart_driver = {
    .owner       = THIS_MODULE,
    .driver_name = "serial",
    .dev_name    = "ttyS0",
    .major       = TTY_MAJOR,
    .minor       = 1,
    .nr          = 1,
};

static struct uart_port my_uart_port = {
    .membase  = MY_UART_MEMBASE,
    .iotype   = SERIAL_IO_MEM,
    .irq      = MY_UART_IRQ,
    .fifosize = 32,
    .line     = 0,
    .ops      = &my_uart_ops
};
```

리스트 5.3 전송 함수

```c
static void my_uart_char_tx(struct uart_port *port)
{
    struct circ_buf *xmit = &port->info->xmit;

    /*
     * XON/XOFF 문자가 전송되어야 하는 경우에는,
     * UART 코어에서 포트의 x_char 필드를 설정해 둔다.
     */
    if(port->x_char)
    {
        SEND_CHAR(port->x_char);
        port->x_char = 0;  /* 필드를 리셋한다. */
        return;
    }

    if(uart_tx_stopped(port) || uart_circ_empty(xmit))
    {
        my_uart_stop_tx(port, 0);
        return;
    }

    SEND_CHAR(xmit->buf[xmit->tail]);

    /*
     * UART_XMIT_SIZE는 include/linux/serial_core.h에 정의되어 있다.
     */
    xmit->tail = (xmit->tail + 1) & (UART_XMIT_SIZE + 1 );

    /*
     * 이제 전송할 문자가 남았는지 검사하고
     * WAKEUP_CHARS 매크로로 정의된 전송 버퍼에 빈 공간이 있는지 검사한다
     * (include/linux/serial_core.h 파일에 256으로 설정되어 있다).
     * UART 코어에서 제공하는 uart_write_wakeup 함수는
     * 최종적으로 TTY wakeup 처리 함수를 호출하고,
     * 회선 규범에게 저수준의 드라이버가 추가적인 송신 데이터를
     * 수신할 준비가 되었음을 알린다.
     */
    if(uart_circ_chars_pending(xmit) < WAKEUP_CHARS)
        uart_write_wakeup(port);

    if(uart_circ_empty(xmit))
        my_uart_stop_tx(port, 0);
}
```

(계속)

```c
static void my_uart_stop_tx(struct uart_port *port, unsigned int c)
{
   STOP_TX( );
}

static void my_uart_start_tx(struct uart_port *port, unsigned int start)
{
   START_TX( );
   my_uart_char_tx(port);
}

/* 비어 있지 않으면 0을 반환한다. */
static unsigned int my_uart_tx_empty(struct uart_port *port)
{
   return (TX_EMPTY( )? TIOCSER_TEMT : 0);
}
```

5.1.2 데이터 전송

데이터 전송에 사용되는 함수는 리스트 5.3에 나타내었다. 전송은 my_uart_start_tx( ) 함수를 통해 시작된다. 이 함수는 회선 규범이 전송을 시작하는 과정에서 호출한다. 첫 번째 문자[2]가 전송된 후에, 나머지 데이터들에 대한 전송은 회선 규범 계층이 전송한 모든 데이터가 큐에서 사라질 때까지 인터럽트 처리 함수가 담당한다. 이것은 일반적인 전송 함수인 my_uart_char_tx( ) 함수를 통해 구현된다. UART 코어는 전송할 데이터를 저장하기 위한 원형 버퍼 메커니즘을 제공한다. UART 코어는 이 버퍼에서 사용할 수 있는 다음과 같은 매크로들을 제공하며, 이 드라이버에서도 이들을 이용한다.

✤ uart_circ_empty( ): 버퍼가 비었는지 검사한다.
✤ uart_circ_clear( ): 버퍼를 비운다.
✤ uart_circ_chars_pending( ): 버퍼 내의 전송되지 않은 문자의 수를 반환한다.

5.1.3 데이터 수신

데이터 수신은 인터럽트 처리 함수 내에서 처리한다. 그림 5.4에 보이는 순서도는 데이터가

역자 주 │ 2) 여기서 문자(character)란 C 언어에서의 char형 데이터(1바이트)를 말한다.

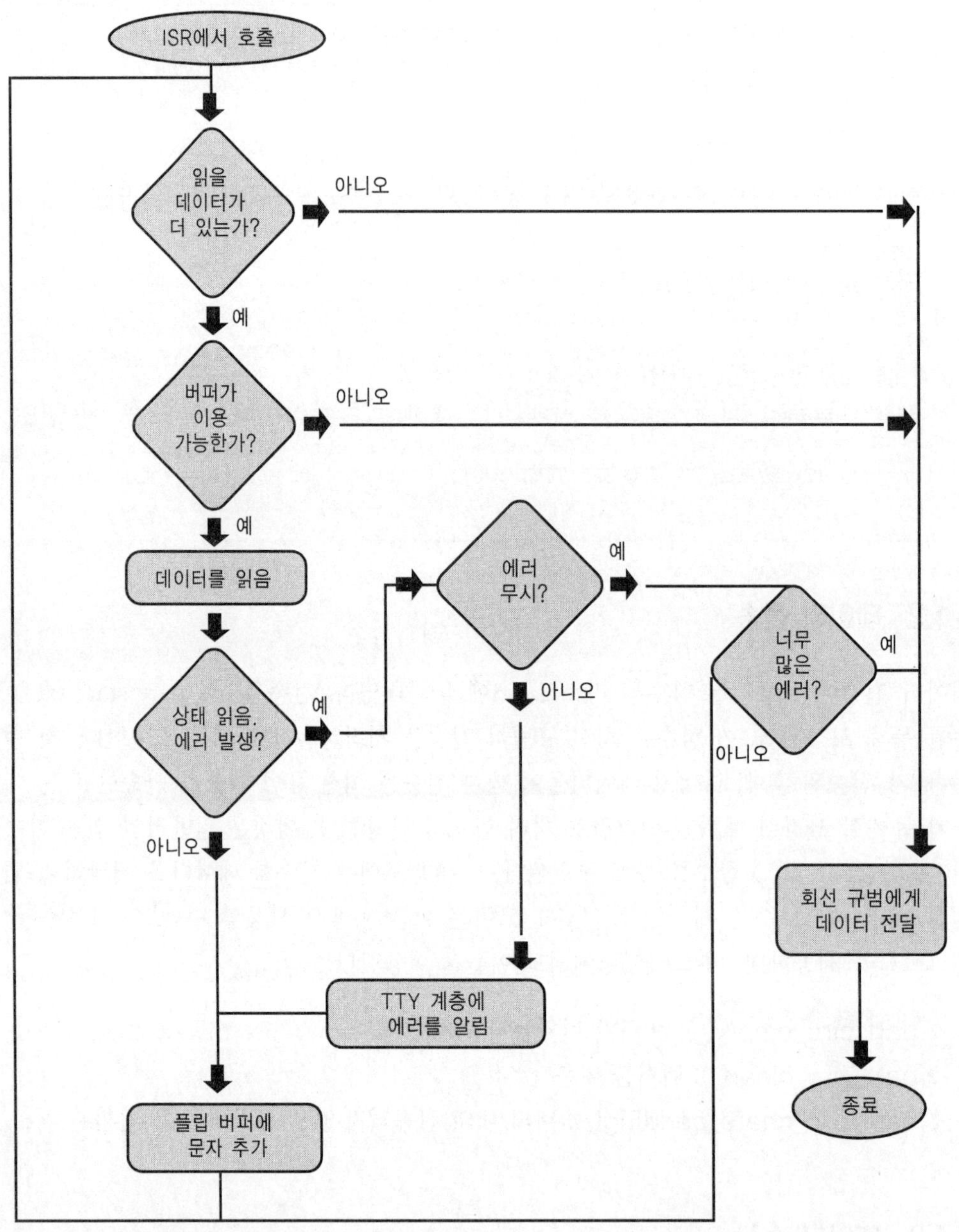

그림 5.4 수신 경로 순서도

수신되는 경로를 설명한다.

수신 과정의 기본은 TTY 플립(flip) 버퍼이다. 이것은 TTY 계층에서 제공하는 한 쌍의 버퍼이다. 회선 규범이 데이터 수신을 위해 한 버퍼를 사용하고 있을 때, 다른 버퍼는 송신용으로 사용할 수 있다. TTY 계층은 이 플립 버퍼에 접근할 수 있는 표준 API를 제공한다. 우리는 오직 수신된 문자를 이용 가능한 플립 버퍼에 추가하는 함수와 플립 버퍼에 있는 데이터를 회선 규범에게 보내는(flush) 함수만이 필요하며, 이들은 각각 tty_insert_flip_char( ) 함수와 tty_flip_buffer_push( ) 함수에 해당한다. my_uart_char_rx( ) 함수와 my_uart_stop_rx( ) 함수는 리스트 5.4에 나타내었다.

리스트 5.4 수신 함수

```
void my_uart_char_rx(struct uart_port *port)
{
   struct tty_struct *tty = port->info->tty;
   struct uart_icount *icount = &port->icount;
   unsigned int i=0;

   while(CHAR_READY( ))
   {
      unsigned char c;
      unsigned char flag = TTY_NORMAL;
      unsigned char st = READ_RX_STATUS( );

      if(tty->flip.count >= TTY_FLIPBUF_SIZE)
              break;

      c = READ_CHAR( );

      icount->rx++;

      if(st & (PARITY_ERROR | FRAME_ERROR | OVERRUN_ERROR) )
      {
              if(st & PARITY_ERROR)
                      icount->parity ++;
              if(st & FRAME_ERROR)
                      icount->frame ++;
              if(st & OVERRUN_ERROR)
                      icount->overrun ++;
```

(계속)

```
                    /*
                     * 에러를 무시할 수 있는 상황이면 아래 부분을 실행한다.
                     */
                    if(st & port->ignore_status_mask)
                    {
                            if(++i > IGNORE_ERROR_NUM)
                                    break;
                            goto ignore;
                    }

                    /*
                     * 무시할 수 없다면 에러를 보고한다.
                     */
                    st &= port->read_status_mask;
                    if(st & PARITY_ERROR) flag = TTY_PARITY;
                    if(st & FRAME_ERROR) flag = TTY_FRAME;
                    /*
                     * 오버런(overrun)은 특별한 경우로,
                     * 데이터를 읽는 데 영향을 주지 않는다.
                     */
                    if(st & OVERRUN_ERROR)
                    {
                            tty_insert_flip_char(tty, c, flag);
                            c = 0;
                            flag = TTY_OVERRUN;
                    }
            }
        tty_insert_flip_char(tty,c,flag);

ignore:
    }
  tty_flip_buffer_push(tty);
}

static void my_uart_stop_rx(struct uart_port *port)
{
  STOP_RX( );
}
```

5.1.4 인터럽트 처리 함수

이제 데이터의 전송과 수신을 처리하는 인터럽트 처리 함수를 살펴보자.

```
static irqreturn_t my_uart_irq_handler(int irq, void *dev_id,
                                        struct pt_regs *regs)
{
  unsigned int st= READ_INTERRUPT_STATUS( );

  if(st & TX_INT_MASK) my_uart_char_tx(&my_uart_port);
  if(st & RX_INT_MASK) my_uart_char_rx(&my_uart_port);

  return IRQ_HANDLED;
}
```

5.1.5 Termios 설정

마지막으로 termios 설정을 수행하는 함수에 대해 살펴볼 것이다. termios는 여러 옵션들을 포함하는 터미널 설정의 집합이며, 이를 대략적으로 분류하면 다음과 같다.

  ✛ 전송 속도(baud rate), 데이터 비트 수, 패리티 방식, 스톱 비트 수 등의 제어 옵션
  ✛ 라인 옵션, 입력 옵션, 출력 옵션

termios 설정은 여러 TTY 계층에 걸쳐 구현되며, 저수준의 드라이버에서는 오직 제어 옵션에만 관심을 가지면 된다. 이러한 제어 옵션은 termios 구조체의 c_cflag 필드를 사용해 설정된다. 리스트 5.5에 보이는 my_uart_set_termios( ) 함수는 이러한 옵션들을 설정한다.

리스트 5.5 termios 설정

```
static void my_uart_set_termios(struct uart_port *port,
                                struct termios *termios,
                                struct termios *old)
{
  unsigned int c_cflag = termios->c_cflag;
  unsigned int baud=9600, stop_bits=1, parity=0, data_bits=8;
  unsigned long flags;

  /* 데이터 비트 수를 계산한다. */
  switch (c_cflag & CSIZE) {
    case CS5: data_bits = 5; break;
    case CS6: data_bits = 6; break;
    case CS7: data_bits = 7; break;
```

(계속)

```
        case CS8: data_bits = 8; break;
        default: data_bits = 8;
    }

    if(c_cflag & CSTOPB) stop_bits = 2;

    if(c_cflag & PARENB) parity = 1;
    if(c_cflag & PARODD) parity = 2;

    /*
     * 이 장치는 9600과 19200의 전송 속도만을 지원한다.
     * 따라서 나머지 경우도 이 둘 중의 하나로 변환한다.
     */
    baud = uart_get_baud_rate(port, termios, old, 9600, 19200);

    spin_lock_irqsave(&port->lock, flags);
    SET_SPEED(baud);
    SET_STOP_BITS(stop_bits);
    SET_PARITY(parity);
    SET_BITS(data_bits);

    port->read_status_mask = OVERRUN_ERROR;

    if(termios->c_iflag & INPCK)
        port->read_status_mask |= PARITY_ERROR | FRAME_ERROR;
    port->ignore_status_mask = 0;

    if(termios->c_iflag & IGNPAR)
        port->ignore_status_mask |= PARITY_ERROR | FRAME_ERROR;

    spin_unlock_irqrestore(&port->lock, flags);
}
```

5.2 이더넷 드라이버

리눅스에서는 네트워크 드라이버를 별도의 드라이버 클래스로 다룬다. 네트워크 드라이버
는 파일 시스템과 연관되지 않고 (이더넷 인터페이스와 같은) 서브시스템 인터페이스와 관련
되어 있다. 응용 프로그램은 네트워크 디바이스 드라이버와 직접 통신하지 않고 소켓이나
IP 주소 등을 이용한다. 네트워크 계층은 소켓을 통해 이루어진 요청을 네트워크 드라이버
로 전달한다. 이 절에서는 2.4 커널에서 이더넷 드라이버를 작성하는 과정을 살펴볼 것이다.

이 절에서는 이더넷 드라이버의 구조를 설명하기 위해 가상의 이더넷 하드웨어를 사용할 것이다. 이 이더넷 카드는 프로세서 주소 공간에 직접 연결되어 있고, 장치의 레지스터와 내부 메모리는 프로세서의 주소 공간에 직접 매핑되어 있다. 여기서는 송신과 수신을 위한 두 개의 메모리 뱅크가 있다고 가정할 것이다. 설명의 편의를 위해 DMA를 사용하지 않고, 이더넷 카드와 시스템 RAM 간의 데이터 전송을 위해 memcpy( ) 함수를 사용할 것이다.

또한 다음과 같은 함수/매크로들이 이용 가능하다고 가정할 것이다.

- ❖ NW_IOADDR: 이것은 카드의 IO 영역에 접근하기 위한 기본 주소이다. 이것은 시스템 초기화 과정에서 올바른 주소로 정해진다고 가정한다.
- ❖ NW_IRQ: 네트워크 카드가 사용하는 인터럽트 라인이다.
- ❖ FILL_ETHER_ADDRESS: 주어진 이더넷 주소 값을 하드웨어에 프로그램하기 위한 매크로이다.
- ❖ INIT_NW: 네트워크 카드의 초기화 루틴이다.
- ❖ RESET_NW: 네트워크 카드의 리셋 루틴이다.
- ❖ READ_INTERRUPT_CONDITION: 인터럽트의 원인이 무엇인지 알려 주는 매크로이다. 여기서는 새로운 데이터의 수신, 전송 종료의 두 가지 경우만이 존재할 것이다.
- ❖ FILL_TX_NW: 전송 시에 사용되는 루틴으로, 네트워크 버퍼 내의 데이터를 하드웨어 메모리로 복사한다.
- ❖ READ_RX_NW: 수신 시에 사용되는 루틴으로, 하드웨어 메모리 내의 데이터를 네트워크 버퍼로 복사한다.

5.2.1 장치 초기화

리눅스는 장치에 필요한 모든 정보들을 포함하는 net_device 구조체를 이용한다. 이 구조체는 include/linux/netdevice.h 파일에 선언되어 있으며, 드라이버 설정과 드라이버에서 제공하는 함수들의 포인터와 같은 고수준의 정보와 큐 사용 정책이나 커널 내부적으로 사용되는 프로토콜의 포인터와 같은 저수준의 정보를 모두 포함한다. 이 절에서는 드라이버에서 이 구조체를 어떻게 사용하는지를 설명한다.

커널 빌드 시에, CONFIG_NET, CONFIG_NETDEVICES, CONFIG_NET_ETHERNET 옵션을 활성화시킨다. 이를 활성화시키는 방법은 네트워크 드라이버가 모듈로 로드될 수 있도록 하는 것과 네트워크 드라이버를 커널의 일부로 링크시키는 것의 두 가지가 있다. 아래에서 이 두 가지 방법을 모두 설명한다.

디바이스 드라이버가 커널 주소 공간으로 직접 링크되면 커널은 net_device 구조체를 할당한다. 드라이버는 커널 시작 시에 호출될 검출 루틴을 제공해야 한다. drivers/net/space.c 파일[3]은 여러 하드웨어 장치를 위해 사용되는 검출 루틴들을 포함하고 있으며, 우리가 사용할 이더넷 장치에 대한 검출 루틴도 여기에 포함시켜야 한다. 각 이더넷 장치는 (해당 아키텍처와 버스에 따른 머신에 관련된) 고유한 검출 목록과 연관된다. 일단 검출 목록이 확인되면, 다음과 같이 해당 목록에 검출 함수를 추가한다.

```
#ifdef TEST_HARDWARE
   {lxNWprobe, 0},
#endif
```

장치 초기화 과정에서 커널은 검출 함수를 호출한다. 우리의 경우에는 lxNWprobe 함수가 호출될 것이다. 이 함수의 인수에는 장치 이름 등의 기본 값이 설정된 net_device 구조체가 포함된다.[4] net_device 구조체의 나머지 부분을 채우는 것은 검출 함수의 몫이다. 우리는 이 카드가 시스템에 포함된 유일한 이더넷 카드라고 가정할 것이므로, 더 이상의 하드웨어 검출 과정은 필요치 않다. lxNWprobe 함수는 리스트 5.6에 나타내었다.

드라이버가 커널 모듈로 작성되면, net_device 구조체는 모듈에 의해 할당되고, register_netdev( ) 함수를 이용하여 명시적으로 등록된다. 이 함수는 장치에 이름을 할당하고 초기화 함수(우리의 경우는 lxNWprobe가 될 것이다)를 호출한 뒤, 장치를 네트워크 장치의 체인에 추가하고 상위 계층의 프로토콜에 새로운 장치가 추가되었음을 알린다.

```
#ifdef MODULE

static struct net_device dev;

static int init_module(void)
{
   dev.init = lxNWprobe;
   register_netdev(&dev);
```

역자 주 │ 3) 이후의 버전에서는 drivers/net/setup.c 파일을 사용한다.

저자 주 │ 4) 이더넷 장치는 기본적으로 'eth0'부터 'eth7' 사이의 이름으로 초기화된다.

```
    return 0;
}

static void cleanup_module(void)
{
    unregister_netdev(&dev);
}

module_init(init_module);
module_exit(cleanup_module);

#endif
```

리스트 5.6 검출 함수

```
int __init lxNWprobe(struct net_device *dev)
{
    /*
     * 이 함수는 드라이버가 모듈로 사용되는 경우에만
     * 장치의 소유자(모듈)를 초기화한다.
     */
    SET_MODULE_OWNER(dev);

    /*
     * IO 영역의 시작 수소를 설정한다.
     * 이 주소는 inb( )/outb( ) 계열의 커맨드에서 사용된다.
     */
    dev->base_addr = NW_IOADDR;

    dev->irq = NW_IRQ;

    /*
     * 이더넷 주소를 설정한다.
     * 이 주소는 보통 초기 부트 설정에서 얻어온다.
     */
    FILL_ETHER_ADDRESS(dev->dev_addr);

    /* IRQ를 요청한다. */
    request_irq(dev->irq, lxNW_Isr, 0, "NW", dev);

    /* 칩의 초기화를 수행한다. */
    RESET_NW( );
```

(계속)

```
    /* dev 구조체의 중요한 함수 정보들을 채운다. */
    dev->open = lxNW_open;
    dev->hard_start_xmit = lxNW_SendPacket;
    dev->stop = lxNW_close;
    dev->get_stats = lxNW_get_stats;
    dev->set_multicast_list = lxNW_set_multicast_list;
    dev->watchdog_timeo = HZ;
    dev->set_mac_address = lxNW_set_max_address;

    /*
     * ether_setup 함수는 이더넷에 관련된 기본적인 필드들을 채운다.
     * 여기서 중요한 필드는 장치별로 관리하는 전송 큐의 길이로
     * 기본 값은 100으로 설정된다. 또한 dev->flags 필드는
     * IFF_BROADCAST와 IFF_MULTICAST 플래그가 설정된다.
     * 이는 각각 장치가 브로드캐스팅과 멀티캐스팅을 지원한다는 의미이다.
     * 장치가 이를 지원하지 않으면 이 플래그들은 명시적으로 지워져야 한다.
     */

    ether_setup(dev);

    return 0;
}
```

open 함수는 장치가 DOWN 상태에서 UP 상태로 변경될 때마다 호출된다.

```
static int lxNW_open(struct net_device *dev)
{

    RESET_NW( ); INIT_NW( );

    /* 장치의 전송 큐를 시작한다. */
    netif_start_queue(dev);
}
```

close 함수는 장치가 UP 상태에서 DOWN 상태로 변경될 때마다 호출된다.

```
static int lxNW_close(struct net_device *dev)
{
    RESET_NW( );

    /* 장치의 전송 큐를 중지한다. */
    netif_stop_queue(dev);
}
```

5.2.2 데이터 송수신

드라이버에서 하드웨어로 패킷을 전송하는 것은 커널(네트워크 계층 3 스택), 드라이버의 전송 루틴, 인터럽트 처리 함수, 하드웨어 간의 데이터 흐름 제어를 포함하는 복잡한 과정을 통해 이루어진다. 데이터 전송의 구현은 하드웨어의 전송 능력에 따라 달라진다. 우리가 예제에서 살펴볼 장치는 오직 하나의 전송 버퍼를 갖는다. 따라서 소프트웨어는 하드웨어가 네트워크로 데이터를 전송 중인 경우, 하드웨어의 전송 버퍼가 겹쳐 써지지(over- write) 않도록 보호해야 한다. 리눅스에서 패킷의 송수신을 위해 사용하는 버퍼는 skbuff라고 한다.

커널은 각 장치마다 기본 크기 100인 전송 큐를 유지하며, 이 큐에 대한 두 가지 연산이 존재한다.[5]

1. 패킷을 큐에 추가하는 연산. 이것은 프로토콜 스택에서 처리된다.
2. 큐에서 패킷을 제거하는 연산. 이 연산의 결과는 디바이스 드라이버의 전송 API로 넘겨지는 버퍼이다.

두 번째 단계에서는 전송 API를 통해 버퍼의 데이터를 하드웨어로 복사한다. 이 경우 하드웨어는 제한된 공간을 가지므로 이 함수는 하드웨어가 버퍼를 처리하고 있는 동안 다시 호출되어서는 안 된다. 오직 인터럽트를 통해 전송이 끝났음을 알고 난 뒤에야, 하드웨어를 안전하게 사용할 수 있으므로 그때 이 함수를 호출한다.[6] 리눅스 거널은 다음과 같은 세 힘수를 이용하여 이 기능을 제공한다.

✤ netif_start_queue: 이것은 드라이버가 상위 계층에게 더 많은 데이터를 전송하기 위해 드라이버의 전송 API를 호출해도 안전하다는 것을 알려 주기 위해 사용하는 함수이다.
✤ netif_stop_queue: 이것은 드라이버가 상위 계층에게 전송 버퍼가 가득 찼으니 드라이버의 전송 API를 호출하면 안 된다는 것을 알려 주기 위해 사용하는 함수이다.

저자 주 | 5) 이 전송 큐는 qdisc라는 이름으로 더 잘 알려져 있다(왜냐하면 모든 큐는 어떤 패킷을 큐에 넣고 뺄지를 결정하는 메커니즘을 제공하는 큐 규범(queue discipline)을 가질 수 있기 때문이다).

역자 주 | 6) 이것은 하드웨어의 전송이 비동기적으로 완료되기 때문이다. 즉, 드라이버에서 하드웨어에게 패킷을 전송하라고 명령을 내리면 소프트웨어적인 전송의 처리는 끝나지만, 실질적인 하드웨어는 아직 처리를 완료하지 않은(즉, 처리 중인) 상태가 된다. 하드웨어의 전송 처리가 끝났다는 것은 오직 전송 종료 인터럽트를 통해서만 알 수 있으며, 드라이버는 이 인터럽트 이후에 다른 데이터를 받아들이도록 해야 한다.

❖ netif_wake_queue: 리눅스는 **전송 종료** 인터럽트가 발생되고 상위 스택에서 디바이스 드라이버로 패킷을 보내는 것이 비활성화되어 있는 경우 자동으로 패킷을 내보내는 소프트 IRQ를 제공한다. 이 소프트 IRQ는 큐에 있는 다음 패킷을 내보내기 위해 디바이스 드라이버의 전송 API를 호출한다. 인터럽트 처리 함수에서 netif_wake_queue( ) 함수를 호출하면 이 소프트 IRQ가 시작된다.[7]

따라서 하드웨어에 따라, 위와 같은 함수들을 호출하여 전송 제어를 수행할 필요가 있다. 경험적으로 다음과 같은 규칙이 존재한다.

❖ 드라이버의 전송 API가 버퍼 크기의 문제로 qdisc에서 패킷을 꺼내지 않는다면, 인터럽트 처리 함수에서 netif_wake_queue( ) 함수를 이용해 qdisc에서 패킷을 꺼내도록 소프트 IRQ를 재실행(rearrange)시켜야 한다.

❖ 하지만 전송 API가 호출될 때 하드웨어에 여분의 공간이 남아 있다면, 상위 계층에서 다시 호출될 수 있으며 netif_stop_queue( ) 함수가 호출될 필요가 없다.

위의 예제 드라이버에서는 전송 완료 인터럽트가 발생할 때까지 디바이스 드라이버의 전송 함수가 호출되는 것을 중지시킬 필요가 있다. 따라서 패킷이 전송되고 있는 경우에는 상위 수준의 스택에서는 단지 qdisc에 패킷을 넣을 수만 있으며 qdisc에서 패킷을 꺼낼 수는 없다.

데이터의 수신은 상대적으로 간단하다. 데이터가 수신되면 skbuff를 할당하고, 패킷을 처리할 소프트 IRQ를 시작시키는 netif_rx( ) 함수를 호출한다(리스트 5.7 참조).

리스트 5.7 송수신 함수

```
static void lxNW_Isr(int irq, void *id, struct pt_regs *regs)
{
    struct net_device *dev = id;

    switch (READ_INTERRUPT_CONDITION( ))
    {
        case TX_EVENT:
                netif_wake_queue(dev);
```

(계속)

역자 주 | 7) netif_wake_queue( ) 함수는 netif_start_queue( ) 함수와 동일한 기능을 수행하며, 추가적으로 이전에 netif_stop_queue( ) 함수가 호출되어 있는 상태였다면 소프트 IRQ를 실행시킨다.

```c
                break;
        case RX_EVENT:
                lxNW_Receive(dev);
                break;
    }

}

static int lxNW_SendPacket(struct sk_buff *skb,
                           struct net_device *dev)
{
    /* 소프트 IRQ가 시작될 수 있으므로 인터럽트를 비활성화한다. */
    disable_irq(dev->irq);
    netif_stop_queue(dev);
    FILL_TX_NW(skb);
    enable_irq(dev->irq);
    dev_kfree_skb(skb);

    return 0;

}

static void lxNW_Receive(struct net_device *dev)
{
    struct sk_buff *skb;

    /*
     * 프레임의 길이를 얻은 후에 skbuff를 할당한다.
     */
    skb = dev_alloc_skb(READ_RX_LEN( ) + 2);

    /* 16바이트로 정렬한다. */
    skb_reserve(skb,2);

    skb->dev = dev;
    READ_RX_NW(skb);
    skb->protocol = eth_type_trans(skb,dev);
    netif_rx(skb);
}
```

5.3 리눅스의 I2C 서브시스템

I2C(Inter IC)[8]는 필립스 반도체(Philips Semiconductor)에서 1980년대 초반에 개발한 2 라인의 직렬 버스이다. I2C는 원래 TV 보드에 여러 IC들을 연결하여 사용하기 위해 개발되었지만, 손쉬운 사용법과 보드 설계의 간편함 때문에 널리 쓰이는 표준이 되었으며, 지금은 여러 가지 설정을 통해 다양한 주변 장치들을 연결하는 데 사용되고 있다. 초기의 I2C는 저속의 버스였지만, 기술이 계속 발전하여 지금은 100KB/sec부터 3.4MB/sec에 이르는 다양한 속도를 지원한다. I2C 버스는 보드 공간의 절약, 하드웨어의 비용 절감, 손쉬운 디버깅 기능 등의 다양한 이점이 있다.

오늘날 I2C 버스는 대부분의 임베디드 시스템에서 사용되며, I2C 버스를 지원하지 않는 보드를 찾아보기가 힘들다. 이 절에서는 리눅스의 I2C 서브시스템에 대해서 살펴볼 것이다. 하지만 먼저 I2C 버스가 동작하는 방법에 대해서 간략히 살펴보기로 하자.

5.3.1 I2C 버스

I2C 버스는 SDA(데이터) 라인과 SCL(클록) 라인이라는 두 개의 라인을 갖는다. SDA 라인은 주소, 데이터, ACK(acknowledgment)와 같은 정보를 한 비트씩 전송한다. 송신 측과 수신 측은 클록 라인을 통해 동기화된다. 하나의 I2C 버스상에 많은 I2C 장치들이 연결될 수 있으며, 각 장치는 마스터와 슬레이브로 구분된다. 마스터는 전송을 시작하거나 종료할 수 있으며, 클록 라인의 신호를 생성할 수 있는 장치이다. 슬레이브는 마스터에 의해서 지정되는 장치이다. 마스터는 송신과 수신이 가능하며, 이는 슬레이브도 마찬가지이다. I2C 버스상의 각 장치는 장치를 구별(identify)하기 위해 사용되는 7비트 혹은 10비트 길이의 주소를 갖는다. 그림 5.5는 I2C 버스에 대한 구현 예제를 보여준다.

I2C 버스상의 데이터 전송은 다음과 같은 단계로 나뉜다.

✿ 아이들 단계: I2C 버스가 사용되지 않을 때이다. SDA와 SCL 라인은 모두 하이(HIGH) 상태로 유지된다.

역자 주 | 8) I2C는 원래 I²C라고 표기하며 IIC에서 I가 2개이므로 I의 제곱에 C를 붙인 형태가 된다. 발음할 때는 '아이-스퀘어-씨' 라고 읽는다.

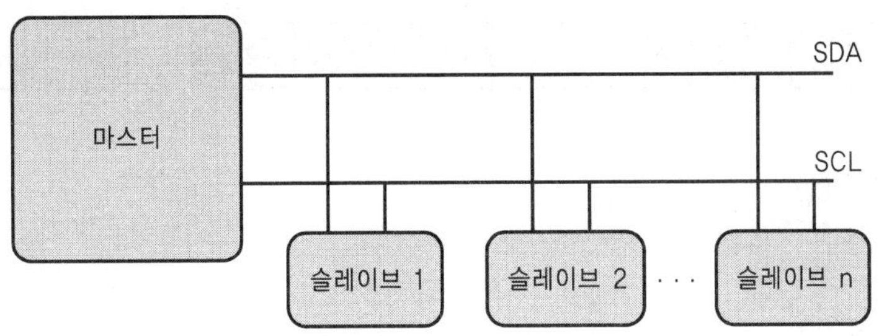

그림 5.5 I2C 버스

❖ **시작 단계:** SCL 라인이 하이를 유지하고 있는 동안 SDA 라인이 하이에서 로우(LOW) 상태로 변경될 때이다. 이것은 데이터 단계가 시작됨을 알리는 것으로 마스터만이 이 단계로 만들 수 있다.

❖ **주소 단계:** 이 단계에서 마스터는 원하는 슬레이브 장치의 주소와 전송 모드(읽기 혹은 쓰기) 정보를 보낸다. 슬레이브 장치는 이에 대한 ACK를 보내 응답해야 하며, 이 경우 데이터 단계가 시작된다.

❖ **데이터 (전송) 단계:** 데이터가 I2C 버스를 통해 비트 단위로 전송된다. 각 바이트의 전송이 끝나면 수신 측에서는 송신 측으로 한 비트의 ACK 신호를 보내야 한다.

❖ **종료 단계:** 마스터는 전송을 종료하기 위해 SCL 라인이 하이로 유지되는 동안 SDA 라인을 로우에서 하이로 변경한다.

다음은 그림 5.6에 보이는 것처럼 마스터가 슬레이브 장치로 데이터를 전송하기 위한 과정이다.

1. 마스터는 시작 단계의 신호를 보낸다.
2. 마스터는 데이터를 전송할 슬레이브 장치의 주소와 쓰기 모드 정보를 보낸다.
3. 슬레이브는 마스터에게 ACK를 보낸다.
4. 마스터는 슬레이브 장치상에 데이터가 쓰여질 주소 값을 보낸다.
5. 슬레이브는 마스터에게 ACK를 보낸다.
6. 마스터는 SDA 버스상에 데이터를 보낸다.
7. 각 바이트가 전송될 때마다, 슬레이브는 ACK 비트를 보낸다.
8. 원하는 크기만큼의 데이터가 전송될 때까지 위의 두 단계를 반복한다. 데이터가 쓰일 주소 값은 자동으로 증가한다.
9. 마스터는 종료 단계의 신호를 보낸다.

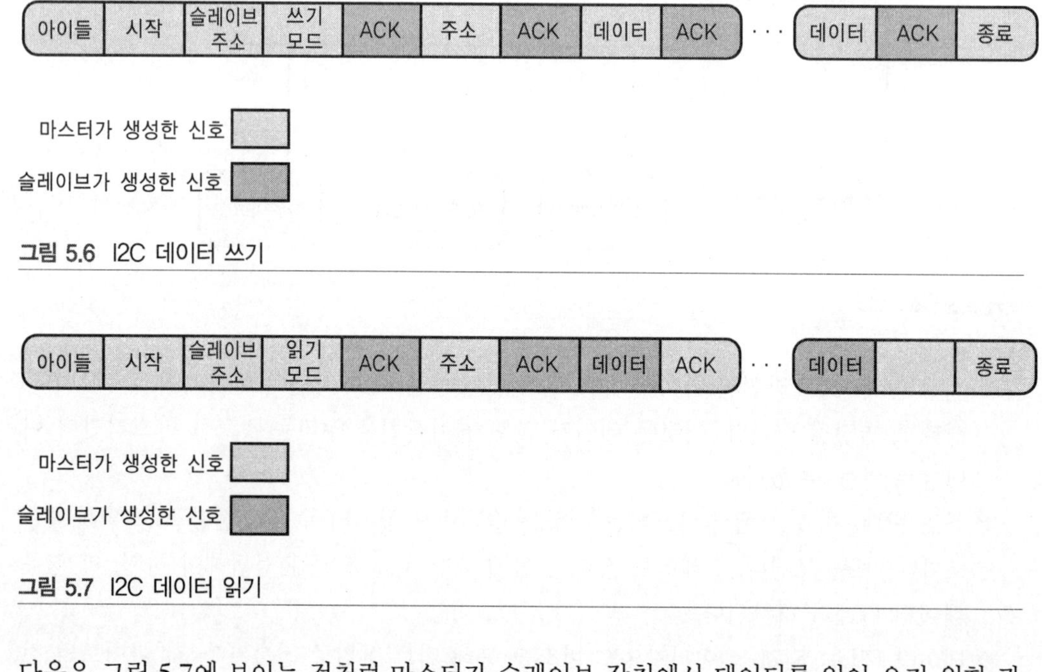

그림 5.6 I2C 데이터 쓰기

그림 5.7 I2C 데이터 읽기

다음은 그림 5.7에 보이는 것처럼 마스터가 슬레이브 장치에서 데이터를 읽어 오기 위한 과정이다.

1. 마스터는 시작 단계의 신호를 보낸다.
2. 마스터는 데이터를 전송할 슬레이브 장치의 주소와 읽기 모드 정보를 보낸다.
3. 슬레이브는 마스터에게 ACK를 보낸다.
4. 마스터는 슬레이브 장치에서 데이터를 읽어 올 주소 값을 보낸다.
5. 슬레이브는 마스터에게 ACK를 보낸다.
6. 슬레이브는 SDA 버스상에 데이터를 보낸다.
7. 각 바이트가 전송될 때마다, 마스터는 ACK 비트를 보낸다.
8. 원하는 크기만큼의 데이터가 전송될 때까지 위의 두 단계를 반복한다. 데이터가 쓰일 주소 값은 자동으로 증가한다. 하지만 마지막 바이트에 대해서는 마스터는 ACK를 보내지 않는다. 이것은 슬레이브가 더 이상 데이터를 전송하지 않도록 해 준다.
9. 마스터는 종료 단계의 신호를 보낸다.

5.3.2 I2C 소프트웨어 구조

I2C 서브시스템은 2.6 커널에서 크게 변경되었다. 이 절에서는 2.6 커널의 I2C 서브시스템에 대해서 설명한다. I2C 버스 자체는 매우 단순하지만, 리눅스의 I2C 서브시스템 구조는 꽤 복잡하므로 예제를 통해 알아보기로 하자.

우리가 사용할 보드가 그림 5.8과 같은 구조로 I2C를 사용한다고 가정하자. 그림 5.8에서는 보드상에 두 개의 I2C 버스가 존재하며, 각각의 I2C 버스는 PCF8584 형식의 I2C 버스 어댑터가 제어한다. 이 어댑터들은 각각 해당 버스에 대해 I2C 마스터로 동작하고 CPU 버스와 I2C 버스 간의 인터페이스를 처리한다. 따라서 CPU는 이 어댑터들을 이용하여 어느 I2C 버스상에 있는 장치와도 통신할 수 있다. 첫 번째 I2C 버스는 두 개의 EEPROM 장치가 연결되어 있으며, 두 번째 버스에는 RTC가 연결되어 있다.

다음은 리눅스 I2C 서브시스템에서 정의하는 논리적인 소프트웨어 요소들이다.

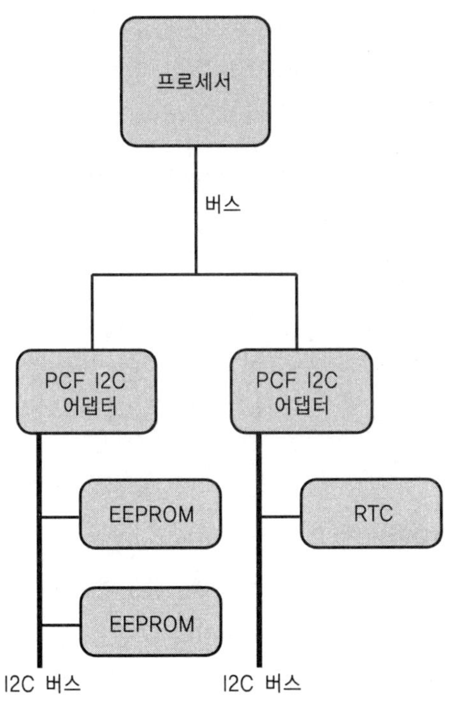

그림 5.8 I2C 버스 구성 예제

- ❖ I2C 알고리즘 드라이버: 각 I2C 버스 어댑터는 각각 프로세서와 I2C 버스 간의 인터페이스를 담당하는 방식을 갖고 있다. 위의 예제에서 두 버스 어댑터는 모두 PCF 형식의 인터페이스를 사용하고, PCF 형식은 버스 어댑터가 구현해야 할 레지스터와 데이터를 송수신하기 위한 알고리즘을 정의한다. 알고리즘 드라이버는 기본 데이터 핸드셰이크 루틴(송신과 수신)을 구현한다. 예를 들어, 그림 5.8에는 PCF8584 알고리즘 드라이버 하나만을 제공한다.

- ❖ I2C 어댑터 드라이버: 이것은 I2C 서브시스템의 BSP 계층이라고 생각할 수 있다. I2C 어댑터 드라이버와 알고리즘 드라이버는 함께 시스템의 I2C 버스를 구동시킨다. 위의 예제에서 우리는 시스템상의 두 버스에 대한 두 개의 I2C 어댑터 드라이버를 정의한다. 이들은 모두 PCF8584 알고리즘 드라이버와 연계되는 어댑터 드라이버이다.

- ❖ I2C 슬레이브 드라이버: 슬레이브 드라이버는 I2C 버스상에 있는 특정한 종류의 슬레이브 장치에 접근하기 위한 루틴들을 포함한다. 위의 예제에서는 첫 번째 I2C 버스의 EEPROM에 접근하기 위한 것과 두 번째 I2C 버스의 RTC 칩에 접근하기 위한 두 가지 슬레이브 드라이버를 필요로 한다.

- ❖ I2C 클라이언트 드라이버: I2C 버스를 통해 접근되는 각 하드웨어는 하나의 클라이언트 드라이버를 갖고 있다. 슬레이브 드라이버와 클라이언트 드라이버는 함께 사용된다. 위의 예제에서는 두 개의 EEPROM을 위한 클라이언트 드라이버와 하나의 RTC 클라이언트 드라이버, 총 세 개의 클라이언트 드라이버를 정의해야 한다.

I2C 서브시스템을 왜 이렇게 복잡하게 나누어 놓았을까? 이것은 소프트웨어의 재사용성과 이식성을 높이기 위해서이다(대신 소프트웨어의 복잡성이 증가되는 결과를 낳았다). I2C 서브시스템은 커널 소스 트리의 drivers/i2c 디렉토리에 위치한다. 이 디렉토리에는 여러 버스 어댑터 드라이버를 포함하는 busses 디렉토리와 여러 알고리즘 드라이버를 포함하는 algos 디렉토리, 그리고 여러 슬레이브와 클라이언트 드라이버를 포함하는 chips 디렉토리가 존재한다. 전체 I2C 서브시스템 중 일반적인 부분은 I2C 코어라고 하며 drivers/i2c/i2c-core.c 파일에 구현되어 있다.

알고리즘과 버스 어댑터 드라이버

이러한 드라이버들을 작성하는 법을 이해하기 위해, 리눅스의 PCF8584 알고리즘 드라이버와 이 알고리즘을 사용하는 버스 어댑터 드라이버의 구현을 살펴보기로 한다. 소스 코드를 살펴보기 전에 먼저 PCF8584의 I2C 인터페이스에 대해 간략하게 알아보자. PCF8584는 표준의 고속 병렬 버스와 I2C 버스 간의 인터페이스를 담당하는 장치로 I2C 버스와 마이크로 컨트롤러의 병렬 버스 간의 데이터 전송을 처리하며, 인터럽트나 폴링 방식의 핸드셰이크를 사용한다. PCF8584는 I2C 버스 어댑터상의 다음과 같은 레지스터들을 정의한다.

- S0: 데이터 버퍼/시프트 레지스터로 프로세서 버스와 I2C 버스 간의 병렬-직렬 변환을 수행한다.
- S0': 초기화 시에 설정되는 내부 주소 레지스터
- S1: 버스 접근 및 제어에 사용되는 제어 및 상태 레지스터
- S2: 클록 레지스터
- S3: 인터럽트 벡터 레지스터

필립스 반도체 웹 사이트에서 다운로드 받을 수 있는 PCF8584의 데이터 시트는 초기화 및 데이터 송수신을 위해 레지스터를 설정하는 방법에 대한 자세한 정보를 포함하고 있다.

각 알고리즘 드라이버는 include/linux/i2c.h 파일에 선언된 i2c_algorithm 구조체와 연관된다. 이 구조체는 실제 I2C 송수신 알고리즘을 구현하는 함수의 포인터를 저장하는 master_xfer 필드를 포함한다. 이 구조체의 다른 중요한 필드들은 다음과 같다.

- name: 알고리즘의 이름
- id: 각 알고리즘은 고유한 숫자(ID)를 통해 구분되며 이러한 ID 값은 include/linux/i2c-id.h 파일에 정의되어 있다.
- algo_control: ioctl과 비슷한 함수에 대한 포인터
- functionality: (I2C 드라이버가 지원하는 메시지의 타입 등과 같이) 어댑터가 지원하는 기능을 반환하는 함수에 대한 포인터

```
static struct i2c_algorithm pcf_algo = {
    .name          = "PCF8584 algorithm",
    .id            = I2C_ALGO_PCF,
    .master_xfer   = pcf_xfer,
    .functionality = pcf_func,
};
```

알고리즘 드라이버 자체는 I2C 버스 어댑터 드라이버와 함께 사용되지 않으면 의미가 없다. PCF 알고리즘 드라이버는 이를 위해 i2c_pcf_add_bus( )라는 바인딩 함수를 제공한다. 각 어댑터 드라이버는 (include/linux/i2c.h 파일에 선언된) i2c_adapter 구조체를 정의한다. 어댑터 드라이버는 i2c_adapter 구조체의 포인터를 인수로 하여 i2c_pcf_add_bus( ) 함수를 호출한다. 어댑터 드라이버에서 설정하는 i2c_adapter 구조체의 주요한 필드들은 다음과 같다.

❖ **name:** 어댑터의 이름

❖ **class:** 이 드라이버가 지원하는 I2C 클래스 장치의 타입을 지정한다.

❖ **algo:** i2c_algorithm 구조체에 대한 포인터. i2c_pcf_add_bus( ) 함수는 algo 필드가 pcf_algo를 가리키도록 설정한다.

❖ **algo_data:** 알고리즘에 종속적인 자료 구조에 대한 포인터이다. 예를 들어 PCF 알고리즘 드라이버는 이를 위해 i2c_algo_pcf_data라는 자료 구조를 정의한다. 이것은 어댑터의 여러 레지스터에 접근하기 위한 루틴들의 포인터를 포함하는 구조체이다. 따라서 알고리즘 드라이버는 보드 수준의 루틴들과는 분리되어 동작할 수 있으며, 어댑터 드라이버는 이 자료 구조를 이용하여 보드 수준의 루틴들을 제공한다. 어댑터 드라이버는 i2c_algo_pcf_data에서 요구하는 다음과 같은 여러 루틴들을 정의한다.

```
static struct i2c_algo_pcf_data pcf_data = {
    .setpcf      = pcf_setbyte,
    .getpcf      = pcf_getbyte,
    .getown      = pcf_getown,
    .getclock    = pcf_getclock,
    .waitforpin  = pcf_waitforpin,
    .udelay      = 10,
    .mdelay      = 10,
    .timeout     = 100,
};
```

버스 어댑터 드라이버는 자신을 알고리즘 드라이버와 연관시키기 위해 다음과 같은 작업을 수행할 필요가 있다.

❖ 다음과 같이 i2c_adapter 타입의 구조체를 정의한다.

```
static struct i2c_adapter pcf_ops = {
    .owner      = THIS_MODULE,
    .id         = I2C_HW_P_ID,
    .algo_data  = &pcf_data,
    .name       = "PCF8584 type adapter",
};
```

❖ 다음과 같은 작업을 수행하는 초기화 함수를 정의한다.

   – 어댑터 드라이버에 필요한 인터럽트 라인과 같은 여러 자원들을 요청한다.

   – 어댑터 드라이버를 PCF 알고리즘과 연관시키기 위해 i2c_pcf_add_bus( ) 함수를 호출한다. i2c_pcf_add_bus( ) 함수는 내부적으로 I2C 코어 함수인 i2c_add_ adapter( ) 함수를 호출하여 새 어댑터를 코어에 등록한다. 이렇게 되면 이후에 클라이언트에서 이 어댑터에 등록하는 것이 가능하다.

I2C 슬레이브와 클라이언트 드라이버

I2C 클라이언트 모델을 이해하기 위해 우리는 하나의 32비트 레지스터를 갖는 I2C 버스에 연결된 가상의 장치를 하나 가정하기로 한다. 드라이버의 기능은 이 레지스터에 대한 읽기와 쓰기 기능을 수행하는 루틴을 구현하는 것이다. 또한 여기에는 적절한 알고리즘 드라이버와 어댑터 드라이버가 존재한다고 가정할 것이므로 우리는 슬레이브 드라이버와 클라이언트 드라이버만을 구현할 것이다. 슬레이브 드라이버는 include/linux/i2c.h 헤더 파일에 선언된 i2c_driver 구조체를 이용한다. 이 구조체의 중요한 필드들은 다음과 같다.

- ✤ name: 장치의 이름이다.
- ✤ id: 이 장치를 구분하기 위한 ID이다. 모든 ID의 목록은 include/linux/i2c-id.h 파일에서 찾아볼 수 있다.
- ✤ flags: 여기서는 드라이버가 새로운 장치를 인식할 수 있도록 버스 인식 통지를 활성화하기 위해 I2C_DF_NOTIFY 플래그를 설정한다.
- ✤ attach_adapter: I2C 버스상의 장치를 인식하기 위한 함수를 가리킨다. 만약 장치가 인식되면 새로운 클라이언트를 생성하여 I2C 코어에 추가하기 위한 함수를 호출한다.
- ✤ detach_client: 클라이언트를 삭제하고 I2C 코어에 알리기 위한 함수를 가리킨다.
- ✤ command: 장치의 특정 기능을 사용하기 위한 ioctl과 비슷한 함수를 가리킨다.

위의 예제에서는 i2c_driver 구조체를 다음과 같이 정의한다.

```c
static struct i2c_driver i2c_test_driver = {
    .owner          = THIS_MODULE,
    .name           = "TEST",
    .id             = I2C_DRIVERID_TEST,
    .flags          = I2C_DF_NOTIFY,
    .attach_adapter = i2c_test_scan_bus,
    .detach_client  = i2c_test_detach,
    .command        = i2c_test_command
};
```

먼저 새로운 어댑터나 장치가 추가되면 호출되는 i2c_test_scan_bus( ) 함수에 대해서 살펴보자. 이 함수의 인수는 슬레이브 장치가 인식되고 추가될 I2C 버스에 대한 i2c_adapter 구조체의 포인터이다.

```c
static int i2c_test_scan_bus(struct i2c_adapter *d)
{
    return i2c_probe(d, &addr_data, i2c_test_attach);
}
```

i2c_probe( ) 함수는 I2C 코어에서 제공한다. 이 함수는 addr_data 구조체 내의 정보를 사용해서 i2c_test_attach( ) 함수를 호출한다. i2c_test_attach( ) 함수는 새로운 클라이언트에 대한 자료 구조를 정의하여 이를 I2C 코어에 등록한다. addr_data 구조체는 include/linux/i2c.h 파일에 정의되어 있으며, 다음과 같은 경우에 사용된다.

✤ 주어진 주소에 존재하는 I2C 장치를 인식 절차 없이 강제로 등록한다.
✤ 주어진 주소에 존재하는 I2C 장치를 무시한다.
✤ 어댑터를 이용하여 주어진 주소의 I2C 장치를 검출하고 장치가 실제로 존재하는지 인식한다.
✤ 일반적인 함수로 주어진 주소의 I2C 장치를 검출한다.

i2c_test_attach( ) 함수는 클라이언트를 위해 i2c_client 구조체를 생성하여 정보를 채운다. i2c_client 구조체는 include/linux/i2c.h 파일에 정의되어 있으며, 다음과 같은 주요한 필드들을 갖는다.

✤ id: ID
✤ addr: 슬레이브 장치가 인식된 I2C 주소
✤ adapter: 장치가 인식된 버스의 i2c_adapter 구조체의 포인터
✤ driver: i2c_driver 구조체의 포인터

```c
static int i2c_test_attach(struct i2c_adapter *adap, int addr, int type)
{
    struct i2c_client *client =
        kmalloc(sizeof(struct i2c_client), GFP_KERNEL);

    client->id = TEST_CLIENT_ID;
    client->addr = addr;
    client->adapter = adap;
    client->driver = &i2c_test_driver;

    return(i2c_attach_client(client));
}
```

마지막으로 command 함수는 다음과 같이 칩의 레지스터를 읽고 쓰기 위한 기능을 구현한다.

```
static int i2c_test_command(struct i2c_client *client,
                            unsigned int cmd, void *arg)
{
  if (cmd == READ)
     return i2c_test_read(client, arg);
  else if (cmd == WRITE)
     return i2c_test_write(client, arg); return -EINVAL;
}

static int i2c_test_read(struct i2c_client *client, void *arg)
{
  i2c_master_recv(client, arg, 4);
}

static int i2c_test_write(struct i2c_client *client, void *arg)
{
  i2c_master_send(client, arg, 4);
}
```

i2c_master_recv( ) 함수와 i2c_master_send( ) 함수는 주어진 클라이언트로부터 각각 읽기와 쓰기를 수행한다. 이들은 내부적으로 드라이버의 master_xfer( ) 함수를 호출한다. 또 다른 함수인 i2c_transfer( ) 함수는 읽기와 쓰기가 혼합된 여러 메시지를 보낼 수 있어서 이를 하나의 트랜잭션으로 관리할 수 있게 한다.

5.4 USB 가젯

USB(Universal Serial Bus)는 PC에 여러 주변 장치들을 연결하기 위한 마스터-슬레이브 구조의 통신용 버스이다. 버스의 구성은 트리 구조와 비슷하며 USB **호스트**(host)가 트리의 루트가 된다. USB 호스트(루트)는 버스에 연결된 장치(device)들을 제어하는 USB **컨트롤러 드라이버**(controller driver)의 역할을 수행한다. 새로운 장치는 시스템이 동작하는 도중에 버스에 연결되거나 제거될 수 있다. 호스트는 이와 같은 이벤트들을 인식하고 그에 따라 적절히 버스를 설정할 책임이 있다. 또한 버스에 연결되는 모든 장치들은 호스트와 통신하기 위해 고유한 ID를 사용한다. 모든 데이터의 전송은 호스트가 관할하므로 장치가 어떤 데이터를 갖고 있다 하더라도, 호스트가 요청하지 않으면 장치는 데이터를 전송할 수 없다.

시스템은 각각 장치별로 할당된 버스의 대역폭을 설정할 수 있으므로, 호스트는 특정 장치를 위해 대역폭을 예약해 두는 것이 가능하다. 예를 들어 비디오나 오디오 장치들은 키보드, 마우스와 같은 HID(Human Interface Device)에 비해 큰 대역폭을 필요로 한다. 최신의 USB 표준[9]은 이론적으로 480Mbps의 전송률을 갖는 하이스피드(high-speed) USB 연결을 지원한다.

리눅스의 USB 드라이버 프레임워크는 호스트와 장치에 대한 지원을 모두 제공한다. 호스트 부분은 일반적으로 리눅스 시스템에 주변 장치들이 연결되어야 할 경우에 사용된다. 예를 들어, 리눅스가 동작하는 PDA는 버스에 연결된 USB 저장장치 클래스 장치를 인식해야 한다. 장치(슬레이브) 부분은 리눅스가 동작하는 임베디드 장치가 또 다른 호스트의 버스에 연결되어야 하는 경우에 사용한다. 예를 들어, 리눅스가 동작하는 이동식 MP3 플레이어의 경우에는 호스트에 연결하여 노래를 다운로드 받기 위한 USB 인터페이스를 갖고 있을 것이다.

이 장에서는 리눅스 커널에서 제공하는 슬레이브(장치) 부분의 드라이버 프레임워크에 대해서 설명할 것이다. 이 드라이버 프레임워크는 USB 가젯 디바이스 드라이버(USB gadget device driver)라고 한다. 이 드라이버에 대해 알아보기 전에, USB 장치의 구조에 대해 간략하게 살펴보자.

5.4.1 USB의 기초

이미 말했듯이, USB는 최대 480Mbps의 전송률을 갖는 고속 직렬 버스이다. 장치들은 루트 노드인 호스트에 연결된다. 호스트는 시스템 버스에 PCI를 통해 연결된 USB 버스 컨트롤러이다. 장치들은 다음과 같은 표준 장치 클래스들로 분류된다.

- ✤ 저장장치(storage) 클래스: 하드 디스크, 플래시 드라이브 등
- ✤ 휴먼 인터페이스 장치(HID) 클래스: 마우스, 키보드, 터치패드 등
- ✤ 허브/확장기: (버스에 추가적인 연결점을 제공하기 위한) 허브
- ✤ 통신 클래스: 모뎀, 네트워크 카드 등

그림 5.9는 일반적인 버스의 토폴로지를 보여준다.

역자 주 | 9) 2000년에 발표된 USB 2.0 명세에서부터 하이스피드 연결을 지원하였다.

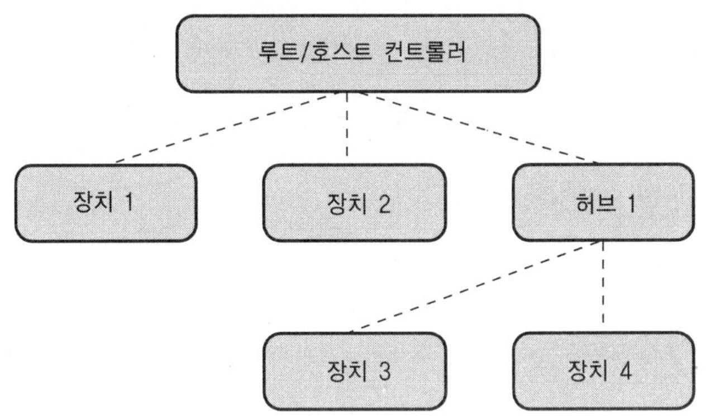

그림 5.9 USB 버스 토폴로지

USB 장치와의 통신은 엔드포인트(endpoint)라고 하는 단방향 파이프를 통해 이루어진다. 모든 논리적인 USB 장치는 엔드포인트의 집합으로 이루어진다. 버스상에 존재하는 각각의 논리적인 장치는 장치가 버스에 연결될 때 호스트에 의해 고유한 번호를 할당받는다. 이러한 장치 번호와 엔드포인트 번호의 조합을 통해 호스트는 특정 엔드포인트를 구분해낼 수 있다.

USB 표준은 다음과 같은 네 가지 전송 형식을 정의한다.

- ❖ 제어 전송: 이것은 주로 설정 엔드포인트에서 설정 정보를 전송하기 위해 사용된다. 모든 장치는 장치가 인식될 때 장치를 설정하기 위해 필요한 최소 1개의 엔드포인트를 가지며, 이를 0번 엔드포인트라고 한다.
- ❖ 인터럽트 전송: 이것은 가끔씩 발생하는 인터럽트 데이터를 전송하기 위해 사용되며 HID 클래스의 장치들이 이 방식을 사용한다.
- ❖ 벌크 전송: 대역폭의 제한을 받지 않고 많은 양의 데이터를 한 번에 전송하기 위해 사용되며 저장장치와 프린터 및 통신 클래스의 장치들이 이 방식을 사용한다.
- ❖ 등시(isochronous) 전송: 주기적으로 연속적인 데이터를 전송하기 위해 사용되며 비디오, 오디오 등의 스트리밍 장치들이 이 방식을 사용한다.

엔드포인트는 보통 메모리 레지스터나 하드웨어에서 제공하는 버퍼 영역을 통해 구현된다. USB 디바이스 드라이버는 엔드포인트에 데이터를 전송하기 위해 이러한 레지스터를 이용한다. 하이스피드 장치들은 이러한 엔드포인트에 대해 DMA 전송을 제공할 수 있다. 하나 이상의 엔드포인트들이 묶여서 **장치 인터페이스**(device interface)를 구성한다. 장치 인터페이스는 마우스, 키보드와 같은 논리적인 장치를 표현한다. 각각의 논리적인 장치들은 호

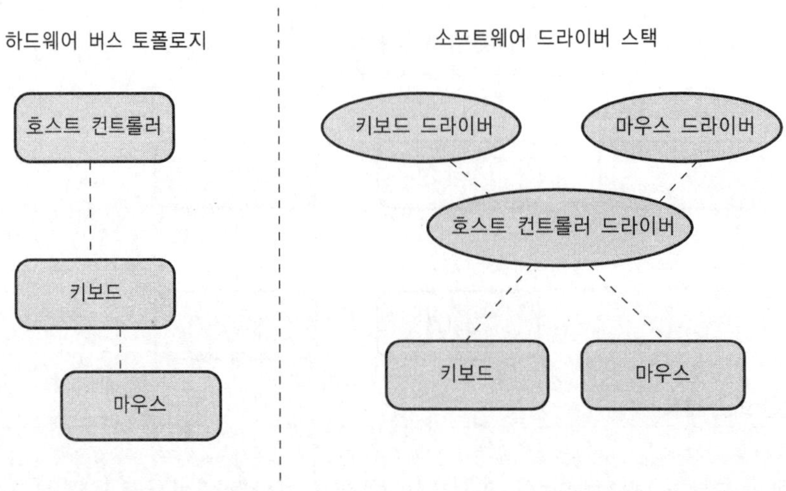

그림 5.10 USB 드라이버 스택

스트상에 이에 대한 USB 드라이버 인터페이스를 갖고 있어야 한다. 그림 5.10은 키보드와 마우스가 통합된 장치와 이에 대한 호스트상의 드라이버의 관계를 보여준다.

인터페이스들이 묶여서 **컨피규레이션(configuration)**을 구성한다. 각 컨피규레이션은 장치를 특정 모드로 설정한다. 예를 들어, 모뎀은 두 개의 64KBps 라인으로 설정되거나, 하나의 128KBps 라인으로 설정될 수 있다. 호스트 드라이버는 버스를 제어하기 위해 호스트 컨트롤러에 접근하고, 디바이스 드라이버는 장치를 버스에 연결한다. USB 가젯 드라이버 프레임워크는 USB 장치의 기능(function)과 인터페이스를 구현하기 위해 필요한 API와 자료 구조들을 제공한다. USB 가젯 드라이버 프레임워크는 다음과 같은 두 계층으로 구성된다.

❖ **컨트롤러 드라이버**: 이 계층은 USB 장치에 대한 하드웨어 추상화를 제공하며, 가젯 API를 구현한다. 이 드라이버는 하드웨어에 종속적인 부분을 구현하고, 고수준 드라이버에서 사용하는 하드웨어-독립적인 장치 API 계층을 제공한다.

❖ **가젯(gadget) 드라이버**: 이 계층은 가젯 API를 사용하여 USB 장치의 기능을 실제로 구현한 것이다. 각 USB 장치의 기능은 고유한 가젯 드라이버를 필요로 한다. 지원되는 USB 장치의 기능은 사용된 하드웨어의 사양에 따라 달라진다.

컨트롤러 드라이버는 장치와 엔드포인트 상태에 관련된 제한된 수의 표준 USB 제어 요청만을 처리한다. 장치 컨피규레이션을 설정하는 것을 포함한 다른 모든 요청들은 가젯 드라이버가 처리한다. 컨트롤러 드라이버는 또한 엔드포인트의 I/O 큐와 하드웨어와 가젯 드라이버 버퍼 간의 데이터 전송을 (가능하면 DMA를 사용하여) 관리한다.

앞서 말했듯이, 가젯 드라이버는 장치의 특정 기능을 구현한다. 예를 들어, 이더넷 가젯 드라이버는 네트워크 패킷을 송수신하는 기능을 구현한다. 이를 위해 가젯 드라이버는 자신을 리눅스 커널에 연결(bind)하고 특정 드라이버 스택에 알맞게 구현되어야 한다. (이더넷 가젯) 드라이버의 최상위 계층은 netif_rx( )나 netdev_register( )와 같은 함수들을 호출하고, 최하위 계층은 하드웨어 종속적인 기능들을 수행하기 위해 가젯 API 계층을 통해 컨트롤러 드라이버를 호출한다. 그림 5.11은 USB 가젯 드라이버 계층의 구조와 이들이 나머지 리눅스 시스템과 협력하는 방식을 보여준다.

일반적으로 컨트롤러는 pci_driver.probe 함수를 사용하여 자신을 커널에 일반 PCI 장치로 연결한다. 컨트롤러 드라이버는 장치의 등록을 위해 usb_gadget_register_driver( ) API를 제공한다. 컨트롤러 검출 함수에 포함된 논리적인 과정은 다음과 같다.

1. pci_enable_device( ) 함수와 request_mem_region( ) 함수를 이용하여 PCI 장치를

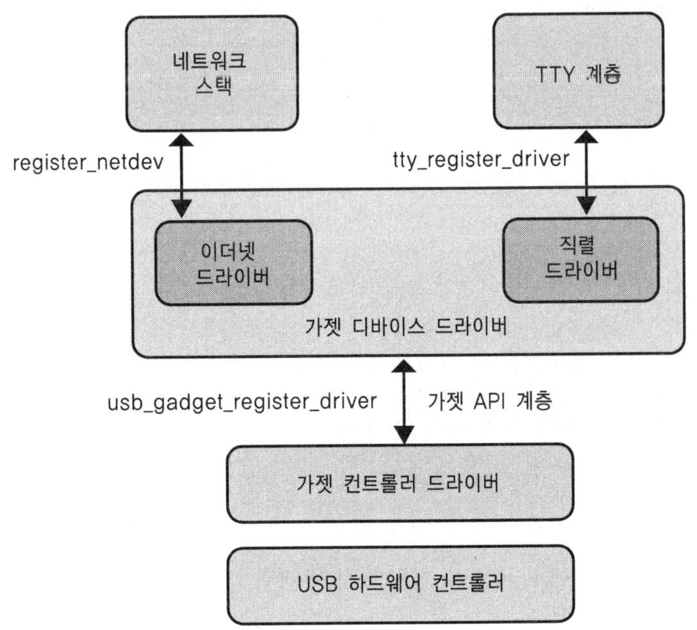

그림 5.11 USB 가젯 드라이버 구조

    등록하고 자원을 할당받는다.

2. 엔드포인트와 그 자료 구조를 리셋하는 등 USB 엔드포인트 컨트롤러 하드웨어를 초기화한다.

3. request_irq( ) 함수를 이용하여 컨트롤러의 인터럽트 처리 함수를 등록한다.

4. 컨트롤러의 DMA 레지스터를 초기화하고 DMA 메모리를 할당받는다.

5. device_register( ) 함수를 이용하여 컨트롤러 장치를 커널에 등록한다.

가장 중요한 자료 구조는 usb_gadget_driver 구조체로 가젯 장치를 컨트롤러로 후킹한다. 컨트롤러 드라이버의 또 다른 중요한 역할은 여러 엔드포인트들의 통신을 관리하는 것이다. 이를 구현하기 위하여 가젯 드라이버는 struct usb_ep_ops라는 구조체를 제공한다. 이 구조체들은 모두 리스트 5.8에서 볼 수 있다.

usb_ep_ops 구조체 내의 대부분의 함수 포인터는 가젯 드라이버에서 호출하는 가젯 API에 의해 래핑된다. 예를 들어, 가젯 드라이버 API인 usb_ep_enable( ) 함수는 엔드포인트의 동작을 활성화한다.

```
static inline int
usb_ep_enable (struct usb_ep *ep,
                const struct usb_endpoint_descriptor *desc)
{
    return ep->ops->enable (ep, desc);
}
```

마찬가지로 가젯 드라이버는 usb_ep_queue( ) 함수를 이용하여 USB 데이터를 장치로 보낸다.

```
static inline int
usb_ep_queue (struct usb_ep *ep, struct usb_request *req,
                int gfp_flags)
{
    return ep->ops->queue (ep, req, gfp_flags);
}
```

ops->queue는 컨트롤러에 종속적인 큐 관리 함수이다. 가젯 API의 완전한 목록을 보고 싶다면 include/linux/usb_gadget.h 파일을 살펴보기 바란다.

리스트 5.8 USB 가젯 드라이버 자료 구조

```
struct usb_gadget_driver {

    /* 가젯 드라이버 함수를 설명하는 문자열 */
    char *function;

    /*
     * 드라이버가 처리할 수 있는 최대 속도
     * (USB_SPEED_HIGH, USB_SPEED_FULL, USB_SPEED_LOW 중의 하나)
     */
    enum usb_device_speed speed;

    /*
     * 등록 시 가젯 드라이버에서 호출되는 장치 연결 함수
     */
    int (*bind)(struct usb_gadget *);

    /*
     * 컨트롤러 드라이버에서 처리하지 않는 ep0 컨트롤 레지스터를 처리하기 위해
     * 호출되는 함수
     */
    int (*setup)(struct usb_gadget *,
                 const struct usb_ctrlrequest *);

    /* 호스트는 이 함수를 이용하여 장치의 연결이 끊어졌음을 인식한다. */
    void (*disconnnect)(struct usb_gadget *);

    /* 장치의 연결이 끊어진 뒤에 호출된다. */
    void (*unbind)(struct usb_gadget *);

    /* USB가 대기(suspend) 상태임을 가리킨다. */
    void (*suspend)(struct usb_gadget *);

    /* USB가 다시 복구(resume) 상태임을 가리킨다. */
    void (*resume)(struct usb_gadget *);
}

struct usb_ep_ops {

    /* 엔드포인트를 활성/비활성화한다. */
    int (*enable)(struct usb_ep *ep,
                  const struct usb_endpoint_descriptor *desc);
    int (*disable)(struct usb_ep *ep);
```

(계속)

```
    /* URB를 할당하고 해제하는 루틴 */
    struct usb_request * (*alloc_request)(struct usb_ep *ep,
                                     int gfp_flags);
    void (*free_request)(struct usb_ep *ep,
                         struct usb_request *req);
    void * (*alloc_buffer)(struct usb_ep *ep, unsigned bytes,
                          dma_addr_t *dma, int gfp_flags);
    void (*free_buffer)(struct usb_ep *ep, void *buf,
                        dma_addr_t dma, unsigned bytes);

    /* 엔드포인트 큐 관리 함수 */
    int (*queue)(struct usb_ep *ep, struct usb_request *req,
               int gfp_flags);
    int (*dequeue)(struct usb_ep *ep, struct usb_request *req);

    int (*set_halt)(struct usb_ep *ep, int value);
    int (*fifo_status)(struct usb_ep *ep);
    void (*fifo_flush)(struct usb_ep *ep);
};
```

5.4.2 이더넷 가젯 드라이버

우리는 가젯 디바이스 드라이버 모델을 설명하기 위해 이더넷 장치를 예를 들어 살펴볼 것이다. 이것은 drivers/usb/gadget/ether.c 파일에 구현되어 있다.

모든 가젯 디바이스 드라이버는 초기화 과정에서 usb_gadget_register_driver( ) API를 호출할 필요가 있다.

```
static int __init init (void)
{
  return usb_gadget_register_driver(&eth_driver);
}
module_init (init);
```

eth_driver는 다음과 같이 적절한 처리 함수들로 채워진 usb_gadget_driver 구조체이다.

```
static struct usb_gadget_driver eth_driver = {

#ifdef CONFIG_USB_GADGET_DUALSPEED
  .speed       = USB_SPEED_HIGH,
```

```
#else
  .speed        = USB_SPEED_FULL,
#endif

  .function     = (char *) driver_desc,
  .bind         = eth_bind,
  .unbind       = eth_unbind,
  .setup        = eth_setup,
  .disconnect   = eth_disconnect,
};
```

usb_gadget_driver.bind 함수는 등록 과정에서 컨트롤러 드라이버에 의해 호출된다. 가젯
드라이버의 bind( ) 함수는 다음과 같은 작업을 수행해야 한다.

✤ 장치에 종속적인 자료 구조들을 초기화한다.
✤ (직렬 드라이버, 네트워크, 저장장치와 같은) 특정 커널 드라이버 서브시스템에 자신을
   연결(attach)한다.
✤ 0번 엔드포인트 요청 블록을 초기화한다.

eth_bind( ) 함수는 다음과 같이 구현되어 있다.

```
static int
eth_bind (struct usb_gadget *gadget)
{
    ...
    ...
  net = alloc_etherdev (sizeof *dev);
    ...
  net->hard_start_xmit = eth_start_xmit;
  net->open = eth_open;
  net->stop = eth_stop;
  net->do_ioctl = eth_ioctl;

  /* EP0(0번 엔드포인트) 할당 */
  dev->req = usb_ep_alloc_request (gadget->ep0, GFP_KERNEL);
    ...
  dev->req->complete = eth_setup_complete;
  dev->req->buf = usb_ep_alloc_buffer (gadget->ep0,
              USB_BUFSIZ, &dev->req->dma, GFP_KERNEL);
    ...
  status = register_netdev (dev->net);
    ...
}
```

일단 설정이 완료되면 장치는 커널 드라이버 스택 내의 일반 장치와 마찬가지로 설정 및 사용될 수 있다. 위의 예제에서 USB 이더넷 드라이버는 register_netdev( ) 함수를 이용하여 자신을 네트워크 드라이버 스택에 연결(attach)하였다. 이로써 응용 프로그램에서는 이 인터페이스를 표준 네트워크 인터페이스와 같이 사용할 수 있게 된다.

각각의 URB(USB Request Block)는 할당된 블록이 완료(completion) 루틴과 연관되어 있을 것을 요구한다. 모든 엔드포인트 요청은 해당 버스의 호스트/루트 컨트롤러가 데이터를 폴링하여 처리할 때까지 기다려야 하므로 큐를 통해 관리된다. 하드웨어가 요청을 처리하면, 컨트롤러 드라이버는 연관된 완료 루틴을 호출할 것이다.

모든 드라이버 내의 데이터 전송 함수는 기본적으로 다음과 같은 작업을 수행해야 한다.

❖ 새로운 URB를 생성하거나, 미리 할당된 풀(pool)에서 하나를 얻어온다.
❖ URB의 데이터, 데이터의 길이, 상위 계층 드라이버에서 제공된 길이 등의 정보를 저장한다.
❖ 데이터를 전송하기 위해 해당 엔드포인트의 큐에 URB를 넣는다.

eth_start_xmit( ) 함수는 이더넷 가젯 드라이버의 전송 함수이다.

```c
static int eth_start_xmit (struct sk_buff *skb,
                           struct net_device *net)
{
    struct eth_dev *dev = (struct eth_dev *) net->priv;
    int length = skb->len;
      ...
    req->buf = skb->data;
    req->context = skb;
    req->complete = tx_complete;
    req->length = length;
      ...
    retval = usb_ep_queue (dev->in_ep, req, GFP_ATOMIC);
      ...
}
```

데이터 수신 시에도 역시 URB를 사용해야 하며, 다음과 같은 작업을 수행해야 한다.

❖ 빈 URB들의 목록을 생성한다.
❖ 그들을 각각 적절한 완료 루틴과 함께 초기화한다. 수신과 연관된 완료 루틴은 네트워크 스택의 상위 계층에서 데이터가 도착했음을 알려 줘야 한다.

❖ 해당 엔드포인트의 큐에 데이터를 넣는다.

이더넷 가젯 드라이버는 시작 시에 rx_submit( ) 함수를 이용하여 엔드포인트 큐를 URB로
채운다.

```
static int
rx_submit (struct eth_dev *dev, struct usb_request *req,
           int gfp_flags)
{
  struct sk_buff *skb;
  size_t size;

  size = (sizeof (struct ethhdr) + dev->net->mtu + RX_EXTRA);

  skb = alloc_skb (size, gfp_flags);
    ...
  req->buf = skb->data;
  req->length = size;
  req->complete = rx_complete;
  req->context = skb;
  retval = usb_ep_queue (dev->out_ep, req, gfp_flags);
    ...
}
```

완료 루틴은 네트워크 계층에 데이터가 수신되었음을 알린다.

```
static void rx_complete (stuct usb_ep *ep, struct usb_request *req)
{
  struct sk_buff *skb = req->context;
  struct eth_dev *dev = ep->driver_data;
    ...
  skb_put (skb, req->actual);
  skb->dev = dev->net;
  skb->protocol = eth_type_trans (skb, dev->net);
    ...
  netif_rx (skb);
}
```

5.5 감시 타이머

감시(watchdog) 타이머는 소프트웨어적인 문제가 발생하여 시스템이 정상적으로 동작하지 않을 때, 프로세서를 리셋하여 시스템을 복구하는 데 사용되는 하드웨어 요소이다. 감시 타이머는 카운터를 특정 값으로 미리 설정해야 하며, 감시 타이머가 시작되면 지정된 값에서부터 카운트다운을 시작한다. 만약 카운터의 값이 0으로 떨어지면(즉, 그 사이 소프트웨어가 카운터의 값을 다시 초기값으로 설정하지 않았다면), 감시 타이머는 시스템이 정상적으로 동작하지 않는다고 가정하여 리셋 과정을 수행시킨다. 어떤 감시 타이머는 온도나 전압(전력) 등의 정보를 모니터링할 수 있는 고급 기능을 지원하기도 한다.

일반적으로 감시 타이머는 다음과 같은 4종류의 기능을 제공한다.

- ✤ 감시 타이머를 시작한다.
- ✤ 감시 타이머의 타임아웃 값을 설정한다.
- ✤ 감시 타이머를 중지한다.
- ✤ 감시 타이머의 값을 재설정한다.

리눅스에서 감시 타이머는 문자 장치의 형태로 응용 프로그램에게 제공된다. 감시 타이머 장치는 misc 장치(miscellaneous device)라고 하는 특별한 문자 장치의 부 장치로 등록되어 있다. 감시 타이머 드라이버는 부 번호 130을 사용한다.

감시 타이머 문자 장치는 고정된 시간 간격으로 카운터 값을 재설정하는 데몬을 통해 이용될 수 있다. 많은 배포판에서는 이를 위해 감시(watchdog) 데몬[10]이라는 데몬을 제공한다. 이러한 방식은 개선된 실시간 특성을 갖는 2.6 커널에서 사용될 수 있으며, 2.4 커널을 이용하거나 감시 타이머가 매우 짧은 간격으로 재설정되어야 한다면, 감시 타이머를 재설정하기 위해 커널 타이머를 사용하는 편이 낫다.[11]

일반적인 감시 타이머 드라이버는 다음과 같은 함수들을 구현해야 한다.

- ✤ 초기화 함수: 이 함수는 다음과 같은 작업을 수행한다.

저자 주 10) BusyBox에도 간단한 감시 타이머의 구현이 포함되어 있다.

11) 몇몇 드라이버에서도 이러한 방식을 사용한다. AMD Elan SC520 프로세서의 감시 타이머 드라이버 코드를 살펴보기 바란다.

- (misc_register( ) 함수를 통해) 감시 타이머 드라이버를 misc 문자 장치로 등록한다.
- (register_boot_notifier( ) 함수를 통해) 감시 타이머를 비활성화하는 함수를 시스템 리부트 통지자(notifier)에 등록한다. 등록된 함수는 시스템이 리부트되기 전에 호출된다. 이것은 시스템이 리부트된 후에 감시 타이머가 다시 동작하여 시스템을 다시 리부트시키지 않도록 하기 위한 것이다.

❖ open 함수: 이것은 /dev/watchdog 장치가 열릴 때 호출되는 함수로 감시 타이머를 시작시키는 일을 한다.

❖ release 함수: 드라이버를 닫을 때는 감시 타이머가 종료되도록 해야 한다. 하지만 리눅스에서 태스크가 종료될 때 (그것이 정상적인 종료이든 비정상적인 것이든) 모든 파일 디스크립터는 자동적으로 닫히게 된다. 따라서 감시 데몬이 비정상적으로 종료된 경우에도, 감시 타이머가 중지될 수 있다. 이러한 경우를 방지하기 위해 2.6 커널은 감시 데몬이 안전하게 종료되기 전에, 드라이버에게 감시 타이머를 종료시킨다는 시그널을 보낼 필요가 있다. 보통 감시 타이머 드라이버에게 매직 문자인 'V'를 쓰면 이 함수가 호출된다. 다른 방법으로는 드라이버 내에 감시 타이머를 비활성화하는 기능을 구현하지 않을 수도 있다. 리눅스상에 존재하는 감시 타이머는 설정 시에 CONFIG_WATCHDOG_NOWAYOUT 옵션이 선택된 경우 이 기능을 제공한다.

❖ write 함수: 이 함수는 응용 프로그램이 감시 타이머를 재설정할 때 호출된다.

❖ ioctl 함수: 하지만 감시 타이머를 재설정하기 위해 ioctl 함수를 사용할 수도 있다. WDIOC_KEEPALIVE 명령을 통해 감시 타이머를 재설정하거나, WDIOC_SETTIMEOUT 명령을 통해 감시 타이머의 타임아웃을 설정할 수 있다.

리눅스는 하드웨어적으로 감시 타이머를 지원하지 않는 경우에 소프트웨어로 구현된 감시 타이머를 제공한다. 소프트웨어 감시 타이머는 내부적으로 타이머들을 이용한다. 하지만 소프트웨어 감시 타이머는 항상 동작하는 것이 아니라, 시스템과 인터럽트의 상태에 의존적이다.

5.6 커널 모듈

마지막으로 커널 모듈에 대해 간략히 살펴보기로 한다. 커널 모듈은 실행 중인 커널에 동적으로 연결될 수 있다. 이로 인해 필요한 기능이 사용되는 경우에만 모듈로 로드하도록 할 수 있으므로 커널 이미지의 크기를 줄일 수 있게 되었다. 커널 모듈 인터페이스에 대한 세 가지 요소들이 존재한다.

- ✤ 모듈 인터페이스/API: 어떻게 모듈을 작성할 것인가?
- ✤ 모듈 빌드하기: 어떻게 모듈을 빌드할 것인가?
- ✤ 모듈 로드/언로드하기: 어떻게 모듈을 로드/언로드할 것인가?

이 세 가지 요소들은 2.4 커널과 2.6 커널을 통해 크게 변화하였다. 모듈을 빌드하는 방법은 8장에서 자세히 알아볼 것이다. 이 절에서는 나머지 두 요소들에 대해서 살펴보기로 한다.

5.6.1 모듈 API

리스트 5.9는 2.4 커널과 2.6 커널에 대한 커널 모듈의 예제이다. 이 모듈은 로드될 때마다 Hello world라는 문자열을 출력하고, 언로드될 때마다 Bye world라는 문자열을 출력한다. Hello world라는 문자열이 출력되는 횟수는 excount로 정의된 모듈 파라미터를 통해 결정된다.

다음과 같은 사항들에 주의하도록 하자.

- ✤ 초기화 및 종료 함수: 모듈은 자신이 로드/언로드될 때 커널에서 자동적으로 호출하는 초기화/종료 함수를 갖고 있어야 한다. 2.4 커널에서는 init_module( )이라는 함수와 cleanup_module( )이라는 함수가 이를 담당한다. 하지만 2.6 커널에서는 module_init( )와 module_exit( ) 매크로를 통해 어떠한 이름의 함수도 초기화/종료 함수로 사용하도록 등록할 수 있다.[12]
- ✤ 파라미터 전달: 모든 모듈은 로드될 때 명령행 인수의 형태로 파라미터를 받을 수 있다. 2.4 커널에서는 모듈에 인수를 전달하기 위해 MODULE_PARAM( )이라는 매크로를 사용하였다. 2.6 커널에서는 리스트 5.1에 보이듯이 module_param( )[13] 매크로를 이용하여 파라미터를 선언한다.
- ✤ 모듈 사용 카운트 관리: 모든 모듈은 자신에 대한 참조 횟수를 나타내는 사용 카운트를 갖고 있다. 참조 카운트가 0이 되면 모듈은 안전하게 언로드될 수 있다. 2.4 커널에

역자 주 | 12) 최근의 2.4 커널에서는 2.6 커널과 동일하게 module_init/exit( ) 매크로를 이용하여 초기화/종료 함수를 등록할 수 있다.

저자 주 | 13) MODULE_PARAM 매크로는 2.6 커널에서 삭제(deprecate)되었다.

리스트 5.9 커널 모듈

```c
/* 2.4 커널 기반의 모듈 */

static int excount = 1;
MODULE_PARAM(excount,"i");
static int init_module(void)
{
   int i;
   if(excount <= 0) return -EINVAL;
   for(i=0; i<excount; i++)
     printk("Hello world\n");
   return 0;
}

static void cleanup_module(void)
{
   printk("Bye world\n");
}

/* 2.6 커널 기반의 모듈 */

MODULE_LICENSE("GPL");
module_param(excount, int, 1);
static int init_module(void)
{
   int i;
   if(excount <= 0) return -EINVAL;
   for(i=0; i<excount; i++)
     printk("Hello world\n");
   return 0;
}

static void cleanup_module(void)
{
   printk("Bye world\n");
}

module_init(init_module);
module_exit(cleanup_module);
```

서는 각 모듈에서 자신의 사용 카운트를 스스로 관리하였다. 이 방식은 SMP 시스템에서 모듈이 언로드되는 코드에 문제점을 갖는다. 따라서 2.6 커널에서는 각 모듈이 사용 카운트를 관리하지 않고, 대신 커널이 관리하도록 하였다. 하지만 이 방식은 모듈이 언로드된 후에도 모듈 내의 함수를 참조하고 있는 경우 문제를 일으키게 된다. 만약 다른 모듈에 있는 함수를 호출하는 경우에는, 반드시 해당 모듈에 대한 참조를 갖고 있어야 한다. 그렇지 않으면 모듈이 언로드될 때 잠재적인 문제점을 발생시키게 된다. 이러한 문제를 해결하기 위해 커널은 모듈에 접근하기 위한 API들을 제공한다. try_module_get( ) API는 원하는 모듈에 대한 참조를 얻기 위해 사용되며, 참조를 해제하기 위해서는 module_put( ) API를 사용한다.

❖ 라이선스 선언: 모든 모듈은 자신이 독점적인 모듈인지 아닌지를 선언할 필요가 있다. 이것은 MODULE_LICENSE( ) 매크로를 통해 이루어진다. 이 매크로의 인수로 GPL이 사용되면, 그것은 이 모듈이 GPL(GNU 일반 공중 사용 허가서)에 따라 배포됨을 뜻한다.

5.6.2 모듈 로딩과 언로딩

커널은 모듈을 로드, 언로드, 접근하기 위한 시스템 콜들을 제공하지만, 대부분의 경우 모듈을 로드하고 언로드하는 일을 수행하는 표준 프로그램을 사용한다. insmod 프로그램은 로드 가능한 모듈을 실행 중인 커널에 설치할 때 사용된다. insmod는 커널의 공개(exported) 심벌 테이블을 통해 모듈 내의 모든 심벌들의 주소를 해석하여 실행 중인 커널에 모듈을 링크하도록 시도한다. 때때로 어떤 모듈을 로드하기 위해서는 다른 모듈을 먼저 로드해야 할 경우가 있다. 이러한 모듈 의존성에 대한 정보는 modules.dep 파일 내에 저장되어 있다. modprobe 프로그램은 이 파일을 해석하여, 주어진 모듈을 로드하기 전에 필요한 모듈들을 먼저 로드한다. 마지막으로 rmmod 프로그램은 모듈을 커널로부터 삭제한다. 이 과정은 커널 내에 해당 모듈을 참조하는 부분이 없어 참조 카운트가 0인 경우에만 성공하게 된다.

응용 프로그램 포팅

개발자들은 VxWorks, pSoS, Nucleus 등 기존의 RTOS로부터 임베디드 리눅스로 응용 프로그램을 포팅해야 하는 경우 어려움을 호소한다. 이것은 리눅스가 다른 RTOS들에 비해 완전히 다른 프로그래밍 모델을 갖고 있기 때문이다. 이 장에서는 기존 RTOS에서 임베디드 리눅스로 응용 프로그램을 포팅하기 위한 로드맵에 대해서 살펴볼 것이다. 또한 포팅을 손쉽게 하기 위해 일반적으로 사용되는 여러 기법들에 대해서도 알아본다.

6.1 구조적 비교

이 절에서는 기존의 RTOS와 임베디드 리눅스의 구조에 대해서 비교해 볼 것이다. 기존의 RTOS는 일반적으로 플랫 메모리 모델을 기반으로 한다. 모든 응용 프로그램은 하나의 이미지로 커널과 함께 빌드되어 타깃으로 로드된다. 스케줄러, 메모리 관리, 타이머 등과 같은 커널 서비스들은 사용자 응용 프로그램과 같은 물리 주소 공간에서 실행된다. 응용 프로그램은 단순히 함수 호출을 통해 모든 커널 서비스를 이용할 수 있다. 또한 사용자 응용 프로그램들은 그들 간에도 동일한 주소 공간을 공유한다. 그림 6.1은 기존 RTOS의 플랫 메모리 모델을 보여준다.

이러한 RTOS의 가장 큰 문제점은 바로 플랫 메모리 모델에 기반을 두고 있다는 점이다. MMU가 메모리 보호 기능을 수행하지 않기 때문에, 임의의 사용자 응용 프로그램에서 커

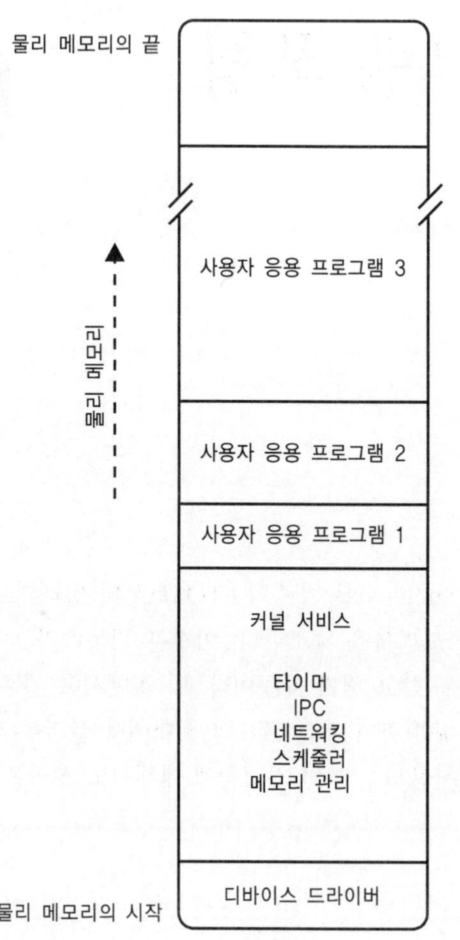

그림 6.1 RTOS의 플랫 메모리 모델

널의 코드나 데이터를 손상시킬 수 있다. 물론 다른 사용자 응용 프로그램의 자료 구조를 손상시키는 일도 가능하다.

반면에 리눅스는 MMU를 사용하여 각 프로세스마다 구별된 가상 주소 공간을 제공한다. 이 가상 주소 공간은 보호되어, 프로세스는 다른 프로세스에 속한 자료 구조에 접근할 수 없다. 마찬가지로 커널 코드와 데이터도 보호된다. 사용자 공간의 응용 프로그램에서 커널 서비스에 접근하기 위해 커널은 잘 정의된 시스템 콜 인터페이스를 제공한다. 그림 6.2는 리눅스에서 사용되는 MMU 기반의 메모리 모델을 보여준다.

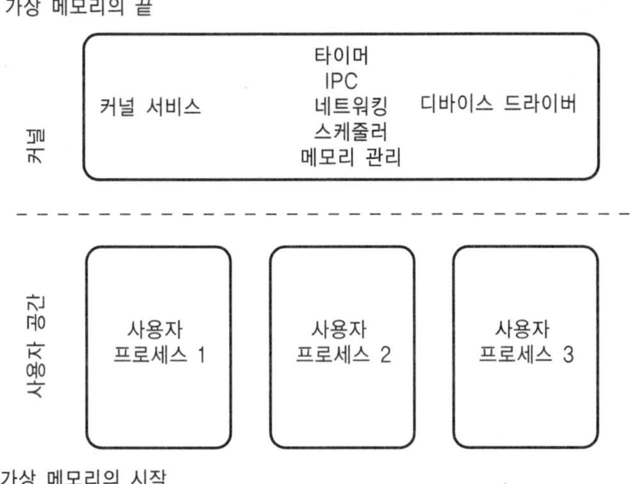

그림 6.2 리눅스 메모리 모델

이제부터 부수적인 설명 없이 RTOS라는 용어를 사용하는 경우에는, 플랫 메모리 모델을 가지며 메모리 보호 기능을 제공하지 않는 기존 RTOS를 지칭하기로 한다.

위의 비교에서 알 수 있는 포팅 관련 이슈로는 다음과 같은 것들이 있다.

- 단일 주소 공간을 '공유'하는 RTOS상의 응용 프로그램은 메모리 보호 기능을 제공하는 리눅스의 가상 주소 공간 모델에 따라 포팅되어야 한다.
- RTOS는 일반적으로 태스크 생성, IPC, 타이머 등과 같은 여러 서비스들을 위해 고유한 API 집합을 제공한다. 따라서 이러한 각각의 고유한 API들을 동일한 기능의 리눅스 API로 매핑해야 한다.
- 리눅스의 커널 인터페이스는 단순한 함수 호출 인터페이스가 아니다. 따라서 사용자 응용 프로그램에서는 드라이버나 커널의 함수들을 직접 호출할 수 없다.

6.2 응용 프로그램 포팅 로드맵

이 절에서는 RTOS에서 임베디드 리눅스로 응용 프로그램을 포팅하기 위한 일반적인 로드맵에 대해서 살펴볼 것이다. 다음의 하위 절들에서 포팅 로드맵을 자세히 설명한다.

6.2.1 포팅 전략의 수립

모든 RTOS 태스크를 사용자 공간의 태스크와 커널 태스크의 두 가지 종류로 분류하자. 예를 들어 UI를 처리하는 태스크는 사용자 공간의 태스크가 될 것이며, 하드웨어 초기화를 담당하는 태스크는 커널 태스크가 된다. 또한 사용자 공간의 함수와 커널 함수의 목록을 결정해야 한다. 예를 들어, 장치의 등록 등을 처리하는 함수들은 모두 커널 함수이며 파일로부터 어떤 데이터를 읽어들이는 함수는 사용자 공간의 함수가 된다.

두 가지 포팅 전략을 사용할 수 있다. 이 두 가지 전략은 모두 커널 태스크를 리눅스 커널 쓰레드로 전환하는 방식을 사용하며, 사용자 공간의 태스크에 대해서는 다음과 같은 방법이 사용된다.

단일 프로세스 모델

이 방식은 사용자 공간의 RTOS 태스크를 그림 6.3에 나타나 있듯이 하나의 프로세스에 속한 별도의 쓰레드로 전환하는 것이다. 이 방식의 장점은 기존의 코드에 비교적 적은 변경만이 필요하므로 포팅에 필요한 노력을 줄일 수 있다는 것이다. 이 방식의 가장 큰 단점은 프

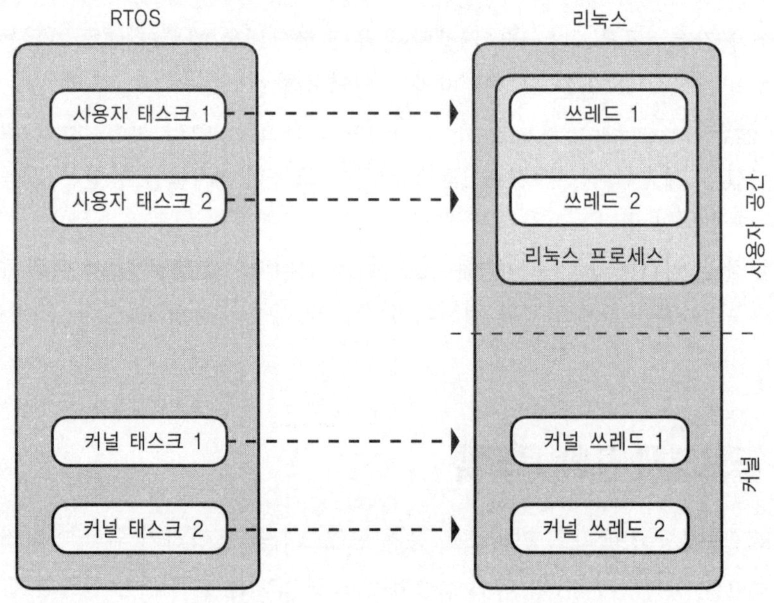

그림 6.3 단일 프로세스 모델로의 전환

로세스 내의 쓰레드들 간에 메모리 보호가 적용되지 못한다는 것이다. 하지만 커널 서비스나 드라이버 등은 완벽하게 보호된다.

멀티프로세스 모델

이 방식은 각 태스크를 다음과 같은 세 가지로 분류한다.

- ❖ 독립 태스크: RTOS가 제공하는 IPC 메커니즘을 통해 다른 태스크와 통신하는 느슨한 연결을 가진 태스크 혹은 다른 태스크와 관련이 없이 별도의 리눅스 프로세스로 전환될 수 있는 자립형(stand-alone) 태스크[1]
- ❖ 연관 태스크: 전역 변수나 콜백 함수를 공유하는 태스크들. 이들은 하나의 프로세스 내의 개별 쓰레드로 전환될 수 있다.
- ❖ 키 태스크: 시스템 감시 태스크와 같이 중요한(key) 작업을 수행하는 태스크. 이들은 별도의 리눅스 프로세스로 전환될 수 있으며, 이를 통해 키 태스크는 다른 태스크의 메모리 손상에 대해 안전하게 보호된다.

그림 6.4는 이러한 멀티프로세스 모델을 보여준다. 이 모델의 장점으로는 다음과 같은 것들이 있다.

- ❖ 프로세스 단위로 메모리 보호가 이루어진다. 한 프로세스는 다른 프로세스의 주소 공간에 속한 데이터를 손상시킬 수 없다.
- ❖ 확장성이 좋다. 이 모델을 유지한 채 새로운 기능을 추가할 수 있다.
- ❖ 응용 프로그램은 리눅스 프로그래밍 모델의 이점을 최대한 누릴 수 있다.

이 방식의 가장 큰 단점은 리눅스로 포팅하는 데 많은 시간이 걸린다는 것이다. 아마도 대부분의 응용 프로그램을 새로 설계해야 할 것이다. 이러한 (많은 시간이 필요한) 작업 중의 하나는 사용자 공간의 라이브러리를 포팅하는 일이다. 라이브러리 내에 몇몇 전역 변수들이 사용될 때 여러 태스크에서 이 변수에 접근하는 경우 문제가 발생할 수 있다. 이 글을 읽는 독자가 라이브러리를 리눅스의 공유 라이브러리의 형태로 포팅해야 한다고 가정하자. 이 경우 여러 프로세스들에서 코드를 공유할 수 있는 장점을 얻을 수 있다. 하지만 라이브러리 내의 전역 데이터의 경우는 어떨까? 공유 라이브러리에서는 오직 텍스트(코드) 영역만이 공유되고, 데이터 영역은 각 프로세스마다 고유하게 할당된다. 따라서 공유 라이브러리 내의 전역 변수들은 이제 프로세스 내의 전역 변수가 된다. 따라서 한 프로세스에서 이 변

저자 주 | 1) 예를 들어, DHCP 클라이언트는 자립형 태스크이다. 이것은 별도의 리눅스 프로세스로 쉽게 전환될 수 있다.

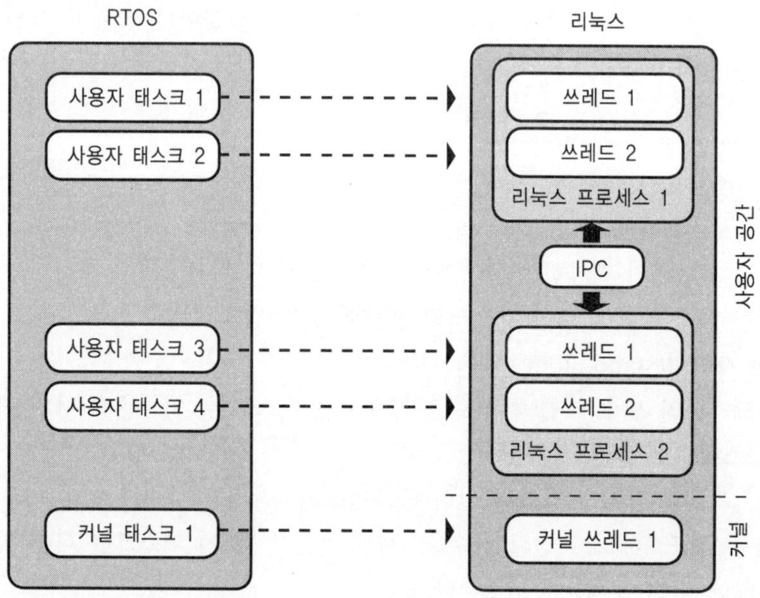

그림 6.4 멀티프로세스 모델로의 전환

수의 값을 변경해도 다른 프로세스는 그것을 알지 못한다. 이를 지원하기 위해서는 라이브러리를 이용하는 응용 프로그램들을 적절한 IPC 메커니즘을 사용하도록 다시 설계할 필요가 있다. 이러한 태스크들을 관련된 태스크로 묶을 수도 있지만, 그렇게 되면 멀티프로세스 모델이 주는 장점을 잃어버리게 된다.

6.2.2 OSPL의 작성

OSPL(Operating System Porting Layer) 계층은 그림 6.5에서 보이듯이 리눅스의 API들을 이용하여 RTOS의 API들을 에뮬레이트한다. 잘 작성된 OSPL은 기존의 코드에 대한 변경 작업을 최소화시켜 준다. 이를 위해서는 RTOS API와 리눅스 API 간의 매핑이 정의되어야 한다. 이러한 매핑은 다음과 같은 두 종류로 구분된다.

✤ 일대일(one-to-one) 매핑: 각 RTOS API는 하나의 리눅스 API를 사용하여 에뮬레이트될 수 있다. 매핑된 리눅스 API의 인수나 반환 값은 달라질 수 있지만, 함수의 기본적인 동작은 동일하다.

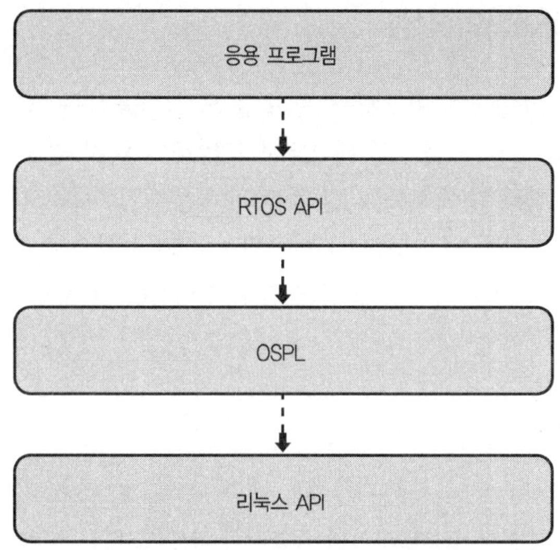

그림 6.5 OSPL

❖ **일대다(one-to-many) 매핑:** 하나의 RTOS API를 에뮬레이트하기 위해서 두 개 이 상의 리눅스 API가 필요하다.

많은 RTOS API들은 리눅스 커널 API로 매핑되어야 하며 이러한 커널 API들은 커널 태스 크에서 사용되어야 한다. OSPL은 커널과 사용자 공간의 OSPL을 따로 구분하거나 사용자 공간의 프로그램과 커널에 모두 링크되는 단일 라이브러리의 형태로 구현될 수 있다. 후자 의 경우 OSPL API는 다음과 같은 형태가 될 것이다.

```
void rtosAPI(void) {
  #ifndef __KERNEL__
      /* 사용자 공간의 리눅스 API와 동일 */
  #else
      /* 커널 공간의 리눅스 API와 동일 */
  #endif
}
```

RTOS API에서 리눅스 API로의 매핑을 정의할 때 어떤 RTOS API들은 기존 코드의 수정 없이는 리눅스 API로 에뮬레이트하는 것이 불가능하다는 것을 알게 될 것이다. 이 경우 기 존 코드에서 필요한 부분을 다시 작성할 필요가 있다.

6.2.3 커널 API 드라이버의 작성

때때로 기존의 태스크가 커널 함수와 사용자 함수를 모두 사용하는 경우, 이를 커널 공간의 태스크로 포팅해야 할지, 사용자 공간의 태스크로 포팅해야 할지 결정을 내리기 힘든 경우가 있다. 마찬가지로 한 함수 내에서도 커널 함수와 사용자 함수를 모두 호출하는 경우 동일한 문제가 발생한다. 예를 들어, func1( ) 함수와 func2( ) 함수를 호출하는 func( )라는 함수를 생각해 보자. func1( )은 사용자 공간의 함수이며, func2( )는 커널 함수이다.

```
void func( ){
   func1( ); <-- 사용자 공간 함수
   func2( ); <-- 커널 함수
}
```

이 경우 func( ) 함수는 사용자 공간과 커널 공간 중 어느 쪽으로 포팅되어야 할까? 이러한 경우를 지원하기 위해 커널 API 드라이버를 작성할 필요가 있다. 커널 API 드라이버 모델에서 func( ) 함수는 사용자 공간으로 포팅되며, func2( ) 함수에 대한 인터페이스도 사용자 공간에서 제공한다. 커널 API 드라이버는 6.5절에서 자세히 설명할 것이다.

이 절에서는 RTOS에서 리눅스로 응용 프로그램을 포팅하기 위한 로드맵에 대해서 살펴보았다. 이 장의 나머지 부분은 다음과 같이 세 부분으로 나뉜다.

- ❖ 첫 번째 부분에서는 pthreads(POSIX 쓰레드)에 대해서 간략히 설명한다. pthreads는 리눅스의 쓰레딩 모델이다. 모든 pthreads 연산들을 다루는 절은 포팅 프로세스를 시작하기 전에 반드시 이해해야 한다.
- ❖ 두 번째 부분에서는 오직 태스크의 생성/삭제와 뮤텍스(mutex) API들만을 지원하는 간단한 OSPL을 작성할 것이다.
- ❖ 마지막으로 커널 API 드라이버에 대해서 설명한다.

6.3 pthreads를 이용한 프로그래밍

다양한 pthreads 연산들을 설명하기 위해서 우리는 player.c 파일에 구현된 아주 단순한 MP3 플레이어를 예제로 사용할 것이다. 이 플레이어는 다음과 같은 두 가지의 중요한 요소들로 이루어진다.

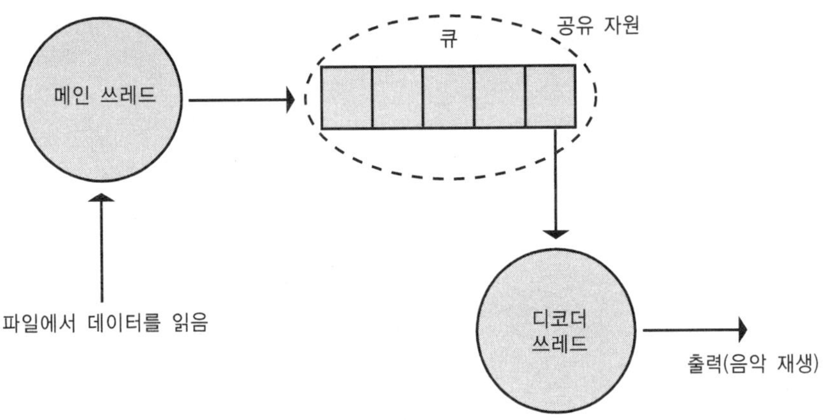

그림 6.6 간단한 오디오 플레이어

- ✤ **초기화**: 이것은 별도의 쓰레드로 구현된 오디오 서브시스템 초기화 과정을 포함한다. 여기서는 쓰레드의 생성과 종료 루틴에 대해서 살펴볼 것이다.
- ✤ **디코딩**: 이것은 응용 프로그램의 핵심적인 부분으로, 두 개의 쓰레드로 실행된다. 메인 쓰레드는 파일에서 MP3 데이터를 읽어 큐에 추가한다. 디코더 쓰레드는 큐에서 데이터를 꺼내어 디코딩한 뒤 재생한다. 여기에 사용된 큐는 메인 쓰레드와 디코더 쓰레드 간에 공유되는 자료 구조이다. 그림 6.6은 디코딩 과정에 포함된 여러 개체들을 보여준다. 여기서는 pthreads의 동기화 루틴들에 대해 매우 자세히 살펴볼 것이다.

이 절은 완전한 pthreads 참조 매뉴얼이 아니라는 것을 기억하라. 여기서는 독자들이 pthreads를 이용하여 개발을 시작하는 데 필요한 정보들만을 주려고 했을 뿐이다. 또한 위의 오디오 플레이어 예제에서는 (설명을 단순화하기 위해) 의도적으로 디코딩이나 재생에 관련된 플레이어 종속적인 자세한 사항들을 생략하였다. 그것은 플레이어 내의 pthreads 연산들에 대해서 집중적으로 알아보기 위해서이다.

6.3.1 쓰레드의 생성과 종료

실행하기 위한 새로운 쓰레드를 생성하기 위해서는 pthread_create( ) 함수를 이용한다. 이 함수의 원형은 다음과 같다.

```
int pthread_create (pthread_t * thread_id,
                    pthread_attr_t *thread_attributes,
                    void * (*start_routine)(void *),
                    void * arg);
```

이 함수는 성공 시에 0을 반환하며, 생성된 쓰레드의 id는 첫 번째 인수인 thread_id에 저장된다. 새로운 쓰레드의 실행은 start_routine( ) 함수에서 시작되며 arg는 start_routine( ) 함수에 인수로 전달된다. thread_attributes는 스케줄링 정책, 우선순위, 스택 크기 등과 같은 다양한 쓰레드 속성들을 표현한다. 실패 시에는 0이 아닌 값을 반환한다.

이제 player.c 파일에 있는 MP3 플레이어 예제를 살펴보자. 플레이어는 여러 서브시스템의 초기화를 수행하기 위해 시작 함수인 system_init( ) 함수를 호출한다. system_init( ) 함수는 메인 쓰레드의 컨텍스트 내에서 실행된다.

```
int system_init( ){
    pthread_t audio_tid;
    int sample = 1;
    void * audio_init_status;

    /* 별도의 쓰레드를 통해 오디오 서브시스템을 초기화한다. */
    if (pthread_create(&audio_tid, NULL, audio_init,
                       (void *)sample) != 0){
        printf("Audio thread creation failed.\n");
        return FAIL;
    }

    /*
     * 응용 프로그램의 나머지 부분과 자료 구조들을 초기화한다.
     */

    ....
    ....
}
```

system_init( ) 함수는 새로운 쓰레드를 생성하여 오디오 서브시스템을 초기화하기 위해 pthread_create( ) 함수를 호출한다. 이것이 성공하면, 생성된 쓰레드의 id는 audio_tid 변수에 저장된다. 새로운 쓰레드는 audio_init( ) 함수를 실행한다. audio_init( ) 함수는 정수형 인수인 sample을 받는다. pthread_create( ) 함수의 두 번째 인수는 NULL이므로, audio_tid 쓰레드는 기본 속성 값으로 설정된다(예를 들어, 쓰레드의 스케줄링 정책이나 우선순위는 호출한 쓰레드의 값을 상속받는다).

새로운 쓰레드는 디코더와 오디오 출력 서브시스템을 초기화한다. (인수를 통해) 요청된 경우 샘플 사운드를 2초간 재생하여 초기화가 잘 이루어졌는지 검사한다.

```c
void* audio_init(void *sample){
    int init_status = SUCCESS;
    printf("Audio init thread created with ID %d\n", pthread_self( ));

    /*
     * MP3 디코더 서브시스템을 초기화한다.
     * 실패한 경우 init_status 값을 FAIL로 설정한다.
     */

    /*
     * 오디오 출력 서브시스템을 초기화한다.
     * 실패한 경우 init_status 값을 FAIL로 설정한다.
     */

    if ((int)sample){

      /*
       * 샘플 사운드를 2초간 재생한다.
       * 재생이 실패한 경우 init_status 값을 FAIL로 설정한다.
       */

    }

    printf("Audio subsystem initialized\n");

    pthread_exit((void *)init_status);
}
```

여기서 두 가지 의문점이 생길 것이다.

- ✤ audio_tid 쓰레드는 자신의 종료 상태를 어떻게 메인 쓰레드로 전달할 수 있을까?
- ✤ system_init( ) 함수가 종료되기 전에 audio_tid 쓰레드가 종료되기를 기다리는 것이 가능할까? 어떻게 audio_tid 쓰레드의 종료 상태 값을 가져올 수 있을까?

쓰레드는 자신의 종료 상태를 pthread_exit( ) 함수를 통해 설정할 수 있다. 또한 이 함수를 호출한 쓰레드는 실행이 종료된다.

```
void pthread_exit(void *return_val);
```

audio_init( ) 함수는 pthread_exit( ) 함수를 호출하여 쓰레드의 실행을 종료하고, 종료 값을 설정한다. pthread_exit( )는 exit 시스템 콜과 비슷한 역할을 한다. 응용 프로그램 개발자의 관점에서 보면 오직 한 가지 차이점이 존재한다. exit 시스템 콜은 (쓰레드가 속한) 프로세스 전체를 종료시키고, pthread_exit( ) 함수는 오직 호출한 쓰레드를 종료시킨다.

쓰레드는 pthread_join( ) 함수를 이용하여 다른 쓰레드의 종료 상태를 얻어올 수 있다.

```
int pthread_join(pthread_t tid, void **thread_return_val);
```

pthread_join( ) 함수는 tid 쓰레드가 종료될 때까지 호출 쓰레드의 실행을 중지시킨다. pthread_join( ) 함수가 반환되면, tid 쓰레드의 종료 상태는 thread_return_val 인수에 저장된다. pthread_join( ) 함수는 wait4 시스템 콜과 비슷하다. wait4 시스템 콜은 인수로 주어진 자식 프로세스가 종료될 때까지 부모 프로세스의 실행을 중지시킨다. 마찬가지로 pthread_join( ) 함수는 인수로 주어진 쓰레드가 종료될 때까지 호출한 쓰레드의 실행을 중지시킨다. 위에서 보았듯이, system_init( ) 함수는 반환되기 전에 pthread_join( ) 함수를 호출하여 audio_tid 쓰레드가 종료되기를 기다린다. 또한 audio_tid 쓰레드가 초기화를 실패한 경우 에러 메시지를 출력한다.

```
int system_init( ){
    ...
  void * audio_init_status;
    ...
    ...
  /* audio_tid 쓰레드가 종료되기를 기다린다. */
  pthread_join(audio_tid, &audio_init_status);

  /* audio_tid가 실패한 경우 에러를 반환한다. */
  if ((int)audio_init_status == FAIL){
      printf("Audio init failed.\n");
      return FAIL;
  }

  return SUCCESS;
}
```

기본 속성 값을 가지고 pthread_create( ) 함수를 통해 생성된(pthread_create( ) 함수의 두

번째 인자가 NULL인) 쓰레드는 (pthread_join( ) 함수를 통해) 조인(join) 가능한 쓰레드이다. 조인 가능한 쓰레드에 할당된 자원들은 다른 쓰레드에서 조인 가능한 쓰레드에 pthread_join( ) 함수를 호출해 줄 때까지 해제되지 않는다. 이 경우 좀비[2]로 남아 있는다.

6.3.2 쓰레드 동기화

pthreads는 뮤텍스(mutex)와 조건 변수 형태의 쓰레드 동기화 메커니즘을 제공한다.

뮤텍스는 공유된 자료 구조에 대해 배타적인 접근을 제공하는 바이너리 세마포어[3]이며, lock과 unlock이라는 두 가지 기본 연산을 제공한다. 쓰레드는 임계 영역에 들어가기 전에 뮤텍스에 락(lock)을 걸어야 하며, 작업이 끝나면 락을 해제(unlock)해야 한다. 만약 쓰레드가 락을 걸려고 할 때 이미 다른 쓰레드가 락을 걸고 있었다면, 나중에 락을 걸려고 시도한 쓰레드는 블록되고 먼저 락을 걸고 있던 쓰레드가 락을 해제할 때 깨어난다. 뮤텍스의 락 연산은 원자성[4]을 보장한다. 만약 두 쓰레드가 한 뮤텍스에 동시에 락을 걸려고 하는 경우에도 반드시 하나의 쓰레드만이 락을 얻게 되고 다른 쓰레드는 블록된다. 넌블로킹(nonblocking) 버전의 락 연산인 trylock도 지원한다. trylock은 뮤텍스에 락을 걸 수 있으면 성공을 반환하고 이미 다른 락이 걸린 경우에는 바로 실패를 반환한다.

뮤텍스를 이용하여 공유 자료 구조를 보호하기 위한 일반적인 과정은 다음과 같다.

> 뮤텍스에 락을 건다.
> 공유 데이터에 대한 처리를 수행한다.
> 뮤텍스의 락을 해제한다.

조건 변수는 자원에 락을 거는 방식보다 특정 이벤트를 기다리는 경우에 더 유용한 동기화

역자 주 | 2) 좀비는 호러 영화에서 자주 등장하는 살아 있는 시체를 뜻한다. 운영체제에서의 좀비는 실행이 완료된 프로세스가 시스템에서 제거되지 않고 할당된 자원을 차지하고 있는 상태를 말하며, 부모 프로세스가 wait 계열의 시스템 콜을 통해 저주를 풀어주면(?) 제거된다.
3) 뮤텍스(mutex)는 MUTual EXclusion의 약자로 임계 영역에 오직 하나의 개체만이 접근할 수 있도록 보장한다. 세마포어에서 카운트 값이 1인 경우에 해당하며, 이 경우 세마포어의 값으로 0, 1만이 가능하므로 바이너리 세마포어라고 한다.
4) 원자적 연산(atomic operation)은, 원자가 더 이상 쪼개어질 수 없듯이 해당 연산을 수행하는 도중에 다른 것이 끼어들 수 없다는 것을 뜻한다. 즉, 원자적인 연산이 수행되는 동안은 스케줄링이 발생하여 다른 프로세스/쓰레드가 실행될 수 없음을 보장한다.

메커니즘이다. 조건 변수는 특정 공유 데이터를 기반으로 하는 술어(predicate, 참이나 거짓이냐를 판별할 수 있는 논리적 표현)와 연관된다. 조건 변수를 기다리며 잠들 수 있는 함수들과 술어의 결과가 변경되었을 때 관련된 하나 혹은 전체 쓰레드를 깨울 수 있는 함수들이 제공된다.

우리가 살펴볼 MP3 플레이어 예제에서 메인 쓰레드와 디코더 쓰레드가 공유해야 할 자료 구조는 큐이다. 메인 쓰레드는 파일에서 데이터를 읽어서 큐에 넣는다. 디코더 쓰레드는 데이터를 큐에서 꺼내서 처리한다. 만약 큐가 비어 있다면 디코더 쓰레드는 큐에 새로운 데이터가 들어올 때까지 잠들게 된다. 메인 쓰레드는 큐에 데이터를 넣은 후에 디코더 쓰레드를 깨운다. 전체 동기화 로직은 큐와 연관된 조건 변수를 통해 구현된다. 이 경우 공유 데이터는 큐이고, 술어는 '큐가 비어 있지 않다'이다. 디코더 쓰레드는 술어의 결과가 거짓일 때 (즉, 큐가 비어 있을 때) 조건 변수상에 잠들게 된다. 메인 쓰레드가 큐에 데이터를 추가하여 술어의 결과가 '변경'될 때 디코더 쓰레드가 깨어난다.

이제 pthreads의 뮤텍스와 조건 변수 구현에 대해서 자세히 살펴보기로 하자.

pthreads 뮤텍스

뮤텍스를 정의할 때 다음과 같이 초기화할 수 있다.

```
pthread_mutex_t lock = PTHREAD_MUTEX_INITIALIZER;
```

혹은 pthread_mutex_init( ) 함수를 호출하여 실행 중에 초기화할 수 있다.

```
int pthread_mutex_init(pthread_mutex_t *mutex,
          const pthread_mutexattr_t *mutexattr);
```

첫 번째 인수는 초기화하려는 뮤텍스의 포인터이고, 두 번째 인수는 뮤텍스 속성이다. mutexattr이 NULL인 경우에는 기본 속성 값으로 설정된다(기본 설정 값은 나중에 설명하기로 한다).

뮤텍스의 락을 얻기 위해서는 pthread_mutex_lock( ) 함수를 호출하고, 락을 해제하기 위해서는 pthread_mutex_unlock( ) 함수를 호출한다. pthread_mutex_lock( ) 함수는 뮤텍스를 얻거나 뮤텍스의 소유자(즉, 먼저 pthread_mutex_lock( ) 함수를 호출하여 락을 얻은 쓰레드)가 pthread_mutex_unlock( ) 함수를 통해 락을 해제할 때까지 호출한 쓰레드의 실행을 중지시킨다.

```
int pthread_mutex_lock(pthread_mutex_t *mutex);
int pthread_mutex_unlock(pthread_mutex_t *mutex);
```

공유 데이터는 다음과 같이 뮤텍스 lock/unlock 함수들을 통해 보호된다.

```
pthread_mutex_lock(&lock);
/* 공유 데이터에 대한 처리 */
pthread_mutex_unlock(&lock);
```

세 가지 종류의 뮤텍스가 존재한다.

- 고속 뮤텍스
- 재귀 뮤텍스
- 에러-체크 뮤텍스

이 세 가지 종류의 뮤텍스들의 동작은 비슷하다. 이들의 차이점은 뮤텍스의 소유자가
pthread_mutex_lock( ) 함수를 호출하여 다시 락을 얻으려고 할 때 나타난다.

- 고속 뮤텍스에서는, 쓰레드가 자기 자신을 계속 기다리는 데드락(dead-lock) 현상[5]이
  발생한다.
- 재귀 뮤텍스에서는, 뮤텍스의 참조(acquire) 카운트가 증가되며 함수는 바로 빈환된
  다. 뮤텍스는 참조 카운트가 0이 될 때 해제된다. 즉, 쓰레드는 모든 pthread_mutex_
  lock( ) 함수에 대응하는 pthread_mutex_unlock( ) 함수를 호출해야 한다.
- 에러-체크 뮤텍스에서는, pthread_mutex_lock( ) 함수는 EDEADLK이라는 에러 코
  드를 반환한다.

고속, 재귀, 에러-체크 뮤텍스는 뮤텍스를 정의할 때 다음과 같은 방법으로 초기화할 수
있다.

```
/* 고속 뮤텍스 */
pthread_mutex_t lock = PTHREAD_MUTEX_INITIALIZER;
```

역자 주 | 5) 절대로 일어날 수 없는 상황을 계속 기다리고 있는 교착 상태를 말한다. 여기서 쓰레드는 뮤텍스의 락이 해
제되기를 기다리지만, 락을 해제할 수 있는 쓰레드는 자신밖에 없으므로 쓰레드는 더 이상 실행되지 못하고
무한히 대기한다.

```
/* 재귀 뮤텍스 */
pthread_mutex_t lock =
   PTHREAD_RECURSIVE_MUTEX_INITIALIZER_NP;

/* 에러-체크 뮤텍스 */
pthread_mutex_t lock =
   PTHREAD_ERRORCHECK_MUTEX_INITIALIZER_NP;
```

이들은 실행 시에도 pthread_mutex_init( ) 함수를 통해 초기화될 수 있다. 뮤텍스의 기본 속성 값을 사용하기 위해 pthread_mutex_init( ) 함수의 두 번째 인수에 NULL을 사용했던 것을 기억해 보자. 기본적으로 뮤텍스는 고속 뮤텍스로 초기화된다.

```
/* 고속 뮤텍스 */
pthread_mutex_t lock;
pthread_mutex_init(&lock, NULL);
```

재귀 뮤텍스는 실행 시에 다음과 같이 초기화된다.

```
pthread_mutex_t lock;
pthread_mutexattr_t mutex_attr;
pthread_mutexattr_init(&mutex_attr);
pthread_mutexattr_settype(&mutex_attr,
   PTHREAD_RECURSIVE_MUTEX_INITIALIZER_NP);
pthread_mutex_init(&lock, &mutex_attr);
```

에러-체크 뮤텍스는 위와 비슷한 방법으로 초기화된다. 유일한 차이점은 pthread_mutexattr_settype( ) 함수를 호출할 때 두 번째 인수로 PTHREAD_ERRORCHECK_MUTEX_INITIALIZER_NP[6]를 사용한다는 점이다.

pthreads 조건 변수

뮤텍스와 마찬가지로 조건 변수는 정의 시와 실행 시에 다음과 같이 초기화될 수 있다.

```
pthread_cond_t cond_var = PTHREAD_COND_INITIALIZER;
```

혹은

역자 주 ｜ 6) 마지막의 NP는 Non-Portable을 의미하는 것으로, 이식성 있는 프로그램을 작성하기 위해서는 이를 사용하지 말아야 한다.

```
pthread_cond_t cond_var;
pthread_cond_init(&cond_var, NULL);
```

이제 여러 가지 조건 변수의 연산들을 알아보기 위해 MP3 플레이어 예제로 돌아가 보자. 그림 6.6에는 다음과 같은 세 가지 개체들이 포함되어 있다.

✤ 메인 쓰레드: 디코더 쓰레드를 생성하며, 디코더 쓰레드에서 처리할 데이터를 생성한다.

✤ 디코더 쓰레드: 메인 쓰레드에서 제공하는 데이터를 디코딩해서 음악을 재생한다.

✤ 큐: 메인 쓰레드와 디코더 쓰레드에서 공유하는 자료 구조이다. 메인 쓰레드는 파일에서 데이터를 읽어 큐에 넣고, 디코더 쓰레드는 큐에 들어 있는 데이터를 꺼내어 처리한다.

메인 쓰레드는 응용 프로그램이 시작될 때 디코더 쓰레드를 생성한다.

```
int main( ){

  pthread_t decoder_tid;
    ...

    /* 디코더 쓰레드를 생성한다. */
    if (pthread_create(&decoder_tid, NULL, audio_decoder, NULL ) != 0){
      printf("Audio decoder thread creation failed.\n");
      return FAIL;
    }
      ...
      ...
}
```

여기서 세 가지 의문점이 생길 수 있을 것이다.

✤ 디코더 쓰레드는 어떻게 큐 안에 데이터가 있는지 알 수 있을까? 폴링 외에 다른 좋은 메커니즘이 존재할까?

✤ 메인 쓰레드가 디코더 쓰레드에게 큐 안에 데이터가 있음을 알려 줄 수 있는 방법이 있을까?

✤ 큐는 메인 쓰레드와 디코더 쓰레드 간의 동시 접근으로부터 어떻게 보호될 수 있을까?

이 질문들에 답하기 위해서 먼저 오디오 디코더 쓰레드의 내부를 자세히 살펴보자.

```c
void* audio_decoder(void *unused){

    char *buffer;
    printf("Audio Decoder thread started\n");

    for(;;){
        pthread_mutex_lock(&lock);
        while(is_empty_queue( ))
            pthread_cond_wait(&cond, &lock);

        buffer = get_queue( );

        pthread_mutex_unlock(&lock);

        /* 버퍼 내의 데이터를 디코딩한다. */
        /* 디코딩한 데이터를 출력부로 보낸다. */

        free(buffer);
    }
}
```

audio_decoder( ) 함수 내의 다음 코드를 눈여겨보기 바란다.

```c
while(is_empty_queue( ))
    pthread_cond_wait(&cond, &lock);
```

여기서 조건 변수인 cond가 사용되었다. 이 조건 변수에 대한 술어는 '큐가 비어 있지 않
다'이므로, 술어는 거짓이 되고(즉, 큐가 비어 있다) 쓰레드는 pthread_cond_wait( ) 함수를
호출하여 조건 변수상에 잠든다. 잠든 쓰레드는 다른 쓰레드가 조건이 변경되었음을 알려
주기 전까지(즉, 큐에 데이터를 넣어서 (비어 있지 않게 하여) 술어가 변경될 때까지) 계속 대기
상태로 남아 있게 된다. 이 함수의 원형은 다음과 같다.

```c
int pthread_cond_wait(pthread_cond_t *cond,
                      pthread_mutex_t *mutex);
```

위의 함수 선언에서 볼 수 있듯이 조건 변수에는 뮤텍스가 연관되어 있다. 이 뮤텍스는 쓰
레드가 조건을 검사할 때 술어를 **보호하기 위해** 필요하다. 이것은 쓰레드가 조건 변수상에
잠들려고 할 때, 실제로 잠들기 전에 다른 쓰레드가 조건이 변경되었음을 먼저 알려 주는
경쟁 상태를 방지하기 위해 사용된다.

```
while(is_empty_queue( ))
    <--- 다른 쓰레드가 조건이 변경되었음을 알려 줌 --->
    pthread_cond_wait(...);
```

우리가 살펴보는 예제에서 뮤텍스가 없다면 디코더 쓰레드는 큐 안에 데이터가 있는 경우
에도 조건 변수상에 잠들게 된다. 이를 처리하기 위한 규칙은 다음과 같다. 술어를 검사하고
조건 변수상에 잠드는 작업은 원자적인 연산이 되어야 한다. 이 원자성은 조건 변수와 함께
뮤텍스를 사용함으로써 얻을 수 있다. 따라서 다음과 같은 과정으로 수행되어야 한다.

```
pthread_mutex_lock(&lock);           <-- 뮤텍스를 얻는다.
while(is_empty_queue( ))             <-- 술어를 검사한다.
    pthread_cond_wait(&cond, &lock); <-- 조건 변수상에 잠든다.
```

이렇게 동작하기 위해서는 관련된 모든 쓰레드들이 먼저 뮤텍스를 얻고, 조건을 검사/변경
하고, 뮤텍스를 해제하는 식으로 동작해야 한다.

이제 쓰레드가 pthread_cond_wait( ) 함수를 통해 잠든 경우 뮤텍스가 어떻게 처리되는지
알아보자. 만약 뮤텍스가 계속 락이 걸린 상태로 남아 있다면 다른 쓰레드들이 술어를 변경
하기 전에 해당 뮤텍스의 락을 얻어야 하므로 블록될 것이고, 결국 어떤 쓰레드도 술어가
변경되었음을 알려 주지 못할 것이다. 이것이 바로 데드락 상태이다. 한 쓰레드가 락을 가
진 채로 조건 변수상에 잠들어 있으며, 다른 쓰레드는 조선을 변경시키기 위해 락을 기다리
고 있다. 이러한 데드락을 방지하기 위해서 쓰레드가 조건 변수상에 잠든 후에는 관련된 뮤
텍스의 락이 해제되어야 한다. 이러한 작업은 pthread_cond_wait( ) 함수 내에서 처리된
다. 이 함수는 쓰레드를 슬립 상태로 만든 후 자동으로 뮤텍스를 해제시킨다.

조건 변수상에 잠든 쓰레드는 다른 쓰레드가 (뒤에서 설명할 pthread_cond_signal( ) 함수나
pthread_cond_broadcast( ) 함수를 통해) 조건이 변경되었음을 알려 주면 깨어나고
pthread_cond_wait( ) 함수는 반환된다. pthread_cond_wait( ) 함수는 또한 반환되기 전
에 다시 뮤텍스의 락을 얻는다. 이제 쓰레드는 해당 조건이 만족되었으므로 이에 대한 적절
한 처리를 수행한 뒤 뮤텍스의 락을 해제한다.

```
pthread_mutex_lock(&lock);           <-- 뮤텍스를 얻는다.
while(is_empty_queue( ))             <-- 술어를 검사한다.
    pthread_cond_wait(&cond, &lock); <-- 조건 변수상에 잠든다.

<-- pthread_cond_wait( ) 함수는 내부적으로 뮤텍스를 다시 얻어온다. -->
```

```
buffer = get_queue( );        <-- 조건에 대한 적절한 처리를 수행한다.
pthread_mutex_unlock(&lock); <-- 작업이 끝나면 뮤텍스를 해제한다.
```

이제 쓰레드가 어떻게 조건이 변경되었음을 알려 주는지 살펴보자. 그 과정은 다음과 같다.

- 뮤텍스를 얻는다.
- 조건을 변경한다.
- 뮤텍스를 해제한다.
- 조건 변수상에 잠든 하나 혹은 모든 쓰레드를 깨운다.

플레이어의 메인 쓰레드는 큐에 데이터를 추가한 뒤 오디오 디코더 쓰레드를 깨운다.

```
fp = fopen("song.mp3", "r");
while (!feof(fp)){
  char *buffer = (char *)malloc(MAX_SIZE);
  fread(buffer, MAX_SIZE, 1, fp);

  pthread_mutex_lock(&lock);  <-- 뮤텍스를 얻는다.
  add_queue(buffer);  <-- 조건을 변경한다. 버퍼를 큐에 추가하여
                          큐가 비어 있지 않도록 만든다.

  pthread_mutex_unlock(&lock);  <-- 뮤텍스를 해제한다.
  pthread_cond_signal(&cond);  <-- 디코더 쓰레드를 깨운다.

  usleep(300*1000);
}
```

pthread_cond_signal( ) 함수는 조건 변수상에 잠든 하나의 쓰레드를 깨운다. 또한 pthread_cond_broadcast( ) 함수는 조건 변수상에 잠든 모든 쓰레드를 깨운다.

```
int pthread_cond_signal(pthread_cond_t *cond);
int pthread_cond_broadcast(pthread_cond_t *cond);
```

6.3.3 쓰레드 취소

한 쓰레드가 어떻게 다른 쓰레드의 실행을 종료시킬 수 있을까? 앞의 MP3 플레이어 예제에서, 음악의 재생이 끝나면 메인 쓰레드는 응용 프로그램이 종료되기 전에 디코더 쓰레드를

먼저 종료시켜야 한다. 이것은 pthread_cancel( ) 함수를 통해 이루어진다.

```
int pthread_cancel(pthread_t thread_id);
```

pthread_cancel( ) 함수는 thread_id 쓰레드에게 취소 요청을 보낸다. 우리의 예제에서 메인 쓰레드는 pthread_cancel( ) 함수를 호출하여 디코더 쓰레드에게 취소 요청을 보내고 프로그램이 종료되기 전에 디코더 쓰레드가 종료되기를 기다린다.

```
int main( ){
    ...
    ...
    pthread_cancel(decoder_tid);        <-- 종료 요청을 보냄

    pthread_join(decoder_tid, NULL);
}
```

취소 요청을 받은 쓰레드는 요청을 무시하거나, 즉시 처리(종료)하거나, 요청의 처리를 미룰 수 있다. 쓰레드가 받은 취소 요청의 처리 방식을 결정하기 위한 두 가지 함수가 제공된다.

```
int pthread_setcancelstate(int state, int *oldstate);
int pthread_setcanceltype(int type, int *oldtype);
```

pthread_setcancelstate( ) 함수는 취소 요청을 무시하거나, 처리하기 위해 호출된다. state 인수가 PTHREAD_CANCEL_DISABLE이라면 요청은 무시되고, state 인수가 PTHREAD_CANCEL_ENABLE이라면 요청은 처리된다. 요청을 처리하는 경우에, pthread_setcanceltype( ) 함수를 통해 취소 요청을 바로 처리할지, 다음으로 미룰지를 결정한다. type 인수가 PTHREAD_CANCEL_ASYNCHRONOUS인 경우 요청은 바로 처리되고, type 인수가 PTHREAD_CANCEL_DEFERRED인 경우 요청은 다음 취소 지점까지 미루어진다.

기본적으로 쓰레드는 항상 미뤄진 취소 요청 처리 방식으로 시작된다. 위의 플레이어 예제에서 디코더 쓰레드는 pthread_setcanceltype( ) 함수를 호출하여 요청을 즉시 처리하도록 변경한다.

```
void* audio_decoder(void *unused){
    ...
    ...
    pthread_setcanceltype(PTHREAD_CANCEL_ASYNCHRONOUS, NULL);
```

```
    ...
}
```

앞에서 언급했듯이 취소 요청의 처리는 다음 취소 지점까지 미뤄질 수 있다고 했다. 그렇다면 취소 지점이란 무엇일까? 취소 지점이란 미뤄진 취소 요청이 수행되어야 할지 테스트하는 함수들이다. 만약 미뤄진 취소 요청이 있다면 즉시 처리될 것이다. 일반적으로 현재 쓰레드의 실행을 오랫동안 중지시키는 함수들은 취소 지점이 되어야 한다. pthread_join( ), pthread_cond_wait( ), pthread_cond_timedwait( ), pthread_testcancel( ) 함수들은 취소 지점을 제공한다. 주어진 지점에서 취소 요청을 처리하는 것은 해당 지점에서 pthread_exit(PTHREAD_CANCELED) 함수를 호출하는 것과 동일하다.

쓰레드는 pthread_testcancel( ) 함수를 호출하여 미뤄진 취소 요청이 있는지 검사할 수 있다.

```
void pthread_testcancel(void);
```

이 함수가 호출되었을 때 미뤄진 취소 요청이 있었다면 즉시 처리된다.

6.3.4 쓰레드 분리

앞서 언급했듯이, pthread_create( ) 함수를 통해 기본 속성 값으로 생성된 쓰레드는 조인 가능하다. 조인 가능한 쓰레드에 할당된 자원들을 해제하기 위해서는 pthread_join( ) 함수를 호출해야 한다. 하지만 때때로 다른 쓰레드에 조인될 필요 없이 별도로 수행되다가 종료되어야 하는 '독립적인' 쓰레드를 생성해야 할 때가 있다. 이를 위해서는 쓰레드를 분리 상태로 만들어야 한다. 이것은 다음과 같은 두 가지 방식으로 처리할 수 있다.

❖ 쓰레드의 생성 시 DETACH 속성을 설정한다.

```
pthread_attr_t attr;
pthread_attr_init(&attr);
pthread_attr_setdetachstate(&attr, PTHREAD_CREATE_DETACHED);
pthread_create(&tid, &attr, routine, arg);
```

❖ pthread_detach( ) 함수를 사용한다.

```
int pthread_detach(pthread_t tid);
```

모든 쓰레드는 pthread_detach( ) 함수를 호출하여 tid 쓰레드를 분리 상태로 만들 수 있다. 쓰레드가 자기 자신을 분리 상태로 만들기 위해서는 다음과 같이 호출할 수 있다.

```
pthread_detach(pthread_self( ));
```

6.4 OSPL

OSPL(Operating System Porting Layer)은 리눅스 API를 이용하여 (독자들이 사용하고 있을) 기존 RTOS의 API들을 에뮬레이트한다. 잘 작성된 OSPL은 기존 코드들의 변경을 최소화시켜야 한다. 이 절에서는 OSPL의 구조에 대해서 살펴본다. 이를 위해 우리는 고유한 RTOS API들을 정의할 것이다. 이 API들은 기존 RTOS들에서 쉽게 찾아볼 수 있는 것들이며, 여기서는 태스크의 생성/종료, 뮤텍스에 관련된 API들만을 다룰 것이다. 우리의 OSPL은 커널과 사용자 공간의 양쪽 모두로 링크될 수 있는 단일 라이브러리의 형태이다. OSPL의 정의는 ospl.c 파일 내에 구현된다. ospl.h 헤더 파일은 리눅스의 자료형들을 이용하여 RTOS의 자료형들을 에뮬레이트한다. 우리는 먼저 리눅스 뮤텍스 API와 일대일 매핑이 가능한 뮤텍스 API들에 대한 구현을 살펴볼 것이다. 그리고 리눅스 API들과 일대다 매핑을 이루는 태스크 API들에 대해서 살펴보기로 한다.

이 절에서는 태스크와 관련된 OSPL은 하나의 리눅스 프로세스 내의 쓰레드들로 구현된다. 6.4.3절에서는 타이머와 IPC API가 여러 리눅스 프로세스에 걸쳐 구현될 수 있음을 보여준다.

6.4.1 RTOS 뮤텍스 API 에뮬레이션

RTOS 뮤텍스 API들의 원형은 다음과 같다.

- ❖ rtosError_t rtosMutexInit(rtosMutex_t *mutex): lock, unlock, trylock 연산을 수행하기 위해 뮤텍스를 초기화한다.
- ❖ rtosError_t rtosMutexLock(rtosMutex_t *mutex): 뮤텍스에 락이 걸리지 않은 경우 락을 얻는다. 만약 이미 락이 걸린 상태라면 잠든다.
- ❖ rtosError_t rtosMutexUnlock(rtosMutex_t *mutex): rtosMutexLock( ) 함수를 통해 얻은 락을 해제한다.

❖ rtosError_t rtosMutexTrylock(rtosMutex_t *mutex): 뮤텍스에 락이 걸리지 않은 경우 락을 얻는다. 만약 이미 락이 걸린 상태라면 RTOS_AGAIN을 반환한다.

위의 API들은 rtosTypes.h 파일에 정의된 enum rtosError_t 값 중의 하나를 반환한다. rtosTypes.h 파일은 ospl.h 내에서 포함(include)된다.

```
typedef enum {
  RTOS_OK,
  RTOS_AGAIN,
  RTOS_UNSUPPORTED,
     ...
  RTOS_ERROR,
}rtosError_t;
```

이 함수들은 rtosMutex_t 객체의 포인터를 인수로 받는다. rtosMutex_t는 ospl.h 파일에 다음과 같이 정의되어 있다.

```
#ifdef __KERNEL__
  typedef pthread_mutex_t rtosMutex_t;       <-- 사용자 공간 정의

#else
  typedef struct semaphore rtosMutex_t;      <-- 커널 정의

#endif
```

사용자 공간에서 RTOS 뮤텍스 API는 pthreads의 뮤텍스 연산을 사용하여 에뮬레이트되며, 커널에서는 커널 세마포어를 이용하여 에뮬레이트된다. 이제 이러한 OSPL API들을 어떻게 구현하는지 살펴보기로 하겠다.

rtosMutexInit( ) 함수는 사용자 공간에서 pthread_mutex_init( ) 함수를 통해 에뮬레이트된다. 커널에서는 세마포어의 카운트 값을 1로 설정하는 init_MUTEX( ) 함수를 이용한다.

```
rtosError_t rtosMutexInit(rtosMutex_t *mutex){
#ifdef __KERNEL__
  pthread_mutex_init(mutex, NULL);
#else
  init_MUTEX(mutex);
#endif
  return RTOS_OK;
}
```

rtosMutexLock( ) 함수는 사용자 공간에서 pthread_mutex_lock( ) 함수를 통해 구현되며, 커널에서는 down( ) 함수를 이용한다.

```
rtosError_t rtosMutexLock(rtosMutex_t *mutex){
   int err;
#ifndef __KERNEL__
   err = pthread_mutex_lock(mutex);
#else
   down(mutex);
   err = 0;
#endif
   return (err == 0) ? RTOS_OK : RTOS_ERROR;
}
```

down( ) 함수는 자동으로 세마포어 카운트 값을 감소시킨다. 세마포어는 감소 연산 후에 카운트 값이 0이 되면 얻을 수 있다. 만약 카운트 값이 음수이면 현재 태스크는 세마포어의 대기 큐 내에 인터럽트가 불가능한 형태의 슬립 모드(uninterruptible_sleep)로 들어간다. 이 태스크는 오직 세마포어의 소유자가 up( ) 함수를 호출하여 세마포어를 해제하는 경우 에만 깨어나게 된다. down( ) 함수의 단점은 인터럽트로 깨어날 수 없는 슬립 모드로 들어 간다는 점이다. 이 상태에 들어간 쓰레드의 실행을 중지시킬 수는 없다. 이와 같은 경우에 대한 처리를 하기 위해서는 down( ) 함수 대신 down_interruptible( ) 함수를 사용해야 한 다. 이 함수는 down( ) 함수와 비슷한 작업을 수행하지만 인터럽트에 의해 깨어난 경우 -EINTR을 반환한다. 따라서 (이를 반영한) 새로운 rtosMutexLock( ) 함수의 구현은 다음과 같다.

```
rtosError_t rtosMutexLock(rtosMutex_t *mutex){
   int err;
#ifndef __KERNEL__
   err = pthread_mutex_lock(mutex);
#else
   err = down_interruptible(mutex);
#endif
   return (err == 0) ? RTOS_OK : RTOS_ERROR;
}
```

rtosMutexUnlock( ) 함수는 사용자 공간에서 pthread_mutex_unlock( ) 함수를 통해 구 현되며, 커널에서는 up( ) 함수를 사용한다. up( ) 함수는 자동적으로 세마포어의 카운트 값을 증가시키며 (인터럽트가 가능하든 불가능하든 간에) 세마포어의 대기 큐에 잠든 태스크 들을 깨운다.

```c
rtosError_t rtosMutexUnlock(rtosMutex_t *mutex){
  int err;
#ifndef __KERNEL__
  err = pthread_mutex_unlock(mutex);
#else
  up(mutex);
  err = 0;
#endif
  return (err == 0) ? RTOS_OK : RTOS_ERROR;
}
```

마지막으로 rtosMutexTrylock( ) 함수는 사용자 공간에서 pthread_mutex_trylock( ) 함수를 통해 구현되며, 커널에서는 down_trylock( ) 함수를 이용한다. down_trylock( ) 함수는 세마포어에 이미 락이 걸린 경우 블록되지 않고 즉시 반환된다.

```c
rtosError_t rtosMutexTrylock(rtosMutex_t *mutex){
  int err;
#ifndef __KERNEL__
  err = pthread_mutex_trylock(mutex);
  if (err == 0)
    return RTOS_OK;
  if (errno == EBUSY)
    return RTOS_AGAIN;
  return RTOS_ERROR;
#else
  err = down_trylock(mutex);
  if (err == 0)
    return RTOS_OK;
  return RTOS_AGAIN;
#endif
}
```

정리하면, RTOS 뮤텍스 API와 리눅스 뮤텍스 API 간의 일대일 매핑은 표 6.1과 같이 이루어진다.

6.4.2 RTOS 태스크 API 에뮬레이션

이제 OSPL의 좀더 복잡한 부분인 RTOS API와 리눅스 API 간의 일대다 매핑에 대해서 살펴보기로 하자. 우리는 RTOS의 태스크 생성 및 종료에 관한 API들을 예제로 사용할 것이

표 6.1 RTOS와 리눅스의 뮤텍스 API

RTOS	리눅스	
	사용자 공간	커널 공간
뮤텍스 초기화	pthread_mutex_init	init_MUTEX
뮤텍스 lock	pthread_mutex_lock	down, down_interruptible
뮤텍스 unlock	pthread_mutex_unlock	up
뮤텍스 trylock	pthread_mutex_trylock	down_trylock

다. 우리의 RTOS 태스크 생성 및 종료 API들의 원형은 다음과 같다.

```
rtosError_t rtosCreateTask
            (char *name,            <-- 태스크의 이름
             rtosEntry_t routine,   <-- 시작 루틴
             char * arg1,           <-- 시작 루틴의 인수
             int arg,               <-- 시작 루틴의 인수
             void * arg3,           <-- 시작 루틴의 인수
             int priority,          <-- 새로운 태스크의 우선순위
             int stackSize,         <-- 스택 크기
             rtosTask_t *tHandle);  <-- 태스크 핸들
```

rtosCreateTask( ) 함수는 새로운 태스크를 생성하여 routine( ) 함수에서부터 실행을 시작
한다. 새로운 태스크의 우선순위는 priority 인수를 사용하여 결정한다. 이 함수는 성공 시
에 RTOS_OK를 반환하고, 생성된 태스크의 핸들을 tHandle 인수에 저장한다.

```
void rtosDeleteTask(rtosTask_t tHandle);  <-- 태스크 핸들
```

rtosDeleteTask( ) 함수는 tHandle 태스크의 실행을 중지시키고 태스크가 종료되기를 기다
린다. rtosDeleteTask( ) 함수가 반환되면, tHandle 태스크는 확실히 제거되었음이 보장된
다. 먼저 이들 API의 사용자 공간의 구현에 대해서 살펴본 뒤, 다음으로 커널 공간의 구현
에 대해 알아보도록 한다.

사용자 공간 태스크 API 에뮬레이션

rtosCreateTask( ) 함수와 rtosDeleteTask( ) 함수의 구현에 대해 자세히 살펴보기 전에 여
기에 사용된 rtosEntry_t와 rtosTask_t의 두 가지 자료형에 대해서 알아보기로 한다.
rtosEntry_t는 ospl.h 파일에 정의되어 있으며, 우리의 구현에서 정의된 것을 그대로 사용
해야 한다. 이 자료형을 변경하는 것은 이 자료형에 관련된 모든 함수들의 선언을 변경한다

는 것을 의미하며, 독자들은 아마도 이것을 원치 않을 것이다. rtosEntry_t는 다음과 같이 정의되어 있다.

```
typedef void (*rtosEntry_t) (char *arg1, int arg2, void *arg3);
```

rtosTask_t 자료형의 내부는 태스크 API를 통해서만 이해할 수 있다. 다른 API들에 있어서 이것은 그저 불투명한(opaque) 자료형일 뿐이다. RTOS의 태스크 API를 리눅스 API들을 이용하여 구현한 방식에서처럼, 이것을 필요한 대로 재정의할 수 있다. ospl.h 파일 내에 정의된 (사용자 공간의) rtosTask_t 자료형의 구현은 다음과 같다.

```
typedef struct {
   char name[100];            <-- 태스크의 이름
   pthread_t thread_id;       <-- 쓰레드 ID
}rtosTask_t;
```

먼저 rtosCreateTask( ) 함수에 대해서 살펴보자.

```
rtosError_t
rtosCreateTask(char *name, rtosEntry_t routine,
               char * arg1, int arg2, void *arg3,
               int priority, int stackSize,
               rtosTask_t *tHandle){
#ifndef __KERNEL__

int err;
uarg_t uarg;
strcpy(tHandle->name, name);
uarg.entry_routine = routine;
uarg.priority = priority;
uarg.arg1 = arg1;
uarg.arg2 = arg2;
uarg.arg3 = arg3;
err = pthread_create (&tHandle->thread_id, NULL,
                      wrapper_routine, (void *)&uarg);
return (err) ? RTOS_ERROR : RTOS_OK;

#else
  ...
}
```

모든 RTOS 태스크 시작 루틴의 인수들과, 시작 루틴의 포인터, 태스크의 우선순위를 포함

하고 있는 새로운 구조체인 uarg_t를 정의한다.

```
typedef struct _uarg_t {
   rtosEntry_t entry_routine;
   int priority;
   char *arg1;
   int arg2;
   void *arg3;
}uarg_t;
```

모든 rtosCreateTask( ) 함수의 호출은 pthread_create( ) 함수를 이용하여 새로운 쓰레드를 생성한다. 생성된 쓰레드의 ID는 tHandle->thread_id 인수에 저장된다. 새로운 쓰레드가 시작되는 지점은 wrapper_routine( ) 함수이다.

```
void wrapper_routine(void *arg){
   uarg_t *uarg = (uarg_t *)arg;
   nice(rtos_to_nice(uarg->priority));
   uarg->entry_routine(uarg->arg1, uarg->arg2, uarg->arg3);
}
```

wrapper_routine( ) 함수 내에서, 쓰레드의 우선순위는 nice 시스템 콜을 통해 조정된다. rtos_to_nice( ) 함수는 RTOS와 리눅스의 우선순위 범위에 대한 차이를 조정해 준다. 독자들은 이 함수를 사용하는 RTOS에 맞게 다시 작성해야 한다. 마지막으로 이 함수는 적절한 인수와 함께 실제 시작 루틴으로 제어를 넘긴다.

아마도 우리의 구현에서 stackSize 인수를 무시한 것에 의문을 갖는 독자들이 있을지 모른다. 리눅스에서는 쓰레드나 태스크의 스택 크기를 지정할 필요는 없다. 이것은 커널이 알아서 적절히 처리해 준다. 스택은 필요한 경우 동적으로 증가된다. 만약 어떤 이유로 인해 스택 크기를 지정해야 할 필요가 있는 경우라면, pthread_create( ) 함수를 호출하기 전에 pthread_attr_setstacksize( ) 함수를 호출하면 된다.

이제 rtosDeleteTask( ) 함수에 대해서 살펴보자.

```
void rtosDeleteTask(rtosTask_t tHandle){
#ifndef __KERNEL__
   pthread_cancel(tHandle.thread_id);
   pthread_join(tHandle.thread_id, NULL);
#else
```

```
    ...
}
```

이 함수는 pthread_cancel( ) 함수를 호출하여 tHandle 쓰레드에게 취소 요청을 보낸 뒤 pthread_join( ) 함수를 호출하여 해당 쓰레드가 종료되기를 기다린다.

앞서 쓰레드의 취소 부분에서 말했듯이, pthread_cancel( ) 함수는 주어진 쓰레드를 곧바로 종료시키지는 않는다. 취소 요청을 받은 쓰레드는 이것을 무시할지 혹은 받아들일지를 결정할 수 있는 옵션을 갖고 있다. 따라서 rtosTaskDelete( ) 함수를 올바로 에뮬레이트하기 위해서는 모든 쓰레드가 취소 요청을 받아들여야 한다. 이를 위해서는 코드 내에 다음과 같이 명시적으로 취소 지점을 추가해 두어야 한다.

```
static void rtosTask (char * arg1, int arg2, void * arg3){
    while(1){
        /*
         * 쓰레드 본체
         */
        pthread_testcancel( );  <-- 명시적인 취소 지점을 추가
    }
}
```

사실 쓰레드는 취소 요청을 받아들이기 위해 앞에서 살펴보았던 다른 방식들을 사용할 수도 있다. 하지만 취소 요청을 바로 처리하는 방식(PTHREAD_CANCEL_ASYNCHRONOUS)을 사용할 때는 주의해야 한다. 이러한 방식을 통해 쓰레드가 종료될 수 있는 경우라면, 쓰레드가 어떤 락을 걸고 있는 경우이거나, 임계 영역 내에서도 종료되어 버릴 수 있다. 만약 락을 해제하지 않은 채로 쓰레드가 종료된 경우, 다른 쓰레드가 해당 락을 얻으려고 시도할 때 데드락 상태에 빠지게 될 것이다.

커널 공간의 태스크 API 에뮬레이션

이제 커널 공간에서의 rtosCreateTask( ) 함수와 rtosDeleteTask( ) 함수의 구현에 대해서 알아볼 것이다. 이 함수들의 구현에 대해 자세히 알아보기에 앞서 관련된 커널 함수인 wait_for_completion( ) 함수와 complete( ) 함수에 대해서 살펴보기로 하자. 이 두 함수는 커널 내에서 코드의 실행을 동기화하기 위해 사용되며, 이벤트를 통지하기 위해서도 사용된다. 커널 쓰레드는 특정 이벤트가 발생하기를 기다리기 위해 wait_for_completion( ) 함수를 호출하여 완료 변수(complete variable)상에 잠들 수 있다. 이벤트가 일어나서 다른

쓰레드가 해당 완료 변수에 대해 complete( ) 함수를 호출하면 이 쓰레드가 깨어나게 된다.

wait_for_completion( ) 함수와 complete( ) 함수는 어디서 사용될까? 우리의 OSPL에서 RTOS 태스크는 커널 쓰레드를 통해 구현된다. 커널 쓰레드는 kernel_thread( ) 함수를 통해 생성된다. 커널 쓰레드를 종료시키기 위해서는 시그널을 이용한다. 우리의 rtosDeleteTask( ) 함수 구현에서는 종료시키려는 커널 쓰레드에 시그널을 보내고, wait_for_completion( ) 함수를 호출하여 쓰레드가 종료되기를 기다린다. 시그널을 받은 커널 쓰레드는 종료되기 전에 complete( ) 함수를 호출하여 rtosDeleteTask( ) 함수를 호출한 쓰레드를 깨운다.

먼저 rtosCreateTask( ) 함수를 살펴보자.

```
rtosError_t
rtosCreateTask(char *name, rtosEntry_t routine, void * arg,
               int priority, int stackSize,
               rtosTask_t *tHandle){
#ifndef __KERNEL__
  ...
#else

struct completion *complete_ptr =
   (struct completion *)kmalloc(sizeof(struct completion),
                                GFP_KERNEL);
karg_t *karg = (karg_t *)kmalloc(sizeof(karg_t),
                                GFP_KERNEL);
strcpy(tHandle->name, name);
init_completion(complete_ptr);          <-- 완료 변수의 초기화
tHandle->exit = complete_ptr;
karg->entry_routine = routine;
karg->priority = priority;
karg->arg1 = arg1;
karg->arg2 = arg2;
karg->arg3 = arg3;
karg->exit = complete_ptr;
tHandle->karg = karg;
tHandle->thread_pid =
   kernel_thread(wrapper_routine, (void *)karg, CLONE_KERNEL);
return RTOS_OK;

#endif
}
```

모든 RTOS 태스크는 종료 기능을 처리하기 위한 완료 변수 complete_ptr과 연관되어 있다. 이 완료 변수는 init_completion( ) 커널 함수를 통해 초기화한다. complete_ptr은 시작 루틴 및 그 인수인 arg, 우선순위 값인 priority와 함께 karg_t 타입의 구조체인 karg 내부에 저장된다. 마지막으로 kernel_thread( ) 함수를 호출하여 커널 쓰레드를 생성하고 wrapper_routine( ) 함수에서 실행을 시작한다. karg는 wrapper_routine( ) 함수의 인수로 전달된다. kernel_thread( ) 함수는 생성된 쓰레드의 ID를 반환하며, 이는 tHandle->thread_pid에 저장된다. rtosTask_t 타입의 구조체인 tHandle은 이후에 rtosDeleteTask( ) 함수에서 사용될 complete_ptr과 karg 정보도 갖고 있다.[7]

wrapper_routine( ) 함수는 sys_nice( ) 함수를 사용하여 우선순위를 설정하고 실제 시작 루틴을 호출한다.

```
void wrapper_routine(void *arg){
  karg_t *karg = (karg_t *)arg;
  sys_nice(rtos_to_nice(karg->priority));
  karg->entry_routine(karg->arg1, karg->arg2,
                      karg->arg3, karg->exit);
}
```

이제 시작 루틴이 추가적으로 완료 변수 포인터에 대한 인수를 받을 수 있도록 함수의 원형을 변경한다.

```
typedef void (*rtosEntry_t) (char *arg1, int arg2,
             void *arg3, struct completion * exit);
```

커널 쓰레드를 종료시키기 위해 필요한 rtosDeleteTask( ) 함수의 변경사항은 다음과 같다.

```
void rtosDeleteTask(rtosTask_t tHandle){
#ifndef __KERNEL__
  ...
#else
  kill_proc(tHandle.thread_pid, SIGTERM, 1);
  wait_for_completion(tHandle.exit);
  kfree(tHandle.exit);
  kfree(tHandle.karg);
#endif
}
```

역자 주 | 7) 여기서 말하는 rtosTask_t 구조체는 앞서 살펴본 사용자 공간의 구조체와는 다른 것이다.

우리의 구현에서는 kill_proc( ) 함수를 호출하여 tHandle.thread_pid 쓰레드에게 SIGTERM 시그널을 보낸다. rtosDeleteTask( ) 함수를 호출한 쓰레드는 wait_for_completion( ) 함수를 이용하여 tHandle.exit 완료 변수상에 잠든다. 잠들었던 쓰레드가 깨어나면 rtosCreateTask( ) 함수를 통해 할당된 자원들을 해제한 후 함수에서 반환된다.

커널 쓰레드에게 시그널을 보내는 것만으로는 쓰레드의 종료를 보장하기가 힘들다. 시그널을 받은 쓰레드는 실행 중에 다른 쓰레드에게서 받은 시그널이 있는지를 체크해야 한다. 만약 종료를 위한 시그널(우리의 경우는 SIGTERM에 해당한다)을 받은 경우에는 종료하기 전에 완료 변수에 대해 complete( ) 함수를 호출해야 한다. 이를 구현한 커널 쓰레드는 다음과 같은 형태가 될 것이다.

```c
static int
my_kernel_thread (char *arg1, int arg2, void *arg3,
                  struct completion * exit)
{
    daemonize("%s", "my_thread");
    allow_signal(SIGTERM);

    while (1) {

        /*
         * 쓰레드의 본체
         */

        /* 종료 시그널을 받았는지 체크 */
        if (signal_pending (current)) {
            flush_signals(current);
            break;
        }

    }

    /* 완료 변수상에 잠든 쓰레드를 깨우고 종료 */
    complete_and_exit (exit, 0);
}
```

정리하면, RTOS의 태스크 API와 리눅스의 태스크 API 간의 매핑은 표 6.2와 같다.

표 6.2 RTOS와 리눅스의 태스크 API

RTOS	리눅스	
	사용자 공간	커널 공간
태스크 생성	pthread_create	kernel_thread
태스크 종료	pthread_cancel	kill_proc

6.4.3 IPC와 타이머 API 에뮬레이션

태스크 API의 에뮬레이션이 성공했다면 다음으로 구현해야 할 주요 API들은 바로 IPC와 타이머에 관련된 API들이다. 해당 IPC와 타이머 API에 대한 리눅스의 API 매핑은 표 6.3에 나타내었다. 표에서 볼 수 있듯이 대부분의 타이머와 IPC 함수들은 POSIX.1b 실시간 확장을 통해 구현될 수 있다. 리눅스의 POSIX.1b 지원에 대한 자세한 내용은 7장에서 살펴보기로 한다.

표 6.3 RTOS와 리눅스의 타이머 및 IPC API

RTOS	리눅스	
	사용자 공간	커널 공간
타이머	POSIX.1b 타이머, BSD 타이머	커널 타이머 API: add_timer, mod_timer, del_timer
공유 메모리	SVR4 공유 메모리, POSIX.1b 공유 메모리	자체 구현
메시지 큐	SVR4 메시지 큐, POSIX.1b 메시지 큐	자체 구현
세마포어	SVR4 세마포어, POSIX.1b 세마포어	커널 세마포어 함수: down, up 및 그 변종들
이벤트와 시그널	POSIX.1b 실시간 시그널	커널 시그널 함수: kill_proc, send_signal 및 그 변종들

6.5 커널 API 드라이버

임베디드 리눅스로 응용 프로그램을 포팅할 때 개발자가 직면하는 중요한 사항 중의 하나는 리눅스 프로그래밍의 커널 공간/사용자 공간 모드의 구분이다. 리눅스에서는 보호된 커널 주소 공간 때문에, (사용자 공간의) 응용 프로그램은 직접 커널 내의 함수를 호출하거나, 커널의 자료 구조에 접근할 수 없다. 모든 커널의 기능은 시스템 콜이라고 부르는 잘 정의된 인터페이스를 이용하여 접근되어야 한다. 보호된 커널 주소 공간은 플랫 메모리 모델을 사용하는 기존의 RTOS로부터 임베디드 리눅스로 응용 프로그램을 포팅할 때 가장 많은 노력을 필요로 하는 부분이다.

이제 개발자가 RTOS에서 리눅스로 응용 프로그램을 포팅할 때 직면하는 어려움을 이해하기 위해 예제를 살펴볼 것이다.

RTOS가 동작하는 타깃은 RTC(Real-Time Clock)를 갖고 있다. rtc_set( ) 함수는 RTC를 설정하기 위해 제공된다. rtc_set( ) 함수는 RTC를 새로운 값으로 설정하기 위해 RTC 레지스터를 변경한다.

```
rtc_set(new_time){
    new_time 인수로부터 년, 월, 일, 시, 분, 초 정보를 얻는다.
    이 정보를 통해 RTC 레지스터를 프로그래밍한다.
}
```

rtc_get_from_user( ) 함수는 새로운 RTC의 값을 사용자에게 받아서 rtc_set( ) 함수를 호출한다.

```
rtc_get_from_user( ){
    사용자가 입력한 new_time 변수에서 시간 정보를 읽는다.
    rtc_set(new_time) 함수를 호출한다.
}
```

개발자는 위의 응용 프로그램을 리눅스로 포팅하는 경우 딜레마에 빠질 수 있다. rtc_set( ) 함수는 RTC 레지스터를 직접 변경하므로, 커널 공간에서 구현되어야 한다. 반면에 rtc_get_from_user( ) 함수는 사용자의 입력을 받아야 하므로 사용자 공간에서 구현되어야 한다. 하지만 리눅스에서는, 사용자 공간의 함수인 rtc_get_from_user( )가 커널 함수인 rtc_set( )을 호출할 수 없다.

이러한 응용 프로그램들을 리눅스로 포팅할 때는 다음과 같은 솔루션들을 이용할 수 있다.

❖ **모든 기능을 커널에서 구현한다**: 이 솔루션을 이용하면 정상적으로 동작은 하겠지만, 리눅스로 포팅하는 이점인 메모리 보호 기능을 전혀 이용하지 못한다.

❖ **새로운 시스템 콜을 작성한다**: 이 솔루션을 이용하면 모든 함수들은 커널 내로 포팅되지만, 사용자 공간에서도 시스템 콜 인터페이스를 이용하여 이 함수들을 이용할 수 있게 된다. 이 방식은 다음과 같은 단점이 있다.

  – 모든 시스템 콜은 커널의 시스템 콜 테이블에 등록된다. 만약 커널로 포팅해야 하는 함수들이 많아지면 이 테이블을 관리하기가 힘들어질 것이다.

  – 새로운 커널 버전으로 업그레이드하게 되면 포팅에 사용된 시스템 콜과 새로운 커널에 추가된 시스템 콜이 테이블에서 중복되지 않는지 검사해 보아야 한다.

이 절에서는 이러한 응용 프로그램들을 리눅스로 포팅하기 위해 사용되는 커널 API 드라이버(kapi)라는 효율적인 기법에 대해서 설명한다. 이 방식은 모든 커널 함수에 대해 사용자 공간에서 접근할 수 있는 사용자 공간의 스텁(stub)을 작성하는 것이다. 이 스텁이 호출되면 커널 API 드라이버로 진입하여 커널 내의 실제 함수를 호출하게 된다. 커널 API 드라이버(혹은 kapi 드라이버)는 /dev/kapi라는 문자 장치로 구현된다. 이 장치는 사용자 공간으로 제공되어야 하는 모든 함수들에 대한 ioctl 인터페이스를 제공한다. 그림 6.7은 위의 RTC 예제의 경우를 설명한다.

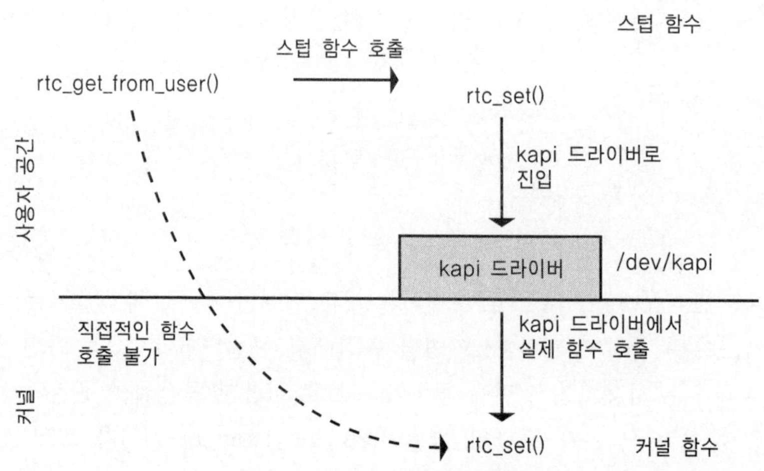

그림 6.7 kapi를 이용한 커널 함수의 제공

따라서 위의 RTC 응용 프로그램을 리눅스로 포팅하기 위해서는

- kapi 드라이버에서 RTC_SET이라는 ioctl을 제공한다: 드라이버 내의 이 ioctl에 대한 구현은 커널 함수인 rtc_set( ) 함수를 필요한 인수와 함께 호출하는 것이다.
- 사용자 공간의 스텁인 rtc_set( ) 함수를 작성한다: 스텁은 /dev/kapi 장치 파일에 RTC_SET ioctl을 호출한다. 또한 ioctl에 필요한 인수도 함께 전달해야 한다.

kapi 드라이버를 사용하면, 사용자 공간 함수인 rtc_get_from_user( ) 함수는 스텁 함수인 rtc_set( ) 함수를 실제 커널 함수처럼 사용할 수 있다.

이 절에서는 다음과 같은 내용들을 살펴볼 것이다.

- 사용자 공간의 스텁을 작성하는 과정
- kapi 드라이버의 구현
- kapi 드라이버에 새로운 ioctl을 추가하는 방법

여기서 사용한 샘플 kapi 드라이버는 2.6 커널을 위해 작성된 커널 모듈이다.

kapi의 소스는 다음과 같은 파일들로 나누어져 있다.

- kapi-user.c: 사용자 공간 스텁의 샘플을 포함한다.
- kapi-kernel.c: kapi 드라이버의 소스 코드를 포함한다.
- kapi.h: kapi-user.c 파일과 kapi-kernel.c 파일에서 모두 포함될 헤더 파일이다.

이 예제에서 우리는 my_kernel_func( )라는 커널 함수를 사용자 공간에 제공할 것이다. 이 함수의 원형은 다음과 같다.

```
int my_kernel_func(int val, char *in_str, char *out_str);
```

이 함수는 하나의 정수형 인수와 두 개의 문자 포인터에 대한 인수를 받는다. 첫 번째 문자 포인터는 함수로 입력되며(copy-in), 두 번째 문자 포인터는 함수가 처리되는 과정에서 값을 채운다(copy-out). 이 함수의 반환 값은 정수형이다.

리스트 6.1 kapi 헤더 파일

```c
/* kapi.h */

#ifndef _KAPI_H
#define _KAPI_H

#define MAX_ARGS 7

typedef enum _dir_t {
    DIR_IN = 1,
    DIR_OUT,
}dir_t;

typedef struct _arg_struct {
    void *val;
    unsigned int size;
    dir_t dir;
}arg_t;

typedef struct _kfunc_struct {
    int num;
    arg_t arg[MAX_ARGS];
    arg_t ret;
}kfunc_t;

enum _function_id {
    MY_KERNEL_FUNC = 1,
    MAX_FUNC
};

#endif /* _KAPI_H */
```

6.5.1 사용자 공간 스텁의 작성

리스트 6.1은 스텁을 작성하기 위해 필요한 자료 구조들을 보여주며, 이들은 kapi.h 파일 내에 위치한다.

스텁 함수는 해당 kapi 드라이버 루틴을 호출하기 전에 적절한 자료 구조를 채워야 한다. 이러한 자료 구조들은 다음과 같다.

❖ **dir_t**: 함수에 전달되는 모든 인수들은 자신과 관련된 방향(direction) 값을 갖는다. DIR_IN에 해당하는 인수는 함수의 입력으로 사용되며, DIR_OUT에 해당하는 인수는 함수 내에서 채워진다.

❖ **arg_t**: 이것은 함수로 전달되는 한 인수에 대한 여러 정보들을 한 곳에 저장하기 위한 구조체이다. 함수의 실제 인수는 void * 포인터 형태로 변환(cast)되어 저장되며, 그 크기와 방향 값 등에 대한 정보는 각각 size와 dir 필드에 저장된다.

❖ **kfunc_t**: 이것은 메인 자료 구조이다. kfunc_t 타입의 객체에 대한 포인터는 ioctl의 인수로 전달된다. kapi 드라이버는 커널 함수의 반환 값을 스텁 함수에 다시 전달하기 위해서도 이 구조체를 사용한다.
  – num: 인수의 개수
  – args: 각 인수에 대한 정보로 채워진 arg_t 타입의 객체들
  – ret: 함수의 반환 값

❖ **function_id**: 사용자 공간으로 제공되어야 할 모든 함수에 대한 ioctl 명령을 포함하는 열거형(enum).

커널 내에 존재하는 실제 함수인 my_kernel_func( ) 함수에 해당하는 my_kernel_func 스텁 함수는 kapi-user.c 파일에 정의되어 있으며 이를 리스트 6.2에 나타내었다.

스텁 함수를 호출하기 전에는 kapi-user.c 파일 내의 main( ) 함수에서 보이듯이 kapi 드라이버의 장치 파일이 성공적으로 열렸는지를 검사해야 한다.

```c
char out[MAX_SIZE];
int ret;

dev_fd = open("/dev/kapi", O_RDONLY, 0666);

if (dev_fd < 0){
    perror("open failed");
    return 0;
}

/* 스텁 함수를 호출한다. */
ret = my_kernel_func(10, "Hello Kernel World", out);

printf("result = %d, out_str = %s\n", ret, out);
```

(계속)

리스트 6.2 사용자 공간 스텁의 샘플

```c
/* kapi-user.c */

#include <fcntl.h>
#include "kapi.h"

/* "/dev/kapi" 장치 파일을 위한 핸들러 */
int dev_fd;

#define MAX_SIZE 50

int my_kernel_func(int val, char* in_str, char *out_str){

    kfunc_t data;
    int ret_val;

    /* 이 함수에 사용된 인수의 개수는 3개이다. */
    data.num = 3;

    /*
     * 첫 번째 인수.
     * 포인터형이 아닌 인수라도 포인터의 형태로 전달된다.
     * 이러한 인수들은 방향 값은 DIR_IN이다.
     */
    data.arg[0].val = (void *)&val;
    data.arg[0].size = sizeof(int);
    data.arg[0].dir = DIR_IN;

    /*
     * 두 번째 인수
     */
    data.arg[1].val = (void *)in_str;
    data.arg[1].size = strlen(in_str) + 1;
    data.arg[1].dir = DIR_IN;

    /*
     * 세 번째 인수.
     * 이것은 함수에서 채워야 할 인수이므로
     * 인수의 버퍼 크기를 명시할 필요가 있다.
     */
    data.arg[2].val = (void *)out_str;
    data.arg[2].size = MAX_SIZE;
    data.arg[2].dir = DIR_OUT;
```

(계속)

```
    /*
     * 커널 함수의 반환 값.
     * 이것은 항상 출력(DIR_OUT) 방향이므로
     * 방향 값을 꼭 지정할 필요는 없다.
     */
    data.ret.val = (void *)&ret_val;
    data.ret.size = sizeof(int);

    /*
     * 마지막으로 /dev/kapi 장치 파일에 대해 ioctl을 호출한다.
     * 그러면 kapi 드라이버는 my_kernel_func() 커널 함수를 호출한다.
     * 그리고 커널 함수의 반환 값을 data.ret.val에 저장한다.
     */
    if (ioctl(dev_fd, MY_KERNEL_FUNC, (void *)&data) < 0){
        perror("ioctl failed");
        return -1;
    }

    /* 함수의 반환 값 */
    return ret_val;
}
```

6.5.2 kapi 드라이버 구현

kapi 드라이버는 커널 모듈로 구현된 문자 장치이다. 이 절에서는 2.6 커널에서의 kapi 드라이버의 구현에 대해서 자세히 살펴본다.

두 가지 메인 자료 구조가 존재한다.

❖ struct file_operations kapi_fops: 이 테이블은 kapi 드라이버에 대한 open, close, ioctl과 같은 파일 연산 루틴들을 포함한다.

```
static struct file_operations kapi_fops = {
    .owner      = THIS_MODULE,
    .llseek     = NULL,
    .read       = NULL,
    .write      = NULL,
    .ioctl      = kapi_ioctl,
    .open       = kapi_open,
    .release    = kapi_release,
};
```

read, write, lseek 파일 연산들은 NULL로 설정된 것에 주의하라. 이러한 연산들은 kapi 드라이버에서 사용되지 않으며, kapi 드라이버의 모든 연산은 ioctl 인터페이스를 통해 수행된다.

✤ struct miscdevice kapi_dev: kapi 드라이버는 misc(miscellaneous) 문자 장치로 등록되며, 부 번호는 KAPI_MINOR(111)이다. misc 문자 장치의 주 번호는 10이다.

```c
static struct miscdevice kapi_dev = {
    KAPI_MINOR,
    "kapi",
    &kapi_fops,
};
```

모든 커널 모듈은 모듈의 초기화 함수와 종료 함수를 갖고 있다. kapi 드라이버는 초기화 함수와 종료 함수로 kapi_init( ) 함수와 kapi_cleanup_module( ) 함수를 제공한다.

kapi_init( ) 함수는 kapi 드라이버를 부 번호 KAPI_MINOR를 갖는 misc 문자 장치로 등록한다. 이 함수는 모듈이 로드될 때 호출된다.

```c
static int __init
kapi_init(void)
{
  int ret;

  ret = misc_register(&kapi_dev);
  if (ret)
    printk(KERN_ERR "kapi: can't misc_register on minor=%d\n",
        KAPI_MINOR);
  return ret;
}
```

kapi_cleanup_module( ) 함수는 모듈이 언로드될 때 호출된다. 이 함수는 misc 문자 장치의 등록을 취소한다.

```c
static void __exit
kapi_cleanup_module(void)
{
  misc_deregister(&kapi_dev);
}
```

open과 close 루틴은 단지 이 드라이버를 동시에 이용하고 있는 사용자의 수를 유지하는 작업만을 수행한다. 이것은 주로 디버깅을 위한 목적으로 사용된다.

```
static int
kapi_open(struct inode *inode, struct file *file)
{
    kapi_open_cnt++;
    return 0;
}

static int
kapi_release(struct inode *inode, struct file *file)
{
    kapi_open_cnt--;
    return 0;
}
```

이제 kapi 드라이버의 핵심인 kapi_ioctl( ) 함수에 대해서 살펴보기로 하자. kapi_ioctl( ) 함수는 kapi 드라이버의 fops 테이블에 ioctl 연산을 위한 함수로 등록되어 있다.

kapi_ioctl( ) 함수는 다음과 같은 연산을 수행한다.

1. 사용자 공간에서 전달된 kfunc_t 객체를 커널의 kfunc_t 객체로 복사한다.
2. DIR_IN과 DIR_OUT에 해당하는 인수를 위한 메모리를 할당한다.
3. DIR_IN 방향 값을 갖는 모든 인수들을 사용자 버퍼로부터 커널 버퍼로 복사한다.
4. 요청된 커널 함수를 호출한다.
5. DIR_OUT 방향 값을 갖는 모든 인수들을 커널 버퍼로부터 사용자 버퍼로 복사한다.
6. 마지막으로 커널 함수의 반환 값을 사용자 버퍼에 복사하고, 할당된 모든 커널 버퍼들을 해제한다.

kapi_ioctl( ) 함수의 인수는 kfunc_t 타입의 객체에 대한 포인터이다. 첫 번째 단계는 이 kfunc_t 객체를 커널 메모리로 복사하는 일이다.

```
static int
kapi_ioctl(struct inode *inode, struct file *file,
           unsigned int cmd, unsigned long arg)
{
    int i,err;
    kfunc_t kdata,udata;
```

```
    if(copy_from_user(&udata, (kfunc_t *)arg, sizeof(kfunc_t)))
        return -EFAULT;
```

모든 인수들과 반환 값을 위한 커널 버퍼를 할당한다. DIR_IN 방향 값을 갖는 모든 인수들을 커널로 복사(copy-in)한다.

```
for (i = 0 ; i < udata.num ; i++){
    kdata.arg[i].val = kmalloc(udata.arg[i].size, GFP_KERNEL);
    if (udata.arg[i].dir == DIR_IN){
        if (copy_from_user(kdata.arg[i].val, udata.arg[i].val,
                           udata.arg[i].size))
        goto error;
    }
}
kdata.ret.val = kmalloc(udata.ret.size, GFP_KERNEL);
```

요청된 커널 함수를 호출한다. 이 예제에서는 my_kernel_func( ) 함수를 위한 ioctl을 제공하였다. 독자가 새로운 함수들을 추가하고 싶다면 동일한 방법으로 switch 문에 추가할 수 있다. 함수의 ID는 kapi.h 파일에 있는 function_id 열거형에 추가되어야 한다. 호출된 함수의 반환 값은 kdata.ret.val에 저장된다.

```
switch (cmd) {

  case MY_KERNEL_FUNC:
    *(int *)(kdata.ret.val) =
      my_kernel_func(*(int *)kdata.arg[0].val,
                     (char *)kdata.arg[1].val,
                     (char *)kdata.arg[2].val);
    break;

  default:
    return -EINVAL;
}
```

이제 호출된 커널 함수의 결과를 사용자 공간의 스텁으로 보내야 한다. DIR_OUT 방향 값을 갖는 모든 인수들과 함수의 반환 값을 사용자 공간으로 복사(copy-out)한다. 또한 할당된 커널 버퍼들을 해제한다.

```
err = 0;
for (i = 0 ; i < udata.num ; i++){
    if (udata.arg[i].dir == DIR_OUT){
        if (copy_to_user(udata.arg[i].val, kdata.arg[i].val,
                         udata.arg[i].size))
            err = -EFAULT;
    }
    kfree(kdata.arg[i].val);
}

/* 반환 값을 복사한다. */
if (copy_to_user(udata.ret.val, kdata.ret.val,
                 udata.ret.size))
    err = -EFAULT;

kfree(kdata.ret.val);
return err;
```

마지막으로, my_kernel_func( ) 함수는 단지 사용자가 입력한 값을 출력한 뒤, 정수 값 2를 반환한다. 새로운 파일을 추가하지 않기 위해 이 함수는 (임시로) kapi-kernel.c 파일에 저장해 두었다. 독자들은 이 파일에 새로운 함수들을 추가하지 말기 바란다. 또한 kapi 드라이버가 모듈로 로드되는 경우를 고려하여 EXPORT_SYMBOL 매크로[8]를 이용하여 함수를 공개(export)한다.

```
int my_kernel_func(int val, char *in_str, char *out_str){
    printk(KERN_DEBUG "val = %d, str = %s\n", val, in_str);
    strcpy(out_str, "Hello User Space");
    return 2;
}

EXPORT_SYMBOL(my_kernel_func);
```

6.5.3 kapi 드라이버의 사용

❖ kapi 드라이버를 커널 모듈로 빌드한다. 이 과정은 8장 '빌드와 디버깅'을 참조하기

역자 주 │ 8) EXPORT_SYMBOL 매크로를 통해 공개(export)된 심벌들은 모듈이 로드될 때 외부 참조를 갖는 커널 함수들을 링크하는 과정에서 사용된다.

바란다.

❖ kapi-user.c 파일을 컴파일한다.

```
# gcc -o kapi-user kapi-user.c
```

❖ 커널 모듈을 로드한다.

```
# insmod kapi-kernel.ko
```

❖ /dev/kapi 문자 장치를 생성한다.

```
# mknod /dev/kapi c 10 111
```

❖ 마지막으로 응용 프로그램을 실행한다.

```
# ./kapi-user

result = 2, out_str = Hello User Space
```

❖ kapi 드라이버의 출력을 확인한다.

```
# dmesg
   ...
val = 10, str = Hello Kernel World
```

실시간 리눅스

7장

실시간 시스템은 기능적인 측면은 물론이고, 시스템이 제공하는 기능을 수행할 때 그에 대한 결과를 정해진 시간 내에 얻을 수 있음을 보장하는 시스템이다. 예를 들어, 독자들이 사용하는 DVD 플레이어에 포함된 MPEG 디코더가 정해진 시간(보통 초당 25 내지 30프레임을 처리해야 한다) 내에 프레임을 디코딩하지 못한다면 영상이 깨지는 것을 경험하게 될 것이다. 이런 경우 MPEG 디코더는 입력받은 영상 스트림을 디코딩할 수 있으므로 기능적으로는 올바르지만, 정해진 시간 내에 올바른 결과를 생성해내지 못한다. 이러한 타이밍에 관련된 요구사항이 얼마나 중요한가에 따라서, 실시간 시스템은 엄격한 실시간(hard real-time) 시스템과 완화된 실시간(soft real-time) 시스템으로 구분된다.

❖ **엄격한 실시간 시스템:** 엄격한 실시간 시스템은 최악의 경우에도 정해진 시간 내에 결과를 얻을 수 있음을 보장해야 한다. OS, 응용 프로그램, 하드웨어 등이 포함된 전체 시스템은 이러한 응답 시간 요구사항을 보장하기 위해 설계되어야 한다. 엄격한 실시간 시스템의 타이밍 요구사항이 얼마나 엄격한지는(마이크로초 단위 혹은 밀리초 단위) 관계없이 항상 요구사항을 만족시키기만 하면 된다. 만약 이러한 요구사항을 만족시키지 못하는 경우에는 목숨을 잃는 것과 같은 막대한 피해가 일어날 수도 있다. 이러한 엄격한 실시간 시스템의 예로는, 방위 시스템, 비행 및 차량 제어 시스템, 인공위성 시스템, 데이터 수집 시스템, 의료 행위, 우주 왕복선이나 핵 반응 제어, 게임 시스템 등이 있다.

❖ **완화된 실시간 시스템:** 완화된 실시간 시스템에서는 시스템이 항상 타이밍 요구사항을 만족해야 할 필요는 없다. 위의 DVD 플레이어 예제에서, 디코더가 한 시간에 한 번씩

제 시간에 프레임을 디코딩하지 못한다고 해도, 큰 문제는 없다. 하지만 짧은 시간 내에 이러한 상황이 반복해서 발생된다면 시스템이 완화된 실시간성을 만족시키지 못한다고 할 수 있다. 이러한 완화된 실시간 시스템의 예제로는 멀티미디어 응용 프로그램, VoIP, 가전기기, 음성 및 영상 스트리밍 장치 등이 있다.

7.1 실시간 운영체제

POSIX 1003.1b는 운영체제가 제한된 응답 시간 내에 요청한 수준의 서비스를 제공할 수 있는지에 따라 운영체제의 실시간성을 정의한다.

RTOS(실시간 운영체제)는 다음과 같은 기능들을 가질 수 있다.

- ❖ **멀티태스킹/멀티쓰레딩**: RTOS는 멀티태스킹과 멀티쓰레딩을 지원해야 한다.
- ❖ **우선순위**: 모든 태스크는 우선순위를 갖는다. 중요하고 시간제한을 갖는 기능들은 높은 우선순위를 갖는 태스크에 의해 처리되어야 한다.
- ❖ **우선순위 상속**: RTOS는 우선순위 상속[1] 기능을 제공하는 메커니즘을 갖고 있어야 한다.
- ❖ **선점**: RTOS는 선점이 가능해야 한다. 즉, 높은 우선순위의 태스크가 동작할 준비가 된 경우에는 낮은 우선순위의 태스크를 선점해야 한다.
- ❖ **인터럽트 지연**: 인터럽트 지연은 하드웨어 인터럽트가 발생한 시점과 인터럽트 처리 함수가 호출된 시점과의 시간 차이를 말한다. RTOS는 예측 가능한 인터럽트 지연 시간을 가져야 하며, 이는 작으면 작을수록 좋다.
- ❖ **스케줄러 지연**: 스케줄러 지연은 태스크가 실행할 준비가 된 시점과 실제로 실행이 시작되는 시점과의 시간 차이이다. RTOS의 스케줄러 지연 시간은 예측 가능해야 한다.
- ❖ **IPC와 동기화**: 임베디드 시스템에서 가장 많이 사용되는 IPC 방식은 메시지 전달 방식이다. RTOS는 일정한 시간 내에 처리되는 메시지 전달 메커니즘을 제공해야 한다. 또한 동기화를 위해 세마포어와 뮤텍스를 제공해야 한다.
- ❖ **동적 메모리 할당**: RTOS는 응용 프로그램에게 고정된 시간 안에 동작하는 메모리 할당 루틴을 제공해야 한다.

역자 주 | 1) 낮은 우선순위의 태스크가 임계 영역 내에서 동작 중일 때 높은 우선순위의 태스크가 깨어나서 해당 임계 영역에 접근하려고 하는 경우, 낮은 우선순위의 태스크는 높은 우선순위를 상속받아 빨리 임계 영역을 벗어나야 한다. 그렇지 않은 경우 우선순위 역전 현상이 발생한다.

7.2 리눅스와 실시간성

리눅스는 범용 운영체제로 개발되어 왔다. 리눅스가 임베디드 장치에서 사용되기 시작함에 따라, 리눅스를 실시간 운영체제로 만들어야 할 필요성이 생겨났다. 리눅스가 실시간 운영체제가 되지 못한 이유는 다음과 같은 것들이 있다.

- ✦ 긴 인터럽트 지연
- ✦ 비선점형 커널로 인한 긴 스케줄러 지연
- ✦ IPC 메커니즘, 메모리 할당 및 예측 불가능한 시간 동안 수행되는 여러 OS 서비스들
- ✦ 가상 메모리, 시스템 콜과 같은 (예측 불가능한 응답 시간을 갖는) 다른 기능들

리눅스와 같은 범용 운영체제와 실시간 운영체제와의 주된 차이점은 RTOS 내의 모든 OS 서비스들은 예측 가능한 응답 시간을 제공한다는 것이다. 여기서 말하는 예측 가능한 응답 시간이란 OS 서비스에서 소비하는 시간이나 그에 따른 지연 시간 등의 총합이 정해진 시간을 벗어나지 않는다는 뜻이다. 수학적인 용어로는 이러한 타이밍들은 가변 요소(variable component)가 없는 대수 공식(algebraic formula)으로 표현할 수 있다는 것이다. 가변 요소가 포함되면 시스템의 응답 시간 예측이 불가능해지고, 이는 엄격한 실시간 시스템에서 허용되지 않는 것이다.

리눅스는 그 기원을 범용 OS에 두고 있으므로, 모든 OS 서비스들을 지정된 응답 시간 내에 처리하기 위해서는 많은 변경이 필요하다. 따라서 리눅스를 엄격한 실시간 운영체제로 사용하기 위한 포크 프로젝트[2]로 RTLinux와 RTAI 프로젝트가 생겨났다. 또한 리눅스를 완화된 실시간 운영체제로 사용하기 위해 지연 시간의 감소와 여러 OS 서비스들의 응답 시간 개선 등에 대한 지원이 커널에 추가되었다.

이 절에서는 리눅스를 완화된 실시간 OS로 사용하기 위한 커널 프레임워크에 대해서 살펴볼 것이다. 이것을 이해하기 위한 가장 좋은 방법은 시스템의 인터럽트 처리 과정을 추적하여 거기에 포함된 여러 지연들에 대해 알아보는 것이다. 우리는 특정 태스크가 디스크 I/O의 종료를 기다리는 상황에서 해당 I/O 연산이 종료되는 시점을 예로 들 것이다. 여기에는 다음과 같은 작업들이 수행된다.

역자 주 | 2) 프로젝트를 포크(fork)한다는 것은 (OS에서 프로세스를 포크하는 것과 같이) 기존의 프로젝트를 이용하여 새로운 프로젝트를 생성하고 이를 독립적으로 개발하기 시작한다는 것을 말한다.

❖ I/O 연산이 완료되면 장치는 인터럽트를 발생시킨다. 이것은 블록 디바이스 드라이버의 ISR(Interrupt Service Routine)을 실행시킨다.

❖ ISR은 드라이버의 대기 큐를 검사하여 I/O를 기다리고 있는 태스크가 있는지를 찾는다. 대기 큐 내에 태스크가 있다면 wakeup 계열의 함수를 호출한다. 이 함수는 대기 큐에서 태스크를 꺼내어 이를 스케줄러의 실행 큐에 추가한다.

❖ 커널은 스케줄링이 허락된 시점에서 schedule( ) 함수를 호출한다.

❖ 마지막으로 schedule( ) 함수는 다음으로 실행할 적절한 태스크를 찾는다. 만약 우리의 태스크가 충분히 높은 우선순위를 갖는다면 커널은 이 태스크를 컨텍스트 전환(context switching)할 것이다.

커널 응답 시간(kernel response time)은 인터럽트가 발생한 시간부터 해당 I/O가 종료되기를 기다리던 태스크가 다시 실행될 때까지 걸린 시간이다. 위의 예제에서 볼 수 있듯이 커널 응답 시간에 관련된 네 가지 요소들이 있다.

❖ **인터럽트 지연**: 인터럽트 지연은 장치가 인터럽트를 발생시킨 시점에서부터 해당 인터럽트 처리 함수가 호출될 때까지 걸린 시간이다.

❖ **ISR 수행 시간**: 인터럽트 처리 함수가 실행될 때 걸린 시간이다.

❖ **스케줄러 지연**: 스케줄러 지연은 인터럽트 처리 함수가 종료된 시점에서부터 스케줄링 함수가 실행되는 순간까지 걸린 시간이다.

❖ **스케줄러 수행 시간**: 이것은 스케줄러가 다음에 수행할 태스크를 선택하고 컨텍스트 전환을 실행하는 데 걸린 시간이다.

이제 위의 지연 시간들을 발생시키는 여러 요인들과 이를 없애기 위한 방법들에 대해서 살펴보기로 한다.

7.2.1 인터럽트 지연

이미 언급했듯이, 인터럽트 지연은 시스템의 응답 시간을 예측할 수 없게 만드는 주된 요인 중의 하나이다. 이 절에서는 높은 인터럽트 지연 시간을 발생시키는 일반적인 요인들에 대해서 살펴보겠다.

❖ **오랜 시간 동안 모든 인터럽트를 중지시키는 경우**: 드라이버 혹은 다른 커널 코드에서 특정 데이터를 인터럽트 처리 함수로부터 보호해야 하는 경우에는 보통 local_irq_disable이나 local_irq_save 매크로를 이용하여 모든 인터럽트를 비활성화시키게 된

다. 임계 영역에 진입하기 전에 spin_lock_irqsave( ) 함수나 spin_lock_irq( ) 함수를 사용하여 스핀락(spinlock)을 얻은 경우에도 모든 인터럽트가 비활성화된다. 이러한 것들은 모두 시스템의 인터럽트 지연 시간을 증가시킨다.

✤ 부적절하게 작성된 디바이스 드라이버에서 빠른 인터럽트 처리 함수를 등록한 경우: 디바이스 드라이버는 커널에 인터럽트 처리 함수를 등록하는 경우에, 빠른 인터럽트나 느린 인터럽트 중의 하나를 선택할 수 있다. 빠른 인터럽트 처리 함수가 수행될 때는 다른 모든 인터럽트들이 비활성화되지만 느린 인터럽트 처리 함수가 수행될 때는 다른 인터럽트들이 활성화된 채로 남아 있다. 만약 낮은 우선순위의 장치가 자신의 인터럽트 처리 함수를 빠른 인터럽트로 등록하고 높은 우선순위의 장치가 인터럽트 처리 함수를 느린 인터럽트로 등록했다면 인터럽트 지연 시간이 증가될 것이다.

커널 프로그래머나 드라이버 작성자는 자신이 작성한 모듈이나 드라이버에서 인터럽트 지연 시간을 증가시키고 있지 않은지 검증해야 한다. 인터럽트 지연은 앤드류 모튼(Andrew Morton)이 작성한 'intlat'라는 툴을 이용하여 측정할 수 있다. 이 툴은 2.3과 2.4 버전의 커널 개발 과정에서 마지막으로 수정되었으며, x86 아키텍처에 종속적이다. 이 툴은 http://www.zipworld.com에서 다운로드 받을 수 있으며 독자들은 이 툴을 자신의 아키텍처에 맞게 포팅해야 할 것이다. 혹은 인터럽트 지연을 측정하기 위한 전용 드라이버를 작성할 수도 있다. 예를 들어, ARM 아키텍처상에서 타이머가 특정 시간에 인터럽트를 발생시키도록 하고, 그 시간과 실제로 인터럽트 처리 함수가 실행된 시간을 비교해 보면 인터럽트 지연 시간을 측정할 수 있다.

7.2.2 ISR 수행 시간

ISR(Interrupt Service Routine) 수행 시간은 인터럽트 처리 함수가 실행되는 데 걸리는 시간이며, 이것은 ISR을 작성한 개발자에 달려 있다. 하지만 ISR이 소프트 IRQ(softirq) 요소를 포함하고 있는 경우에는 ISR 수행 시간이 예측 불가능해진다. 소프트 IRQ란 무엇일까? 인터럽트 지연을 줄이기 위해서는 인터럽트 처리 함수에서 (IO 버퍼 내의 데이터를 시스템의 RAM으로 복사하는 것과 같은) 최소한의 작업만을 수행하고 (IO 데이터를 처리하고, 태스크를 깨우는 것과 같은) 나머지 작업들은 인터럽트 처리 함수의 외부에서 처리되어야 한다는 것을 알고 있을 것이다. 이를 위해 인터럽트 처리 함수는 두 부분으로 나뉜다. 상반부(top-half)에서는 앞서 말한 최소한의 작업만을 수행하고, 데이터 처리 부분과 같은 나머지 작업들은 소프트 IRQ와 같은 하반부(bottom-half)에서 처리한다. 소프트 IRQ 처리 과정에 포함된 인터럽트 지연 시간은 예측 불가능하다. 소프트 IRQ 처리 과정에는 다음과 같은 지연 요인들이 포함되어 있다.

❖ 소프트 IRQ는 인터럽트가 활성화된 상태에서 실행되므로 (임계 영역들을 제외하고) 하드웨어 IRQ에 의해 인터럽트될 수 있다.

❖ 소프트 IRQ는 실시간성을 고려하지 않고 설계된 ksoftirqd 커널 데몬의 컨텍스트상에서 실행될 수 있다.

따라서 실시간 장치의 ISR이 소프트 IRQ 요소를 갖지 않도록 하고, 모든 작업은 상반부에서만 이루어지도록 해야 한다.

7.2.3 스케줄러 지연

앞에서 언급한 지연 요인들 중에서, 스케줄러 지연이 커널의 응답 시간을 증가시키는 데 가장 큰 영향을 준다. 초기 2.4 커널에 포함된 높은 스케줄러 지연은 다음과 같은 이유로 인한 것이었다.

❖ 비선점형 커널: 커널은 프로세스가 인터럽트 혹은 시스템 콜 등에서 반환될 때 스케줄링을 수행한다. 하지만 현재 프로세스가 커널 모드에서 실행되는 동안(즉, 시스템 콜을 수행하는 동안)에는, 스케줄링의 수행은 프로세스가 사용자 모드로 반환될 때까지로 미루어진다. 이것은 높은 우선순위의 프로세스가 시스템 콜을 수행하고 있는 낮은 우선순위의 프로세스를 선점하지 못한다는 것을 의미한다. 따라서 이러한 커널 모드 실행의 비선점성 때문에 스케줄링 지연 시간은 시스템 콜의 수행 시간에 따라 수십에서 수백 밀리초까지 늘어날 수 있다.

❖ 인터럽트 비활성화 시간: 스케줄링은 다음 타이머 인터럽트에서 반환되자마자 수행된다. 만약 오랜 시간 동안 모든 인터럽트가 비활성화되어 있다면, 타이머 인터럽트는 지연되고, 따라서 스케줄링 지연 시간도 늘어난다.

리눅스의 스케줄링 지연 시간을 줄이기 위한 많은 노력들이 이어져 왔다. 이들 중 주요 개선사항인 선점형 커널과 저지연 패치에 대해 살펴보도록 하자.

선점형 커널

리눅스의 SMP 지원이 확대됨에 따라 프로세서 간의 락을 처리하기 위한 구조들도 개선되기 시작했다. 더 많은 임계 영역들이 발견되었으며 이들은 스핀락을 통해 보호된다. 커널 모드에서 수행되는 프로세스가 스핀락을 통해 보호되는 임계 영역 내에 있지 않은 경우 해당 프로세스를 선점해도 안전하다는 것이 밝혀졌다. 이 특징은 임베디드 리눅스 벤더인 몬타비스타(MontaVista)에 의해 발견되었으며, 몬타비스타는 선점형 커널(kernel preemption)을 위한 패치를 발표하였다. 이 패치는 2.5 커널의 개발 과정에서 공식 커널 소스로 포함되었으며, 지금은 로버트 러브(Robert Love)가 관리한다.

선점형 커널을 지원하기 위해 프로세스의 태스크 구조체 내에 preempt_count라는 새로운 멤버를 추가하였다. 만약 preempt_count가 0이라면 커널은 이 프로세스를 안전하게 선점할 수 있으며, preempt_count가 0이 아닌 값을 갖는 경우에는 선점될 수 없다. preempt_count는 다음과 같은 매크로들을 통해 관리된다.

- ✤ preempt_disable: preempt_count를 증가시켜 선점을 불가능하게 한다.
- ✤ preempt_enable: preempt_count를 감소시킨다. 선점은 preempt_count 값이 0인 경우에만 가능하다.

모든 스핀락 루틴은 preempt_disable 매크로와 preempt_enable 매크로를 적절히 호출하도록 수정되었다. 스핀락 루틴은 락을 얻을 때 preempt_disable 매크로를 호출하고 락을 해제할 때 preempt_enable 매크로를 호출한다. 인터럽트와 시스템 콜에서 반환되는 어셈블리 코드를 포함하는 아키텍처 종속적인 파일들도 스케줄링을 수행하기 전에 preempt_count 값을 검사하도록 수정되었다. 만약 이 값이 0이라면 프로세스가 커널 노드에 있든 사용자 모드에 있든 간에 상관없이 스케줄러가 호출된다.

더 자세한 내용은 커널 소스의 include/linux/preempt.h, kernel/sched.c, arch/<해당 아키텍처>/entry.S 파일을 살펴보기 바란다. 그림 7.1은 선점형 커널이 어떻게 스케줄러 지연을 줄일 수 있는지를 보여준다.

저지연 패치

저지연 패치(low-latency patch)는 잉고 몰나르(Ingo Molnar)와 앤드류 모튼에 의해 개발되었으며, 오랜 시간 동안 실행되는 커널 코드 블록 내에 명시적인 스케줄링 지점을 추가하여 스케줄링 지연을 줄이고자 한 것이다. (몇몇 자료 구조들의 거대한 목록을 순환하는 것과 같은) 코드 내의 이러한 영역들이 발견되었으며, 이들은 스케줄링 지점을 추가하여 새롭게(그리고 안전하게) 작성되었다. 때때로 이것은 스핀락을 해제하고 스케줄링을 수행한 후 다시 스핀락을 얻는 일을 포함한다. 이러한 기법을 락 브레이킹(lock breaking)이라고 한다.

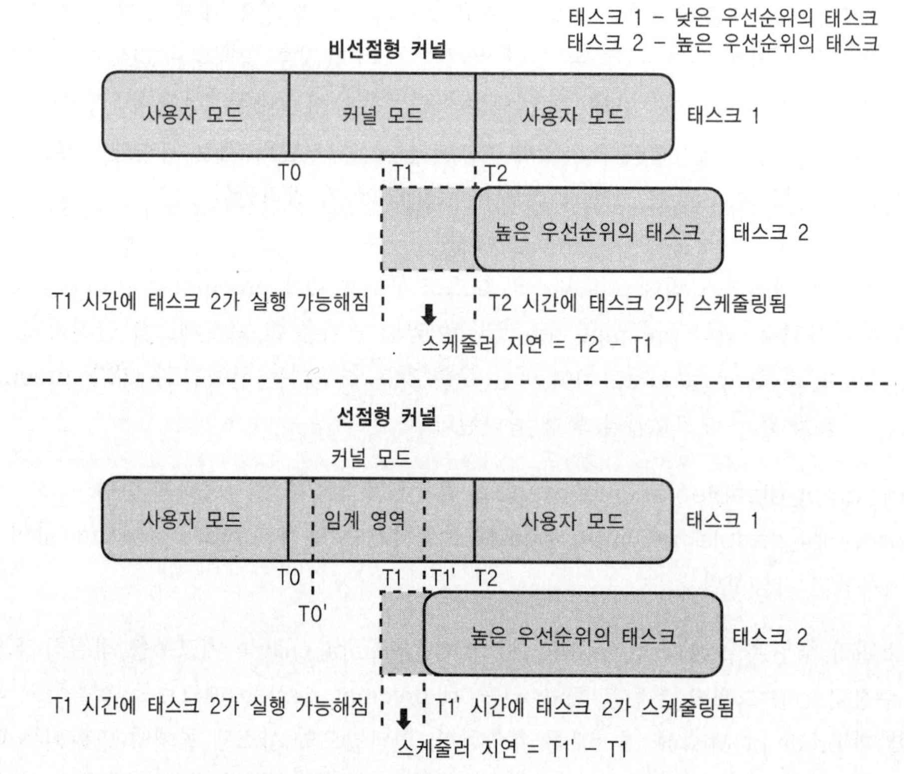

그림 7.1 선점형 커널과 비선점형 커널에서의 스케줄러 지연

저지연 패치를 이용하면 최대 스케줄링 지연 시간은 두 스케줄링 지점 간의 최대 시간차로 줄어든다. 이러한 패치들은 오랜 시간 동안 테스트되었기 때문에, 놀라울 정도로 잘 동작한다. 스케줄링 지연은 http://eaglet.rain.com/rick/linux/schedstat/에서 다운로드 받을 수 있는 'Schedstat'이라는 툴을 사용하여 측정해 볼 수 있다.

이 툴을 이용해 보면 선점형 커널 패치와 저지연 패치를 모두 적용한 경우 최상의 결과를 얻을 수 있음을 알 수 있다.

7.2.4 스케줄러 수행 시간

앞서 말했듯이 스케줄러의 수행 시간은 스케줄러가 다음으로 실행할 태스크를 선택하고 해당 태스크로 컨텍스트 전환을 수행하는 데 걸리는 시간이다. 리눅스 스케줄러는 (리눅스 커널이 원래 그렇듯이) 데스크톱 컴퓨터를 위해 작성되었고, POSIX의 실시간 확장 기능들을 추가한 것을 제외하면 거의 변경되지 않았다. 이 스케줄러의 최대 단점은 실행 시간의 예측이 불가능하다는 것이다. 스케줄러 수행 시간은 시스템 내의 태스크 수에 따라 선형적으로 증가한다. 이것은 실시간 태스크를 포함한 모든 태스크들이 하나의 실행 큐를 통해 관리되며, 스케줄러가 호출될 때마다 가장 높은 우선순위의 태스크를 찾기 위해 전체 실행 큐를 탐색하기 때문이다. 이 루프를 **굳니스 루프**(goodness loop)라고 한다. 또한 실행 가능한 모든 태스크가 각자의 실행 시간(time quantum)[3]을 소비한 경우에도, 전체 태스크에 대해 새로운 실행 시간을 다시 계산해 주어야 한다. 이 루프를 **재계산 루프**(recalculation loop)라고 한다. (실시간 태스크이든 그렇지 않든 간에) 태스크의 수가 늘어날수록, 스케줄러가 이 두 루프에서 소비하는 시간도 늘어난다.

스케줄링의 실시간화: O(1) 스케줄러

2.4.20 커널에서 스케줄링 지연을 예측 가능하게 해 주는 O(1) 스케줄러[4]가 처음 소개되었다. O(1) 스케줄러는 예측 가능한 스케줄링 시간을 요구하는 임베디드 시스템들에게 로드 밸런싱(load balancing, 부하 분산)을 제공하기 위한 서내한 서버의 스케줄링 문제점을 해결하기 위한 노력으로 잉고 몰나르에 의해 작성되었다. 이름에서 알 수 있듯이, 이 스케줄러는 굳니스 루프와 재계산 루프를 실행할 때 기존의 $O(n)$(여기서 n은 실행 큐 내의 프로세스의 수를 말한다) 시간 대신 O(1)만큼의 시간이 필요하다. 이것은 활성(active) 배열과 만료된(expired) 배열이라는 두 개의 배열을 통해 구현된다. 이 두 배열은 우선순위에 따라 정렬되어 있으며, 각 우선순위마다 별도의 실행 큐를 갖고 있다. 배열의 인덱스는 비트맵으로 관리되므로, 가장 높은 우선순위의 태스크를 찾는 일은 O(1) 검색 연산이 된다.[5] 태스크가 자신의 실행 시간을 모두 소비한 경우에는 만료된 배열로 옮겨지며, 이때 새로운 실행 시간

이 설정된다. 활성 배열이 비게 되면 스케줄러는 이 두 배열을 전환하므로, 만료된 배열이 활성 배열이 되며 스케줄러는 이를 이용해 스케줄링을 시작한다. 활성 배열과 만료된 배열은 이 스위칭을 위한 포인터를 포함한다.

이렇게 우선순위에 따라 정렬된 배열로 인해 굳니스 루프를 실행하는 문제점이 해결되며, 활성 배열과 만료된 배열을 전환함으로써 재계산 루프 문제를 해결할 수 있게 되었다. O(1) 스케줄러는 이러한 기능들과 함께 사용자 대화형(interactive) 태스크에게 높은 우선순위를 부여하는 방식을 제공한다. 이것은 데스크톱 환경에서 더 유용한 기능이지만, 실시간 태스크와 일반 태스크가 동시에 실행되는 실시간 시스템에서도 이 기능은 유용하게 사용된다. 그림 7.2는 O(1) 스케줄러에 대해 간략히 설명한다.

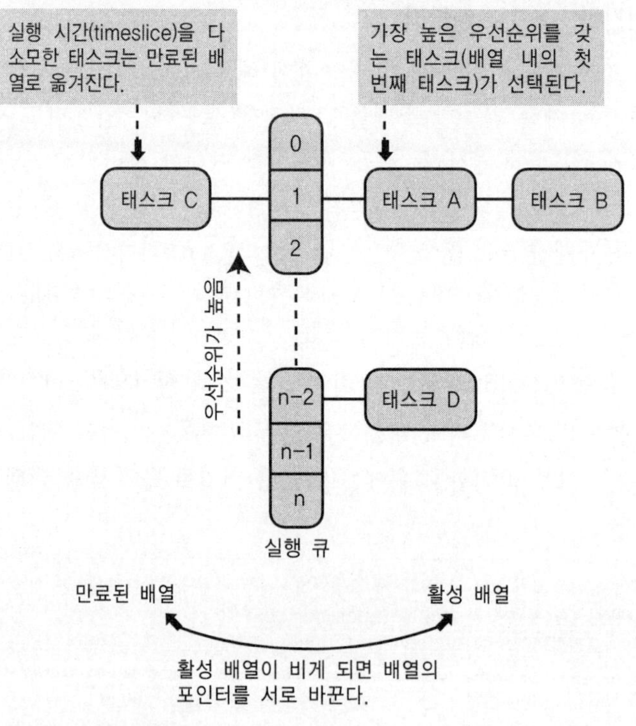

그림 7.2 O(1) 스케줄러의 간략한 설명

컨텍스트 전환 시간

실시간 리눅스의 열성팬들은 새로운 커널이 발표될 때마다 컨텍스트 전환 시간을 측정해 왔다. 왜 리눅스는 상용 RTOS들에 비해 긴 컨텍스트 전환 시간을 소모할까? 컨텍스트 전환은 스케줄러에 의해 실행되므로, 스케줄러의 수행 시간 및 커널의 응답 시간에 영향을 미친다. 리눅스가 스케줄링을 수행하는 개체는 다음과 같다.

- 커널 쓰레드: 이들은 오직 커널 모드에서만 실행되며, 사용자 공간에 메모리 매핑을 갖지 않는다.
- 사용자 프로세스와 사용자 쓰레드: 사용자 공간의 쓰레드는 공통적인 텍스트, 데이터, 힙 영역을 공유하며, 스택은 별도로 관리한다. 열린 파일이나 시그널 처리 함수 등과 같은 다른 자원들도 모든 쓰레드 간에 공유된다.

스케줄링을 결정할 때 스케줄러는 이러한 개체들을 따로 구분하지는 않는다. 컨텍스트 전환 시간은 스케줄러가 (한 프로세스 내의) 쓰레드를 선택했는지, 다른 프로세스를 선택했는지에 따라 달라진다. 컨텍스트 전환은 기본적으로 다음과 같은 사항들을 포함한다.

- 새로운 레지스터들과 커널 스택의 전환: 여기에 필요한 컨텍스트 전환 시간은 쓰레드이든 프로세스이든 동일하다.
- 가상 메모리 영역의 전환: 이것은 프로세스 간의 컨텍스트 전환 시에만 필요하며 명시적 혹은 암시적으로 TLB(혹은 페이지 테이블)를 새로 로드하므로,[6] 많은 시간이 필요하게 된다.

컨텍스트 전환에 필요한 시간은 각 아키텍처마다 다르다. 이러한 컨텍스트 전환 시간을 측정하기 위해서는 lmbench 프로그램을 이용할 수 있다. LMBench™에 대한 자세한 정보를 알고 싶다면 www.bitmover.com/lmbench를 방문해 보기 바란다.

7.2.5 사용자 공간의 실시간성

지금까지 커널의 응답 시간을 향상시키기 위한 여러 가지 사항들을 살펴보았다. 리눅스는 O(1) 스케줄러, 선점형 커널 패치, 저지연 패치로 인해 완화된 실시간 운영체제로 이용될 수 있게 되었다. 이제 사용자 공간의 응용 프로그램에 대해서 살펴보자. 응용 프로그램들이

역자 주 | 6) 이는 TLB의 내용을 비우게 하므로, 메모리 영역에 접근하기 위해서는 페이지 테이블을 통해야 하며, 이것은 메모리 접근 시간을 증가시킨다.

예측 가능한 응답 시간을 갖도록 동작하게 하는 어떤 가이드라인이 있을까?

실시간 응용 프로그램을 지원하기 위해 IEEE POSIX.1b 표준을 제정하였다. IEEE 1003.1b(혹은 POSIX.1b) 표준은 실시간 응용 프로그램의 이식성을 제공하기 위한 인터페이스들을 정의한다. 1003.1b을 제외하고도, POSIX는 1003.1d, .1j, .21, .2h와 같은 실시간 시스템을 위한 표준들을 정의했지만, 일반적으로 .1b에 정의된 확장 기능들만이 구현되었다. POSIX.1b에 정의된 실시간 확장 기능들은 다음과 같다.

- ✤ 실시간 스케줄링 클래스를 위한 고정된 우선순위의 스케줄링
- ✤ 메모리 락킹
- ✤ POSIX 메시지 큐
- ✤ POSIX 공유 메모리
- ✤ 실시간 시그널
- ✤ POSIX 세마포어
- ✤ POSIX 클록과 타이머
- ✤ 비동기 I/O(AIO)

실시간 스케줄링 클래스, 메모리 락킹, 공유 메모리, 실시간 시그널은 예전부터 이미 리눅스에서 지원해 왔다. POSIX 메시지 큐, 클록, 타이머는 2.6 커널에서 지원되기 시작하였다. 비동기 I/O도 예전부터 지원했지만, 그 구현은 모두 사용자 공간의 C 라이브러리를 통해서 이루어진 것이었다. 2.6 커널은 AIO를 지원한다. 커널과 함께, GNU C 라이브러리(glibc)도 이러한 실시간 확장 기능들을 지원하기 위해 변경되었다. 커널과 glibc는 리눅스에서 POSIX.1b의 기능들을 더 잘 지원하기 위해 서로 협력하여 동작한다.

이 절에서 우리는 완화된 실시간성을 지원하기 위한 리눅스의 기능들에 대해서 살펴보았다. 또한 POSIX.1b의 다양한 실시간 확장 기능에 대해서도 간략하게 살펴보았다. 리눅스에서 제공하는 이러한 완화된 실시간 기능들의 장점을 잘 이용하여 응용 프로그램을 개발하는 것은 응용 프로그램 개발자의 몫이다. 개발자들이 이러한 기법들을 잘 이해하고 있어야 리눅스에서 제공하는 실시간 프레임워크의 장점을 활용하는 응용 프로그램을 작성할 수 있다. 이 장의 나머지 부분에서는 이러한 기법들에 대해서 적절한 예제와 함께 설명한다.

7.3 리눅스의 실시간 프로그래밍

이 절에서는 리눅스가 POSIX 1003.1b 실시간 확장 기능들을 지원하는 방식과 그 사용법에 대해서 알아보기로 한다. 여기서는 스케줄링, 클록과 타이머, 실시간 메시지 큐, 실시간 시그널, 메모리 락킹, 비동기 I/O, POSIX 공유 메모리, POSIX 세마포어에 대해서 자세히 설명할 것이다. 대부분의 실시간 확장 기능들은 glibc 패키지에서 구현되어 배포되지만, 일부는 librt라는 별도의 라이브러리에 위치한다. 따라서 리눅스의 POSIX.1b 실시간 확장 기능들을 이용한 프로그램을 빌드하기 위해서는, glibc는 물론 librt와 함께 링크되어야 한다. 이 절에서는 리눅스 2.6 커널에서 지원하는 여러 POSIX.1b 실시간 확장 기능들에 대해서 알아본다.

7.3.1 프로세스 스케줄링

앞서 리눅스의 스케줄러에 대해서 살펴보았다. 이제는 이 스케줄러가 어떻게 실시간 태스크들을 관리하는지 이해해 보도록 하자. 이 절에서는 2.6 커널에 포함된 스케줄러를 참조하여 설명할 것이다. 리눅스는 다음과 같은 세 가지 파라미터들을 이용하여 실시간 태스크를 정의한다.

- 스케줄링 클래스
- 프로세스 우선순위
- 실행 시간(timeslice)

이들에 대해서는 아래에서 자세히 설명한다.

스케줄링 클래스

리눅스 스케줄러는 다음과 같은 세 가지 스케줄링 클래스를 제공한다. 이 중 두 가지는 실시간 응용 프로그램을 위한 것이고, 나머지 하나는 일반 응용 프로그램을 위한 것이다.

- SCHED_FIFO: 선입선출의 실시간 스케줄링 정책으로 이 스케줄링 알고리즘은 실행 시간을 사용하지 않는다. SCHED_FIFO 프로세스는 I/O 요청에 의해 블록되거나, 더 높은 우선순위를 갖는 프로세스에 의해 선점되거나, 자발적으로 CPU를 양도하지 않는 한 종료될 때까지 계속 실행된다. 또한 다음과 같은 특징을 갖는다.
  - 더 높은 우선순위를 갖는 프로세스에 의해 선점된 SCHED_FIFO 프로세스는 더 높

은 우선순위를 갖는 모든 프로세스들이 다시 블록되는 경우 바로 다시 실행을 시작
한다.

- SCHED_FIFO 프로세스가 실행할 준비가 되면(즉, 블로킹 연산에서 깨어나면) 해당
  우선순위 목록의 맨 뒤에 추가된다.
- sched_setscheduler( ) 함수 혹은 sched_setparam( ) 함수를 호출하면
  SCHED_FIFO 프로세스를 우선순위 목록의 맨 앞에 놓을 수 있다. 그 결과 현재 실
  행 중인 프로세스와 같은 우선순위를 갖는 경우에 현재 프로세스를 선점할 수 있다.

❖ SCHED_RR: 라운드 로빈(round-robin) 실시간 스케줄링 정책으로 SCHED_FIFO
  방식과 비슷하지만 SCHED_RR 프로세스는 주어진 실행 시간만큼만 실행될 수 있다.
  실행 시간을 다 소비한 SCHED_RR 프로세스는 우선순위 목록의 맨 뒤에 놓여진다.
  SCHED_RR 프로세스가 더 높은 우선순위의 프로세스에게 선점된 후 다시 실행되면
  남아 있는 실행 시간 동안만 실행된다.

❖ SCHED_OTHER: (실시간성을 요구하지 않는) 일반 프로세스들을 위한 표준 리눅스
  시분할 스케줄링 정책이다.

sched_setscheduler( ) 함수와 sched_getscheduler( ) 함수는 프로세스의 스케줄링 정책
을 설정하고 얻어오기 위해 사용된다.

우선순위

여러 스케줄링 정책에 따른 우선순위 값의 범위는 표 7.1에 정리해 두었다. sched_get_
priority_max( ) 함수와 sched_get_priority_min( ) 함수는 각각 해당 스케줄링 정책에 맞
는 우선순위의 최대값, 최소값을 반환한다. 숫자가 클수록 높은 우선순위를 가지며,
SCHED_FIFO와 SCHED_RR 프로세스는 항상 SCHED_OTHER 프로세스들보다 높은 우
선순위를 갖는다. SCHED_FIFO와 SCHED_RR 프로세스의 우선순위를 설정하고 얻어오기
위해서는 sched_setparam( ), sched_getparam( ) 함수를 사용한다. SCHED_OTHER 프
로세스들의 우선순위를 변경하기 위해서는 nice 시스템 콜(혹은 명령)을 사용한다.

표 7.1 사용자 공간의 우선순위 범위

스케줄링 클래스	우선순위 범위
SCHED_OTHER	0
SCHED_FIFO	1~99
SCHED_RR	1~99

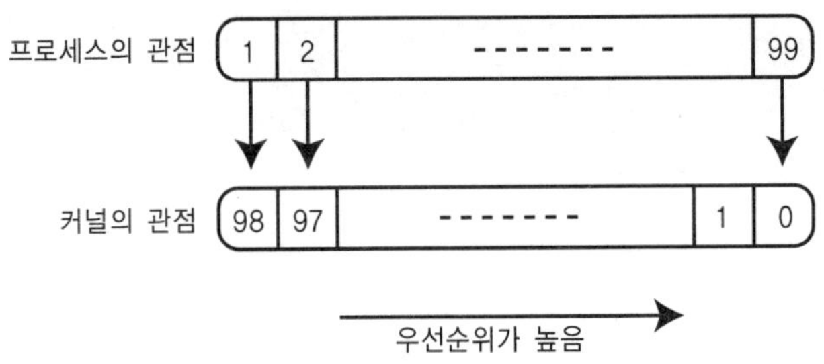

그림 7.3 실시간 프로세스의 우선순위 매핑

커널은 SCHED_FIFO 프로세스와 SCHED_RR 프로세스에게 nice 값을 설정할 수 있도록 허용하지만, 이것은 해당 프로세스가 SCHED_OTHER 스케줄링 정책을 갖지 않으면 아무런 의미가 없다.

프로세스의 우선순위를 다루는 것은 커널과 프로세스의 관점에 따라 다르다. 그림 7.3은 2.6.3 커널의 실시간 프로세스를 위한 사용자 공간의 우선순위와 커널 공간의 우선순위 간의 매핑 관계를 보여준다.

커널의 관점에서는 낮은 숫자가 높은 우선순위를 의미한다. 커널 내의 실시간 우선순위는 0부터 98까지이다. 커널은 SCHED_FIFO 프로세스와 SCHED_RR 프로세스의 사용자 공간 우선순위를 다음과 같은 공식을 사용해 커널 우선순위로 매핑한다.

```
#define MAX_USER_RT_PRIO 100
커널 우선순위 = MAX_USER_RT_PRIO -1 - (사용자 공간 우선순위)
```

따라서 사용자 공간의 우선순위가 1이라면 커널의 우선순위는 98이 되고, 2라면 97이 되는 식이다.

실행 시간(Timeslice)

앞서 말했듯이 실행 시간은 SCHED_RR 프로세스에게만 의미가 있다. SCHED_FIFO 프로세스는 무한의 실행 시간을 갖고 있다고 생각할 수 있다. 따라서 여기서는 설명하는 내용은 SCHED_RR 프로세스에게만 적용된다.

리눅스는 한 프로세스를 위한 최소 실행 시간을 10msec로, 기본 실행 시간을 100msec로, 최대 실행 시간을 200msec로 설정한다. 실행 시간을 모두 소비하면 다시 채워진다. 2.6.3 커널에서 프로세스의 실행 시간은 다음과 같이 계산된다.

```
#define MIN_TIMESLICE (10)
#define MAX_TIMESLICE (200)
#define MAX_PRIO (139)          // 커널 우선순위의 내부적인 최대값
#define MAX_USER_PRIO 39        // 양수로 변환될 때의 최대 nice 값

/* 'p'는 프로세스의 태스크 구조체에 해당한다. */
#define BASE_TIMESLICE(p) \
    (MIN_TIMESLICE + ((MAX_TIMESLICE - MIN_TIMESLICE) * \
    (MAX_PRIO - 1 - (p)->static_prio) / (MAX_USER_PRIO-1)))
```

태스크 구조체의 static_prio는 프로세스의 nice 값을 갖고 있다. 커널은 −20에서 +19까지의 nice 값의 범위를 커널의 내부적인 nice 범위인 100에서 139로 변환한다. 이렇게 변환된 프로세스의 nice 값은 static_prio에 저장된다. 따라서 nice 값이 −20인 경우에는 static_prio 값이 100이 되며, nice 값이 +19인 경우에는 static_prio 값이 139가 된다. 마지막으로 task_timeslice( ) 함수는 프로세스의 실행 시간을 반환한다.

```
static inline unsigned int task_timeslice(task_t *p) {
    return BASE_TIMESLICE(p);
}
```

static_prio 값은 단지 실행 시간을 계산한 값이라는 것을 명심하자. 여기서 우리는 몇 가지 중요한 결론을 이끌어낼 수 있다.

- ✤ 기본적으로 nice 값이 0으로 설정된 모든 SCHED_RR 프로세스들은 기본 실행 시간인 100msec로 설정된다.
- ✤ nice 값이 −20으로 설정된 SCHED_RR 프로세스는 200msec의 실행 시간을 가지며, nice 값이 +19로 설정된 SCHED_RR 프로세스는 10msec의 실행 시간을 갖는다. 따라서 nice 값은 SCHED_RR 프로세스의 실행 시간 할당을 제어하는 데 사용될 수 있다.
- ✤ 낮은 nice 값(즉, 높은 우선순위)을 가질수록, 더 큰 실행 시간을 갖는다.

스케줄링 함수

리눅스에서 실시간 응용 프로그램을 지원하기 위해 제공하는 스케줄링 함수들은 표 7.2에 나타내었다.

    sched_setscheduler( ) 함수와 sched_setparam( ) 함수는 반드시 수퍼유저 권한으로 호출되어야 한다.

표 7.2 POSIX.1b 스케줄링 함수

함수	설명
sched_getscheduler	프로세스의 스케줄링 클래스를 얻음
sched_setscheduler	프로세스의 스케줄링 클래스를 설정
sched_getparam	프로세스의 우선순위를 얻음
sched_setparam	프로세스의 우선순위를 설정
sched_get_priority_max	해당 스케줄링 클래스에서 허용된 최대 우선순위 값을 얻음
sched_get_priority_min	해당 스케줄링 클래스에서 허용된 최소 우선순위 값을 얻음
sched_rr_get_interval	SCHED_RR 프로세스의 현재 실행 시간 값을 얻음
sched_yield	다른 프로세스에게 실행을 양도함

리스트 7.1은 이 함수들의 사용법을 보여준다. 이 예제에서는 SCHED_FIFO 프로세스를 생성하여 SCHED_FIFO 스케줄링 클래스의 최대, 최소 우선순위의 평균값으로 우선순위를 설정한다. 또한 SCHED_FIFO 프로세스의 우선순위 값을 동적으로 변경한다. 리스트 7.2는 nice 시스템 콜을 이용하여 SCHED_RR 프로세스의 실행 시간 할당을 제어하는 방법을 보여준다.

> nice로 인한 SCHED_RR 프로세스의 실행 시간 할당의 제어는 POSIX에서 관리하는 부분이 아니며 리눅스의 스케줄러 구현 방식으로 인해 일어나는 현상이다. 독자들이 이식성 있는 프로그램을 작성하기 위해서는 이 기능을 사용하면 안 된다. SCHED_RR 프로세스에 대한 nice의 이러한 동작은 2.6.3 커널에 적용된 것으로 이후의 버전에서 변경될 수도 있다.

리스트 7.1 프로세스 스케줄링 연산

```c
/* sched.c */

#include <sched.h>
int main(){
  struct sched_param param, new_param;

  /*
   * 프로세스는 SCHED_RR 혹은 SCHED_FIFO 프로세스를 통해 생성되지 않은
   * 경우에는 기본적으로 SCHED_OTHER 정책으로 시작된다.
   */

  printf("start policy = %d\n", sched_getscheduler(0));
```

(계속)

(계속)

```
/* 출력 -> start policy = 0
 * SCHED_FIFO, SCHED_RR의 경우에는 sched_getscheduler 함수는
 * 각각 1, 2를 반환할 것이다.
 */


/*
 * 평균적인 우선순위를 갖는 SCHED_FIFO 프로세스를 생성한다.
 */
param.sched_priority = (sched_get_priority_min(SCHED_FIFO) +
                        sched_get_priority_max(SCHED_FIFO))/2;

printf("max priority = %d, min priority = %d,
        my priority = %d\n", sched_get_priority_max(SCHED_FIFO),
                             sched_get_priority_min(SCHED_FIFO),
                             param.sched_priority);
/*
 * 출력 -> max priority = 99, min priority = 1,
 * my priority = 50
 */

/* 프로세스를 SCHED_FIFO 프로세스로 만든다. */
if (sched_setscheduler(0, SCHED_FIFO, &param) != 0){
  perror("sched_setscheduler failed\n");
  return;
}

/*
 * 타임 크리티컬한 연산을 수행한다.
 */


/*
 * 다른 실시간 쓰레드/프로세스가 실행될 수 있도록 CPU를 양도한다.
 * sched_yield 함수를 호출하면 현재 프로세스를 해당 우선순위 큐의
 * 맨 뒤에 놓는다. 큐 내에 다른 프로세스가 없다면 이것은 아무 효과도 없다.
 */
sched_yield();

/* 실행 중에 프로세스의 우선순위를 변경한다. */
param.sched_priority = sched_get_priority_max(SCHED_FIFO);
if (sched_setparam(0, &param) != 0){
  perror("sched_setparam failed\n");
  return;
}
sched_getparam(0, &new_param);
```

(계속)

```
    printf("I am running at priority %d\n",
             new_param.sched_priority);
    /* 출력 -> I am running at priority 99 */

    return ;
}
```

리스트 7.2 SCHED_RR 프로세스의 실행 시간 제어

```
/* sched_rr.c */

#include <sched.h>
int main(){
    struct sched_param param;
    struct timespec ts;
    param.sched_priority = sched_get_priority_max(SCHED_RR);

    /* 최대 실행 시간이 필요한 경우 */
    nice(-20);
    sched_setscheduler(0, SCHED_RR, &param);
    sched_rr_get_interval(0, &ts);
    printf ("max timeslice = %d msec\n", ts.tv_nsec/1000000);
    /* 출력 -> max timeslice = 199 msec */

    /*
     * 최소 실행 시간이 필요한 경우.
     * nice의 인수는 절대적인 값이 아니라 앞서 설정된 값에 더해진 값이다.
     * 따라서 nice 값을 +19로 설정하기 위해 nice(39)를 호출한다.
     */
    nice(39);
    sched_setscheduler(0, SCHED_RR, &param);
    sched_rr_get_interval(0, &ts);
    printf ("min timeslice = %d", ts.tv_nsec/1000000);
    /* 출력 -> min timeslice = 9 msec */

    return ;
}
```

7.3.2 메모리 락킹

실시간 응용 프로그램이 처리할 필요가 있는 지연 가운데 하나는 요구 페이징이다. 실시간 응용 프로그램은 예측 가능한 응답 시간을 요구하며, 페이징[7]은 프로그램의 실행 지연을 예측 불가능하게 하는 주요 원인 중 하나이다. 이러한 페이징에 따른 지연은 메모리 락킹을 사용하여 방지할 수 있다. 프로그램의 전체 주소 공간에 락을 걸거나 원하는 메모리 영역에만 락을 걸 수 있는 함수들이 제공된다.

메모리 락킹 함수

메모리 락킹에 사용되는 함수들은 표 7.3에 나타내었다. mlock( ) 함수는 지정한 메모리 영역에 페이징 기능을 비활성화시키며, mlockall( ) 함수는 프로세스의 주소 공간으로 매핑된 모든 페이지에 대해 페이징 기능을 비활성화시킨다. 이것은 코드, 데이터, 스택, 공유 라이브러리, 공유 메모리, 메모리 매핑된 파일 등에 대한 페이지들을 포함한다. 리스트 7.3은 이러한 함수들의 사용법을 보여준다. 이 함수들은 수퍼유저 권한으로 호출되어야 한다.

실시간성을 요구하는 응용 프로그램은 일반적으로 멀티쓰레드 형식으로 구현되며 몇 개의 실시간 쓰레드들과 나머지 일반 쓰레드들로 이루어진다. 이러한 응용 프로그램들에서는 일반 쓰레드들의 메모리 영역에도 락을 걸게 되는 mlockall( ) 함수를 사용하지 말아야 한다. 다음의 두 절에서는 이러한 응용 프로그램에서 선택적으로 메모리 락킹을 사용하기 위해, 링커를 이용한 두 가지 접근 방식에 대해 살펴볼 것이다.

표 7.3 POSIX.1b 메모리 락킹 함수

함수	설명
mlock	프로세스 주소 공간 내의 지정한 영역에 락을 건다.
mlockall	프로세스 주소 공간 전체에 락을 건다.
munlock	mlock( ) 함수를 사용하여 락을 건 영역을 해제한다.
munlockall	프로세스 주소 공간 전체에 걸린 락을 해제한다.

역자 주 | 7) 여기서 말하는 페이징은 할당된 페이지가 어떤 이유로 인해 디스크로 스왑 아웃(혹은 페이징 아웃이라고도 한다)되는 경우를 말한다. 이렇게 스왑 아웃된 페이지에 접근하면 페이지 폴트 예외가 발생하여 디스크 내의 페이지를 다시 메모리로 로드한다.

리스트 7.3 메모리 락킹 연산

```c
/* mlock.c */

#include <sys/mman.h>
#include <unistd.h>

#define RT_BUFSIZE 1024
int main(){

  /* rt_buffer는 메모리 락킹이 필요하다. */
  char *rt_buffer = (char *)malloc(RT_BUFSIZE);
  unsigned long pagesize, offset;

  /*
   * 리눅스에서는, 메모리 락킹을 하기 전에 주소 값을 페이지 단위로
   * 정렬할 필요가 없다(이 작업은 커널이 알아서 해 준다).
   * 하지만 POSIX는 이식성을 높이기 위해 mlock을 호출하기 전에
   * 메모리의 주소를 페이지 단위로 정렬할 것을 요구한다.
   * 따라서 rt_buffer를 페이지 단위로 정렬시킨다.
   */
  pagesize = sysconf(_SC_PAGESIZE);
  offset = (unsigned long) rt_buffer % pagesize;
  /* rt_buffer의 메모리 영역에 락을 건다. */
  if (mlock(rt_buffer - offset, RT_BUFSIZE + offset) != 0){
    perror("cannot mlock");
    return 0;
  }

  /*
   * mlock이 성공적으로 수행된 후에는 rt_buffer를 포함하는 페이지는
   * 메모리상에 락이 걸린 채로 존재하며 절대 페이징 아웃되지 않는다.
   * 따라서 rt_buffer는 페이징에 따른 지연을 걱정하지 않고
   * 안전하게 사용될 수 있다.
   */

  /* 사용한 후에는 rt_buffer에 걸린 락을 해제한다. */
  if (munlock(rt_buffer - offset, RT_BUFSIZE + offset) != 0){
    perror("cannot munlock");
    return 0;
  }

  /*
   * 응용 프로그램에 따라서는, 메모리상의 전체 프로세스 주소 공간에
   * 락을 걸도록 할 수 있다.
```

(계속)

```
     */

     /*
      * 프로세스에게 현재 할당된 메모리 영역뿐만 아니라,
      * 이후에 할당된 모든 메모리에 대해서도 락을 건다.
      *         MCL_CURRENT - 프로세스 주소 공간에 현재 매핑된 모든 메모리들에
      *                       락을 건다.
      *         MCL_FUTURE  -  이후의 모든 매핑에 대해서도 락을 건다.
      */
     if (mlockall(MCL_CURRENT | MCL_FUTURE) != 0){
       perror("cannot mlockall");
       return 0;
     }

     /*
      * 위의 mlockall() 함수가 성공적으로 수행되면,
      * 모든 새로운 메모리 할당에도 락이 걸릴 것이다.
      * 따라서 rt_buffer를 포함하는 페이지에도 락이 걸리게 된다.
      */
     rt_buffer = (char *)realloc(rt_buffer , 2*RT_BUFSIZE);

     /*
      * 마지막으로 mlockall() 함수를 호출하여 앞에서 mlock이나
      * mlockall을 통해 락이 걸린 모든 페이지를 해제한다.
      */
     if (munlockall() != 0){
       perror("cannot munlockall");
       return 0;
     }
     return 0;
}
```

링커 스크립트를 이용한 효율적인 락킹

실시간 코드와 데이터를 포함하는 오브젝트 파일들을 링커 스크립트를 이용하여 별도의 링커 섹션으로 모으는 기법이 존재한다. 프로그램이 시작되면 실시간 코드와 데이터가 저장된 섹션에만 mlock( ) 함수를 호출하는 트릭이 사용된다. 여기서는 이를 설명하기 위해 샘플 응용 프로그램을 하나 살펴볼 것이다. 리스트 7.4에서 hello_rt_world( ) 함수는 rt_data와 초기화되지 않은 메모리 영역인 rt_bss를 이용하는 실시간 함수라고 가정한다.

이러한 선택적인 락킹을 사용하기 위해 다음과 같은 과정들이 수행된다.

리스트 7.4 효율적인 락킹–1

```
/* hello_world.c */

#include <stdio.h>
/* 비-실시간 함수 */
void hello_world(void) {
  printf("hello world");
  return;
}


/* hello_rt_world.c */

#include <stdio.h>
/* 실시간 함수 */
void hello_rt_world(void){
  extern char rt_data[],rt_bss[100];
  /* rt_data를 이용한 연산 */
  printf("%s", rt_data);
  /* rt_bss를 이용한 연산 */
  memset(rt_bss, 0xff, sizeof(rt_bss));
  return ;
}


/* hello_rt_data.c */

/* 실시간 데이터 */
char rt_data[] = "Hello Real-time World";


/* hello_rt_bss.c */
/* 실시간 bss 영역*/
char rt_bss[100];


/* hello_main.c */

#include <stdio.h>
extern void hello_world(void);
extern void hello_rt_world(void);


/*
 * 이 심벌들은 링커 스크립트 내에 정의되어 있다.
 * 다음 단계에서 이것이 어떤 역할을 하는지 명확해질 것이다.
 */
extern unsigned long __start_rt_text, __end_rt_text;
```

(계속)

```c
extern unsigned long __start_rt_data, __end_rt_data;
extern unsigned long __start_rt_bss, __end_rt_bss;

/*
 * 이 함수는 메모리상의 모든 실시간 함수와 데이터에 락을 건다.
 */
void rt_lockall(void){
    /* 실시간 텍스트 세그먼트에 락을 건다. */
    mlock(&__start_rt_text, &__end_rt_text - &__start_rt_text);
    /* 실시간 데이터에 락을 건다. */
    mlock(&__start_rt_data, &__end_rt_data - &__start_rt_data);
    /* 실시간 bss 영역에 락을 건다. */
    mlock(&__start_rt_bss, &__end_rt_bss - &__start_rt_bss);
}

int main(){
    /* 먼저 메모리 락킹을 수행한다. */
    rt_lockall();
    hello_world();
    /* 이제 실시간 함수를 실행한다. */
    hello_rt_world();
    return 0;
}
```

1. 응용 프로그램을 구성하는 파일들을 실시간 파일과 일반 파일로 구분한다. 이러한 실시간 파일 내에는 어떠한 비-실시간 함수들이 포함되어서는 안 되며, 그 반대도 마찬가지이다. 이 예제에서는 다음과 같은 파일들이 존재한다.

a. hello_world.c: 비-실시간 함수들을 포함한다.

b. hello_rt_world.c: 실시간 함수들을 포함한다.

c. hello_rt_data.c: 실시간 데이터를 포함한다.

d. hello_rt_bss.c: 초기화되지 않은 실시간 데이터를 포함한다.

e. hello_main.c: 최종 응용 프로그램

2. 오브젝트 코드를 생성한다. 이 단계에서는 링크 과정을 수행하지는 않는다.

```
# gcc -c hello_world.c hello_rt_world.c hello_rt_data.c \
  hello_rt_bss.c hello_main.c
```

3. 기본 링커 스크립트를 얻어서 복사해 둔다.

```
# ld -verbose > default
# cp default rt_script
```

4. rt_script 파일을 수정하여 링커 관련 내용을 삭제한다(OUTPUT_FORMAT 명령 이전의 모든 것들과 파일 끝부분의 ====.. 부분에 해당한다).

5. 리스트 7.5와 같이 rt_script 파일에 .text, .data, .bss 섹션을 위치시키고 그 앞에 각각 rt_text, rt_data, rt_bss 섹션들을 추가한다. 따라서 hello_rt_world.c 파일에 정의된 모든 함수들은 rt_text 섹션으로 들어가게 된다. 마찬가지로 hello_rt_data.c 파일에 정의된 모든 데이터는 rt_data 섹션으로, hello_rt_bss.c 파일에 정의된 초기화되지 않은 데이터들은 rt_bss 섹션으로 들어가게 된다. __start_rt_text와 __start_rt_data, __start_rt_bss 변수는 각각 rt_text, rt_data, rt_bss 섹션의 시작부분을 표시한다. 마찬가지로 __end_rt_text, __end_rt_data, __end_rt_bss 변수는 각 섹션들의 끝 주소를 나타낸다.

6. 마지막으로 응용 프로그램을 링크한다.

```
# gcc -o hello hello_main.o hello_rt_bss.o hello_rt_data.o \
  hello_rt_world.o hello_world.o -T rt_script
```

다음과 같이 objdump 명령을 사용하여 모든 실시간 함수들과 데이터들이 올바른 섹션에 포함되었는지 확인해 볼 수 있다.

```
# objdump -t hello
    .....
08049720    g       .rt_bss     00000000        __start_rt_bss
08049760    g  O    .rt_bss     00000064        rt_bss
080497c4    g       .rt_bss     00000000        __end_rt_bss

    .....
080482f4    g       .rt_text    00000000        __start_rt_text
080482f4    g  F    .rt_text    0000001d        hello_rt_world
0804834a    g       .rt_text    00000000        __end_rt_text

    .....
080496c0    g       .rt_data    00000000        __start_rt_data
080496c0    g  O    .rt_data    00000011        rt_data
08049707    g       .rt_data    00000000        __end_rt_data
```

리스트 7.5 수정된 링커 스크립트

```
      ......
      ......
   .plt            : { *(.plt) }
   .rt_text        :
   {
     PROVIDE (__start_rt_text = .);
     hello_rt_world.o
     PROVIDE (__end_rt_text = .);
   } =0x90909090
   .text           :
      ......
      ......
   .got.plt        : { . = DATA_SEGMENT_RELRO_END (. + 12); *(.got.plt) }
   .rt_data        :
   {
     PROVIDE (__start_rt_data = .);
     hello_rt_data.o
     PROVIDE (__end_rt_data = .);
   }
   .data           :
      ......
      ......
 __bss_start = .;
   .rt_bss         :
   {
     PROVIDE (__start_rt_bss = .);
     hello_rt_bss.o
     . = ALIGN(32 / 8);
     PROVIDE (__end_rt_bss = .);
   }
   .bss            :
      ......
      ......
```

GCC의 섹션 속성을 이용한 효율적인 락킹

만약 실시간 코드와 비-실시간 코드를 별도의 파일로 분리하기 어려운 경우에는 이 방식을 사용할 수 있다. 이 방식은 GCC의 섹션 속성을 이용하여 실시간 코드와 데이터를 별도의 섹션으로 모으고 해당 섹션에 락을 거는 방법을 사용한다. 이 방식은 매우 유연하게 사용될 수 있으며 사용하기도 편리하다. 리스트 7.6은 이 방식을 사용하여 리스트 7.4를 다시 작성한 것이다.

리스트 7.6 효율적인 락킹-2

```c
/* hello.c */

#include <stdio.h>

/*
 * GCC 섹션 속성을 사용하기 위한 매크로들을 정의한다.
 * 실시간 코드, 데이터, bss 영역을 위해
 * real_text, real_data, real_bss 섹션을 정의할 것이다.
 */
#define __rt_text  __attribute__ ((__section__ ("real_text")))
#define __rt_data  __attribute__ ((__section__ ("real_data")))
#define __rt_bss   __attribute__ ((__section__ ("real_bss")))


/*
 * 링커는 일반적으로 각 섹션의 시작 주소와 끝 주소를 저장하고 있는 심벌을
 * 정의한다. 아래의 심벌들은 링커에 의해 정의된 것이다.
 */
extern unsigned long __start_real_text, __stop_real_text;
extern unsigned long __start_real_data, __stop_real_data;
extern unsigned long __start_real_bss, __stop_real_bss;

/* real_bss 섹션에 포함될 초기화되지 않은 데이터 */
char rt_bss[100] __rt_bss;

/* real_data 섹션에 포함될 초기화된 데이터 */
char rt_data[] __rt_data = "Hello Real World";

/* real_text 섹션에 들어갈 함수 */
void __rt_text hello_rt_world(void){
  printf("%s", rt_data);
  memset(rt_bss, 0xff, sizeof(rt_bss));
  return ;
}

/* 마지막으로 메모리상의 '실시간' 섹션들에 락을 건다. */
void rt_lockall(void){
  mlock(&__start_real_text,
        &__stop_real_text - &__start_real_text);
  mlock(&__start_real_data,
        &__stop_real_data - &__start_real_data);
  mlock(&__start_real_bss,
        &__stop_real_bss - &__start_real_bss);
}
```

```c
/* 비-실시간 함수 */
void hello_world(void) {
  printf("hello world");
  return;
}

int main(){
  rt_lockall();
  hello_world();
  hello_rt_world();
  return 0;
}
```

다음과 같이 objdump 명령을 사용하여 모든 실시간 함수들과 데이터들이 올바른 섹션에 포함되었는지 확인해 볼 수 있다.

```
# gcc -o hello hello.c
# objdump -t hello
  .....
  .....
08049724      g       *ABS*        00000000      __stop_real_bss
08048560      g       *ABS*        00000000      __stop_real_text
080496a0      g       *ABS*        00000000      __start_real_data
080496b1      g       *ABS*        00000000      __stop_real_data
080496c0      g       *ABS*        00000000      __start_real_bss
0804852c      g       *ABS*        00000000      __start_real_text
080496c0      g O     real_bss     00000064      rt_bss
080496a0      g O     real_data    00000011      rt_data
0804852c      g F     real_text    00000034      hello_rt_world
  .....
  .....
```

__start_real_text, __stop_real_text 등의 심벌은 링커에서 정의한 것이다.

기억해야 할 사항들

❖ 프로세스가 해당 영역에 여러 번 락을 건 경우에도 한 번의 munlock( ) 함수 혹은 munlockall( ) 함수 호출을 통해 락이 해제된다.

❖ 페이지가 여러 위치에 매핑되어 있거나 여러 프로세스들에게 매핑되어 있는 경우에는 그 중의 하나에서만 락을 건 경우에도 전체가 락이 걸린 상태로 남아 있다.

❖ fork 시스템 콜을 통해 생성된 자식 프로세스는 페이지에 걸린 락을 상속받지 않는다.

❖ mlock( ) 함수와 mlockall( ) 함수를 통해 락이 걸린 페이지는 RAM상에 상주하는 것이 보장되며, munlock( ) 함수 혹은 munlockall( ) 함수를 호출하거나, munmap을 통해 매핑이 해제되거나, 프로세스가 종료되거나 혹은 exec 시스템 콜을 이용하여 다른 프로그램이 실행될 때까지 남아 있다.

❖ 프로그램이 초기화될 때 메모리 락킹을 거는 편이 좋다. 모든 동적 메모리 할당, 공유 메모리 생성, 파일 매핑 등은 초기화 시에 해당 영역에 락이 걸린 후에 수행되어야 한다.

❖ 만약 스택 영역의 메모리 할당도 예측 가능한 시간 내에 수행되도록 하려면, 스택의 몇몇 페이지들에 대해서도 락을 걸어야 한다. 스택 세그먼트가 페이징되는 것을 방지하려면 다음과 같은 lock_stack( ) 함수를 작성하여 초기화 시에 호출할 수 있다.

```
void lock_stack(void){
  char dummy[MAX_APPROX_STACK_SIZE];
  /* 이것은 스택 영역 내의 페이지를 메모리에 할당하기 위한 것이다. */
  memset(dummy, 0, MAX_APPROX_STACK_SIZE);
  mlock(dummy, MAX_APPROX_STACK_SIZE);
  return;
}
```

MAX_APPROX_STACK_SIZE는 독자들이 사용할 실시간 쓰레드의 스택 사용량을 추정한 것이다. 이 함수가 수행되면 커널은 스택을 위한 이 공간이 항상 메모리에 상주함을 보장한다.

❖ 시스템에서 동작하는 다른 프로세스들에게 관대하게 락을 걸어라. 공격적인 락킹은 다른 프로세스들의 자원을 뺏어올 수도 있다.

7.3.3 POSIX 공유 메모리

실시간 응용 프로그램들은 종종 대용량의 데이터를 신속하게 교환하기 위한 프로세스 간 통신(IPC) 메커니즘을 요구한다. 이 절에서는 가장 빠르고 가장 가벼운 IPC 메커니즘인 POSIX 공유 메모리에 대해서 설명한다. 공유 메모리는 다음과 같은 이유로 인해 가장 빠른 성능을 보인다.

❖ 데이터를 읽고 쓰는 과정에서 시스템 콜의 오버헤드가 없다.

❖ 데이터는 커널 버퍼나 다른 중간 단계의 버퍼를 거치지 않고 공유 메모리 영역에 바로

표 7.4 POSIX.1b 공유 메모리 함수

함수	설명
shm_open	공유 메모리 객체를 생성하거나 기존의 객체를 연다.
shm_unlink	공유 메모리 객체를 제거한다.

복사된다.

공유 메모리를 생성하고 삭제하기 위해 사용되는 함수들은 표 7.4에 정리하였다.

shm_open( ) 함수는 새로운 POSIX 공유 메모리 객체를 생성하거나 기존의 공유 메모리 객체를 연다. 이 함수는 ftruncate( ), mmap( )과 같은 함수들에서 사용할 수 있는 핸들을 반환한다. shm_open( ) 함수는 크기가 0인 공유 메모리 세그먼트를 생성한다. ftruncate( ) 함수는 원하는 공유 메모리 세그먼트의 크기를 설정하며, mmap( ) 함수는 이 함수를 프로세스의 주소 공간으로 매핑한다. 공유 메모리 세그먼트는 shm_unlink( ) 함수를 통해 삭제된다. 리스트 7.7은 이 함수들의 사용법을 보여준다.

리눅스 구현

리눅스의 POSIX 공유 메모리 지원은 /dev/shm에 마운트되는 tmpfs 파일 시스템을 통해 이루어진다.

```
# cat /etc/fstab
none  /dev/shm  tmpfs  defaults  0 0
```

shm_open( ) 함수를 통해 생성된 공유 메모리 객체는 tmpfs 내의 파일로 표현된다. 리스트 7.7에서 shm_unlink( ) 함수를 호출하는 부분을 삭제하고 (빌드한 후) 프로그램을 다시 실행시켜 보면 /dev/shm 아래에 있는 my_shm 파일을 찾을 수 있을 것이다.

```
# ls -l /dev/shm
-rw-r--r--  1 root  root  1024  Aug  19  18:57  my_shm
```

이것은 my_shm 파일의 크기가 우리가 공유 메모리 크기로 설정한 1024임을 보여준다. 따라서 이 파일을 이용하면 공유 메모리 영역에 대해 모든 파일 연산을 사용할 수 있다. 예를 들어 공유 메모리 영역의 내용을 얻기 위해서 my_shm 파일에 cat 명령을 사용할 수 있다. 또한 셸상에서 공유 메모리 영역을 직접 삭제하기 위해 rm 명령을 사용할 수 있다.

(계속)

리스트 7.7 POSIX 공유 메모리 연산

```c
/* shm.c */

#include <sys/types.h>
#include <sys/mman.h>
#include <fcntl.h>

/* 우리가 사용할 공유 메모리 세그먼트의 크기 */
#define SHM_SIZE 1024

int main(){
  int shm_fd;
  void *vaddr;

  /* 공유 메모리 핸들을 얻는다. */
  if ((shm_fd = shm_open("my_shm", O_CREAT | O_RDWR, 0666)) == -1){
    perror("cannot open");
    return -1;
  }

  /* 공유 메모리의 크기를 SHM_SIZE로 설정한다. */
  if (ftruncate(shm_fd, SHM_SIZE) != 0){
    perror("cannot set size");
    return -1;
  }

  /*
   * 공유 메모리 영역을 주소 공간으로 매핑한다.
   * MAP_SHARED 플래그 이 매핑이 공유 매핑임을 알려 준다.
   */
  if ((vaddr = mmap(0, SHM_SIZE, PROT_WRITE, MAP_SHARED,
          shm_fd, 0)) == MAP_FAILED){
    perror("cannot mmap");
    return -1;
  }

  /* 공유 메모리에 락을 건다. 이 단계를 잊어서는 안 된다. */
  if (mlock(vaddr, SHM_SIZE) != 0){
    perror("cannot mlock");
    return -1;
  }

  /*
   * 이제 공유 메모리를 사용할 준비가 되었다.
```

(계속)

```
    */

    /*
     * 마지막으로 주소 공간상에 매핑된 공유 메모리 세그먼트의 매핑을 해제한다.
     * 이 과정은 세그먼트의 락을 해제하는 역할도 한다.
     */
    munmap(vaddr, SHM_SIZE);
    close(shm_fd);
    /* 공유 메모리 세그먼트를 삭제한다. */
    shm_unlink("my_shm");
    return 0;
}
```

기억해야 할 사항들

✤ 공유 메모리 영역에 mlock( ) 함수를 통해 락을 걸어야 한다.

✤ 공유 메모리 영역에 대한 접근을 동기화시키기 위해서 POSIX 세마포어를 이용하라.

✤ 공유 메모리 영역의 크기를 알아보기 위해서는 fstat( ) 함수를 이용할 수 있다.

✤ 여러 프로세스들이 동일한 공유 메모리 영역을 열고 있는 경우, 마지막 shm_unlink( ) 함수가 호출된 후에만 공유 메모리 영역이 삭제된다.

✤ 프로세스가 종료된 후에도 공유 메모리 영역을 보존하고 싶다면 shm_unlink( ) 함수를 호출하지 마라.

7.3.4 POSIX 메시지 큐

POSIX 1003.1b 메시지 큐는 예측 가능하고 효율적인 IPC 방식을 제공한다. 메시지 큐는 실시간 응용 프로그램을 위해 다음과 같은 장점들을 제공한다.

✤ 메시지 큐 내의 메시지 버퍼들은 해당 자원이 필요한 경우에 바로 사용될 수 있도록 미리 할당되어 있다.

✤ 메시지에 우선순위를 설정할 수 있다. 높은 우선순위의 메시지는 메시지 큐 내에 있는 메시지 수에 관계없이 항상 먼저 처리된다.

✤ 메시지 큐는 메시지를 수신하는 프로세스가 메시지가 도착하기를 기다리고 있지 않은 상황에서도 비동기적인 방식으로 알려 줄 수 있다.

✤ 메시지의 송수신 함수는 기본적으로 블로킹 연산이다. 응용 프로그램에서는 이러한 예측 불가능한 블록 현상을 방지하기 위해 메시지의 송수신 함수가 수행될 때 대기 시

표 7.5 POSIX.1b 메시지 큐 함수

함수	설명
mq_open	메시지 큐를 연다/생성한다.
mq_close	메시지 큐를 닫는다.
mq_getattr	메시지 큐 속성을 얻어온다.
mq_setattr	메시지 큐 속성을 설정한다.
mq_send	메시지를 큐로 보낸다.
mq_receive	큐에서 메시지를 읽어 온다.
mq_timedsend	메시지를 큐로 보낸다. 지정된 대기 시간 동안만 블록된다.
mq_timedreceive	큐에서 메시지를 읽어 온다. 지정된 대기 시간 동안만 블록된다.
mq_notify	빈 메시지 큐에 메시지가 도착할 때마다 통지가 보내지도록 등록한다.
mq_unlink	메시지 큐를 삭제한다.

간을 지정할 수 있다.

메시지 큐를 사용하기 위한 함수들은 표 7.5에 정리하였다. 리스트 7.8은 몇 가지 기본적인 메시지 큐 함수들의 사용법을 보여준다. 이 예제에서는 두 프로세스가 생성되는데, 하나는 메시지 큐로 메시지를 보내는 역할을 하며, 다른 프로세스는 메시지 큐에서 메시지를 읽어 온다.

리스트 7.8 POSIX 메시지 큐 연산

```
/* mqueue-1.c */

/* 이 프로그램은 메시지를 큐로 보낸다. */
#include <stdio.h>
#include <string.h>
#include <mqueue.h>

#define QUEUE_NAME   "/my_queue"
#define PRIORITY     1
#define SIZE         256

int main(){

    mqd_t ds;
    char text[] = "Hello Posix World";
    struct mq_attr queue_attr;
```

(계속)

(계속)

```c
    /*
     * 큐의 속성 값. 이것은 오직 생성 시에만 설정할 수 있다.
     */
    queue_attr.mq_maxmsg = 32;  /* 큐 내에 보관할 수 있는 최대 메시지 수 */
    queue_attr.mq_msgsize = SIZE;   /* 메시지의 최대 크기 */

    /*
     * "/my_queue"라는 이름의 새로운 큐를 생성하고 송수신이 가능하도록 연다.
     * 큐 파일의 허가권은 큐의 소유자(owner)는 읽고 쓰기가 가능하며
     * 같은 그룹 내의 사용자나 다른 사용자들은 아무 권한도 없도록 설정한다.
     * 큐의 제한사항은 위에서 설정한 값을 사용한다.
     */
    if ((ds = mq_open(QUEUE_NAME, O_CREAT | O_RDWR, 0600,
                    &queue_attr)) == (mqd_t)-1){
        perror("Creating queue error");
        return -1;
    }

    /*
     * 메시지의 우선순위를 1로 설정하여 큐로 보낸다.
     * 높은 숫자가 높은 우선순위를 갖는다.
     * 높은 우선순위의 메시지는 낮은 우선순위의 메시지 앞쪽에 추가된다.
     * 동일한 우선순위의 메시지들은 선입선출(FIFO) 방식으로 처리된다.
     */
    if (mq_send(ds, text, strlen(text), PRIORITY) == -1){
        perror("Sending message error");
        return -1;
    }

    /* 큐를 닫는다... */
    if (mq_close(ds) == -1)
        perror("Closing queue error");

    return 0;
}

/* mqueue-2.c */

/* 이 프로그램은 큐에서 메시지를 받는다. */
#include <stdio.h>
#include <mqueue.h>

#define QUEUE_NAME  "/my_queue"
#define PRIORITY        1
```

```c
#define SIZE           256

int main(){

    mqd_t ds;
    char new_text[SIZE];
    struct mq_attr attr, old_attr;
    int prio;

    /*
     * "/my_queue"라는 이름의 큐를 송수신이 가능하도록 연다.
     * 메시지를 받을 때 블록되지 않도록 한다(O_NONBLOCK).
     * 큐 파일의 허가권은 큐의 소유자(owner)는 읽고 쓰기가 가능하며
     * 같은 그룹 내의 사용자나 다른 사용자들은 아무 권한도 없도록 설정한다.
     */
    if ((ds = mq_open(QUEUE_NAME,  O_RDWR | O_NONBLOCK, 0600,
                      NULL)) == (mqd_t)-1){
        perror("Creating queue error");
        return -1;
    }


    /*
     * 메시지를 수신하는 연산을 블로킹 연산으로 변환한다.
     * (이것은 mq_setattr() 함수와 mq_getattr() 함수의 사용법을 보여준다.
     * 큐를 블로킹 모드로 만들기 위해서는 위의 mq_open() 함수 호출 시에
     * O_NONBLOCK 플래그를 사용하지 않으면 된다.) mq_setattr() 함수는
     * 메시지 큐의 mq_maxmsg와 mq_msgsize 등의 파라미터를 변경하기 위해
     * 사용할 수 없음에 주의하라. mq_setattr() 함수는 오직 mq_attr 구조체의
     * mq_flags 필드를 수정하는 목적으로만 사용될 수 있다.
     * mq_flags는 O_NONBLOCK, O_RDWR 등의 값 중의 하나를 갖는다.
     */
    attr.mq_flags = 0; /* O_NONBLOCK 플래그를 해제한다. */
    if (mq_setattr(ds, &attr, NULL)){
        perror("mq_setattr");
        return -1;
    }

    /*
     * 여기서 O_NONBLOCK 플래그가 설정되지 않았음을 확인한다.
     * 사실 이 함수는 old_attr 구조체를 메시지 큐의 파라미터들로 채운다.
     */
    if (mq_getattr(ds, &old_attr))
    {
```

(계속)

```c
        perror("mq_getattr");
        return -1;
    }
    if (!(old_attr.mq_flags & O_NONBLOCK))
        printf("O_NONBLOCK not set\n");

    /*
     * 이제 큐에서 메시지를 받는다. 이 작업은 블록될 수 있다.
     * 수신한 메시지의 우선순위 값은 prio 변수에 저장된다.
     * 이 함수는 메시지 큐 내의 가장 높은 우선순위의 메시지 중에서
     * 제일 먼저 도착한 것을 받아온다. 만약 msg_len 인수로 지정된
     * 버퍼의 크기가 메시지 큐의 속성인 mq_msgsize 값보다 작다면
     * 이 함수는 실패하고 에러를 반환할 것이다.
     */
    if (mq_receive(ds, new_text, SIZE, &prio) == -1){
        perror("canno receive");
        return -1;
    }

    printf("Message: %s, prio = %d\n", new_text, prio);

    /* 큐를 닫는다... */
    if (mq_close(ds) == -1)
        perror("Closing queue error");

    /*
     * ...그리고 마지막으로 메시지 큐를 삭제한다.
     * 이 함수가 실행되면 시스템에서 메시지 큐가 제거된다.
     */
    if (mq_unlink(QUEUE_NAME) == -1)
        perror("Removing queue error");

    return 0;
}
```

위의 두 프로그램을 컴파일해서 실행하면 다음과 같은 출력을 얻게 된다.

```
# gcc -o mqueue-1 mqueue-1.c -lrt
# gcc -o mqueue-2 mqueue-2.c -lrt
# ./mqueue-1
# ./mqueue-2
O_NONBLOCK not set
Message: Hello Posix World, prio = 1
```

응용 프로그램이 메시지를 송수신할 때 블록되는 시간은 mq_timedsend( ) 함수와 mq_timedreceive( ) 함수를 이용하여 조절할 수 있다. 만약 메시지 큐가 가득 찬 상태이고, O_NONBLOCK 플래그가 설정되지 않았으면, mq_timedsend( ) 함수는 지정된 타임아웃 시각에 종료된다(큐가 가득 찬 상태에서 일반 send 함수는 큐 내에 빈 공간이 생길 때까지 대기하게 된다). 마찬가지로 mq_timedreceive( ) 함수는 큐 내에 아무런 메시지도 없는 경우 지정된 타임아웃 시각에 종료된다. 다음의 코드는 mq_timedsend( ) 함수와 mq_timedreceive( ) 함수의 사용법을 보여준다. 이 함수들은 메시지를 송수신하기 위해 최대 10초 동안 대기한다.

```
/* 메시지 송신 */
struct timespec ts;

/* 타임아웃 값을 지금으로부터 10초 후로 지정한다. */
ts.tv_sec = time(NULL) + 10;
ts.tv_nsec = 0;
if (mq_timedsend(ds, text, SIZE, PRIORITY, &ts) == -1){
   if (errno == ETIMEDOUT){
     printf("Timeout when waiting for message.");
     return 0;
   }
   return -1;
}

/* 메시지 수신 */
if (mq_timedreceive(ds, new_text, SIZE, &prio, &ts) == -1){
   if (errno == ETIMEDOUT){
     printf("Timeout when waiting for message.");
     return 0;
   }
   return -1;
}
```

비동기 통지

mq_notify( ) 함수는 프로세스가 mq_receive( ) 함수 혹은 mq_timedreceive( ) 함수를 이용한 동기적인 블로킹 방식을 이용하지 않고, 비동기적으로 프로세스에게 메시지 큐에 메시지가 도착했음을 알려 주는 메커니즘을 제공한다. 이 인터페이스는 실시간 응용 프로그램에게 매우 유용하다. 프로세스는 mq_notify( ) 함수를 호출하여 비동기 통지 방식을 이

(계속)

용하도록 등록한 뒤, 다른 작업을 수행할 수 있다. 큐에 메시지가 도착하면 통지 메커니즘을 통해 프로세스에게 메시지가 도착했음을 알린다. 프로세스는 이러한 통지를 받은 후에 mq_receive( ) 함수를 호출하여 메시지를 받을 수 있다. mq_notify( ) 함수의 원형은 다음과 같다.

```
int mq_notify(mqd_t mqdes, const struct sigevent *notification);
```

응용 프로그램은 두 가지 방식의 통지를 등록할 수 있다.

- ❖ SIGEV_SIGNAL: 큐에 메시지가 도착하면 프로세스에게 notification->sigev_signo로 지정된 시그널을 보낸다. 리스트 7.9는 이 방식의 통지를 사용하는 법을 보여준다.
- ❖ SIGEV_THREAD: 큐에 메시지가 도착하면 별도의 쓰레드 내의 notification->sigev_notify_function 함수를 호출한다. 리스트 7.10은 이 방식의 통지를 사용하는 법을 보여준다.

리스트 7.9 SIGEV_SIGNAL을 이용한 비동기 통지

```
struct sigevent notif;
sigset_t sig_set;
siginfo_t info;
    ....

/* SIGUSR1은 통지 시그널이다. */
sigemptyset(&sig_set);
sigaddset(&sig_set, SIGUSR1);

/*
 * SIGUSR1 시그널은 sigwaitinfo 호출 시에 처리하므로 블록시킨다.
 */
sigprocmask(SIG_BLOCK, &sig_set, NULL);

/* 이제 통지를 설정한다. */
notif.sigev_notify = SIGEV_SIGNAL;
notif.sigev_signo = SIGUSR1;

if (mq_notify(ds, &notif)){
    perror("mq_notify");
    return -1;
}

/*
```

(계속)

```
 * SIGUSR1은 큐에 메시지가 도착한 경우에 보내진다.
 */
do {
   sigwaitinfo(&sig_set, &info);
} while(info.si_signo != SIGUSR1);

/* 이제 메시지를 받을 수 있다. */
if (mq_receive(ds, new_text, SIZE, &prio) == -1)
   perror("Receiving message error");

   ....
```

리스트 7.10 SIGEV_THREAD를 이용한 비동기 통지

```
struct sigevent notif;
sigset_t sig_set;
siginfo_t info;
   ....

/*
 * SIGEV_THREAD 통지를 설정한다.
 * 통지에 사용되는 함수는 호출될 때 별도의 쓰레드에서 실행된다.
 */
notif.sigev_notify = SIGEV_THREAD;
/* 호출될 통지 루틴 */
notif.sigev_notify_function = notify_routine;

/*
 * 통지 함수가 호출될 때 메시지 큐의 ID를 인수로 전달한다.
 */
notif.sigev_value.sival_int = ds;
/* 통지 쓰레드는 반드시 분리된(DETACHED) 상태에 있어야 한다. */
notif.sigev_notify_attributes = NULL;

/* 마지막으로 통지를 설정한다. */
if (mq_notify(ds, &notif)){
   perror("mq_notify");
   return -1;
}
   ....

/*
 * .. 그리고 아래는 통지 루틴이다.
 * 이것은 큐에 메시지가 도착할 때마다 호출된다.
```

(계속)

```
 */
void notify_routine(sigval_t value){
    ...
    /* 이제 물론 메시지를 받을 수 있다. */
    if ((len = mq_receive(value.sival_int, new_text, SIZE,
                          &prio)) == -1)
        perror("Receiving message error");
    ...
}
```

리눅스 구현

POSIX 공유 메모리와 마찬가지로 리눅스의 POSIX 메시지 큐 구현은 mqueue 파일 시스템을 통해 이루어진다. mqueue 파일 시스템은 POSIX 메시지 큐 API들을 구현하는 사용자 공간의 라이브러리에서 필요한 커널 지원을 제공한다. 기본적으로 커널은 이 파일 시스템을 내부적으로 마운트하기 때문에 사용자 공간에서는 보이지 않는다. 하지만 다음과 같이 mqueue 파일 시스템을 직접 마운트할 수도 있다.

```
# mkdir /dev/mqueue
# mount -t mqueue none /dev/mqueue
```

이 명령은 mqueue 파일 시스템을 /dev/mqueue에 마운트한다. 메시지 큐는 /dev/mqueue에 존재하는 파일의 형태로 표현된다. 하지만 이 메시지 큐 '파일'에 직접 '쓰기' 혹은 '읽기' 연산을 사용하여 메시지를 보내거나 받을 수는 없다. 이 파일을 읽으면 표준 루틴을 통해 얻을 수 없는 큐의 크기와 통지 정보 등을 얻을 수 있다. 리스트 7.8에서는 mq_unlink 부분을 삭제한 뒤에 다시 컴파일하고 실행시켜 보자.

```
# gcc mqueue-1.c -lrt
# ./a.out
# cat /dev/mqueue/my_queue
QSIZE:17      NOTIFY:0      SIGNO:0 NOTIFY_PID:0
```

위의 결과에서 각 필드는 다음과 같은 정보들을 나타낸다.

✤ QSIZE: 메시지 큐의 크기
✤ NOTIFY: 0 혹은 SIGEV_SIGNAL 혹은 SIGEV_THREAD 중의 하나
✤ SIGNAL: 통지에 사용되는 시그널 번호
✤ NOTIFY_PID: 통지를 기다리는 프로세스의 PID

mqueue 파일 시스템은 또한 /proc/sys/fs/mqueue 폴더를 통해 파일 시스템에서 사용되는 자원들의 양을 조정할 수 있는 sysctl 인터페이스를 제공한다. 다음과 같은 sysctl을 사용할 수 있다.

- queues_max: 시스템에 허용된 메시지 큐의 최대 개수를 설정하거나 얻어올 수 있는 읽고 쓰기가 가능한 파일이다. 예를 들어 echo 128 > queues_max라는 명령은 시스템에 최대 128개의 메시지 큐를 생성할 수 있도록 한다.
- msg_max: 큐 내에 저장될 수 있는 메시지의 최대 개수를 설정하거나 얻어올 수 있는 읽고 쓰기가 가능한 파일이다. mq_open( ) 함수를 통해 지정된 메시지의 최대 개수는 msg_max에서 지정한 수보다 작거나 같아야 한다.
- msgsize_max: 메시지의 최대 크기를 설정하거나 얻어올 수 있는 읽고 쓰기가 가능한 파일이다. mq_open( ) 함수가 호출될 때 최대 메시지 크기를 지정하지 않은 경우에는 이 값이 기본 값으로 사용된다.

기억해야 할 사항들

- 프로세스가 큐에서 메시지를 받으면, 메시지는 큐에서 제거된다.
- O_NONBLOCK이 설정되지 않았으면, mq_send( ) 함수는 큐에 메시지를 추가할 수 있는 공간이 생길 때까지 블록된다. 둘 이상의 쓰레드 혹은 프로세스가 메시지를 보내려고 대기하고 있는 경우에 큐에 공간이 생기게 되면 높은 우선순위를 갖는 쓰레드/프로세스 중에서 가장 오랫동안 기다린 쓰레드/프로세스가 깨어나서 메시지를 보낸다. 이것은 mq_receive( ) 함수의 경우에도 마찬가지로 적용된다.
- 하나의 메시지 큐에 대한 통지를 받는 프로세스는 오직 하나만 등록될 수 있다. 호출한 프로세스나 다른 프로세스가 이미 메시지 도착 통지를 위해 등록되어 있다면, 이후에 다른(혹은 동일한) 프로세스가 해당 메시지 큐에 등록을 시도하는 경우 실패하게 될 것이다.
- 이미 등록된 프로세스의 등록을 취소하기 위해서는 notification 인수를 NULL로 설정하여 mq_notify( ) 함수를 호출하면 된다.
- 등록된 프로세스에게 통지를 보내고 나면, 등록은 제거되고 원하는 프로세스가 메시지 큐에 다시 등록할 수 있다.
- 프로세스 내의 한 쓰레드가 mq_receive( ) 함수에서 블록된 상태이고, 이 프로세스가 통지를 받도록 등록된 경우에는 메시지가 도착하면 mq_receive( ) 함수에서 처리되며 아무런 통지도 보내지지 않는다.

7.3.5 POSIX 세마포어

세마포어는 쓰레드 혹은 프로세스 간에 공유된 자원들에 대한 카운터이다. 세마포어의 기본적인 연산은 다음과 같다.

- 카운터 값을 원자적으로 증가시킨다.
- 카운터 값이 0이 아닌 값이 될 때까지 기다린 후 원자적으로 감소시킨다.

바이너리 세마포어도 프로세스 혹은 쓰레드 간의 동기화를 위해 사용될 수 있다. 이것은 주소 공유 메모리 및 전역 자료 구조 등의 공유 자원에 대한 접근을 동기화하는 데 사용된다. 다음과 같은 두 가지 형태의 POSIX 세마포어가 존재한다.

- 이름 있는(named) 세마포어: 서로 관련이 없는 프로세스들 간에서도 사용될 수 있다.
- 이름 없는(unnamed) 세마포어: 한 프로세스 내의 쓰레드 간이나 (부모 자식 프로세스와 같이) 관련된 프로세스 간에 사용될 수 있다.

glibc 패키지에 포함된 pthread 라이브러리는 리눅스에서 POSIX 1003.1b 세마포어를 구현한다. NPTL을 지원하는 glibc 2.3은 이름 있는 세마포어와 프로세스-공유 세마포어를 포함하여 세마포어를 완벽하게 지원한다. 이전의 glibc 버전에서는 오직 이름 없는 세마포어만을 지원했었다. 세마포어에 관련된 연산들은 표 7.6에 정리해 두었다. 리스트 7.11은 이름 있는 세마포어의 사용법을 보여준다.

표 7.6 POSIX.1b 세마포어 함수

함수	설명
sem_open	이름 있는 세마포어를 연다/생성한다.
sem_close	이름 있는 세마포어를 닫는다.
sem_unlink	이름 있는 세마포어를 삭제한다.
sem_init	이름 없는 세마포어를 초기화한다.
sem_destory	이름 없는 세마포어를 삭제한다.
sem_getvalue	현재 세마포어 카운트 값을 얻어온다.
sem_wait	세마포어에 락을 건다.
sem_trywait	세마포어에 락을 걸려고 시도한다.
sem_post	세마포어의 락을 해제한다.

리스트 7.11 POSIX 세마포어 연산

```
/* sem.c */

#include <stdio.h>
#include <semaphore.h>
#include <sys/types.h>
#include <sys/mman.h>
#include <sys/stat.h>
#include <sys/fcntl.h>
#include <errno.h>

#define SEM_NAME "/mysem"

/*
 *  이름 있는 세마포어 인터페이스는 다음과 같은 순서로 호출된다.
 *     sem_open()
 *      ...
 *     sem_close()
 *     sem_unlink()
 *
 *  이름 없는 세마포어 인터페이스는 다음과 같은 순서로 호출된다.
 *     sem_init()
 *      ...
 *     sem_destroy()
 */

int main(){
   /* 이름 있는 세마포어 */
   sem_t *sema_n;
   int ret,val;

   /*
    * 초기값 1을 갖는(즉, 락이 안 걸린 상태로) 이름 있는 세마포어를 생성한다(O_CREAT).
    *(만약 이름 없는 세마포어를 만들고 싶다면,
    * sem_open 대신 sem_init를 사용하면 된다.)
    */
   if ((sema_n = sem_open(SEM_NAME, O_CREAT, 0600, 1)) ==
                                        SEM_FAILED){
      perror("sem_open");
      return -1;
   }

   /* 현재 세마포어 값을 얻는다. */
   sem_getvalue(sema_n, &val);
```

(계속)

```c
    printf("semaphore value = %d\n", val);

    /*
     * 세마포어를 얻으려고 시도한다. 만약 실패하는 경우에는 블로킹 버전의
     * 함수를 사용한다. 이것은 단지 sem_trywait와 sem_wait의 용법을
     * 설명하기 위한 코드이므로, 실제 코드에서는 이렇게 사용할 필요가 없다.
     */
    if ((ret = sem_trywait(sema_n)) != 0 && errno == EAGAIN)
        /* 계속 기다림 */
        sem_wait(sema_n);
    else if (ret != 0){
        perror("sem_trywait");
        return -1;
    }

    /*
     * 이제 세마포어를 얻었으므로, 공유 데이터에 대한 처리를 한다.
     */

    /* 공유 데이터에 대한 처리가 끝나면 세마포어를 해제한다. */
    if (sem_post(sema_n) != 0)
        perror("post error");
    /*
     * 세마포어를 닫고 삭제한다(이름 없는 세마포어의 경우에는,
     * 아래의 두 코드 대신 sem_destroy를 사용하면 된다.
     * sem_unlink는 이름 없는 세마포어에서 이용되지 않는다).
     */
    sem_close(sema_n);
    sem_unlink(SEM_NAME);
    return 0;
}
```

기억해야 할 사항들

❖ 세마포어를 이용하여 자원을 보호하기 위해서는 이를 이용하는 프로세스들이 서로 협력적으로 동작해야 한다. 즉, 세마포어를 기다리는 프로세스는 세마포어를 이용할 수 없을 때 대기해야 하며, 세마포어를 사용하고 나면 반드시 해제해야 한다.

❖ 세마포어 디스크립터는 fork 시스템 콜을 통해 생성된 자식 프로세스에게 상속되므로 자식 프로세스는 세마포어를 다시 열 필요가 없다. 이들은 세마포어를 사용한 후에 sem_close( ) 함수를 호출할 수 있다.

✤ sem_post( ) 함수는 비동기 시그널에 대해 안전하게 동작하며, 시그널 처리 함수 내에서 호출될 수 있다.
✤ 만약 높은 우선순위의 프로세스가 접근해야 할 세마포어에 낮은 우선순위의 프로세스가 락을 걸어 놓은 상태라면 우선순위 역전(priority inversion) 현상[8]이 생길 수 있다.

7.3.6 실시간 시그널

POSIX 1003.1b의 시그널 확장은 실시간 응용 프로그램에서 매우 중요한 역할을 수행한다. 이들은 고정밀 타이머의 만료(expiration), 비동기 I/O의 완료, 빈 POSIX 메시지 큐의 메시지 수신 등과 같은 비동기 이벤트가 발생되었음을 프로세스에게 알리기 위해 사용된다. 일반 시그널에 비해 실시간 시그널이 갖는 장점은 표 7.7에 정리해 두었다. 이러한 장점들로 인해 실시간 시그널이 실시간 응용 프로그램에서 중요하게 사용된다. POSIX.1b의 실시간 시그널 인터페이스는 표 7.8에서 볼 수 있다.

표 7.7 실시간 시그널과 일반(native) 시그널

실시간 시그널	일반 시그널
응용 프로그램에서 자유롭게 사용할 수 있는 시그널의 범위는 SIGRTMIN에서부터 SIGRTMAX까지이다. 모든 실시간 시그널은 SIGRTMIN + 1, SIGRTMIN + 2, SIGRTMAX − 2와 같이 이 범위 내에 정의된다.	응용 프로그램에서 자유롭게 사용할 수 있는 시그널은 SIGUSR1과 SIGUSR2 누 개뿐이나.
시그널의 전송 시 우선순위를 설정할 수 있다. 시그널 번호가 낮을수록 높은 우선순위를 갖는다. 예를 들어 SIGRTMIN과 SIGRTMIN + 1이 보내지려고 대기 중인 경우에는 SIGRTMIN이 먼저 보내진다.	시그널의 전송에 우선순위를 부여할 수 없다.
실시간 시그널과 함께 부가적인 정보를 보낼 수 있다.	시그널에 부가적인 정보를 보내지 못한다.
시그널은 큐를 이용하여 전달된다(즉, 한 프로세스에게 동일한 시그널이 여러 번 전달되어도, 시그널을 받은 프로세스는 각각의 시그널을 다 처리하게 된다). 실시간 시그널은 사라지지 않는다.	시그널이 사라질 수 있다. 만약 한 프로세스에게 동일한 시그널이 여러 번 전달되면, 시그널을 받은 프로세스는 이 시그널을 한 번만 처리하게 된다.

역자 주 | 8) 우선순위 역전(priority inversion)은 높은 우선순위의 프로세스가 필요로 하는 자원을 낮은 우선순위의 프로세스가 소유하고 있는 경우, 높은 우선순위의 프로세스보다 낮은 우선순위의 프로세스가 먼저 실행되는 경우를 말한다.

표 7.8 POSIX.1b 실시간 시그널 함수

함수	설명
sigaction	시그널 처리 함수와 통지 메커니즘을 등록한다.
sigqueue	프로세스에게 시그널과 부가 정보를 보낸다.
sigwaitinfo	시그널이 도착하기를 기다린다.
sigtimedwait	타임아웃 시간 동안 시그널이 도착하기를 기다린다.
sigsuspend	시그널이 도착할 때까지 프로세스를 중지시킨다.
sigprocmask	프로세스의 현재 시그널 블록 마스크를 처리한다.
sigaddset	시그널 셋에 시그널을 추가한다.
sigdelset	시그널 셋에서 시그널을 삭제한다.
sigemptyset	시그널 셋 내의 모든 시그널을 삭제한다.
sigfillset	시그널 셋 내의 모든 시그널을 설정한다.
sigismember	주어진 시그널이 시그널 셋 내에 설정되어 있는지 검사한다.

예제를 통해 위의 인터페이스들을 살펴볼 것이다. 이 예제에서는 부모 프로세스가 자식 프로세스에게 실시간 시그널을 보내고 이후에 이들을 처리한다. 이 예제는 그림 7.4에 나타나 있듯이 두 부분으로 나뉜다.

메인 응용 프로그램

```c
#include <signal.h>
#include <sys/types.h>
#include <unistd.h>
#include <errno.h>

int child(pid_t);
int parent(void);
/* 시그널 처리 함수 */
void rt_handler(int signum, siginfo_t *siginfo, void *extra);

int main( ){
  pid_t cpid;
  if ((cpid = fork( )) == 0)
    child( );
  else
    parent(cpid);
}
```

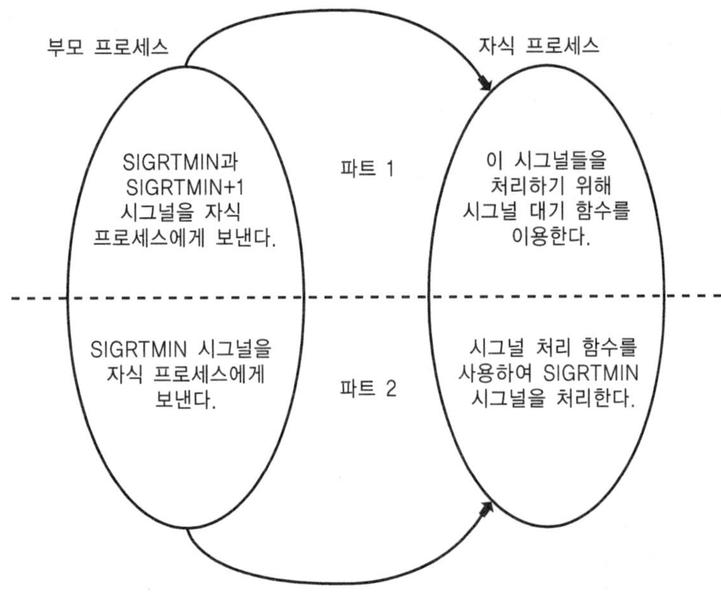

그림 7.4 실시간 시그널: 샘플 응용 프로그램

부모 프로세스

부모 프로세스는 sigqueue( ) 함수를 이용하여 SIGRTMIN 시그널과 SIGRTMIN + 1 시그널을 자식 프로세스에게 보낸다. 이 함수의 마지막 인수는 시그널에 부가 정보를 전달하기 위해 사용된다.

```c
int parent(pid_t cpid){
  union sigval value;

  /* ------- 파트 1 시작 ---------------------- */

  /* 자식 프로세스가 시작될 동안 잠듬 */
  sleep(3);
  /* SIGRTMIN 시그널을 위한 부가 정보 */
  value.sival_int = 1;
  /* SIGRTMIN 시그널을 자식 프로세스에게 보냄 */
  sigqueue(cpid, SIGRTMIN, value);

  /* SIGRTMIN+1 시그널을 자식 프로세스에게 보냄 */
  sleep(3);
  value.sival_int = 2;
  sigqueue(cpid, SIGRTMIN+1, value);
```

```
    /* ------- 파트 2 시작 --------------------- */

    /* 마지막으로 SIGRTMIN 시그널을 다시 보냄 */
    sleep(3);
    value.sival_int = 3;
    sigqueue(cpid, SIGRTMIN, value);

    /* ------- 파트 2 끝 --------------------- */
}
```

자식 프로세스

```
int child(void){
    sigset_mask, oldmask;
    siginfo_t siginfo;
    struct sigaction action;
    struct timespec tv;
    int count = 0, recv_sig;
```

우리는 블록하고 싶은 시그널을 지정하기 위해 sigset_t 타입의 mask 변수를 정의하였다. 진행하기 전에 sigemptyset( ) 함수를 호출하여 마스크의 값을 모두 지운다. 이 함수는 모든 시그널을 받아들이도록 마스크를 초기화한다. 다음으로 sigaddset( ) 함수를 호출하여 SIGRTMIN 시그널과 SIGRTMIN + 1 시그널을 마스크에 추가한다. 마지막으로 sigprocmask( ) 함수를 호출하여 시그널의 전송을 블록한다(이 시그널들을 시그널 대기 함수를 이용하여 처리할 것이므로, 시그널 처리 함수에서 이를 처리하지 않도록 블록해야 한다).

```
/* ------- 파트 1 시작 --------------------- */

/* 마스크를 지움 */
sigemptyset(&mask);
/* SIGRTMIN 시그널을 마스크에 추가 */
sigaddset(&mask, SIGRTMIN);
/* SIGRTMIN+1 시그널을 마스크에 추가 */
sigaddset(&mask, SIGRTMIN+1);

/*
 * SIGRTMIN과 SIGRTMIN+1 시그널을 블록한다.
 * 이 함수가 반환되면 이전의 블록된 시그널 마스크 값이
 * oldmask에 저장된다.
```

```
  */
sigprocmask(SIG_BLOCK, &mask, &oldmask);
```

이제 자식 프로세스는 SIGRTMIN 시그널과 SIGRTMIN + 1 시그널이 도착하기를 기다리게 된다. sigwaitinfo( ) 함수와 sigtimedwait( ) 함수는 블록된 시그널을 기다리기 위해 사용되며 기다릴 시그널들의 집합을 첫 번째 인수로 전달한다. 두 번째 인수는 시그널과 함께 전달된 부가 정보로 채워진다(siginfo_t 구조체에 대해서는 이후에 설명한다). sigtimedwait( ) 함수의 마지막 인수는 기다릴 시간을 지정한다.

```c
/* 타임아웃 값을 1초로 지정 */
tv_tv_sec = 1;
tv_tv_nsec = 0;

/*
 * 시그널이 도착하기를 기다린다. 여기서는 SIGRTMIN 시그널과
 * SIGRTMIN + 1의 두 시그널을 기다리게 된다. 루프는 이 두 시그널을
 * 모두 수신한 경우에 종료된다.
 */
while (count < 2){
   if ((recv_sig = sigtimedwait(&mask, &siginfo, &tv)) == -1){
      if (errno == EAGAIN){
             printf("Timed out\n");
             continue;
      }else{
             perror("sigtimedwait");
             return -1;
      }
   }else{
      printf("signal %d received\n", recv_sig);
      count++;
   }
}
/* ------- 파트 1 끝 -------------------- */
```

시그널을 처리하는 또 다른 함수는 시그널 처리 함수(handler)를 등록하는 함수이다. 이 시그널 처리 함수를 이용하는 경우에 프로세스는 해당 시그널을 블록해서는 안 된다. 등록된 시그널 처리 함수는 프로세스가 시그널을 받았을 때 호출된다. sigaction( ) 함수는 시그널 처리 함수를 등록한다. 이 함수의 두 번째 인수는 다음과 같이 정의되어 있는 struct sigaction 구조체이다.

```
struct sigaction {
  void (*sa_handler)(int);
  void (*sa_sigaction)(int, siginfo_t *, void *);
  sigset_t sa_mask;
  int sa_flags;
}
```

이 구조체의 필드들은 다음과 같다.

- ❖ sa_handler: 비-실시간 시그널에 사용되는 처리 함수를 등록한다.
- ❖ sa_sigaction: 실시간 시그널에 사용되는 처리 함수를 등록한다.
- ❖ sa_mask: 시그널 처리 함수가 실행될 때 블록되어야 할 시그널들의 마스크이다.
- ❖ sa_flags: SA_SIGINFO는 실시간 시그널에서 사용된다. SA_SIGINFO 플래그가 설정된 시그널을 받은 경우에는, sa_handler에 등록된 함수 대신 sa_sigaction에 등록된 함수가 호출된다.

이제 자식 프로세스는 실시간 시그널인 SIGRTMIN 시그널을 처리하기 위한 함수인 rt_handler( )를 등록한다. 이 함수는 자식 프로세스에게 SIGRTMIN 시그널이 보내진 경우에 호출될 것이다.

```
/* ------- 파트 2 시작 ---------------------- */

/* SA_SIGINFO 플래그를 설정 */
action.sa_flags = SA_SIGINFO;
/* 마스크를 지운다. */
sigemptyset(&action.sa_mask);

/*
 * SIGRTMIN 시그널을 위한 시그널 처리 함수를 등록한다.
 * 이를 위해 action.sa_sigaction 인터페이스를 쓰는 것을
 * 주의 깊게 살펴보기 바란다.
 */
action.sa_sigaction = rt_handler;
if (sigaction(SIGRTMIN, &action, NULL) == -1){
  perror("sigaction");
  return 0;
}
```

이제 자식 프로세스는 시그널이 도착하기를 기다린다. sigsuspend( ) 함수는 일시적으로 현재 시그널 마스크 값을 인수로 전달한 마스크 값으로 대체한 후, 블록되지 않은 시그널이

도착하기를 기다린다. 시그널이 도착하게 되면, sigsuspend( ) 함수는 원래의 마스크 값을 복원하고 시그널 처리 함수의 실행이 끝난 후에 반환된다. 만약 시그널 처리 함수가 프로세스를 종료시키면 sigsuspend( ) 함수는 반환되지 않는다.

```
    /* SIGRTMIN 시그널을 기다림 */
    sigsuspend(&oldmask);

    /* ------- 파트 2 끝 ---------------------- */
}
```

따라서 자식 프로세스는 시그널 대기 함수와 시그널 처리 함수를 각각 이용하여 시그널을 처리하게 된다.

마지막으로 시그널 처리 함수는 다음과 같이 정의되어 있다.

```
/* SIGRTMIN 시그널 처리 함수 */
void rt_handler(int signum, siginfo_t *siginfo, void * extra){
   printf("signal %d received. code = %d, value = %d\n",
      siginfo->si_signo, siginfo->si_code, siginfo->si_int);
}
```

시그널 처리 함수의 두 번째 인수는 수신된 시그널에 대한 모든 정보를 포함하고 있는 siginfo_t 구조체이다. 이 구조체는 다음과 같이 정의되어 있다.

```
siginfo_t {
   int si_signo;              // 시그널 번호
   int si_errno;              // 시그널 에러
   int si_code;               // 시그널 코드
   union {
           ...
      // POSIX.1b 시그널
      struct {
            pid_t _pid;
            uid_t _uid;
            sigval_t _sigval;
      } _rt;
            ...
   } _sifields
}
```

이 구조체의 모든 필드들을 살펴보고 싶다면 /usr/include/bits/siginfo.h 파일을 참고하기

표 7.9 시그널 코드

시그널 코드	값	소스
SI_USER	0	kill, sigsend, raise
SI_KERNEL	0x80	커널
SI_QUEUE	-1	sigqueue( ) 함수
SI_TIMER	-2	POSIX 타이머가 만료됨
SI_MESGQ	-3	POSIX 메시지 큐의 상태 변경(비어 있지 않음 -> 비어 있음)
SI_ASYNCIO	-4	비동기 IO 완료

바란다. si_signo, si_errno, si_code를 제외한 다른 모든 필드들은 공용체로 정의되어 있다. 따라서 해당 컨텍스트에서는 오직 의미 있는 필드만을 읽어야 한다. 예를 들어 POSIX.1b 시그널에서는 위에서 설명한 필드들만이 의미가 있다.

✤ si_signo 필드는 받은 시그널의 번호이다. 이것은 시그널 처리 함수의 첫 번째 인수와 동일하다.
✤ si_code는 시그널의 소스에 대한 정보를 나타낸다. 실시간 시그널을 위한 중요한 si_code 값은 표 7.9에 정리해 두었다.
✤ si_value는 시그널을 보낼 때 함께 보낸 부가 정보이다.
✤ pid와 uid는 시그널을 보낸 프로세스 ID와 사용자 ID이다.

위의 필드들은 siginfo.h 파일에 정의된 다음 매크로들을 통해 접근되어야 한다.

```
#define si_value    _sifields._rt._sigval
#define si_int      _sifields._rt._sigval.sival_int
#define si_ptr      _sifields._rt._sigval.sival_ptr
#define si_pid      _sifields._kill._pid
#define si_uid      _sifields._kill._uid
```

따라서 siginfo->si_int와 siginfo->si_ptr 필드를 통해 시그널과 함께 전송된 부가 정보를 얻을 수 있다.

7.3.7 POSIX.1b 클록과 타이머

리눅스에서 사용하던 기존의 BSD 타이머인 setitimer( ) 함수와 getitimer( ) 함수는 대부분의 실시간 응용 프로그램에는 적합하지 않다. POSIX.1b 타이머는 BSD 타이머에 비해 다음과 같은 장점이 있다.

- 하나의 프로세스가 여러 타이머를 가질 수 있다.
- 타이머의 정밀도가 높아져서, 나노초(nsec) 단위의 시간을 지정할 수 있게 되었다.
- 타임아웃 통지 방식은 임의의 (실시간) 시그널을 이용하거나 쓰레드를 이용할 수 있다. BSD 타이머에서는 오직 제한된 시그널들만이 타임아웃 통지를 위해 사용될 수 있었다.
- POSIX.1b 타이머는 CLOCK_REALTIME, CLOCK_MONOTONIC 등의 다양한 클록을 지원하며, 이들은 서로 다른 소스와 정밀도를 가질 수 있다. 반면에 BSD 타이머는 시스템 클록에 종속적이었다.

POSIX.1b 타이머의 핵심은 타이밍을 참조할 때 사용되는 여러 클록들이다. 리눅스는 다음과 같은 클록들을 지원한다.

- CLOCK_REALTIME: 시스템에서 사용되는 실시간 클록으로, 시스템에서 동작하는 모든 프로세스가 참조할 수 있다. 이 클록은 Epoch(즉, 1970년 1월 1일 자정, GMT)로부터 현재 시간까지의 초 단위와 나노초 단위의 시간을 측정한다. 이 클록의 정밀도는 1/HZ초이다. 따라서 HZ가 100이라면 클록의 정밀도는 10밀리초(msec)가 되며, HZ가 1000이라면 클록의 정밀도는 1msec가 된다. 독자들의 시스템에서 사용되는 HZ 값을 알아보려면 커널 소스에서 include/asm/param.h 파일을 보기 바란다. 이 클록은 시스템의 현재 시간(wall time)을 기반으로 하고 있으므로 변경될 수 있다.
- CLOCK_MONOTONIC: 시스템 업타임(uptime) 클록으로 시스템에서 동작하는 모든 프로세스가 참조할 수 있다. 리눅스에서 이 클록은 시스템이 부팅된 시간부터 현재 시간까지의 초 단위와 나노초 단위의 시간을 측정한다. 이 클록의 정밀도는 1/HZ초이다. 이 클록은 2.5 커널과 glibc 2.3.3에서부터 지원되기 시작했다. 이 클록은 어떤 프로세스에서도 변경할 수 없다.
- CLOCK_PROCESS_CPUTIME_ID: 이 클록은 프로세스의 업타임을 측정한다. 이 클록은 현재 프로세스가 시스템에서 실행된 시간을 초 단위와 나노초 단위로 측정한다. 이 클록의 정밀도는 1/HZ초이며, 클록의 값은 변경될 수 있다.
- CLOCK_THREAD_CPUTIME_ID: CLOCK_PROCESS_CPUTIME_ID 클록과 거의 동일하지만 현재 쓰레드에 적용된다.

일반적으로 CLOCK_REALTIME 클록이 절대적인 타임아웃을 지정하기 위해 사용된다. CLOCK_MONOTONIC 클록은 상대적인 타임아웃이나 주기적인 프로세스에서 사용된다.

표 7.10 POSIX.1b 클록과 타이머 함수

함수	설명
clock_settime	클록을 지정된 값으로 설정한다.
clock_gettime	클록 값을 얻어온다.
clock_getres	클록의 정밀도를 얻어온다.
clock_nanosleep	호출한 프로세스를 지정한 시간 동안 중지시킨다.
timer_create	지정된 클록을 이용하는 타이머를 생성한다.
timer_delete	타이머를 제거한다.
timer_settime	타이머를 설정한다.
timer_gettime	현재 타이머 값을 얻어온다.
timer_getoverrun	시그널이 생성되고 전달된 사이에 타이머가 만료된 횟수를 반환한다.

이 클록은 변경되지 않기 때문에 주기적인 프로세스는 CLOCK_REALTIME 클록을 사용할 때처럼 지정된 시간보다 빨리 혹은 늦게 깨어날 가능성에 대해서 염려할 필요가 없다. 다른 두 클록은 통계(accounting) 목적으로 사용될 수 있다. POSIX.1b 클록과 타이머 인터페이스는 표 7.10에 정리해 두었다.

우리는 위의 인터페이스를 설명하기 위해 예제를 이용할 것이다. 이 예제에서는 CLOCK_ MONOTONIC 클록에 기반한 POSIX 타이머를 생성한다. 이 타이머는 4초 주기로 실행되며, 타이머의 만료 이벤트는 SIGRTMIN 실시간 시그널을 사용하여 프로세스에게 통지된다. 프로세스는 SIGRTMIN 시그널에 대한 처리 함수를 등록하여 타이머가 만료된 횟수를 저장해 둔다. 이 값이 예제에서 MAX_EXPIRE로 지정한 값과 같아지면, 타이머를 제거하고 프로세스는 종료한다.

```c
#include <unistd.h>
#include <time.h>
#include <signal.h>

#define MAX_EXPIRE 10
int expire;

void timer_handler(int signo, siginfo_t *info, void *context);

int main( ){
    struct timespec ts, tm, sleep;
    sigset_t mask;
    siginfo_t info;
```

```
    struct sigevent sigev;
    struct sigaction sa;
    struct itimerspec ival;
    timer_t tid;
```

먼저 CLOCK_MONOTONIC 클록의 몇 가지 통계 정보들을 출력한다. clock_getres( ) 함수는 클록의 정밀도를 반환하며, clock_gettime( ) 함수는 시스템의 업타임을 반환한다. CLOCK_MONOTONIC 클록의 정밀도는 1/HZ임을 잊지 말자.

```
clock_getres(CLOCK_MONOTONIC, &ts);
clock_gettime(CLOCK_MONOTONIC, &tm);
printf("CLOCK_MONOTONIC res: [%d]sec [%d]nsec\n",
                  ts.tv_sec, ts.tv_nsec);
printf("system up time: [%d]sec [%d]nsec\n",
                  tm.tv_sec, tm.tv_nsec);
```

SIGRTMIN 시그널의 처리 함수를 설정한다. 앞서 말했듯이 프로세스는 타이머가 만료되었을 때 SIGRTMIN 실시간 시그널을 받을 것이다.

```
/* 어떠한 블록된 시그널도 원치 않는다. */
sigemptyset(&mask);
sigprocmask(SIG_SETMASK, &mask, NULL);

/* SIGRTMIN 시그널에 대한 처리 함수를 등록한다. */
sa.sa_flags = SA_SIGINFO;
sigemptyset(&sa.sa_mask);
sa.sa_sigaction = timer_handler;
if (sigaction(SIGRTMIN, &sa, NULL) == -1) {
  perror("sigaction failed");
  return -1;
}
```

타이머를 생성한다. timer_create( ) 함수의 두 번째 인수는 타이머가 만료되었을 때 사용될 통지 방식을 지정한다. POSIX 메시지 큐에서 통지 방식은 SIGEV_SIGNAL과 SIGEV_THREAD의 두 가지가 있다고 한 것을 기억하기 바란다. POSIX 타이머에서도 이 두 가지 통지 방식을 사용할 수 있다. 이 예제에서는 SIGEV_SIGNAL 통지 메커니즘을 이용할 것이다.

```
/*
 * 타이머가 만료되면 SIGRTMIN 시그널과 함께 부가 정보로 정수 1을 보낸다.
 */
sigev.sigev_notify = SIGEV_SIGNAL;
```

```c
sigev.sigev_signo = SIGRTMIN;
sigev.sigev_value.sival_int = 1;

/*
 * 타이머를 생성한다. 이 함수가 성공적으로 수행되면
 * 타이머 ID가 세 번째 인수에 저장된다.
 */
if (timer_create(CLOCK_MONOTONIC, &sigev, &tid) == -1){
  perror("timer_create");
  return -1;
}
printf("timer-id = %d\n", tid);
```

이제 타이머를 설정한다. 타이머는 5초 후에 만료되고 그 후 매 4초마다 반복해서 만료된다.

```c
ival.it_value.tv_sec = 5;
ival.it_value.tv_nsec = 0;
ival.it_interval.tv_sec = 4;
ival.it_interval.tv_nsec = 0;
if (timer_settime(tid, 0, &ival, NULL) == -1){
  perror("timer_settime");
  return -1;
}
```

마지막으로 타이머가 만료되기를 기다린다. 타이머가 만료된 횟수를 기록하는 expire 변수의 값이 MAX_EXPIRE 값과 같아지면, 타이머를 해제하고 프로그램을 종료한다.

```c
/* 슬립 상태로 시그널을 기다린다. */
for (;;){
  sleep.tv_sec = 3;
  sleep.tv_nsec = 0;
  clock_nanosleep(CLOCK_MONOTONIC, 0, &sleep, NULL);
  printf("woken up\n");
  if (expire >= MAX_EXPIRE){
      printf("Program quitting.\n");
      /*
       * it_value == 0이면 timer_settime을 호출하여
       * 타이머 설정을 초기화한다.
       */
      memset(&ival, 0, sizeof (ival));
      timer_settime(tid, 0, &ival, NULL);
      return 0;
  }
```

```
    }
    return 0;
}
```

끝으로 timer_handler( ) 함수에 대해서 살펴보자. 7.3.6절에서 시그널 처리 함수에 대해 설명한 내용을 기억해 보면, 이 함수의 두 번째 인수는 siginfo_t 타입으로 수신한 시그널에 대한 정보를 포함하고 있다. 이 경우 info->si_code 값은 SI_TIMER에 해당한다.

```
void timer_handler(int signo, siginfo_t *info, void *context)
{
    int overrun;
    printf("signal details: signal (%d), code (%d)\n",
                      info->si_signo, info->si_code);

    if (info->si_code == SI_TIMER){
       printf("timer-id = %d\n", info->si_timerid);
       expire++;

       /*
        * POSIX 표준은 한 프로세스의 주어진 타이머를 위한 큐 내에는
        * 특정 시점에서 오직 하나의 시그널 인스턴스만이 존재할 것을
        * 요구한다. 해당 시그널이 아직 처리되지 않은 채로 남아 있는
        * 타이머가 또 만료되면, 시그널은 큐에 들어가지 않고 타이머 오버런
        * 조건이 발생한다. timer_getoverrun은 시그널이 생성된 시간
        * (즉, 시그널이 큐에 들어간 시간)과 시그널이 처리된 시간 사이에
        * 타이머가 추가적으로 만료된 횟수를 반환한다.
        */
       if ((overrun = timer_getoverrun(info->si_timerid)) !=
                                    -1 && overrun != 0){
           printf("timer overrun %d\n", overrun);
           expire += overrun
       }
    }
}
```

고정밀 타이머

위에서 언급했듯이, 리눅스가 제공하는 범위에서 제일 정밀한 클록은 HZ = 1000일 때, 1msec이다. 이것은 마이크로초나 나노초 등의 정밀도를 요구하는 대부분의 실시간 응용 프로그램에서 사용하기에 충분치 않다. 이러한 응용 프로그램들을 지원하기 위해서 몬타비스타의 엔지니어들로부터 고정밀 타이머(HRT: High-Resolution Timer) 프로젝트가 시작

되었다. HRT는 마이크로초 단위의 정밀도를 제공하는 POSIX 타이머이다. 이를 위해 CLOCK_REALTIME_HR과 CLOCK_MONOTONIC_HR이라는 두 가지 추가적인 POSIX 클록이 소개되었다. 이들은 일반적인 정밀도를 갖는(HR 접미사가 없는) 해당 클록들과 동일하게 작동하며, 오직 클록의 정밀도가 하드웨어 클록의 소스에 따라 마이크로초나 나노초 단위까지 지원한다는 차이점이 있다. 이 글을 쓰는 시점에서 HRT 지원은 리눅스 커널의 공식 소스 트리에 포함되지 않았으며, 패치를 통해 사용이 가능하다. HRT 프로젝트에 대한 더욱 자세한 내용은 홈페이지인 www.sourceforge.net/projects/high-res-timers에서 찾아볼 수 있다.

기억해야 할 사항들

- ✤ 클록의 정밀도는 고정되어 있으며, 응용 프로그램에서 실행 중에 변경할 수 없다.
- ✤ 타이머의 설정을 해제하기 위해서는 itimespec 구조체의 it_value 멤버를 0으로 설정한 후 timer_settime( ) 함수를 호출한다.
- ✤ 타이머는 주기적으로 반복되거나 한 번만 실행될 수 있다. itimespec 구조체의 it_interval 멤버를 0으로 설정하여 timer_settime( ) 함수를 호출한 경우에는 한 번만 실행되며, 그렇지 않으면 주기적으로 실행된다.
- ✤ POSIX.1b는 nanosleep( ) 함수를 제공한다. 이것은 clock_nanosleep( ) 함수의 첫 번째 인수를 CLOCK_REALTIME으로 설정한 것과 동일하다.
- ✤ 프로세스에 설정된 타이머는 자식 프로세스에게 상속되지 않는다.

7.3.8 비동기 I/O

기존의 read와 write 시스템 콜은 I/O 요청이 처리되는 동안 블록되는 시스템 콜이다. 대부분의 실시간 응용 프로그램은 예측 가능한 응답 시간을 제공하기 위해 계산과 I/O 처리를 동시에 수행할 필요가 있다. 예를 들어, 응용 프로그램이 어떤 소스에서 대용량의 데이터를 읽어 와야 하고, 이 데이터를 처리하기 위해 많은 계산을 수행해야 한다면 비동기 I/O (AIO) 방식을 선호할 것이다. POSIX.1b는 이러한 응용 프로그램에서 필요로 하는 비동기 I/O 인터페이스를 정의한다.

메커니즘은 아주 단순하다. 응용 프로그램은 AIO 요청을 큐에 넣고 일반적인 처리를 계속 수행한다. I/O 처리가 완료되면 응용 프로그램은 통지를 받게 되고, I/O 처리 상태가 성공적인지 아닌지 검사해 볼 수 있다. 응용 프로그램에서는 AIO 인터페이스를 통해 다음과 같은 연산을 수행할 수 있다.

❖ 하나의 함수를 통해 각기 다른 소스들에서 여러 개의 넌블로킹 I/O 요청을 수행할 수 있다(즉, 응용 프로그램은 다른 코드를 실행하는 동안 여러 개의 I/O 연산을 진행시킬 수 있다).

❖ 진행 중인 I/O 요청을 취소할 수 있다.

❖ I/O 처리가 끝나기를 기다릴 수 있다.

❖ I/O 처리 상태를 검사할 수 있다(진행 중, 에러, 완료 등의 상태를 가질 수 있다).

AIO 컨트롤 블록

AIO 컨트롤 블록인 struct aiocb 구조체는 POSIX.1b AIO의 핵심이다. 이 구조체는 AIO 요청을 위해 필요한 사항들을 포함하고 있으며, 다음과 같이 정의되어 있다.

```
struct aiocb
{
    int aio_fildes;                /* 파일 디스크립터 */
    int aio_lio_opcode;            /* 수행될 연산이 읽기 연산인지 쓰기 연산인지를
                                      나타낸다. 하나의 요청에서 여러 AIO를
                                      수행하는 경우에 사용된다. */
    int aio_reqprio;               /* 요청 우선순위 오프셋 */
    volatile void *aio_buf;        /* 요청에서 사용될 비피의 위치 */
    size_t aio_nbytes;             /* 처리될 데이터의 길이 */
    struct sigevent aio_sigevent;  /* 통지 정보 */
    off_t aio_offset;              /* 읽기/쓰기를 시작할 파일 오프셋 */
}
```

기존의 read/write 시스템 콜과는 달리, AIO를 시작할 파일의 오프셋을 지정해 줄 필요가 있다. I/O 처리가 끝난 후에도, 커널은 파일 디스크립터 내의 파일 오프셋 필드를 증가시키지 않으며, 사용자가 직접 파일 오프셋을 관리해야 한다.

AIO 함수

AIO 함수들을 표 7.11에 정리해 두었다. 리스트 7.12는 POSIX.1b의 AIO 함수들의 사용법을 설명한다. 예제에서는 단순히 AIO를 사용하여 한 파일을 읽어 다른 파일로 복사한다. 코드를 단순하게 하기 위해서 AIO 함수에 대한 에러 처리는 포함하지 않았다.

(계속)

표 7.11 AIO 함수

함수	설명
aio_read	비동기 읽기 연산을 시작한다.
aio_write	비동기 쓰기 연산을 시작한다.
aio_error	마지막 aio_read/aio_write 연산의 완료 상태를 반환한다.
aio_return	aio_read/aio_write를 통해 전송된 바이트 수를 반환한다.
aio_cancel	처리 중인 AIO 연산을 취소한다.
aio_suspend	지정된 요청이 완료될 때까지 프로세스를 중지한다.
lio_listio	여러 개의 비동기 읽기/쓰기 연산을 요청한다.

리스트 7.12 AIO를 사용한 파일 복사

```c
/* aio_cp.c */

#include <unistd.h>
#include <aio.h>
#include <sys/types.h>
#include <errno.h>

#define INPUT_FILE "./input"
#define OUTPUT_FILE "./output"
/* 하나의 읽기/쓰기 요청에서 처리할 크기 */
#define XFER_SIZE   1024
#define MAX 3

/* aiocb 값들을 설정하기 위한 함수 */
void populate_aiocb(struct aiocb *aio, int fd, off_t offset,
                    int bytes, char *buf){
  aio->aio_fildes = fd;
  aio->aio_offset = offset;

  /*
   * 여기서는 AIO 인터페이스를 강조하기 위해서 통지 메커니즘은 사용하지
   * 않는다. AIO가 완료된 후에 통지를 받기 위해서는 SIGEV_SIGNAL 혹은
   * SIGEV_THREAD와 같은 통지 메커니즘을 사용할 수 있다.
   */
  aio->aio_sigevent.sigev_notify = SIGEV_NONE;
  aio->aio_nbytes = bytes;
  aio->aio_buf = buf;
}

/*
```

(계속)

```
 * 파일을 복사하는 응용 프로그램
 */
int main(){

    /* 읽기/쓰기에 사용될 파일 디스크립터 */
    int fd_r, fd_w;
    /* 읽기/쓰기를 위한 AIO 컨트롤 블록 */
    struct aiocb a_write, a_read;

    /*
     * 처리 중인 읽기/쓰기 요청의 컨트롤 블록을 저장하기 위한 리스트
     */
    struct aiocb *cblist[MAX];
    /* 읽기/쓰기 연산의 상태 */
    int err_r, err_w;
    /* 실제로 읽은 바이트 수 */
    int read_n = 0;
    /* 원본 파일의 끝을 표시 */
    int quit = 0;
    /* 원본에서 목적 파일로 데이터를 전송할 때 사용되는 버퍼 */
    char read_buf[XFER_SIZE];
    char write_buf[XFER_SIZE];

    /*
     * 원본 파일과 목적 파일을 연다. populate_aiocb를 호출하여
     * 읽기/쓰기 연산을 위한 AIO 컨트롤 블록을 초기화한다.
     * aiocb 구조체를 사용하기 전에 모든 정보를 0으로 초기화하는 것이 좋다.
     */
    fd_r = open(INPUT_FILE, O_RDONLY, 0444);
    fd_w = open(OUTPUT_FILE, O_CREAT | O_WRONLY, 0644);

    memset(&a_write, 0, sizeof(struct aiocb));
    memset(&a_read, 0, sizeof(struct aiocb));

    /* aiocb 구조체의 정보를 기본 값으로 설정한다. */
    populate_aiocb(&a_read, fd_r, 0, XFER_SIZE, read_buf);
    populate_aiocb(&a_write, fd_w, 0, XFER_SIZE, write_buf);

    /*
     * aio_read를 이용하여 원본 파일을 읽는다. 이 함수는
     * a_read.aio_filedes 파일의 a_read.aio_offset 위치에서
     * a_read.aio_nbytes만큼의 바이트를 읽어 a_read.aio_buf 버퍼에
     * 저장하며 성공 시에 0을 반환한다. 이 함수는 요청이 큐에 들어가면
     * 즉시 반환된다.
```

(계속)

```c
     */
    aio_read(&a_read);

    /*
     * 읽기 연산이 완료되기를 기다린다. 비동기 (읽기/쓰기) 연산이 시작된 후에
     * aio_error를 통해 상태 값을 읽는 것이 가능하다. 이 함수는 요청이
     * 완료되지 않은 경우 EINPROGREASS를 반환하고, 성공적으로 완료된 경우에
     * 0을 반환한다. 그렇지 않으면 다른 에러 코드가 반환된다. aio_read가
     * EINPROGRESS를 반환하면, aio_suspend를 호출하여 요청이 완료되기를
     * 기다린다.
     */
    while((err_r = aio_error(&a_read)) == EINPROGRESS){
        /*
         * aio_suspend는 cblist 내의 최소 하나의 비동기 I/O 요청이
         * 완료되거나 시그널을 받을 때까지 호출한 프로세스를 중지시킨다.
         * 여기서는 a_read를 사용한 aio_read 연산이 완료되기를 기다린다.
         */
        cblist[0] = &a_read;
        aio_suspend(cblist, 1, NULL);
    }


    /*
     * aio_error의 반환 값이 0이면 읽기 연산이 성공적으로 완료된 것이다.
     * aio_return을 호출하여 실제로 읽는 바이트 수를 알아볼 수 있다.
     * 이 함수는 aio_error가 EINPROGRESS 외의 값을 반환한 후에
     * 오직 한 번만 호출되어야 한다.
     */
    if (err_r == 0){
        read_n = aio_return(&a_read);
        if (read_n == XFER_SIZE)
            /* 오프셋을 직접 관리해야 한다. */
            a_read.aio_offset += XFER_SIZE;
        else{
            /*
             * 코드를 단순하게 하기 위해 원본 파일은 XFER_SIZE보다
             * 크다고 가정한다.
             */
            printf("Source file size < %d\n", XFER_SIZE);
            exit(1);
        }


    /*
     * 이 루프에서는 위에서 읽는 데이터를 쓰기 버퍼에 복사하고 비동기 쓰기
     * 연산을 시작한다. 또한 다음 사이클을 위해 읽기 요청을 큐에 넣는다.
```

(계속)

```c
    */
    while(1){
      memcpy(write_buf, read_buf, read_n);

      /*
       * 컨트롤 블록을 설정한 후 쓰기 요청을 수행하기 위해 aio_write를
       * 호출한다. 이 함수는 a_write.aio_buf에서 a_write.aio_nbytes
       * 만큼의 데이터를 읽어 a_write.aio_fildes 파일의 a_write.aio_
       * offset 위치에 쓰고, 성공 시에 0을 반환한다.
       */
      a_write.aio_nbytes = read_n;
      aio_write(&a_write);

      /* 다음 읽기 요청을 큐에 넣는다. */
      a_read.aio_nbytes = XFER_SIZE;
      aio_read(&a_read);

      /*
       * 다음을 처리하기 전에 읽기와 쓰기 연산이 모두 완료되기를 기다린다.
       */
      while((err_r = aio_error(&a_read)) == EINPROGRESS ||
                  (err_w = aio_error(&a_write)) == EINPROGRESS){
        cblist[0] = &a_read;
        cblist[1] = &a_write;
        aio_suspend(cblist, 2, NULL);
      }

      /* 파일의 끝까지 읽었는가? */
      if (quit)
          break;

      /* 쓰기 포인터를 증가시킨다. */
      a_write.aio_offset += aio_return(&a_write);
      /* 읽기 포인터를 증가시킨다. */
      read_n = aio_return(&a_read);
      if (read_n == XFER_SIZE)
          a_read.aio_offset += XFER_SIZE;
      else
          /* 마지막 블록에 해당한다. */
          quit = 1;
    }

    /* 파일을 닫는다. */
    close(fd_r);
    close(fd_w);
}
```

다중 I/O

lio_listio( ) 함수는 하나의 함수를 통해 임의의 수의 읽기/쓰기 요청을 수행하도록 하는 데
사용된다.

```
int lio_listio(int mode, struct aiocb *list[], int nent,
                                  struct sigevent *sig);
```

- **mode**: 이 인수는 LIO_WAIT 혹은 LIO_NOWAIT 중 하나의 값을 갖는다. LIO_WAIT
  의 경우에 이 함수는 모든 I/O 요청이 완료될 때까지 기다리며, sig 인수는 무시된다.
  LIO_NOWAIT의 경우에 이 함수는 즉시 반환되고 I/O 처리가 완료된 후에는 sig 인수
  를 통해 지정된 비동기 통지가 전달된다.
- **aiocb_list**: aiocb의 목록을 포함한다.
- **nent**: 두 번째 인수로 사용된 aiocb의 개수를 지정한다.
- **sig**: 원하는 통지 메커니즘을 지정한다. 이 인수가 NULL로 설정되면 아무런 통지도
  발생되지 않는다.

리스트 7.12는 다음과 같이 lio_listio( ) 함수를 이용하도록 변경될 수 있다.

```
while(1){
  memcpy(write_buf, read_buf, rean_n);
  a_write.aio_nbytes = read_n;
  a_read.aio_nbytes = XFER_SIZE;

  /* lio_listio를 위해 aiocb 리스트 정보를 채운다. */
  cblist_lio[0] = &a_read;
  cblist_lio[1] = &a_write;

  /*
   * AIO 요청을 수행하기 위해 lio_listio를 호출한다.
   */
  lio_listio(LIO_NOWAIT, cblist_lio, 2, NULL);
     ......
}
```

리눅스 구현

초기의 리눅스 AIO는 쓰레드를 이용하여 사용자 공간에서 구현되었다. 이는 하나의 요청
당 하나의 사용자 쓰레드가 존재하는 방식이었으므로 확장성이나 성능 면에서 한계가 있었

표 7.12 커널 AIO 인터페이스

함수	설명
io_setup	AIO를 위한 새로운 요청 컨텍스트를 생성한다.
io_submit	AIO 요청을 제출한다(aio_read, aio_write, lio_listio와 동일).
io_getevents	완료된 I/O 처리 상태를 얻는다(aio_error, aio_return과 동일).
io_wait	I/O 요청이 완료되기를 기다린다(aio_suspend와 동일).
io_cancel	I/O 요청을 취소한다(aio_cancel과 동일).
io_destory	AIO 컨텍스트를 삭제한다. 기본적으로 프로세스가 종료될 때 수행된다.

다. 2.5 커널에서부터, AIO를 위한 커널 지원이 추가되었다. 하지만 커널에서 제공하는 AIO 인터페이스는 POSIX의 인터페이스와는 차이가 있다. 리눅스 커널의 인터페이스는 표 7.12에 보이는 새로운 시스템 콜에 기반을 두고 있다. 이 인터페이스는 libaio 라이브러리를 통해 사용자 공간에 제공된다.

기억해야 할 사항들

+ 읽기/쓰기 연산이 수행되는 도중에 컨트롤 블록의 정보가 변경되어서는 안 된다. 또한 요청이 완료될 때까지 aiocb 내의 버퍼 포인터도 올바른 위치를 가리켜야 한다.
+ lio_listio( ) 함수의 반환 값은 각각의 I/O 요청에 대한 결과를 나타내는 값이 아니다. 한 요청이 실패하더라도 다른 요청에 영향을 미치지는 않는다.

7.4 엄격한 실시간 리눅스

일반적인 리눅스는 엄격한 실시간 응답 시간을 보장하지 않는다. 하지만 리눅스에 엄격한 실시간 응용 프로그램을 지원하는 여러 확장 기능들이 추가되었다. 가장 대중적인 것은 리눅스를 실시간 커널(real-time executive)상에 존재하는 낮은 우선순위의 태스크로 다루는 듀얼 커널 방식이다. 그림 7.5는 듀얼 커널 방식의 기본 구조를 보여준다.

듀얼 커널 방식에서, 리눅스는 실행할 실시간 태스크가 없는 경우에만 실행된다. 리눅스는 인터럽트를 비활성화하거나 자신이 (다른 실시간 태스크에 의해) 선점되지 않도록 막을 수 없다. 인터럽트 하드웨어는 실시간 커널에 의해 제어되며, 이 인터럽트를 처리할 실시간 태스크가 없는 경우에만 리눅스에 전달된다. 리눅스에서 (cli 명령을 이용하여) 인터럽트를 비

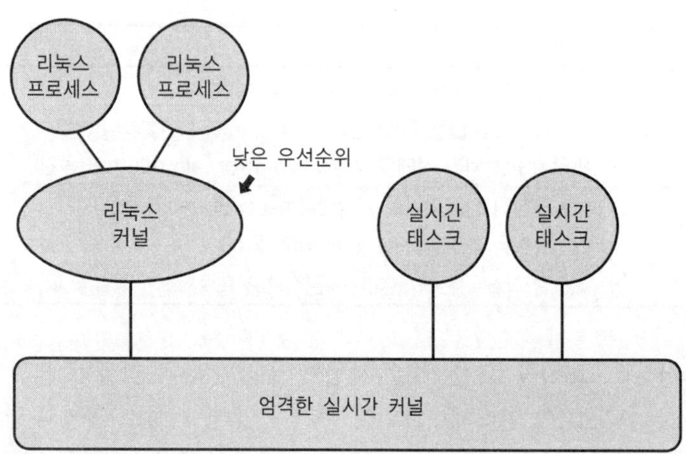

그림 7.5 듀얼 커널 구조

활성화하더라도, 하드웨어 인터럽트는 비활성화되지 않는다. 실시간 커널은 리눅스가 인터럽트를 비활성화해 놓은 경우에는 리눅스로 인터럽트를 전달하지 않는다. 따라서 실시간 태스크는 리눅스를 위한 '인터럽트 컨트롤러'처럼 동작한다. 리눅스는 실시간 커널의 인터럽트 지연 시간에 아무런 영향을 주지 못한다. 이 설계에 따르면, 리눅스는 로깅, 시스템 초기화, 실시간 처리를 필요로 하지 않는 하드웨어 관리 등의 모든 비-실시간 연산을 처리한다.

엄격한 실시간 리눅스는 RTLinux와 RTAI라는 두 가지 주요 변종이 존재한다. RTLinux는 뉴멕시코기술원(New Mexico Institute of Technology)의 빅터 요데이켄(Victor Yodaiken) 교수의 지도 아래 미하엘 바라바노프(Michael Barabanov)에 의해 개발되었다. RTAI는 파올로 만테가짜(Paolo Mantegazza) 교수에 의해 밀라노 공대 항공우주공학부 (Dipartimento di Ingeneria Aerospaziale, Politecnico di Milano)에서 개발되었다. 이들은 모두 리눅스 커널 모듈을 통해 구현되며, 기본적으로 모든 인터럽트는 실시간 커널에서 관리하며 활동 중인 실시간 태스크가 없는 경우에만 이를 리눅스로 전달한다는 점에서 동일하다.

이 절에서는 리눅스에서 엄격한 실시간성을 제공하기 위한 방법으로 RTAI 솔루션에 대해서 살펴볼 것이다. 마지막에는 실시간 커널과 (리눅스와 같은) 범용 OS를 동일한 플랫폼에서 지원하기 위한 프레임워크인 ADEOS에 대해서 간략히 설명하겠다.

7.4.1 RTAI

RTAI(Real-Time Application Interface)는 리눅스를 위한 오픈 소스 실시간 확장이다. RTAI의 핵심은 리눅스와 실시간 실행 환경을 동작시킬 수 있는 하드웨어 추상화 계층 (HAL: Hardware Abstraction Layer)이다. HAL은 주변 장치의 인터럽트를 붙잡아서(trap) 실시간 처리가 필요치 않은 경우에만 리눅스로 전달하는 메커니즘을 제공한다. 엄격한 실 시간 태스크는 RTAI API를 이용하여 생성되고 RTAI에 의해 스케줄링된다. 이 스케줄러는 리눅스 고유의 스케줄러와는 다르다. 실시간 태스크는 다른 실시간 태스크 혹은 일반적인 리눅스 프로세스와 통신하기 위해 RTAI에서 제공하는 IPC 메커니즘을 이용할 수 있다.

따로 설명이 없는 한 RTAI에 의해 스케줄링되는 태스크를 실시간 태스크라 고 부를 것이다.

그림 7.6은 RTAI 기반의 리눅스 시스템의 구조를 보여준다(설명을 단순하게 하기 위해 LXRT 태스크는 그림에서 제외하였다). 그림에 대한 자세한 사항들은 다음 단락에서 설명한다.

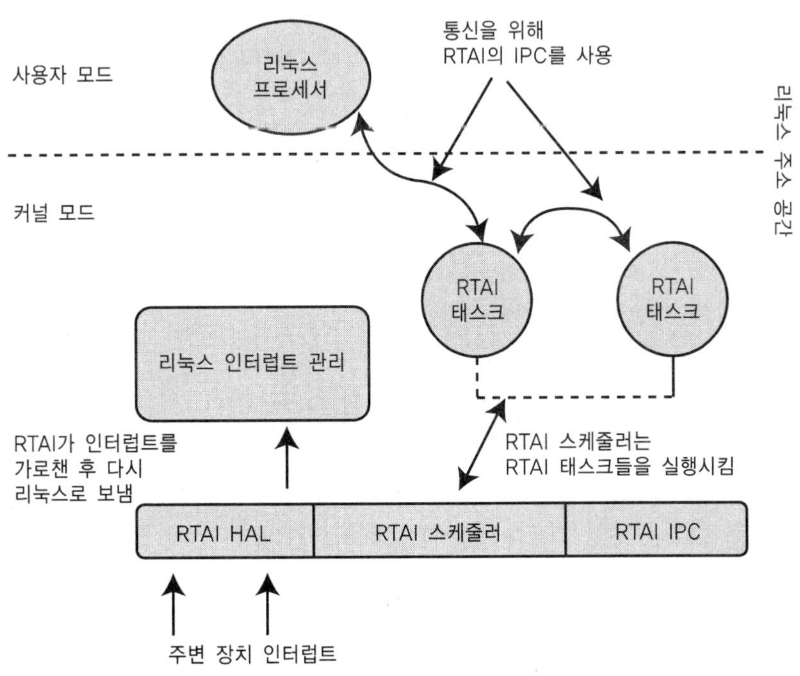

그림 7.6 RTAI 구조

RTAI는 x86, ARM, MIPS, PowerPC, CRIS 등과 같은 다양한 아키텍처를 지원한다. 스케줄러, IPC 등의 RTAI 모듈들은 별도의 주소 공간에서 실행되지 않는다. 이들은 리눅스 커널 모듈로 구현되어 있으므로, 리눅스(커널)의 주소 공간에서 실행된다. 모든 커널 모듈이 항상 메모리상에 상주해야 하는 것은 아니다. 핵심 모듈인 rtai 모듈은 항상 메모리에 상주해야 하지만 다른 모듈들은 필요에 따라 동적으로 로드될 수 있다. 예를 들어 rtai_fifo 모듈은 RTAI의 FIFO 기능을 구현한 것으로 이 기능이 필요할 때만 로드되어야 한다.

HAL

HAL은 모든 하드웨어 인터럽트를 가로채서 RTAI 스케줄러의 요청에 따라 이를 일반 리눅스로 보내거나 실시간 태스크로 보낸다. 스케줄링된 실시간 태스크에서 사용하는 인터럽트는 바로 태스크로 전달되며, 스케줄링된 모든 실시간 태스크 중에서 해당 인터럽트를 필요로 하는 태스크가 없는 경우에만 리눅스로 전달된다. 이러한 방식에 따라, HAL은 주변 장치들의 인터럽트를 완전히 제어하고 리눅스를 선점할 수 있는 RTAI의 프레임워크를 제공한다. RTAI의 HAL을 구현한 두 가지 구현체가 존재한다.

✦ RTHAL(Real-Time Hardware Abstraction Layer): 이것은 주변 장치들의 인터럽트를 가로채기 위해 리눅스의 인터럽트 디스크립터 테이블을 자신의 것으로 대체한다.
✦ ADEOS: 이 모델에서, RTAI는 리눅스보다 높은 우선순위를 갖는 도메인이다.

스케줄러

RTAI 배포판은 다음과 같은 네 가지 서로 다른 우선순위 기반의 선점형 실시간 스케줄러를 포함한다.

✦ UP: 단일 프로세서 플랫폼을 위한 스케줄러
✦ SMP: SMP 머신을 위한 스케줄러
✦ MUP: SMP가 아닌 멀티프로세서 머신을 위한 스케줄러
✦ NEWLXRT: 위의 세 스케줄러를 통합하고 RTAI 커널 태스크는 물론 리눅스 태스크와 커널 쓰레드도 스케줄링할 수 있는 스케줄러. 이것은 엄격한 실시간 응용 프로그램 인터페이스를 리눅스 태스크와 커널 쓰레드까지 확장한다.

UP, MUP, SMP 스케줄러는 오직 RTAI 커널 태스크만을 스케줄링할 수 있다.

LXRT

모든 실시간 태스크들은 커널 주소 공간에서 동작하는 RTAI를 통해 스케줄링된다. RTAI 응용 프로그램들은 커널 모듈로 로드된다. 이들이 처음으로 호출하는 함수는 rt_task_init( ) 함수이다. rt_task_init( ) 함수는 RTAI 스케줄러를 통해 스케줄링되는 RTAI 실시간 태스크를 생성한다. 이 태스크는 이제 모든 RTAI 실시간 서비스들을 이용할 수 있다.

LXRT는 RTAI 실시간 서비스를 사용자 공간으로 확장한다. 따라서 일반적인 리눅스 프로세스들도 RTAI API를 호출할 수 있다. 이것은 RTAI 실시간 태스크와 사용자 공간의 일반 리눅스 프로세스들을 연결해 주는 매우 강력한 메커니즘이다. 리눅스 프로세스에서 rt_task_init( ) 함수를 호출하면 LXRT는 리눅스 프로세스에 대한 프록시 역할을 수행하는 RTAI 커널 태스크를 생성한다. 이 프록시는 리눅스 프로세스를 대신하여 RTAI 서비스들을 수행한다. 예를 들어 리눅스 프로세스에서 rt_sleep( ) 함수를 호출하면, 프록시가 RTAI 스케줄러하에서 이 함수를 실행할 것이다. 프록시가 rt_sleep( )에서 반환되면 제어는 다시 리눅스 프로세스로 돌아온다.

IPC

RTAI는 RTAI 태스크 간의 통신이나 RTAI 태스크와 리눅스 프로세스 간의 통신에 이용될 수 있는 몇 가지 IPC 메커니즘들을 제공한다. 표 7.13에 이들을 정리해 두었다.

기타 모듈들

RTAI는 다음과 같은 모듈들도 제공한다.

- ✤ 실시간 malloc(rtai_malloc): RTAI는 malloc( ) 함수의 실시간 구현을 제공한다. RTAI 태스크는 블로킹 없이 안전하게 메모리를 할당 및 해제할 수 있다. 이것은 미리 할당된 전역 힙에서 실시간으로 메모리를 할당하는 방식으로 구현된다.
- ✤ 소작업(rtai_tasklets): 때로는 응용 프로그램에서 특정 기능을 주기적으로나 혹은 어떤 이벤트가 발생한 경우에 실행할 필요가 있다. 이 경우 RTAI의 스케줄러 서비스를 이용하면 자원을 낭비하게 된다. 이러한 응용 프로그램들을 위해 RTAI는 다음과 같은 두 가지 종류의 소작업(tasklet)을 지원한다.
  - 일반 소작업: 이것은 커널 공간에 실행되는 간단한 함수로, 실시간 태스크나 인터럽트 처리 함수에서 호출된다.
  - 타이머 소작업: 이것은 RTAI 서버 태스크에서 실행되는 간단한 타이머 함수로, 한

표 7.13 RTAI IPC 메커니즘

IPC	설명	커널 모듈
이벤트 플래그	이것은 태스크를 여러 이벤트에 대해 동기화시키기 위해 사용된다. 이벤트 플래그의 사용법은 세마포어와 비슷하지만 시그널과 대기 연산이 카운터에 기반한 것이 아니라 발생한 이벤트에 기반을 둔다는 것이 다르다.	rtai_bits.o
FIFO	이것은 리눅스의 사용자 공간 응용 프로그램과 커널 공간의 RTAI 태스크 간의 통신을 허용한다.	rtai_fifos.o
공유 메모리	이것은 RTAI 태스크와 리눅스 프로세스 간의 공유 메모리를 허용한다.	rtai_shm.o
세마포어	RTAI 세마포어는 우선순위 상속을 지원한다.	rtai_sem.o
메일박스	이것은 매우 유연한 IPC 메커니즘으로 리눅스와 RTAI 간에 가변 크기의 메시지를 보내기 위해 사용된다. RTAI는 메시지 방송(broadcasting)이나 긴급(urgent) 메시지 전송 기능을 위한 유형 메일박스(typed mailbox)를 지원한다.	rtai_mbx.o, rtai_tmbx.o (typed mailbox)
NetRPC	RTAI를 분산 환경으로 확장해 주는 태스크 간 메시지 전달 메커니즘이다.	rtai_netrpc.o
Pqueues	RTAI의 pqueue는 POSIX 1003.1b 메시지 큐 API를 구현한다.	rtai_mq.o

번만 실행되거나 주기적으로 실행될 수 있다.

✤ pthreads(rtai_pthread): (뮤텍스와 조건 변수를 포함하는) POSIX.1c 쓰레드를 지원한다.

✤ 감시 타이머(rtai_wd): 이것은 RTAI 응용 프로그램의 프로그래밍 에러로부터 RTAI와 리눅스를 보호한다.

✤ Xenomai: 이것은 (VxWorks, pSOS, VRTX™과 같은) 상용 RTOS에서 RTAI로의 이전을 도와주는 서브시스템이다.

✤ 실시간 드라이버: RTAI는 실시간 직렬 라인과 병렬 포트 드라이버를 제공한다. 또한 comedi 디바이스 드라이버 인터페이스를 지원한다. comedi 프로젝트(http://www.comedi.org)는 데이터 수집(data acquisition) 카드를 위한 오픈 소스 드라이버, 툴, 라이브러리 등을 개발한다.

RTAI 응용 프로그램의 작성

RTAI하의 실시간 태스크는 커널 모듈이거나 LXRT 사용자 태스크 중의 하나이다. 이 절에서는 간단한 예제를 통해 이 두 가지 방식을 모두 설명한다.

커널 모듈로 동작하는 RTAI 태스크는 세 가지 부분으로 구성된다.

- module_init( ) 함수: 이 함수는 (insmod나 modprobe 명령을 통해) 모듈이 로드될 때마다 호출된다. 여기서는 필요한 자원을 할당하고, 실시간 태스크를 생성한 후 실행될 수 있도록 스케줄링한다.
- 실시간 태스크에 종속적인 코드: 여기서는 실시간 함수의 기능을 구현하는 여러 루틴들이 포함된다.
- module_cleanup( ) 함수: 이 함수는 커널 모듈이 언로드될 때마다 호출된다. 여기서는 할당된 모든 자원들을 해제하고, 실시간 태스크를 중지시킨 후 삭제하는 등의 작업이 이루어진다.

리스트 7.13은 커널 모듈로 동작하는 RTAI 태스크의 구조를 보여준다. 이 예제에서는 주기적으로 "Hello Real-Time World"라는 문자열을 출력하는 태스크를 생성할 것이다.

리스트 7.13 커널 모듈로 동작하는 RTAI 태스크

```
/* rtai-kernel.c */

/* 커널 모듈 헤더 파일 */
#include <linux/kernel.h>
#include <linux/module.h>
#include <linux/sched.h>
#include <linux/stat.h>
#include <asm/io.h>

/* 우리가 사용할 RTAI API들을 포함하는 헤더 파일 */
#include <rtai.h>
#include <rtai_sched.h>

/* 나노초 단위의 타이머 틱 길이 */
#define TIMER_TICK  500000      /* 0.5 msec */

/* 실시간 태스크를 위한 태스크 구조체 */
static RT_TASK hello_task;
```

(계속)

```c
static void hello_thread(int dummy);

/* 이 함수는 모듈이 로드될 때 호출된다. */
int init_module(void)
{
    /* 주기적인 태스크가 실행될 '주기' */
    RTIME period;
    RTIME curr;  /* 현재 시간 */

    /*
     * rt_task_init는 중지 상태의 실시간 태스크를 생성한다.
     */
    rt_task_init(&hello_task,      /* 태스크 구조체 */
                 hello_thread,     /* 태스크 함수  */
                 0,                /* 태스크 함수에 전달될 인수 */
                 1024,             /* 스택 크기 */
                 0,                /* 우선순위.
                                      가장 높은 우선순위 ->0,
                                      가장 낮은 우선순위 ->RT_LOWEST_PRIORITY
                                    */
                 0,                /* 태스크는 FPU를 사용하지 않음 */
                 0                 /* 시그널 처리 함수 없음 */
                );

    /*
     * 다음의 두 타이머 함수들은 전체 실시간 활동이 시작될 때 오직 한 번만
     * 호출된다. 시작된 타이머는 실제 '실시간 시스템 클록'이다.
     * 이 타이머는 스케줄러가 타이밍을 참조하기 위해 사용한다.
     */

    /* 타이머는 한 번만 실행(one shot)되거나 주기적으로 실행될 수 있다. */
    rt_set_oneshot_mode();

    /*
     * 나노초 단위의 타이머 틱은 내부 카운팅 단위로 변환된다.
     */
    period = start_rt_timer(nano2count(TICKS));

    /* 현재 시간을 얻는다. */
    curr = rt_get_time();

    /* 마지막으로 태스크를 주기적으로 실행되도록 한다. */
    rt_task_make_periodic(&hello_task,  // 태스크 구조체의 포인터
                    curr + 5*period, /* 태스크의 시작 시간 */
```

(계속)

```
                        period        // 태스크의 실행 주기
                     );
  return 0;
}

void cleanup_module(void)
{
  /*
   * 타이머를 정지시키고, 잠시 동안 대기한 뒤(busy-wait),
   * 마지막으로 태스크를 삭제한다.
   */
  stop_rt_timer();
  rt_busy_sleep(10000000);
  rt_task_delete(&hello_task);
}

/* 우리가 사용할 메인 실시간 쓰레드 */
static void hello_thread(int dummy)
{
  while(1){
    rt_printk("Hello Real-time world\n");

    /* 다음 주기까지 대기함 */
    rt_task_wait_period();
  }
}
```

이미 언급했듯이, LXRT는 RTAI의 API들을 사용자 공간에 제공한다. 이를 지원하기 위해 LXRT는 SCHED_FIFO 스케줄링 정책을 사용하며, (mlockall 시스템 콜을 사용하여) 모든 메모리 공간에 락이 걸린 사용자 공간의 태스크를 필요로 한다. LXRT는 커널 모듈로 동작하는 RTAI 태스크에 비해 다음과 같은 장점들을 제공한다.

✤ LXRT 실시간 태스크를 디버깅하기 위해 사용자 공간의 디버깅 툴들을 이용할 수 있다.
✤ LXRT 실시간 태스크들은 리눅스의 메모리 보호 메커니즘을 이용하므로, 태스크 내의 버그로 인해 전체 시스템이 손상되지 않는다.
✤ 커널에 대한 의존성이 없으므로, 소스 코드를 제공하지 않고 바이너리로만 제공되는 태스크도 이용 가능하다.

(계속)

❖ 태스크를 실행시키기 위해 수퍼유저가 될 필요가 없다(이 기능은 rt_allow_nonroot_
hrt API를 통해 제공된다).

사용자 공간의 LXRT 실시간 태스크의 구조를 설명하기 위해 'Hello Real-Time World' 예
제를 다시 사용할 것이다. 리스트 7.14를 참고하기 바란다.

리스트 7.14 LXRT 프로세스

```
/* lxrt.c */

/* 스케줄링과 메모리 락킹을 정의해 둔 헤더 파일 */
#include <sys/mman.h>
#include <sched.h>

/* RTAI 헤더 파일 */
#include <rtai.h>
#include <rtai_sched.h>
#include "rtai_lxrt.h"

#define TICK_TIME 500000

int main(){

  RT_TASK *task;
  RTIME period;
  struct sched_param sched;
  int count;

  /* 가장 높은 우선순위를 가진 SCHED_FIFO 태스크를 생성한다. */
  sched.sched_priority = sched_get_priority_max(SCHED_FIFO);
  if (sched_setscheduler(0, SCHED_FIFO, &sched) != 0){
    perror("sched_setscheduler failed\n");
    exit(1);
  }

  /* 현재의 모든 메모리와 미래에 할당될 메모리 영역에 락을 건다. */
  mlockall(MCL_CURRENT | MCL_FUTURE);

  /* ---- module_init ---- */

  /*
   * rt_task_init는 커널 내에 이 태스크를 위한 실시간 프록시를 생성한다.
   * 모든 RTAI API들은 이 태스크를 대신하여 RTAI 스케줄러상에 동작하는
```

(계속)

```
 * 프록시를 통해 실행된다. 첫 번째 인수는 unsigned long 타입임을 기억하라.
 * 문자열은 nam2num 함수를 이용하여 unsigned long 타입으로 변환될 수 있다.
 */
if (!(task = rt_task_init(nam2num("hello"), 0, 0, 0))) {
  printf("LXRT task creation failed\n");
  exit(2);
}

rt_set_oneshot_mode();
period = start_rt_timer(nano2count(TICK_TIME));
 /* 마지막으로 태스크를 주기적으로 실행되도록 한다. */
rt_task_make_periodic(task, rt_get_time() + 5*period, period);

/* ---- 우리의 실시간 태스크가 실행할 주된 작업 ---- */

count = 100;
while(count--) {
  rt_printk("Hello Real-time World\n");
  rt_task_wait_period();
}

/* ---- cleanup_module ---- */

stop_rt_timer();
rt_busy_sleep(10000000);
rt_task_delete(task);
}
```

7.4.2 ADEOS

ADEOS(Adaptive Domain Environment for Operating System)는 여러 운영체제 혹은
동일한 운영체제의 여러 인스턴스 간에 하드웨어 자원을 공유할 수 있는 환경을 제공한다.
ADEOS 내의 모든 OS는 도메인으로 표현된다. 인터럽트 처리가 ADEOS 환경의 핵심이다.
인터럽트를 처리하기 위해 ADEOS는 인터럽트 파이프라인을 사용한다. 각각의 도메인은
파이프라인 스테이지로 표현된다. 인터럽트는 파이프라인 내의 높은 우선순위의 도메인에
서부터 낮은 우선순위의 도메인으로 전달된다. 도메인은 인터럽트를 허용하거나, 무시하거
나, 종료하도록 선택할 수 있다. 만약 도메인이 인터럽트를 허용하면 ADEOS는 해당 도메
인의 인터럽트 처리 함수를 호출한 후 파이프라인 내의 (낮은 우선순위를 갖는) 다음 도메인

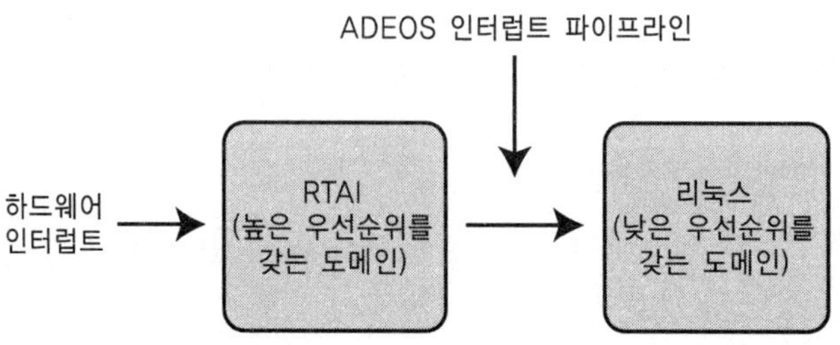

그림 7.7 ADEOS 인터럽트 파이프라인

으로 인터럽트를 전달한다. 만약 도메인이 인터럽트를 무시하면 인터럽트는 단순히 다음 파이프라인 스테이지로 넘어간다. 만약 한 도메인이 인터럽트를 종료하면, 해당 인터럽트는 다음 파이프라인 스테이지로 전달되지 않는다.

ADEOS와 리눅스

ADEOS는 리눅스에 엄격한 실시간성을 제공할 수 있다. ADEOS하에 두 가지 도메인이 구현될 수 있다. 한 도메인은 일반 리눅스를 포함하고 다른 하나는 엄격한 실시간성을 보장하는 실시간 실행 환경을 포함한다. RTAI는 이미 ADEOS를 HAL로서 사용하고 있다. 그림 7.7은 RTAI의 ADEOS 인터럽트 파이프라인을 보여준다.

ADEOS는 또한 리눅스의 커널 디버거와 프로파일러를 구현하기 위한 환경을 제공한다. ADEOS 프레임워크에서 커널 디버거와 프로파일러는 높은 우선순위의 도메인으로 표현되고, 리눅스는 낮은 우선순위를 갖도록 표현될 수 있다. 이를 통해 여러 인터럽트를 가로채어 리눅스의 행동을 쉽게 제어할 수 있다.

빌드와 디버깅

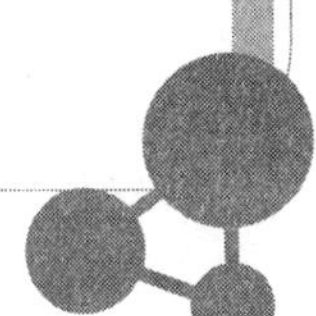

8장

이 장은 두 파트로 나누어진다. 첫 번째 파트에서는 다음과 같은 내용을 포함하는 리눅스 빌드 환경에 대해서 설명할 것이다.

- 리눅스 커널 빌드하기
- 사용자 공간 응응 프로그램 빌드하기
- 루트 파일 시스템 빌드하기
- 대중적으로 사용되는 통합 개발 환경(IDE)들에 대한 논의

이 장의 두 번째 파트에서는 임베디드 리눅스에서 사용되는 다음과 같은 디버깅과 프로파일링 기법들에 대해서 설명할 것이다.

- 메모리 프로파일링
- 커널과 응용 프로그램 디버깅
- 커널과 응용 프로그램 프로파일링

일반적으로 기존의 RTOS는 커널과 응용 프로그램을 하나의 이미지로 합쳐 빌드하며, 커널과 응용 프로그램을 따로 구분하지 않는다. 이와는 달리 리눅스는 완전히 새로운 빌드 패러다임을 제공한다. 리눅스는 각 응용 프로그램들이 자신만의 독자적인 주소 공간을 갖고 있으며 커널의 주소 공간과는 관련이 없다. 적절한 헤더 파일들과 C 라이브러리가 제공되면 응용 프로그램은 커널과 독립적으로 빌드될 수 있다. 이 결과 커널을 빌드하는 것과 응용 프로그램을 빌드하는 것을 완전히 분리할 수 있게 되었다.

커널과 응용 프로그램을 따로 빌드하는 것은 장단점이 존재한다. 가장 큰 장점은 사용하기에 편리하다는 것이다. 만약 새로운 응용 프로그램을 추가하고 싶다면, 단지 그 응용 프로그램을 빌드한 후 보드에 다운로드하기만 하면 된다. 이 과정은 단순하고 신속하게 이루어진다. 이것은 전체 이미지를 새로 빌드한 후 시스템을 리부팅해야 하는 대부분의 RTOS와는 다르다. 하지만 이 방식의 최대 단점은 커널의 기능과 응용 프로그램 간의 자동적인 연관을 가질 수 없다는 점이다. 대부분의 임베디드 개발자들은 시스템의 설정이 결정되면, 각각의 요소들(커널, 응용 프로그램, 루트 파일 시스템)이 자동적으로 모든 의존성을 해결하여 빌드되는 시스템 빌드 메커니즘을 갖고 싶어한다. 하지만 리눅스는 이를 제공하지 못한다. 게다가 부트로더의 빌드와 루트 파일 시스템을 하나의 (다운로드 가능한) 이미지로 묶는 과정도 빌드 메커니즘을 복잡하게 만든다.

이 문제를 자세히 살펴보기 위해 동일한 하드웨어 설계를 이용하여 이더넷 브리지와 라우터의 두 제품을 판매하고 있는 OEM의 경우를 생각해 보자. 비록 (부트로더나 BSP와 같은) 많은 부분의 소프트웨어는 동일하지만, 이 두 제품의 기본적인 차이점은 소프트웨어의 차이에 있다. 결과적으로 OEM은 두 제품에 적용할 수 있는 단일 코드 베이스를 유지하며, 시스템의 선택(브리지 혹은 라우터)에 따라 시스템의 소프트웨어가 달라지기를 원할 것이다. 이것은 다음과 같은 방법을 통해 효율적으로 이루어질 수 있다. 최상위 디렉토리에서 make bridge라는 명령을 이용해 브리지 제품에 필요한 소프트웨어들을 빌드하고, 동일한 방식으로 make router 명령을 이용해 라우터 제품에 필요한 소프트웨어들을 빌드하는 방식이다. 이를 위해서는 다음과 같은 여러 가지 작업들이 선행되어야 한다.

- 커널이 적절히 설정되어야 하며, (브리지 제품을 위한 스패닝 브리지, 라우터 제품을 위한 IP 포워딩과 같은) 해당 프로토콜, 드라이버 등이 선택되어야 한다.
- (routed 데몬과 같은) 사용자 공간의 응용 프로그램들이 적절히 빌드되어야 한다.
- (네트워크 인터페이스 초기화와 같은) 해당 시작 파일들이 적절히 설정되어야 한다.
- (HTML 파일이나 CGI 스크립트와 같은) 해당 설정 파일들이 선택되어 루트 파일 시스템에 포함되어야 한다.

사용자는 다음과 같은 의문이 들 것이다. '왜 브리지와 라우터에 필요한 모든 소프트웨어들을 루트 파일 시스템에 넣어 두고, 실제로 사용될 때 필요한 드라이버와 응용 프로그램들을 로드하지 않을까?' 불행하게도 이러한 방식은 시스템의 저장 공간을 낭비하게 되며, 이는 자원이 부족한 임베디드 시스템에는 적합하지 않다. 따라서 빌드 시에 시스템의 요소를 선택하는 것이 좋다. 데스크톱이나 서버 시스템에는 위의 방식을 적용할 수 있으므로, 이 책은 그러한 서버 시스템에 대해서는 고려하지 않는다.

빌드 과정에서 각 요소들을 선택하는 것은 어느 정도의 지능을 필요로 하는 작업이므로, 전체 시스템을 빌드하기 위한 프레임워크를 개발할 수도 있다. 이것은 직접 스크립트를 작성하거나 여러 빌드 절차들을 통합하는 방식을 사용하여 개발하거나, 독자들의 요구에 맞는 상용 IDE 제품들을 고려해 볼 수도 있다. 리눅스의 IDE 시장은 아직 초기 단계이고, 주로 커널 빌드 메커니즘에 집중되어 있다. 그 이유는 단지 응용 프로그램의 빌드 과정이 각 응용 프로그램에 따라 다르기 때문이다(이를 위한 표준은 존재하지 않는다). 많은 IDE들은 독자들이 개발한 응용 프로그램을 추가하거나, 응용 프로그램 간의 의존성을 설정하는 기능들을 제공하지 않을 것이다. 혹은 이러한 기능을 제공하더라도 사용하는 방법을 배우기 위한 기간이 필요할 것이다. IDE에 관한 내용은 별도의 절에서 설명한다. 만약 IDE를 사용하기로 결정한 독자가 있다면 빌드에 관한 절은 건너뛰고 바로 디버깅에 관한 절을 살펴보기 바란다. 하지만 빌드 절차를 통해 작업할 독자들은 다음 절을 계속 읽어 가도록 하자.

8.1 커널 빌드하기

(kbuild라는 이름으로 더 잘 알려진) 커널 빌드 시스템은 커널 소스에 포함되어 있다. kbuild 시스템은 GNU make 프로그램을 기반으로 하며, 모든 과정은 make 명령을 통해 이루어진다. kbuild 메커니즘은 커널을 빌드할 수 있는 고수준의 간단한 빌드 과정을 제공한다. 몇 가지 절차를 통해 누구나 커널과 모듈을 설정하고 빌드할 수 있다. 또한 kbuild 시스템은 확장이 용이하므로 빌드 과정에 독자들이 원하는 작업을 추가하거나 설정 과정을 조정하는 것이 매우 간편하다.

kbuild 시스템은 2.6 커널에 포함된 주요 변경사항 중의 하나이다. 따라서 이 장에서는 2.4 커널과 2.6 커널의 빌드 과정을 모두 설명할 것이다. 커널을 빌드하는 것은 다음과 같은 네 단계로 나누어진다.

1. **크로스-개발 환경 세팅:** 리눅스는 많은 아키텍처를 지원하기 때문에, kbuild 시스템은 커널 이미지와 모듈을 빌드하기 위한 (타깃) 아키텍처를 설정해야 한다. 기본적으로 커널 빌드 환경은 (빌드 과정을 수행하는) 호스트를 위한 이미지를 빌드하도록 설정된다.

2. **설정 과정:** 이것은 (빌드에 포함될) 요소들을 선택하는 과정이다. 커널에 포함되거나 모듈로 빌드될 소프트웨어의 목록은 이 단계에서 지정될 수 있다. 이 단계의 마지막에서, kbuild 시스템은 이 정보를 잘 알려진 파일들에 기록하여 이후의 kbuild 수행 과정에서 선택된 요소들의 목록을 참조할 수 있도록 한다. 일반적으로 다음과 같은 요소들을 선택하게 된다.

a. 프로세서 선택

b. 보드 선택

c. 드라이버 선택

d. 일반적인 커널 옵션

설정 과정을 위한 많은 프론트 엔드[1]들이 존재한다. 다음은 2.4 커널과 2.6 커널에서 모두 사용할 수 있는 명령들의 목록이다.

a. make config: 이것은 요소 선택을 터미널에서 직접 (대화형으로) 수행하는 복잡한 설정 방식이다.

b. make menuconfig: 이것은 그림 8.1에 나타나 있듯이 curses 라이브러리를 기반으로 하는 프론트 엔드이다. 이것은 호스트에서 그래픽 디스플레이를 이용한 접근을 제공하지 않을 때 유용한 방식이다. 하지만 이를 실행하기 위해서는 ncurses 개발 라이브러리를 설치해야 한다.

c. make xconfig: 이것은 그림 8.2와 같은 그래픽 프론트 엔드이다. 2.4 버전에서는 X 라이브러리를 직접 사용하는 반면, 2.6 커널에서는 QT 라이브러리를 사용한다. 2.6 커널은 GTK를 사용하는 다른 버전의 그래픽 프론트 엔드를 제공하며, 이는 make gconfig 명령을 통해 실행할 수 있다.

d. make oldconfig: 때로는 기존의 설정에서 적은 부분만을 변경하고 싶을 때가 있을 것이다. 이 옵션은 기존의 설정 값은 유지하며 오직 새로운 변경사항만을 선택하도록 보여준다. 이 옵션은 스크립트를 이용하여 빌드 과정을 자동화하는 경우에 유용하게 사용된다.[2]

3. **오브젝트 파일을 빌드하고 링크하여 커널 이미지를 생성:** 빌드할 요소들을 선택하고 나면, 커널을 빌드하기 위해서 다음과 같은 과정을 거친다.

a. 2.4 커널에서, 헤더 파일의 의존성 정보(해당 .c 파일이 어느 .h 파일에 의존적인지에

---

1) 사용자와 가까운 시스템의 전면 부분으로 시스템의 시작점이나 GUI와 같은 입력 부분을 말한다.

2) make oldconfig는 make config와 마찬가지로 명령행에서 옵션을 선택하는 방식이며, 기존 커널의 설정 파일인 .config 파일을 읽어 현재 커널의 새로운 기능('NEW'라고 표시된 기능)에 대한 옵션만을 선택하도록 물어본다. 이 명령은 커널 업그레이드 시에 자주 사용된다.

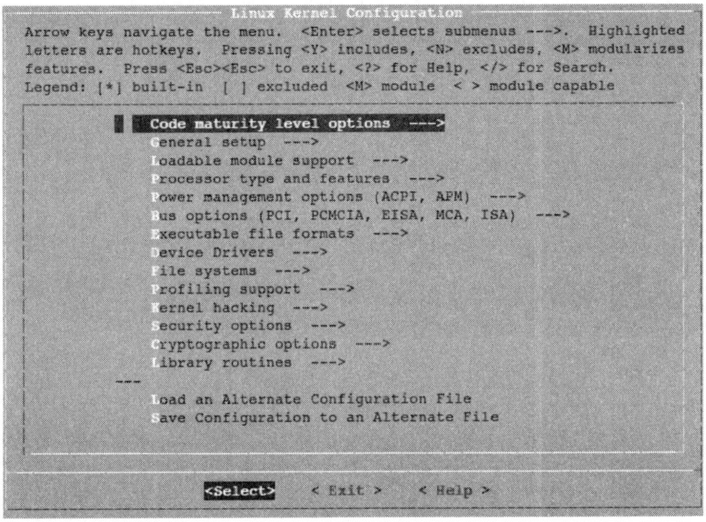

그림 8.1 curses 기반의 커널 설정

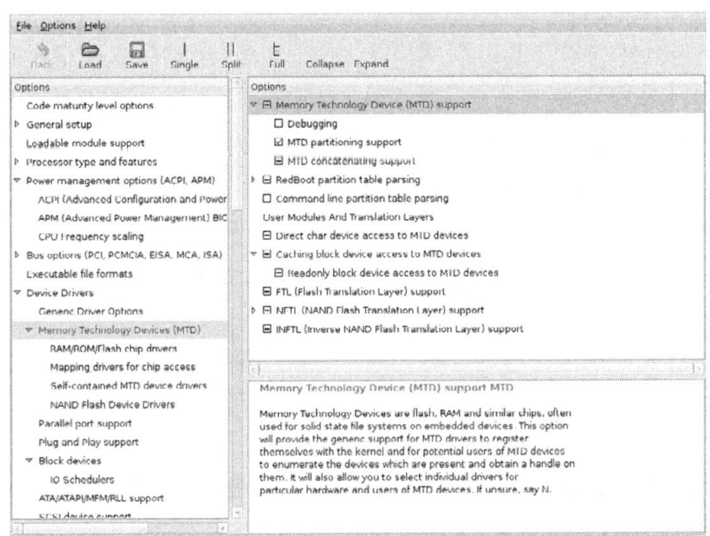

그림 8.2 X 기반의 커널 설정

대한 정보)는 make dep 명령을 통해 생성되어야 한다. 2.6 커널에서는 이 과정이 필요 없다.

b. 하지만 삭제 과정은 2.4 커널과 2.6 커널이 모두 공통적이다. make clean 명령은

모든 오브젝트 파일 및 중간 단계의 파일과 커널 이미지를 삭제하지만 설정 정보만은 남겨 둔다. make mrproper 명령은 make clean이 하는 일과 동일한 일을 수행하고 설정 정보도 삭제한다.

c. 마지막 과정은 커널 이미지를 생성하는 것이다. (아무런 인수 없이) 단지 make 명령을 수행하면 vmlinux라는 이름의 커널 이미지가 생성된다. 하지만 커널 빌드 과정은 여기서 끝나지 않는다. 보통 커널 이미지를 압축하거나, 부트 코드를 삽입하는 등의 부가적인 처리 과정이 수행된다. 이러한 부가적인 처리 과정을 통해 실제로 타깃에서 사용될 수 있는 이미지가 생성된다(이 과정은 플랫폼이나 사용한 부트로더에 따라 달라지므로 표준화되어 있지 않다).

4. 동적으로 로드할 수 있는 모듈 빌드하기: make modules 명령을 입력하면 모듈을 생성하는 작업을 수행한다.

위의 명령들로 일반 (데스크톱) 사용자가 kbuild 시스템을 이용하여 커널을 빌드하기에 충분하다. 하지만 임베디드 시스템에서는 다음과 같은 이유로 빌드 과정을 더욱 조정해야 할 필요가 있을 것이다.

❖ 독자들은 자신이 작업한 BSP를 별도의 디렉토리에 저장해 두고 설정 과정을 변경하여 kbuild 시스템이 보드에 필요한 (해당 디렉토리에 저장된) 소프트웨어 요소들을 빌드하도록 하고 싶을 수도 있다.

❖ 독자들은 빌드 과정에서 사용할 링커, 컴파일러, 어셈블러 플래그를 추가하고 싶을 수도 있다.

❖ 독자들은 커널 이미지가 빌드된 후에 수행하는 부가적인 처리 작업을 조정하고 싶을 수도 있다.

❖ 시스템 전역적인 빌드를 수행하기 위해 kbuild 시스템에서 지능적인 처리를 하고 싶을 것이다.

이러한 사항들을 염두에 두고, 다음 절에서는 빌드 과정을 더욱 자세히 살펴보기로 한다.

8.1.1 빌드 과정의 이해

2.4 커널과 2.6 커널의 kbuild 시스템은 다음과 같은 특징이 있다.

❖ 커널 소스 내의 최상위 Makefile은 커널 이미지와 모듈을 빌드하는 작업을 담당하며,

커널 소스 트리의 하위 디렉토리들을 재귀적으로 탐색하여 빌드한다. 하위 디렉토리의 목록은 커널 설정 과정의 요소 선택 시에 결정되어야 한다. 이 작업이 어떻게 이루어지는지는 이후에 설명할 것이다. 하위 디렉토리의 Makefile들은 이러한 요소들을 빌드하기 위한 규칙들을 상속받는다. 2.4 커널에서는 각 하위 디렉토리 내의 Makefile에서 Rules.make라는 규칙 파일을 명시적으로 포함시켜야 했다. 하지만 2.6 커널의 kbuild 시스템에서는 이러한 제약이 사라졌다.

❖ 모든 아키텍처(프로세서)에서는 설정 과정에서 선택할 요소들의 목록을 제공할 필요가 있다. 이 목록은 다음과 같은 내용을 포함한다.
  – 모든 프로세서 모델(flavor). 예를 들어, 독자가 사용하고 있는 아키텍처가 ARM으로 설정되어 있다면, 어떤 ARM 모델을 선택할 것인지를 물어볼 것이다.
  – 하드웨어 보드
  – 보드에 종속적인 하드웨어 설정
  – 커널 서브시스템 요소. 네트워크 스택과 같이 모든 아키텍처에 대해 어느 정도 공통적인 요소들

모든 아키텍처는 이러한 요소들의 데이터베이스를 파일로 관리하며 이 파일은 arch/$ARCH 하위 디렉토리에 존재한다. 2.4 커널에서 이 파일의 이름은 config.in이고, 2.6 커널에서는 Kconfig이다. 커널 설정 과정에서 이 파일을 분석하여 사용자에게 각 요소들을 선택하도록 요구한다. 독자들은 하드웨어에 종속적인 설정 내용들을 이 파일에 추가시켜야 한다.

❖ 모든 아키텍처는 아키텍처에 종속적인 Makefile을 제공해야 한다. 모든 아키텍처는 다음과 같은 고유한 빌드 정보들의 목록을 갖는다.
  – (어셈블러, 컴파일러, 링커 등의) 여러 툴들에게 전달되어야 하는 플래그들
  – 커널을 빌드할 때 포함시켜야 하는 하위 디렉토리들
  – 이미지가 빌드되고 난 후에 수행해야 할 부가적인 작업들

이 목록은 arch/$(ARCH) 하위 디렉토리에 있는 아키텍처 종속적인 Makefile을 통해 제공된다. 최상위 Makefile은 아키텍처에 종속적인 Makefile을 읽어들인다. 아키텍처에 종속적인 빌드 정보들을 이해하기 위해 커널 소스 트리 내의 (arch/mips/Makefile과 같은) 특정 아키텍처에 종속적인 Makefile을 한 번 살펴보기 바란다.

다음은 2.4 커널과 2.6 커널의 kbuild 시스템의 주요 차이점을 나열한 것이다.

❖ 2.6 커널의 설정 및 빌드 메커니즘은 별도의 프레임워크를 갖는다. 2.6 커널의 kbuild 시스템은 더욱 간편해졌다. 예를 들어 2.4 커널에서 아키텍처 종속적인 Makefile은 정

해진 표준이 없었기 때문에 아키텍처별로 서로 다른 형식을 사용했다. 2.6 커널의 kbuild 프레임워크는 이들을 동일한 형태로 관리한다.

✤ 2.4 커널에서 단지 make라는 명령만 입력했을 경우, 빌드 과정의 내부적인 상태에 따라 서로 다른 작업을 수행했었다. 예를 들어 사용자가 설정 과정을 수행하지 않은 상태에서 make 명령을 수행하면, kbuild 시스템은 make config를 호출하여 터미널에 요소 선택을 위한 질문들을 보이게 하였으므로 사용자를 혼란에 빠뜨렸다. 하지만 2.6 커널에서는 이 경우 사용자를 안내하기 위한 적절한 도움말과 함께 에러를 출력한다.

✤ 2.4 커널에서는 오브젝트 파일들은 소스와 동일한 디렉토리에 생성되었다. 하지만 2.6 커널에서는 소스 트리와 생성된 오브젝트 트리를 완전히 분리할 수 있도록 지원한다. 이것은 make 명령을 호출할 때 O=dir과 같은 형태의 옵션을 주면 되며, dir은 오브젝트가 위치할 디렉토리를 나타낸다. 이것은 읽기 전용의 소스 트리를 관리할 수 있도록 보장해 주며, 많은 사용자들이 하나의 소스 트리를 공유하여 여러 오브젝트 트리를 갖는 경우에 디스크의 공간을 절약할 수 있다.

✤ 2.4 커널에서는 make dep 명령을 수행할 때 소스 파일들의 수정 시간(modification time)이 변경된다(touch 명령을 수행한 것과 같은 효과이다). 이것은 특정 소스 관리 시스템을 사용하는 경우에 문제를 일으킬 수 있다. 반면에 2.6 커널은 커널 빌드 과정에서 소스 파일의 수정 시간을 변경하지 않는다.

8.1.2 설정 과정

비록 설정 과정은 make 명령을 통해 실행되지만, 별도의 설정 문법이 정의되어 있다. 또한 이것도 역시 2.4 커널과 2.6 커널에서 차이를 보인다. 이 문법은 단순하여 구어체의 영어와 흡사하다. 따라서 설정 파일(2.4 커널에서는 Config.in이고 2.6 커널에서는 Kconfig 파일이다)을 대강 살펴보기만 해도 이해하는 데 도움이 될 것이다. 이 절에서는 이러한 문법들을 자세히 다루기보다는 거기에 사용된 기법들에 대해 알아볼 것이다.[3]

✤ 커널의 모든 하위 디렉토리는 별도의 파일을 통해 설정 규칙을 정의한다. 예를 들어 네트워킹 설정은 커널 소스 디렉토리의 net/ 디렉토리에 있는 (2.4 커널의 경우) Config.in 파일이나 (2.6 커널의 경우) Kconfig 파일을 통해 관리된다. 이 파일은 아키텍처 종속적인 설정 파일에 의해 불려진다. 예를 들어 2.4 커널에서 MIPS 아키텍처의

저자 주 | 3) 이 기법은 2.4 커널과 2.6 커널에서 거의 동일하게 적용된다.

설정 파일인 arch/mips/config-shared.in은 VFS 소스를 위한 설정 규칙 파일 (fs/config.in)을 불러오는 라인을 포함하고 있다.

✤ 설정 아이템은 name=value의 형태로 저장된다. 설정 아이템의 이름은 'CONFIG_' 라는 접두어로 시작한다. 이름의 나머지 부분은 설정 파일에 정의된 요소의 이름에 해당한다. 설정 변수가 가질 수 있는 값의 목록은 다음과 같다.
  - bool: y 혹은 n 값만을 가질 수 있는 설정 변수
  - tristate: y, n 혹은 m(모듈) 값을 가질 수 있는 설정 변수
  - string: 어떠한 ASCII 문자열도 가질 수 있는 설정 변수. 예를 들어 초기 루트 파일 시스템을 마운트하기 위해 사용할 NFS 서버의 주소를 설정해야 하는 경우에는, 이 값을 갖는 변수를 통해 빌드 시에 설정할 수 있다.
  - integer: 10진수 값을 가질 수 있는 설정 변수
  - hexadecimal: 16진수 값을 가질 수 있는 설정 변수

✤ 설정 변수를 정의할 때, 사용자가 변수의 값을 설정하도록 지정할 수 있으며 그렇지 않은 경우에는 기본 값으로 설정된다.

✤ 변수를 정의할 때 의존성도 정의할 수 있다. 이러한 의존성 정보는 해당 아이템을 보여줄지 아닐지를 결정하는 데 사용된다.

✤ 각 설정 변수는 자신을 설명하는 도움말을 가질 수 있다. 이것은 설정 과정에서 도움말을 요청하는 경우에 표시된다. 2.4 커널에서 모든 도움말은 Documentation/Configurc.hclp라는 한 파일 내에 지장된다. 특정 변수에 관련된 도움말은 해딩 변수의 이름 뒤에 저장된다. 2.6 커널에서는 각 Kconfig 파일에 도움말을 저장한다.

이제 가장 중요한 마지막 부분에 대해서 설명한다. 이것은 설정 과정에서 선택된 요소들의 목록을 어떻게 kbuild 시스템에게 알려 주는가를 이해하는 것이다. 이를 위해 설정 과정에서 name=value의 형식으로 표현된 선택된 요소들의 목록을 저장하는 .config 파일을 생성한다. .config 파일은 커널의 최상위 디렉토리에 저장되며, 최상위 Makefile에 포함된다. (모듈이나 커널 내로 직접 링크되는 형태로) 빌드할 소스 파일을 검사하는 과정에서 선택된 요소의 value 필드를 사용한다. kbuild 시스템은 이를 위해 현명한 기법을 사용한다. drivers/net 디렉토리에 sample.c라는 드라이버가 존재한다고 가정해 보자. 이것은 설정 과정에서 CONFIG_SAMPLE이라는 이름으로 처리된다. make config 명령을 통해 설정 과정이 이루어지면 사용자는 다음과 같은 문장을 보게 될 것이다.

```
Build sample network driver  (CONFIG_SAMPLE)  [y/N]?
```

만약 여기서 y라고 입력하면 .config 파일 내에 CONFIG_SAMPLE=y라는 데이터가 기록된다. 또한 drivers/net/Makefile에는 다음과 같은 내용이 있을 것이다.

```
obj-$(CONFIG_SAMPLE) += sample.o
```

kbuild 시스템이 소스 트리를 재귀적으로 탐색하는 도중 drivers/net이라는 하위 디렉토리에 도착하여 이 Makefile을 찾아내면, 위의 내용을 다음과 같이 변환할 것이다.

```
obj-y += sample.o
```

이것은 최상위 Makefile에서 포함시킨 .config 파일에 CONFIG_SAMPLE=y라고 정의되어 있기 때문이다. kbuild 시스템은 obj-y 타깃을 빌드하기 위한 규칙을 갖고 있으므로, 이 소스 파일은 빌드 과정에 포함될 것이다. 마찬가지로 위의 변수를 모듈로 빌드하도록 선택한 경우에는 모듈 빌드 과정에서 위의 내용은 다음과 같이 변환된다.

```
obj-m += sample.o
```

kbuild 시스템은 obj-m 타깃을 빌드하기 위한 규칙도 갖고 있다. 커널 소스 코드 내에서도 선택된 요소들의 목록을 인식할 수 있도록 할 필요가 있다. 예를 들어 2.4 커널의 init/main.c 파일 내의 코드에는 다음과 같은 라인이 존재한다.

```
#ifdef CONFIG_PCI
  pci_init( );
#endif
```

CONFIG_PCI 매크로는 사용자가 설정 과정에서 PCI 옵션을 선택한 경우에 정의되어야 한다. 이를 위해 kbuild 시스템은 name=value 정보를 include/linux/autoconf.h 파일 내의 매크로 정의로 변환한다. 이 파일은 include/config 디렉토리 아래의 여러 헤더 파일들로 나누어진다. 예를 들어 위의 예제에서 다음과 같은 내용을 포함하는 include/config/pci.h 파일이 존재할 것이다.

```
#define CONFIG_PCI
```

따라서 kbuild 시스템은 소스 파일에서도 어떠한 요소들이 선택되었는지를 알 수 있는 방법을 제공한다.

8.1.3 커널 Makefile 프레임워크

커널의 Makefile 프레임워크를 이해하기 위해서 네트워크 디바이스 드라이버를 빌드하기 위해 사용되는 drivers/net/Makefile을 예제로 살펴보기로 한다. 먼저 2.4 커널의 Makefile에 대해서 살펴본 뒤, 2.6 커널의 Makefile을 살펴볼 것이다.

리스트 8.1은 2.4 버전의 리눅스 커널에 포함된 drivers/net/Makefile을 읽기 편하도록 단순화시킨 것이다. 처음 4개의 변수는 특별한 의미를 지닌다. obj-y는 커널에 직접 포함될 오브젝트의 목록을 의미하며, obj-m은 모듈로 빌드될 오브젝트의 목록을 의미한다. 나머지 두 변수는 빌드 과정에서 사용되지 않는다.

O_TARGET은 이 Makefile의 타깃(결과물)이다. 최종 커널 이미지는 여러 하위 디렉토리들에 존재하는 모든 O_TARGET 파일들을 합쳐서 생성된다. 모든 오브젝트 파일들을 O_TARGET으로 지정된 파일로 묶기 위한 규칙은 최상위 Makefile에서 명시적으로 포함하는 $TOPDIR/Rules.make 파일에 정의되어 있다.[4] net.o 파일은 최상위 Makefile에 의해 최종 커널 이미지로 포함된다.

멀티파트(multipart) 오브젝트라고 불리는 특별한 오브젝트 파일은 make 과정에서 특별한 규칙이 적용된다. 멀티파트 오브젝트는 여러 개의 오브젝트 파일을 이용하여 생성된다. 이에 반해 일반적인(single-part) 오브젝트 파일은 특별한 규칙을 필요로 하지 않는다. 빌드 메커니즘은 (일반 오브젝트 파일을) 빌드하기 위해 소스 파일을 선택하는 과정에서 타깃 오브젝트의 확장자인 .o를 .c로 대체한다. 반면에 멀티파트 오브젝트를 빌드할 때는 멀티파트 오브젝트를 구성하는 오브젝트들의 목록이 지정될 필요가 있다. 멀티파트 오브젝트의 목록은 list-multi 변수에 정의된다. 이 목록에 포함된 각 이름에 대해, -objs라는 문자열을 추가한 형태의 변수가 해당 멀티파트 오브젝트를 빌드하기 위해 필요한 오브젝트 파일들의 목록을 저장한다.

obj-$(...) 형태의 변수와 함께, 2.4 커널에서는 subdir-$(...) 변수를 이용하여 탐색해야 할 하위 디렉토리의 목록을 지정할 필요가 있다. obj-*에 적용된 것과 동일한 방식이 subdir-*

저자 주   4) TOPDIR은 커널 소스의 최상위 디렉토리를 얻기 위해 사용하는 변수로, 이 변수를 이용하면 빌드 과정은 소스 디렉토리와 독립적으로 이루어질 수 있다.

리스트 8.1 2.4 커널의 Makefile 예제

```
obj-y            :=
obj-m            :=
obj-n            :=
obj-             :=

mod-subdirs             := appletalk arcnet fc irda ... wan

O_TARGET                := net.o

export-objs             := 8390.o arlan.o ... mii.o

list-multi              := rcpci.o
rcpci-objs              := rcpci45.o rclanmtl.o

ifeq ($(CONFIG_TULIP),y)
obj-y +=        tulip/tulip.o
endif

subdir-$(CONFIG_NET_PCMCIA)   += pcmcia
...
subdir-$(CONFIG_E1000)        += e1000

obj-$(CONFIG_PLIP)            += plip.o
...
obj-$(CONFIG_NETCONSOLE)      += netconsole.o

include $(TOPDIR)/Rules.make

clean:
  rm -f core *.o *.a *.s

rcpci.o : $(rcpci-objs)
  $(LD) -r -o $@ $(rcpci-objs)
```

에도 적용된다(즉, subdir-y는 커널 이미지를 빌드하는 과정에서 탐색해야 할 하위 디렉토리의 목록을 지정하며, subdir-m은 모듈을 빌드하는 과정에서 탐색해야 할 하위 디렉토리의 목록을 나타낸다). 마지막으로 export-objs 변수는 (모듈에게) 심벌을 공개(export)할 수 있는 파일의 목록을 나타낸다.

2.6 커널의 Makefile은 리스트 8.2에 나타나 있듯이 훨씬 간단해졌다.

리스트 8.2 2.6 커널의 Makefile 예제

```
rcpci-objs := rcpci45.o rclanmtl.o

ireq ($(CONFIG_ISDN_PPP),y)
  obj-$(CONFIG_ISDN) += slhc.o
endif

obj-$(CONFIG_E1000)   += e100/
...
obj-$(CONFIG_PLIP)            += plip.o
...
obj-$(CONFIG_IRDA)           += irda
```

2.4 커널과 비교할 때 2.6 커널의 빌드 과정의 주요한 차이점은 다음과 같다.

- Rules.make 파일을 포함시킬 필요가 없다. 빌드 과정에서 사용하는 규칙은 내부적으로 공유된다.
- 하위 디렉토리의 Makefile에서 별도로 타깃 이름을 지정하지 않는다. 이것은 빌드 과정에서 인식하는 타깃인 built-in.o가 존재하기 때문이다.[5] 여러 하위 디렉토리의 built-in.o는 커널 이미지를 빌드하기 위해 링크된다.
- 탐색해야 할 하위 디렉토리의 목록을 저장하기 위해 (2.4 커널에서 subdir-* 변수를 사용했던 것과는 달리) 동일한 obj-* 변수를 사용한다.
- 심벌을 공개(export)할 오브젝트를 특별히 지정할 필요가 없다(빌드 과정에서 이 정보를 추론하기 위해 소스에 포함된 EXPORT_SYMBOL 매크로를 이용한다).

8.2 응용 프로그램 빌드하기

지금까지 커널을 빌드하는 과정에 대해서 알아보았다. 이 절에서는 사용자 공간의 응용 프로그램을 빌드하는 과정에 대해서 알아보기로 한다. 이에 대한 내용은 매우 광범위하며, 각각의 패키지에 사용되는 빌드 메커니즘도 무척 다양하다. 하지만 대부분의 오픈 소스 프로그램들은 설정과 빌드를 위한 공통적인 방법을 따른다. 임베디드 시스템에서 사용될 수 있는 오픈 소스 프로그램의 다양함을 생각한다면, 이 주제를 이해하는 것은 널리 이용되는

역자 주 | 5) 커널로 직접 포함(built-in)될 오브젝트 파일들은 각 하위 디렉토리별로 built-in.o라는 이름으로 링크된다.

오픈 소스 프로그램을 타깃 보드로 포팅하는 과정을 손쉽게 도와준다. 또한 프로그램을 빌드하는 과정에서 원하지 않는 요소들을 제거하도록 빌드 과정을 수정하고 싶을 수도 있다. 이것은 불필요한 소프트웨어로 인해 귀중한 저장 공간을 낭비하지 않도록 해 준다.

커널과 마찬가지로, 응용 프로그램은 크로스-개발 툴을 사용하여 빌드한다. 대부분의 오픈 소스 프로그램들은 GNU 빌드 표준을 따르고 있으며, GNU 빌드 시스템은 다음과 같은 포팅에 관련된 사항들을 적절히 처리한다.

- ✤ 엔디안(바이트 순서), 데이터 타입의 크기 등과 같은 하드웨어 차이점
- ✤ 장치 파일의 이름과 같은 OS 차이점
- ✤ 버전 번호, API 인수 등과 같은 라이브러리 차이점
- ✤ 컴파일러 이름, 인수 등과 같은 컴파일러 차이점

GNU 빌드 툴은 여러 툴들을 모아둔 것으로, 이 중 중요한 것들로는 다음과 같은 것들이 있다.

- ✤ autoconf: 이것은 빌드 시에 호스트 시스템의 기능들을 검사하는 방식으로, 프로그램의 이식성을 높여주는 일반적인 프레임워크를 제공한다. autoconf는 호스트 시스템의 기능을 알아내기 위한 테스트를 수행한다.
- ✤ automake: 이것은 프로그램을 빌드하는 방법을 설명하는 시스템으로, 개발자가 간단한 형식의 Makefile을 작성할 수 있도록 해 준다.
- ✤ libtool: 이것은 공유 라이브러리를 빌드하기 위한 표준적인 방식이다.

이러한 툴들을 이해하는 것은 개발자가 여러 하드웨어 아키텍처를 포함하는 다양한 플랫폼과 리눅스, FreeBSD, 솔라리스 등의 여러 유닉스(UNIX) 플랫폼 등에서 사용할 수 있는 응용 프로그램을 작성하는 경우에 가장 중요하게 고려해야 하는 것이다. 반면에 독자가 오직 응용 프로그램을 크로스 컴파일하는 방법에만 관심이 있다면, 명령행에서 다음과 같은 명령을 입력하기만 하면 된다.

```
# ./configure
# make
```

이 장에서는 configure 스크립트가 프로그램을 컴파일하기 위해 필요한 Makefile을 생성할 수 있도록 도와주는 여러 기능들에 대해서 간략히 설명할 것이다. 또한 크로스 컴파일 시에 configure를 사용하는 과정에서 나타나는 일반적인 문제점의 해결책에 관한 팁들도

제공할 것이다. 하지만 프로그램을 빌드하기 위해 configure 스크립트를 작성하는 방법에 대해서는 이 책의 범위를 벗어나므로 설명하지 않는다. 만약 독자가 configure 스크립트를 작성하는 방법에 대해 알기를 원한다면 GNU 프로젝트의 홈페이지(http://www.gnu.org/)에서 GNU configure 시스템에 관련된 부분을 참조하기 바란다.[6]

GNU configure 빌드 시스템을 사용하는 모든 프로그램들은, 프로그램의 소스 파일과 함께 configure라는 셸 스크립트와 그에 관련된 몇 가지 지원 파일들을 제공한다. GNU configure 빌드 시스템을 사용하는 모든 리눅스 프로젝트는 빌드 과정을 위해 이러한 지원 파일들을 필요로 한다. 배포판에 정적으로 포함된 파일들과 함께, 빌드 과정에서 동적으로 생성되는 파일들도 있다. 이러한 파일들은 아래에서 모두 설명한다.

배포판에 포함된 파일들은 configure, Makefile.in, config.in 파일이다. configure는 셸 스크립트로 ./configure --help 명령을 통해 선택할 수 있는 여러 옵션들을 살펴볼 수 있다. configure 스크립트는 기본적으로 빌드에 필요한 요소들을 확인하기 위해 호스트 시스템에서 실행되는 일련의 프로그램이나 테스트 케이스들이다. configure에서 수행하는 테스트의 형식을 이해하고 싶은 독자들을 위해, 주로 사용되는 검사들 중 몇 가지를 아래에서 설명한다.

- stdlib.h나 unistd.h와 같은 헤더 파일들이 존재하는지 검사한다.
- strcpy, memcpy 등과 같은 라이브러리 API들이 존재하는지 검사한다.
- sizeof(int), sizeof(float) 등을 통해 사용되는 자료형의 크기를 알아낸다.
- 프로그램에 필요한 외부 라이브러리가 존재하는지 검사하거나 그 위치를 확인한다. 예를 들어, JPEG 지원을 위한 libjpeg이나 PNG 지원을 위한 libpng 등의 라이브러리를 검사할 수 있다.
- 라이브러리의 버전 번호가 일치하는지 검사한다.

이들은 일반적으로 프로그램을 시스템에 종속적으로 만드는 부분들이다. configure 스크립트는 이러한 의존성을 파악하여 프로그램이 여러 유닉스 플랫폼들에 걸쳐 이식성을 갖도록 해 준다. 위와 같은 작업을 수행하기 위해 configure는 두 가지 주요한 기법을 사용한다.

- 테스트 프로그램의 빌드를 통한 검사: 이 기법은 configure 스크립트가 헤더 파일,

역자 주 | 6) autoconf, automake, libtool에 대한 문서는 http://sourceware.org/autobook/에서도 찾아볼 수 있다.

API, 라이브러리 등이 존재하는지 검사할 때 사용된다. configure 스크립트는 다음과 같은 단순한 프로그램을 수행하여 stdlib.h 헤더 파일이 존재하는지 검사한다.

```
#include <stdlib.h>
main( ) {
  return 0;
}
```

만약 위의 프로그램이 성공적으로 컴파일된다면, stdlib.h 헤더 파일이 존재하며 이를 이용할 수 있다는 것을 의미한다. API나 라이브러리의 존재를 확인하는 과정에서도 동일한 기법이 사용된다.

❖ 테스트 프로그램을 실행하여 그 출력을 얻음: configure 스크립트가 자료형의 크기를 알아내야 할 경우에는, 테스트 프로그램을 컴파일하여 실행하고 그 출력을 얻어오는 방법만을 사용할 수 있다. 예를 들어 해당 플랫폼의 기본 정수형(int)의 크기를 알아내기 위해서는 다음과 같은 프로그램을 사용한다.

```
main( ) {
  return sizeof(int);
}
```

configure 스크립트에서 실행하는 테스트 혹은 프로그램의 결과는 일반적으로 config.h 파일에 (전처리기용의) 매크로의 형태로 저장된다. 만약 이 과정이 성공적으로 종료되면 configure 스크립트는 Makefile을 생성하기 시작한다. 이러한 설정 매크로들은 소스 코드 내에서 특정 유닉스 플랫폼에 필요한 코드를 선택하기 위해 사용된다. configure 스크립트는 많은 인수를 입력받는다. 인수의 목록을 보기 위해서는 configure 스크립트에 --help 옵션을 주어 실행하면 된다.

configure 스크립트는 빌드 시에 Makefile.in을 이용하여 Makefile을 생성한다. 이 파일들은 프로그램 소스의 각 하위 디렉토리에 존재할 것이다. configure 스크립트는 또한 config.in을 config.h로 변환하여 컴파일 시에 사용될 CFLAGS 변수의 값을 변경한다. CFLAGS 변수의 정의는 빌드 과정이 수행되는 호스트 시스템에 따라 변경된다. 프로그램의 이식성에 관한 대부분의 이슈들은 이 파일에 정의된 전처리기 매크로를 통해 지정된다.

응용 프로그램의 빌드 과정에서 생성되는 파일들은 다음과 같다.

❖ Makefile: 이것은 make 명령이 프로그램을 빌드하기 위해 사용하는 파일이다. configure 스크립트는 Makefile.in을 Makefile로 변환한다.

❖ config.status: configure 스크립트는 셸 스크립트 파일인 config.status를 생성한다. 이 파일은 생성된 파일들을 재생성하기 위한 규칙들을 포함하며, 입력 파일이 변경된 경우에 자동적으로 호출된다. 예를 들어 미리 설정된 빌드 디렉토리(최소한 한 번 이상 configure 스크립트가 실행된 디렉토리)가 있다고 가정해 보자. 이제 독자가 Makefile.in을 수정하면 다음 번에 make 명령을 수행했을 때 자동적으로 Makefile이 생성된다. 이러한 재생성 과정은 configure 스크립트를 다시 수행하지 않고도 config.status 스크립트를 이용하여 수행된다.

❖ config.h: 이 파일은 C 코드 내에서 각기 다른 시스템들에 대한 동작을 조정하도록 사용할 수 있는 전처리기용 설정 매크로를 정의한다.

❖ config.cache: 이 파일은 이전의 configure 스크립트 수행 결과를 저장(cache)해 둔다. 다양한 configure 과정의 결과는 이 파일에 저장된다. 이 파일의 각 라인은 '변수 = 값' 형식으로 이루어진다. 이 변수는 빌드 시에 configure 스크립트에서 사용되는 스크립트로 생성한 이름이다. configure 스크립트는 호스트상에서 실제 검사를 수행하기 전에 이 변수의 값을 읽어서 메모리로 복사한다.

❖ config.log: 이 파일은 configure 스크립트가 실행될 때의 출력을 저장한다. 숙련된 사용자들은 설정 과정에서 발생한 문제를 찾기 위해 이 파일을 사용한다.

8.2.1 configure 스크립트를 사용한 크로스 컴파일

크로스 컴파일을 위해 configure 스크립트를 사용하는 가장 일반적인 형식은 다음과 같다.

```
# export CC=<타깃>-gcc
# export NM=<타깃>-nm
# export AR=<타깃>-ar
# ./configure --host=<타깃> --build=<빌드 시스템>
```

<빌드 시스템>은 <타깃>에서 동작할 프로그램을 생성하기 위해 빌드 과정을 수행하는 시스템이다. 예를 들어 Linux/i686 데스크톱과 ARM 기반의 타깃 보드가 있는 경우에는, <빌드 시스템>은 i686-linux가 되고 <타깃>은 arm-linux가 된다.

```
# export CC=arm-linux-gcc
# export NM=arm-linux-nm
```

```
# export AR=arm-linux-ar
# ./configure --host=arm-linux --build=i686-linux
```

--build 플래그는 항상 입력해야 하는 것은 아니다. 대부분의 경우 configure 스크립트는 빌드 시스템을 올바로 추측해낸다.

크로스 컴파일을 위한 첫 번째 시도에서부터 configure 스크립트가 항상 성공적으로 동작해야 할 필요는 없다. 크로스 컴파일 과정에서 일어나는 가장 일반적인 에러는 다음과 같다.

```
configure: error: cannot run test program while cross compiling
```

이 에러는 configure 스크립트가 어떤 테스트 프로그램을 실행하여 그 결과를 얻으려고 하는 과정에서 발생한다. 크로스 컴파일을 하는 경우, 컴파일된 테스트 프로그램은 타깃을 위한 실행 파일이므로 빌드 시스템에서는 동작할 수 없다.

이 문제를 해결하기 위하여, configure 스크립트의 출력을 분석하여 테스트가 실패하는 곳을 찾아야 한다. config.log 파일을 열어 보면 에러에 대한 더 자세한 내용을 볼 수 있다. 예를 들어, 독자가 configure 스크립트를 실행한 후 에러가 발생되었다고 가정해 보자.

```
# export CC=arm-linux-gcc
# ./configure --host=arm-linux

 ...
checking for fcntl.h... yes
checking for unistd.h... yes
checking for working const... yes
checking for size of int...
configure: error: cannot run test program while cross compiling
```

위에서 실행한 configure 스크립트는 int 형의 크기를 알아내려고 시도하는 중이었다. 이를 위해 main( ) { return (sizeof(int)); }라는 프로그램을 컴파일하여 타깃 시스템의 int 형의 크기를 얻어온다. 하지만 빌드 시스템은 타깃 시스템의 환경과 다르기 때문에 프로그램의 실행이 실패할 것이다.

이런 문제를 해결하기 위하여 config.cache 파일을 수정할 필요가 있다. configure 스크립트가 검사를 수행하기 전에 config.cache 파일 내의 값들을 읽는다는 것을 상기해 보자. 여러분이 해야 할 일은 configure 스크립트 내의 테스트 변수를 찾아서 해당하는 내용을

config.cache 파일에 추가하는 것이다. 위의 예제에서, configure 스크립트 내의 ac_sizeof_int_set 변수가 int 형의 크기를 정의한다고 가정해 보자. 그러면 config.cache 파일에 다음과 같은 라인을 추가한다.

```
ac_sizeof_int_set=4
```

이렇게 수정한 후 다시 configure 스크립트를 수행한 결과는 다음과 같다.

```
...
checking for fcntl.h... yes
checking for unistd.h... yes
checking for working const... yes
checking size of int...(cached) yes
...
```

8.2.2 configure 스크립트의 문제점 해결

지금까지 configure 스크립트가 어떤 작업을 수행하는지를 살펴보았다. 이제 configure 스크립트가 수행되는 도중 겪을 수 있는 문제점들을 살펴보기로 한다. 문제점은 두 가지 원인을 통해 발생한다. 하나는 configure 스크립트는 올바르지만 시스템이 configure 스크립트가 요구하는 사항들을 만족시키지 못하고 있는 경우이나. 서의 내부분의 경우, 이 문세는 configure 스크립트가 적절한 진단 메시지를 출력해 준다. 좀더 성가신 경우는 configure 스크립트가 잘못된 경우이다. 이 경우에는 설정 결과를 생성하지 못하거나 잘못된 설정 결과를 생성할 수 있다. configure 스크립트가 존재하지 않는 선행 요구사항(prerequisite)을 인식한 전자의 경우에는, 보통 대부분의 configure 스크립트가 이러한 요소들의 요구되는 버전 정보를 설명하는 적절한 에러 메시지를 출력해 준다. 이 경우 이러한 요소들을 설치한 후에 configure 스크립트를 다시 실행하기만 하면 된다. 다음은 configure 스크립트에 관련된 문제점들을 해결하기 위한 몇 가지 팁을 소개한다.

- ❖ README 파일을 읽고 ./configure --help 명령을 통해 적절한 옵션을 확인한다: 의존성을 갖는 라이브러리의 경로를 지정하기 위한 특별한 옵션을 갖고 있을 수 있다. 이 옵션을 지정하지 않는 경우에는 잘못된 경로 정보를 기본 값으로 사용할 수 있다.
- ❖ 의존성 트리를 그려 본다: 프로젝트의 문서와 주의사항들을 상세히 살펴서 의존성을 갖는 라이브러리와 그 버전 번호를 확인한다. 이것은 많은 시간을 절약해 줄 것이다.

예를 들어 GTK 라이브러리는 GLIB 라이브러리에 의존적이며, GLIB 라이브러리는 다시 ATK와 PANGO 라이브러리에 의존성을 갖는다. 또한 PANGO 라이브러리는 FREETYPE 라이브러리에 의존성을 갖는다. 이 경우 이러한 의존성 정보를 표시한 트리를 그려, 트리 내의 독립적인 노드(라이브러리)들을 먼저 컴파일하여 설치한 후 부모 노드(라이브러리)를 컴파일하는 것이 좋다.

❖ i386에서 먼저 시험해 본다: 때때로 크로스 컴파일을 수행하기 전에 i386(호스트)에서 먼저 configure 스크립트를 실행해 보는 것이 스크립트의 흐름과 의존성 정보를 파악하는 데 도움이 된다.

❖ config.log를 읽어 본다: configure 스크립트가 수행되면 config.log 파일을 생성한다. 이 파일은 스크립트가 실행되는 과정을 완벽하게 기록한다. 각 라인은 실행된 셸 명령을 정확하게 저장하고 있다. 이 로그 파일을 상세하게 살펴봄으로써, 테스트가 수행된 과정을 알 수 있고 문제의 원인을 파악할 수 있다.

❖ 잘못된 configure 스크립트를 수정한다: 잘못 작성된 configure 스크립트는 언제나 처리하기가 까다롭다. 이들은 잘못된 테스트 프로그램을 실행하거나 하드코딩된 라이브러리 경로를 포함하는 등의 작업을 수행한다. 이 경우에는 스크립트를 수정하기 위한 시간과 인내심을 가져야 한다.

8.3 루트 파일 시스템 빌드하기

지금까지 커널과 응용 프로그램을 빌드하기 위한 과정을 살펴보았다. 이제 루트 파일 시스템을 생성하는 과정을 이해하기 위한 단계로 넘어가 보자. 2장과 4장에서 설명했듯이, 이 과정에서 세 가지 기법을 사용할 수 있다.

❖ initrd/initramfs를 사용한다: initrd는 2장과 4장에서 설명했었다. 이 절에서는 initramfs에 대해서 설명할 것이다. 이 절의 마지막에 소개하는 스크립트는 initramfs 이미지를 생성하기 위해 사용될 수 있다.

❖ NFS를 통해 네트워크상의 루트 파일 시스템을 마운트한다: 이 기법은 개발 과정에서 사용할 수 있다. 모든 변경사항은 개발용(호스트) 머신에서 이루어지고, 루트 파일 시스템은 호스트로부터 네트워크를 통해 마운트된다. NFS를 통해 루트 파일 시스템을 마운트하는 자세한 방법은 커널 소스 트리 내의 Documentation/nfsroot 문서를 통해 알 수 있다.

❖ **플래시에 루트 파일 시스템을 기록한다:** 이 기법은 제품의 생산 단계에서 적용된다. 타깃에서 동작할 (JFFS2 혹은 CRAMFS와 같은) 루트 파일 시스템의 이미지는 호스트상에서 생성된 후 플래시에 기록된다. 이러한 이미지를 생성하기 위한 여러 툴들을 4장에서 설명하였다.

리스트 8.3은 일반적인 mkinitrd 스크립트를 보여준다. 사용법은 다음과 같다.

```
mkinitrd <rfs 폴더> <램디스크 크기>
```

여기서

❖ <rfs 폴더>는 루트 파일 시스템(rfs)을 포함하는 부모 디렉토리의 절대 경로이다.
❖ <램디스크 크기>는 (KB 단위로 표현한) initrd의 크기이다.

위의 스크립트는 타깃에 ext2 파일 시스템을 이용해 마운트될 수 있는 /tmp/ramdisk.img라는 initrd 이미지를 생성한다. 이것은 /dev/loop0라는 루프백 장치를 사용하여 루트 파일 시스템이 저장된 <rfs 폴더>의 파일들을 타깃 이미지인 /tmp/ramdisk.img로 복사한다.

initramfs는 2.6 커널에서 초기 사용자 공간(early user space)을 제공하기 위해 소개한 것이다. 초기 사용자 공간의 아이디어는 커널에서 이뤄지는 많은 초기화 과정을 사용자 공간으로 넘기기 위한 것이다. 커널 부팅 과정 중에 포함된 루트 파일 시스템이 저상된 상치를 찾거나, 로컬 혹은 NFS를 통해 루트 파일 시스템을 마운트하는 작업 등은 사용자 공간에서 쉽게 처리할 수 있다는 사실이 관찰되었다. 이렇게 되면 커널을 가볍고 깔끔하게 만들 수 있게 되므로, 이를 위해 initramfs가 개발되었다.

initrd 이미지를 루트 파일 시스템으로 마운트하듯이, initramfs 이미지도 루트 파일 시스템으로 마운트할 수 있다. initramfs는 RAMFS 파일 시스템을 기반으로 하며, initrd는 램디스크를 기반으로 한다. 램디스크와 RAMFS의 차이점은 표 8.1에 정리하였다. initramfs 이미지는 mkinitramfs 스크립트를 사용하여 생성할 수 있으며, 그 사용법은 다음과 같다.

```
mkinitramfs <rfs 폴더>
```

여기서 <rfs 폴더>는 루트 파일 시스템을 포함하는 부모 디렉토리의 절대 경로이다. initramfs 이미지를 생성하기 위해서는 <rfs 폴더>의 cpio 아카이브를 생성한 후 gzip 명령

리스트 8.3 mkinitrd

```sh
#!/bin/sh

# 램디스크 이미지 파일 생성
/bin/rm -f /tmp/ramdisk.img
dd if=/dev/zero of=/tmp/ramdisk.img bs=1k count=$2

# 루프백 장치 설정
/sbin/losetup -d /dev/loop0 > /dev/null 2>&1
/sbin/losetup /dev/loop0 /tmp/ramdisk.img || exit $!

# 먼저, /tmp/ramdisk0가 이미 마운트되어 있다면 언마운트한다.
if [ -e /tmp/ramdisk0 ]; then
  umount /tmp/ramdisk0 > /dev/null 2>&1
fi

# 파일 시스템을 생성한다.
/sbin/mkfs -t ext2 /dev/loop0 || exit $!

# 마운트 지점을 생성한다.
if [ -e /tmp/ramdisk0 ]; then
  rm -rf /tmp/ramdisk0
fi
mkdir /tmp/ramdisk0

# 파일 시스템을 마운트한다.
mount /dev/loop0 /tmp/ramdisk0 || exit $!

# 파일 시스템 데이터를 복사한다.
echo "Copying files and directories from $1"
(cd $1; tar -cf - * ) | (cd /tmp/ramdisk0; tar xf -)
chown -R root /tmp/ramdisk0/*
chgrp -R root /tmp/ramdisk0/*

ls -lR /tmp/ramdisk0

# 언마운트
umount /tmp/ramdisk0
rm -rf /tmp/ramdisk0

# 루프백 장치 분리
/sbin/losetup -d /dev/loop0
```

표 8.1 RAMFS와 램디스크(RAMDISK)의 비교

램디스크	RAMFS
램디스크는 RAM상에 블록 장치의 형식으로 구현되므로 이를 사용하기 위해서는 램디스크상에 파일 시스템을 생성해야 한다.	RAMFS는 RAM상에 직접 파일 시스템을 구현한다. RAMFS상에 생성된 모든 파일들에 대해 커널은 커널 캐시를 통해 파일 데이터와 메타 데이터를 관리한다.
램디스크는 사용되기 전에 미리 RAM에 할당되어 있어야 한다.	메모리 영역을 미리 할당할 필요가 없으며, 요청에 따라 동적으로 증가한다.
프로그램 페이지의 복사본이 중복되어 존재한다. 어떤 프로그램이 램디스크를 통해 실행된다면 램디스크 영역과 커널 페이지 캐시에 모두 존재한다.	프로그램이 RAMFS상에서 실행되면, 커널 캐시에 존재하는 하나의 메모리 영역만이 사용되며, 중복되지 않는다.
램디스크는 모든 데이터에 대한 접근이 파일 시스템과 블록 디바이스 드라이버를 거치게 되므로 비교적 느리다.	RAMFS는 실제 파일 데이터와 메타 데이터가 커널 캐시 내에 저장되므로, 파일 시스템이나 블록 디바이스 드라이버를 거치지 않아도 되므로 상대적으로 빨리 실행된다.

을 통해 압축해야 한다.

```
#!/bin/sh

#mkinitramfs

(cd $1 ; find . | cpio --quiet -o -H newc | gzip -9 > /tmp/img.cpio.gz)
```

8.4 통합 개발 환경(IDE)

프로그래밍 프로젝트의 크기가 커지게 되면 프로그램의 소스 코드와 빌드 과정을 관리해야 할 필요성도 높아지게 된다. 프로그램의 개발 과정에 포함된 요소들은 다음과 같다.

- ✤ 텍스트 에디터: 이것은 소스 코드 파일을 작성하기 위해 필요하다. 독자가 사용하고 있는 프로그래밍 언어를 이해하고 있는 텍스트 에디터를 갖고 있다면 도움이 될 것이다. 문법 강조, 심벌 자동 완성, 코드 탐색과 같은 기능들도 요구된다.
- ✤ 컴파일러: 오브젝트 코드를 생성해 준다.
- ✤ 라이브러리: 재사용 가능한 코드를 제공한다.
- ✤ 링커: 오브젝트 코드를 링크하여 최종 실행 파일을 만들어낸다.

❖ 디버거: 프로그래밍 에러를 찾아내기 위한 소스-레벨 디버거가 필요하다.

❖ make 시스템: 빌드 과정을 효율적으로 관리한다.

만약 위와 같은 일들을 수행하기 위해 필요한 툴들이 하나의 개발 환경으로 통합되어 작동한다면 (개발에 필요한) 많은 시간을 절약하게 해 줄 수 있다. 이것이 바로 통합 개발 환경(IDE: Integrated Development Environment)이다. IDE는 개발 과정에 필요한 모든 툴들을 하나의 환경으로 통합해 둔 것이다.

임베디드 리눅스 개발에 사용되는 IDE는 다음과 같은 기능을 제공해야 한다.

❖ 응용 프로그램 빌드: 불러들인 소스 코드를 위한 Makefile을 생성하거나, 기존의 Makefile을 읽어 오거나, 소스 코드의 의존성을 검사하는 등의 기능이 요구된다.

❖ 응용 프로그램 관리: CVS, SVN, ClearCase®, Perforce® 등의 소스 코드 관리 툴과 통합될 수 있어야 한다.

❖ 커널의 설정 및 빌드: 커널을 설정하고 빌드하기 위한 인터페이스를 제공해야 한다.

❖ 루트 파일 시스템 빌드: 루트 파일 시스템은 시스템에 따라 플래시나 메모리 혹은 네트워크 기반으로 작성되어야 한다. IDE는 루트 파일 시스템에 응용 프로그램이나 유틸리티 등을 추가하거나 삭제할 수 있는 메커니즘을 제공해야 한다.

❖ 응용 프로그램 디버깅: 타깃에서 동작하는 응용 프로그램에 대한 소스 코드 레벨의 디버깅 기능을 제공해야 한다.

❖ 커널 디버깅: 만약 IDE가 커널이나 커널 모듈에 대한 디버깅 기능을 지원한다면 좋다.

이 절에서는 개발 과정에서 사용될 수 있는 오픈 소스 IDE와 상용 IDE들을 모두 살펴볼 것이다.

8.4.1 Eclipse

이클립스(Eclipse)는 완전한 기능을 갖춘 강력한 IDE의 개발을 위한 오픈 소스 소프트웨어 개발 프로젝트(www.eclipse.org)이다. 이클립스는 기본적인 프레임워크를 제공하며, IDE의 다양한 기능들이 플러그인이라는 별도의 모듈로 구현된다. 이러한 플러그인 프레임워크가 이클립스를 강력하게 만들어 준다. 이클립스가 실행되면 사용자는 여러 플러그인들로 구성되는 IDE를 볼 수 있을 것이다. TimeStorm과 같은 많은 상용 IDE들은 이클립스 프레임워크를 사용하여 구성된다.

8.4.2 KDevelop

KDevelop은 KDE™ 환경을 위한 오픈 소스 IDE이다(www.kdevelop.org). KDevelop은 다음과 같은 기능들을 제공한다.

- KDevelop은 컴파일러, 링커, 디버거와 같은 모든 개발 툴들을 하나의 환경 안에서 관리한다.
- KDevelop은 CVS나 SVN과 같은 소스 코드 관리 시스템에서 필요한 대부분의 기능들을 위한 손쉬운 프론트 엔드를 제공한다.
- KDevelop은 자동으로 Makefile 생성과 빌드 과정 관리를 수행하는 Automake Projects를 지원한다. 물론 사용자가 Makefile과 빌드 과정을 관리할 수 있는 Custom Projects도 지원한다.
- 크로스 컴파일을 지원한다.
- KDE의 Kwrite, 트롤텍(Trolltec)의 Qeditor를 기반으로 하는 통합 텍스트 에디터를 통해 문법 강조, 자동 심벌 완성 등의 기능을 제공한다.
- API 문서를 생성하기 위해 사용되는 Doxygen을 통합하였다.
- 예제 응용 프로그램을 생성하기 위한 응용 프로그램 마법사(Application Wizard)를 지원한다.
- Qt/embedded 프로젝트를 지원한다.
- GDB를 위한 GUI 기반의 프론트 엔드를 제공한다.

8.4.3 TimeStorm

TimeStorm LDS(Linux Development Suite)는 TimeSys(www.timesys.com)에서 제공하는 상용 임베디드 리눅스 개발 환경이다. 이것은 이클립스 프레임워크를 기반으로 하고 있으며 다음과 같은 기능들이 있다.

- 리눅스와 윈도즈 시스템상에서 동작한다.
- CVS, SVN, ClearCase, Perforce 등과 같은 소스 코드 관리 툴을 통합하였다.
- 임베디드용 응용 프로그램을 개발하고 디버깅하기 위한 툴을 제공한다.
- TimeSys에서 제공하지 않는 리눅스 배포판과도 동작한다.
- 지정된 타깃을 위한 리눅스 커널을 설정 및 컴파일하기 위한 인터페이스를 제공한다.

❖ 타깃에서 사용할 루트 파일 시스템을 생성하기 위한 GUI 기반의 인터페이스를 제공한다.

❖ 프로그램을 타깃에 다운로드하고 실행할 수 있는 기능을 제공한다.

❖ GDB를 사용하는 원격 응용 프로그램 디버깅을 위한 GUI 프론트 엔드를 제공한다.

8.4.4 CodeWarrior

Metroworks(www.metroworks.com)의 CodeWarrior Development Studio는 하드웨어의 개발에서부터 응용 프로그램 디버깅까지의 모든 기능을 제공하는 완전한 기능의 상용 IDE이며 다음과 같은 기능들을 제공한다.

❖ 문법 강조, 자동 줄 맞춤 등의 기능을 포함한 통합 텍스트 에디터

❖ 빠른 소스 코드 탐색을 위한 검색 엔진

❖ 하드웨어 시동(kickstart) 프로그램 개발을 위한 통합 명령어(instruction) 셋 시뮬레이터

❖ 윈도우 기반의 고성능, 소스-레벨 디버거. 이 디버거는 플래시 프로그래머와 하드웨어 진단 툴을 포함한다.

❖ CVS, Perforce 등과 같은 버전 관리 시스템의 통합

8.5 가상 메모리 문제의 디버깅

리눅스상에서 응용 프로그램을 실행할 때, 종종 메모리 관리 문제를 겪어 보았을 것이다. 이러한 문제점들은 크게 세 가지로 분류할 수 있다.

❖ 메모리 누수(leak): 메모리 누수 현상은 할당받은 메모리 블록을 해제하지 않는 경우에 발생한다. 반복된 메모리 누수는 제한된 메모리 자원을 갖는 임베디드 시스템에서 심각한 문제를 발생시킬 수 있다.

❖ 오버플로(overflow): 오버플로는 할당된 영역을 넘어선 메모리 접근을 수행할 때 일어난다. 이것은 아주 심각한 보안 결점이며, 침입자들이 시스템을 크래킹하기 위해 사용할 수 있다.

❖ 메모리 손상(corruption): 메모리 손상은 메모리의 포인터가 잘못된 값을 갖고 있을 때 발생한다. 이러한 포인터의 사용은 프로그램의 실행을 잘못되게 만들 수 있으며,

보통 프로그램이 종료되도록 한다.

메모리 관리 문제는 코드를 살펴보는 것만으로는 찾아내기가 무척 힘들며, 불규칙적으로 발생되거나, 시스템이 동작한 후 많은 시간이 흐르고 나서야 발생하기도 한다. 다행히도 메모리 관리에 의한 문제를 추적할 수 있는 오픈 소스 툴들이 존재한다. 다음 절에서 이들을 적절한 예제와 함께 자세히 살펴볼 것이다. 10장에서는 리눅스에서 동적 메모리 할당이 어떻게 이루어지는지 살펴볼 것이다.

메모리 누수는 주로 다음과 같은 두 가지 원인에 의해 발생된다.

- ❖ **코딩 시의 부주의:** 프로그램 개발자가 할당된 메모리를 제거할 때 많은 주의를 기울이지 않았다.
- ❖ **포인터 손상:** 메모리 블록을 가리키는 포인터가 손실되어 해당 메모리 블록에 대한 참조가 사라져 버렸다.

스왑 기능을 사용하지 않는 임베디드 리눅스에서 반복된 메모리 누수 문제는 시스템의 가용 메모리를 모두 소모시켜 버린다. 이 경우 시스템의 동작은 어떻게 될까? 시스템의 메모리가 부족해지면 시스템은 메모리를 확보하기 위해 (페이지 캐시, 버퍼 캐시, 파일 시스템 캐시 및 슬랩 캐시와 같은) 시스템 캐시를 해제하려고 시도하고 해당 프로세스의 이미지를 메모리에서 제거한다(flush). 만약 이러한 동작이 모두 완료된 후에도 시스템의 메모리가 부족하면, 악명 높은 OOM(out of memory) 킬러가 호출된다. OOM 킬러가 호출되면 콘솔 상에 다음과 같은 메시지가 출력될 것이다.

```
Out of Memory: Killed process 10(iisd)
```

이 경우 OOM 킬러는 (pid 10에 해당하는) iisd 프로세스를 종료시킨다. 릭 반 리엘(Rik Van Reil)은 2.2.15 커널에서 OOM 킬러를 발표하였다. OOM 킬러에 깔린 철학은 시스템의 메모리가 매우 부족한 경우 커널 패닉이나 시스템을 정지시키는 대신, 하나 (혹은 여러 개의) 프로세스를 종료시켜 시스템의 메모리를 확보하는 것이다. 따라서 시스템 전체를 손상시키지 않고, 하나 (혹은 여러 개의) 프로세스만을 종료시키기 위해 OOM 킬러가 실행된다. OOM 구현에 있어서 가장 중요한 사항은 당연히 종료시킬 프로세스를 선택하는 일이다. 시스템 전반에 걸쳐 사용되는 중요한 프로세스를 종료시켜 버리면 시스템이 손상되는 것과 마찬가지의 결과를 얻게 된다. 따라서 OOM 킬러는 매우 활발히 논의되었던 주제이며, 특히 다양한 시스템에서 동작하는 리눅스에 일반적으로 사용되는 해결책을 찾아내기가 쉽지 않았다. OOM의 설계는 이와 같은 사항들을 고려하여 변경되어 왔다. 2.6 커널에서 OOM 킬러는 모든 프로세스의 목록을 탐색하여 각 프로세스의 메모리 비적합도(badness) 값을 계산한 후, 가장 높은 메모리 비적합도를 가진 프로세스를 종료시킨다.

OOM은 메모리 부족 상황에서 시스템을 복구하기 위한 최후의 수단이다. 먼저 이러한 메모리 부족 상황이 발생하지 않도록 하는 것이 개발자의 몫이다. 다음은 메모리 누수로부터 시스템을 좀더 안전하게 보호하기 위해 사용되는 기법들을 소개한다.

- ✤ 모든 프로세스에 대해 메모리 기준치(water mark)를 설정한다: 이 기법을 사용하기 위한 첫 단계는 메모리 누수 현상을 발생시키는 프로그램을 찾아내는 일이다. 이것은 setrlimit 시스템 콜을 이용하여 시스템에 동작하는 모든 프로세스에 대해 RSS[7] 제한을 거는 방법을 통해 알아낼 수 있다. 리눅스 커널은 이와 같은 일을 수행하기 위해 setrlimit와 getrlimit라는 두 가지 시스템 콜을 제공한다. 모든 자원들은 rlimit 구조체을 통해 정의된 엄격한 제한치(hard limit)와 완화된 제한치(soft limit)를 갖는다 (sys/resource.h 헤더 파일을 참조하라). 완화된 제한치는 커널이 해당 자원의 크기를 제한하는 기준 값이다. 엄격한 제한치는 완화된 제한치를 변경할 수 있는 최대값이다. 다양한 종류의 자원 제한치를 설정할 수 있지만, 메모리와 관련된 사항 중에서 가장 중요한 것은 한 프로세스에 대해 RAM상에 존재하는 페이지의 수를 제한하는 RLIMIT_RSS이다(setrlimit 시스템 콜의 자세한 사용법은 man 페이지를 참고하길 바란다).
- ✤ 시스템의 오버 커밋(over-commit) 비활성화: 오버 커밋은 충분한 메모리 자원이 없는 경우에도 응용 프로그램에게 더 많은 동적 메모리를 할당해 주는 메모리 할당 기법이다. 오버 커밋 기능을 사용하는 아이디어는 일반적으로 데스크톱에서 실행되는 응용 프로그램들은 많은 메모리를 요구하지만 실제로는 그 대부분을 사용하지 않는다는 데 있다. 따라서 커널은 실제로 충분한 자원이 존재하는지에 대한 검사 없이 메모리 할당 요청을 허용해 준다(요구 페이징에 실제로 메모리가 사용되기 전까지 실제로 메모리 할당이 수행되지도 않는다). 임베디드 시스템에서는 다음과 같은 두 가지 이유로 인해 이 기능을 이용하지 않는 것이 좋다.
  - 많은 양의 메모리를 할당한 후 그 중 일부만을 사용하려는 응용 프로그램을 갖고 있어서는 안 된다. 이러한 응용 프로그램들은 메모리 사용에 대한 고려가 부족하며 임베디드 시스템에 맞게 최적화되어 있지 않다(만약 메모리 할당이 부주의하게 작성

역자 주 | 7) Resident Set Size의 약자로 메모리상에 실제로 존재하는 페이지 수를 말한다.

되었다면 메모리 해제에 대한 코드도 부주의하게 작성되었을 것이다).

- 응용 프로그램이 시스템에 할당할 수 있는 양보다 많은 메모리를 요청했을 때 시스템이 이를 일단 허용한 후 나중에 실제로 메모리에 접근할 때 OOM 킬러를 활성화시키는 방식보다는, 메모리 요청을 실패하게 하는 것이 낫다. 이러한 방식으로 처리하면 디버깅하기도 쉬워져서 코드를 수정하기도 편리하다. 리눅스는 사용자가 /proc/sys/vm/overcommit 파일을 통해 시스템의 오버 커밋 기능을 비활성화할 수 있도록 해 준다. 이 파일에 0을 쓰면 오버 커밋 기능이 비활성화된다.

하지만 OOM 조건이 발생한 경우에는 어떤 응용 프로그램에서 메모리 누수가 발생되는 것이라고 확신할 수 있으며, 이 경우 메모리를 사용하여 메모리 누수 현상이 발생하는 곳을 찾아내는 것이 필요하다.

8.5.1 메모리 누수 디버깅

이 절에서는 mtrace와 dmalloc 툴을 이용하여 메모리 누수를 디버깅하는 방법을 살펴본다.

mtrace

mtrace는 메모리 누수를 찾아내기 위해 glibc에서 제공하는 툴이다. 이름에서 알 수 있듯이 mtrace는 메모리의 할당과 해세를 추적한다. glibc에서는 이를 위해 다음과 같은 두 가지 함수를 제공한다.

✚ mtrace(void): 이 함수는 메모리 추적을 시작한다. mtrace( ) 함수가 호출되었을 때 이 함수는 MALLOC_TRACE 환경 변수를 찾는다. 이 변수는 사용자가 쓰기 권한을 갖고 있는 올바른 파일 이름을 포함해야 한다. 이 변수가 설정되어 있지 않거나 해당 파일에 쓰기 접근 권한이 없으면 아무런 일도 일어나지 않는다. 하지만 해당 파일이 성공적으로 열리면 mtrace는 메모리 할당 함수에 대한 특별한 처리 함수를 설정하여 해당 파일에 추적 로그를 기록한다.

✚ muntrace(void): 이 함수는 메모리 추적 처리 함수를 제거하여 추적을 종료한다.

리스트 8.4는 메모리 누수를 발생시키는 간단한 프로그램이다. 여기서는 mtrace를 사용하여 어떻게 메모리 누수를 찾아낼 수 있는지 살펴볼 것이다. 다음과 같이 프로그램을 컴파일한 후 실행시킨다.

리스트 8.4 mtrace 사용법

```c
/* leak.c */

#include <mcheck.h>
func()
{
  char *str[2];
  mtrace();
  str[0] = (char *)malloc(sizeof("memory leak start\n"));
  str[1] = (char *)malloc(sizeof("memory leak end\n"));
  strcpy(str[0], "memory leak start\n");
  strcpy(str[1], "memory lead end\n");
  printf("%s", str[0]);
  printf("%s", str[1]);
  free(str[1]);
  muntrace();
  return;
}

main()
{
  func();
}
```

```
# gcc -g leak.c -o leak
# export MALLOC_TRACE=./log
# ./a.out
# cat log
= Start
@ ./a.out:(mtrace+0xf5)[0x8048445] + 0x8049a40 0x13
@ ./a.out:(mtrace+0x105)[0x8048455] + 0x8049a58 0x11
@ ./a.out:(mtrace+0x162)[0x80484b2] - 0x8049a58
=End
```

위에서 볼 수 있듯이, mtrace를 통해 생성된 로그 파일은 꽤나 복잡하다. glibc는 (mtrace.pl 펄 스크립트에서 파생된) mtrace라는 이름의 프로그램을 제공한다. 이 프로그램은 로그 파일 의 내용을 분석하여 실제로 메모리 누수가 일어난 지점을 사람이 읽기 편한 형태로 출력해 준다.

```
# mtrace ./a.out log
Memory not freed:
-----------------
Address       Size      Caller
0x8048445     0x13  at  ./leak.c:6
```

따라서 사용자는 메모리 추적 기능이 활성화되어 있는 동안, 메모리 누수가 발생되었음을 알 수 있다. 메모리 블록의 크기는 19바이트(0x13)이며, 이것은 leak.c 파일의 6번째 줄에서 할당된 후 해제되지 않았다.

dmalloc

dmalloc은 메모리 누수 탐지와 함께 메모리 경계 검사나 힙(heap) 영역 검증과 같은 다른 기능들도 제공하는 고급 툴이다. 이 절에서는 메모리 누수 탐지를 위해 주로 dmalloc의 사용법을 다룰 것이다. dmalloc의 공식 홈페이지는 http://dmalloc.com이다.

dmalloc은 malloc, free 등과 같은 메모리 할당 API를 감싸는 래퍼 함수를 제공하는 라이브러리를 통해서 구현된다. 따라서 응용 프로그램이 dmalloc을 사용하기 위해서는 이 라이브러리와 함께 링크되어야 한다. 리스트 8.5의 예제를 통해 이 과정을 살펴볼 것이다. dmalloc_test.c 파일을 컴파일한 후 libdmalloc.a 라이브러리와 함께 링크한다.[8]

```
# ls -l libdmalloc.a
-rw-rw-r-- 1 raghav raghav  255408 Sep 4 10:48 libdmalloc.a
# gcc dmalloc_test.c -DUSE_DMALLOC -o dmalloc_test ./libdmalloc.a
```

이제 응용 프로그램을 링크했으니 실행시켜 볼 수 있다. 하지만 프로그램을 실행하기 전에 환경 변수를 통해 활성화할 런타임 디버깅 옵션과 로그가 기록될 파일 이름 등에 대한 정보를 라이브러리에게 알려 줄 필요가 있다. 이러한 환경 변수들에 대해서는 뒤에서 살펴보기로 한다.

```
# export DMALLOC_OPTIONS=debug=0x3,log=dlog
# ./dmalloc_test
```

프로그램의 출력 결과는 리스트 8.6에 나타난 것과 같다. 굵은 글씨로 표기된 부분은 메모리 누수가 일어난 횟수를 말해 준다. 파일 이름 및 라인 번호와 같은 디버깅 정보들은 제거

저자 주   8) 멀티쓰레드 프로그램은 libdmallocth.a와 함께 링크되어야 한다. 또한 C++ 프로그램은 libdmalloccxx.a와, 멀티쓰레드를 이용한 C++ 프로그램은 libdmallocthcxx.a와 함께 링크되어야 한다.

리스트 8.5 dmalloc 사용법

```c
/* dmalloc_test.c */

#include <stdio.h>
#include <stdlib.h>

#ifdef USE_DMALLOC
#include <dmalloc.h>
#endif

int main()
{
  char *test[5];
  unsigned int i;

  for (i=0; i < 5; i++)
  {
    unsigned int size = rand()%1024;
    test[i] = (char *)malloc(size);
    printf ("Allocated memory of size %d\n",size);
  }
  for (i=0; i<2; i++)
    free(test[i*2]);
}
```

리스트 8.6 dmalloc 출력

```
calling dmalloc malloc
Allocated memory of size 359
calling dmalloc malloc
Allocated memory of size 966
calling dmalloc malloc
Allocated memory of size 105
calling dmalloc malloc
Allocated memory of size 115
calling dmalloc malloc
Allocated memory of size 81
bash> cat dlog
1094293908: 8: Dmalloc version '5.3.0' from 'http://dmalloc.com'
1094293908: 8: flags = 0x3, logfile 'dlog'
1094293908: 8: interval = 0, addr = 0, seen # = 0, limit = 0
1094293908: 8: starting time = 1094293908
```

(계속)

```
1094293908: 8: process pid = 4709
1094293908: 8: Dumping Chunk Statistics:
1094293908: 8: basic-block 4096 bytes, alignment 8 bytes, heap grows up
1094293908: 8: heap address range: 0x80c3000 to 0x80ca000, 28672 bytes
1094293908: 8:     user blocks: 3 blocks, 12217 bytes (42%)
1094293908: 8:    admin blocks: 4 blocks, 16384 bytes (57%)
1094293908: 8: external blocks: 0 blocks, 0 bytes (0%)
1094293908: 8:     total blocks: 7 blocks, 28672 bytes
1094293908: 8: heap checked 0
1094293908: 8: alloc calls: malloc 5, calloc 0, realloc 0, free 3
1094293908: 8: alloc calls: recalloc 0, memalign 0, valloc 0
1094293908: 8: alloc calls: new 0, delete 0
1094293908: 8:   current memory in use: 1081 bytes (2 pnts)
1094293908: 8:  total memory allocated: 1626 bytes (5 pnts)
1094293908: 8:  max in use at one time: 1626 bytes (5 pnts)
1094293908: 8: max alloced with 1 call: 966 bytes
1094293908: 8: max unused memory space: 294 bytes (15%)
1094293908: 8: top 10 allocations:
1094293908: 8:  total-size   count   in-user-size   count  source
1094293908: 8:        1626       5           1081       2  ra=0x8048a46
1094293908: 8:        1626       5           1081       2  Total of 1
1094293908: 8: Dumping Not-Freed Pointers Changed Since Start:
1094293908: 8:   not freed: '0x80c6c00|s1' (966 bytes) from
                 'ra=0x8048a46'
1094293908: 8:   not freed: '0x80c8f00|s1' (115 bytes) from
                 'ra=0x8048a46'
1094293908: 8:  total-size   count   source
1094293908: 8:        1081       2   ra=0x8048a46
1094293908: 8:        1081       2   Total of 1
1094293908: 8: ending time = 1094293908, elapsed since start =
                 0:00:00
```

된 것에 주의하라. 이러한 정보들은 gdb나 addr2line과 같은 툴을 이용하여 얻을 수 있다. 하지만 dmalloc은 dmalloc.h 헤더 파일을 사용하여 로그 파일 내에 더 많은 디버깅 정보를 포함시키기 위한 메커니즘을 제공한다. 이 파일은 dmalloc 패키지에 포함되어 있다. 디버깅에 사용될 응용 프로그램에 링크된 모든 C 파일들은 이 헤더 파일을 포함해야 한다. 이 헤더 파일은 malloc( )이나 free( )와 같은 메모리 할당자 함수들을 __FILE__ 및 __LINE__ 과 같은 전처리기 매크로를 이용하여 선언한다. 예를 들어 dmalloc.h에 정의된 malloc( ) 함수는 다음과 같은 형태를 지닌다.

```
#undef malloc
#define malloc(size) \
  dmalloc_malloc(__FILE__, __LINE__, (size), DMALLOC_FUNC_MALLOC, 0, 0)
```

첫 번째 라인에서는 이전에 포함된 헤더 파일(stdlib.h)에서 정의되었던 malloc의 정의를 무효화한다. 말할 필요도 없이, dmalloc.h 헤더 파일은 마지막으로 포함되어야 한다.

앞의 예제에서 보았던 DMALLOC_OPTIONS 환경 변수는 실행할 런타임 디버깅 항목을 제어한다. 이 환경 변수는 직접 설정하거나 dmalloc이라는 유틸리티 프로그램을 통해 설정할 수 있다. 임베디드 시스템에서는 이 옵션을 직접 설정하기를 원할 것이다. dmalloc 유틸리티에 대한 더 많은 정보를 얻으려면 명령행에서 --usage 인수와 함께 dmalloc을 실행해 보기 바란다. DMALLOC_OPTIONS는 콤마로 분리된 다음과 같은 (중요한) 토큰들의 목록을 저장한다.

- ❖ debug: 이 토큰은 추가할 모든 기능 토큰에 대한 값을 저장하는 16진수 값이다. 기능 토큰은 런타임 디버깅 기능들을 활성화한다. 예를 들어 기능 토큰 0x1은 일반적인 로깅 통계 기능을 활성화시키고, 0x2는 메모리 누수에 대한 로그 기능을 활성화시킨다. 그래서 0x3으로 설정하면 이 두 가지 기능을 모두 활성화시키게 된다. 모든 기능 토큰들의 목록은 dmalloc 프로그램에 --DV 인수를 주어 실행시키면 확인할 수 있다.
- ❖ log: 이 옵션은 통계와 메모리 누수 및 다른 에러들에 대한 로그를 기록할 파일의 이름을 설정한다.
- ❖ addr: 이 옵션이 설정되면, dmalloc은 해당 주소에 대한 동작이 이루어질 때 종료된다.
- ❖ inter: 이 옵션은 힙 검사 기능이 활성화되어 있는 경우에만 사용된다. 예를 들어 이 값이 10으로 설정되면 라이브러리 함수가 10번 호출될 때마다 힙을 검사한다.

8.5.2 메모리 오버플로 디버깅

C 언어는 사용하기에 쉽지만 버퍼 오버플로를 방지하지 못하는 안전하지 못한 언어이다. C 라이브러리 내의 많은 함수들은 (악명 높은 gets( ) 함수와 같이) 사용하기에 안전하지 못하다고 문서화되어 있으며, 부주의한 프로그래머가 이러한 함수들을 사용하여 시스템의 보안 결점을 드러내는 것을 막지 못한다. 다음은 이러한 부주의한 프로그램에 의해 발생되는 몇 가지 보안 취약점들의 목록이다.

- ❖ 코드 실행 변경: 버퍼 오버플로를 통해 스택 내의 반환 주소나 메모리상의 임의의 함

수 포인터를 변경할 수 있다.

❖ **데이터 변수 덮어쓰기**: 변수는 데이터베이스 연결 문자열과 같은 중요한 정보를 포함
하고 있을 수도 있다.

인터넷에서 어떤 응용 프로그램의 소스 코드를 다운로드 받은 후, 해당 코드가 오버플로를
일으킬 수 있는지 검사하기 위해 사용할 수 있는 몇 가지 툴들이 존재한다. 주로 버퍼 오버
플로 문제를 찾기 위해 작성된 프로그램은 Electric Fence이다. dmalloc도 이러한 메모
리 경계 검사를 수행할 수 있다. 하지만 dmalloc에서 제공하는 함수들은 전적으로 소프트
웨어를 통해 구현되었기 때문에 아주 단순한 기능만을 제공한다. dmalloc 방식에는 다음과
같은 두 가지 결점이 존재한다.

❖ dmalloc은 할당된 메모리 영역의 주위에 매직 넘버[9]를 채운 후, 이 매직 넘버들이 덮
어써지지 않았는지 검사하는 방식을 사용한다. 이 검사를 수행하는 주기는 inter 디버
깅 토큰을 통해 제어할 수 있다. 이 방식은 오버플로가 발생한 경우에 효율적으로 이
를 인식할 수는 있지만, 오버플로를 발생시킨 부분을 찾아내기에는 적합하지 않다.

❖ dmalloc은 오직 버퍼 경계를 벗어난 쓰기 연산만을 찾아낼 수 있으며, 버퍼 영역을 벗
어난 읽기 연산은 찾아낼 방법이 없다.

Electric Fence는 하드웨어를 이용해서 버퍼 경계를 벗어난 읽기와 쓰기 연산을 정확하게
찾아낸다. 추가적으로, 소프트웨어가 이미 해제된 메모리 영역에 접근하는 경우도 탐지해
낼 수 있다. Electric Fence는 모든 메모리 요청에 대해 별도로 페이지를 할당하고 버퍼 영
역을 벗어난 페이지에 대해 읽기와 쓰기 접근을 금지시킨다. 따라서 소프트웨어가 메모리
영역의 경계를 벗어나면 세그멘테이션 폴트가 일어난다. 마찬가지로 free( ) 함수에 의해
해제된 메모리 영역도 가상 메모리 보호 기능을 통해 접근을 금지해 두면, 이후의 해당 메
모리에 대한 접근이 일어나는 경우 세그멘테이션 폴트를 발생시키게 된다.

Electric Fence는 libefence.a 라이브러리의 형태로 이용할 수 있으며, 이 라이브러리는 버
퍼 오버플로를 디버깅할 응용 프로그램에 링크되어야 한다. 리스트 8.7은 Electric Fence의
사용법을 보여준다. 여기서 볼 수 있듯이, Electric Fence를 사용할 때는 버퍼 오버플로를
일으키는 코드에 대한 완전한 디버깅 정보를 얻을 수 있도록 gdb를 통해 응용 프로그램을
실행하도록 권장한다. 이 예제는 버퍼 오버플로가 일어나는 경우를 보여준다. Electric

리스트 8.7 Electric Fence 사용법

```
/* efence-test.c */

#include <stdio.h>

main()
{
  int i,j;
  char * c = (char *)malloc(20);
  printf("start of efence test\n");
  for(i=0; i < 24; i++)
    c[i] = 'c';
    free(c);
    printf("end of efence test\n");
  }

# ls -l libefence.a
-rw-rw-r--  1  raghav  raghav  76650 Sep  4  20:38 libefence.a

# gcc -g efence-test.c -L. -lefence -lpthread -o efence-test
# gdb ./efence-test

...
(gdb) run
Starting program: /home/raghav/BK/tmp/memory-debugging/src/efence/
efence-test
[New Thread 1073838752 (LWP 6413)]

Electric Fence 2.4.10
Copyright (C) 1987-1999 Bruce Perens <bruce@perens.com>
Copyright (C) 2002-2004
Hayati Ayguen <hayati.ayguen@epost.de>, Procitec GmbH
start of efence test:4004dfec

Program received signal SIGSEGV, Segmentation fault.
[Switching to Thread 1073838752 (LWP 6413)]
0x08048a20 in main () at efence-test.c:9
9                   c[i] = 'c';
(gdb) print i
$1 = 20
 (gdb)
```

Fence를 통해 버퍼 언더플로도 찾아낼 수 있지만, 이를 위해서는 응용 프로그램을 실행하기 전에 EF_PROTECT_BELOW 환경 변수를 설정(export)해야 한다. Electric Fence는 기본적으로 버퍼 오버플로만을 검사하기 위해 모든 메모리 할당 뒤에 접근할 수 없는 메모리 영역을 추가하기 때문이다. 이 환경 변수를 설정해 두면 할당된 메모리 영역 앞에 접근할 수 없는 영역을 추가하도록 한다. 따라서 응용 프로그램이 오버플로나 언더플로가 일어나지 않음을 확인하기 위해서는 Electric Fence와 함께 응용 프로그램을 두 번 실행해야 한다. 첫 번째는 EF_PROTECT_BELOW 환경 변수를 설정하지 않은 채로 오버플로를 검사하고, 두 번째는 이 환경 변수를 설정하여 언더플로를 검사한다.

Electric Fence는 최소한 모든 메모리 할당에 대해 최소한 한 페이지 이상의 메모리를 할당할 것을 요구하므로, 꽤 많은 메모리를 차지할 수 있다. 따라서 디버깅 시스템에서만 Electric Fence를 사용할 것을 추천하며, 제품을 생산하는 단계에서는 이 기능을 비활성화해야 한다.

8.5.3 메모리 손상 디버깅

메모리 손상은 메모리 주소가 잘못된 프로그램의 동작을 일으키는 잘못된 값으로 변경되는 것을 말한다. 앞 절에서 살펴본 버퍼 오버플로도 메모리 손상의 한 형태이다. 메모리 손상의 몇 가지 일반적인 예는 다음과 같다.

- ❖ 초기화되지 않은 값으로 설정된 메모리 포인터에 대한 참조가 일어나는 경우
- ❖ 메모리 포인터가 잘못된 값으로 쓰여진 후 참조되는 경우
- ❖ 해당 메모리가 해제된 이후에 참조되는 경우

이러한 버그들은 발견하기가 무척 어렵다. 이러한 상황을 발생시킬 수 있는 코드를 직접 찾아내는 것은 전체 코드 베이스를 확인해야 하는 무척 어려운 일이다. 이와 같은 메모리 손상을 검사해 주는 프로그래밍 툴인 Valgrind에 대해 살펴보자. Valgrind는 프로젝트 홈페이지인 http://valgrind.org에서 다운로드 받을 수 있다.

다음은 Valgrind의 중요한 기능들을 나열해 보았다.

역자 주 | 10) 이 글을 번역하는 현재 최신 버전인 3.2.1은 x86/Linux, AMD64/Linux, PPC32/Linux, PPC64/Linux에서 동작한다.

❖ Valgrind는 x86상에서 동작하는 리눅스에서만 실행된다.[10] 이것은 x86 아키텍처를 기반으로 하지 않는 임베디드 시스템에서 Valgrind를 사용할 수 없게 만드는 주요 원인이 될 것으로 보인다. 하지만 많은 임베디드 개발 프로젝트는 개발 중인 응용 프로그램을 타깃에 포팅하기 전에 먼저 x86 기반의 플랫폼에서 테스트한다. 왜냐하면 응용 프로그램이 개발 중일 때, 타깃을 아직 이용하지 못하는 경우도 있을 수 있기 때문이다. 이러한 경우 개발자들은 자신의 응용 프로그램을 타깃으로 옮기기 전에 x86 플랫폼에서 메모리 손상이 일어날 수 있는지 철저히 테스트할 수 있다.

❖ Valgrind는 OS와 라이브러리에 밀접하게 연관되어 있다. 이 글을 쓰는 시점에서 Valgrind 2.2.0 배포판은 2.4 혹은 2.6 대의 리눅스 커널과 glibc 버전 2.2.x 혹은 2.3.x 대와 함께 사용하도록 되어 있다.

❖ 응용 프로그램을 다시 빌드할 필요 없이 곧바로 Valgrind와 함께 사용할 수 있다. 예를 들어 ps 명령을 Valgrind와 함께 사용하고 싶다면 리스트 8.8에 보이는 방식처럼 동작시킬 수 있다.

❖ Valgrind는 응용 프로그램이 동작할 x86 CPU를 시뮬레이트하는 방식으로 동작한다. 그 결과 Valgrind가 관리하는 (시스템 콜, 메모리 할당 함수 등의) 함수 호출을 가로채

리스트 8.8 Valgrind 예제

```
shell> valgrind ps
==4187== Memcheck, a.k.a. Valgrind, a memory error detector for
         x86-linux
==4187== Copyright (C) 2002-2003, and GNU GPL'd, by Julian Seward.
==4187== Using valgrind-2.0.0, a program supervision framework for
         x86-linux.
==4187== Copyright (C) 2000-2003, and GNU GPL'd, by Julian Seward.
==4187== Estimated CPU clock rate is 2194 MHz
==4187== For more details, rerun with: -v
==4187==
 PID TTY          TIME CMD
3753 pts/3     00:00:00 bash
4187 pts/3     00:00:00 ps
==4187== discard syms in /lib/libnss_files-2.3.2.s0 due to munmap()
==4187==
==4187== ERROR SUMMARY: 0 errors from 0 contexts (suppressed: 2 from 1)
==4187== malloc/free: in use at exit: 125277 bytes in 117 blocks.
==4187== malloc/free: 353 allocs, 236 frees, 252784 bytes allocated.
==4187== For a detailed leak analysis, rerun with: --leak-check=yes
==4187== For counts of detected errors, rerun with: -v
```

통계를 내게 되므로 프로그램은 더 느리게 수행된다. 또한 응용 프로그램이 Valgrind와 함께 사용되면 더 많은 메모리를 소모하려고 한다. Valgrind는 메모리 손상을 검사하는 것뿐만 아니라 캐시 프로파일링, 멀티쓰레드 프로그램에서의 경쟁 조건 탐지와 같은 기능을 제공하는 고급 툴이다. 하지만 이 절에서는 Valgrind를 통해 메모리 손상을 디버깅하는 것에만 초점을 맞출 것이다. 다음은 Valgrind를 이용해서 수행할 수 있는 메모리 검사의 목록이다.

- 초기화되지 않은 메모리의 사용

- 메모리 누수

- 메모리 오버플로

- 스택 손상

- 할당된 메모리가 해제된 후 해당 메모리 포인터에 대한 사용

- 매치되지 않는 malloc/free 포인터

Valgrind 아키텍처는 코어 계층과 스킨 계층의 두 부분으로 나눌 수 있다. 코어 계층은 모든 실행 코드를 자신의 op코드(opcode)로 변환하는 x86 시뮬레이터이다. 변환된 op코드는 검사할 코드를 추가(instrumentation)한 후에 실제 CPU에서 실행된다. 이러한 검사 코드의 추가는 선택한 스킨 형식에 따라 정해진다. Valgrind의 구조는 매우 모듈화되어 있어서 새로운 스킨을 쉽게 코어에 적용할 수 있다.

우리는 메모리 검사용 스킨인 memcheck에 대해 집중적으로 살펴볼 것이다. 이 스킨은 Valgrind에서 기본으로 사용되는 스킨이다(다른 스킨을 사용하기 위해서는 Valgrind를 실행할 때 명령행에서 --skin 인수를 통해 지정해야 한다). memcheck는 사용하는 메모리의 모든 바이트에 V(올바른 값) 비트와 A(올바른 주소) 비트 값을 연관시키는 방식으로 동작한다.[11] V 비트는 프로그램 내에서 해당 바이트의 값을 정의했는지를 나타낸다. 예를 들어 메모리 영역 내의 초기화된 바이트는 V 비트가 적절한 값으로 설정되어 있다. 따라서 초기화되지 않은 비트는 A 비트를 통해 추적할 수 있다. A 비트는 접근하는 메모리의 위치가 올바른지를 나타낸다. 마찬가지로 malloc( ) 함수를 통해 메모리 할당이 요청되면, 할당된 모든 메모리 바이트에 해당하는 A 비트가 적절한 값으로 설정된다. 또 다른 스킨인 addrcheck는 정의

되지 않은 값을 검사하는 기능을 제외한 memcheck의 모든 기능을 제공한다. addrcheck 는 A 비트만을 사용하는 가벼운 메모리 검사 툴로서, memcheck보다 빠르고 가볍게 동작 한다.

이제 Valgrind를 사용하는 실제 경우를 살펴보기로 한다. 첫 번째 예제는 Valgrind가 어떻게 초기화되지 않은 변수를 인식하는지를 보여준다. Valgrind는 초기화되지 않은 변수가 아래 와 같이 조건문에서 사용되거나 메모리 주소를 생성하기 위해 사용되는 경우를 찾아낸다.

```c
#include <stdlib.h>
main( )
{
   int *p;
   int c = *p;
   if (c == 0)
       ...
   return;
}
```

이 프로그램을 Valgrind와 함께 실행시키면 다음과 같은 출력을 생성할 것이다.

```
== 4409 == Use of uninitialized value of size 4
== 4409 ==    at 0x804833B: main (in /tmp/x)
== 4409 ==    by 0x40258A46: __libc_start_main (in /lib/libc-2.3.2.so)
== 4409 ==    by 0x8048298: ??? (start.S:81)
== 4409 ==
== 4409 == ERROR SUMMARY: 1 errors from 1 contexts
          (suppressed: 0 from 0)
== 4409 == malloc/free: in use at exit: 0 bytes in 0 blocks.
== 4409 == malloc/free: 0 allocs, 0 frees, 0 bytes allocated.
```

두 번째 예제는 Valgrind가 어떻게 메모리가 해제된 이후에 일어나는 메모리 포인터 역참 조를 찾아내는지를 보여준다.

```c
#include <stdlib.h>
main( )
{
   int *i = (int *)malloc(sizeof(int));
   *i = 10;
   free(i);
   printf("%d\n",*i);
}
```

이 프로그램을 Valgrind와 함께 실행시키면 다음과 같은 출력을 생성할 것이다.

```
== 4437 == 1 errors in context 1 of 1:
== 4437 == Invalid read of size 4
== 4437 ==    at 0x80483CD: main (x.c:6)
== 4437 ==    by 0x40258A46: __libc_start_main (in /lib/libc-2.3.2.so)
== 4437 ==    by 0x8048300: ??? (start.S:81)
== 4437 ==    Address 0x411C7024 is 0 bytes inside a block of
              size 4 free'd
```

8.6 커널 디버거

하나의 디버거만으로 모든 소프트웨어를 디버깅할 수 있는 기존 RTOS와는 달리, 리눅스 기반의 시스템은 커널 디버거와 응용 프로그램 디버거라는 두 가지 디버거를 필요로 한다. 이것은 커널과 응용 프로그램이 별도의 주소 공간을 사용하기 때문이다. 이 절에서는 두 가지 대중적인 커널 디버거인 KDB와 KGDB에 대해서 설명한다.

리눅스 커널은 내장된 디버거를 갖고 있지 않으며 커널 디버거는 별도의 프로젝트로 관리된다.[12] KDB와 KGDB는 서로 다른 실행 환경과 다양한 기능들을 제공한다. KDB는 리눅스 커널의 일부로서, 메모리와 커널 자료 구조와 같은 여러 요소들을 실행 시에 표시할 수 있는 메커니즘을 제공하는 반면, KGDB는 GDB와 함께 사용되며 타깃에서 실행되는 KGDB 스텁과 통신할 수 있는 호스트 머신을 필요로 한다. 표 8.2는 KDB와 KGDB를 비교한 것이다.

KDB의 사용법은 두 가지 단계로 구분할 수 있다.

* ❖ KDB 패치를 적용한 커널 빌드: 표 8.2에 있는 웹 사이트에서 패치를 다운로드 받은 후 커널 소스 트리에 적용한다. 커널 설정 메뉴에서 KDB를 활성화시킨 후에 커널을 빌드한다.
* ❖ KDB가 활성화된 커널 실행: 빌드 설정인 KDB_OFF는 커널이 부팅할 때 KDB가 활성화될지 아닐지를 결정한다. 이 옵션이 선택되면 KDB가 활성화되지 않는다. 이 경우

표 8.2 KDB와 KGDB 비교

	KDB	KGDB
디버거 환경	KDB는 커널 내부에 포함되어 빌드되어야 하는 디버거이다. KDB는 명령을 입력받고 출력을 표시하기 위한 콘솔을 필요로 한다.	KGDB는 직렬 케이블상에서 GDB 프로토콜을 통해 타깃과 통신할 디버거를 일반 프로세스로 실행시킬 수 있는 개발용(호스트) 머신을 필요로 한다. 최신 버전의 KGDB는 이더넷 인터페이스도 지원한다.
커널 지원/ 패치 필요	KDB는 두 가지 패치를 필요로 한다. 하나는 아키텍처에 독립적인 부분을 구현한 일반 커널 패치이며, 다른 하나는 아키텍처에 종속적인 부분을 구현한 패치이다.	KGDB는 다음과 같은 세 가지 요소를 포함하는 하나의 패치를 사용한다. • 타깃에서 사용될 GDB 프로토콜을 구현한 GDB 스텁 • 타깃과 개발용 머신 간에 메시지를 송수신하기 위해 수정된 직렬(혹은 이더넷) 드라이버 • 예외가 발생하면 디버거로 제어를 넘기도록 수정된 예외 처리 함수
소스-레벨의 디버깅 지원	지원하지 않는다.	커널이 개발용 머신상에서 –g 플래그와 함께 컴파일되고 커널 소스 트리에 접근할 수 있다면 소스-레벨의 디버깅을 지원한다. 디버거가 실행되는 개발용 머신에서 –g 옵션은 gcc가 컴파일 시에 디버깅 정보를 생성하도록 지정하며 소스 파일들과 함께 커널의 소스-레벨 디버깅을 지원한다.

KDB는 다음과 같은 두 가지 방법 중의 하나를 통해 명시적으로 활성화되어야 한다. 첫 번째 방법은 커널의 부트 옵션인 kdb=on을 전달하는 것이고, 두 번째 방법은 /proc/sys/kernel/kdb 파일을 사용하여 다음과 같이 활성화하는 것이다.

```
echo "1" > /proc/sys/kernel/kdb
```

KDB 명령어의 목록은 패치가 적용된 커널 소스 트리 내의 Documentation/kdb 디렉토리에서 찾아볼 수 있다.

KGDB의 사용법은 세 가지 단계로 구분할 수 있다.

❖ KGDB 패치를 적용한 커널 빌드: 이 단계에서는 KGDB 커널 패치를 다운로드 받아서 커널에 적용한다. 그리고 커널 설정 메뉴에서 KGDB 지원을 활성화한 후, 커널을 빌드한다.

표 8.2 (계속)

	KDB	KGDB
제공하는 기능	가장 널리 사용되는 KDB의 디버깅 기능들은 아래와 같다. • 메모리와 레지스터 값의 표시 및 수정 • 중단점 표시 • 스택 역추적(backtrace) 사용자가 지정한 중단점은 물론 커널이 시스템 패닉이나 OOPS와 같은 복구할 수 없는 에러 상태에 도달하면 KDB가 호출된다. 사용자는 KDB의 출력을 통해 문제점을 진단할 수 있다.	GDB의 실행 제어, 스택 추적, 쓰레드 분석 등의 기능들과 KGDB에 종속적인 감시점(watchpoint) 등을 제공한다.
커널 모듈 디버깅	KDB는 커널 모듈 디버깅을 지원한다.	KGDB를 이용하여 커널 모듈을 디버깅하기 위해서는 약간의 트릭이 필요하다. 왜냐하면 모듈은 타깃 머신에 로드되고 디버거(GDB)는 다른 (개발용) 머신에서 실행되기 때문이다. 따라서 KGDB는 모듈이 로드된 주소 정보를 얻을 필요가 있다. KGDB 1.9는 자동으로 모듈의 로드/언로드를 인식할 수 있는 특별한 GDB를 수반한다. 1.8 이전의 버전들은 GDB 명령인 add-symbol-file을 이용하여 명시적으로 모듈 객체를 로드 주소와 함께 GDB의 메모리에 로드해야 한다.
웹 사이트	http://oss.sgi.com/projects/kdb/	http://kgdb.linsyssoft.com/

❖ **GDB 프로토콜을 이용하여 타깃과 호스트 머신의 연결:** 커널이 부팅되면 KGDB 프로토콜을 통해 호스트와 연결되기를 기다리며 다음과 같은 메시지를 출력한다.

```
Waiting for connection from remote gdb...
```

호스트 머신에서 사용자가 gdb를 실행하여 타깃 머신에 연결하면 타깃 머신의 커널이 부팅을 계속할 것이다.

❖ **디버거를 이용한 커널 디버깅:** 위 단계가 수행되면 표준 GDB 명령을 통해 커널을 원격 디버깅할 수 있다.

8.7 프로파일링

프로파일링(profiling)은 프로그램이 실행되는 과정에서 발생하는 병목 지점을 찾기 위한 방법으로, 이를 통해 프로그램의 성능을 개선할 수 있다. 프로파일링에 관련된 몇 가지 중요한 질문들이 있다.

- ❖ 왜 프로파일링을 해야 하는가? 대부분의 임베디드 시스템은 전체 메모리 크기나 CPU 클록 등의 자원을 매우 적게 갖고 있다. 따라서 이러한 자원들을 효율적으로 사용하는 것이 매우 중요하다. 프로파일링을 통해 프로그램 내에 존재하는 여러 병목 지점들을 찾아낼 수 있다. 이러한 병목 지점들을 수정함으로써 시스템의 성능을 증가시키고 자원을 효율적으로 이용할 수 있게 된다.

- ❖ 프로파일링은 무엇을 측정하는가? 프로파일링을 통해 프로그램의 각 부분에 대한 실행 시간의 백분율이나 프로그램의 여러 모듈에서 사용하는 메모리의 양 등의 정보를 얻을 수 있다. 디바이스 드라이버의 경우에는 인터럽트를 비활성화시킨 전체 시간 등에 대한 정보도 얻을 수 있다.

- ❖ 프로파일링의 결과를 어떻게 사용하는가? 프로파일링의 결과는 프로그램을 최적화하기 위해 사용할 수 있다. 코드 내에서 문제가 있을 만한 부분은 더 나은 알고리즘을 통해 새로 작성할 수 있다.

- ❖ 프로파일링 툴이란 무엇인가? 프로파일링 툴의 역할은 실행 중에 찾아낸 병목 지점에 해당하는 소스 코드를 찾아주는 것이다. 또한 프로파일링 데이터를 그래프나 히스토그램과 같은 사람이 읽기 쉬운 형태로 표시해 주는 일도 수행한다.

- ❖ 프로파일링을 위한 환경은 어떻게 구성해야 하는가? 프로그램을 프로파일링할 때는 실제와 같은 입력이 주어져야 한다. 좀더 정확한 프로파일링 결과를 얻기 위해서는 모든 디버깅 정보들도 비활성화되어야 한다. 마지막으로 프로파일링 툴 자체에 의한 부하도 결과에 영향을 미친다는 것을 생각해야 한다.

이 절에서는 eProf, OProfile, KFI(Kernel Function Instrumentation)의 세 가지 프로파일링 툴을 살펴보기로 한다. 먼저 프로그램 개발 과정에서 사용될 수 있는 임베디드 프로파일러인 eProf에 대해서 살펴보고, 매우 강력한 프로파일링 툴인 OProfile에 대해서 살펴본다. 마지막으로 커널 함수들을 프로파일링할 수 있는 KFI에 대해서 살펴볼 것이다. 이 프로파일러들은 프로그램의 성능을 평가하는 여러 요소들 가운데 주로 실행 시간에 초점을 맞춘 것이다.

8.7.1 eProf – 임베디드 프로파일러

프로그램 개발 단계에서 어떤 함수의 수행 시간을 알고 싶거나 프로그램 내의 한 지점에서 다른 지점까지 도달하는 데 걸리는 시간을 알고 싶은 경우가 있을 것이다. 이 단계에서는 아직 완전한 기능의 프로파일러를 사용할 필요는 없다. 독자들은 각자가 원하는 간단한 프로파일링을 수행하는 독자적인 프로파일러를 작성할 수 있다(필자는 이것을 eProf라고 부른다). eProf는 함수 기반의 프로파일러이다. eProf에서 제공하는 인터페이스들은 프로그램 내에 포함되어, 프로그램 내의 두 지점 사이의 실행 지연 시간을 측정할 수 있다. eProf는 여러 개의 프로파일러 인스턴스를 제공하며 각각의 인스턴스는 동시에 서로 다른 프로그램 내의 지점에 대한 시간 차이를 계산할 수 있다. eProf에서 제공하는 인터페이스들을 표 8.3 에 나타내었다.

먼저 이 인터페이스들의 사용법에 대해서 살펴본 후 구현에 대해서 살펴보기로 한다. 리스트 8.9에서는 동시에 수행되는 두 함수를 프로파일링할 것이다. 리스트 8.9의 프로그램을 실행시키면 다음과 같은 결과를 출력한다.

```
# gcc -o prof prof.c eprof.c -lpthread
# ./prof

eProf Result:
ID name                          calls   usec/call
-------------------------------------------------------
0: func1                             1    10018200
1: func2                            10      501894
```

eprof_print는 모든 인스턴스에 대한 프로파일링 데이터를 출력한다. 결과는 다음과 같은 형태로 출력된다.

표 8.3 eProf 함수

인터페이스	설명
eprof_init	프로파일러 서브시스템을 초기화한다.
eprof_alloc	프로파일러 인스턴스를 할당한다.
eprof_start	프로파일링을 시작한다.
eprof_stop	프로파일링을 중지한다.
eprof_free	프로파일러 인스턴스를 해제한다.
eprof_print	프로파일링 결과를 출력한다.

리스트 8.9 eProf 사용법

```c
/* prof.c */

#include <pthread.h>

/*
 * eProf 헤더 파일. eProf의 여러 인터페이스들에 대한 소스 코드는
 * eprof.c 파일 내에 존재한다.
 */
#include "eprof.h"
#define MAX_LOOP 10     // 루프 횟수

/*
 * 이 함수는 별도의 쓰레드에서 수행된다.
 * 여기서는 함수의 메인 루프가 실행되는 데 걸린 시간을 프로파일링한다.
 */
void func_1(void * dummy){
  int i;
  /*
   * 프로파일러 인스턴스를 할당한다.
   * 이 인스턴스의 이름은 'func1'로 설정한다.
   */
  int id = eprof_alloc("func1");

  /*
   * 프로파일러를 시작한다.
   * 이 함수의 인수는 eprof_alloc에서 반환된 인스턴스 ID이다.
   */
  eprof_start(id);

  /* 이 루프를 프로파일링할 것이다. */
  for (i = 0; i < MAX_LOOP; i++){
     usleep(1000*1000);
  }

  /*
   * 프로파일러를 중지시킨다.
   * 이 프로파일링 결과는 프로그램의 마지막 부분에서 출력할 것이다.
   */
  eprof_stop(id);
}

/*
 * 이 예제에서는 루프 내의 반복 실행 부분을 각각 프로파일링한다.
```

(계속)

```c
 * 이 함수는 main에서 호출된다.
 */
void func_2(void){
    int i;
    /* 프로파일러 인스턴스를 할당한다. */
    int id = eprof_alloc("func2");

    /*
     * 아래에서 볼 수 있듯이 eprof_start와 eprof_stop 쌍은 여러 번 호출된다.
     * 프로파일러는 이 함수들이 호출된 전체 횟수와 그 평균 시간을 표시한다.
     */
    for (i = 0; i < MAX_LOOP; i++){
        /* 프로파일러를 시작한다. */
        eprof_start(id);
        usleep(500*1000);
        /* 프로파일러를 중지시킨다. */
        eprof_stop(id);
    }
}


/*
 * 응용 프로그램의 메인 함수. 여기서는 쓰레드를 생성하여 func_1 함수를 실행한다.
 * 그리고 func_2 함수를 호출하고 쓰레드가 종료하기를 기다린다.
 * 마지막으로 프로파일링 결과를 출력한다.
 */
int main(){
    pthread_t thread_id;

    /*
     * eProf를 초기화한다.
     * 이 과정은 프로그램이 시작될 때 오직 한 번만 이루어져야 한다.
     */
    eprof_init();
    /* func_1 함수를 실행하는 쓰레드를 생성한다. */
    pthread_create(&thread_id, NULL, func_1, NULL);
    /* func_2 함수를 실행한다. */
    func_2();
    /* 쓰레드가 종료되기를 기다린다. */
    pthread_join(thread_id, NULL);
    /* 프로파일링 결과를 출력한다. */
    eprof_print();
    return 0;
}
```

❖ 프로파일러 인스턴스 ID

❖ 프로파일러 인스턴스 이름(label)

❖ 해당 인스턴스가 호출된 횟수(즉, eprof_start와 eprof_stop 쌍이 호출된 횟수)

❖ eprof_start와 eprof_stop 사이의 코드가 실행된 평균 실행 시간(usec 단위)

eProf 구현

이 절에서는 eProf의 구현에 대해서 살펴본다.

```
/*** eprof.c ***/
#include <stdio.h>
#include <sys/time.h>
```

MAX_INSTANCE는 eProf에서 지원하는 프로파일러 인스턴스의 최대 개수를 정의한다. 더 많은 프로파일러 인스턴스를 지원하고 싶은 경우에는 이 값을 변경할 수 있다.

```
#define MAX_INSTANCE  5
```

eProf 자료 구조는 현재 타임스탬프를 포함하는 eprof_curr를 포함하며, 이 값은 eprof_start( ) 함수에 의해 채워진다. eprof_diff에는 eprof_stop( ) 함수에 의해 기록된 타임스탬프와 eprof_start( ) 함수에 의해 기록된 타임스탬프의 차이를 저장한다. eprof_calls는 주어진 인스턴스에 대해 eprof_start와 eprof_stop 쌍이 호출된 횟수를 저장한다. 마지막으로 eprof_label은 인스턴스의 이름을 저장하며, 이것은 eprof_alloc( ) 함수 내에서 수행된다.

```
/* 현재 타임스탬프를 저장한다. eprof_start( ) 함수에서 사용된다. */
long long int eprof_curr[MAX_INSTANCE];
/*
 * timestamp(eprof_stop) - timestamp(eprof_start).
 * eprof_stop( ) 함수에서 사용된다.
 */
long long int eprof_diff[MAX_INSTANCE];
/*
 * {eprof_start, eprof_stop} 쌍이 호출된 횟수
 */
long eprof_calls[MAX_INSTANCE];
/* 인스턴스 이름 */
char * eprof_label[MAX_INSTANCE];
```

get_curr_time( ) 함수는 eProf의 핵심 부분이다. 여기서는 현재 타임스탬프 값을 기록한

다. 보다 정밀한 프로파일링 결과를 얻기 위해서는 고정밀 클록 소스를 이용하여 이 함수를
구현해야 한다. 이를 위해서 다음과 같은 방법들을 사용할 수 있다.

- ✤ 펜티엄 프로세서의 TSC(Time Stamp Counter)와 같은 하드웨어 카운터를 사용한다.
  TSC를 이용한 get_curr_time( ) 함수의 구현은 다음과 같을 것이다.

```c
static unsigned long long get_curr_time( )
{
  unsigned long long int x;
  __asm__ volatile("rdtsc" : "=A"(x));

  /* x를 마이크로초(usec) 단위로 변환한다. */

  return x;
}
```

- ✤ 가능한 경우 POSIX의 고정밀 타이머(HRT)를 이용한다. HRT의 사용법은 7장을 참고
  하기 바란다.
- ✤ 만약 독자가 사용하는 타깃 보드에서 고정밀 하드웨어 타이머를 제공한다면 이를 이
  용할 수 있다. 일반적으로 하드웨어 타이머에 접근하는 인터페이스들은 사용자 공간
  에서 사용할 수 없을 것이다. 이러한 인터페이스들을 사용자 공간에 제공하기 위해서
  는 6장에서 설명한 kapi 드라이버를 사용할 수 있다.
- ✤ 마지막으로 아무런 하드웨어 클록 소스도 사용할 수 없는 경우에는 gettimeofday를
  이용하여 현재 타임스탬프 값을 얻을 수 있다. gettimeofday의 정밀도는 시스템 클록
  에 의해 결정된다. 따라서 HZ 값이 100인 시스템에서는 정밀도가 10msec가 되고,
  HZ가 1000인 시스템에서는 정밀도가 1msec가 된다.

```c
/* 현재 타임스탬프 값을 반환한다. */
static unsigned long long get_curr_time( ){
  struct timeval tv;
  gettimeofday(&tv,NULL);
  return tv.tv_sec*1000000 + tv.tv_usec;
}
```

eprof_init는 여러 자료 구조들을 초기화한다.

```c
/* Initialize */
void eprof_init ( ) {
  int i;
```

```
  for (i=0; i<MAX_INSTANCE; i++) {
    eprof_diff[i] = 0;
    eprof_curr[i] = 0;
    eprof_calls[i] = 0;
    eprof_label[i] = NULL;
  }
}
```

eprof_alloc( ) 함수는 프로파일러 인스턴스를 할당한다. 이 함수는 eprof_label 배열의
NULL 엔트리를 찾아서 해당 인덱스를 반환한다.

```
int eprof_alloc(char *label) {
  int id;
  for (id = 0; id < MAX_INSTANCE && eprof_label[id] != NULL; id++)
    ;
  if (id == MAX_INSTANCE)
    return -1;
  /* 인스턴스의 이름을 저장하고 인덱스를 반환한다. */
  eprof_label[id] = label;
  return id;
}
```

eprof_start( ) 함수는 현재 타임스탬프 값을 eprof_curr 배열에 저장한다.

```
void eprof_start(int id) {
  if (id >= 0 && id <  MAX_INSTANCE)
    eprof_curr[id] = get_curr_time( );
}
```

eprof_stop( ) 함수는 현재 타임스탬프 값과 eprof_curr에 저장된 타임스탬프 값의 차이를
eprof_diff 배열에 저장한다. eprof_curr은 eprof_start( ) 함수에서 설정된다는 것을 기억
하자. 이 함수는 또한 프로파일러 인스턴스가 호출된 횟수를 eprof_calls 배열에 기록한다.

```
void eprof_stop(int id) {
  if (id >= 0 && id <  MAX_INSTANCE) {
   eprof_diff[id] += get_curr_time( ) - eprof_curr[id];
   eprof_calls[id]++;
  }
}
```

eprof_free( ) 함수는 주어진 이름에 해당하는 엔트리를 eprof_label 배열에서 해제한다.

```
void eprof_free(char *label){
  int id;
  for (id = 0; id < MAX_INSTANCE &&
            strcmp(label, eprof_label[id]) != 0; id++)
    ;
  if (id < MAX_INSTANCE)
    eprof_label[id] = NULL;
}
```

eprof_print( ) 함수는 정형화된 결과를 확인하기 위한 함수로, 모든 프로파일러 인스턴스의 프로파일링 데이터를 출력한다.

```
void eprof_print ( ) {
  int i;
  printf ("\neProf Result:\n\n"
    "%s  %.15s  %20s     %10s\n"
   "------------------------------------------------------\n",
    "ID", "name",  "calls", "usec/call");
  for (i=0; i<MAX_INSTANCE; i++) {
    if (eprof_label[i]) {
        printf ("%d: %.15s %20d",
              i, eprof_label[i], eprof_calls[i]);
        if (eprof_calls[i])
          printf(" %15lld", eprof_diff[i] / eprof_calls[i]);
        printf ("\n");
    }
  }
}
```

8.7.2 OProfile

OProfile은 리눅스를 위한 프로파일링 툴로, 커널, 공유 라이브러리, 응용 프로그램을 포함한 전체 시스템의 동작 성능을 파악할 수 있다. OProfile은 또한 커널 모듈이나 인터럽트 처리 함수 등의 프로파일링도 수행할 수 있다. 이것은 백그라운드에서 낮은 오버헤드로 시스템 정보를 수집하도록 투명하게 실행된다.

이 절에서는 OProfile을 리눅스 2.6 커널에서 사용하는 방법을 살펴볼 것이다. 이를 위해서는 커널 설정 시에 CONFIG_OPROFILE 옵션을 설정한 후 다시 빌드할 필요가 있다. 또한 사용할 타깃에 맞게 OProfile을 크로스 컴파일해야 한다. 8.2절의 크로스 컴파일 과정과 http://oprofile.sourceforge.net에서 얻을 수 있는 설치 문서를 따라서 타깃에 맞게 OProfile을 설정하기 바란다.

OProfile은 CPU 사이클, 캐시 미스(miss), TLB 플러시(flush) 등과 같은 다양한 이벤트를 기록하기 위해 여러 하드웨어 성능 카운터를 사용한다. 이러한 성능 카운터를 갖고 있지 않은 아키텍처에서는 샘플[13]을 수집하기 위해 RTC 클록 인터럽트를 사용한다. 만약 RTC 클록도 사용할 수 없는 경우라면 타이머 인터럽트를 사용한다. 강제로 타이머 인터럽트 모드를 활성화하고 싶은 경우에는 커널 부트 옵션에서 oprofile.timer = 1을 설정하면 된다. 또한 TLB 플러시와 캐시 미스와 같은 이벤트들은 일반적으로 RTC/타이머 인터럽트 모드에서 이용할 수 없는 성능 카운터를 사용한다.

이 절에서는 PC상에서 OProfile을 이용하여 비디오 플레이어 응용 프로그램인 FFmpeg™ (http://ffmpeg.mplayerhq.hu)을 프로파일링할 것이다. 이 예제를 통해 OProfile의 사용법을 간단하게 설명하고자 한다. 완전한 OProfile의 사용법은 http://oprofile.sourceforge. net을 참조하기 바란다. ffmpeg을 프로파일링하는 과정은 다음과 같다. OProfile 명령을 수행하기 위해서는 루트 권한이 있어야 한다는 것을 명심하자.

1. OProfile 설정: 우리는 커널을 프로파일링하지는 않을 것이다.

```
# opcontrol --no-vmlinux
```

2. 프로파일러 시작:

```
# opcontrol -start
Using default event: GLOBAL_POWER_EVENTS:100000:1:1:1
Using 2.6+ OProfile kernel interface.
Using log file /var/lib/oprofile/oprofiled.log
Daemon started.
Profiler running.
```

3. 응용 프로그램 시작:

```
# cd /usr/local/bin
# ./ffplay_g  /data/movies/matrix.mpeg &
```

역자 주   13) 여기서 샘플(sample)이란 프로파일링 데이터를 의미한다.

리스트 8.10 OProfile 출력

```
# opreport -l ./ffplay_g
CPU: P4 / Xeon with 2 hyper-threads, speed 2993.82 MHz (estimated)
Counted GLOBAL_POWER_EVENTS events (time during which processor is not stopped)
with a unit mask of 0x01 (count cycles when processor is active) count 100000
samples       %                   symbol name
120522       28.8691              synth_filter
68783        16.4758              mpeg_decode_mb
36292         8.6932              ff_simple_idct_add_mux
24678         5.9112              decode_frame
15623         3.7422              MPV_decode_mb
15514         3.7161              put_pixels8_mmx
14861         3.5597              clear_blocks_mmx
              ......
              ......
```

4. **샘플 수집**: 리스트 8.10은 샘플을 수집하고 결과를 출력하는 명령을 보여준다. 출력의 첫 번째 줄(column)은 함수 내에서 수집한 전체 샘플 수를 보여주며, 두 번째 줄은 해당 함수의 전체 샘플에 대한 상대적인 비율이다. GLOBAL_POWER_EVENTS는 CPU 타임을 의미하므로, 동영상을 재생하는 동안 synth_filter 함수가 전체 CPU 타임의 28.8%를 사용했으며, mpeg_decode_mb 함수는 16.5%를 차지했음을 알 수 있다.

5. **주석이 붙은(annotated) 소스 얻기**: 응용 프로그램은 디버깅 옵션이 활성화된 상태에서 컴파일되어 있어야 한다. 이 예제에서 수집된 모든 샘플에 대한 주석이 붙은 소스 파일은 /usr/local/bin/ann 폴더에 생성된다. mpegaudiodec.c 파일과 mpeg12.c 파일은 synth_filter 함수와 mpeg_decode_mb 함수에 대한 주석이 붙은 소스를 포함한다. 자세한 내용은 리스트 8.11을 참고하기 바란다.

6. **완전한 시스템 성능 보고서 얻기**:

```
# opreport --long-filenames
CPU: P4 / Xeon with 2 hyper-threads, speed 2993.82 MHz (estimated)
Counted GLOBAL_POWER_EVENTS events (time during which processor is not stopped)
with a unit mask of 0x01 (count cycles when processor is active) count 100000
GLOBAL_POWER_E...|
 samples|        %|
------------------
223651 73.9875  /no-vmlinux
22727   7.5185  /lib/tls/libc.so.6
15134   5.0066  /usr/bin/local/ffplay_g
7329    2.4246  /usr/bin/nmblookup
              ......
```

리스트 8.11 OProfile을 이용한 주석이 붙은 소스 출력

```
# opannotate --source --output-dir=/usr/local/bin/ann ./ffplay_g
# vim /usr/local/bin/ann/data/ffmpeg/libavcodec/mpegaudiodec.c


                    :static void synth_filter(MPADecodeContext *s1,
                    :            int ch, int16_t *samples, int incr,
                    :            int32_t sb_samples[SBLIMIT])
    179  0.0407    :{ /* synth_filter total: 126484  28.7945 */
                          ......
     75  0.0171    :    offset = s1->synth_buf_offset[ch];
     89  0.0203    :    synth_buf = s1->synth_buf[ch] + offset;
                          ......
   1097  0.2497    :    p = synth_buf + 16 + j;
  38956  8.8685    :    SUM8P2(sum, +=, sum2, -=, w, w2, p);
   1677  0.3818    :    p = synth_buf + 48 - j;
  41582  9.4663    :    SUM8P2(sum, -=, sum2, -=, w + 32, w2 + 32, p);
                          ......


# vim /usr/local/bin/ann/data/ffmpeg/libavcodec/mpeg12.c


                    :static int mpeg_decode_mb(MpegEncContext *s,
                    :                          DCTELEM block[12][64])
    296  0.0674    :{ /* mpeg_decode_mb total:  72484  16.5012 */
                    :    int i, j, k, cbp, val, mb_type, motion_type;
    155  0.0353    :    const int mb_block_count = 4 + (1 <<
                    :                          s->chroma_format)
                          ......
    257  0.0585    :    if (s->mb_skip_run-- != 0) {
     74  0.0168    :      if (s->pict_type == I_TYPE) {
                          ......
                    :        /* skip mb */
      2  4.6e-04   :        s->mb_intra = 0;
    114  0.0260    :        for(i=0;i<12;i++)
     54  0.0123    :          s->block_last_index[i] = -1;
     51  0.0116    :        if (s->picture_structure == PICT_FRAME)
                          ......
```

7. 프로파일러 종료:

```
# opcontrol --shutdown
```

8.7.3 KFI

앞의 두 절에서는 사용자 공간의 응용 프로그램을 프로파일링하기 위한 방법들을 살펴보았다. 이 절에서는 커널 함수를 프로파일링할 수 있는 KFI(Kernel Function Instrumentation)[14])에 대해서 살펴보기로 한다.[15])

KFI는 임의의 커널 함수가 소비한 시간을 측정하는 데 사용할 수 있다. 이것은 GCC에서 함수 프로파일링 기능을 이용할 수 있도록 해 주는 -finstrument-functions[16]) 플래그를 기반으로 한다. KFI는 2.4 커널과 2.6 커널을 위한 커널 패치와 몇 가지 유틸리티들로 구성되어 있다. 커널 패치는 프로파일링 데이터의 생성을 지원하는 코드를 추가하고 유틸리티들은 이 데이터를 분석한다. KFI는 www.celinuxforum.org에서 다운로드 받을 수 있다. 커널 패치를 적용한 후에 설정 메뉴에서 CONFIG_KFI 옵션을 선택하고 커널을 빌드한다. 커널 설정 과정에서 **KFI를 정적으로 실행할 것인지**(KFI static run), **동적으로 실행할 것인지**(KFI dynamic run)를 결정해야 한다. 정적 실행의 경우는 커널의 부팅 시간과 부트 과정에서 수행되는 여러 커널 함수들이 소모한 시간을 측정하려고 할 때 사용한다. 이를 위해 KFI_STATIC_RUN 설정 플래그를 활성화한다. 이 절에서는 커널이 부팅되고 난 후에 프로파일링 데이터를 수집하는 동적 실행의 경우에 대해서 설명할 것이다. KFI를 정적으로 실행하고 싶다면 KFI 패키지에 포함된 README.kfi 파일의 설명에 따라 실행하면 된다.

KFI 툴셋

KFI의 사용법을 알아보기 전에 KFI 툴셋에 포함된 여러 툴들에 대해서 이해해야 한다. KFI 툴셋은 kfi, kfiresolve, kd라는 세 가지 유틸리티로 구성된다. kfi는 커널 내의 프로파일링 데이터 수집을 시작한다. kfiresolve와 kd는 수집된 데이터를 분석하여 사람이 읽기 쉬운 형식으로 보여준다.

KFI를 사용하기 위해서는 사용할 타깃에 맞게 kfi 프로그램을 크로스 컴파일해야 한다. kfi에서 사용할 수 있는 명령은 다음과 같다.

역자 주 | 14) KFI는 2.6.12 커널에 적용된 버전부터 KFT(Kernel Function Trace)라는 이름으로 변경되었다.

저자 주 | 15) OProfile도 커널을 프로파일링하기 위해 사용할 수 있다.

16) GCC는 사용자가 __cyg-profile_func-enter( ) 함수와 __cyg-profile_func-exit( ) 함수를 정의했다고 가정한다. GCC가 호출될 때 -finstrument-functions 플래그가 사용되면 위의 함수들을 각 함수의 시작부분과 끝부분에 추가한다. KFI는 프로파일링 데이터를 수집하기 위해 이들 두 함수를 정의한다.

```
# ./kfi
Usage: ./kfi <cmds>
commands: new, start, stop, read [id], status [id], reset
```

✤ new: 새로운 프로파일링 세션을 시작한다. 각 세션은 run-id를 통해 구분한다.

✤ start: 프로파일링을 시작한다.

✤ stop: 프로파일링을 중지한다.

✤ read: 커널에서 프로파일링 데이터를 읽는다.

✤ status: 해당 프로파일링 세션의 상태를 검사한다.

✤ reset: KFI를 리셋한다.

독자들은 대부분 전체 커널을 프로파일링하고 싶지는 않을 것이다. 단지 인터럽트 처리 함수나 어떤 특정 커널 함수에 대해서 프로파일링을 수행하고 싶은 경우도 있다. KFI는 이러한 선택적인 프로파일링을 수행하기 위한 필터를 제공한다. 이를 위해서는 프로파일링 세션을 시작하기 전에 적절한 필터를 적용할 필요가 있다. 필터를 설정하려면 kfi 프로그램을 수정해야 한다. kfi 프로그램의 소스 코드는 kfi.c 파일에 있으며, 여기에 사용된 자료 구조들은 kfi.h 헤더 파일에 정의되어 있다.

모든 프로파일링 세션은 세션에 필요한 모든 자세한 정보들을 포함하고 있는 struct kfi_run 구조체를 이용한다.

```c
typedef struct kfi_run {
  ...
  struct kfi_filters filters;
  ...
} kfi_run_t;
```

필터는 kfi_filters_t 구조체의 정보를 적절히 채움으로써 설정할 수 있다.

```c
typedef struct kfi_filters {
  unsigned long min_delta;
  unsigned long max_delta;
  int no_ints;
  int only_ints;
  void** func_list;
  int func_list_size;
  ...
} kfi_filters_t;
```

kfi_filters_t 구조체의 각 필드들을 살펴보면 다음과 같다.

- ✤ min_delta: min_delta로 지정한 시간보다 적은 실행 시간을 소모하는 함수는 프로파일링하지 않는다.
- ✤ max_delta: max_delta로 지정한 시간보다 많은 실행 시간을 소모하는 함수는 프로파일링하지 않는다.
- ✤ no_ints: 인터럽트 컨텍스트에서 실행되는 함수들은 프로파일링하지 않는다.
- ✤ only_ints: 인터럽트 컨텍스트에서 실행되는 함수들을 프로파일링한다.
- ✤ func_list: 주어진 목록에 속한 함수들을 프로파일링한다.
- ✤ func_list_size: func_list가 설정된 경우 해당 목록 내의 func_list_size 개수만큼의 함수를 프로파일링한다.

kfi.c 파일에서 myrun은 kfi_run_t 형식의 구조체이다.

```
struct kfi_run myrun = {
  0, 0,
  { 0 },
  { 0 },
  { 0 },      /* struct kfi_filters_t 형식의 필터 */
  myrunlog, MAX_RUN_LOG_ENTRIES, 0,
  0,
  NULL,
};
```

위에서 볼 수 있듯이, 필터의 모든 멤버들을 0으로 설정해 두었다. 필요한 경우 이 filters 멤버를 원하는 대로 변경할 수 있다. 예를 들어, do_fork( ) 커널 함수를 프로파일링하고 싶다면 다음과 같은 과정을 거쳐 적절한 필터를 설정한다.

1. 커널의 System.map 파일을 열어서 do_fork의 위치를 알아낸다.

```
....
c0119751  T  do_fork
....
```

2. func_list를 정의한다.

```
void *func_list[] = {0xc0119751};
```

3. myrun 구조체의 filters 멤버를 수정한다.

```
struct kfi_run myrun = {
    ...
     { 0, 0, 0, 0, func_list, 1 },
    ...
};
```

4. kfi.c를 다시 컴파일해서 kfi 프로그램을 생성한다.

다른 필터를 적용할 때도 동일한 방식을 사용할 수 있다. 생성된 프로파일링 데이터는 파이썬(python) 스크립트인 kfiresolve와 kd를 통해 분석된다. 이 툴들의 사용법은 다음 절에서 설명한다.

KFI 사용하기

이 절에서는 KFI의 동적 실행에 대한 예제를 살펴볼 것이다. 우리는 do_fork( ) 커널 함수를 프로파일링하기로 한다. 먼저 앞의 절에서 설명한 모든 내용을 적용하여 함수 기반의 필터를 설정한다. 필자가 사용한 환경은 2.8GHz의 P4 머신에서 동작하는 KFI와 활성화된 2.6.8.1 커널이다. 우리가 사용할 예제 프로그램은 다음과 같다.

```
/* sample.c */
#include <sys/types.h>
#include <sys/stat.h>
#include <fcntl.h>

int main(int argc, char *argv[]){
  int i;
  printf("Pid = %d\n", getpid( ));
  for (i = 0; i < 2; i++){
    if (fork( ) == 0)
      exit(0);
  }
}
```

다음과 같이 실행한다.

1. 장치 노드를 생성한다.

```
mknod /dev/kfi  c  10  51
```

2. kfi를 리셋하여 깨끗한 상태에서 시작한다.

```
./kfi reset
```

3. 새로운 KFI 세션을 생성한다.

```
# ./kfi new
new run created, id = 0
```

만약 이 명령을 수행할 때 메모리 할당 에러가 발생되었다면, kfi.h 헤더 파일에 정의된 MAX_RUN_LOG_ENTRIES 값을 더 작은 값으로 설정한다.

4. 프로파일링을 시작한다.

```
# ./kfi start
runid 0 started
```

5. 응용 프로그램을 실행한다.

```
# ./sample
Pid = 4050
```

6. 프로파일링을 중지한다.

```
# ./kfi stop
runid 0 stopped
```

7. 커널에서 프로파일링 데이터를 읽는다.

```
# ./kfi read 0 > sample.log
```

8. 데이터를 처리한다.

```
# ./kfiresolve.py sample.log /boot/System.map > sample.out
```

sample.out 파일은 프로파일링 결과를 포함하며 측정된 모든 시간은 usec 단위로 기록된다. 리스트 8.12에 보이는 결과에서 Entry는 함수가 시작된 시간을, Delta는 해당 함수에서 소비한 시간을 나타낸다. 다음의 결과에서 PID 4050에 해당하는 내용들이 우리가 실행한 프로그램에 대한 것이고, PID 3982에 해당하는 내용들은 셸에 대한 결과이다.

또한 kd 툴을 이용하여 프로파일링 데이터를 분석할 수도 있다.

리스트 8.12 KFI 예제 실행 결과

```
Kernel Instrumentation Run ID 0

Logging started at 2506287415 usec by system call
Logging stopped at 2506609002 usec by system call

Filters:
  1-entry function list
  no functions in interrupt context
  function list

Filter Counters:
No Interrupt functions filter count = 0
Function List filter count = 57054552
Total entries filtered = 57054552
Entries not found = 0

Number of entries after filters = 4


   Entry     Delta     PID            Function          Called At
 --------   --------   -----          --------          ----------------
   137565      82      3982           do_fork           sys_clone+0x4a
   138566      22      4050           do_fork           sys_clone+0x4a
   138661      21      4050           do_fork           sys_clone+0x4a
   320729      70      3982           do_fork           sys_clone+0x4a
```

```
# ./kd sample.out
Function                          Count   Time    Average   Local
------------------------------    -----   -----   -------   -------
do_fork                             4      195       48       195
```

KFI 포팅하기

KFI는 아키텍처에 독립적이다. KFI의 핵심 부분은 kfi_readclock( ) 함수로 현재 시간을 usec 단위로 반환한다.

```
static inline unsigned long __noinstrument kfi_readclock(void)
{
  unsigned long long t;
```

```
    t = sched_clock( );
    /* 마이크로초 단위로 변환 */
    do_div(t, 1000);
    return (unsigned long) t;
}
```

kfi_readclock( ) 함수는 일반적으로 arch/<아키텍처>/kernel/time.c 파일에 정의되어 있는 sched_clock( ) 함수를 호출한다.

```
/*
 * 스케줄러 클록 - 현재 시간을 나노초 단위로 반환한다.
 */
unsigned long long sched_clock(void)
{
  return (unsigned long long)jiffies * (1000000000 / HZ);
}
```

위의 구현에서 sched_clock( ) 함수는 아키텍처에 종속적이지 않으며, jiffies에 기반한 값을 반환한다. 많은 임베디드 플랫폼에서 jiffies의 정밀도는 10msec이므로 좀더 정밀한 프로파일링 결과를 얻고 싶다면 최소한 마이크로초 단위의 정밀도를 제공하는 하드웨어 클록을 이용한 sched_clock( ) 함수를 제공해야 한다. 예를 들어, TSC를 지원하는 x86 프로세서의 TSC를 사용하여 sched_clock( ) 함수를 구현하면 다음과 같은 형태가 된다.

```
unsigned long long sched_clock(void)
{
  unsigned long long this_offset;

  .....

  /* TSC(Time Stamp Counter)의 값을 읽는다. */
  rdtscll(this_offset);

  /* 이 값을 나노초 단위로 반환한다. */
  return cycles_2_ns(this_offset);
}
```

또는 클록 소스로 sched_clock( ) 함수를 사용하고 싶지 않다면 kfi_readclock( ) 함수를 새로 구현할 수도 있다. PPC를 위한 패치에 이러한 방식의 구현이 포함되어 있다.

```c
static inline unsigned long kfi_readclock(void)
{
  unsigned long lo, hi, hi2;
  unsigned long long ticks;

  do {
    hi = get_tbu( );
    lo = get_tbl( );
    hi2 = get_tbu( );
  } while (hi2 != hi);
  ticks = ((unsigned long long) hi << 32) | lo;
  return (unsigned long)((ticks>>CLOCK_SHIFT) & (0xffffffff);
}
```

임베디드 그래픽스

9장

더 나은 사용자 인터페이스를 제공하려는 노력을 통해, 오늘날의 많은 전자 제품들은 그래픽 사용자 인터페이스(GUI: Graphical User Interface)를 제공한다. 이러한 인터페이스의 복잡성은 제품의 특성과 그 사용법에 따라 다르다. 예를 들어 DVD/MP3 플레이어, 핸드폰, PDA와 같은 장치들을 생각해 보자. DVD/MP3 플레이어는 CD/DVD 내용의 목록을 볼 수 있는 기능이 기본적으로 포함되어 있어야 한다. 플레이 리스트를 생성하고 원하는 트랙을 검색하는 기능은 DVD/MP3 플레이어에 포함된 가장 복잡한 작업일 것이다. 당연히 핸드폰은 이러한 기능으로 만족하지 않고 좀더 복잡한 기능들을 요구한다. 이 중 가장 복잡한 요구사항을 가진 장치는 PDA일 것이다. PDA는 워드프로세서, 스프레드시트, 일정 관리 등과 같은 대부분의 응용 프로그램들을 동작시킬 수 있어야 하며 PDA에 맞는 동작을 수행해야 한다.

독자들은 임베디드 리눅스의 그래픽스 지원에 대한 많은 의문점들을 갖고 있을 것이다.

- ❖ 그래픽스 시스템은 어떻게 구성되는가? 어떻게 동작하는가?
- ❖ 리눅스 데스크톱의 그래픽스 시스템을 임베디드 시스템에도 사용할 수 있는가?
- ❖ 임베디드 리눅스 시스템에서 사용할 수 있는 그래픽스 시스템에는 어떤 것들이 있는가?
- ❖ 모든 임베디드 장치에 적용되는 그래픽스 요구사항을 처리할 수 있는 일반적인 솔루션이 존재하는가?

이 장에서는 위의 질문들에 대한 해답을 보여줄 것이다.

9.1 그래픽스 시스템

그래픽스 시스템은 다음과 같은 작업을 수행한다.

❖ 디스플레이 하드웨어의 관리
❖ 필요한 경우 하나 이상의 UI 관리
❖ (응용 프로그램에서 사용하는) 디스플레이 장치에 대한 추상화 계층 제공
❖ 여러 응용 프로그램들이 디스플레이 및 입력 장치를 효율적으로 공유하도록 관리

운영체제와 플랫폼에 관계없이 일반적인 그래픽스 시스템은 그림 9.1에 나타나 있듯이 여러 모듈 계층으로 개념화할 수 있다.

❖ 1계층은 모든 그래픽스 시스템에서 사용되는 기본적인 하드웨어 요소인 그래픽스 디스플레이 하드웨어와 입력 하드웨어이다. 예를 들어 현금 지급기(ATM)에는 입력 인터페이스와 디스플레이 장치의 역할을 모두 수행하는 터치스크린이 있으며, DVD 플레이어에는 디스플레이 장치로 앞면의 작은 LCD 창과 TV 출력부가 있으며 입력 장치로는 리모컨이 있다.
❖ 2계층은 운영체제와의 인터페이스를 제공하는 디바이스 드라이버 계층이다. 각 운영체제는 자신만의 독자적인 인터페이스 메커니즘을 갖고 있으며 장치 제조사는 모든 대중적인 OS를 위한 드라이버를 제공하려고 노력한다. 예를 들어 NVIDIA®의 그래픽

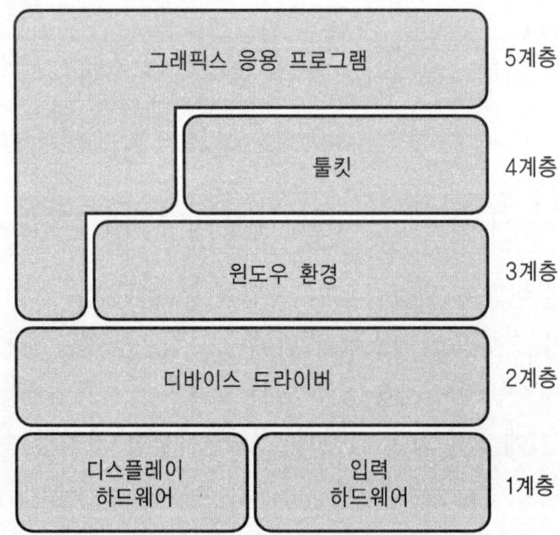

그림 9.1 그래픽스 시스템 구조

카드는 리눅스와 윈도즈를 위한 드라이버와 함께 판매된다.

✤ 3계층은 그래픽 렌더링을 위한 드로잉 엔진과 폰트 렌더링을 위한 폰트 엔진으로 구성된 윈도우 환경(windowing environment)이다. 예를 들어 드로잉 엔진은 라인, 사각형 및 그 밖의 다각형을 그릴 수 있는 기능을 제공한다.

✤ 4계층은 툴킷 계층이다. 툴킷은 특정 윈도우 환경 위에서 빌드되며 응용 프로그램이 사용할 API들을 제공한다. 어떤 툴킷은 여러 윈도우 환경을 지원하여 응용 프로그램에게 이식성을 제공한다. 툴킷에서는 버튼, 에디트 박스, 리스트 박스 등의 복잡한 컨트롤들을 그릴 수 있는 함수들을 제공한다.

✤ 가장 상위 계층은 그래픽스 응용 프로그램이다. 응용 프로그램이 항상 툴킷이나 윈도우 환경을 이용하는 것은 아니다. 약간의 추상화 계층 혹은 글루(glue) 계층[1]이 제공

그림 9.2 여러 운영체제의 그래픽스 계층

역자 주 ┃ 1) 서로 호환되지 않는 인터페이스를 이용하는 두 요소를 연결하기 위해 서로의 인터페이스를 적절히 맞춰 주는 계층을 말한다.

되면 디바이스 드라이버의 인터페이스를 통해 하드웨어를 직접 제어하는 응용 프로그램을 작성할 수도 있다. 또한 비디오 플레이어와 같은 응용 프로그램들은 그래픽스 계층을 거치지 않고 드라이버와 직접 통신하는 가속화된 인터페이스를 요구하기도 한다. 이러한 경우 그래픽스 시스템은 윈도즈의 Direct-X와 같은 특수한 인터페이스를 제공한다. 그림 9.2는 여러 운영체제의 그래픽스 계층을 비교한 것이다.

이 장에서는 임베디드 리눅스에 사용되는 각 계층에 대해 자세히 살펴볼 것이다.

9.2 리눅스 데스크톱 그래픽스 – X 윈도우 시스템

X 윈도우 시스템은 데스크톱 리눅스에서 사용되는 그래픽스 시스템이다. 우리는 완전한 그래픽스 솔루션의 계층화된 구조를 이해하기 위해 X 윈도우 시스템의 경우를 살펴볼 것이다.

X 윈도우 시스템은 주로 데스크톱 컴퓨터를 위해 작성되었다. 데스크톱 컴퓨터에서 사용되는 그래픽 카드는 미리 정의된 표준인 VGA/SVGA를 따르며, 마우스나 키보드와 같은 입력 장치 드라이버들도 표준이 정해져 있다. 따라서 일반적인 드라이버를 통해 디스플레이 하드웨어와 입력 하드웨어를 처리할 수 있다. X 윈도우 시스템은 PC 디스플레이 하드웨어와 통신하기 위해 필요한 드라이버 API들을 구현한다. 이 드라이버 인터페이스는 X 윈도우 시스템의 다른 부분들에서 하드웨어에 종속적인 부분을 분리시켜 준다.

X의 윈도우 환경은 클라이언트/서버 모델을 따른다. X 응용 프로그램은 클라이언트로서 서버와 통신하며 서버로 요청을 보내거나 서버로부터 응답을 받는다. X 서버는 디스플레이를 제어하며 클라이언트로부터 받은 요청을 처리한다. 응용 프로그램(클라이언트)은 오직 서버와 통신하는 방법만을 알면 되며, 디스플레이 장치에 그래픽 데이터를 렌더링하기 위한 세부적인 사항들에 대해서는 알 필요가 없다. 이러한 통신 메커니즘(프로토콜)은 신뢰성 높은 바이트(octet) 스트림을 제공하는 IPC 메커니즘을 통해 이루어진다. X 윈도우 시스템은 소켓을 이용하기도 하며, 여기서 사용하는 것이 X 프로토콜이다. X 윈도우 시스템이 소켓을 기반으로 하고 있기 때문에 네트워크상에서 동작할 수 있으며, 원격지의 그래픽스를 위해서도 사용될 수 있다. X 클라이언트는 X 윈도우 시스템에서 제공하는 API들을 이용하여 스크린에 객체들을 렌더링한다. 이러한 API들은 클라이언트 프로그램과 함께 링크되는 X-lib의 일부이다.

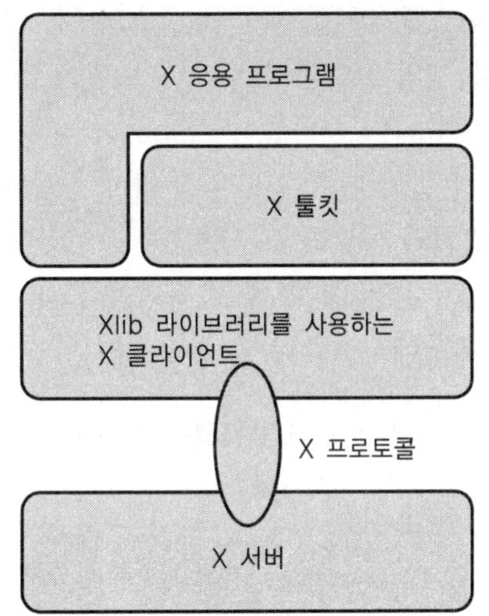

그림 9.3 X 툴킷 구조

X-툴킷의 구조를 그림 9.3에 나타내었다. 이것은 윈도우 환경에서 사용할 수 있는 기능들을 제공하는 API로 구성되어 있다. 리스트 박스, 버튼, 체크 박스, 에디트 박스 등과 같은 컨트롤들은 X-lib의 저수준 함수들로 구성된 윈도우이며, 이러한 라이브러리들의 집합을 **위젯**(widget)/**툴킷**(toolkit)이라고 한다. 툴킷은 응용 프로그램 개발자들에게 이러한 컨트롤들을 쉽게 그릴 수 있는 함수들을 제공하여 개발을 손쉽게 해 준다. 한 서버에 여러 클라이언트가 연결된 경우 여러 클라이언트 윈도우를 관리해야 할 필요가 있다. X 서버는 이를 위해 특별한 권한이 주어진 X 클라이언트인 **윈도우 관리자**(window manager)를 제공한다. X 윈도우 시스템은 윈도우 관리자가 클라이언트 윈도우의 위치를 옮기거나, 크기를 조절하거나, 최대화/최소화시키는 등의 행동을 수행하기 위한 특별한 함수들을 제공한다. 좀더 자세한 사항은 X11의 공식 웹 사이트인 http://www.x.org를 방문해 보기 바란다.

9.2.1 임베디드 시스템과 X

X 윈도우 시스템(이제부터는 단순히 X라고 부르기로 한다)은 매우 네트워크 지향적이며, 곧바로 임베디드 시스템에 적용하기에는 적합하지 않다. X가 임베디드 시스템에서 사용될 수 없는 이유는 다음과 같다.

✤ X는 네트워크를 통해 디스플레이를 제공(export)하며, 이것은 임베디드 시스템에서 요구하는 기능이 아니다. X의 클라이언트/서버 모델은 임베디드 시스템과 같은 단일 사용자 환경을 위한 것이 아니다.

✤ X는 X 폰트 서버, X 자원 관리자, X 윈도우 관리자 등등에 많은 의존성을 갖고 있다. 이 모든 요소들은 X의 크기와 메모리 요구량을 증가시킨다.

✤ X는 자원이 풍부한 머신에서 동작하도록 작성되었다. 따라서 부족한 자원을 가진 임베디드용 마이크로프로세서에서 X를 바로 동작시키는 것은 불가능하다.

임베디드 시스템에서 사용될 그래픽스 프레임워크는 다음과 같은 조건을 만족해야 한다.

✤ 실시간에 가까운 신속한 응답 시간
✤ 적은 메모리 사용량
✤ 작은 크기의 툴킷 라이브러리

X에 대한 많은 수정이 이루어져 왔으며, 경량화된 버전의 X 윈도우 시스템은 임베디드 플랫폼에서 동작할 수 있다. Tiny-X와 Nano-X는 임베디드 시스템을 위한 X 그래픽스 시스템의 대중적이고 성공적인 버전이다. 9.6절에서는 Nano-X에 대해 살펴볼 것이다.

9.3 디스플레이 하드웨어의 기초

이 절에서는 여러 그래픽스 용어와 일반적인 그래픽스의 하드웨어 기능들에 대해서 알아본다.

9.3.1 디스플레이 시스템

모든 그래픽스 디스플레이 시스템은 그래픽스 하드웨어의 핵심 부분인 비디오/디스플레이 컨트롤러를 갖고 있다. 비디오 컨트롤러는 프레임 버퍼(frame buffer)라고 불리는 메모리 영역이다. 프레임 버퍼의 내용은 스크린상에 디스플레이된다.

스크린상의 이미지는 디스플레이 하드웨어가 제어하는 수평의 스캔 라인들로 구성된다. 각각의 수평 스캔 라인이 그려지면 디스플레이 장치는 수직 방향으로 이동하여 다음 수평 스캔 라인을 그리게 된다. 따라서 전체 이미지는 스크린의 가장 위쪽에서부터 아래쪽까지 그려진 수평 스캔 라인들로 구성되며, 이러한 각각의 스캔 사이클을 **리프레시**(refresh)라고 한다. 1초 동안 스크린이 리프레시되는 횟수를 **리프레시 비율**(refresh rate) 혹은 재생률이라고 한다.

스크린에 표시되기 전의 이미지는 컨트롤러의 프레임 버퍼 메모리상에 저장된다. 이러한 디지털 이미지는 픽셀(pixel)[2]이라는 메모리 영역으로 나누어진다. 수평과 수직 방향의 픽셀의 개수는 **스크린 해상도**(screen resolution)라고 한다. 예를 들어 스크린 해상도가 1024 × 768이면 스크린은 1024개의 수평(X) 방향 픽셀과 768개의 수직(Y) 방향 픽셀로 구성된다. 이러한 1024 × 768 픽셀들은 하나의 리프레시 사이클 안에 스크린으로 전달된다.

각 픽셀은 기본적으로 특정 (행, 열) 지점의 색상 정보이다. 한 픽셀 내의 색상 정보는 색상 표현 표준을 사용하여 나타낸다. 색상은 Red, Green, Blue 비트를 사용하는 RGB 형식으로 표현하거나 휘도(Y)와 색차(U, V) 성분을 사용하는 YUV 형식[3]으로 표현할 수 있다. RGB 형식은 대부분의 그래픽스 시스템에서 사용하는 일반적인 형식이다. 비트의 배열과 각 색상이 차지하는 비트 수의 차이에 따라 표 9.1에 나열한 여러 형식이 사용된다.

표현될 색상 값이 가질 수 있는 범위는 한 픽셀이 차지하는 바이트의 수를 결정하며, 이를 **픽셀 깊이**(pixel width)라고 한다. 예를 들어 160 × 120의 해상도를 지원하며 최대 16색을 표현할 수 있는 모바일용 디스플레이 유닛을 생각해 보자. 이 경우 픽셀 깊이는 4bpp(bits

표 9.1 RGB 색상 형식

형식	비트 수	Red	Green	Blue	색상 수
흑백	1	–	–	–	2
4비트-인덱스	4	–	–	–	$2^4 = 16$
8비트-인덱스	8	–	–	–	$2^8 = 256$
RGB444	12	4	4	4	2^{12}
RGB565	16	5	6	5	2^{16}
RGB888[4]	24	8	8	8	2^{24}

역자 주 | 2) pictorial elements의 줄임말이다.
4) RGB888 색상 형식을 트루 컬러(True Color) 형식이라고 한다.

저자 주 | 3) YUV 형식은 주로 비디오 인코딩/디코딩 시스템에서 사용된다.

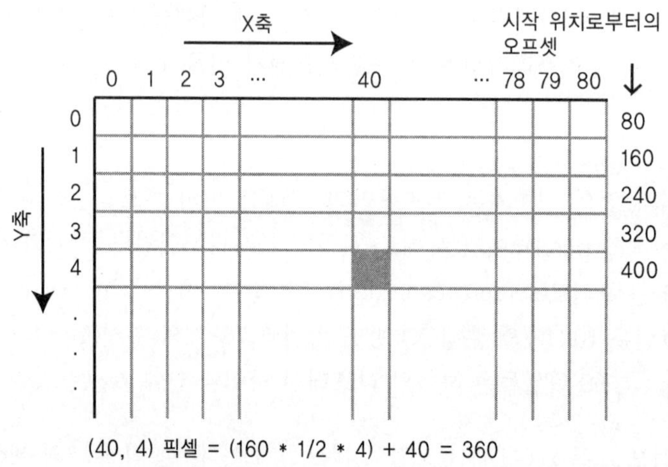

그림 9.4 선형 프레임 버퍼 내의 픽셀 위치

per pixel)가 되며(4비트를 이용하여 최대 16가지 색상을 표현할 수 있다), 다른 말로는 픽셀당 1/2바이트를 차지한다고 할 수 있다. 프레임 버퍼가 차지하는 메모리 영역은 다음과 같은 공식을 통해 계산할 수 있다.

프레임 버퍼 메모리 = 디스플레이 폭 × 디스플레이 높이 × 픽셀당 바이트 수

위의 예제에서 필요한 메모리 영역은 160 × 120 × (1/2) 바이트이다. 대부분의 프레임 버퍼는 선형적으로 구현되어, 배열과 같이 연속적인 메모리 공간을 사용한다. 각 라인의 시작 바이트는 라인 폭(line width) 혹은 스트라이드(stride)라고 하는 일정한 양의 바이트로 구분된다. 위의 예제에서 라인 폭은 160 × (1/2) 바이트에 해당한다. 따라서 임의의 픽셀 (x, y)의 위치는 (라인 폭 × y) + x로 나타낼 수 있다. 그림 9.4는 진하게 표시된 영역인 (40, 4) 픽셀의 위치를 보여준다.

이제 표 9.1에서 앞부분의 세 항목에 대해서 살펴보자. 이들은 나머지 항목들과는 달리 인덱스 색상 형식(indexed color format)에 해당한다. 인덱스 색상 형식은 특정 색상으로 매핑할 수 있는 인덱스를 할당한다. 예를 들어 흑백 디스플레이 시스템은 (0과 1의) 두 가지 값을 갖는 한 비트만을 사용하며, 0을 흰색(혹은 다른 색을 사용할 수도 있다)으로 1을 검은 색으로 매핑한다. 그렇다면 이러한 인덱스 값에 대한 실제 색상 정보를 얻기 위해 어떤 테이블이 필요하게 된다. 이러한 테이블을 색 참조 테이블(CLUT: Color LookUp Table)이라

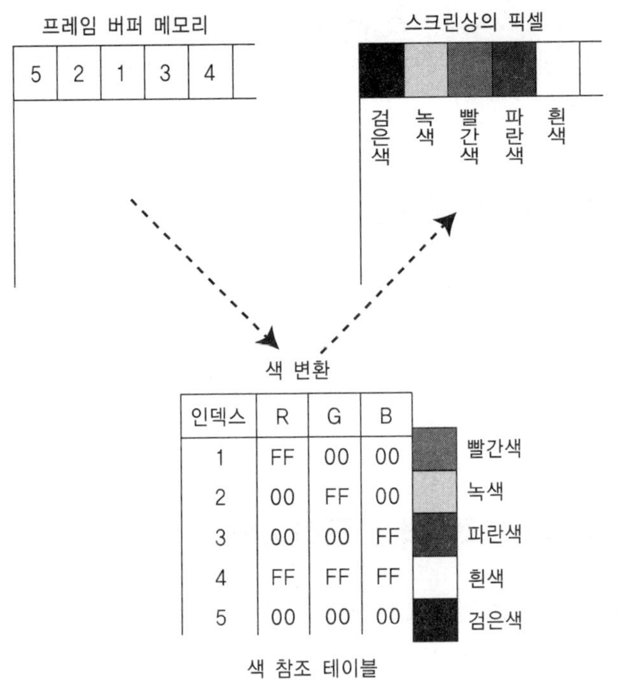

그림 9.5 CLUT 매핑

고 한다. CLUT는 또한 **색상 팔레트**(color palette)라고도 부른다. 팔레트 내의 각 항목은 각 픽셀의 값을 사용자가 정의한 RGB 값으로 매핑한다. 이제 이러한 CLUT를 통해, 프레임 버퍼의 내용은 CLUT 내에 지정된 색상 값으로 변환된다는 것을 알 수 있다. 예를 들어 그림 9.5와 같이 CLUT는 핸드폰의 색상 테마를 지능적으로 변경하기 위해 사용될 수 있다.

9.3.2 입력 인터페이스

임베디드 시스템의 입력 하드웨어는 일반적으로 버튼, IR 리모컨[5], 터치스크린 등이 사용된다. 리눅스 커널에서 제공하는 표준 인터페이스는 키보드나 마우스와 같은 일반적인 입력 인터페이스이다. IR 리모컨은 직렬 인터페이스를 통해 처리할 수 있다. LIRC 프로젝트[6]는 리눅스 응용 프로그램에 IR 송수신기와의 인터페이스를 제공한다. 2.6 커널은 잘 정의된

역자 주   5) 우리가 일반적으로 사용하고 있는 적외선(Infra-Red) 리모컨을 말한다.
       6) LIRC(Linux Infrared Remote Control) 프로젝트의 홈페이지는 http://www.lirc.org/이다.

입력 장치 계층을 갖고 있으므로 모든 종류의 입력 장치를 처리할 수 있다. HID(Human Interface Device)는 거대한 주제이므로 이 장에서 다루는 내용의 범위를 넘어선다.

9.4 임베디드 리눅스 그래픽스

앞 절에서는 임베디드 시스템에 사용되는 디스플레이 하드웨어에 대해서 살펴보았다. 다음 절에서는 임베디드 리눅스의 다양한 그래픽스 요소들에 대해서 자세히 다룰 것이다. 그림 9.6은 이러한 다양한 그래픽스 요소들의 구조를 간단히 보여준다.

9.5 임베디드 리눅스 그래픽스 드라이버

프레임 버퍼 드라이버는 커널 버전 2.1에서 첫 선을 보였다. 원래 프레임 버퍼 드라이버는 단지 (m68k와 같이) 비디오 어댑터가 없이 고유의 텍스트 모드만을 지원하는 시스템에 콘솔을 제공하기 위해 개발된 것이다. 이 드라이버는 보통의 픽셀 기반 디스플레이 시스템상에 문자 모드 콘솔을 에뮬레이트할 수 있는 방법을 제공한다. 이러한 단순한 설계와 사용하기 쉬운 인터페이스 때문에 프레임 버퍼는 모든 종류의 비디오 카드상에 작동하는 그래픽

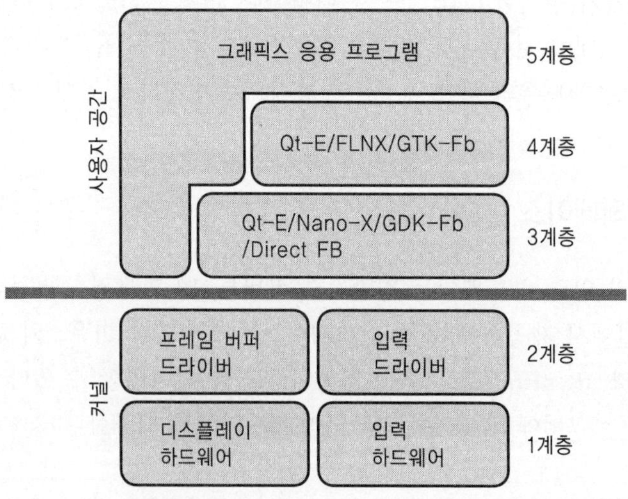

그림 9.6 임베디드 리눅스 그래픽스 시스템

스 응용 프로그램에서 사용되었다. 원래는 기존 X 윈도우 시스템을 위해 작성된 많은 툴킷들은 프레임 버퍼 인터페이스를 이용하도록 포팅되었다. 곧이어 리눅스의 이러한 새로운 그래픽스 인터페이스를 타깃으로 하는 새로운 윈도우 환경이 처음부터 작성되었다. 오늘날 커널 프레임 버퍼 드라이버는 그래픽스 응용 프로그램을 위한 일반적인 장치 인터페이스를 제공하는 비디오 하드웨어 추상화 계층 이상의 역할을 수행한다. 근래의 임베디드 리눅스 시스템에서 사용되는 거의 대부분의 그래픽스 응용 프로그램들은 그래픽스 디스플레이를 위한 커널 프레임 버퍼 지원을 사용한다. 이렇게 프레임 버퍼 인터페이스가 널리 사용되는 데는 다음과 같은 이유가 존재한다.

- ❖ 그래픽스 하드웨어의 아주 기본적인 원칙을 따르는, 사용하기에 편리하고 간단한 인터페이스
- ❖ 사용자 공간의 응용 프로그램에서 비디오 메모리를 직접 접근할 수 있도록 하여, 프로그래밍의 자유도를 높여줌
- ❖ 기존 디스플레이 구조에 대한 의존성을 제거하여 네트워크 기능을 필요로 하지 않으며, 클라이언트/서버 모델을 따르지 않는 단일 사용자를 위한 간단하고 직접적인 디스플레이 응용 프로그램을 작성할 수 있음
- ❖ 메모리와 시스템 자원을 많이 차지하지 않는 그래픽스 시스템을 리눅스에게 제공

9.5.1 리눅스 프레임 버퍼 인터페이스

리눅스의 프레임 버퍼는 문자 장치 인터페이스로 구현된다. 이것은 응용 프로그램이 해당 장치에 open, read, write, ioctl과 같은 표준 시스템 콜들을 호출할 수 있다는 것을 의미한다. 프레임 버퍼 장치는 사용자 공간에서 /dev/fb[0-31] 장치 파일을 통해 접근할 수 있다. 표 9.2에 이러한 인터페이스들과 동작을 정리해 두었다. 처음의 두 인터페이스는 모든 장치에서도 사용할 수 있는 일반적인 연산이다. 세 번째 연산인 mmap은 프레임 버퍼 인터페이스에만 적용할 수 있는 것이다. 다른 인터페이스들을 살펴보기 전에 먼저 이 mmap의 기능에 대해서 알아볼 것이다.

표 9.2 프레임 버퍼 인터페이스

인터페이스	연산
일반 I/O	/dev/fb 장치상의 open, read, write
ioctl	비디오 모드 설정, 칩셋 정보 요청 등의 명령
mmap	비디오 버퍼 영역을 프로그램 메모리로 매핑

mmap의 막강한 기능

디바이스 드라이버는 커널의 한 부분이므로 당연히 커널 메모리상에서 동작한다. 반면에 응용 프로그램들은 사용자 공간에서 실행된다. 드라이버와 응용 프로그램이 통신할 수 있는 유일한 인터페이스는 open, read, write, ioctl과 같은 파일 연산뿐이다. 간단한 write 연산을 생각해 보자. write 시스템 콜은 사용자 공간의 프로세스에서 호출되며, (사용자 공간의 메모리 내에 할당된) 사용자 버퍼에 위치하고 있는 데이터를 드라이버에게 넘긴다. 드라이버는 커널 공간에 버퍼를 할당한 후 전달받은 사용자 버퍼의 내용을 copy_from_user( ) 커널 함수를 이용하여 커널 버퍼로 복사하며 이에 필요한 버퍼 연산을 수행한다. 프레임 버퍼의 경우에는 데이터를 출력하기 위해 실제 프레임 버퍼 메모리로 데이터를 복사(혹은 DMA를 이용한 연산)할 필요가 없다. 만약 응용 프로그램이 지정된 오프셋에 쓰기 연산을 수행해야 한다면 단지 seek 시스템 콜을 호출한 후에 write 시스템 콜을 수행하면 된다. 그림 9.7은 이러한 쓰기 연산이 수행되는 단계를 보여준다.

이제 그래픽스 응용 프로그램의 측면에서 생각해 보자. 이 응용 프로그램은 모든 스크린 영역을 제어하는 것으로, 때로는 특정 영역의 데이터만을 갱신하거나 혹은 전체 스크린 영역의 데이터를 새로 그리거나 단지 커서만 깜빡여야 하는 경우도 있다. 이 모든 경우에 seek 시스템 콜과 write 시스템 콜을 사용하는 것은 매우 많은 비용과 시간을 필요로 한다. 파일 연산(fops) 인터페이스는 이러한 응용 프로그램을 위해 mmap API를 제공한다. 만약 드라

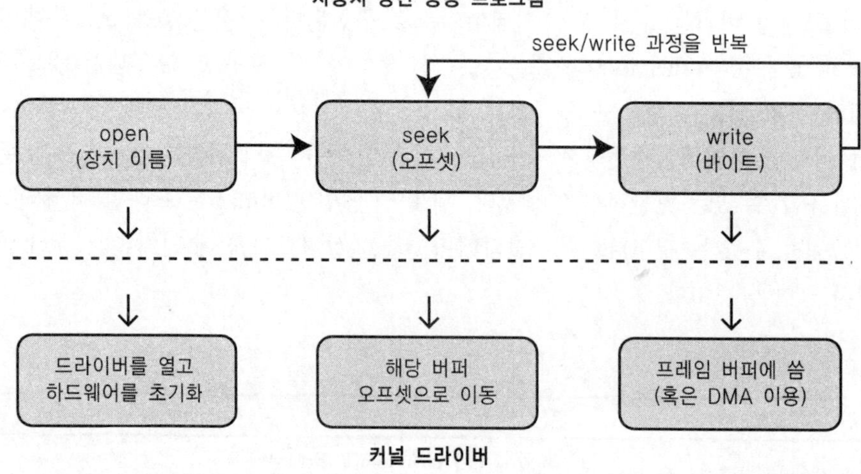

그림 9.7 반복된 seek/write

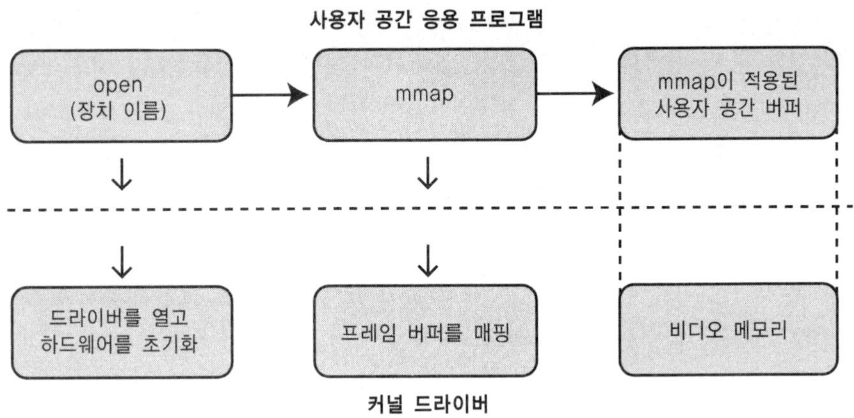

그림 9.8 mmap을 이용한 write

이버가 fops 구조체 내의 mmap( ) 함수를 구현하였다면 응용 프로그램에서 직접 사용자 공간의 메모리로 매핑된 하드웨어 프레임 버퍼의 주소를 얻을 수 있다. mmap 시스템 콜의 구현은 프레임 버퍼 클래스의 드라이버에게는 필수적이다. 그림 9.8은 mmap 시스템 콜이 사용된 경우에 벌어지는 쓰기 연산의 과정을 보여준다.

모든 프레임 버퍼 응용 프로그램들은 단순히 /dev/fb 장치에 대해 open 시스템 콜을 호출하고, 해상도 및 픽셀 깊이, 재생률 등의 정보를 설정하기 위한 ioctl 시스템 콜을 호출한 뒤 마지막으로 mmap 시스템 콜을 호출한다. 드라이버의 mmap 구현은 단지 전체 하드웨어 비디오 프레임 버퍼 영역을 매핑하도록 되어 있다. 그 결과 응용 프로그램은 프레임 버퍼 메모리의 포인터를 얻을 수 있다. 이 메모리 영역에 속한 데이터를 변경하면 즉시 디스플레이 장치에 반영된다.

프레임 버퍼 인터페이스를 더 자세히 이해하기 위해 우리는 데스크톱 리눅스상에 프레임 버퍼 드라이버를 설정하고, 프레임 버퍼를 이용하는 간단한 예제 프로그램을 작성해 볼 것이다.

프레임 버퍼 드라이버의 설정

프레임 버퍼 콘솔을 사용하고 프레임 버퍼 드라이버를 초기화하기 위해서는 프레임 버퍼 옵션을 활성화한 상태로 리눅스 커널을 부팅해야 한다. 이를 위해서 커널의 명령행 부트 옵션에 vga=0x761과 같이 설정한다.[7] 이 숫자는 비디오 카드의 해상도를 지정하는 것으로, 사용할 수 있는 모든 숫자의 목록을 보기 위해서는 커널 소스 디렉토리 내의 Documentation/fb.txt 파일을 살펴보기 바란다. 만약 커널이 프레임 버퍼 모드를 활성화시킨 채로 부팅되면, 화면의 좌측 상단에 유명한 펭귄의 부트 이미지가 나타나는 것을 볼 수 있을 것이다. 또한 커널의 출력은 고해상도의 폰트를 이용해 표시된다. 더 확실히 확인해 보고 싶다면 임의의 파일을 /dev/fb0 장치에 cat 명령을 이용하여 쓰면 스크린의 데이터가 깨지는 것을 볼 수 있다. 만약 이것이 동작하지 않는다면 커널이 프레임 버퍼를 지원하도록 설정한 후 다시 컴파일하고 재부팅하여 확인해야 한다. 프레임 버퍼 장치를 설정하는 더욱 자세한 내용은 http://www.tldp.org에서 볼 수 있는 프레임 버퍼 HOWTO 문서를 참조하기 바란다.

이제 프레임 버퍼의 사용자 공간 인터페이스에서 제공하는 자료 구조와 ioctl에 대해서 살펴보자. 일반적으로 그래픽스 장치는 여러 해상도와 모드를 지원한다. 예를 들어, 어떤 장치는 다음과 같은 설정 모드를 가질 수 있다.

- ✤ 모드 1: 640 × 480, 24비트 색상, RGB 888
- ✤ 모드 2: 320 × 480, 16비트 색상, RGB 565
- ✤ 모드 3: 640 × 480, 흑백, 인덱스 색상 형식

이렇게 각각의 모드별로 고정된 값은 디바이스 드라이버에서 fb_fix_screeninfo 구조체를 이용해 얻을 수 있다. 다시 말해서 fb_fix_screeninfo 구조체는 특정 해상도/모드에서 동작하는 그래픽 카드의 고정된 속성을 정의한다.

```c
struct fb_fix_screeninfo {
    char id[16];                      /* "ATI Radeon 360"과 같은 문자열 ID */
    unsigned long smem_start;         /* 프레임 버퍼 메모리의 시작 주소 */
    __u32 smem_len;                   /* 프레임 버퍼 메모리의 크기 */
    __u32 type;                       /* FB_TYPE_XXX 값 중의 하나 */
    __u32 visual;                     /* FB_VISUAL_XXX 값 중의 하나 */
    ...
    ...
    __u32 line_length;                /* 한 라인의 길이(바이트 단위) */
    ...
    ...
};
```

저자주   7) 또는 /etc/lilo.conf 파일이나 grub.conf 파일을 수정해도 같은 효과를 볼 수 있다.

smem_start는 프레임 버퍼 메모리의 시작 물리 주소이며, 그 크기는 smem_len이다. type
과 visual 필드는 픽셀 형식과 색상 모드를 나타낸다. FBIOGET_FSCREENINFO ioctl은
fb_fix_screeninfo 구조체의 정보를 읽기 위해 사용된다.

```
fb_fix_screeninfo fix;
ioctl(FrameBufferFD, FBIOGET_FSCREENINFO, &fix);
```

fb_var_screeninfo 구조체는 그래픽스 모드의 변경 가능한 속성 값을 포함한다. 사용자는
이 구조체를 이용하여 필요한 그래픽스 모드를 설정할 수 있다. 이 구조체의 중요한 멤버들
로는 다음과 같은 것들이 있다.

```
struct fb_var_screeninfo {
    __u32 xres;                     /* 가시 영역의 X, Y 해상도 */
    __u32 yres;
    __u32 xres_virtual;             /* 가상 해상도 */
    __u32 yres_virtual;
    __u32 xoffset;                  /* 가상 해상도와 가시 해상도의 오프셋 */
    __u32 yoffset;
    __u32 bits_per_pixel;           /* 픽셀당 비트 수 */
    __u32 grayscale;                /* 0이 아닌 경우 색상 대신
                                       그레이 레벨을 사용함 */

    ...
    ...
    struct fb_bitfield red;         /* 트루 컬러의 경우에 사용되는
                                       프레임 버퍼 메모리상의 비트 필드 */
    struct fb_bitfield green;
    struct fb_bitfield blue;
    struct fb_bitfield transp;  /* 투명도 */
    __u32 nonstd;                   /* 0이 아닌 경우 표준 픽셀 형식이 아님 */
    ...
    ...
};
```

위에 사용된 fb_bitfield 구조체는 한 픽셀 내의 각 색상의 길이와 비트 오프셋 정보를 포함
한다.

```
struct fb_bitfield {
    __u32 offset;                   /* 비트 필드의 시작 위치 */
    __u32 length;                   /* 비트 필드의 길이 */
    __u32 msb_right;                /* 0이 아닌 경우 MSB가 오른쪽에 있음 */
};
```

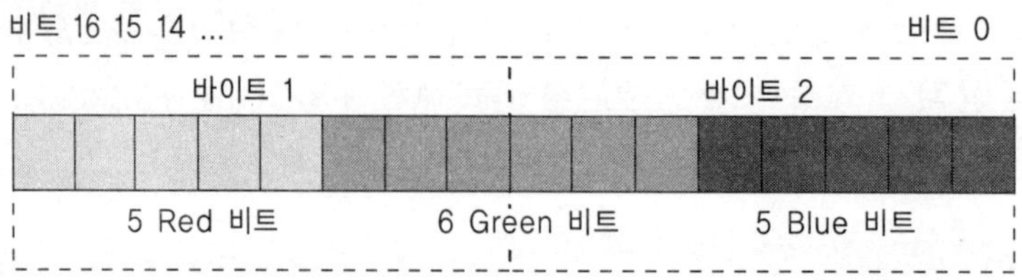

그림 9.9 RGB565 픽셀 형식

RGB565, RGB888 등의 여러 색상 모드에 대해서도 fb_bitfield는 동일한 형식으로 표현한다. 예를 들어 그림 9.9에 보이는 2바이트 크기의 RGB565 형식의 한 픽셀에 대해서 살펴보자.

- ❖ red.length = 5, red.offset = 16 → 32가지의 순수한 빨간색
- ❖ green.length = 6, green.offset = 11 → 64가지의 순수한 녹색
- ❖ blue.length = 5, blue.offset = 5 → 32가지의 순수한 파란색
- ❖ 16비트 혹은 2바이트 크기의 픽셀 → 전체 65536가지의 색상 표현 가능

xres 필드와 yres 필드는 스크린의 가시 영역에 대한 X, Y 해상도를 나타낸다. xres_virtual 필드와 yres_virtual 필드는 (가시 영역보다 더 클 수도 있는) 그래픽 카드의 가상 해상도를 나타낸다. 예를 들어 가시 영역의 Y 해상도가 480이고, 가상 Y 해상도가 960인 경우를 생각해 보자. 전체 960개의 라인 중에서 오직 480개의 라인만이 스크린에 표시될 수 있으므로 어느 부분을 사용할 것인지를 알려 줄 필요가 있다. xoffset 필드와 yoffset 필드가 이러한 목적으로 사용된다. 우리의 예제에서 yoffset 값이 0이면 처음 480라인만이 표시될 것이고, yoffset 값이 480이면 뒤쪽의 480라인이 표시될 것이다. 단지 이러한 오프셋 값을 바꾸는 것으로 프로그래머는 자신의 그래픽스 응용 프로그램에 더블 버퍼링이나 페이지 플리핑과 같은 기능을 구현할 수 있다.[8]

FBIOGET_VSCREENINFO ioctl은 fb_var_screeninfo 구조체의 정보를 얻어오고, FBIOSET_VSCREENINFO ioctl은 설정된 fb_var_screeninfo 구조체의 정보를 적용한다.

410

```
fb_var_screeninfo var;
/* var 구조체의 정보를 읽는다. */
ioctl(FrameBufferFD, FBIOGET_VSCREENINFO, &var);

/* 스크린의 해상도를 1024x768로 설정한다. */
var.xres = 1024; var.yres = 768;
ioctl(FrameBufferFD, FBIOSET_VSCREENINFO, &var);
```

프레임 버퍼 프로그래밍에 있어 다음으로 중요한 구조체는 fb_cmap 구조체이다.

```
struct fb_cmap {
    __u32 start;                    /* 첫 항목 */
    __u32 len;                      /* 항목의 수 */
    __u16 *red;                     /* 색상 값 */
    __u16 *green;
    __u16 *blue;
    __u16 *transp;                  /* 투명도, NULL로 설정 가능 */
};
```

각 색상에 해당하는 red, green, blue 필드는 len 크기의 색상 값의 배열이다. 따라서 이 구조체는 색상 맵 혹은 CLUT를 나타내며, 임의의 인덱스 n에 대한 색상 값은, start < n < len의 조건을 만족하는 경우 이 배열에서 red[n], green[n], blue[n]으로 참조할 수 있다. transp 필드는 필요한 경우 투명도[9]를 나타내기 위해 사용되며, 생략될 수 있다.

FBIOGETCMAP ioctl은 기존의 색상 맵 테이블을 읽기 위해 사용되며 FBIOPUTCMAP ioctl은 새로운 색상 맵 테이블/CLUT를 프로그램/로드하기 위해 사용된다.[10]

```
/* 색상 맵을 읽음 */
fb_cmap cmap;
/* cmap 자료 구조 초기화 */
allocate_cmap(&cmap, 256);
ioctl(FrameBufferFD, FBIOGETCMAP, &cmap);

/* cmap의 항목들을 변경하여 8비트 인덱스 색상 맵을 로드 */
#define RGB(r, g, b) ((r << red_offset)|         \
                      (g << green_offset)|  \
                      (b << blue_offset))
```

```
/* RGB332 모드를 위한 오프셋 설정 */
red_offset = 5; green_offset = 2; blue_offset = 0;
for(r=0;r<3;r++) {
  for(g=0;g<3;g++) {
    for(b=0;b<2;b++) {
       q=RGB(r, g, b);
       cmap.red[q] = r;
       cmap.green[q] = g;
       cmap.blue[q] = b;
    }
  }
}

/* 마지막으로 CLUT를 로드 */
ioctl(FrameBufferFD, FBIOPUTCMAP, &cmap);
```

이제 프레임 버퍼를 이용한 Hello World 프로그램을 작성해 볼 준비가 되었다. 리스트 9.1
은 스크린의 중앙에 하나의 흰 점을 찍는 프로그램이다.

가장 먼저 해야 할 일은 당연히 프레임 버퍼 장치인 /dev/fb0를 O_RDWR(read/write) 모
드로 여는 것이다. 프레임 버퍼 장치는 고정된 스크린 정보와 변경 가능한 스크린 정보를
포함하는 두 개의 중요한 구조체를 갖는다. 고정된 스크린 정보는 읽기 전용이며,
FBIOGET_FSCREENINFO ioctl을 통해 읽을 수 있다. fb_fix_screeninfo 구조체는 프레임
버퍼 장치의 ID, 지원하는 픽셀 형식, 메모리 매핑을 위한 주소 값 등의 정보를 갖는다. 변
경 가능한 스크린 정보는 읽기와 쓰기가 모두 가능하며, FBIOGET_VSCREENINFO ioctl
을 통해 정보를 읽고, FBIOSET_VSCREENINFO ioctl을 통해 설정할 수 있다. fb_
var_screeninfo 구조체는 현재 비디오 모드의 외형적 특성(geometry)과 타이밍 정보 등을
갖는다. 다음 단계는 mmap 시스템 콜을 통해 하드웨어 버퍼를 사용자 공간의 응용 프로그
램 내의 주소로 매핑하는 것이다.

이제 픽셀을 그리는 일만이 남았다. 여기서는 여러 픽셀 형식과 비트 수 등을 고려해야 한
다. fb_var_screeninfo 구조체는 각각의 색상 채널에 대한 비트 길이와 오프셋 정보를 제공
한다. 마지막으로 선형 프레임 버퍼의 픽셀 위치 '(x,y) = (라인 길이 * y) + x'라는 공식을
이용해서 한 픽셀을 그린다. 한 픽셀을 그리기 위해 얼마나 많은 작업이 필요한가!

(계속)

리스트 9.1 프레임 버퍼를 이용하는 예제 프로그램

```c
/* File: fbs.c */

#include <stdio.h>
#include <stdlib.h>
#include <fcntl.h>
#include <errno.h>
#include <string.h>
#include <unistd.h>
#include <asm/page.h>
#include <sys/mman.h>
#include <sys/ioctl.h>
#include <asm/page.h>
#include <linux/fb.h>

/* /dev/fb0와 같은 형식의 장치 이름 */
char *fbname;
/* 프레임 버퍼 장치의 파일 디스크립터(핸들) */
int FrameBufferFD;
/* 고정된(fixed) 스크린 정보 */
struct fb_fix_screeninfo fix_info;
/* 설정 가능한(variable) 스크린 정보 */
struct fb_var_screeninfo var_info;
/* 프레임 버퍼 메모리 포인터 */
void *framebuffer;
/* (x,y) 위치에 픽셀을 그리는 함수 */
void draw_pixel(int x, int y, u_int32_t pixel);

int main(int argc, char *argv[])
{

  int size;
  u_int8_t red, green, blue;
  int x, y;
  u_int32_t pixel;

  fbname = "/dev/fb0";

  /* 프레임 버퍼 장치를 읽고 쓰기가 가능하도록 연다. */
  FrameBufferFD = open(fbname, O_RDWR);
  if (FrameBufferFD < 0) {
    printf("Unable to open %s.\n", fbname);
    return 1;
  }
```

(계속)

```c
/* 고정된 스크린 정보를 얻기 위해 ioctl을 실행한다. */
if (ioctl(FrameBufferFD, FBIOGET_FSCREENINFO, &fix_info) < 0) {
  printf("get fixed screen info failed: %s\n",
  strerror(errno));
  close(FrameBufferFD);
  return 1;
}

/* 설정 가능한 스크린 정보를 얻기 위해 ioctl을 실행한다.  */
if (ioctl(FrameBufferFD, FBIOGET_VSCREENINFO, &var_info) < 0) {
  printf("Unable to retrieve variable screen info: %s\n",
  strerror(errno));
  close(FrameBufferFD);
  return 1;
}

/* 현재 이용 가능한 스크린 정보를 출력한다. */
printf("Screen resolution: (%dx%d)\n", var_info.xres,var_info.yres);
printf("Line width in bytes %d\n", fix_info.line_length);
printf("bits per pixel : %d\n", var_info.bits_per_pixel);
printf("Red: length %d bits, offset %d\n",
          var_info.red.length, var_info.red.offset);
printf("Green: length %d bits, offset %d\n",
          var_info.green.length, var_info.green.offset);
printf("Blue: length %d bits, offset %d\n",
          var_info.blue.length, var_info.blue.offset);

/* mmap을 적용할 크기를 계산한다. */
size=fix_info.line_length * var_info.yres;

/* 프레임 버퍼에 mmap을 적용한다. */
framebuffer = mmap(NULL, size, PROT_READ | PROT_WRITE,
                          MAP_SHARED, FrameBufferFD,0);
if (framebuffer == NULL) {
  printf("mmap failed:\n");
  close(FrameBufferFD);
  return 1;
}

printf("framebuffer mmap address=%p\n", framebuffer);
printf("framebuffer size=%d bytes\n", size);

/* 이 프로그램은 트루 컬러의 경우에만 동작할 것이다. */
if (fix_info.visual == FB_VISUAL_TRUECOLOR) {
```

(계속)

```c
        /* 흰색의 픽셀은 R, G, B 값이 모두 최대값을 갖는다. */
        /* 8비트의 최대값 = 0xFF */
        red = 0xFF;
        green = 0xFF;
        blue = 0xFF;

        /*
         * 이제 RGB 비트 오프셋에 따라 픽셀의 색상 값을 설정한다.
         * 비트 길이에 따른 색상 값을 계산한 후
         * 픽셀 내의 오프셋에 따라 그 값을 시프트한다.
         *
         * 예를 들어 RGB565 모드의 경우에는 다음과 같은 공식이 사용된다.
         * Red len=5, off=11 : Green len=6, off=6 : Blue len=5, off=0
         * pixel_value = ((0xFF >> (8 - 5) << 11)|
         *                     ((0xFF >> (8 - 6) << 6) |
         *                     ((0xFF >> (8 - 5) << 0) = 0xFFFF // 흰색
         */
        pixel = ((red >> (8-var_info.red.length)) <<
                                        var_info.red.offset) |
                ((green >> (8-var_info.green.length)) <<
                                        var_info.green.offset) |
                ((blue >>(8-var_info.blue.length)) <<
                                        var_info.blue.offset);

    }else {
      printf("Unsupported Mode.\n");
      return 1;
    }

    /* 스크린의 중심 위치를 계산한다. */
    x = var_info.xres / 2 + var_info.xoffset;
    y = var_info.yres / 2 + var_info.yoffset;

    /* 해당 x, y 위치에 픽셀을 그린다. */
    draw_pixel(x, y, pixel);

    /* mmap을 해제한다. */
    munmap(framebuffer,0);
    close(FrameBufferFD);
    return 0;
}

void draw_pixel(int x, int y, u_int32_t pixel)
{
```

(계속)

```
/*
 * 픽셀당 비트 수에 따라 프레임 버퍼 포인터에 pixel_value를 설정한다.
 * 선형 프레임 버퍼에 대한 인덱스 계산 방법은 아래와 같다.
 *
 * pixel(x,y)=(line_width * y) + x.
 */

switch (var_info.bits_per_pixel) {

  case 8:
    *((u_int8_t *)framebuffer + fix_info.line_length * y + x) =
        (u_int8_t)pixel;
    break;

  case 16:
    *((u_int16_t *)framebuffer + fix_info.line_length/2 * y + x) =
        (u_int16_t)pixel;
    break;

  case 32:
    *((u_int32_t *)framebuffer + fix_info.line_length/4 * y + x) =
        (u_int32_t)pixel;
    break;

  default:
    printf("Unknown depth.\n");
  }
}
```

9.5.2 프레임 버퍼의 내부 구조

커널은 (drivers/video/fbmem.c와 drivers/video/fbgen.c에 구현된) 프레임 버퍼 드라이버 프레임워크를 제공한다. 이 프레임워크는 실제 프레임 버퍼 하드웨어 드라이버를 커널에 쉽게 통합할 수 있도록 해 준다. 모든 보드 종속적인 프레임 버퍼 드라이버들은 이 인터페이스를 커널에 등록해야 한다. 프레임 버퍼 드라이버 프레임워크는 하드웨어에 종속적인 코드들을 후킹할 수 있는 API들과 자료 구조를 제공한다. 이 프레임워크를 이용하는 드라이버의 코드는 대략적으로 다음과 같은 형태를 지닌다.

✤ 드라이버 연산을 위한 정보를 struct fb_ops 구조체에 채운다.

✤ 프레임 버퍼의 고정된 스크린 정보를 struct fb_fix_screeninfo 구조체에 채운다.

✤ 드라이버 정보를 struct fb_info 구조체에 채운다.

✤ 하드웨어 레지스터와 비디오 메모리 영역을 초기화한다.

✤ 색상 맵이 필요한 경우 struct fb_cmap 구조체를 할당하여 초기화한다.[11]

✤ register_framebuffer( ) 함수를 통해 fb_info 구조체를 드라이버 프레임워크에 등록한다.

fb_fix_screeninfo 구조체와 fb_var_screeninfo 구조체, 그리고 fb_cmap 구조체에 대해서는 이미 살펴보았다. 따라서 이제 나머지 두 구조체인 fb_ops와 fb_info 구조체에 대해서 알아보기로 한다. struct fb_ops 구조체의 중요한 필드들은 open, close, read, write, ioctl과 같은 함수 포인터들이다. 이들 중 대부분은 프레임워크에 의해 일반적인 방식으로 처리된다. 따라서 독자들이 사용할 하드웨어에서 특별히 수행해야 할 작업이 없다면 이들을 새로 구현할 필요가 없다. 예를 들어, 스크린을 지우는 fb_blank( ) 함수와 색상 레지스터를 설정하는 fb_setcolreg( ) 함수는 하드웨어에 종속적인 루틴들이다. 이들은 하드웨어가 지원하는 경우 이를 적절히 처리하기 위해 직접 구현해야 한다. struct fb_ops 구조체와 struct fb_info 구조체의 다양한 멤버들에 대한 설명은 include/linux/fb.h 파일에서 찾을 수 있다.

struct fb_info 구조체는 다른 모든 구조체들의 정보를 포함하고 있는 가장 중요한 자료 구조이다. 드라이버는 커널에 등록될 때 드라이버에 종속적인 fb_info 구조체의 포인터와 함께 등록된다. 이 구조체의 중요한 필드들은 다음과 같다.

```
struct fb_info {
    ...
    ...
    struct fb_var_screeninfo var;        /* 변경 가능한 스크린 정보의 현재 값 */
    struct fb_fix_screeninfo fix;        /* 고정된 스크린 정보 */
    ...
    ...
    struct fb_cmap cmap;                 /* 현재 색상 맵 */
    struct fb_ops *fbops;               /* fb_ops 구조체에 대한 포인터 */
    char *screen_base;                  /* 비디오 메모리의 기본 (가상) 주소 */
    ...
    ...
};
```

저자 주 │ 11) 모든 하드웨어가 색상 맵 테이블을 저장하는 것을 지원하지는 않는다.

screen_base 필드는 비디오 메모리의 기본 주소로서, 실제 프레임 버퍼 하드웨어 메모리에 대한 포인터이다. 하지만 하드웨어 주소는 커널에서 접근하기 전에 io-remap이 이루어져야 한다. 일단 자료 구조가 준비되면 드라이버는 register_framebuffer( ) 함수를 호출하여 커널에 등록해야 한다.

```
int register_framebuffer(struct fb_info *fb_info);
```

요약하자면 드라이버는 다음과 같은 정보들을 설정해야 한다.

- fb_info.fix: 스크린 영역과 타입에 대한 고정된 정보
- fb_info.var: 현재 모드에 대한 스크린 해상도와 픽셀 깊이 등의 변경 가능한 정보
- fb_info.fb_ops: 프레임 버퍼 연산들에 대한 함수 포인터. 하드웨어에 종속적인 처리가 필요한 경우에만 사용한다.
- fb_info.screen_base: 비디오 메모리의 기본 (가상) 주소. mmap 시스템 콜을 통해 사용자 공간에서 접근할 수 있다.
- fb_info.fb_cmap: 필요한 경우 색상 맵을 설정한다.
- fb_ops.fb_blank, fb_ops.fb_setcolreg: 필요한 경우 하드웨어에 종속적인 fb_ops 항목들을 설정한다.
- 마지막으로 register_framebuffer(&fb_info)를 호출한다.

간단한 프레임 버퍼 드라이버를 작성하기 위해서는 커널 내에 포함된 가상 프레임 버퍼 예제인 drivers/video/vfb.c를 참조할 수 있다. 드라이버의 코드를 작성하는 세부적인 내용들을 살펴보기 위해서는 다른 드라이버의 소스 코드들을 살펴볼 수도 있다. 이제 리눅스 2.6 커널에서 동작하는 예제 프레임 버퍼 드라이버를 작성해 볼 것이다.[12] 표 9.3과 9.4는 우리가 사용할 가상 그래픽스 하드웨어인 SFB(Simple Frame Buffer) 장치의 스펙(specification)과 데이터 시트의 내용들을 보여준다.

먼저 드라이버를 위한 하드웨어에 종속적인 매크로들을 설정하자. 코드의 나머지 부분은 하드웨어에 독립적이고 일반적인 코드이다. 하드웨어에 관련된 모든 자세한 사항들은 리스트 9.2에 정의되어 있다. 리스트 9.3은 간단한 프레임 버퍼 드라이버의 예제이며, 리스트 9.2의 내용들을 적절히 설정한 모든 하드웨어에서 잘 동작할 것이다.

저자 주 | 12) 2.4 커널과 2.6 커널의 프레임 버퍼 드라이버는 약간의 차이점이 있다. 2.4 커널의 fb_info 구조체는 콘솔 드라이버 데이터에 대한 포인터를 직접 저장한다. 2.6 커널에서는 콘솔과 그래픽 인터페이스를 완전히 분리하여 이러한 의존성을 제거하였다.

표 9.3 SFB 하드웨어 스펙

파라미터	값
비디오 메모리 시작 주소	0xA00000
비디오 메모리 크기	0x12C000
비디오 메모리 끝 주소	0xB2C000
최대 X 해상도	640
최대 Y 해상도	480
최소 X 해상도	320
최소 Y 해상도	240
색상 형식	32비트, 트루 컬러, RGBX888, MSB 8비트는 무시됨(don't care) 16비트, 하이 컬러, RGB565 8비트, 인덱스 컬러, 팔레트 프로그래밍 필요
팔레트 지원	지원함, 256개의 하드웨어 색상 인덱스 레지스터
팔레트 레지스터 시작 주소	0xB2C100
모드 레지스터	0xB2C004
해상도 레지스터	0xB2C008, 상위 2바이트는 Y 해상도이고 하위 2바이트는 X 해상도임

표 9.4 모드 레지스터

레지스터 값	그래픽 카드의 색상 모드
0x100	RGB X888
0x010	RGB 565
0x001	8비트, 인덱스 모드

리스트 9.2 프레임 버퍼 드라이버의 하드웨어 종속적인 정의

```
/* sfb.h */

#define SFB_VIDEOMEMSTART       0xA00000
#define SFB_VIDEOMEMSIZE        0x12C000
#define SFB_MAX_X               640
#define SFB_MAX_Y               480
#define SFB_MIN_X               320
#define SFB_MIN_Y               240

/* 우리가 사용할 하드웨어는 투명도를 지원하지 않는다. */
#define TRANSP_OFFSET           0
#define TRANSP_LENGTH           0
```

(계속)

(계속)

```
/*
 * 하드웨어는 0부터 255까지의 (256개) 프로그램 가능한 색상 팔레트 레지스터를 갖는다.
 */
#define SFB_MAX_PALETTE_REG  256
#define SFB_PALETTE_START    0xB2C100

/* 모드 레지스터와 모드 값 */
#define SFB_MODE_REG         0xB2C004
#define SFB_8BPP             0x1
#define SFB_16BPP            0x10
#define SFB_32BPP            0x100

/* 해상도 레지스터 */
#define SFB_RESOLUTION_REG   0xB2C008

/*
 * 각각의 bits_per_pixel 모드(8/16/24/32)는 하드웨어에 종속적이다.
 * 따라서 모드에 따라 이를 적절히 처리해야 한다.
 * SFB 하드웨어는 오직 8, 16, 32비트 모드만을 지원한다.
 * 사용할 하드웨어에 따라 가능한 모드를 확인하여 이를 적절히 변경하자.
 */

static inline int sfb_check_bpp(struct fb_var_screeninfo *var)
{
        if (var->bits_per_pixel <= 8)
            var->bits_per_pixel = 8;
        else if (var->bits_per_pixel <= 16)
            var->bits_per_pixel = 16;
        else if (var->bits_per_pixel <= 32)
            var->bits_per_pixel = 32;
        else
            return -EINVAL;
        return 0;
}

static inline void sfb_fixup_var_modes(struct fb_var_screeninfo *var)
{
        switch (var->bits_per_pixel) {
        case 8:
                var->red.offset = 0;
                var->red.length = 3;
                var->green.offset = 3;
                var->green.length = 3;
                var->blue.offset = 6;
```

```c
                var->blue.length = 2;
                var->transp.offset = TRANSP_OFFSET;
                var->transp.length = TRANSP_LENGTH;
                break;

        case 16: /*RGB565*/
                var->red.offset = 0;
                var->red.length = 5;
                var->green.offset = 5;
                var->green.length = 6;
                var->blue.offset = 11;
                var->blue.length = 5;
                var->transp.offset = TRANSP_OFFSET;
                var->transp.length = TRANSP_LENGTH;
                break;

        case 24:
        case 32: /* RGBX 888 */
                var->red.offset = 0;
                var->red.length = 8;
                var->green.offset = 8;
                var->green.length = 8;
                var->blue.offset = 16;
                var->blue.length = 8;
                var->transp.offset = TRANSP_OFFSET;
                var->transp.length = TRANSP_LENGTH;
                break;
        }
        var->red.msb_right = 0;
        var->green.msb_right = 0;
        var->blue.msb_right = 0;
        var->transp.msb_right = 0;
}
/* 사용자 설정에 기반하여 하드웨어를 설정한다. */
static inline void sfb_program_hardware(struct fb_info *info)
{
  *((unsigned int*)(SFB_RESOLUTION_REG)) =
            ((info->var.yres_virtual & 0xFFFF) << 16) |
            (info->var.xres_virtual & 0xFFFF);

  switch(info->var.bits_per_pixel) {
    case 8:
            *((unsigned int*)(SFB_MODE_REG)) =  SFB_8BPP;
            break;
```

(계속)

(계속)

```
    case 16:
            *((unsigned int*)(SFB_MODE_REG)) =  SFB_16BPP;
            break;

    case 32:
            *((unsigned int*)(SFB_MODE_REG)) =  SFB_32BPP;
            break;
   }
}
```

리스트 9.3 일반적인 프레임 버퍼 드라이버

```c
/* sfb.c */

#include <linux/module.h>
#include <linux/kernel.h>
#include <linux/errno.h>
#include <linux/string.h>
#include <linux/mm.h>
#include <linux/tty.h>
#include <linux/slab.h>
#include <linux/vmalloc.h>
#include <linux/delay.h>
#include <linux/interrupt.h>
#include <asm/uaccess.h>
#include <linux/fb.h>
#include <linux/init.h>
#include "sfb.h"

static unsigned long videomemory = SFB_VIDEOMEMSTART;
static u_long videomemorysize = SFB_VIDEOMEMSIZE;
static struct fb_info fb_info;

/* 기본적인 screeninfo 정보들을 설정한다. */
static struct fb_var_screeninfo sfb_default __initdata = {
        .xres               = SFB_MAX_X,
        .yres               = SFB_MAX_Y,
        .xres_virtual       = SFB_MAX_X,
        .yres_virtual       = SFB_MAX_Y,
        .bits_per_pixel     = 8,
        .red                = { 0, 8, 0 },
        .green              = { 0, 8, 0 },
        .blue               = { 0, 8, 0 },
```

(계속)

```c
        .activate               = FB_ACTIVATE_TEST,
        .height                 = -1,
        .width                  = -1,
        .left_margin            = 0,
        .right_margin           = 0,
        .upper_margin           = 0,
        .lower_margin           = 0,
        .vmode                  = FB_VMODE_NONINTERLACED,
};

static struct fb_fix_screeninfo sfb_fix __initdata = {
        .id                     = "SimpleFB",
        .type                   = FB_TYPE_PACKED_PIXELS,
        .visual                 = FB_VISUAL_PSEUDOCOLOR,
        .xpanstep               = 1,
        .ypanstep               = 1,
        .ywrapstep              = 1,
        .accel                  = FB_ACCEL_NONE,
};

/* 함수 원형 */
int sfb_init(void);
int sfb_setup(char *);

static int sfb_check_var(struct fb_var_screeninfo *var,
                         struct fb_info *info);
static int sfb_set_par(struct fb_info *info);
static int sfb_setcolreg(u_int regno, u_int red, u_int green,
                         u_int blue, u_int transp,
                         struct fb_info *info);
static int sfb_pan_display(struct fb_var_screeninfo *var
                           struct fb_info *info);
static int sfb_mmap(struct fb_info *info, struct file *file,
                    struct vm_area_struct *vma);

/*
 * 커널에 등록된 fb_ops 구조체를 정의한다.
 * 주의: cfb_xxx 루틴들은, 커널 내에 구현된 일반적인 함수들이다.
 * 여러분이 사용할 하드웨어가 가속화된 함수들을 지원하는 경우 이를 대체할 수 있다.
 */
static struct fb_ops sfb_ops = {
        .fb_check_var   = sfb_check_var,
        .fb_set_par     = sfb_set_par,
        .fb_setcolreg   = sfb_setcolreg,
```

(계속)

(계속)

```c
        .fb_fillrect    = cfb_fillrect,
        .fb_copyarea    = cfb_copyarea,
        .fb_imageblit   = cfb_imageblit,
};

/*
 * 디스플레이 하드웨어 절에서 라인 폭에 대한 부분을 다시 살펴보기 바란다.
 * 라인 폭은 바이트 단위로 표현하며, 각 라인이 차지하는 바이트 수를 말한다.
 */
static u_long get_line_length(int xres_virtual, int bpp)
{
        u_long line_length;
        line_length = xres_virtual * bpp;
        line_length = (line_length + 31) & ~31;
        line_length >>= 3;
        return (line_length);
}

/*
 * xxxfb_check_var 함수는 하드웨어에 아무것도 기록하지 않고,
 * 오직 하드웨어 데이터를 기초로 하여 주어진 데이터를 검증한다.
 */

static int sfb_check_var(struct fb_var_screeninfo *var,
                         struct fb_info *info)
{
        u_long line_length;
        /* 해상도 검증 */
        if (!var->xres)
                var->xres = SFB_MIN_X;
        if (!var->yres)
                var->yres = SFB_MIN_Y;
        if (var->xres > var->xres_virtual)
                var->xres_virtual = var->xres;
        if (var->yres > var->yres_virtual)
                var->yres_virtual = var->yres;

        if (sfb_check_bpp(var)) return -EINVAL;

        if (var->xres_virtual < var->xoffset + var->xres)
                var->xres_virtual = var->xoffset + var->xres;
        if (var->yres_virtual < var->yoffset + var->yres)
                var->yres_virtual = var->yoffset + var->yres;

        /*
```

(계속)

```
      * 카드가 이 모드에 사용할 충분한 비디오 메모리를 갖고 있는지 검사한다.
      * 다음 공식을 기억해 보기 바란다.
      * 프레임 버퍼 크기 = 디스플레이 폭 * 디스플레이 높이 * 픽셀 깊이
      */
     line_length = get_line_length(var->xres_virtual,
                                   var->bits_per_pixel);
     if (line_length * var->yres_virtual > videomemorysize)
            return -ENOMEM;

     sfb_fixup_var_modes(var);
     return 0;
}


/*
 * 이 루틴은 실제로 비디오 모드를 설정한다.
 * 모든 검증 작업은 이미 끝난 상태이다.
 */

static int sfb_set_par(struct fb_info *info)
{
     sfb_program_hardware(info);
     info->fix.line_length = get_line_length(info->var.xres_virtual,
                                             info->var.bits_per_pixel);

     rcturn 0;
}


/*
 *  하나의 색상 레지스터 값을 설정한다. 주어진 값은 (var 구조체의 항목에 의해)
 *  하드웨어가 처리할 수 있는 범위로 미리 조정된 상태이다.
 *  잘못된 레지스터 번호를 전달한 경우 0이 아닌 값을 반환한다.
 */

static int sfb_setcolreg(u_int regno, u_int red, u_int green,
                         u_int blue, u_int transp,
                         struct fb_info *info)
{
     unsigned int *palette = (unsigned int*)SFB_PALETTE_START;

     if (regno >= SFB_MAX_PALLETE_REG)      // 하드웨어 레지스터의 개수
            return 1;

     unsigned int v = (red << info->var.red.offset) |
                      (green << info->var.green.offset) |
                      (blue << info->var.blue.offset) |
```

(계속)

```c
                                (transp << info->var.transp.offset);

    /* 하드웨어에 정보를 기록한다. */
        *(palette+regno) = v;
        return 0;
}


/* 드라이버 진입점 */
 int __init sfb_init(void)
{
        /* fb_info 구조체를 채운다. */
        fb_info.screen_base = ioremap(videomemory, videomemorysize);
        fb_info.fbops = &sfb_ops;
        fb_info.var = sfb_default;
        fb_info.fix = sfb_fix;
        fb_info.flags = FBINFO_FLAG_DEFAULT;

        fb_alloc_cmap(&fb_info.cmap, 256, 0);

        /* 드라이버를 등록한다. */
        if (register_framebuffer(&fb_info) < 0) {
            return -EINVAL;
        }

        printk("fb%d: Sample frame buffer device
            initialized \n", fb_info.node);
        return 0;
}

#ifdef MODULE

static void __exit sfb_cleanup(void)
{
        printk("fb%d: Sample frame buffer device
            unloaded\n", fb_info.node);
        unregister_framebuffer(&fb_info);

}

module_init(sfb_init);
module_exit(sfb_cleanup);
MODULE_LICENSE("GPL");
#endif    /* MODULE */
```

9.6 윈도우 환경, 툴킷, 응용 프로그램

프레임 버퍼 인터페이스를 직접 이용하여 작성한 응용 프로그램도 물론 존재하지만, 아주 단순한 것들뿐이다. GUI가 다양한 도형이나 컨트롤들을 다루게 되면서 점점 복잡해짐에 따라 이들을 추상화할 필요성이 생겨났다. GUI 프로그래밍을 쉽고 간편하게 해 주는 라이브러리/API 계층은 오래 전부터 데스크톱 응용 프로그램에서 사용되어 왔다. 이러한 라이브러리들은 드라이버 인터페이스를 그래픽스 응용 프로그래머가 이용할 수 있는 간단한 API들로 추상화한다. 이 라이브러리들은 모든 윈도우 환경에서 필수적인 요소이다. 일반적인 윈도우 환경은 다음과 같은 요소들로 구성된다.

- 스크린, 입력 장치 드라이버와 같은 저수준 드라이버에 대한 인터페이스 계층
- 스크린에 객체를 그리기 위한 그래픽스 엔진
- 하나 이상의 폰트 파일 형식을 디코딩하여 렌더링할 수 있는 폰트 엔진
- 그래픽스 엔진과 폰트 엔진에서 제공하는 다양한 기능들을 이용하기 위한 API

X는 데스크톱 리눅스에서 사용되는 윈도우 환경이며, X-lib는 X 윈도우 환경에서 제공하는 API 계층이다. GUI 툴킷은 저수준 라이브러리의 몇 가지 단점을 극복하기 위해 윈도우 환경 위에 구성된 라이브러리들이다.

- 윈노우 환경에서 제공하는 라이브러리들은 플랫폼에 종속적이다. 예를 들어, X-lib상에서 작성된 응용 프로그램들을 윈도즈 운영체제로 포팅하는 것은 거의 불가능하다. 대부분의 툴킷들은 여러 플랫폼에서 이용할 수 있으므로 이식성을 높여준다. Qt는 Qt/Windows(윈도즈 XP, 2000, NT 4, Me/98/95), Qt/X11(X 윈도우 시스템), Qt/Mac(Mac OS X), Qt/Embedded(임베디드 리눅스)와 같이 다양한 플랫폼에서 이용할 수 있는 크로스-플랫폼 툴킷이다.
- 윈도우 환경 라이브러리에서 제공하는 API들은 단순한 작업만을 수행한다. 툴킷은 많은 GUI 컴포넌트/객체들을 구현하고, 이들을 다룰 수 있는 API들을 제공한다. 예를 들어 툴킷은 일반적으로 사용되는 파일 열기, 인쇄하기, 색 선택 등과 같은 다이얼로그 박스들을 위한 API들을 제공한다.
- (윈도우 환경에서 제공하는) 고유(native) 위젯들은 매우 단순하며, 윈도우 환경 라이브러리를 사용하는 응용 프로그램에서는 이 위젯들의 모양을 변경할 수가 없다. 툴킷은 테마를 지원하며, 종종 3D 룩앤필(look and feel)이나 애니메이션과 같은 기능을 이용하여 로드될 수 있다.

❖ 가장 중요한 점은, 툴킷은 GUI 디자인 툴이나 RAD(Rapid Application Development) 툴들을 제공한다는 것이다. RAD 툴은 위젯의 위치를 정하거나 콜백 함수를 정의하기 위한 포인트-앤-클릭 인터페이스를 제공한다. Qt는 Qt Designer를 제공하며, Gtk 프로그래밍에서는 Glade를 이용할 수 있다.

툴킷이 언제나 장점만을 갖는 것은 아니다. 어떤 툴킷들은 자체적으로 제공하는 많은 기능들로 인해 독자들의 코드를 크게 부풀리기도 한다. 임베디드 리눅스에서 사용할 수 있는 여러 가지 윈도우 환경/툴킷 조합이 존재하며 이 중 널리 사용하는 것들을 표 9.5에 정리하였다.

리눅스에서 사용할 수 있는 툴킷들의 가장 큰 장점은 PC상의 에뮬레이션 환경을 제공한다는 것이다. 이를 통해 응용 프로그램은 데스크톱에서 개발되거나 시제품(prototype)을 만들 수 있게 되어, 개발 시간을 단축시켜 주며 디버깅을 용이하게 한다. 이 절에서는 Nano-

표 9.5 대중적인 윈도우 환경

이름	라이선스	설명
Nano-X www.microwindows.org	GPL/MPL	Win32 및 X11 환경과 비슷한 API를 제공하는 임베디드 시스템을 위한 윈도우 환경
FLNX(www.fltk.org)	LGPL	Nano-X상에 포팅된 FLTK 툴킷
MiniGUI www.minigui.com	LGPL	리눅스를 지원하는 소형 GUI 시스템. MiniGUI는 응용 프로그램에서 사용할 수 있는 Win32와 비슷한 형식의 API들을 정의하며, 윈도우 시스템을 지원하는 작은 라이브러리를 제공한다.
DirectFB www.directfb.org	LGPL	하드웨어 그래픽 가속, 입력 장치 처리 및 추상화, 통합 반투명 윈도우를 지원하는 윈도우 시스템, 멀티 디스플레이 레이어를 제공하는 가벼운 라이브러리이다.
PicoGUI www.picogui.org	LGPL	임베디드 시스템을 고려하여 설계된 새로운 GUI 아키텍처로, 저수준 그래픽스 및 입력, 위젯, 테마, 레이아웃, 폰트 렌더링, 네트워크 투명성 등을 포함한다.
Qt/Embedded www.trolltech.com/products/ qtopia/qtopia_coreQPL	QPL GPL	임베디드 시스템을 위한 C++ 기반의 윈도우 시스템으로 대부분의 Qt API를 제공한다.[13]
GTK+/FB www.gtk.org	LGPL	대중적인 GTK+ 윈도우 시스템을 프레임 버퍼상에서 이용 가능하도록 포팅한 것이다.

역자 주 | 13) Qt/Embedded는 이제 Qtopia의 형태로 배포되며, Qtopia는 Qt/Embedded에 해당하는 Qtopia core와 응용 프로그램 개발을 위한 프레임워크를 제공하는 Qtopia platform으로 나누어진다. 이 밖에도 PDA와 스마트폰을 위한 특별 에디션을 제공한다.

X 윈도우 환경에 대해서 살펴보기로 한다.

9.6.1 Nano-X

Nano-X 프로젝트는 MPL/GPL 라이선스하에서 이용할 수 있는 오픈 소스 프로젝트이다. Nano-X는 간단하지만 강력한 임베디드 시스템용 그래픽 프로그래밍 인터페이스를 제공한다. Nano-X를 임베디드용 윈도우 시스템으로 만들어 주는 주요 기능들을 정리해 보면 다음과 같다.

- ✦ 처음부터 임베디드 장치를 타깃으로 개발되었으므로, 메모리 사용량이나 이미지의 크기 등 임베디드 시스템이 갖는 제한사항을 고려하였다. 전체 라이브러리의 크기는 100K 이하이며 실행 시에 50K에서 240K 정도의 메모리를 사용한다.
- ✦ Nano-X의 구조는 다른 형식의 디스플레이, 마우스, 터치스크린, 키보드 장치들을 추가할 수 있도록 허용한다. 이것은 별도의 디바이스 드라이버 인터페이스 계층을 추가함으로써 가능해졌으며, 이를 통해 임의의 하드웨어 플랫폼에 포팅하는 작업이 간편해졌다.
- ✦ Nano-X는 두 가지 대중적인 API를 구현한다. 이 마이크로소프트 윈도즈 기반의 Microwindows API 계층과 X-lib 기반의 Nano-X API 계층은 새로운 API를 공부하기 위한 시간을 감소시켜 준다.
- ✦ 스크린 드라이버 계층은 1, 2, 4, 16, 24, 32 bpp와 같은 모든 가능한 픽셀 형식을 지원한다. 따라서 흑백 LCD에서부터 트루 컬러 LCD에 이르기까지 모든 장치에 곧바로 적용할 수 있다.
- ✦ Nano-X는 세부적인 설정이 가능한 컴포넌트 선택 구조를 제공한다. 예를 들어 임의의 이미지 형식이나 폰트 라이브러리에 대한 지원을 거의 즉시 추가하거나 제거할 수 있다.

Nano-X의 구조

Nano-X의 구조는 매우 모듈화되어 있으며 크게 다음과 같은 세 계층으로 나누어진다.

- ✦ 디바이스 드라이버 계층
- ✦ 장치 독립적인 그래픽스 엔진
- ✦ API 계층(Nano-X와 Microwindows)

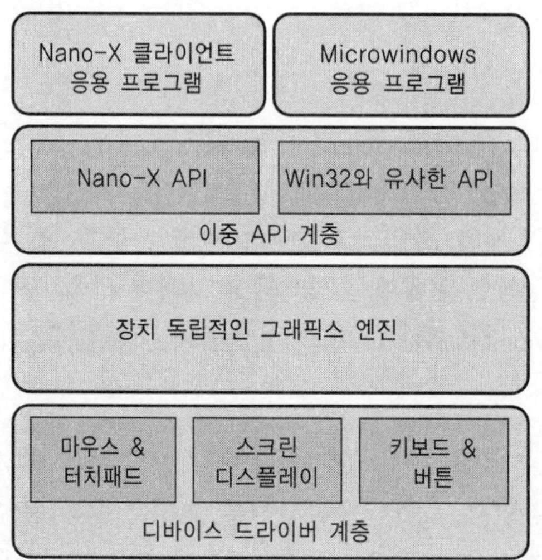

그림 9.10 Nano-X 윈도우 시스템의 구조

그림 9.10은 Nano-X의 구조를 보여준다.

가장 저수준인 디바이스 드라이버 계층은 프레임 버퍼상의 스크린, 터치패드, 마우스, 키보드와 같은 다양한 장치들에 대한 인터페이스를 제공한다. 이 계층은 임의의 새로운 하드웨어 장치를 나머지 계층에 영향을 주지 않고 Nano-X 내에 추가할 수 있게 해 준다.

Nano-X의 핵심 부분은 선, 원, 다각형 등을 그리기 위한 그래픽 루틴들을 구현한 그래픽스 엔진이다. 또한 JPEG, BMP, PNG와 같은 다양한 형식의 이미지를 지원한다. 이 계층은 폰트를 렌더링하고 텍스트를 스크린상에 그리기 위한 폰트 엔진도 포함한다. 폰트 엔진은 트루 타입과 비트맵 형식의 폰트를 모두 지원한다.

Nano-X는 두 가지 서로 다른 API 계층을 지원한다. 이 두 가지 API 계층은 핵심 그래픽스 엔진과 디바이스 드라이버 계층 위에서 동작한다. 이 중 하나는 X-lib API들과 매우 유사하기 때문에 Nano-X라고 부른다. 다른 API 계층은 마이크로소프트의 Win32와 WinCE API들과 유사하기 때문에 Microwindows라고 불린다. 이러한 두 가지 API를 지원하기 때문에 X 윈도우 시스템 프로그래머들과 WIN32 SDK 세계의 프로그래머들은 새로운 API를 익히기 위한 시간을 거의 필요로 하지 않는다. Nano-X API 계층은 X 프레임워크에 기반을 두기 때문에 기본적인 클라이언트/서버 모델을 따른다. Nano-X 서버는 서버 코드를 실행하는 독립된 프로세스이다. **Nano-X 클라이언트**는 별도의 프로세스로 동작하며 Nano-X 서버와 통신하기 위한 UNIX/IPC 소켓을 제공하는 특수한 라이브러리와 함께 링크되는 응용 프로그램이다. 또한 클라이언트와 서버를 합쳐 하나의 응용 프로그램으로 링크할 수 있는 옵션도 존재한다. 이 경우 IPC에 따른 지연을 없앨 수 있으므로 속도가 향상된다.

반면 Microwindows API 계층은 Win32 SDK 모델을 기반으로 한다. Microwindows는 기본적으로 윈도즈와 매우 비슷한 메시지 전달 메커니즘을 이용한다. 대부분의 윈도우 객체들과 메소드들은 윈도즈 SDK와 비슷한 구조를 갖는다. Nano-X의 구조에 대한 문서는 http://www.microwindows.org/에서 구할 수 있다.

Nano-X 시작하기

1. **최신 소스 코드 구하기**: 이 글을 작성하고 있는 현재 최신 버전은 Nano-X v0.91이며 이는 ftp://microwindows.censoft.com/pub/microwindows/에서 구할 수 있다.

2. **컴파일**: 소스를 받아서 압축을 해제한다(여기서는 해제된 소스가 /usr/local/microwin에 위치한다고 가정한다). 해제된 소스 내의 src/Configs 디렉토리로 이동한다. 이 디렉토리는 다양한 플랫폼에 대해 미리 설정된 설정 파일들로 구성된다. 독자들이 사용할 플랫폼에 맞는 적절한 파일을 선택하여 (상위 디렉토리인) src 디렉토리 아래에 config라는 이름으로 복사한다. 설정 파일 내의 모든 항목들에는 충분한 양의 주석이 달려 있으므로, 이를 통해 Nano-X가 제공하는 설정의 유연함을 느낄 수 있을 것이다. 이 단계에서는 i386 아키텍처를 위해 컴파일해 보기로 한다. X11 관련 옵션들을 활성화시키기 위해 X11=Y를 설정한다. 이를 통해 Nano-X를 별도의 X11 응용 프로그램으로 실행시킬 수 있다. Nano-X가 제공하는 폰트 엔진은 트루 타입(윤곽선) 폰트와 비트맵 폰트를 포함하는 다양한 폰트 형식을 지원한다. 폰트 엔진은 Freetype-1, Freetype-2 및 TTF 파일들을 지원하기 위해 제공되는 외부 라이브러리들을 이용한다. 독자들의 PC에서 이용할 수 있는 폰트 렌더링 시스템(대부분 Freetype-2에 해당할 것이다)을 선택한 후 microwin/src 디렉토리에서 make 명령을 통해 컴파일을 수행한다.

3. **데모 프로그램 실행**: 컴파일이 완료되면 ./demo2.sh 파일을 실행하여 microwin/src 디렉토리 내의 데모 프로그램들을 시작한다. 이 스크립트는 Nano-X 서버와 몇 가지 샘플 클라이언트 프로그램들을 실행한다.

src/demos 디렉토리는 다양한 난이도의 샘플 프로그램들을 포함하고 있다. 최소한 이들 중 몇 가지를 참고하여 Nano-X 프로그래밍 방법을 익혀야 할 것이다.

샘플 Nano-X 응용 프로그램 빌드하기

리스트 9.4는 단순히 박스를 하나 그리는 간단한 Nano-X 응용 프로그램이다.

이 프로그램을 컴파일하기 위해서는 다음과 같은 명령을 사용한다.

```
# gcc simple.c -o simple -I$(MICROWINDIR)/src/include -lnano-x
```

응용 프로그램을 실행하기 전에 Nano-X 서버를 시작시킬 필요가 있다.

```
# nano-X &; ./simple
```

모든 Nano-X 클라이언트 프로그램은 Nano-X 서버와 연결하기 위해 GrOpen( ) 함수를 호출해야 한다. 연결이 성공적으로 이루어지면, 응용 프로그램은 GrNewWindow( ) 함수를 통해 픽셀 위치 (100,100) 지점에 200 × 100 크기의 윈도우를 만든다. 윈도우의 테두리 폭은 5픽셀로 지정되어 있으며, 테두리의 색은 빨간색, 윈도우의 배경색은 흰색으로 지정되어 있다. 다음으로 GrMapWindow( ) 함수를 호출하여 윈도우를 스크린에 디스플레이한다. 이렇게 윈도우를 스크린에 매핑하고 나면 프로그램의 가장 중요한 부분인 '이벤트 루프'가 수행된다. GrGetNextEvent( ) 함수는 마우스, 키보드 혹은 GUI 이벤트가 발생되었는지를 검사한다. 이 샘플 프로그램에서는 아무런 이벤트도 처리하지 않았지만, 응용 프로그램에서는 이러한 다양한 이벤트들에 따라 적절히 반응해야 한다. Microwindows API를 이용한 프로그래밍에 대한 자세한 정보는 http://www.microwindows.org에서 구할 수 있는 다양한 강좌들을 참고하기 바란다.

Nano-X 툴킷

단순한 GUI 응용 프로그램들은 툴킷을 필요로 하지 않으며 Nano-X API들을 이용하여 프로그램을 작성하는 것이 아무런 문제가 되지 않는다. 이 절에서는 Nano-X상에서 이용할 수 있는 툴킷들에 대해서 살펴볼 것이다.

FLTK(Fast Light Tool Kit)는 FLNX라고 하는 Nano-X 포트를 갖는다. FLTK는 Nano-X API들에 대한 C++ 추상화를 제공한다. 또한 GUI 프로그램을 설계할 수 있는 Fluid라는 GUI 디자인용 툴을 제공한다. Nano-X/FLTK 조합은 검증되고 테스트된 것으로, 많은 임베

리스트 9.4 샘플 Nano-X 응용 프로그램

```c
/* nano_simple.c */

#define MWINCLUDECOLORS
#include <stdio.h>
#include "nano-X.h"

int main(int ac, char **av)
{
  GR_WINDOW_ID w;
  GR_EVENT event;

  if (GrOpen() < 0) {
    printf("Can't open graphics\ n");
    exit(1);
  }

  /*
   * GrNewWindow(GR_ROOT_WINDOW_ID, X 위치, Y 위치, 폭, 높이,
   * 테두리 폭, 윈도우 색상, 테두리 색상);
   */

  w = GrNewWindow(GR_ROOT_WINDOW_ID, 100, 100, 200, 100, 5, WHITE, RED);

  GrMapWindow(w);

  /* 이벤트 루프 수행 */
  for (;;) {
    GrGetNextEvent(&event);
  }

  GrClose();
  return 0;
}
```

디드 응용 프로그램들이 이들 조합을 이용해서 성공적으로 개발되었다. 예를 들어, ViewML 브라우저는 이 조합을 통해 구현된 HTML 브라우저이다.

NXLIB(Nano-X/X-lib 호환 라이브러리)은 X11용 실행 파일을 아무런 수정 없이 그대로 Nano-X에서 사용하기 위한 것이다. 이것은 X 서버에서 동작하는 완전한 기능의 응용 프로그램이 최소한의 수정을 통하거나 아무런 수정 없이 Nano-X 서버에서도 동작할 수 있다는

것을 의미한다. NXLIB은 X-lib을 완전히 대체하지는 못하며, 단지 X-lib API들의 일부만을 제공할 뿐이다. NXLIB은 X-lib상의 다른 툴킷을 이용해 작성된 거대한 응용 프로그램을 포팅하는 시간을 줄여줄 수 있다. 예를 들어 Gtk-X를 사용해 작성된 응용 프로그램은 많은 코드 수정 없이 Nano-X에서 동작할 것이다.

9.7 결론

이 장에서는 그래픽스 시스템과 그 구조 및 임베디드 리눅스 시스템에서 이용할 수 있는 옵션들에 대한 다양한 질문들에 대한 답을 찾아보았다. 하지만 아직 '핸드폰에서 DVD 플레이에 이르는 전체 임베디드 장치들에서 필요로 하는 그래픽스 요구사항을 만족시킬 수 있는 일반적인 솔루션이 존재하는가?'라는 질문에 대한 답이 남아 있다.

리눅스 프레임 버퍼는 모든 종류의 장치에 대한 솔루션을 제공한다. 만약 응용 프로그램이 DVD 플레이어와 같이 단순한 경우라면, 프로그래머는 전체 시스템을 구성하고 동작시키기 위해 프레임 버퍼 인터페이스와 Nano-X와 같은 작은 윈도우 환경을 이용할 수 있다. 핸드폰의 경우는 달력, 주소록, 카메라와 같은 여러 프로그램들과 사용자 친화적인 메뉴 방식의 GUI 등을 필요로 하므로 Qt/Embedded나 FLNX와 같은 툴킷을 사용하여 구현할 수 있다. Qt를 사용한 스마트폰들은 이 글을 작성하는 현재 이미 시장에 출시되어 있는 상황이다.

uClinux

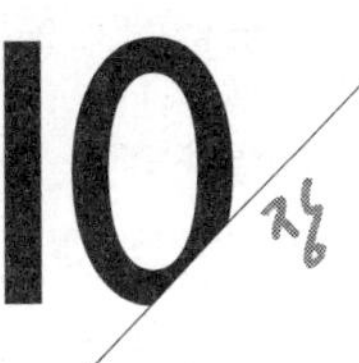

1998년 1월 경에 M68k 프로세서에 포팅된 새로운 버전의 리눅스가 발표되었다. 표준 리눅스와 이 버전의 주요 차이점은 MMU를 갖지 않는 프로세서에서 최초로 동작하는 리눅스라는 점이었다. 이러한 리눅스 변종은 uClinux[1]라는 이름으로 널리 알려져 있다. 그때까지 MMU가 없는 프로세서에서는 오직 상용 RTOS 혹은 자체 제작한 OS들만을 동작시킬 수 있었다. 그러한 프로세서에서 리눅스를 동작시킬 수 있다는 것은 설계 및 개발 과정에서 주요한 장점이 되었다. 이 장에서는 MMU가 없는 프로세서에서 리눅스를 동작시키는 것과 관련된 몇 가지 질문들에 대한 해답을 찾아볼 것이다.

✤ 왜 MMU가 없는 시스템에서는 다른 버전의 리눅스를 사용해야 하는가?
✤ 임베디드 시스템에서 uClinux를 빌드하고 동작시키기 위해 필요한 툴들은 무엇인가?
✤ 커널/사용자 공간, 파일 시스템 등의 다양한 요소들에서 어떤 변화가 일어났는가?
✤ 일반 리눅스를 위해 컴파일된 응용 프로그램들이 uClinux상에서 동작하는가?
✤ 리눅스에 uClinux로 응용 프로그램을 포팅하기 위한 가이드라인은 무엇인가?

10.1 MMU가 없는 시스템상의 리눅스

일반 리눅스는 주로 메모리 관리를 위해 MMU와 같은 하드웨어 지원을 포함한 범용 프로

저자 주   1) uClinux는 '유씨리눅스'라고 발음하며, 마이크로(μ)컨트롤러(C)에서 동작하는 리눅스라는 의미이다.

세서상에서 동작한다. MMU는 기본적으로 다음과 같은 기능들을 제공한다.

- TLB를 통한 주소 변환[2]
- 페이지 폴트를 사용한 요구 페이징
- 보호 모드를 통한 메모리 주소 보호[3]

리눅스는 MMU를 통해 구현된 가상 메모리 시스템을 사용하도록 밀접하게 통합되어 있으므로, MMU가 없는 프로세서상에서 동작할 수 없다. 리눅스가 이렇듯 MMU에 의존적으로 작성되어 있기 때문에, 커널 내의 가상 메모리 관리에 관한 일부 코드들은 구조를 변경해야 할 필요가 있었다. 당시 안정 버전이었던 리눅스 2.0 커널을 MMU가 없는 프로세서상에서 동작시키기 위한 아이디어와 그로 인한 파급 효과에 대해서 아직 모든 사람들이 분명히 인식하고 있지 못했다. 따라서 이러한 MMU가 없는 프로세서상에서 리눅스를 동작시키기 위한 uClinux 프로젝트(http://www.uclinux.org)가 시작되었다.

uClinux 프로젝트는 MMU가 없는 프로세서상에서 동작할 수 있는 리눅스 버전을 제공했다. 비록 uClinux가 MMU가 없는 시스템에서 리눅스를 동작시키기 위한 것에 항상 초점을 맞추고 있지만, MMU를 가진 프로세서들에 대한 지원도 그대로 남아 있다. uClinux는 MMU가 없는 프로세서에 대한 지원을 커널에 포함하였지만 그 과정에서 아무런 내용도 삭제하지 않았기 때문이다. 이 점은 uClinux를 고려하지 않는 과정에서 놓치기 쉬운 중요한 부분이다. uClinux는 MMU가 있는 프로세서에서도 동작할 수 있지만, 이 장에서는 MMU가 없는 시스템에서 동작하는 uClinux에 대해서만 다루기로 한다.

10.1.1 리눅스와 uClinux

일반 리눅스 시스템에서 사용자 프로세스는 실행 중인 프로그램으로 정의할 수 있다. 모든 프로그램은 파일 시스템 내에 저장된 실행 파일이며, (정적으로 링크된) 독립적인 파일의 형태이거나 공유 라이브러리와 함께 동적으로 링크된다. 가상 메모리는 모든 프로세스에게 독자적인 메모리 공간을 할당해 준다. 하지만 uClinux에는 MMU가 없기 때문에 독자들은 uClinux상의 응용 프로그램들이 별도의 실행 파일로 존재하는지 아니면 플랫 메모리 모델

저자 주

2) TLB(Translation Lookup Buffer)는 가상 주소와 물리 주소의 변환을 위해 사용되는 하드웨어적인 참조 테이블이다.

3) 각 프로세서들은 여러 가지 보호 모드를 제공하며, 이 중 대표적인 것으로 인텔 프로세서들에서 제공하는 실제 모드(Real mode), 보호 모드(Protected mode) 등이 있다.

을 사용하는 기존의 RTOS와 같이 응용 프로그램과 OS가 하나의 이미지로 존재하는지에 대한 의문을 가질 수도 있을 것이다. 이 절에서는 uClinux와 일반 리눅스 간의 차이점에 대해서 자세히 살펴본다.

프로세스 주소 공간과 메모리 보호

일반 리눅스에서 응용 프로그램은 프로세스 주소 공간이라 불리는 독자적인 주소 공간 내에서 실행되는 사용자 프로세스이다. MMU는 메모리 보호 기능을 제공하므로 한 응용 프로그램은 다른 응용 프로그램의 주소 공간을 손상시키지 못한다. 또한 MMU는 가상 메모리(VM: virtual memory)를 제공하여 각 응용 프로그램들은 시스템의 물리 메모리의 한계에 관계없이 최대 가상 메모리 크기[4]만큼의 주소를 지정할 수 있다.

하지만 가상 메모리를 지원하지 않는 uClinux의 응용 프로그램들은 독자적인 가상 프로세스 주소 공간 내에서 동작할 수 없다. 따라서 각 응용 프로그램들에 대한 주소 공간의 할당은 이용할 수 있는 메모리 내에서 공유된다. MMU가 없으므로 메모리 보호 기능을 구현할 방법이 없기 때문에 모든 프로세스들은 하나의 전역 메모리 공간을 공유한다. 이렇듯 모든 프로세스가 동일한 메모리 공간을 공유하기 때문에 한 프로세스가 다른 프로세스의 데이터를 손상시키는 것이 가능하다. 이것은 uClinux 개발자들이 명심해야 할 중요한 결점이다.

사용자 모드와 커널 모드

리눅스 시스템의 사용자 모드와 커널 모드 메모리 보호 기능은 프로세서의 동작 모드와 함께 MMU를 효율적으로 이용하는 방식으로 구현되었다. uClinux는 MMU와 메모리 보호 기능을 이용할 수 없기 때문에 커널과 사용자 공간 응용 프로그램의 특별한 구분이 없다. 이것은 임의의 사용자 공간 응용 프로그램이 커널의 메모리를 손상시키거나 시스템 충돌을 발생시킬 수도 있다는 것을 의미한다.

요구 페이징과 스와핑

MMU가 있는 프로세서에서는 페이지 폴트 처리 함수를 이용할 수 있다. 리눅스는 요구 페이징과 스와핑을 처리하기 위해 페이지 폴트 처리 함수를 이용한다.[5] MMU가 없는 프로세서에서는 페이지 폴트를 처리할 수 없기 때문에 요구 페이징이나 스와핑과 같은 기능을 이

저자 주
4) 32비트(x86) 머신의 가상 메모리 크기의 최대값은 4GB이다.
5) 실제로 페이지 캐시, COW(Copy-On-Write), 스와핑과 같은 리눅스의 대부분의 가상 메모리 기능들은 페이지 폴트 함수를 이용하여 구현된다.

용할 수 없다. 비록 uClinux가 커널과 응용 프로그램이 공통적으로 이용하는 메모리 공간을 가졌지만, 응용 프로그램 이미지는 커널과 분리되도록 허용한다. 따라서 응용 프로그램과 커널은 파일 시스템상에서 별도의 프로그램으로 관리될 수 있으며, 따로따로 로드될 수 있다. uClinux는 (컴파일러, 링커 등의) 툴체인과 프로그램 실행에 필요한 로더를 변경함으로써 이를 가능케 한다. uClinux는 독자적인 개발 툴체인을 갖는다. 사실 새로운 플랫폼에 uClinux를 포팅하는 일 중의 커다란 부분은 이러한 툴체인들을 잘 동작하게 만드는 일이다. 일단 툴체인을 이용할 수 있게 되면, 응용 프로그램들이 uClinux에서 동작하도록 만드는 일은 아주 간단한 노력을 통해 이루어진다. 툴체인을 포팅하는 데 필요한 작업들에 대한 논의는 이 장의 범위를 넘어가므로 설명하지 않을 것이다. 대신 여기서는 어떻게 uClinux가 개발자들에게 일반 리눅스와 비슷한 환경을 제공하려고 노력하는지에 초점을 맞춰 설명할 것이다.

MMU가 없는 프로세서상에서 리눅스 플랫폼을 동작시키기 위한 설계의 변경과 플랫폼을 기존의 시스템과 최대한 비슷하게 유지하기 위해 필요한 변경사항들은 매우 많고 복잡하다. 이 장에서는 이들 중 몇 가지 사항들을 살펴보고, uClinux 엔지니어들이 이를 해결하기 위해 사용한 방식들에 대해 기본적인 내용들을 알아보기로 한다.

이 장의 나머지 부분은 다음과 같이 두 부분으로 나누어진다.

- ✤ (10.2절부터 10.6절까지의) 첫 번째 부분은 uClinux의 기본적인 개념들과 uClinux를 구성하는 블록들에 대해 자세히 설명하며, MMU가 없는 시스템상에서 리눅스를 동작시키기 위해 이루어진 변경사항들에 대해서 설명한다.
- ✤ 두 번째 부분은 응용 프로그램을 uClinux로 포팅하기 위한 가이드라인을 상세히 설명한다. 만약 독자들이 시스템의 내부적인 사항들에는 관심이 없고 단지 응용 프로그램을 포팅하는 일에만 관심이 있다면 앞의 절들을 건너뛰고 10.7절을 보기 바란다.

10.2 프로그램 로드와 실행

일반 리눅스 응용 프로그램들은 절대 주소로 링크된다. 다시 말해, 컴파일러와 링커는 응용 프로그램을 빌드할 때 이 응용 프로그램이 전체 가상 메모리 주소 영역을 이용할 수 있다고 가정한다.

우리는 가능한 주소 공간 내에서 각 세그먼트들이 어떻게 구성되는지 알아보기 위해 x86
상에서 동작하는 작은 프로그램을 하나 작성해 볼 것이다.[6]

```c
int data1=1;                            // .data 섹션으로 포함될 것이다.
int data2=2;                            // 역시 .data 섹션으로 포함될 것이다.
int main(int argc, char *argv[])        // .text 섹션으로 포함될 것이다.
{
  int stack1=1;                         // 프로그램 스택
  int stack2=2;                         // 프로그램 스택
  char *heap1 = malloc(0x100);          // 힙 할당
  char *heap2 = malloc(0x100);          // 다시 힙에서 할당

  printf(" text        %p\n", main);
  printf(" data        %p %p\n", &data1, &data2);
  printf(" heap        %p %p\n", heap1, heap2);
  printf(" stack       %p %p\n", &stack1, &stack2);
}
```

프로그램 실행 결과는 다음과 같다.

```
text        0x804835c
data        0x80494f0 0x80494f4
heap        0x8049648 0x8049750
stack       0xbfffe514 0xbfffe510
```

프로그램 실행 결과는 섹션이 어디에 위치하는지와 각 섹션들이 어느 방향으로 증가되는지
에 대한 정보를 확실히 보여준다. 스택은 사용자 공간에서 접근할 수 있는 가장 상위 주소
인 PAGE_OFFSET(0xC000_0000) 근처에 위치하며 아래쪽으로 증가한다. 텍스트 영역은
메모리의 가장 아래쪽 부근에 위치하며(라이브러리들이 더 아래쪽의 일부 영역을 예약해 둔다)
그 위로 바로 데이터 섹션이 이어진다. 데이터 영역(초기화된 데이터 + bss)이 끝나면, 힙 할
당을 위한 공간이 시작되며 이 영역은 스택 영역이 위치한 방향인 위쪽으로 증가해 나간다.
만약 힙 영역과 스택 영역이 만나게 되면 어떤 일이 벌어질까? 이 경우 페이지 폴트 처리
함수가 프로그램에게 SIGSEGV 시그널을 보내게 된다. 그림 10.1은 일반 리눅스 응용 프로
그램의 메모리 맵을 보여준다.

 | 6) x86에서 동작하는 모든 응용 프로그램들은 4GB의 가상 주소 영역을 지정할 수 있다. 이 중 상위 1GB 영역
은 커널 영역으로 예약되어 있으며, 나머지 3GB 영역을 사용자 공간의 응용 프로그램에서 이용할 수 있다.

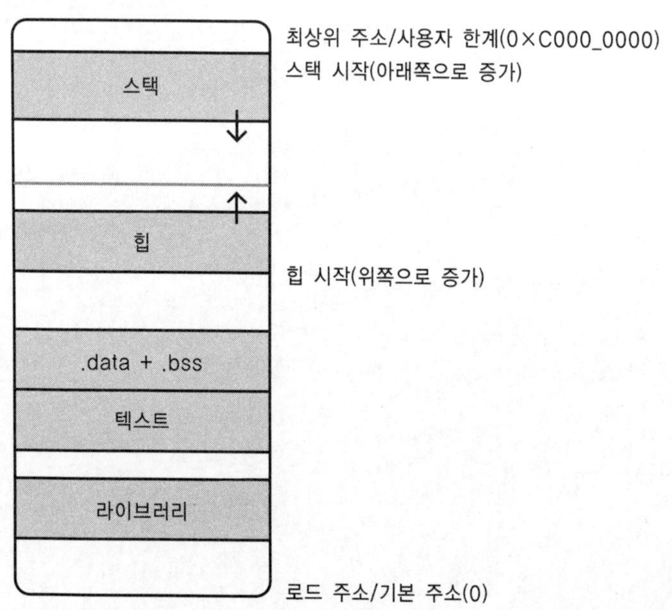

그림 10.1 리눅스 응용 프로그램 메모리 맵

이 프로그램의 여러 인스턴스를 동시에 실행시켜도 결과는 모두 같을 것이다. 이것은 MMU가 각 프로세스에게 별도의 가상 주소 공간을 제공해 주기 때문에 가능하다. 응용 프로그램에서는 오직 가상 주소만을 이용하며 커널의 가상 메모리 소프트웨어와 MMU 하드웨어가 이 가상 주소를 실제 물리 주소로 매핑한다.

이제 가상 메모리를 이용하지 못하게 되면, 각각의 프로세스에 대해 가상 주소 공간이 생성되지 못한다. 따라서 uClinux의 응용 프로그램들은 이용 가능한 전체 주소 공간을 하나의 거대한 연속된 물리 메모리 블록으로 공유해야 한다. 프로그램들은 메모리 블록 내의 (임의의 위치에) 비어 있는 영역으로 로드된다. MMU가 있는 시스템에서는 이러한 임의의 위치가 프로세스 메모리 맵 내의 가상 주소 0으로 매핑될 것이다. 일반 리눅스와는 달리 uClinux에서 실행되는 프로그램의 시작 주소는 알 수 없으며(임의의 주소가 배정되므로), 주소를 사용하는 명령어들은 절대 주소를 지정할 수 없다[7]는 것을 뜻한다. uClinux의 로더는 프로그램의 시작 주소를 이용 가능한 메모리의 주소로 설정하는 부가적인 작업을 처리한다. 이를 위해 컴파일러와 링커도 로더와 함께 협력할 필요가 있다. uClinux는 이러한 알 수 없는 주소 문제를 해결하기 위한 두 가지 방법을 갖고 있다.

10.2.1 FRB(Fully Relocatable Binaries)

실행 파일(binary)은 텍스트 영역이 주소 0에서 시작하도록 컴파일된다. 툴체인은 고정된 위치 종속 코드(non-PIC)를 생성한다. 로더가 이미지를 임의의 주소에 로드하기 위해 링커는 데이터 영역의 뒤에 재배치(relocation) 테이블을 추가한다. 재배치 테이블 내의 항목들은 파일 내의 수정되어야 할 위치를 가리킨다. 로더는 텍스트와 데이터 영역을 RAM으로 복사하여 재배치 테이블을 읽어, 이용 가능한 특정 세그먼트의 시작 주소를 로드 시에 각 항목에 더하는 방식으로 각 항목들의 내용을 변경(patch)한다.

10.2.2 PIC(Position Independent Code)

이 방식은 컴파일러가 프로그램 카운터(PC: program counter)를 이용하는 상대적인 주소를 이용하는 위치 독립 코드(PIC: Position Independent Code)[8] 상대 주소 지정은 명령어들이 PC 값에 상대적인 주소 지정 모드를 해석할 수 있는 하드웨어적인 지원을 필요로 한다. 모든 데이터에 대한 접근은 GOT(Global Offset Table)라고 하는 테이블을 이용해 이루어진다. GOT는 데이터 세그먼트의 시작부분에 위치하며, 코드 내에서 사용되는 데이터에 대한 주소를 가리키는 포인터들을 포함한다. m68k와 같은 어떤 아키텍처들에서는 GOT의 크기가 제한되어 있다.

XIP(eXecute In Place)

PIC 모드는 또한 XIP를 손쉽게 구현할 수 있도록 해 준다. 프로그램이 실행되기 전에 (함수 호출이나 이동에 필요한 주소를 변경하기 위해) 모든 데이터와 텍스트 영역을 RAM에 복사해야 하는 FRB 방식과 달리 PIC 기반의 실행 파일은 주소를 변경할 필요가 없다. 프로그램은 데이터 세그먼트가 설정되고 나면 실행을 시작할 수 있다.[9] XIP는 이를 이용해 플래시/ROM에 있는 코드를 그대로 직접 실행한다. 이 프로그램에 대한 여러 인스턴스들은 각자 새로운 데이터 세그먼트를 생성하지만 텍스트 세그먼트는 모든 인스턴스들 간에 공유된다. 표 10.1에서는 FRB 방식과 PIC 방식의 차이점을 정리하였다.

저자 주   8) 예를 들어, 함수 호출은 PC+0x500에 위치한 함수를 호출하는 'call 0x500' 이라는 명령어를 사용하거나 PC+0x20 위치로 이동하는 'jmp 0x20' 이라는 명령어를 사용하도록 한다.

  9) 이를 위해서는 컴파일 시에 적절한 플래그를 통해 텍스트 영역과 데이터 영역이 분리되어 있어야 한다.

표 10.1 FRB 방식과 PIC 방식

Fully Relocatable Binary	Position Independent Code
XIP 불가능	XIP 가능
동일한 프로그램의 여러 인스턴스가 실행되면 각각에 대한 텍스트 세그먼트가 RAM으로 복사되어야 하므로 메모리를 낭비한다.	XIP를 이용하면 여러 인스턴스들의 텍스트 세그먼트가 공유된다.
프로그램이 실행되기 전에 재배치가 얼마나 이루어져야 하느냐에 따라 많은 시간이 소모된다.	프로그램의 시작 시간이 짧다.
모든 타깃에서 동작한다.	타깃에서 상대 주소 지정 모드를 지원해야 한다.

10.2.3 bFLT 파일 형식

일반 리눅스의 실행 파일 형식은 ELF이다. uClinux는 다음과 같은 목표로 설계된 새로운 파일 형식을 소개하였다.

- ✤ 응용 프로그램의 로드와 실행 과정을 간편하게 한다.
- ✤ 크기가 작고 메모리를 효율적으로 사용하도록 한다.
- ✤ MMU가 없는 시스템에 로드되는 경우에 발생하는 문제를 해결하기가 쉽도록 한다.
- ✤ FRB 방식을 위해 재배치 테이블을 저장하거나, PIC 방식을 위해 GOT를 저장할 수 있도록 한다.

uClinux에서 사용되는 파일 형식은 바이너리 플랫(bFLT: binary FLAT) 형식이다. uClinux의 컴파일러와 링커들은 재배치 혹은 PIC 방식에 기반한 bFLT 파일을 생성하기 위한 특수 플래그들을 갖고 있으며, uClinux 커널은 bFLT 헤더를 해석할 수 있는 새로운 로더를 갖고 있다. 다음은 모든 bFLT 파일의 오프셋 0번지에 위치한 64바이트의 bFLT 헤더의 구조체이다.

```
struct flat_hdr {
  char magic[4];
  unsigned long rev;           /* 버전 */
  unsigned long entry;         /* 파일의 시작 위치에서부터 첫 번째 실행
                                  명령어가 있는 텍스트 세그먼트까지의
                                  오프셋 */
  unsigned long data_start;    /* 파일의 시작 위치에서부터 데이터 세그먼트
```

```
                                까지의 오프셋 */
    unsigned long data_end;     /* 파일의 시작 위치에서부터 데이터 세그먼트
                                끝까지의 오프셋 */
    unsigned long bss_end;      /* 파일의 시작 위치에서부터 bss 세그먼트
                                끝까지의 오프셋 */

    /*
     * data_end에서부터 bss_end까지의 영역을 bss 세그먼트라고 가정한다.
     */

    unsigned long stack_size;   /* 스택의 크기(바이트 단위) */
    unsigned long reloc_start;  /* 파일의 시작 위치에서부터 재배치 테이블
                                까지의 오프셋 */
    unsigned long reloc_count;  /* 재배치 테이블 내의 항목의 개수 */
    unsigned long flags;
    unsigned long filler[6];    /* 예약됨, 0으로 채워짐 */
};
```

모든 bFLT 파일 내에 포함된 magic 문자열은 'b', 'f', 'l', 't' 혹은 0x62, 0x46, 0x4C, 0x54로 이루어진 4바이트의 ASCII 문자열이다. rev 필드는 파일의 버전 번호를 지정한다. Entry 필드는 파일의 시작 위치에서부터 텍스트 세그먼트의 시작 위치까지의 오프셋을 저장한다. 이 값은 일반적으로 0x40(64)으로, 이 헤더의 크기와 같다. 그 뒤로는 바로 데이터 세그먼트의 위치와 그 끝 위치를 저장하는 data_start 필드와 data_end 필드가 있다. bss 세그먼트는 data_end가 가리키는 위치에서부터 bss_end가 가리키는 위치까지의 영역이다. bFLT 헤더는 응용 프로그램에 할당된 스택의 크기를 stack_size 필드에 저장한다.[10] 나중에는 왜 이렇게 스택의 크기를 지정해야 하는지에 대한 이유를 알게 될 것이다.

reloc_start 필드와 reloc_count 필드는 재배치 테이블의 시작 오프셋과 항목의 개수에 대한 정보를 제공한다. 재배치 테이블 내의 각 항목은 변경되어야 할 절대 주소에 대한 포인터라는 것을 기억하자. 이 항목에 대한 새로운 주소 값은 관련 세그먼트의 기본 주소에 해당 엔트리가 가리키고 있던 절대 주소 값을 더하는 방식으로 계산된다.

커널의 bFLT 파일 로더는 linux/fs/binfmt_flat.c 파일 내에 구현되어 있다. 핵심 함수는 load_flat_binary( ) 함수로서, uClinux 시스템에서 bFLT 파일의 로드와 실행을 담당한다. 이 함수는 위의 헤더 정보를 읽은 후 필요한 메모리를 할당한다. flags 필드에 설정된 항목

저자 주   10) 스택 크기는 ELF 형식에서 bFLT 형식으로 변환할 때 설정될 수 있다.

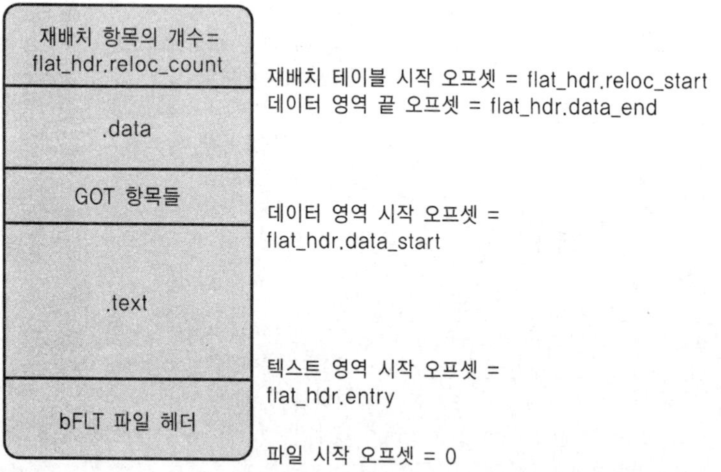

그림 10.2 bFLT 파일의 섹션들

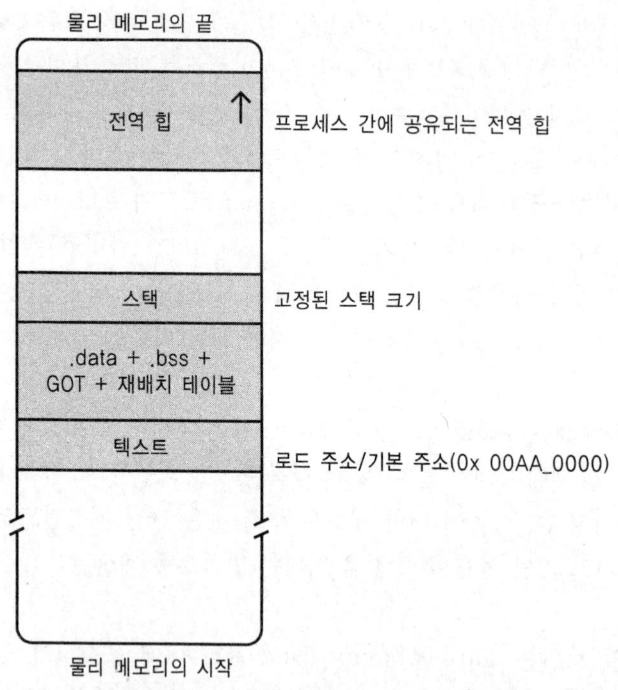

그림 10.3 메모리에 로드된 bFLT 파일

에 따라 PIC 방식의 실행 파일에 할당된 메모리의 양은 스택과 (GOT를 포함한) 데이터 영역의 크기가 될 것이다. PIC 방식을 사용하지 않은 경우에는 이것은 스택, (재배치 테이블을 포함한) 데이터, 텍스트 영역의 크기가 된다. 이것은 필요한 텍스트 영역을 매핑하고 해당 페이지를 실행 가능하도록 설정한다. bFLT 파일 형식은 flags 필드를 통해 지정한 경우 텍스트 영역을 gzip을 통해 압축할 수 있도록 허용한다. 이 경우 로더는 텍스트 영역의 압축을 해제하여 RAM에 저장하는 일도 수행한다. 일단 모든 섹션들이 매핑되면 재배치를 실행할 준비가 된 것이다. 그림 10.2는 bFLT 파일의 각 섹션들을 보여주며, 그림 10.3은 메모리에 로드된 bFLT 형식의 파일을 보여준다. 만약 스택 영역이 bss 영역까지 내려온다면 페이지 폴트 처리 함수가 없으므로 시스템 충돌이 발생할 것이다.

10.2.4 bFLT 파일 로드하기

load_flat_file( ) 함수는 다음과 같은 과정을 통해 플랫 파일 형식을 로드하는 작업을 수행한다.

1. 먼저 파일 헤더의 각 필드를 읽어 필요한 메모리의 크기를 계산하고 필요한 로딩 방식을 결정한다.

```c
text_len  = ntohl(hdr->data_start);
data_len  = ntohl(hdr->data_end) - ntohl(hdr->data_start);
bss_len   = ntohl(hdr->bss_end) - ntohl(hdr->data_end);
stack_len = ntohl(hdr->stack_size);

if (extra_stack) {
    stack_len += *extra_stack;
    *extra_stack = stack_len;
}
relocs = ntohl(hdr->reloc_count);
flags  = ntohl(hdr->flags);
rev    = ntohl(hdr->rev);

    ...
    ...
/*
 * 매핑에 필요한 별도의 공간을 계산한다.
 */
extra = max(bss_len + stack_len, relocs * sizeof(unsigned long));
```

2. 로더는 파일 헤더에 설정된 플래그 값에 따라 파일의 각 섹션들을 RAM 혹은 플래시로 매핑한다. 예를 들어 파일의 텍스트 섹션이나 데이터 섹션이 압축되어 있는 경우에 로더는 파일을 메모리로 읽어서 먼저 해당 섹션의 압축을 해제한다. 리스트 10.1은 이 과정에 포함된 각각의 논리적인 단계를 보여준다.

3. 로더는 스택, 데이터 섹션, 텍스트 섹션 등의 정보를 이용하여 프로세스의 태스크 구조체를 설정한다.

```
current->mm->start_code = start_code;
current->mm->end_code = end_code;
current->mm->start_data = datapos;
current->mm->end_data = datapos + data_len;
```

4. 마지막으로 리스트 10.2에 보이는 것과 같은 재배치 작업을 수행한다.

GOT가 존재하는지 검사하는 것은 bFLT 파일 헤더에 미리 설정된 flags 변수를 통해서 이루어진다. datapos는 파일이 메모리로 매핑된 후에 GOT 테이블의 시작 오프셋을 가리킨다. 이제 로더는 GOT 내의 모든 항목들을 변경해야 한다. calc_reloc( ) 함수는 다음 코드에서 보이는 것과 같이 필요한 주소 변경 작업을 수행한다.

```
static unsigned long
calc_reloc(unsigned long r, struct lib_info *p, int curid,
           int internalp)
{
  ...
  ...
  if (r < text_len)            /* 텍스트 세그먼트 */
    addr = r + start_code;
  else                         /* 데이터 세그먼트 */
    addr = r - text_len + start_data;

  return addr;
}
```

계산 과정은 간단하다. 만약 재배치될 주소 값이 텍스트 세그먼트 내에 있으면 텍스트 세그먼트의 시작 주소를 더한다. 그렇지 않으면 주소 값이 데이터 세그먼트 내에 있는 것이므로 데이터 세그먼트의 시작 주소를 이용하여 재배치를 수행한다. GOT 항목들에 대한 변경이 끝나면, calc_reloc( ) 함수를 통해 재배치 테이블의 항목들을 변경한다. 이러한 재배치 과정을 더욱 자세히 이해하기 위해 예제를 살펴보기로 한다.

리스트 10.1 bFLT 로더

```
...
if ((flags & (FLAT_FLAG_RAM|FLAT_FLAG_GZIP)) == 0) {
  ...

/*
 * ROM 매핑의 경우: XIP를 위해 텍스트 섹션을 파일에서 매핑한다.
 */
textpos = do_mmap(bprm->file, 0, text_len, PROT_READ|PROT_EXEC, 0, 0);

  ...

/*
 * 데이터, 스택, 재배치 섹션들을 위한 메모리를 할당한다.
 * 여기에는 공유 라이브러리를 위한 메모리도 포함된다.
 */
realdatastart = do_mmap(0, 0, data_len + extra +
                        MAX_SHARED_LIBS * sizeof(unsigned long),
                        PROT_READ|PROT_WRITE|PROT_EXEC, 0, 0);

  ...
  ...

/*
 * .data 섹션을 파일에서 읽어 메모리로 복사하고 필요한 경우 압축을 해제한다.
 */
#ifdef CONFIG_BINFMT_ZFLAT
if (flags & FLAT_FLAG_GZDATA) {
  result = decompress_exec(bprm, fpos, (char *) datapos,
            data_len + (relocs * sizeof(unsigned long)), 0);
}else
#endif
{
  result = bprm->file->f_op->read(bprm->file, (char *) datapos,
          data_len + (relocs * sizeof(unsigned long)), &fpos);
}

  ...
  ...
} else {
  /*
   * RAM 매핑의 경우: 모든(텍스트, 데이터, 스택, 재배치) 섹션에 대한
   * 메모리를 할당한다.
   */
```

(계속)

(계속)

```
    textpos = do_mmap(0, 0, text_len + data_len + extra +
                      MAX_SHARED_LIBS * sizeof(unsigned long),
                      PROT_READ|PROT_WRITE|PROT_EXEC, 0, 0);
    ...
    ...

/*
 * .text, .data 섹션을 파일에서 읽어 메모리로 복사하고
 * 필요한 경우 압축을 해제한다.
 */
if (flags & FLAT_FLAG_GZIP) {
  result = decompress_exec(bprm, sizeof (struct flat_hdr),
          (((char *) textpos) + sizeof (struct flat_hdr)),
          (text_len + data_len + (relocs * sizeof(unsigned long))
          - sizeof (struct flat_hdr)), 0);

    ...

result = bprm->file->f_op->read(bprm->file, (char *) textpos,
                                  text_len, &fpos);
    ...
```

리스트 10.2 로더에서 수행하는 재배치

```
/* GOT가 있는지 검사하여 GOT 내의 항목들을 재배치한다. */

if (flags & FLAT_FLAG_GOTPIC) {
  for (rp = (unsigned long *)datapos; *rp != 0xffffffff; rp++) {
    unsigned long addr;
    if (*rp) {
        addr = calc_reloc(*rp, libinfo, id, 0);
        if (addr == RELOC_FAILED)
          return -ENOEXEC;
        *rp = addr;
        }
    }
}

/* 재배치 테이블의 모든 항목들을 변경한다. */

for (i=0; i < relocs; i++) {
  unsigned long addr, relval;
```

(계속)

```
    /*
     * 재배치될 포인터의 주소를 얻어온다.
     * (물론 먼저 이 주소 자체를 재배치해야 한다.)
     */
    relval = ntohl(reloc[i]);
    addr = flat_get_relocate_addr(relval);
    rp = (unsigned long *)calc_reloc(addr, libinfo, id, 1);

     ...
     ...

    /* 포인터의 값을 가져온다. */
    addr = flat_get_addr_from_rp(rp, relval, flags);
    if (addr != 0) {
      /*
       * 재배치를 수행한다.
       * 데이터 섹션의 PIC 재배치는 이미 타깃의 바이트 순서로 되어 있다.
       */
      if ((flags & FLAT_FLAG_GOTPIC) == 0)
          addr = ntohl(addr);

      addr = calc_reloc(addr, libinfo, id, 0);

       ...
       ...

      /* 재배치된 포인터를 기록한다(write back).  */
      flat_put_addr_at_rp(rp, addr, relval);
    }
```

FRB 방식의 경우

다음과 같이 빈 main( ) 함수를 갖는 단순한 sample.c 파일을 작성한다.

```
sample.c
main() {}
```

이 파일을 컴파일하여 bFLT 형식의 파일을 생성한다. 적절한 컴파일러 옵션을 통해 FRB 파일을 컴파일하는 방법은 10.7.1절을 참조하기 바란다. 생성된 실행 파일의 이름은 sample이라고 하고, 심벌 파일은 symbol.gdb라고 하자. bFLT 파일 헤더는 flthdr 프로그램을 통해 덤프할 수 있다.

```
# flthdr sample
  Magic:            bFLT
  Rev:              4
  Entry:            0x48
  Data Start:       0x220
  Data End:         0x280
  BSS End:          0x290
  Stack Size:       0x1000
  Reloc Start:      0x280
  Reloc Count:      0x1c
  Flags:            0x1 ( Load-to-Ram )
```

출력된 결과는 앞에서 설명한 bFLT 헤더와 직접적인 연관이 있다. 이 파일은 재배치가 필요한 실행 파일이므로, 헤더에 Load-to-Ram 플래그가 설정되어 있음을 주의하자. 또한 Reloc Count 값은 0x1C이므로, 빈 main( ) 함수를 갖는 파일 내에 28개의 재배치 항목이 존재한다는 것을 뜻한다. 이 미스터리를 풀기 위해 심벌 파일인 symbol.gdb를 살펴보자.

```
# nm sample.gdb
  00000004    T   _stext
  00000008    T   _start
  00000014    T   __exit
  0000001a    t   empty_func
  0000001a    W   atexit
  0000001c    T   main
  00000028    T   __uClibc_init
  0000004a    T   __uClibc_start_main
  000000ba    T   __uClibc_main
  000000d0    T   exit
  ...
  ...
  00000214    D   _errno
  00000214    V   errno
  00000218    D   _h_errno
  00000218    V   h_errno
  0000021c    d   p.3
  ...
  ...
  00000240    B   __bss_start
  00000240    b   initialized.10
  00000240    B   _sbss
  00000240    D   _edata
  00000250    B   _ebss
  00000250    B   end
```

출력된 결과는 파일 내의 다양한 심벌들을 보여준다. 모든 응용 프로그램들은 libc와 링크되어야 하므로, '0x1c T main'을 제외한 모든 심벌들은 libc(이 경우에는 uClibc에 해당한다)에 포함된 것들이다. libc의 데이터와 텍스트 섹션은 재배치 테이블 내에 지정된 27개의 재배치 포인터를 갖는다.

이제 sample.c 파일에 약간의 코드를 추가해 보자.

```
sample.c

int x=0xdeadbeef;
int *y=&x;

main() {
  *y++
}
```

이 파일을 다시 컴파일한 뒤 파일 헤더의 내용을 덤프하면 다음과 같다.

```
# flthdr sample
  Magic:              bFLT
  Rev:                4
  Entry:              0x48
  Data Start:         0x220
  Data End:           0x280
  BSS End:            0x290
  Stack Size:         0x1000
  Reloc Start:        0x280
  Reloc Count:        0x1f
  Flags:              0x1 ( Load-to-Ram )
```

재배치 항목(Reloc Count) 값이 0x1c에서 0x1f로 증가한 것을 유심히 보기 바란다. 세 가지 새로운 재배치 항목이 생성되었다. 새로운 sample.c 파일에서 y 변수는 x 변수의 주소를 참조하고 있으므로 데이터 섹션에 새로운 재배치 항목을 생성하였다. 또한 y 변수 값을 증가시키기 위해 텍스트 섹션에 재배치 항목을 생성하였다.

nm을 사용하여 sample.gdb 파일을 살펴보면 다음과 같이 x, y의 주소를 얻을 수 있다.

```
   ...
00000200  D  x
00000204  D  y
   ...
```

y 변수를 위해 재배치 테이블의 항목이 추가되었다. 테이블에는 재배치가 필요한 항목인 204를 갖는다. 또한 204가 가리키는 주소(즉, 200)도 재배치되어야 한다. 이것이 리스트 10.2에서 수행하는 작업이다. 아래에서는 재배치 코드가 하는 일을 더 쉽게 설명한다.

sample 프로그램을 od 명령을 통해 덤프한다. 우리는 여기서 플랫 헤더에 지정된 280의 오프셋에서 시작되는 재배치 테이블의 내용만을 덤프할 것이다.

```
#od -Ax -x sample -j280

 000280 0000 1e00 0000 2400 0000 2c00 0000 3600
 000290 0000 4000 0000 4600 0000 6400 0000 6c00
 0002a0 0000 7600 0000 7e00 0000 8c00 0000 9e00
 ...
```

0이 아닌 두 번째 항목은 0x2400이다. 재배치 과정은 다음과 같이 이루어진다.

✦ 1단계:

```
relval = ntohl(reloc[i]);
addr = relval;
```

0x2400은 호스트의 바이트 순서로 변환되어 0x0024에 해당한다.

✦ 2단계:

```
rp = (unsigned long *) calc_reloc(addr, libinfo, id, 1);
```

이것은 0x0024 항목이 재배치되어야 한다는 것을 의미한다. calc_reloc( ) 함수는 (0x24 < text_len이므로) 실행 시에 텍스트 세그먼트의 시작 주소를 기반으로 재배치된 주소를 반환한다.

✦ 3단계:

```
addr = *rp;
```

sample 파일에서 (start_of_text + 0x0024)의 내용은 사실 y 변수의 주소인 0x204이다. 이 주소도 역시 재배치되어야 한다.

✦ 4단계:

```
addr = calc_reloc(addr, libinfo, id, 0);
*rp = addr;
```

calc_reloc( ) 함수는 0x204를 메모리상의 실제 주소로 변경한다.

요약하면, 그림 10.4와 같은 작업이 재배치 과정에서 이루어진다. 텍스트 영역에 대한 참조에서도 같은 방식의 항목이 생성될 것이다.

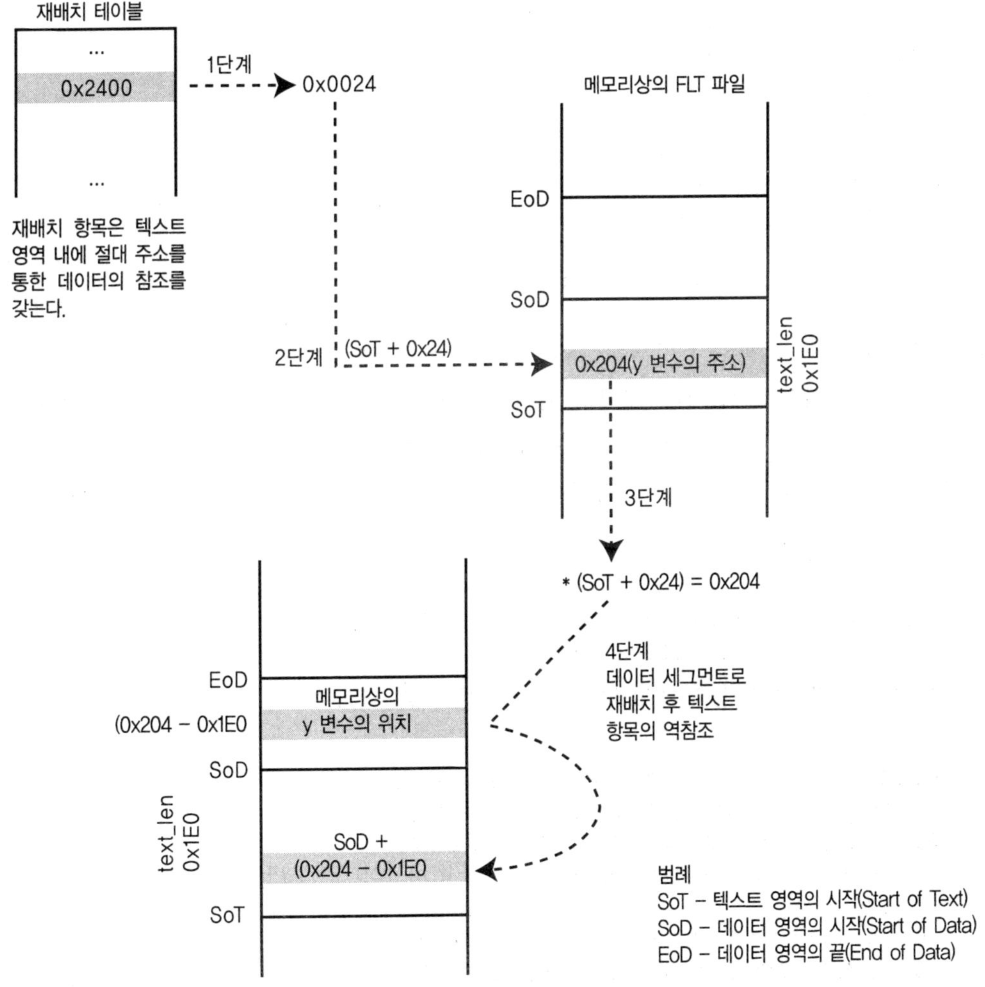

그림 10.4 플랫 파일 재배치

PIC 방식의 경우

다시 아무 내용도 없는 main( ) 함수를 갖는 sample.c 파일을 이용해 보자.

```
sample.c
main() {}
```

PIC 기능을 활성화하여 컴파일한 후 생성된 코드를 살펴보면 다음과 같다.

```
#flthdr sample

    Magic:              bFLT
    Rev:                4
    Entry:              0x48
    Data Start:         0x220
    Data End:           0x2e0
    BSS End:            0x2f0
    Stack Size:         0x1000
    Reloc Start:        0x2e0
    Reloc Count:        0x2
    Flags:              0x2 ( Has-PIC-GOT )
```

오직 두 개의 재배치 항목을 갖는 것과 flags 필드에 GOT가 존재함을 알리는 정보가 설정되어 있음에 주의하자. GOT는 데이터 섹션의 시작부분에 위치하며, GOT 내의 마지막 항목은 −1(0xffffffff)로 설정된다는 것을 기억하기 바란다. 이제 bFLT 파일 내에 포함된 GOT 항목들을 살펴보기 위해 od 명령을 이용한다.

```
#od -Ax -x sample

000000 4662 544c 0000 0400 0000 4800 0000 2002
000010 0000 e002 0000 f002 0000 0010 0000 e002
000020 0000 0200 0000 0200 1342 678b 0000 0000
   ...
   ...
000220 0000 0000 0000 0000 0000 0000 0000 6802
000230 0000 7c02 0000 a002 0000 aa01 0000 7402
000240 0000 6002 0000 6c02 0000 7002 0000 2001
000250 0000 8802 0000 6402 0000 2800 0000 1c00
000260 0000 0000 0000 0000 0000 0000 0000 c800
000270 0000 0000 0000 0001 0000 4400 0000 0000
000280 ffff ffff 0000 0000 0000 0000 0000 0000
000290 0000 0000 0000 0000 0000 0000 0000 0000
   ...
```

GOT의 시작 위치는 'Data Start: 0x220'에서 지정하는 대로 0x220이고, GOT의 마지막 위치는 0xFFFFFFFF 값을 갖는 0x280으로, 총 16개의 올바른(0이 아닌) GOT 항목을 갖는다. 모든 GOT 항목들은 표준 libc 심벌들이다.

이제 sample.c 파일에 다음과 같은 내용을 추가한 뒤, 컴파일해서 bFLT 헤더를 덤프해 보자.

```
sample.c

int x=0xdeadbeef;
int *y=&x;

main() {
  *y++
}

#flthdr sample
  Magic:            bFLT
  Rev:              4
  Entry:            0x48
  Data Start:       0x220
  Data End:         0x2e0
  BSS End:          0x2f0
  Stack Size:       0x1000
  Reloc Start:      0x2e0
  Reloc Count:      0x3
  Flags:            0x2 ( Has-PIC-GOT )
```

Reloc Count 항목이 1만큼 증가한 것을 알 수 있다. 이 재배치 항목은 y 변수에 x 변수의 주소를 할당하는 과정에 필요한 것이다. 텍스트 영역 내의 y 변수의 참조는 예상한 대로 GOT 항목에 추가되었다. 다시 od 명령을 통해 sample 프로그램을 덤프해 보면 다음과 같다.

```
000220 0000 0000 0000 0000 0000 0000 0000 7002
000230 0000 8402 0000 a002 0000 b601 0000 7c02
000240 0000 6802 0000 7402 0000 7802 0000 2c01
000250 0000 9002 0000 6c02 0000 3400 0000 1c00
000260 0000 6402 0000 0000 0000 0000 0000 0000
000270 0000 d400 0000 0001 0000 0c01 0000 5000
000280 ffff ffff 0000 0000 0000 0000 0000 0000
```

전체 17개의 GOT 항목이 존재하므로, 1개의 항목이 추가되었다. 이제 y 변수에 해당하는

GOT 항목을 찾을 필요가 있다. 앞에서처럼 nm sample.gdb 명령을 실행하여 변수의 주소를 찾아낸다.

```
...
00000260  D  x
00000264  D  y
...
```

앞의 GOT 테이블에서 굵은 글씨로 쓴 부분이 y에 대한 항목을 나타낸다.

리스트 10.2에 보이는 로더에서는 GOT 플래그를 검사한 후 먼저 GOT 항목들을 재배치한 뒤 재배치 테이블 내의 항목들을 변경한다. 그림 10.5는 어떻게 GOT 항목들이 재배치되는지를 보여준다.

이 절에서 살펴본 내용들을 정리하면 다음과 같다.

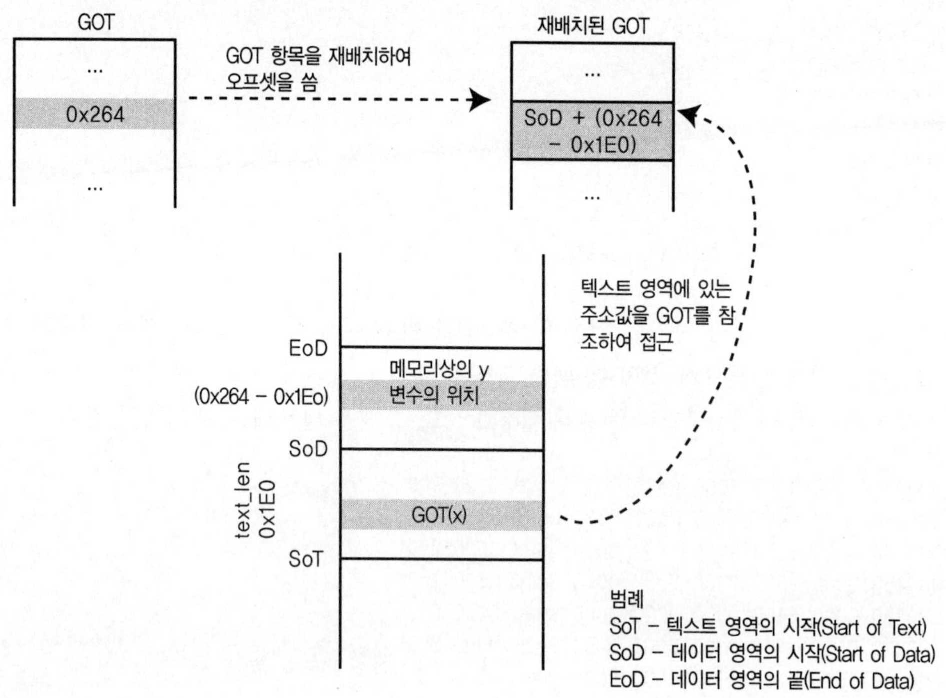

그림 10.5 GOT 항목의 재배치

- uClinux는 bFLT(Binary FLAT) 파일 형식을 사용한다.
- bFLT는 FRB 혹은 PIC 방식을 사용한다.
- FRB 방식은 데이터와 텍스트 모두 절대 주소를 가지며, 재배치 항목들은 로더에 의해 변경될 위치를 가리킨다.
- PIC 방식은 텍스트 영역에서 상대 주소를 이용하므로 플랫폼의 지원이 필요하다. 텍스트 영역에서 데이터 영역에 대한 참조는 GOT를 통해 이루어진다. GOT는 로더에 의해 변경될 위치를 가리킨다.
- XIP는 플래시상에서 프로그램을 바로 동작시킬 수 있으므로, RAM에서 텍스트 영역만큼의 공간을 절약할 수 있다.

10.3 메모리 관리

이 절에서는 uClinux의 메모리 관리 방식과 관련하여 커널과 libc에서 어떠한 변화가 있었는지를 살펴볼 것이다. 두 가지 메모리 영역인 힙과 스택을 분리하여 살펴본다.

10.3.1 힙

메모리 할당

malloc( ), realloc( ), calloc( ), free( ) 함수들은 힙에서 메모리를 할당/해제하기 위해 사용되는 라이브러리 함수들이다. 이 중 기본이 되는 것은 malloc( ) 함수로서, 일반 리눅스에서 malloc( ) 함수가 동작하는 방식을 이해한 뒤, 왜 이것이 uClinux에서 사용될 수 없는지를 알아보도록 하자.

malloc( ) 함수는 프로세스의 동적 힙 할당을 담당한다. 이것은 기본적으로 프로세스의 주소 공간을 관리하는 저수준의 시스템 콜인 sbrk/brk를 통해서 이루어진다. sbrk 시스템 콜은 프로세스 주소 공간의 뒤쪽에 메모리를 추가하여 전체 주소 공간의 크기를 증가시킨다. 반면에 brk 시스템 콜은 프로세스 주소 공간을 임의의 크기로 설정할 수 있다. 이 시스템 콜들은 malloc( ) 함수와 free( ) 함수에 의해 응용 프로그램의 메모리를 할당 및 해제하기 위해 적절히 사용된다. 일반 리눅스의 프로세스 주소 공간은 가상 주소 공간이기 때문에 메모리를 추가하는 것은 단순히 물리 주소와의 매핑을 제공하는 커널 내의 가상 메모리 구조

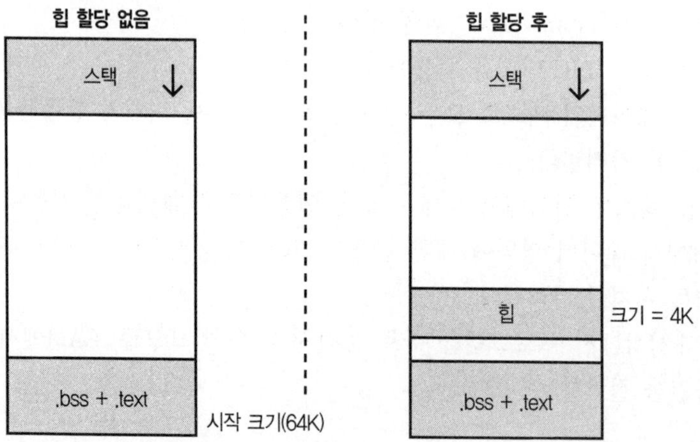

그림 10.6 힙 할당

체의 정보를 수정하는 것으로 가능하다. 따라서 malloc( ) 함수는 단순히 가상 메모리의 크기를 필요한 만큼 증가시키며 free( ) 함수는 가상 메모리의 크기를 줄인다. 예를 들어 (bss 영역을 포함한) 응용 프로그램의 크기가 64KB이고[11] 초기의 힙 크기가 0이라고 가정해 보자. 이 응용 프로그램은 그림 10.6에 보이듯이 가상 메모리의 0부터 64K 영역까지를 사용한다(전체 가상 메모리의 크기 = 64K + 스택 크기).

이제 응용 프로그램에서 malloc(4096)을 호출했다고 생각해 보자. 이것은 그림 10.6에 나타나 있듯이 가상 메모리의 크기를 68K로 증가시킬 것이다. 물리 메모리는 해당 메모리를 실제로 사용하는 경우에 페이지 폴트 처리 함수에 의해 할당된다.

가상 메모리가 없는 uClinux에서 프로세스 주소 공간의 한계를 늘리거나 변경하는 것은 불가능하다. 따라서 다른 해법을 찾아야만 했으며, 이것은 응용 프로그램을 매우 적은 수정만으로(혹은 아무런 수정도 없이) uClinux로 포팅할 수 있도록 해야 한다. 따라서 uClinux 상에서 힙을 이용한 메모리 할당을 금지하거나, 필요한 메모리를 정적인 배열로 미리 할당하거나, 고정된 크기의 힙을 제공하는 등의 단순한 방식은 제외되었다. 이러한 방식을 사용하게 되면 대부분의 응용 프로그램들을 포팅하기 위해 엄청난 양의 작업이 가해지거나, 설계 자체가 변경되어야 한다.

역자 주 | 11) 파일 시스템에 저장되는 응용 프로그램 이미지에는 bss 영역이 포함되어 있지 않으며, 단지 bss 영역의 크기가 얼마인지에 대한 정보만이 저장되어 있다. 이미지가 로드되면 로더가 이 정보를 읽어 해당 크기의 bss 영역을 할당한다.

uClinux가 선택한 해법은 모든 프로세스에서 힙 할당을 요청할 수 있는 시스템 전체의 이용 가능한 메모리를 관리하는 풀(pool)을 제공하는 것이다. 이 방식은 모든 프로세스들이 동일한 풀에서 할당을 받기 때문에, 한 프로세스가 이용 가능한 모든 메모리를 다 할당해 버려서 시스템 전체를 불안하게 만들 수 있다. 이것은 MMU가 없는 플랫폼이 갖는 시스템 차원의 문제이다.

가장 단순한 malloc( ) 함수의 구현은 mmap/munmap 시스템 콜을 직접 호출하는 것이다. 이 방식을 이용하면 모든 메모리 할당 요청은 커널 메모리 할당자를 통해 직접 처리된다. 이 방식의 구현을 아래에 보여준다.

❖ mmap 시스템 콜을 호출하여 커널 메모리 풀에서 메모리를 얻는다.

```
void * malloc(size_t size) {
    ...
    result = mmap((void *) 0, size, PROT_READ | PROT_WRITE,
                          MAP_SHARED | MAP_ANONYMOUS, 0, 0);
    if (result == MAP_FAILED)
      return 0;

    return result;
}
```

❖ munmap 시스템 콜을 호출하여 사용한 메모리를 반환한다.

리스트 10.3에 나타나 있듯이 이 방식을 이용한 구현의 문제점은 mmap 시스템 콜이 메모리를 얻기 위해 커널 메모리 할당자인 kmalloc을 이용하는 부분에서 나타난다. (커널 메모리 할당자에서) 반환된 메모리는 메모리의 관리를 위해 포인터의 연결 리스트(linked-list) 형태로 유지된다. 이러한 (할당된 메모리를 관리하는) 연결 리스트를 통해 시스템은 특정 프로세스에서 할당한 메모리를 추적할 수 있으며, 이들은 프로세스의 태스크 구조체와 연결되어 있으므로 해당 프로세스가 종료된 경우 이들을 해제할 수 있다. 각 할당 시마다 생성되는 tblock 구조체와 rblock 구조체는 56바이트의 공간을 차지한다. 작은 크기의 메모리 할당을 많이 요청하는 응용 프로그램은 메모리를 낭비하게 될 것이다.

또한 kmalloc은 2의 거듭제곱에 가까운 수(최대 크기는 1MB로 제한된다)로 반올림된 크기의 메모리 블록을 반환한다. 예를 들어 1.5KB(1536바이트)의 메모리 할당을 요청하면 가장 가까운 2의 거듭제곱은 2KB(2048바이트)가 되므로 0.5KB(512바이트)의 메모리를 낭비하게

리스트 10.3 uClinux의 mmap 구현

```
do_mmap_pgoff() {

  ...
  ...

  if (file) {
    error = file->f_op->mmap(file, &vma);
    if (!error)
        return vma.vm_start;

      ...
  }

  ...

  tblock = (struct mm_tblock_struct *)
         kmalloc(sizeof(struct mm_tblock_struct), GFP_KERNEL);
  ...
  ...
  tblock->rblock = (struct mm_rblock_struct *)
         kmalloc(sizeof(struct mm_rblock_struct), GFP_KERNEL);

  ...
  ...
  result = kmalloc(len, GFP_KERNEL);
  ...
  ...

  /* 참조 카운트 */
  tblock->rblock->refcount = 1;
  tblock->rblock->kblock = result;
  tblock->rblock->size = len;

  ...
  ...

  /* 해당 블록을 태스크 구조체 내의 블록 리스트에 연결 */
  tblock->next = current->mm->context.tblock.next;
  current->mm->context.tblock.next = tblock;
  current->mm->total_vm += len >> PAGE_SHIFT;

  return (unsigned long) result;
}
```

된다. 따라서 이 할당자는 매우 비효율적이며 한계를 지닌다.

낭비되는 56바이트는 malloc API를 좀더 지능적으로 만들면 줄일 수 있다. 예를 들어 여러 번의 메모리 할당을 그룹으로 묶어 한 번에 요청하거나 더 큰 메모리를 할당해 놓은 뒤 이를 더 작은 자료 구조를 통해 관리하는 방식을 이용할 수 있다. 또한 이 문제는 2.6 커널에서 논의되었고 rblock과 tblock 구조체는 제거되었다. 두 번째 문제를 해결하기 위해서는 커널 메모리 할당자를 재작성할 필요가 있다. 수정된 커널 메모리 할당자는 uClinux 커널 내에 포함되었으며, 메모리 할당 과정에서 불필요하게 많은 크기의 메모리를 반환하지 않도록 도와준다. 새로운 kmalloc은 1 페이지 크기(즉, 4KB 혹은 4096바이트)까지의 메모리 요청에는 기존의 2의 거듭제곱을 이용하는 방식을 그대로 이용하고, 1 페이지 크기 이상의 요청에 대해서는 가장 가까운 페이지 단위 크기의 메모리를 할당한다. 예를 들어, 기존의 kmalloc을 통해 100KB의 메모리를 요청했다면, 결과적으로 128KB의 메모리가 할당되므로 28KB가 낭비될 것이다. 하지만 새로운 kmalloc을 이용하면 정확히 100KB의 메모리를 할당하는 것이 가능하다.

uClibc는 세 가지의 서로 다른 malloc( ) 함수의 구현을 제공한다. 각각의 방식에 대해 장단점을 살펴보자.

❖ malloc-simple [uClinux-dist/uClibc/libc/stdlib/malloc-simple]:

```
malloc(size_t size) {
    ...
    ...
    result = mmap((void *) 0, size, PROT_READ | PROT_WRITE,
                    MAP_SHARED | MAP_ANONYMOUS, -1, 0);

    if (result == MAP_FAILED)
      return 0;
    return(result);
}
```

이것은 uClinux에서 사용되는 가장 간단한 형태의 malloc( ) 함수이다. 이 방식은 빠르고 직접적인 할당을 위한 간단한 한 줄짜리 구현이다. 이 방식의 단점은 56바이트가 낭비된다는 점이며, 응용 프로그램이 malloc( ) 함수를 통해 적은 크기의 메모리를 많이 요청한다면 문제가 커질 것이다.

❖ malloc [uClinux-dist/uClibc/libc/stdlib/malloc]: 이 구현은 malloc( ) 함수가 내부적
으로 할당해 둔 정적 힙 영역을 갖고 있는 방식이다. malloc_from_heap( ) 함수는 요
청한 크기에 따라 정적 힙 영역에서 할당할지 mmap 시스템 콜을 이용할지를 결정한
다. 이 방식은 작은 크기의 요청에 대해서는 미리 할당해 둔 정적 힙을 이용하므로 (커
널 메모리 할당자를 이용함에 따르는) 56바이트의 낭비를 없앨 수 있다. 이 방식을 이용
한 구현은 리스트 10.4에서 볼 수 있다.

❖ malloc-standard [uClinux-dist/uClibc/libc/stdlib/malloc-standard]: 이것은 가장 복
잡한 방식의 malloc( ) 함수 구현이며 표준 libc에서 사용되는 방식이다. 기본적으로
malloc( ) 함수는 작은 크기의 메모리 할당 요청을 위해 내부적으로 다양한 크기의 메
모리 블록(bin)들을 할당해 놓는다. 만약 특정 크기의 블록으로 메모리 요청을 처리할
수 있으면 이 블록은 이용 가능한 목록(free list)에서 제거되고 (해당 블록이 해제되거
나 프로세스가 종료될 때까지) 사용 중이라고 표시된다. 만약 메모리 요청이 (이용할 수
있는) 미리 할당된 블록의 크기보다 크거나 이용할 수 있는 블록이 없다면 mmap 시
스템 콜을 호출한다. 이 경우 임계치가 수정되어 mmap 시스템 콜을 이용한 할당에
따른 메모리 낭비를 최소화시켜 준다. 그렇지 않으면 brk 시스템 콜을 사용하여 프로
세스의 힙 크기를 증가시키고 이것이 실패하면 최종적으로 mmap 시스템 콜을 호출
한다. 이 방식은 미리 할당한 블록들을 매우 효율적으로 사용하여 mmap에 따른 메모
리 낭비를 줄일 수 있지만, 오직 MMU가 있는 시스템에서만 사용할 수 있다.

메모리 단편화

시스템 내의 이용할 수 있는 메모리의 총합만큼의 양을 모두 할당할 수 있는 것은 아니다.
예를 들어 시스템이 100KB의 이용 가능한 메모리를 갖고 있다고 하더라도 malloc(100K)
요청이 성공적으로 이루어진다고 보장하지는 못한다. 이것은 **메모리 단편화(memory
fragmentation)**라고 하는 문제 때문에 일어난다. 이용할 수 있는 메모리는 연속적으로 존
재하지 않을 수도 있으며, 따라서 이 경우에 할당은 실패한다. 시스템의 메모리 할당 과정
은 오직 페이지 단위에서만 이루어진다. 요청된 페이지는 이용 가능한 목록에서 제거된 후
사용 중인 목록으로 추가된다. 이후의 메모리 요청이 페이지 내의 남아 있는 크기에서 처리
될 수 있으면 같은 페이지에서 할당이 이루어진다. 일단 페이지가 사용 중이라고 표시되면
페이지 내의 모든 메모리 할당이 해제되어야 해당 페이지가 시스템의 이용 가능한 목록으
로 반환될 수 있다.

예를 들어, 응용 프로그램에서 256바이트 크기의 메모리를 16번 요청했다고 가정하자. 이

리스트 10.4 uClibc의 힙을 이용한 malloc 구현

```
HEAP_DECLARE_STATIC_FREE_AREA (initial_fa, 256);
struct heap __malloc_heap = HEAP_INIT_WITH_FA (initial_fa);

void * malloc(size_t size) {
  ...
  ...
  mem = malloc_from_heap (size, &__malloc_heap);
  if (unlikely (!mem))
  {
oom:
    __set_errno (ENOMEM);
    return 0;
  }
  return mem;
}


static void *
malloc_from_heap (size_t size, struct heap *heap) {

  /* 먼저 내부 힙 영역에서 할당을 시도한다. */
  __heap_lock (heap);

  mem = __heap_alloc (hep, &size);

  __heap_unlock (heap);

  /* 실패 시에는 mmap을 호출한다. */
  if (unlikely (! mem)) {
    /* 힙을 통한 할당이 실패하였다. */
    block = mmap (0, block_size, PROT_READ | PROT_WRITE,
          MAP_SHARED | MAP_ANONYMOUS, 0, 0);
  }
}
```

경우 메모리 할당에 따른 별도의 메모리 낭비가 없다고 가정하면, 우리의 요청은 4K = 16
×256, 즉 한 페이지 내에서 이루어질 수 있다. 이제 응용 프로그램에서 16개의 포인터를
모두 해제할 때까지 이 페이지는 이용 가능한 목록으로 반환되지 못한다. 따라서 시스템에
이용 가능한 충분한 양의 메모리가 있어도, 실제로 할당을 처리할 수가 없는 경우가 발생
한다.

메모리 단편화의 방지

일반 리눅스에서 모든 사용자 공간의 응용 프로그램들은 가상 주소를 사용한다. 이 경우 메모리 단편화를 막는 것은 프로세스의 가상 매핑을 새로운 물리 위치를 가리키게 함으로써 좀더 쉽게 처리할 수 있다. 설사 실제 물리 메모리의 위치가 변경되었다고 해도 프로그램은 여전히 가상 주소를 사용하므로 재배치 후에도 문제없이 동작할 수 있다. 이것은 가상 메모리 없이는 불가능한 일이다.

uClinux에서 메모리 단편화를 막을 수 있는 방법은 없으며 개발자들은 이러한 상황을 인식하여 응용 프로그램의 메모리 할당 패턴을 변경함으로써 메모리 단편화를 줄이도록 노력해야 한다.

10.3.2 스택

일반 리눅스 시스템의 프로그램 스택은 필요에 따라 커진다. 이것은 지능적인 페이지 폴트 처리 함수가 있기에 가능하다. 스택은 사용자 공간의 데이터 세그먼트 맨 위쪽에서부터 아래쪽으로 증가한다. 증가시킬 수 있는 스택의 크기는 오직 프로그램의 힙 크기에 의해 제한되며, 이 힙도 bss 영역의 끝부분부터 스택과 반대 방향으로 증가한다.

MMU가 없는 시스템에서 페이지 폴트 처리 함수를 구현할 수 있는 방법은 없으며, 요청에 따라 스택의 크기가 증가하게 만드는 것도 불가능하다. 이를 위해 uClinux가 제공하는 유일한 방법은 고정된 크기의 스택을 사용하도록 하는 것이다. 이 스택 크기는 프로그램을 컴파일할 때 지정되며, 응용 프로그램의 실행 이미지 내에 저장된다.

앞의 절에서 살펴본 대로, bFLT 헤더는 프로그램이 시작될 때 로더가 예약해야 할 스택의 크기를 지정하는 stack_size 항목을 갖고 있다. 현재, 프로그램에서 사용할 최대 스택 크기를 잘 판단하여 바이너리 이미지를 생성할 때 이를 지정하는 일은 개발자의 몫이다.

10.4 파일/메모리 매핑 – uClinux에서 mmap()의 복잡함

리눅스의 메모리 영역들은 mmap 시스템 콜을 통해 프로세스 주소 공간으로 매핑된다. 매핑된 영역은 PROT_READ 혹은 PROT_WRITE와 같은 보호(PROTection) 플래그와 MAP_PRIVATE 혹은 MAP_SHARED와 같은 매핑 플래그를 통해 제어된다. 예를 들어 로더는 공유 라이브러리의 텍스트 영역을 프로세스 주소 공간의 읽기 전용의 공유 가능한(PROT_READ 플래그와 MAP_SHARED 플래그가 설정된) 영역으로 매핑한다.

mmap은 내부적으로 매핑된 각 영역의 속성을 설명하는 가상 메모리에 관련된 자료 구조들의 정보를 채우고, 나머지는 페이지 폴트 처리 함수에서 처리하도록 남겨 둔다. 페이지 폴트가 발생하는 조건과 가상 메모리 자료 구조 내의 플래그들을 이용하여 페이지 폴트 처리 함수는 필요한 행동을 취한다. 예를 들어 페이지 폴트 처리 함수가 올바른 주소 내의 페이지가 비어 있음을 알게 되면 새로운 페이지를 할당하게 된다. 혹은 (스택과 같이) 해당 영역을 증가시킬 수 있는 경우, 해당 영역의 크기를 증가시키게 할 수도 있다.

uClinux에는 페이지 폴트 처리 함수가 없기 때문에 mmap 시스템 콜은 아주 기본적인 기능만을 제공한다. 다음의 두 가지 형태의 mmap은 MMU의 부재로 인해 구현할 수 없다. 여기서는 그 이유를 간단히 살펴본다.

- ❖ mmap(MAP_PRIVATE, PROT_WRITE)는 구현되지 않았다. 이 방식의 매핑은 프로세스 가상 주소 공간 내에 파일의 쓰기 가능한 매핑을 생성한다. 이것은 페이지에 데이터를 쓰는 시점에 페이지를 할당하고 이를 프로세스별로 관리해야 함을 뜻하며, 해당 프로세스만이 변경사항을 알 수 있다는 것을 뜻한다. 페이지 폴트 처리 함수는 프로세스가 해당 페이지에 데이터를 쓸 때 페이지의 할당을 처리하므로, 파일 내의 변경된 부분에 대한 페이지만이 할당된다.
- ❖ mmap(MAP_SHARED, PROT_WRITE, file)은 구현되지 않았다. 일반 리눅스에서 이 방식의 mmap 호출에 대한 구현은 여러 프로세스에 대한 공유 메모리 페이지를 생성하고 해당 영역에 대해 쓰기 연산이 수행되면 바로 디스크에 기록되도록 한다. 이 방식으로 매핑된 페이지들은 페이지에 처음으로 데이터를 쓸 때 페이지 폴트를 일으키고 페이지의 내용이 변경되었다고(dirty) 설정된다. 이후에 커널은 변경된 페이지들을 디스크에 저장하고 다음의 쓰기 연산이 일어나는 경우 페이지 폴트 처리 함수에서 이용할 수 있도록 표시한다.

위의 두 경우는 모두 오직 MMU가 있는 시스템에서만 동작할 수 있는 페이지 폴트 처리 함수를 필요로 한다. 따라서 uClinux에서는 이를 구현할 수 없다. uClinux에서 mmap 시스템 콜의 구현은 do_mmap_pgoff( ) 커널 함수를 통해 이루어진다. MMU가 없는 시스템에서 do_mmap_pgoff( ) 함수는 다음과 같이 동작한다.

1. 보호 플래그와 매핑 플래그가 올바른지(구현되지 않은 경우에 해당하는지) 검사한다.

```
...
if ((flags & MAP_SHARED) && (prot & PROT_WRITE) && (file)) {
  printk("MAP_SHARED not supported (cannot write mappings
     to disk\n");
  return -EINVAL;
}
if ((prot & PROT_WRITE) && (flags & MAP_PRIVATE)) {
  printk("Private writable mappings not supported\n");
  return -EINVAL;
}
...
```

2. 파일 포인터가 존재하고 해당 파일에 대한 mmap 함수가 존재하면 해당 mmap 함수를 호출한다.

```
...
if (file && file->f_ops->mmap) {
  file->f_ops->mmap(file, &vma);
return vma.vm_start;
  ...
```

3. 파일 포인터가 제공되지 않은 경우에는 요청된 메모리를 커널 메모리 할당자인 kmalloc을 통해 할당한다.

```
...
...
result = kmalloc(len, GFP_KERNEL);
...
...
```

10.5 프로세스 생성

리눅스의 프로세스 생성은 fork 시스템 콜을 통해 이루어진다. fork는 호출한 프로세스의 자식 프로세스를 새로 생성한다. 일단 fork가 반환되면 부모 프로세스와 자식 프로세스는 각각의 PID를 갖는 독립적인 개체가 된다. 이론적으로 fork가 수행하는 작업은 부모 프로세스의 고유한 메모리 페이지를 포함한 모든 자료 구조를 그대로 복사하는 일이다. 리눅스에서 이 부모 프로세스의 메모리 페이지를 복사하는 작업은 나중으로 미뤄진다. 대신 자식 프로세스와 부모 프로세스의 둘 중 하나가 해당 페이지에 어떤 데이터를 쓸 때까지 페이지를 공유한다. 이 방식은 COW(Copy on Write)라고 불린다. 이제 fork가 어떻게 이를 수행하는지를 살펴보기로 한다. 여기서는 2.6 커널의 fork 구현에 대해 살펴볼 것이며, 2.4 커널의 API는 다른 방식으로 호출되지만 기능적으로는 동일하다.

1. 자식 프로세스를 위한 새로운 태스크 구조체를 할당한다.

```
p = dup_task_struct(current);
```

이 함수는 새로운 태스크 구조체를 생성하고, current로부터 몇 가지 포인터들을 복사해 온다.

2. 자식 프로세스의 PID를 얻는다.

```
pid = alloc_pidmap();
```

3. 파일 디스크립터, 시그널 처리 함수, 스케줄링 정책 등의 정보를 부모 프로세스에서 자식 프로세스로 복사한다.

```
/* 모든 프로세스 정보를 복사한다. */
...
...
// 파일 디스크립터를 복사한다.
if ((retval = copy_files(clone_flags, p)))
  goto bad_fork_cleanup_semundo;
if ((retval = copy_fs(clone_flags, p)))
  goto bad_fork_cleanup_files;

// 시그널 처리 함수를 복사한다.
if ((retval = copy_sighand(clone_flags, p)))
  goto bad_fork_cleanup_fs;

// 시그널 정보를 복사한다.
if ((retval = copy_signal(clone_flags, p)))
  goto bad_fork_cleanup_sighand;

// 메모리 페이지를 복사한다.
if ((retval = copy_mm(clone_flags, p)))
  goto bad_fork_cleanup_signal;
```

```
    ...
    ...
```

4. 자식 프로세스를 스케줄러의 큐에 넣고 반환한다.

```
    ...
    ...
/* 스케줄러에 관련된 정보를 설정한다. */
sched_fork(p);
    ...
    ...

if (!(clone_flags & CLONE_STOPPED))
  wake_up_new_task(p, clone_flags);
else
  p->state = TASK_STOPPED;
    ...
    ...
```

이것은 프로세스의 상태를 TASK_STOPPED로 변경하고, 해당 프로세스를 스케줄러
가 관리하는 실행 가능한 프로세스 목록에 추가한다.

일단 fork가 반환되면 자식 프로세스는 실행 가능한 상태가 되며, 부모 프로세스의 스케줄
링 정책에 따라 실행될 것이다. fork 시스템 콜 내에서는 오직 부모 프로세스의 자료 구조
들만 복사된다는 것을 기억하자. 텍스트, 데이터, 스택 세그먼트는 복사되지 않는다. fork
시스템 콜은 이러한 페이지들을 COW로 표시해 두고, 이후에 요청에 따라 해당 페이지를
할당한다.

3단계에서 copy_mm( ) 함수는 기본적으로 부모 프로세스의 페이지들을 부모 프로세스와
자식 프로세스 간에 공유되는 읽기 전용의 페이지로 표시한다. 읽기 전용 속성은 페이지가
공유되는 한 메모리의 내용이 변경되지 않는다는 것을 보장한다. 두 프로세스 중 어느 하나
라도 이 페이지에 쓰기 연산을 시도하면, 페이지 폴트 처리 함수가 페이지 디스크립터의 특
별한 검사를 통해 이 페이지가 COW 페이지인 것을 인식한다. 폴트를 일으킨 페이지는 복
사되어 쓰기 연산을 시도한 프로세스에 대해 쓰기 권한을 부여한다. 원래의 페이지는 다른
프로세스가 쓰기 연산을 시도할 때까지 읽기 전용으로 남아 있게 되며, 쓰기 연산을 요청한
경우 이 페이지가 다른 어떤 프로세스와도 공유되지 않는다는 것이 확인된 후에 쓰기 권한
을 부여한다.

위에서 살펴보았듯이 리눅스에서 프로세스의 복제는 페이지 폴트 처리 함수를 통해 구현된 COW 기능을 통해 이루어지므로 uClinux는 fork 시스템 콜을 지원하지 않는다. 또한 부모 프로세스와 자식 프로세스가 fork의 경우에서처럼 같은 가상 주소를 갖는 것도 불가능하다. fork를 통해 자식 프로세스를 생성하는 방법 대신, uClinux의 개발자들은 vfork 시스템 콜과 exec 시스템 콜을 함께 쓰는 방법을 제안한다. vfork 시스템 콜은 자식 프로세스를 생성하며, 자식 프로세스가 종료되거나 (exec 시스템 콜을 통해) 새로운 프로그램을 실행할 때까지 부모 프로세스의 실행은 중지된다. 이로 인해 부모 프로세스와 자식 프로세스 간에 메모리 페이지를 공유해야 할 필요가 없어진다.

10.6 공유 라이브러리

공유 라이브러리의 로딩을 담당하는 동적 링커는 MMU와 가상 주소 공간에 매우 많은 부분을 의존한다. 공유 라이브러리는 어떤 응용 프로그램에 의해 최초로 사용될 때 RAM에 로드된다. 나중에 시작된(하지만 첫 번째 응용 프로그램이 종료되기 전에 시작된) 같은 라이브러리를 사용하는 다른 응용 프로그램들은 텍스트 영역을 자신의 가상 주소 공간으로 매핑한다. 다시 말해, 공유 라이브러리의 오직 하나의 텍스트 영역만이 물리 메모리상에 존재한다. 이후의 모든 참조들은 이 물리 메모리를 가리키는 가상의 개체들이다. 또한 오직 텍스트 영역만이 공유된다는 것을 주의하자. 데이터 영역은 여전히 각 프로세스별로 할당된다. 공유된 페이지들은 라이브러리를 사용하는 마지막 응용 프로그램이 종료될 때 해제된다.

MMU가 없는 시스템에서 동일한 물리 메모리를 각각의 프로세스 주소 공간으로 매핑하는 것은 불가능하다. 따라서 uClinux는 공유 라이브러리를 구현하기 위해 다른 방법을 사용한다.

10.6.1 uClinux의 공유 라이브러리 구현(libN.so)

지금까지 살펴보았듯이 uClinux는 bFLT 형식의 실행 파일을 사용한다. uClinux 커널 로더는 응용 프로그램을 이용 가능한 메모리 영역에 로드하고 필요한 데이터와 코드 영역을 설정하는 작업을 수행한다. 또한 만약 bFLT 파일이 XIP 기능을 지원하면 커널 로더는 이 응용 프로그램의 텍스트 세그먼트를 여러 인스턴스에서 재사용하도록 설정하며, 데이터 영역만을 각각 할당한다. 이러한 XIP 지원은 uClinux에서 공유 라이브러리를 지원하기 위한 기반이 되었다. 만약 텍스트 영역이 XIP 기능을 지원하지 않는다면 공유 라이브러리는 동작할 수 없다. 이것은 공유된 텍스트 페이지들이 MMU의 지원 없이는 메모리상에 존재할 수 없기 때문이다. 따라서 공유 라이브러리를 이용하기 위해서는 이들을 공통된 위치(플래시)에 저장해 두고, 모든 응용 프로그램에서 동일한 위치에 직접 접근하게 한다.

uClinux상에서 공유 라이브러리를 구현한 몇 가지 방식이 존재한다. 여기서는 m68k의 bFLT 파일을 사용하는 공유 라이브러리의 구현인 libN.so 방식을 살펴보기로 한다. 이 방식에서 공유 라이브러리들은 내부적으로 특정 라이브러리 ID를 저장하고 있는 바이너리 bFLT 파일이다. 이것은 컴파일러와 로더의 변경을 필요로 한다. 실행 파일 내의 각 심벌 참조는 추가된 특정 라이브러리 ID를 갖는다. 로더가 심벌을 해석할 때 심벌 내에 포함된 ID를 통해 참조를 검색하여 필요한 라이브러리를 찾아낸다. 이러한 검색 작업을 간단하게 하기 위하여, 공유 라이브러리의 이름을 특정 패턴을 따르도록 정한다. ID=X에 해당하는 라이브러리의 이름은 libX.so로 정해진다. 따라서 로더는 ID=X로 설정된 심볼을 해석하는 경우 단순히 /lib/libX.so 파일을 로드한다.

컴파일러는 응용 프로그램과 각 라이브러리에 따라 별도의 GOT와 데이터 세그먼트를 생성한다. 프로그램이 로드되면 (공유 라이브러리들에 대한) 각각의 데이터 세그먼트들은 시작 주소로부터 고정된 오프셋을 통해 이용할 수 있도록 한다. 각 라이브러리마다 할당된 고유한 ID 번호는 특정 데이터 세그먼트를 지정할 오프셋을 결정하기 위해 사용된다. 응용 프로그램도 역시 ID를 사용한 동일한 참조 방식을 사용해야 하며, ID 0은 응용 프로그램에서 사용하도록 예약되어 있다.

커널의 공유 라이브러리 지원은 CONFIG_BINFMT_SHARED_FLAT 플래그를 통해 선택할 수 있다. uClinux에서 공유 라이브러리를 지원하기 위해 사용되는 가장 중요한 구조체는 아래에 보이는 lib_info 구조체이다.

```c
struct lib_info {
  struct {
    unsigned long start_code;      /* 텍스트 세그먼트의 시작 */
    unsigned long start_data;      /* 데이터 세그먼트의 시작 */
    unsigned long start_brk;       /* 데이터 세그먼트의 끝 */
    unsigned long text_len;        /* 텍스트 세그먼트의 길이 */
    unsigned long entry;           /* 이 모듈의 시작 주소 */
```

```
    unsigned long build_date;        /* 컴파일된 일시 */
    short loaded;                    /* 이 라이브러리가 로드되었는가? */
  } lib_list[MAX_SHARED_LIBS];
};
```

MAX_SHARED_LIBS 매크로는 CONFIG_BINFMT_SHARED_FLAT이 설정된 경우에는 4로 정의되고 그렇지 않은 경우에는 1로 정의된다. 이 구조체는 응용 프로그램별로 로드된 라이브러리의 목록을 유지하기 위해 사용된다. 이론적으로 라이브러리 개수의 최대값은 255−1이지만, 커널은 이 값을 4로 정의하여 응용 프로그램당 3개의 공유 라이브러리를 이용할 수 있도록 제한한다. ID 0은 로드된 응용 프로그램 자신을 위해 사용된다. 공유 라이브러리를 사용하는 응용 프로그램의 심벌 해석은 리스트 10.5에 보이는 calc_reloc( ) 함수 내에서 처리된다.

재배치되어야 할 주소인 r에서 id를 추출하는 것은 id = (r >> 24) & 0xff 식을 통해 이루어진다. 수정된 링커는 심벌 주소의 상위 바이트에 id 값을 저장한다. 예를 들어 foo라는 심벌이 응용 프로그램 내에 정의되지 않고, ID=3에 해당하는 라이브러리에 정의되어 있다면, 응용 프로그램 내의 특정 심벌은 0x03XX_XXXX = (0x03FF_FFFF | lib3.so 내의 foo( ) 함수의 주소)와 같은 형식의 항목을 가질 것이다. 따라서 응용 프로그램 외부의 모든 심벌들은 상위 바이트에 라이브러리에 해당하는 id 값을 가질 것이다.

라이브러리를 프로그램의 메모리로 실제로 로드하는 것은 load_flat_shared_library( ) 함수 내에서 이루어진다. 이 함수는 일반 바이너리 플랫 파일 로더 함수인 load_flat_file( ) 함수에 해당하는 id=X 값을 전달하여 /lib/libX.so 파일을 로드한다.[12] 바이너리 플랫 파일 로더는 lib_info.lib_list[ ] 배열을 통해 위치 0에 로드된 응용 프로그램 자신을 포함한 로드된 모든 파일에 대한 정보를 저장한다. 로더는 실행에 필요한 모든 해석되지 않은/외부 심벌들을 해석한다.

위에서 설명한 구현 방식은 폴 데일(Paul Dale)이 개발하였으며, m68k 기반의 프로세서에서 가장 대중적으로 사용되는 방식이다. uClinux에서 사용할 수 있는 또 다른 방식의 공유 라이브러리 구현체들이 존재한다. Cadenux의 XFLAT는 ARM 프로세서에서 주로 사용되는

저자 주 | 12) 플랫 바이너리 파일의 실행 중에 exec 시스템 콜은 동일한 함수를 id=0으로 설정하여 사용한다는 것을 기억하자.

리스트 10.5 공유 라이브러리 심벌 해석

```c
static unsigned long
calc_reloc(unsigned long r, struct lib_info *p, int curid, int internalp)
{
  ...
  ...


#ifdef CONFIG_BINFMT_SHARED_FLAT
  if (r == 0)
    id = curid;                  /* 0은 항상 자기 자신에 대한 참조이다. */
  else {
    id = (r >> 24) & 0xff;    /* 이 재배치 항목에 대한 ID를 찾는다. */
    r &= 0x00ffffff;             /* ID 부분을 제거한다. */
  }

  if (id >= MAX_SHARED_LIBS) {
    printk("BINFMT_FLAT: reference 0x%x to shared library %d",
                                          (unsigned) r, id);
    goto failed;
  }

  if (curid != id) {
  ...
  ...
  }else if ( ! p->lib_list[id].loaded &&
       load_flat_shared_library(id, p) > (unsigned long) -4096) {
    printk("BINFMT_FLAT: failed to load library %d", id);
    goto failed;
  }
  ...
  ...
#else
  id = 0;
#endif
  ...
  ...
}
```

또 다른 공유 라이브러리 구현 방식이다. 각각의 구현 방식은 서로 다른 설계 목표를 가지
며, 다양한 문제들을 해결하기 위해 사용되고 있다.

10.7 uClinux로 응용 프로그램 포팅하기

이 절에서는 uClinux에서 동작할 프로그램과 공유 라이브러리들을 생성하기 위해 필요한 과정들과 일반 리눅스에서 동작하는 응용 프로그램들을 uClinux로 포팅하기 전에 고려해야 할 사항들에 대해서 살펴본다.

10.7.1 uClinux 프로그램 생성하기

uClinux의 실행 파일은 바이너리 플랫(bFLT) 파일 형식이며 일반 ELF 파일은 지원하지 않는다. 이를 위해 uClinux 툴체인은 ELF 파일을 bFLT 파일로 변환하기 위한 특별한 툴을 제공한다. 모든 ELF 파일들이 bFLT 파일로 변환될 수 있는 것은 아니며, 변환이 이루어지기 위해서는 생성된 코드가 위치 독립적(position independent)이어야 한다. uClinux는 FRB (Fully Relocatable Binaries)와 PIC(Position Independent Code)라는 두 가지 형식의 위치 독립 코드를 지원한다. m68k 툴체인을 이용하여 서로 다른 형식의 bFLT 파일을 생성하기 위한 컴파일러 옵션의 목록을 아래에 보여준다.

FRB 형식의 파일 생성

✛ 소스 파일을 컴파일하여 sample.o 파일을 생성한다.

```
m68k-elf-gcc -m68000 -Os -g -fomit-frame-pointer -m68000
-fno-common -Wall       -Dlinux -D__linux__ -Dunix
-D__uClinux__ -DEMBED -nostdinc
-I/home/sriramn/work/uclinux/uClinux-dist/include
-I/home/sriramn/work/uclinux/uClinux-dist/include/include
-fno-builtin -c -o sample.o sample.c
```

✛ 링크 과정을 거쳐 bFLT 파일을 생성한다. 이 단계에서 실행 파일인 sample 파일과 심벌 파일인 sample.gdb 파일이 생성될 것이다.

```
m68k-elf-gcc -m68000 -Os -g -fomit-frame-pointer -m68000
-fno-common -Wall       -Dlinux -D__linux__ -Dunix
-D__uClinux__ -DEMBED -nostdinc
-I/home/sriramn/work/uclinux/uClinux-dist/include
-I/home/sriramn/work/uclinux/uClinux-dist/include/include
-fno-builtin -Wl,-elf2flt -Wl,-move-rodata -nostartfiles
/home/sriramn/work/uclinux/uClinux-dist/lib/crt0.o
-L/home/sriramn/work/uclinux/uClinux-dist/lib -o sample
sample.o -lc
```

PIC 형식의 파일 생성

❖ 소스 파일을 컴파일한다.

```
m68k-elf-gcc -m68000 -Os -g -fomit-frame-pointer -m68000
-fno-common -Wall       -Dlinux -D__linux__ -Dunix
-D__uClinux__ -DEMBED -nostdinc
-I/home/sriramn/work/uclinux/uClinux-dist/include
-I/home/sriramn/work/uclinux/uClinux-dist/include/include
-fno-builtin -msep-data -c -o sample.o sample.c
```

❖ 링크 과정을 거쳐 bFLT 파일을 생성한다.

```
m68k-elf-gcc -m68000 -Os -g -fomit-frame-pointer -m68000
-fno-common -Wall       -Dlinux -D__linux__ -Dunix
-D__uClinux__ -DEMBED -nostdinc
-I/home/sriramn/work/uclinux/uClinux-dist/include
-I/home/sriramn/work/uclinux/uClinux-dist/include/include
-fno-builtin -msep-data -Wl,-elf2flt -Wl,-move-rodata
-nostartfiles
/home/sriramn/work/uclinux/uClinux-dist/lib/crt0.o
-L/home/sriramn/work/uclinux/uClinux-dist/lib -o testhw1
sample.o -lc
```

❖ -msep-data 옵션은 내부적으로 -fPIC를 설정한다는 것을 알아두자. 또한 링커로 전달
된 -elf2flt 옵션은 링커가 ELF 형식에서 bFLT 형식으로 변환하도록 지정한다. 또한
-msep-data 옵션은 XIP 기능을 활성화한다.

❖ bFLT 파일의 스택 크기를 조정하고 싶다면 다음 명령을 이용한다.

```
elf2flt -s <스택 크기> test.flt
```

❖ (헤더를 제외한 모든 부분의) 파일을 압축하려면 다음 명령을 이용한다.

```
elf2flt -z -o test.flt test.elf
```

압축된 이미지는 실행되기 전에 압축을 풀기 위해 RAM으로 복사해야 하므로
XIP 기능을 이용할 수 없다.

10.7.2 uClinux에서 공유 라이브러리 생성하기

uClinux에서 공유 라이브러리는 일반 bFLT 파일이며, 특별한 컴파일러 옵션을 통해 생성된다. 컴파일러 옵션은 고정된 라이브러리 ID 번호를 통해 심벌 참조를 해석할 수 있도록 도와준다. 이 과정은 아래와 같이 공유 라이브러리를 생성하고 사용하기 위해 필요하다. 이 예제에서는 libtest라는 공유 라이브러리를 생성하기 위해 a.c 파일과 b.c 파일을 이용한다.

```
파일: a.c
void a()
{
  printf("I am a\n");
}

파일: b.c
void b()
{
  printf("I am b\n");
}
```

❖ 각 파일을 컴파일한다. -mid-shared-library 옵션을 사용한 것을 주의 깊게 살펴보기 바란다.

```
m68k-elf-gcc   -Wall -Wstrict-prototypes -Wno-trigraphs
-fno-strict-aliasing   -Os -g -fomit-frame-pointer
-m68000 -fno-common -Wall -fno-builtin -DEMBED
-mid-shared-library -nostdinc
-I/home/sriramn/work/uclinux/uClinux-dist/include
-I/home/sriramn/work/uclinux/uClinux-dist/include/include
-Dlinux -D__linux__ -D__uClinux__ -Dunix -msoft-float
-fno-builtin a.c -c -o a.o

m68k-elf-gcc   -Wall -Wstrict-prototypes -Wno-trigraphs
-fno-strict-aliasing   -Os -g -fomit-frame-pointer
-m68000 -fno-common -Wall -fno-builtin -DEMBED
-mid-shared-library -nostdinc
-I/home/sriramn/work/uclinux/uClinux-dist/include
-I/home/sriramn/work/uclinux/uClinux-dist/include/include
-Dlinux -D__linux__ -D__uClinux__ -Dunix -msoft-float
-fno-builtin b.c -c -o b.o
```

❖ 아카이브를 생성한다.

```
m68k-elf-ar r libtest.a a.o b.o

m68k-elf-ranlib libtest.a
```

❖ 적절한 라이브러리 ID를 설정하여 바이너리 플랫 파일 라이브러리를 생성한다(여기서는 ID 값으로 2를 사용하였고, libc의 ID는 1이다). 더미 main( ) 함수를 위해 uClibc/lib/main.o 파일을 추가하고 -shared-lib-id=2 옵션을 준 것에 유의하라.

```
m68k-elf-gcc -nostartfiles -o libtest -Os -g
-fomit-frame-pointer -m68000 -fno-common -Wall
-fno-builtin -DEMBED -mid-shared-library -nostdinc
-I/home/sriramn/work/uclinux/uClinux-dist/include
-I/home/sriramn/work/uclinux/uClinux-dist/include/include
-Dlinux -D__linux__ -D__uClinux__ -Dunix -Wl,-elf2flt
-nostdlib -Wl,-shared-lib-id,2
/home/sriramn/work/uclinux/uClinux-dist/uClibc/lib/main.o
-Wl,-R,/home/sriramn/work/uclinux/uClinux-dist/lib/libc.gdb
-lc -lgcc -Wl,--whole-archive,libtest.a,--no-whole-archive
```

❖ 시작(start-up) 심벌을 제거한다. 이 라이브러리를 다른 응용 프로그램에서 사용할 수 있도록 해야 하므로, _main이나 _start와 같은 C 런타임 링킹을 통해 추가된 시작 심벌들을 제거해야 한다. 이것은 다음과 같은 명령을 통해 수행된다.

```
m68k-elf-objcopy -L _GLOBAL_OFFSET_Table_ -L main -L __main
-L _start -L __uClibc_main -L __uClibc_start_main
-L lib_main -L _exit_dummy_ref
-L __do_global_dtors -L __do_global_ctors
-L __CTOR_LIST__ -L __DTOR_LIST__
-L _current_shared_library_a5_offset_
libtest.gdb
```

❖ 라이브러리를 루트 파일 시스템 내에 적절한 이름으로 설치한다.

```
cp libtest.gdb romfs/lib/lib2.so
```

이 심벌 파일에 nm 명령을 실행하여 생성된 심벌들을 분석해 보자.

```
#nm libtest.gdb | sort
  0100001c  A  __assert
```

```
01000098  A  isalnum
010000b8  A  isalpha
010000d8  A  isascii
 ...
 ...
010355c4  A  __ti19__pointer_type_info
010355d0  A  __ti16__ptmd_type_info
010355dc  A  __ti19__builtin_type_info
020000cc  T  a
020000e4  T  b
02000100  D  __data_start
02000100  D  data_start
```

01xxxxxx 심벌들은 libc(lib1.so)에서 온 것들이고, 우리가 작성한 lib2.so 라이브러리에 있는 심벌들은 02xxxxxx의 형태로 되어 있는 것을 알 수 있다.

10.7.3 응용 프로그램에서 공유 라이브러리 사용하기

이제 우리가 생성한 라이브러리를 응용 프로그램에서 사용하는 법을 알아볼 것이다. 링커는 응용 프로그램이 외부 심벌에 대한 참조를 갖고 있다는 것을 알 필요가 있으며, 따라서 이를 생성된 bFLT 파일 내에 공유 라이브러리 침조로 표시한다. 프로그램을 컴파일하기 위해서 다음과 같은 과정을 수행한다.

```
파일: use.c

extern void a();
extern void b();

main()
{
  a();
  b();
}
```

✤ use.c 파일을 컴파일한다(shared-library-id=0을 사용한 것에 주의하라).

```
m68k-elf-gcc -m68000 -Os -g -fomit-frame-pointer -m68000
-fno-common -Wall      -Dlinux -D__linux__ -Dunix
-D__uClinux__ -DEMBED -nostdinc
-I/home/sriramn/work/uclinux/uClinux-dist/include
```

```
-I/home/sriramn/work/uclinux/uClinux-dist/include/include
-fno-builtin -mid-shared-library -mshared-library-id=0 -c
-o use.o use.c
```

❖ use.c 파일을 libc 및 libtest와 함께 링크한다.

```
m68k-elf-gcc -m68000 -Os -g -fomit-frame-pointer -m68000
-fno-common -Wall      -Dlinux -D__linux__ -Dunix
-D__uClinux__ -DEMBED -nostdinc
-I/home/sriramn/work/uclinux/uClinux-dist/include
-I/home/sriramn/work/uclinux/uClinux-dist/include/include
-fno-builtin -mid-shared-library -mshared-library-id=0
-Wl,-elf2flt -Wl,-move-rodata -Wl,-shared-lib-id,0
-nostartfiles
/home/sriramn/work/uclinux/uClinux-dist/lib/crt0.o
-L/home/sriramn/work/uclinux/uClinux-dist/lib -L. -o use
use.o -Wl,-R,
/home/sriramn/work/uclinux/uClinux-dist/lib/libc.gdb -lc
-Wl,-R,libtest.gdb -ltest
```

다시 use.gdb 파일에 nm 명령을 사용하여 라이브러리가 포함되었음을 알 수 있다.

```
#nm use.gdb | sort
 000000004   T  _stext
 000000008   T  _start
 000000014   T  __exit
 00000001a   t  empty_func
 00000001c   T  main
 ...
 ...
 000000260   B  end
 000000260   B  _end
 01000001c   A  __assert
 010000098   A  isalnum
 0100000b8   A  isalpha
 0100000d8   A  isascii
 0100000ec   A  iscntrl
 ...
 ...
 0100355d0   A  __ti16_ptmd_type_info
 0100355dc   A  __ti19_builtin_type_info
 0200000cc   A  a
 0200000e4   A  b
```

uClinux 프로그램을 생성하는 데 필요한 과정을 이해하고 나면, 일반 리눅스에서 uClinux로 응용 프로그램을 포팅하기 전에 uClinux가 갖는 여러 제한사항들에 대해서도 이해해야한다.

10.7.4 메모리 제한사항

uClinux에서 제공하는 스택은 동적으로 크기를 변경할 수 없으며 프로그램을 컴파일할 때 elf2flt 명령을 사용하여 스택 크기를 미리 지정한다. 프로그래머들은 스택 내의 커다란 메모리 할당을 피해야 한다. 힙을 사용하거나 동적인 할당을 필요로 하지 않는 경우에는 bss 영역을 사용하도록 한다.

C++ 프로그램들은 new 연산자를 통한 내장 자료형 선언에서도 malloc을 사용한다. 많은 C++ 응용 프로그램들은 uClinux에서 제대로 동작하지 않는다. MMU의 부재와 복잡한 malloc의 사용으로 인해 해결할 수 없는 메모리 단편화 현상이 발생되고 시스템을 불안하게 만든다. 따라서 C++로 작성된 응용 프로그램을 MMU가 없는 시스템에서 동작시키는 것을 추천하지 않는다. 이러한 응용 프로그램을 재설계하여 malloc으로 할당한 블록 내의 일부를 할당하게 하거나 가능한 경우 미리 할닝헤 둔 메모리 영역을 내부적으로 관리하는 응용 프로그램 종속적인 메모리 할당자를 작성해야 한다.

10.7.5 mmap의 제한사항

uClinux의 mmap 시스템 콜은 매우 기본적인 기능만을 제공하며, mmap의 동작에 종속적인 응용 프로그램은 제대로 동작하지 않을 수 있다. 따라서 여기서는 mmap 시스템 콜이 실패하는 경우들과 제한적으로 동작하는 경우에 대해서 살펴본다.

❖ uClinux에서는 쓰기 가능한 공유 파일 매핑을 지원하지 않는다.

```
mmap(MAP_SHARED, PROT_WRITE, file)
```

❖ uClinux에서는 모든 쓰기 가능한 비공개(private) 매핑을 지원하지 않는다.

```
mmap(MAP_PRIVATE, PROT_WRITE, file 혹은 nofile)
```

❖ 파일에 대한 매핑이 아닌 경우, 보호되지 않는 공유 매핑은 요청한 크기만큼의 메모리를 반환한다. 이것은 MMU가 있는 시스템과 비슷하지만, 커널 주소를 직접 반환한다는 차이가 있다. mmap(MAP_SHARED, 0, nofile, size)는 커널 할당자에서 size만큼의 메모리를 할당한다.

10.7.6 프로세스 수준의 제한사항

uClinux에서는 fork 시스템 콜을 이용할 수 없다. 따라서 (fork를 필요로 하는) 프로그램들을 fork 대신 사용할 수 있는 vfork와 exec의 조합을 통해 동작하도록 해야 한다. 자식 프로세스는 exec 시스템 콜을 호출하기 전까지 부모 프로세스의 데이터를 변경해서는 안 된다. 리스트 10.6은 fork를 사용하는 일반 리눅스 응용 프로그램과 이를 어떻게 uClinux로 포팅하는지를 보여준다.

리스트 10.6 uClinux로 응용 프로그램 포팅하기

```
/* 일반 리눅스에서 동작하는 예제 프로그램 */

/* fork.c */
#include <stdio.h>
#include <unistd.h>
#include <stdlib.h>
#include <string.h>
#include <sys/types.h>

int main(int argc, char *argv[])
{
  pid_t pid;
  /*
   * fork가 -1을 반환하면, 자식 프로세스를 생성하지 못했다는 것을 뜻한다.
   * 부모 프로세스 실행 시에는 생성된 자식 프로세스의 pid를 반환한다.
   * 자식 프로세스 실행 시에는 0을 반환한다.
   */
  if ((pid = fork()) < 0) {
    printf("Fork() failed\n");
    exit(1);
  }else if (pid != 0) {
    /* 부모 프로세스의 코드 */
    printf("%s:Parent exiting.\n",argv[0]);
    exit(0);
```

(계속)

```c
    }
    /* 자식 프로세스의 코드 */
    printf("Starting child...:%s\n",argv[0]);
    while (1) {
      sleep(5);
      printf("%s:...Child running\n",argv[0]);
    }
}

/* 위의 응용 프로그램은 아래와 같이 uClinux로 포팅될 수 있다. */

/* vfork.c */
#include <stdio.h>
#include <unistd.h>
#include <stdlib.h>
#include <string.h>
#include <sys/types.h>

int main(int argc, char *argv[])
{
  pid_t pid;
  int c_argc = 0;
  char *c_argv[3];
  char child=0;

  /* 자식 프로세스인지 구분한다. 여기서는 argv[1]="child" 인수를 이용한다. */
  if (argc >= 2 && !strcmp(argv[1],"child")) child=1;

  /* vfork 시스템 콜을 호출한다. 반환 값은 fork와 동일하다. */

  if (!child) {
    if ((pid = vfork()) < 0) {
        printf("vfork() failed\n");
        exit(1);
    } else if (pid != 0) {
      /* 부모 프로세스의 코드 */
      printf("%s:Parent exiting.\n",argv[0]);
      exit(0);
    }

    /*
     * exec 시스템 콜을 호출하여 자식 프로세스를 실행한다.
     * 자식 프로세스임을 알리기 위해 특별한 인수를 사용한다.
     */
```

(계속)

```
    c_argv[c_argc++] = argv[0];
    c_argv[c_argc++] = "child";
    c_argv[c_argc++] = NULL;
    printf("%s %s %s\n", c_argv[0], c_argv[1], c_argv[2]);
    execv(c_argv[0], c_argv);

    /* 성공한 경우, execv는 반환되지 않는다. */
    printf("execv() failed\n");
    exit(1);

  } else { // 자식 프로세스의 코드
    printf("%s:Starting child...\n",argv[0]);
    while (1) {
      sleep(5);
      printf("%s:...Child running\n",argv[0]);
    }
  }

}
```

10.8 XIP – eXecute In Place

일반 리눅스에서, 응용 프로그램들은 보통 시스템 메모리상에 로드되어 동작한다. 로더는
(디스크 혹은 플래시와 같은) 저장 매체에서 응용 프로그램의 텍스트 영역을 읽어 메모리로
로드한다. 다른 페이지들은 페이지 폴트 처리 함수가 요청한 경우에 할당된다. uClinux의
경우에는 페이지 폴트 처리가 불가능하기 때문에 로더는 전체 텍스트 영역을 직접 RAM으
로 읽어들인다. 플랫 파일 로더는 텍스트 영역과 함께 스택, 데이터, 재배치 테이블의 크기
를 포함한 크기의 메모리를 할당한다.

메모리가 부족한 시스템에서 동작하는 uClinux는 이를 위해 XIP 기능을 제공한다. XIP 기
능을 통해 코드를 RAM에 로드하지 않고 저장장치에서 직접 실행하는 것이 가능해졌다. 로
더는 저장장치 메모리에 대한 포인터를 직접 사용하여 텍스트 영역에 대한 할당을 없앨 수
있게 되었다. 하지만 데이터와 스택 영역은 실행 시에 여전히 할당되어야 한다는 것을 잊지
말자. XIP 기능은 다음과 같은 몇 가지 제한사항과 설계 요구사항들을 갖는다.

10.8.1 하드웨어적인 요구사항

❖ **프로세서의 PIC 지원:** XIP 기능은 오직 프로세서가 위치 독립 코드의 생성을 지원하는 경우에만 가능하다. 이것은 PC 값을 이용한 상대 주소 지정(PC-relative addressing)이 가능하다는 것을 의미하며, 텍스트 영역 내의 (고정된) 참조를 피하기 위해 필요하다. PIC 지원이 없이는, 생성된 코드는 오프셋 0에서부터 지정되며 로더가 프로그램이 로드된 주소에 따라 주소 값을 변경해야 하므로 텍스트를 RAM으로 로드해야 하고, 이는 XIP의 목적에 위배된다.

❖ **NOR 플래시만 가능:** 플래시 장치는 NOR와 NAND의 두 종류가 존재하며, 이들은 모두 임베디드 시스템에서 널리 사용되고 있다. NOR 플래시는 모든 섹터에 대해 임의(random) 읽기 접근을 허용하며 SRAM과 같은 방식으로 읽을 수 있다. 하지만 NAND 플래시는 내용을 읽기 위해 몇 가지 제어 레지스터들을 프로그래밍해야 한다. 일반적으로 NAND 플래시의 내용을 읽기 위해서는 플래시 드라이버가 필요하다. 프로그램이 플래시에서 실행된다는 것은, 다음 명령어(instruction)를 읽기 위해서 명령어 포인터 혹은 PC 값을 단순히 증가시키기만 하면 된다는 것을 의미한다. 다음 명령어를 읽기 위해서 드라이버 코드를 실행해서는 안 된다. 따라서 NOR 플래시에서만 XIP가 가능하다.

10.8.2 소프트웨어적인 요구사항

❖ **파일 시스템 지원:** ROMFS(CRAMFS나 JFFS2는 사용할 수 없다). XIP와 함께 사용될 파일 시스템은 압축될 수 없다. 만약 파일이 압축되어 있다면, RAM에 할당된 페이지들로 해제될 필요가 있다. 따라서 압축을 사용하는 파일 시스템들은 XIP 기능을 이용할 수 없다. 모든 XIP가 가능한 실행 파일들을 ROMFS 파티션에 모아 두고, 시스템의 요구사항에 따른 다른 압축 파일들을 CRAMFS나 JFFS2 파티션에 모아 두는 방식이 좋다.

10.9 uClinux 배포판 빌드하기

이 절에서는 (다운로드 받은) uClinux의 배포판을 빌드하는 방법에 대해서 살펴볼 것이다. uClinux의 빌드 과정은 매우 간단하며 GNU make 시스템과 잘 통합되어 있다. 최상위 빌드 과정은 다음과 같은 단계를 포함한다.

- ❖ 플랫폼/벤더 선택
- ❖ 커널 버전 선택 및 빌드
- ❖ C 라이브러리 선택 및 빌드
- ❖ 빌드 지원 라이브러리(libmath, libz 등)
- ❖ 사용자 응용 프로그램 선택(Busybox, Tinylogin 등)
- ❖ 루트 파일 시스템 빌드
- ❖ 타깃을 위한 최종 ROM/플래시 이미지 생성

우리는 메뉴 설정을 포함한 다양한 과정을 수행해 볼 것이다. 우선 http://www.uclinux.
org에서 최신 버전의 uClinux 배포판을 다운로드 받은 후 압축을 해제(untar)한다.

```
# tar jxvf uClinux-dist-20041215.tar.bz2
```

이렇게 해제된 배포판은 uClinux-dist 디렉토리에 두기로 한다. 배포판을 빌드하는 과정은
다음과 같다.

1. **빌드 설정**: 배포판 디렉토리로 이동해서 다음 중의 하나를 입력한다.

```
make config (혹은)
make menuconfig (혹은)
make xconfig
```

   그러면 최상위 메뉴가 보일 것이다. 그림 10.7은 make xconfig 명령을 실행했을 때
   나타나는 최상위 메뉴를 보여준다.
2. **플랫폼 선택**: 벤더/플랫폼 선택 메뉴는 uClinux상에서 이용할 수 있는 모든 플랫폼의
   목록을 보여준다. 목록에서 선택할 수 있는 적절한 벤더와 제품을 선택한다. 그림 10.8
   은 make xconfig 명령을 실행했을 때 나타나는 벤더/플랫폼 선택 메뉴를 보여준다.
3. **커널/라이브러리 선택**: 커널/라이브러리 선택 메뉴는 그림 10.9에 나타내었다.
   uClinux 배포판은 2.0, 2.4, 2.6의 세 가지 버전의 리눅스 커널을 지원한다. 필요한 기
   능과 프로젝트의 요구사항에 따라 적절한 커널을 선택한다. uClinux는 glibc, uClibc,
   uC-libc의 세 가지 C 라이브러리를 제공한다. uC-libc는 uClibc의 옛 버전이다.
   uClibc는 임베디드 시스템을 위해 작성되었으므로 대부분의 시스템에 알맞을 것이다.
   커널 설정을 변경하고 싶은 경우에는 Customize Kernel Settings 항목을 y로 선택한
   다. 사용자 공간의 응용 프로그램이나 지원 라이브러리를 변경하고 싶을 때는

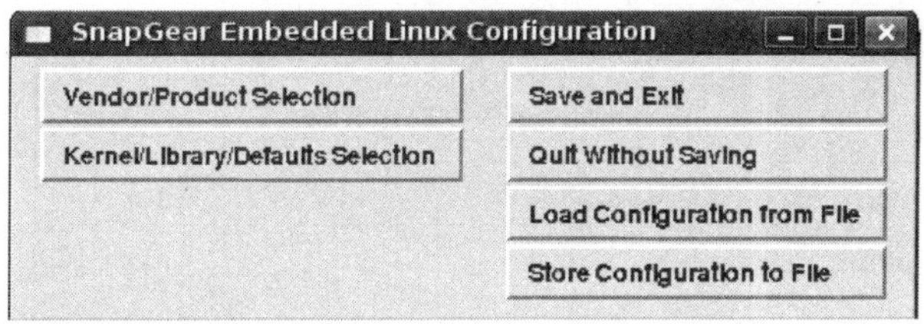

그림 10.7 make xconfig 실행 화면

그림 10.8 벤더/제품 선택 메뉴

Customize Vendor/User Settings 항목을 y로 선택한다.

4. 사용자 공간 설정: Customize Vendor/User Settings 항목을 y로 선택하면 사용자 공간 설정 메뉴가 나타난다. 이 메뉴는 타깃에 필요한 응용 프로그램을 선택할 수 있는 옵션을 제공한다. 빌드에 필요한 라이브러리들도 선택할 수 있다. 이 메뉴는 그림 10.10에 나타내었다.

5. 의존성 검사 및 빌드:

```
# make dep
# make
```

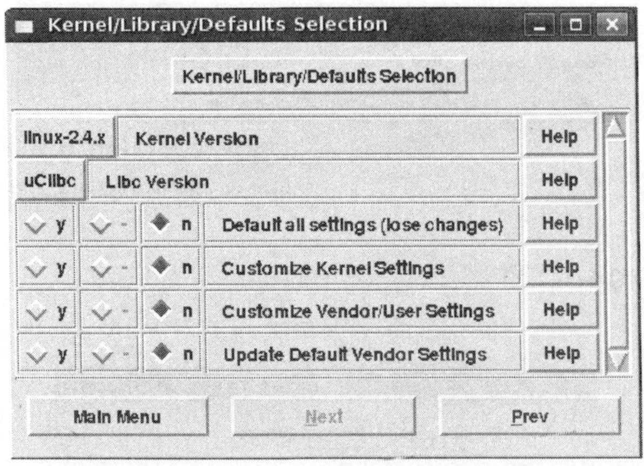

그림 10.9 커널/라이브러리 선택 메뉴

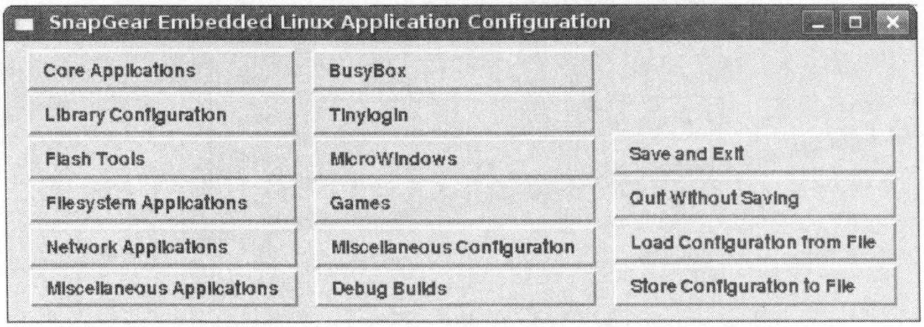

그림 10.10 응용 프로그램 선택 메뉴

6. 이로써 빌드 과정이 완료되었다. 빌드 과정은 모든 파일들을 생성하고 최종 ROM/플래시 이미지를 images 디렉토리에 생성할 것이다.

부팅 속도 높이기

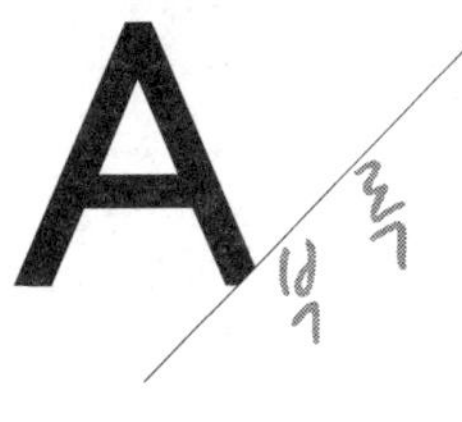

대부분의 임베디드 시스템에서 빠른 부팅 속도는 중요한 시스템 요구사항 중의 하나이다. 리눅스가 임베디드 시스템 시장에서 입지를 넓혀감에 따라 리눅스 기반의 임베디드 시스템의 부팅 속도를 가능한 한 빠르게 하는 일이 매우 중요한 요소로 부각되고 있다. 하지만 다음과 같은 이유들로 인해 임베디드 리눅스 시스템의 부팅 시간을 줄이는 일은 그리 간단한 작업이 아니다.

❖ (시스템의 기능에 따른) 기본적인 서비스를 제공할 수 있는 상태를 턴온(turn-on) 상태라고 정의한다면, 각각의 임베디드 시스템마다 턴온 상태에 대한 서로 다른 요구사항을 가질 것이다. 이러한 턴온 상태에 대한 요구사항을 알아보기 위해 라우터 장비와 휴대용 장치의 경우를 생각해 보기로 하자. 라우터의 턴온 상태는 모든 네트워크 인터페이스의 설정을 마치고, 필요한 모든 네트워크 프로토콜을 시작하고, 다양한 라우팅 테이블의 설정을 마친 상태라고 볼 수 있다. 하지만 휴대용 장치는 윈도우 시스템과 사용자를 위한 I/O 장치를 이용할 수 있게 된 상태를 턴온 상태로 볼 수 있다. 라우터와는 달리 네트워크 연결 스택 초기화는 휴대용 장치의 턴온 상태에서 반드시 완료되어야 하는 것은 아니다. 네트워크 스택의 초기화는 이후의 시점에서 처리될 수 있다. 이 절에서 논의하는 부팅 시간은 시스템에 전원이 인가된 후부터 턴온 상태에 이를 때까지 걸리는 시간을 말하는 것이다.

❖ 리눅스는 데스크톱과 서버 시장을 위해 개발되어 왔기 때문에 부팅 속도는 그렇게 중요한 요소는 아니었다. 데스크톱과 서버에서 리눅스는 부팅이 완료될 때까지 몇 분이 소요되기도 하는데, 이는 임베디드 시스템에서는 절대 허용되지 않는다.

표 A.1 리눅스 부팅 단계

단계	설명	시간을 소모하는 작업들
부트로더	부트로더는 POST, 내를 위한 스크린 초기화, 커널을 메모리로 로드하는 작업을 수행한다.	POST, 커널의 위치를 찾음, 커널을 메모리로 복사하기, 커널 압축 해제하기
커널 초기화	커널은 하드웨어 초기화, 여러 서브시스템들과 드라이버 설정, 루트 파일 시스템 마운트를 완료한 후 사용자 공간으로 제어를 넘긴다.	드라이버 초기화, 파일 시스템 마운트
사용자 공간 초기화	시스템의 다양한 서비스들을 시작한다.	순차적으로 서비스 시작하기, 미뤄진 서비스 시작하기, 커널 모듈 로드

❖ 임베디드 시스템의 처리 능력이 증가됨에 따라, 임베디드 시스템에서 동작하는 소프트웨어들도 증가되었다. 소프트웨어 스택이 증가되었다는 것은 간단히 말해 더 많은 부팅 시간을 필요로 한다는 뜻이다.

부팅 시간을 줄이는 것은 임베디드 시스템을 최적화하는 과정을 필요로 한다. 이 절에서는 부팅 시간을 줄이기 위해 사용되는 몇 가지 일반적인 기법들에 대해서 설명한다. 하지만 각각의 기법들은 일반적으로 실행 속도를 향상시키기 위해 메모리를 소모하는 단점(trade off)을 갖는다. 이러한 내용도 역시 설명할 것이다. 리눅스 기반 시스템의 부팅 시간은 표 A.1에 나타나 있듯이 세 부분으로 나누어진다.

부트로더 초기화 시간을 줄이기 위한 기법들

❖ POST: POST(Power-On Self Test)는 오직 콜드 부트(cold boot)[1] 중에만 수행될 수 있다. 웜 부트(warm boot) 시에는 POST 과정을 생략하여 부팅 시간을 빠르게 할 수 있다.

❖ 커널을 메모리로 복사하여 압축을 해제하기: 이 과정은 부트로더 단계에서 가장 많은 시간을 소모하는 작업 중의 하나이며, 커널 크기에 따라 500msec에서 1초 정도의 시간을 소모한다. 커널의 크기가 클수록 복사하고 압축을 해제하는 데 더 많은 시간이

역자 주 | 1) 콜드 부트는 시스템에 전원이 인가되지 않은 상태에서 새로 부팅 과정을 수행하는 것을 말하며, 이 과정에서 RAM 등의 하드웨어 검사를 수행하게 된다. 반면에 웜 부트는 전원이 인가된 상태에서 새로 부팅 과정을 수행하며, 이때는 하드웨어 검사 과정이 생략될 수 있다.

필요하게 된다. 만약 커널이 플래시 장치상에 리눅스 파일 시스템을 통해 저장되어 있다면 커널의 위치를 찾고 (ELF 헤더와 같은) 파일의 헤더를 분석하는 작업에도 시간이 필요하게 된다. 커널 이미지를 로우(raw) 파티션에 저장함으로써 이를 해결할 수 있다. 커널 이미지를 압축하지 않게 되면 압축에 소모되는 시간을 줄일 수 있지만, 이는 더 많은 플래시 공간을 필요로 한다. 커널을 메모리에 복사하는 시간을 줄이기 위해서는 XIP 기능을 이용할 수 있다. XIP는 플래시에서 직접 커널을 실행시킬 수 있는 방법으로 10장에서 자세히 설명하였다. XIP 기능을 이용하면 부팅 시간을 감소시키는 것 외에도 커널의 텍스트 영역을 메모리로 복사하지 않으므로 메모리를 아낄 수 있다는 이점이 있다. 하지만 XIP 기능은 다음과 같은 단점들이 있다.

- XIP 기능을 이용하면 커널이 플래시에서 실행되기 때문에 실행 시간이 느려진다.
- XIP 기능을 이용하려면 커널 이미지를 압축할 수 없으므로 더 많은 플래시 용량을 차지한다.
- 커널이 XIP 기능을 이용하면 커널이 실행되는 동안 플래시 삭제 혹은 쓰기 연산은 수행될 수 없으므로 플래시 드라이버 코드가 변경되어야 한다. 이러한 플래시 드라이버의 변경은 보통 해당 부분을 RAM으로 옮긴 후 인터럽트를 비활성화한 상태에서 실행되는 방식이다. 하지만 커널이 CRAMFS와 같은 읽기 전용 파일 시스템만을 갖는 플래시상에서 실행되는 경우에는 이러한 변경이 필요치 않다.

❖ 하지만 복사 시간을 줄이기 위해 커널 이미지를 가능한 한 작게 만들어야 하는 경우 XIP 기능은 너무 많은 부하를 차지하게 된다. 이 경우 복사 시간을 줄이기 위해 DMA를 통해 플래시에서 메모리로 이미지를 복사하는 것과 같은 몇 가지 트릭이 사용될 수 있다.

부팅 시간을 줄이기 위해 커널 튜닝하기

❖ 커널 출력 비활성화: 만약 커널의 출력 메시지가 (느린 장치인) 직렬 콘솔로 연결되어 있다면, 메시지 출력은 커널 초기화 단계에서 엄청난 지연을 초래할 수 있다. 이를 위해 커널의 메시지 출력은 quiet 명령행 커널 부트 옵션을 통해 비활성화될 수 있다. 하지만 이 메시지들은 이후에 dmesg 명령을 통해 볼 수 있다.

❖ 커널 내의 loops_per_jiffies 값을 하드코딩하기: 2장에서 이미 설명했듯이 커널 초기화 과정에서 calibrate_delay( ) 함수를 호출하여 loops_per_jiffies 값을 계산한다. 프로세서 아키텍처에 따라 이 시간은 최대 500msec 가량 걸리게 된다. 만약 프로세서의

동작 클록을 커널을 컴파일하는 시점에서 알고 있다면, 이 값을 커널 내에 하드코딩하거나 커널을 다운로드할 때 이 값을 전달할 수 있는 명령행 부트 옵션을 추가할 수 있다.

✤ **드라이버 초기화 시간 감소**: 각각의 드라이버들은 서로 다른 초기화 시간을 필요로 한다. 이것은 각 드라이버 코드 내에 포함된 스핀(busy wait) 코드에 의한 것이다. 또한 PCI와 같은 특정 버스 내에 존재하는 하드웨어 장치를 검출하는 과정도 부팅 시간을 증가시킨다. 이 경우 커널을 빌드하는 시점에서 이미 알고 있는 장치 정보들로 드라이버 코드의 값들을 미리 설정해 두는 방법을 통해 부팅 시간을 줄일 수 있다.

✤ **적절한 루트 파일 시스템 사용**: 각각의 파일 시스템들은 서로 다른 초기화 시간을 필요로 한다. JFFS2와 같은 저널링 파일 시스템들은 초기화 과정에서 레코드를 찾기 위해 전체 플래시를 읽어야 하므로 엄청나게 오랜 부팅 시간을 필요로 한다. CRAMFS나 ROMFS와 같은 읽기 전용 파일 시스템들은 보다 짧은 부팅 시간을 필요로 한다.

부팅 시간을 줄이기 위해 사용자 공간 튜닝하기

✤ **모듈 로딩**: 커널 모듈의 수가 많을수록, 로드하기 위해 더 많은 시간이 걸리게 된다. 수많은 커널 모듈이 존재하는 경우, 모듈의 로딩 시간을 줄이기 위해 이들을 하나의 모듈로 만들어야 한다.

✤ **서비스를 동시에 시작하기**: 2장에서 설명했듯이, 시스템의 RC 스크립트는 시스템 서비스들을 (순차적으로) 시작시키기 위해 사용된다. 이러한 서비스들을 동시에 실행하게 되면 엄청난 시간을 줄일 수 있다. 하지만 서비스들이 서로 의존성을 갖는 경우를 고려해야 한다.

부팅 시간 측정

시스템의 부팅 시간을 측정하기 위한 많은 방법들이 존재하며, 이 절에서는 Instrumented printks라는 방법에 대해서 설명한다. 이를 적용하기 위한 패치는 www.celinuxforum.org 에서 다운로드 받을 수 있다. 이 패치는 printk( ) 함수의 출력에 타임스탬프 정보를 표시하도록 수정한 것이다. 커널에 패치를 적용한 후 Kernel hacking 메뉴 아래에 있는 Show timing information on printks 항목을 활성화한다. 그리고 커널을 컴파일한 후 새로운 커

리스트 A.1 Instrumented Printk의 샘플 출력

```
[4294667.296000]   Linux version 2.6.8.1 (root@amol) (gcc version
                   3.2.2 20030222 (Red Hat Linux 3.2.2-5)) #4 Wed
                   Mar 9 15:22:08 IST 2005
[4294667.296000]   BIOS-provided physical RAM map:
[4294667.296000]   BIOS-e820: 0000000000000000 - 000000000009fc00
                   (usable)
[4294667.296000]   BIOS-e820: 000000000009fc00 - 00000000000a0000
                   (reserved)
[4294667.296000]   BIOS-e820: 00000000000e6000 - 0000000000100000
                   (reserved)
[4294667.296000]   BIOS-e820: 0000000000100000 - 000000000ef2fc00
                   (usable)
    ...
    ...
[4294671.443000]   Dentry chache hash table entries: 32768 (order: 5,
                   131072 bytes)
[4294671.444000]   Inode-cache hash table entries: 16384 (order: 4,
                   65536 bytes)
[4294671.570000]   Memory: 237288k/244924k available (2099k kernel
                   code, 6940k reserved, 673k data, 172k init,
                   0k highmem)
[4294671.570000]   Checking if this processor honors the WP bit
                   even in supervisor mode... Ok.
[4294671.570000]   Calibrating delay loop... 5488.64 BogoMIPS
    ...
    ...
```

널로 부팅한다. 이를 적용한 출력의 예를 리스트 A.1에 나타내었다.

이 패치의 핵심은 sched_clock( ) 함수이다. 8장에서 설명했듯이 BSP에서 고정밀 클록을 통해 sched_clock( ) 함수를 더 잘 지원하는 경우에는 좀더 정밀한 측정이 가능하다.

GPL과 임베디드 리눅스 

리눅스와 대부분의 오픈 소스 응용 프로그램, 라이브러리, 드라이버 등은 GNU GPL하에 배포된다. 초기에 임베디드 시스템 업체들은 이 GPL 라이선스로 인해 임베디드 리눅스로 전향하는 것을 달가워하지 않았다. 이들은 리눅스로 전향하는 것은 곧 자신들의 지적 재산을 공개하는 것으로 생각해 두려워했었다. 시간이 흘러 GPL에 대한 심도 깊은 이해가 이루어지자, 이들은 임베디드 리눅스상에서도 독점 소프트웨어가 안전하게 보호받을 수 있다는 것을 인식하게 되었다.

독자들의 제품에서도 몇몇 오픈 소스 소프트웨어들을 사용하도록 결정해야 할 때가 있을 것이다. 이 경우 모든 오픈 소스 소프트웨어들이 GPL로 배포될 것이라는 가정을 해서는 안된다. GPL을 제외하고도 MPL(Mozilla Public License), LGPL(Lesser GPL), Apache License, BSD License 등의 많은 라이선스들이 존재한다.[1] GPL 라이선스의 전문은 http://www.fsf.org/licensing/education에서 다운로드 받을 수 있다. 우리는 독자들이 오픈 소스 법률 고문과 상담하여 이러한 라이선스들에 저촉되는 행위를 하고 있지 않은지 확인할 것을 권고한다.

이 부록에서는 리눅스에서 독점 소프트웨어를 안전하게 보호하는 방법에 대해서 살펴볼 것이다. 먼저 사용자 공간의 응용 프로그램들에 대해 살펴본 후 커널의 경우를 살펴보기로 하자.

저자 주   1) 완전한 목록은 http://www.gnu.org/philosophy/license-list.html에서 확인할 수 있다.

사용자 공간 응용 프로그램

리누스 토발즈(Linus Torvalds)는 리눅스상에서 동작하는 사용자 공간 응용 프로그램들에 대해 다음과 같은 견해를 밝혔다.

> 이 저작권은 일반적인 시스템 콜을 이용하는 커널 서비스를 사용하는 사용자 공간 프로그램들에 대한 것이 *아니다*. 이것은 단지 커널의 일반적인 사용 방식에 해당하며, '파생된 작업(derived work)'으로 고려하지 *않는다*.[2]

이것은 처음부터 새로 작성한, 리눅스 커널 서비스를 이용하는 코드를 독점 소프트웨어로 유지할 수 있다는 것을 뜻한다. 이것은 GPL로 배포되지 않아도 되고, 소스 코드를 공개할 필요도 없다. 하지만 독자들은 자신이 작성한 사용자 공간 응용 프로그램이 부수적으로라도 GPL 소프트웨어들을 사용하지 않았음을 확실히 해야 한다. 다음과 같은 사항들을 점검해 보기 바란다.

❖ 응용 프로그램 내에서 GPL로 배포되는 프로그램들의 소스 코드를 사용해서는 안 된다.
❖ 응용 프로그램을 GPL로 배포되는 라이브러리와 동적 혹은 정적으로 링크해서는 안 된다. 하지만 LGPL 라이브러리와는 링크하는 것이 허용되며 libc, pthreads 등과 같은 리눅스의 대부분의 주요 라이브러리들은 LGPL로 배포된다. 응용 프로그램을 LGPL 라이브러리와 링크하는 경우 응용 프로그램의 소스 코드를 공개할 의무는 없다.

GPL 응용 프로그램과 GPL을 따르지 않는 응용 프로그램 간에 IPC 메커니즘을 사용하는 것은 허용된다. 예를 들어 GPL로 배포되는 DHCP 서버를 다운로드 받고, 직접 DHCP 클라이언트를 작성하는 것은 가능하다. 이 경우 직접 작성한 DHCP 클라이언트를 GPL로 배포하지 않아도 된다. 하지만 GPL 응용 프로그램을 수정한 후에 IPC 메커니즘을 사용하는 경우는 매우 위험하다. 이러한 경우에는 변호사에게 조언을 구하기 바란다.

GPL은 오직 프로그램이나 제품을 배포하는 경우에만 적용된다는 것에 주의하자. 배포를 목적으로 하지 않고 내부적인 용도로만 사용하려는 경우에는 어떠한 GPL 프로그램, 드라이버 등도 자유롭게 이용할 수 있다. 예를 들어 독자가 개발 중인 독점 소프트웨어의 디버깅을 위해 오픈 소스 디버거와 프로파일러들을 이용할 수 있다. 또한 이들을 내부적으로만 사용하는 한 소스 코드를 공개하지 않고도 자유롭게 수정을 가할 수 있다.

저자 주 | 2) 커널 소스의 COPYING 파일을 참조하라.

따라서 응용 프로그램은 리눅스상에서 항상 독점 상태로 유지될 수 있다. 이러한 응용 프로그램을 개발하는 과정에서 몇 가지 주의사항만을 염두에 두면 된다.

커널

공개된 표준 커널 인터페이스를 사용하는 (동적으로 로드 가능한) 커널 모듈이 GPL을 따를 필요가 없다는 것이 일반적인 주장이다. 예를 들어 리눅스 커널 모듈로 구현한 독점 디바이스 드라이버를 가질 수 있으며, 이 경우 커널에서 제공하는 표준 인터페이스를 이용하는 드라이버의 소스 코드를 공개할 필요가 없다. 하지만 이것은 아직 불명확한 영역(gray area)으로 법률가와 상담이 필요한 부분이다.

리스트 B.1은 커널 메일링 리스트에 올라온 리누스 토발즈의 커널 모듈과 GPL에 관한 의견을 밝힌 메일을 발췌한 것이다.

따라서 다음과 같은 사항들을 고려해야 한다.

❖ 독점 소프트웨어를 보호하기 위해 커널 모듈을 사용할 수 있는지를 알아보기 위해 법률가와 상담한다.

리스트 B.1 GPL과 바이너리 커널 모듈에 관한 리누스 토발즈의 메일

보낸 이: 리누스 토발즈

제목: Re: 리눅스 GPL과 바이너리 모듈 예외 조항?

일시: 2003-12-03 16:10:18 PST

...

그리고 사실, 모듈의 경우에도 GPL의 조항들은 그대로 동일하게 적용됩니다. 커널은 GPL을 _따르며_ 어떠한 예외 조항도 인정되지 않습니다. 그 결과 여기서 파생된 어떠한 작업들도 GPL을 따라야 합니다. 이것은 매우 간단한 사실입니다.

이제 저작권법에 있는 '파생된 작업(derived work)'이라는 사항만이 불명확한 상태로 남아 있습니다. 사실 이 부분은 전혀 불명확하지 않습니다. 사용자 공간의 응용 프로그램들은 파생된 작업에 해당되지 않으며, 커널 패치는 명백히 파생된 작업에 _해당합니다_.

❖ 리눅스 커널 자체에 대한 수정이 가해지면 GPL이 적용된다.
❖ 독자들이 작성한 커널 모듈을 지원하기 위해 커널에서 공개하지 않았던 인터페이스들을 사용하지 않아야 한다.
❖ 커널 패치의 형식으로 커널에 수정을 가하면 GPL이 적용된다.

기억해야 할 사항들

❖ 프로젝트 관리자로서 개발자들에게 프로젝트에 관련된 GPL과 다른 라이선스들에 대한 내용을 이해시켜야 한다.
❖ 개발 과정에서, 개발자들이 인터넷상에서 구할 수 있는 (라이브러리의 형태이든 소스 코드의 형태이든 간에) 소프트웨어를 프로젝트에서 사용할 때는 주의가 필요하다. 그들은 우연이라도 해당 소프트웨어의 라이선스 조항을 위반해서는 안 된다. 다시 말해, 치료보다는 예방이 중요하다.
❖ 소프트웨어 특허 위반의 경우에 대해서는 반드시 주의를 기울여야 한다. 기존의 소스 코드를 이용하는 경우에는 몇몇 소프트웨어 특허를 위반할 가능성이 있다. 이러한 소프트웨어 특허 위반은 찾아내기가 매우 어려우므로 극심한 주의를 기울일 필요가 있다.

하지만 원래 다른 운영체제를 위해 작성되었던 드라이버(이는 당연히 리눅스에서 파생된 작업이 아니다)와 같은 경우에는 여전히 불명확한 영역에 속하게 된다. 정확히 어느 지점에서부터 그것이 커널에서 파생된 작업으로 (즉, GPL을 따르게) 되는 것일까?

이 부분이 바로 불명확한 영역이며, 필자가 개인적으로 생각하기에는 어떤 모듈들은 리눅스를 위해 설계된 것이 아니며, 리눅스의 특정 기능에 의존적으로 작성되지 않았으므로, 파생된 작업으로 볼 수 없다.

기본적으로 다음과 같은 기준이 적용된다.

❖ 리눅스를 염두에 두고 작성된 모든 것들은 (그들이 다른 운영체제에서 동작하든 아니든 간에) 명백히 부분적으로 파생된 작업에 속한다.
❖ 기본적인 리눅스의 내부 동작에 대한 지식이나 기능을 이용한 모든 것들은 명백히 파생된 작업에 속한다. 만약 리눅스의 핵심 코드를 수정할 필요가 있다면 이는 당연히

파생된 작업에 속한다.

역사적으로 원본 앤드류 파일 시스템(AFS: Andrew File System) 모듈과 같은 것들이 존재해 왔다. 이것은 리눅스를 위해 작성된 것이 아닌 표준 파일 시스템이며 단지 유닉스 파일 시스템을 구현한 것이다. 이를 리눅스로 포팅한 경우 다른 유닉스들과 비슷한 VFS 인터페이스를 가졌기 때문에 파생된 작업이라고 할 수 있을까? 개인적으로, 이를 법률적으로 판단하기는 어려울 것으로 생각한다. 파생된 작업에 해당할 수도 있고 그렇지 않을 수도 있지만, 이것은 분명히 불명확한 부분에 해당한다.

개인적으로 이 경우에는 파생된 작업에 해당하지 않는다고 생각하고, AFS 개발자들에게도 그러한 뜻을 전했었다.

하지만 모든 커널 모듈이 자동적으로 파생된 작업에 해당하지 않게 되는 것은 아니다. 모듈 그 자체로는 뭐라고 말할 수 없지만, 모듈이 아닌 부분들은 명백히 파생된 작업에 해당한다 (만약 이러한 코드가 커널에 밀접하게 연관되어 있어서 모듈의 형태로 로드할 수 없다면, 이들은 이렇게 밀접한 관계를 갖는다는 것 자체가 이미 분명한 파생된 작업임을 의미하며, GPL은 링킹에 대한 사항을 명시하고 있다).

따라서 모듈 그 자체로는 파생된 작업에 해당하지 않는다는 것이 아니고, 파생된 작업이 아니라는 사실을 주장할 수 있는 사항 중의 하나가 될 수 있다.

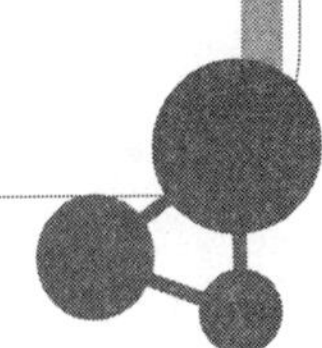

찾아보기

M

malloc　462

malloc( ) 함수의 구현　461

malloc-simple　461

malloc-standard　462

memcheck　371

Metrowerks　26

Microwindows　13, 21, 22, 430

Midori　6

misc 문자 장치　252

misc 장치　206

mmap　406

mmap 시스템 콜　464

MMU　55, 436

modprobe　210

MontaVista Linux　28

MP3 플레이어 예제　218, 227, 230

mqueue 파일 시스템　296

MTD　113, 115

MTD 장치　146

MTD 코어　120

mtdutils　146

mtd_info 구조체　121, 136

mtrace　361

MY_UART　166

N

NAND 플래시　117, 122, 123, 137

Nano-X　429

nanoX　13

NFS　46, 83, 151

NFTL　119, 147

nice　270

nm　51, 64, 160

NOR 플래시　117, 123, 483

NPTL　18

NXLIB　433

O

O(1) 스케줄러　7, 45, 265

OOM 킬러　359

OProfile　383

OSDL　5

OSPL　216, 233

out-of-band　123

P

PCF8584　189, 190, 191

PCI 구조　97

PIC　91, 441, 454, 473

PIT　102

POSIX　12

POSIX 공유 메모리　285

POSIX 메시지 큐　288

POSIX 세마포어　298

POSIX 실시간 시그널　45

POSIX 타이머　45, 308

POSIX.1b　268

POST　54, 488

printk( )　103

PROC 파일 시스템　152

PROCFS　46

PROM　83

pthreads　218

Q

qdisc　183

Qt　427

Qt™/Embedded　5

임베디드 리눅스 시스템 설계와 개발

초판 1쇄 발행 : 2007년 2월 20일

지은이	P. 라가반, 아몰 라드, 스리람 닐라칸단
옮긴이	김남형
발행인	최규학

펴낸곳	도서출판 ITC
등록번호	제8-399호
등록일자	2003년 4월 15일

주소	서울시 은평구 역촌동 85-8 보원빌딩 3층
전화	02-352-9511(대표)
팩스	02-352-9520
이메일	itc@itcpub.co.kr

기획 / 진행	장성두
본문디자인	이오커뮤니케이션
표지디자인	김연아

ISBN 978-89-90758-65-1

값 25,000원

www.itcpub.co.kr